高等学校建筑类专业设计作品选集

宽窄巷二期

2020年“8+”联合毕业设计作品

Kuanzhai Alley Phase Ⅱ
2020 “8+” Joint Graduation Projects

马 英 沈中伟 韩孟臻
夏 兵 王 一 邹 颖 编
龙 灏 苏 勇 刘姝宇

中国建筑工业出版社

图书在版编目（CIP）数据

宽窄巷二期 2020 年“8+”联合毕业设计作品 = Kuanzhai Alley Phase II 2020“8+”Joint Graduation Projects / 马英等编 .—北京：中国建筑工业出版社，2021.12
（高等学校建筑类专业设计作品选集）
ISBN 978-7-112-26696-8

Ⅰ.①宽… Ⅱ.①马… Ⅲ.①建筑设计—作品集—中国—现代 Ⅳ.①TU206

中国版本图书馆 CIP 数据核字（2021）第 209019 号

联合设计教学是建筑学科的一种重要教学模式，有利于不同地区学校的学生、教师之间的交流与互动，开阔思路，广交朋友，为学生提供了更多了解、认识不同城市、乡村的机会。2020 年突发的疫情使跨地区、多校联合设计教学面临前所未有的挑战。“8+”联合毕业设计自 2007 年以来已经连续成功举办 13 届，已成为国内建筑学专业联合教学和学术交流的重要平台，体现出历史最长、人才最多、辐射最广的鲜明标杆示范特点，对全国高校建筑学专业的发展产生了深远的影响。本次第 14 届联合毕业设计由北京建筑大学和西南交通大学联合主办，与来自全国各地包括清华大学、东南大学、同济大学、天津大学、重庆大学、中央美术学院、厦门大学在内共计 9 所建筑院校参加，以“成都宽窄巷子二期工程”项目为毕业设计选题。

责任编辑：杨 琪 陈 桦
责任校对：李美娜

高等学校建筑类专业设计作品选集
宽窄巷二期　2020年“8+”联合毕业设计作品
Kuanzhai Alley Phase Ⅱ 2020 “8+” Joint Graduation Projects
马 英 沈中伟 韩孟臻
夏 兵 王 一 邹 颖 编
龙 灏 苏 勇 刘妹宇
*
中国建筑工业出版社出版、发行（北京海淀三里河路9号）
各地新华书店、建筑书店经销
北京雅盈中佳图文设计公司制版
天津图文方嘉印刷有限公司印刷
*
开本：880毫米×1230毫米 1/16 印张：$18^3/_4$ 字数：573千字
2022年3月第一版 2022年3月第一次印刷
定价：**128.00**元
ISBN 978-7-112-26696-8
（38564）

2020 年“8+”联合毕业设计作品编委会

北京建筑大学　马英　金秋野　俞天琦　铁雷

西南交通大学　沈中伟　李异　熊瑛　付飞

清 华 大 学　韩孟臻

东 南 大 学　夏兵　周霖

同 济 大 学　李翔宁　王一　孙澄宇

天 津 大 学　邹颖　孙德龙　张昕楠

重 庆 大 学　龙灏　左力

中央美术学院　周宇舫　何崴　王环宇　王文栋　钟予　吴昊　苏勇

厦 门 大 学　王绍森　张燕来　宋代风　刘姝宇

院长寄语

张杰，清华大学教授，博导。全国工程勘察设计大师。北京建筑大学建筑与城市规划学院院长。长期从事历史城市、工业遗产保护利用与文化传承领域的教学、科研与实践，坚持技术创新，科技成果丰厚。注重理论总结与研究，发表相关方向学术专著多部，学术论文百余篇。

联合设计教学是建筑学科的一种重要教学模式，有利于不同地区学校的学生、教师之间的交流与互动，开阔思路，广交朋友，为学生提供了更多了解、认识不同城市、乡村的机会。2020 年突发的疫情使跨地区、多校联合设计教学面临前所未有的挑战。

经过前期多方沟通和紧密的筹备工作，全国建筑学专业“8+”高校联合毕业设计克服重重困难成功在线举办。“8+”联合毕业设计自 2007 年以来已经连续成功举办 13 届，已成为国内建筑学专业联合教学和学术交流的重要平台，体现出历史最长、人才最多、辐射最广的鲜明标杆示范特点，对全国高校建筑学专业的发展产生了深远的影响。

本次第 14 届联合毕业设计由北京建筑大学和西南交通大学联合主办，与来自全国各地包括清华大学、东南大学、同济大学、天津大学、重庆大学、中央美术学院、厦门大学在内共计 9 所建筑院校参加。

作为清华大学教授并任北京建筑大学建筑与城市规划学院的院长的我来说，这样一种毕业设计的教学模式为我更深入地了解、思考建筑教学打开了一个绝佳的窗口，通过参与“8+”建筑学联合毕业设计的相关环节，尤其参与终期答辩的全过程，突出感受以下几个方面的特点。

1. 龙头院校的专业引领性　清华大学、东南大学、同济大学、天津大学等优秀院校的参与使得“8+”联合毕业设计作品表现出极高的水准，不仅代表了国内的最高水平，而且也达到了国际的高水准。

2. 建筑院校的特色差异性　“8+”联合设计是一个大家能够彼此充分交流与学习的平台，取长补短、相得益彰是其教学交流的方式与特点，而保留与发扬各自学校的教学传统与特色却是其重要目的与目标。

3. 毕业设计题目的时代性　“8+”联合毕业设计的题目选择紧扣时代脉搏与行业热点，以城市设计 + 建筑设计为突出内容，体现了建筑学专业的发展方向。本次毕业设计题目由西南交通大学提供设计选址及相关重要资料，主办方北京建筑大学与西南交通大学教师协同各校教师多次商讨完成，选题既是城市中心区，交通网络纵横交错，又是涉及保护的历史地段，体现新与旧的冲突与交织，对学生的综合处理能力具有巨大挑战。

“8+”联合毕业设计参加院校是我国建筑学科很有代表性的院校，这个平台不但展示了四十年来我国建筑教育多样性的魅力，而且也为建筑教育模式多元化的未来奠定了坚实的基础。要推动建筑学新理念、新方法的不断发展，建筑教育也必须从封闭、单一、静态走向开放、多元、动态的整合发展趋势。本届联合毕业设计也成为历届联合毕业设计中最为特殊和最具有纪念意义的一次，为建筑设计这一主干课程开展跨地区、跨学校的大型在线联合教学进行了积极的探索，做出了成功的示范。

最后，本次联合毕业设计得到了天华集团和中国建筑工业出版社的赞助和支持，在此深表谢意。

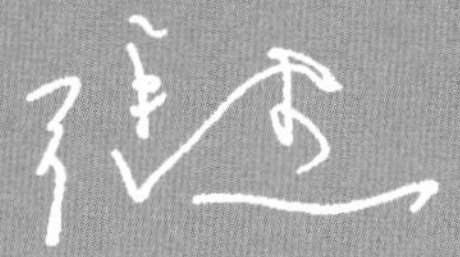

2021 年 9 月

院长寄语

沈中伟，西南交通大学建筑与设计学院执行院长（原院长及党委书记）、教授、博士生导师，享受国务院政府特殊津贴，重庆交通大学重庆市人才计划巴渝学者讲座教授，四川省学术与技术带头人、教书育人名师、有突出贡献的优秀专家。中国建筑学会常务理事兼地下空间学术委员会理事长、建筑教育分会副主任委员，全国高等学校建筑学专业教育评估委员会委员，教育部高等学校建筑学教学指导分委员会委员。

疫情期间“8+”联合毕设线上教学实践的思考

作为 2020 年“8+”联合毕业设计的承办单位，我院与北京建筑大学在合作之初就力图办出一个别具特色的高水平教学交流活动。没想到 2019 年底遭遇新冠疫情，让我们在这极其特殊的情况下开始了联合毕业设计的各项活动，并和各个高校一起共同面对此次特殊时期的种种挑战。整个过程很艰难，但一起共患难反倒增进了“8+”高校之间的交流和友谊，也让我们丰富了视野，拓展了思维，更让我们重新思考新时期专业教育的变化与多元教学手段的可能。

本次选题将目光聚焦于天府之国成都的宽窄巷子，本来是一个需要对场地有深刻认知的具有挑战性的题目。但由于疫情的原因，各校老师学生无法来到成都宽窄巷子进行线下调研，我院老师采用了多种方式帮助学生“云”调研，比如在线下做好防护措施的前提下进行了现场调研拍照、视频录制、CAD 文件完善、模型制作等各项工作，最后形成网络资源分享给各校师生，保证了线上教学顺利开展。

随着数据时代的进步与发展，线上教育已逐步显现出更大的优势。“8+”联合毕业设计作为一门强调交流互动的活动，思维的碰撞与多维度的交流在教学中显得尤为重要。本次“8+”联合毕业设计作为疫情背景下的多校联合教学，采取了网络线上直播教学的授课模式，构建了 1 个主要线上教学会议平台 +N 个辅助教学平台 + 多个社交软件（微信、QQ）组成的多维度在线虚拟教学空间，丰富了教学手段，也提升了学生在线学习沉浸感，确保教学质量的提高和效果的加强。在课程中指导教师们面对屏幕，引导学生思考，分层次递进，期间穿插视频、音频、图片、历史资料等，通过屏幕共享、语音互动、视频互动等各种方式组织学生分组讨论和提问。此外还多次组织联合毕业设计背景下的系列讲座，丰富了相关专业知识、前沿理念的传递，拓展了同学们的设计思路。同时线上答辩以及各项活动的组织工作也是一大挑战，特别是在最后答辩环节邀请了众多学院院长共同参与，答辩专家组成了前所未有的豪华阵容，在此也特别感谢各位教育界专家的大力支持。

此次“8+”联合毕业设计是首次线上挑战，其范围之广、规模之大、程度之深，是建筑教育界前所未有的。本次线上教学实践也尝试了三大理念更新，一是教学模式更新，“互联网 +”的线上教育模式为未来教育发展提供了新的思路，打破时空限制或许是传统教育的未来变革与发展方向。信息化课程设置、数字化教学建设、“线上 + 线下”相协调等新理念的初见端倪，既是疫情背景之下的应急之举，或许也是未来教育的多元化选择途径。二是教育教学理念更新，在网络技术的帮助下，资源的联合共享更加方便快捷，学生们能够打破地域限制，加快资源共享速度，实现学习所需资源的高效获取，同时共享优质资源帮助更多渴望学习的学生得到公平教育的机会。鉴于学生所处环境带来的个体差异，未来教育思路更应该抓住个人特点，根据个人所需，定制个性化、针对性的教育资源推送。三是教学实践途径更新，在线上直播教学模式中，学生逐渐成为有话语权和交流权的人，互动性显著提高，但是传统线下教育独有的真切的交流氛围以及实体教学不同的教学体感，固然不是线上虚拟模式就能替代的，融合线上 + 线下两种教学模式的优势，形成灵活融合的教学实践安排，才能最大化地提升教学质量，推进高校教育的改革发展。本次“8+”联合毕业设计首次采用的网络线上教育模式，对未来教育教学是值得借鉴的。

最后再次感谢参与本次联合毕业设计教学实践活动的各大高校师生，在此次疫情暴发的艰难情形下，依靠各位老师的全心投入才保证了活动的顺利开展，祝愿来年“8+”联合毕业设计教学实践活动更上一层楼。

沈中伟

2021 年 9 月

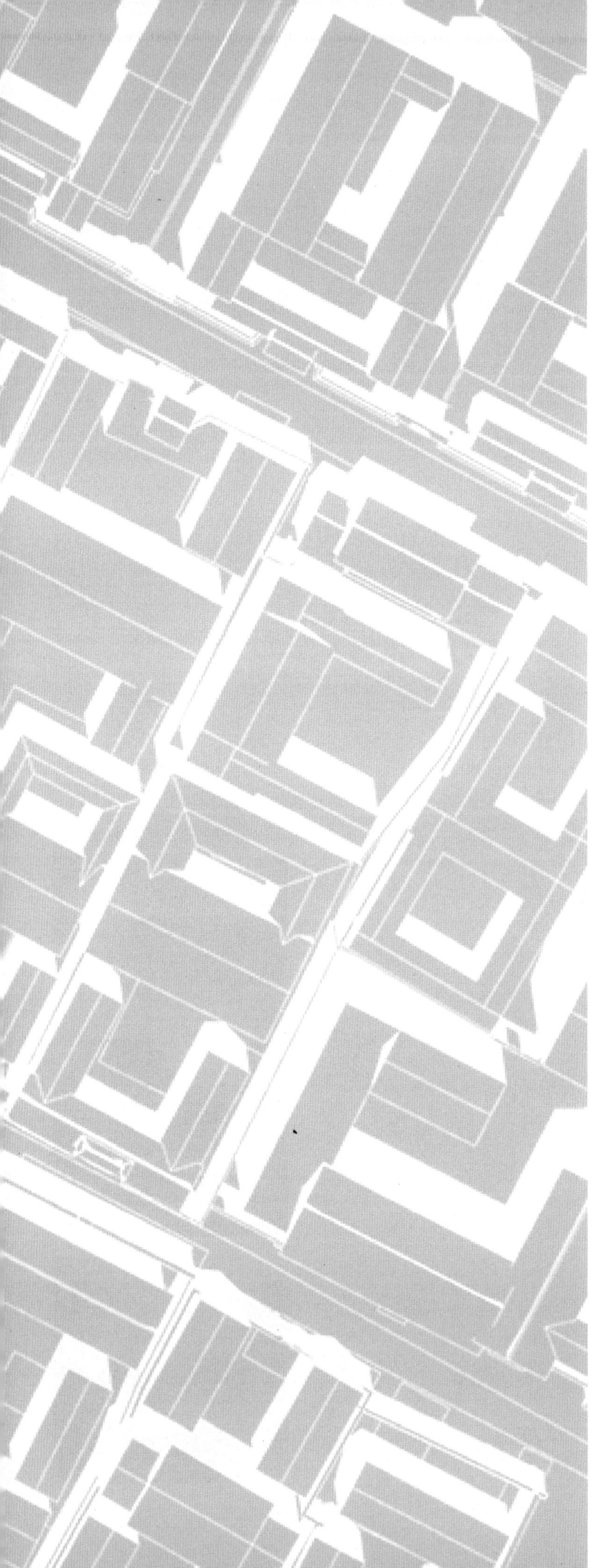

目 录

设计任务
联合毕业设计任务书

城市更新——成都宽窄巷子二期项目建筑设计

（一）课题选址

该联合毕业设计以“成都宽窄巷子二期工程”项目为毕业设计选题。基地位于成都市青羊区宽窄巷子街区西侧，宽窄巷子是历史文化名城——成都市的历史文化保护片区之一。由于该基地与宽窄巷子老街区片区紧邻，并处于保护控制协调区范围，使该地块具有特殊的区位特征与相应的规划设计条件限制，因此使本课题极具挑战性与探索性价值。

（二）项目概况

基地由南北两个地块组成：南边为38分部地块，北边为水表厂地块，详见用地范围图。用地边界均为不规则形，场地较为平整。

基地规划建设总用地面积40451m^2，其中38分部地块面积15341m^2，水表厂地块面积约25110m^2。

（三）规划条件

两个地块沿宽窄巷子街区50m范围内（详地形图）容积率为1.5，限高24m；其余部分容积率4.0，无限高。其他规划条件设置参见《成都市规划管理技术规定》的有关规定。

（四）项目定位

依托宽窄巷子一期所形成的以川西传统院落和街巷为载体的城市旅游地标，提升文化旅游属性，打造集传统文化、精品餐饮、城市观光为一体的文旅产业集群。

（五）建筑功能

含传统文化展示城市舞台与体验、餐饮、观光、休闲等特色商业，以及相关配套辅助设施。具体建筑功能构成根据同学们设计调研过程中，对社会、经济、环境与人的相关诉求市场调研结果，以及投资开发建设单位的相关要求为依据，从该项目的产业支持、业态设置与经营角度，安排其具体功能内容及面积分配。

项目概况

内容设置参考（现提供以下内容参考）：
旅馆酒店业、传统商业、精品美食、互联特色超市
影视与观演、文化艺廊
休闲性茶室、酒吧、书吧
健康休闲服务
儿童亲子体验教育区
街头开放空间、屋顶露台
地下机动车停车库、非机动车库等

（六）设计目标

充分理解尊重川西历史文化，并能结合时代发展需求，进行合理的传承与创新。并对成都老城更新与公园城市理念进行解读与应用。为宽窄巷子面向未来城市的发展提供更好的城市场所，对本地人也为外来人能展现一个全新的独具特色的宽窄街区（该项目为宽窄巷子城市更新二期建设项目）。

期待既有学术探索性与创新性，又具解决具体实际问题切合性的达到毕业设计完成度要求的方案呈现。

（七）核心理念（参考）

1. 历史观念：片区历史渊源追溯、历史文化延伸、更新历程。
2. 时代特色：城市更新、传承与创新、保护与发展、公园城市、小街区、城市活力。
3. 建筑风格：城市街区风貌与地域建筑特色塑造。
4. 空间理念：用地布局、现状建筑、空间尺度、民居建筑、市井生活、和谐共生、安全舒适；空间与功能整合、城市综合体趋势，传统保护街区与保护协调街区的边界伸延与协调、互补与共融。
5. 环境生态：公园城市，自然气候环境与低碳节能设计结合，人文环境、景观环境、交通环境的品质优化。
6. 休闲观念：市井生活、文化休闲、旅游观光相结合的人与空间互动体验。
7. 时态观念：提升片区的时空活力，空间交替与时间循环，空间上的合理布局和功能适当分配，使片区形成在 24 小时之间相对轮回，在部分空间上实现交替的空间功能转换，具有时间与空间的时态特色。
8. 创新理念：挖掘街区地域特色与新经济经营模式结合的空间特色表达。

（八）经营理念

1. 产业观念：产业与业态，品牌效应，新商业综合体与建筑群空间支持。
2. 开发观念：新功能空间、新经营模式、经济投资风险。
3. 管理观念：经营城市，运营全面化、专业化、星级化等。
4. 经营观念：可持续赢利和发展，后价值空间创造和提升等。

（九）决策与公众参与

1. 政府满意：代表城市形象的名片，体现城市文化的窗口，整合和提升城市商业业态水平与功能，提升土地经营价值。
2. 专家满意：符合城市空间规划的要求。提升片区的空间形象和文化价值，尊重街区环境，尊重该片区的城市历史风貌特色，探索城市更新的传承与创新的时代性表达。

基地现状

基地现状

3. 投资商满意：降低投资风险，良好的投资价值和利润空间。
4. 老百姓满意：方便市民对美好生活日常需求，满足老百姓的多元化、参与性、互动性休闲和体验的需求。
5. 中外游客满意：满足观光、体验成都的地方特色生活，了解成都历史文化、市井文化的窗口。
6. 业主满意：满足其功能设置与经营的需求。

（十）毕业设计成果要求

毕业设计成果要求分为以下两部分，以建筑设计内容为主：

1. 城市设计部分

设计要求：

首先要求对项目开展城市设计研究，并完成城市设计相关内容成果，作为该课题建筑设计的依据与基础研究。同时也为开展具体建筑方案设计中，对街区空间整体塑造引导控制的基本遵循前提。

建议可选择从以下层面介入城市设计的相关研究与设计（仅供参考）：

1）传承与更新（传承与创新，过去与未来）
2）保护、利用与发展
3）伸延与共融（边界与互联）
4）开放与绿色（公园城市）
5）活力与品质
6）体验与共享
7）生产与生活（业态与市井）
8）风貌与地域

城市设计中不仅注重设计理念的切入，并注重在城市设计引导的基础上，为城市设计管控提供相关研究依据与策略。

（城市设计的具体内容、工作量、表达方式与成果要求不限或者由各校确定）。

2. 建筑设计部分

成果要求：

1）总平面图：强调表现建筑与现状环境的关系、与城市道路交通组织（含地铁交通站点），以及基地内的停车场、绿化、小品、人行道等，比例 1 ：500
2）分析图：附构思草图、各种主要分析图
3）平面图：主体各建筑各主要层及标准层平面图（含地下室平面）1 ：200 ~ 1 ：300
4）立面图：E、S、W、N 各一个
5）剖面图：选择两个方向（纵、横）
6）透视图：主要各角度透视图（含鸟瞰图）
7）局部透视图：自选五张含室内部分空间表现图
8）建筑细部设计图：要求根据各自设计方案，选择具特色与特征的建筑局部进行相关细部设计（含建筑构造设计）

选题内容

作为 2020 年“8+”联合毕业设计的承办院校，北京建筑大学和西南交通大学两校建筑院系领导和指导老师，于 2019 年 11 月 7 日就选题在西南交通大学进行了面对面的初步沟通，并于当月 29 日、30 日，所有参加联合毕业设计的 9 所建筑院校的院系领导和指导老师齐聚西南交通大学进行了第一次讨论会，最终确定了毕业设计的题目和日程。

前期准备

前期准备

前期准备

前期准备

前期准备

前期准备

现场调研

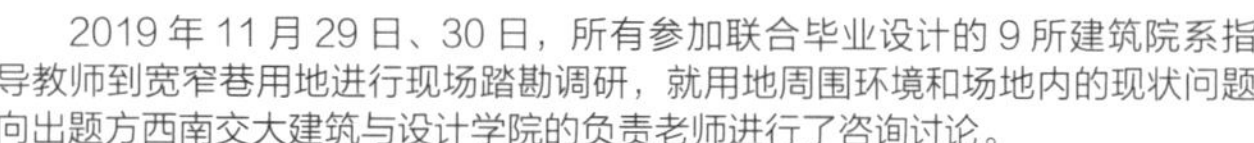

2019 年 11 月 29 日、30 日，所有参加联合毕业设计的 9 所建筑院系指导教师到宽窄巷用地进行现场踏勘调研，就用地周围环境和场地内的现状问题向出题方西南交大建筑与设计学院的负责老师进行了咨询讨论。

现场调研

现场调研

现场调研

现场调研

现场调研

现场调研

现场调研

开题环节

经过前期多方沟通和紧密的筹备工作，建筑学专业“8+”高校联合毕业设计网络开题仪式于 2020 年 2 月 24 日上午成功在线举办。“8+”联合毕业设计自 2007 年首次举办以来已经连续成功举办 13 届，已成为国内建筑学专业联合教学和学术交流的重要平台，体现出历史最长、人才最多、辐射最广的鲜明标杆示范特点，对全国高校建筑学专业的发展产生了深远的影响。本次第 14 届联合毕业设计由北京建筑大学和西南交通大学联合主办，包括清华大学、东南大学、同济大学、天津大学、重庆大学、中央美术学院、厦门大学等在内，共计 9 所建筑院校参加。

开幕式会议由北京建筑大学建筑与城市规划学院马英教授在线主持，引用“山川异域，风月同天，寄诸学子，共结来缘”作为开场白，表述了对本次疫情影响下师生需共同面对的工作与学习的情景与心态。本次网络会议共计 160 余位师生在线参加。开幕式首先分别由原全国建筑专业指导委员会主任、原东南大学建筑学院院长、深圳大学建筑与城市规划学院名誉院长仲德崑教授，我校原建筑学院院长汤羽扬教授，清华大学原建筑系主任许懋彦教授，天津大学建筑学院院长孔宇航教授致辞。四位老师分别从各自角度回顾了“8+”联合毕设的缘起与发展过程，高度赞扬了其成绩的同时，对这次联合毕设寄予了厚望；西南交通大学建筑与设计学院院长沈中伟和北京建筑大学建筑与城市规划学院党委书记何立新作为联合举办方的领导分别代表学院致辞。沈中伟院长讲到，“8+”联合毕设参加院校是我国建筑教育的代表性院校，不仅其多样性展示出了十四年来永在的魅力，更会不断引领我国的建筑教育的方向和未来；何立新书记强调，疫情是“危机”也是“契机”，每一次重大的传染性疾病疫情都推动了建筑学和城乡规划设计新理念、新方法和新的标准规范的更新迭代，成为推动城市健康发展的重要动因，建筑学教育也必然从封闭、单一、静态走向开放、多元、动态的整合发展趋势。韩孟臻、鲍莉、李翔宁、张昕楠、龙灏、贺勇、周宇舫、王绍森、张樱子、金秋野分别作为各校教师代表发言。

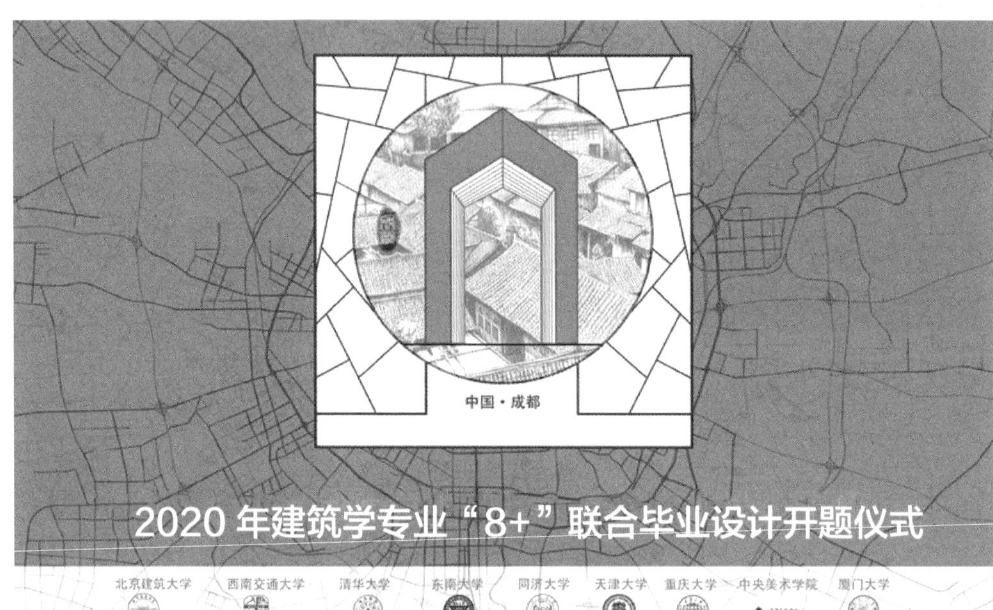

钓鱼台酒店窄巷子立面

窄巷子北侧立面

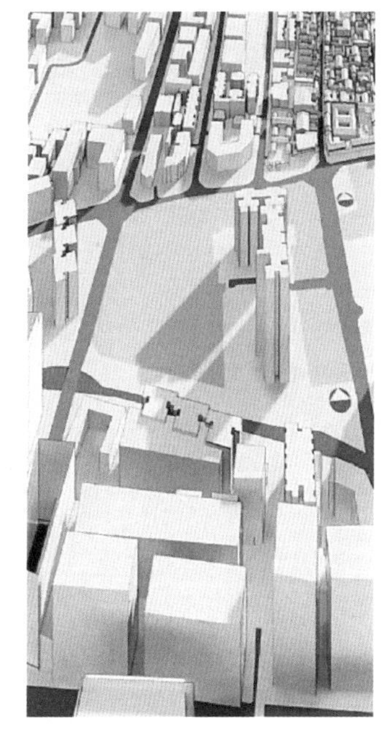

西南交通大学建筑与设计学院的李异教授在线对本次设计题目通过动画演示等手段做了精彩讲解，并利用云盘在线方式共享了详尽的设计资料，很大程度上弥补了学生无法前往地段现场的缺憾。联合举办学校的学生代表随后发表了感言；开幕式最后，由西南交通大学建筑与设计学院副院长杨青娟教授和北京建筑大学建筑与城市规划学院副院长欧阳文教授做了开题总结。本次联合毕设也得到了天华集团和中国建筑工业出版社的赞助和支持，王峥和陈桦代表各自单位表达了对此次活动的祝愿。整个开幕式流畅有序，共持续两小时四十分钟。

因为疫情的影响，来自全国各不同地区建筑院校的领导和老师，克服各种困难，经过多次在线的反复讨论和演练，终于保证了这次开幕式的顺利举行。本届联合毕设也成为历届联合毕设中最为特殊和最具有纪念意义的一次，为建筑设计这一主干课程开展跨地区、跨学校的大型在线联合教学进行了积极的探索，作出了成功的示范。

井巷子小洋楼立面

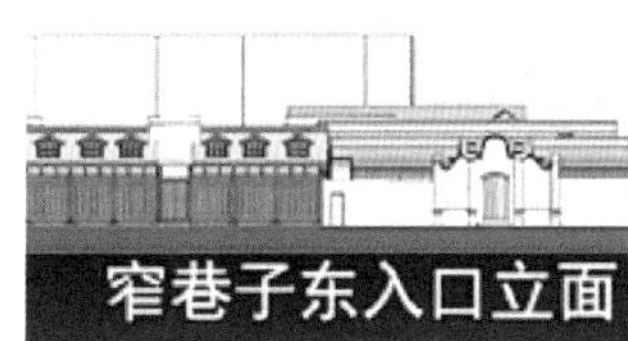

窄巷子东入口立面

参加开题仪式的部分学生

教学过程

采用自愿报名参加的方式，每个学校就选定的题目进行了题目宣讲和参加学生的召集和遴选，确定了参加学生名单和辅导教师最终名单，但此后因疫情暴发，大部分学校进行了线上教学的方式；同时，请清华大学刘伯英老师、同济大学王一老师、天津大学何婕老师和天华建筑的武扬老师分别就宽窄巷的历史和设计以及城市设计的相关课题进行了线上讲座。

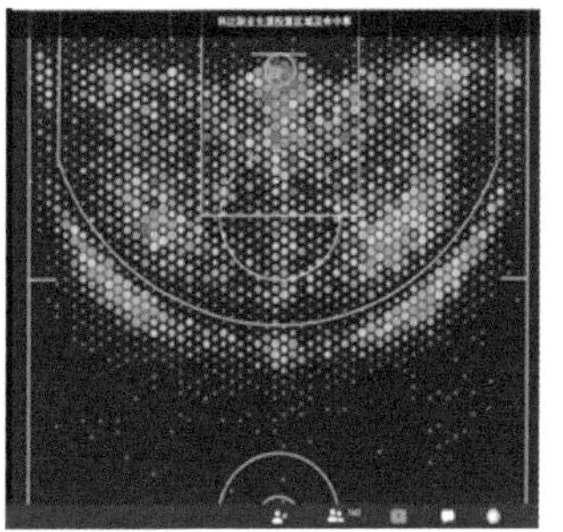

何捷老师讲座

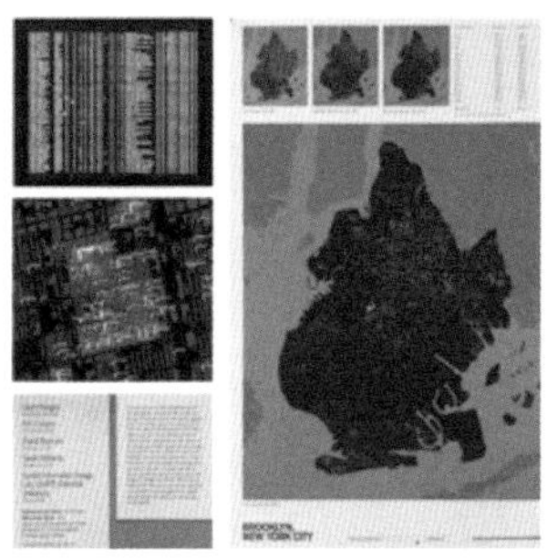

武扬老师讲座

王一老师讲座

刘伯英老师讲座

新原住民
翟永明的
白夜

新原住民
石光华的
上席

新原住民
李亚伟的
香积厨

中期答辩

2020 年 4 月 11 日，参加联合毕业设计的 9 所院校的师生进行了中期答辩，共 113 名学生分 6 个会场，答辩从上午 9 点开始，一直持续到下午 3 点，之后，各会场答辩小组组长老师对各自组的学生作品进行了精彩点评。

老师点评

老师点评

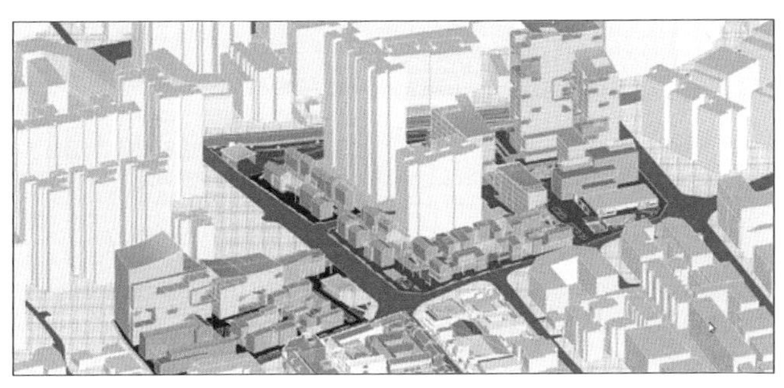

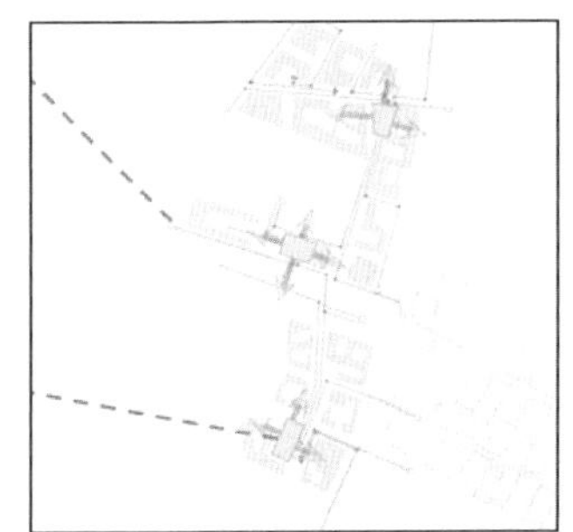

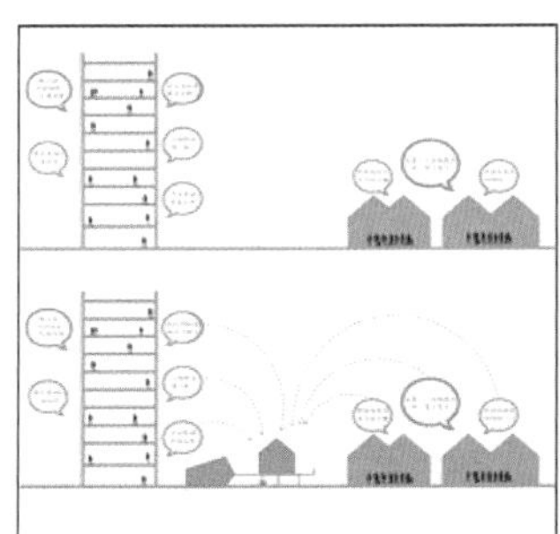

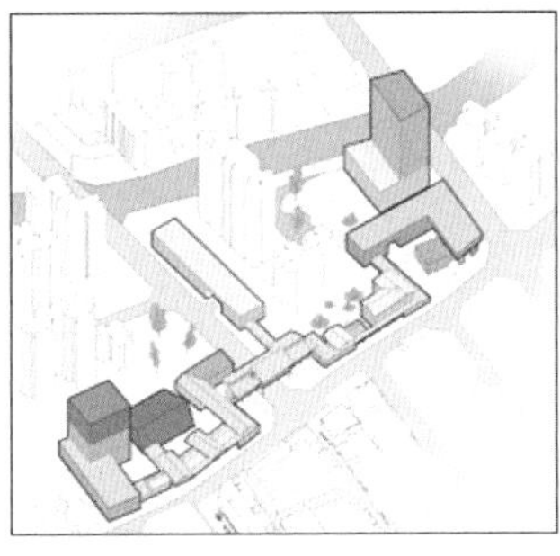

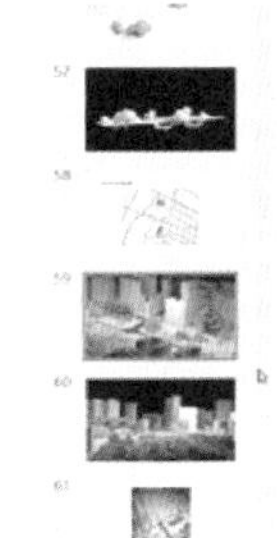

学生作业展示

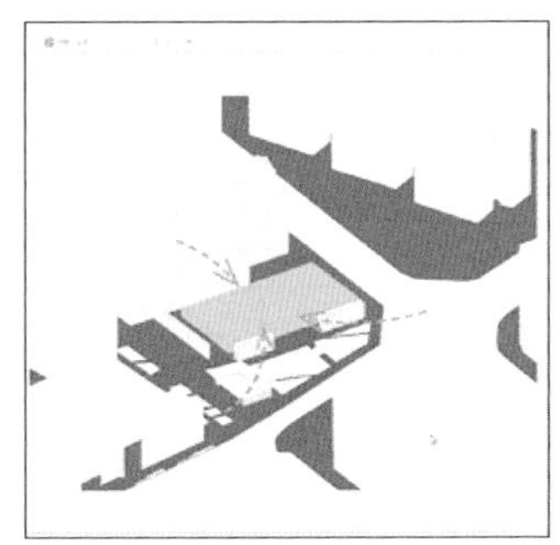

终期答辩

6月6日，2020年建筑学专业“8+”联合毕业设计答辩暨闭幕式正式举行，开幕式首先由西南交通大学建筑与设计学院沈中伟院长、北京建筑大学张大玉副校长、原东南大学建筑学院院长仲德崑先生致辞，此后，庄惟敏、张彤、李振宇、孔宇航、杜春兰、朱锫、王绍森等其他7所院校的建筑学院院长，以及天华集团的荆哲璐副总建筑师分别讲话致辞。最后，北京建筑大学建筑与城市规划学院张杰院长致欢迎词，上午9:50正式答辩随即开始，共分6个会场，答辩一直持续到下午5:00左右，下午6:00原北京建筑大学建筑学院院长汤羽扬教授致辞，每个评委小组组长老师对本组学生设计进行了总体点评并推选本组优秀方案，并由天华建筑进行了颁奖，中国建筑工业出版社的陈桦主任讲话。联合主办方张杰院长、沈中伟院长分别致闭幕词，最后由2021年度主办方中央美术学院建筑学院院长朱锫院长接力致辞。

2020建筑学专业“8+”联合毕业设计终期答辩

院长致辞

庄惟敏　院士 清华大学建筑学院 院长

张　彤　东南大学建筑学院 院长

李振宇　同济大学建筑与城规学院 院长

孔宇航　天津大学建筑学院 院长

杜春兰　重庆大学建筑与城规学院 院长

朱　锫　中央美术学院建筑学院 院长

评图现场

评图现场

评图现场

评图现场

023

终期答辩

在会学生

在会学生

在会学生

在会学生

学生成果展示

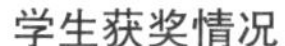

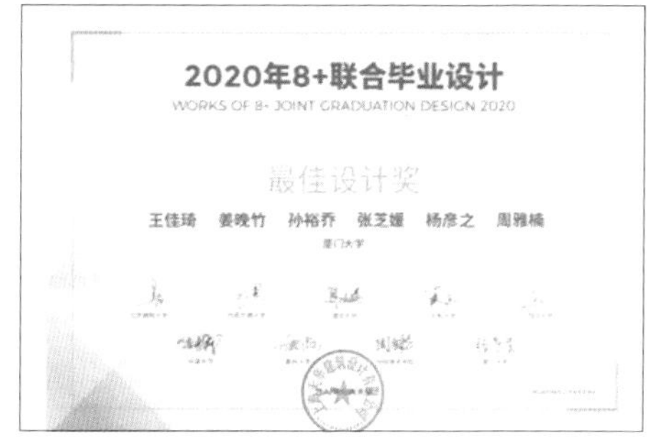

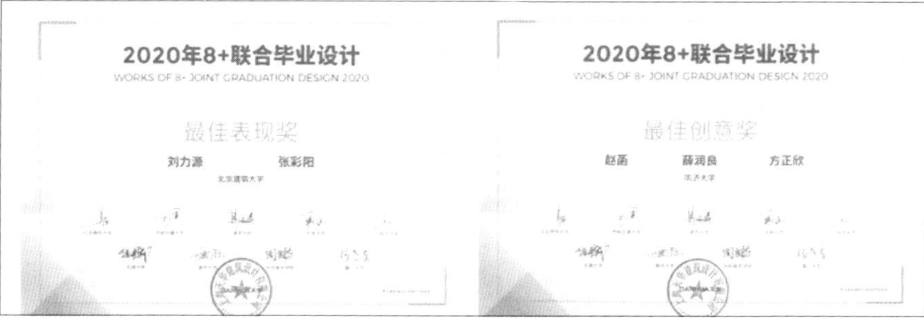

学生获奖情况

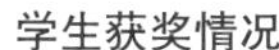

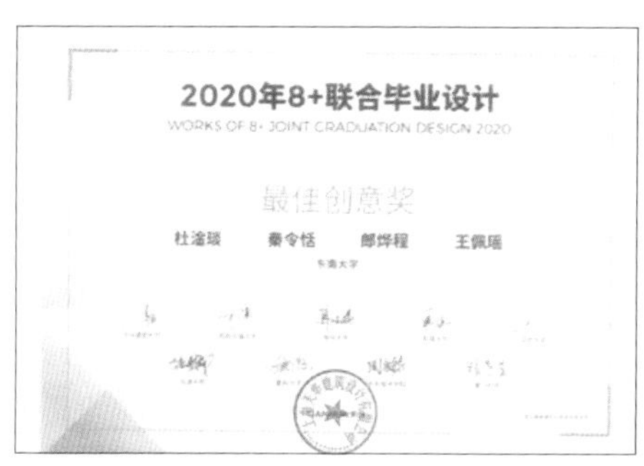

北京建筑大学

Beijing University of Civil Engineering and Architecture

1 古今惊变 Dramatic Changes in the Heart of Chengdu

青川图锦绣，雾雨隐相谈。风月何从讲，观融自穿延。

2 水云间 Sedate

追忆过去，放眼未来以时间为尺，构筑古今，反映文化变迁，以对建筑区位的分析与解构指导后期建筑塑造。

3 成都宽窄巷子二期项目设计 Design of Chengdu Kuanzhaixiang Phase II Project

依托场地现状环境，塑造独特景观生态风貌，实现建筑与景观的有机结合。

4 锦城叠院 Muti-Countryards

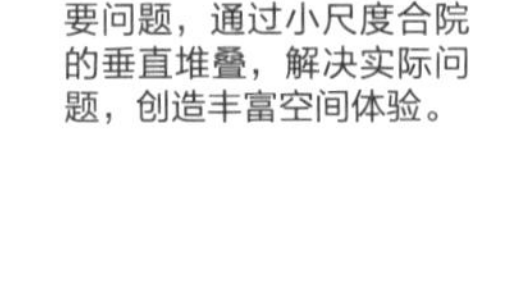

抓住场地的内在特质和主要问题，通过小尺度合院的垂直堆叠，解决实际问题，创造丰富空间体验。

刘力源

韩祺昌

邵阳

李宇馨

张彩阳

李子曦

穆青

戴维蒙

张德欢

孙岩

潘牧宁

马英

金秋野

俞天琦

铁雷

5 闲人客栈 leisure Inn

在居家办公和旅客文化的背景下，创造一个具有巴蜀地域特色和面向未来的综合旅客社区。

6 岛——公园下的博物馆

ISLAND—Museum：Beneath the City Park

旧城背景下的新城公园，隐藏在城市表面之下的博览体验，创造宽窄文化的延续与更新。

7 成都生命线——市井烟火+城市留白

The lifeline of Chengdu

搭建一条环绕成都五大景区的骑行景观道，激活沿线社区，连接城市区域。

8 “围”城——新旧生活的渗透

The Besiege City

关注历史文化片区在新兴城市中的围城状态造成的影响，对历史片区与现代都市界面进行介入、缝合。

9 古老城市中的活力街区

A Vibrant Neighborhood in An Ancient City

提取地区传统元素，根据公园城市理念，打造传统风貌拓展区、都市创新休闲区、公园城市体验区。

10 粉墨街区

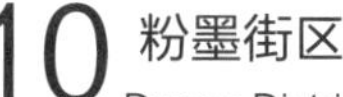

Drama District

以当地传统戏剧表演艺术这一非建筑的文化要素作为切入点，结合空间序列和剧本叙事，力求在场所意境的营造上契合于戏剧表演的情感氛围。

王杏南

张文仪

郭超然

江培纯

冉子狄

丁文晴

王玉珏

张楚沅

张楠

裴婧然

凌仕桓

高栩

2019 年 11 月底指导教师第一次到成都看现场的时候，谁也没料到这将是 8+ 联合毕业设计史上最特殊的一年。

疫情带来的突出问题：这么大规模的跨校联合教学活动，必须在师生居家的条件下完成。这意味着不能现场调研，不能见面讨论方案，不能举行集体评图，不能使用学校的加工车间，甚至交图了、毕业了，都没法约饭。从 1 月底到 6 月初，历时近半年的教学过程，北京建筑大学的四位指导教师甚至都没有见面。如此困窘的局面并没有让师生气馁，或以敷衍的态度来对待。相反，很多新方法、新思路因此涌现出来，结果也相当令人满意。

本次毕业设计题目的选址，既是城市中心区，又是历史地段，有商业、居住、文化娱乐、旅游服务等多重功能，城市肌理复杂，交通网络纵横交错，对学生的综合处理能力形成巨大挑战。从最终的成果看，同学们表现出很强的驾驭能力，从业态模拟、空间分布、交通组织、空间感受、文化传承等不同方面入手，提出了颇具创造性的解决方案，而这些工作是在缺少现场经验、不能直接沟通的情况下，尽可能地依赖网络数据和间接信息来完成的，非常难能可贵。这也预示着新一代设计师处理场地、解决问题，都面临着“新现实”的挑战，这个“新现实”，就是疫情促使我们思考的，信息交流方式、空间感受方式、方案传达方式等方面的新特点，长久来看，很可能是设计工作的一个新起点，它带来成本和模式上的冲击，即使疫情过去也会深刻影响教学与实践。

但以上都是事后回顾中想到的。当时突如其来，师生不得不临时应对，一同探索线上教学的可行方案，琢磨远程实时改图的方法，摸索出一套行之有效的学习方案，严谨而清晰。期末的集中评图，超过 200 名师生同时在线，可以随时进入任何会场，观看同学们的讲解和老师们的点评，实现了教学成果的全方位、无边界的线上呈现，这种信息传播模式和成果展示方式也是前所未有的。可以说，通过妥善筹划、合理应变、精密组织，8+ 师生为疫情之年的联合毕业设计献上了一份完美的答卷。作为主办方和参与者，我们感到无比欣慰，也对各校师生的积极配合表示由衷的感激。祝 8+ 联合毕业设计越来越好！

——金秋野

古今惊变

成都宽窄巷子二期项目城市设计 + 建筑设计 - 2

北京建筑大学
建筑与城市规划学院
建筑实验 151
2019 - 2020 学年第二学期 毕业设计

学　　生 / 刘力源 张彩阳
指导教师 / 马英 金秋野 铁雷 俞天琦

古今惊变

Dramatic Changes in the Heart of Chengdu

北京建筑大学
设计：刘力源 / 张彩阳
指导：马英 / 金秋野 / 俞天琦 / 铁雷

设计背景

本设计为宽窄巷子二期项目城市更新设计，任务包含城市设计与建筑设计两部分。设计的总体目的为提高片区活力，保护与传承历史文脉，实现历史文化保护区与更新区域及其周边地区的共同发展，消解并利用场地中传统与现代元素的差异，实现良好过渡，营造独特文化、生活体验感受。

设计策略

城市设计前期进行了理论研究与调查分析，提出了"古今惊变"的设计概念，探讨了城市发展以及空间设计中变和不变的具体内容。其中变的部分作为设计重点，注重城市性，具体分为"徐变"和"突变"两种体验；不变的部分以精神和文脉为代表，贯穿设计始终，着重体现延续性与文化传承。

方案生成

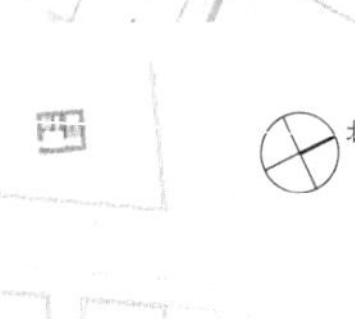

总平面图（上）
首层平面图（右）
人视图（左）

功能分区分析图
景观系统分析图

道路交通分析图

公共空间分析图

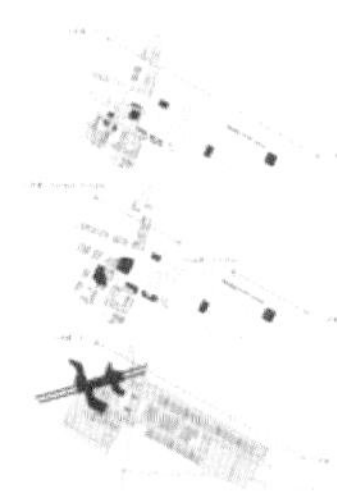

概念的体量体现

评语：

该设计较好地把握了题目背景与要求，整体设计思路清晰合理，在调研成果与相关理论指导下，完成了从城市设计到建筑设计的逐步推进与深化，实现了对城市和宽窄巷子街区的回应。

在建筑设计阶段，能够延续城市设计的概念，合理分工，对"占今惊变"中的"徐变"与"突变"分别进行诠释，设计成果完整。

此外，该组同学对于成果的表达与表现还具有自己独到的考量与见解。最终成果呈现效果突出，展现出了扎实的专业素养。

古今惊变

青川图锦绣，雾雨隐相谈。
风月何从讲，观融自穿延。

合与观

融与隐

木与瓦

建筑设计整体轴测图

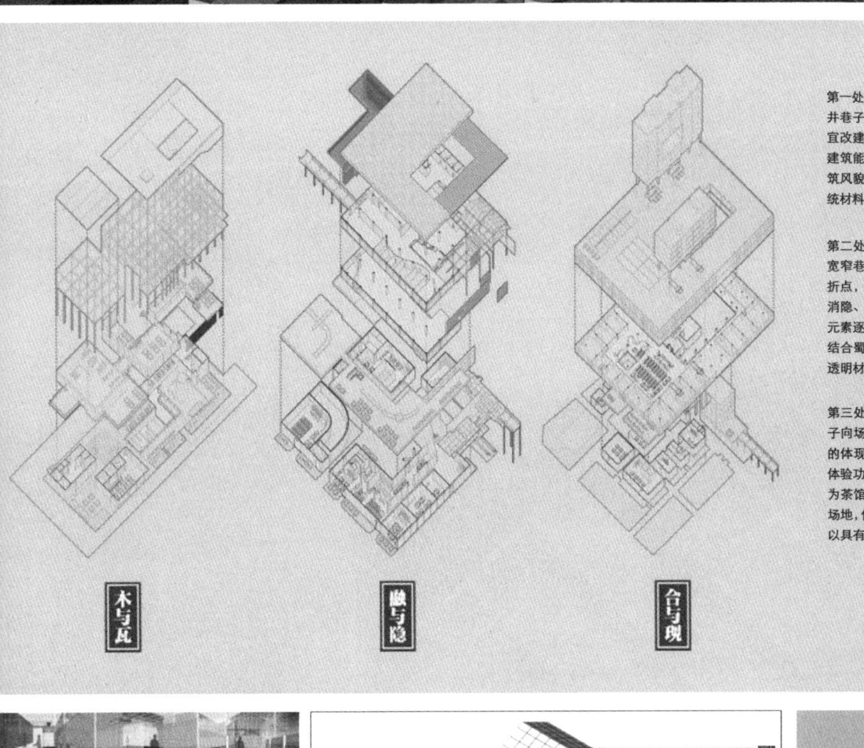

第一处节点名为"木与瓦"。位于窄巷子、井巷子尽端处，对宽窄巷子内部原有适宜改建的建筑进行拆除或更新，以使新建筑能够渗透进入宽窄巷子内部。在建筑风貌控制上区别于传统风貌，运用传统材料与传统建筑进行协调。

第二处节点名为"融与隐"，该节点与宽窄巷子隔街相望，作为由古至今的转折点，设计借用对坡屋顶元素的表达与消隐、利用与转译来实现转折，将传统元素逐渐融于现代元素，最终实现过渡。结合蜀绣文化，得到以金属网架配合半透明材料实现消隐效果的策略。

第三处节点名为"合与现"，为宽窄巷子向场地延伸的收束，是由古向今转变的体现与完成。安排有社区服务及生活体验功能，场地内布置大面积开放空间，为茶馆、麻将馆等提供室外体验及活动场地，依照"林盘"的传统意象布置景观，以具有当地特色的植物围合室外空间。

古今惊变——徐变

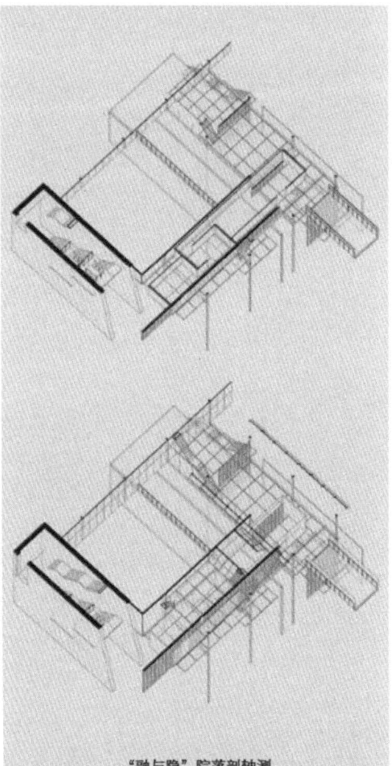

"融与隐"院落剖轴测

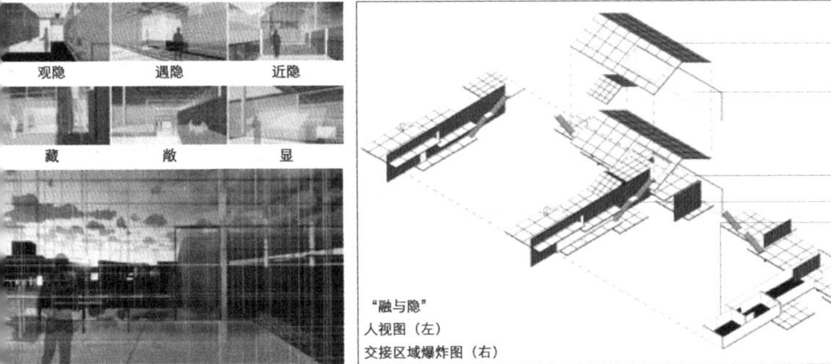

"融与隐"
人视图（左）
交接区域爆炸图（右）

"木与瓦"剖透视图

古今惊变——突变

方案生成

STEP 1 - 场地生成

用地范围
窄巷子
宽巷子
宽窄巷子地铁站 B 口

STEP 2 - 体量悬空

将主要的体量架空，一方面在底层形成通透的开放空间，为川剧、展览、茶馆等功能提供室外使用的可能性；另一方面形成较深的檐下空间，适应成都气候环境的同时，与川西民居的深檐相呼应。

STEP 3 - 体量置入

川剧、办公：位于窄巷子延伸轴线南侧，与蜀绣体验馆一起形成文化体验区
酒店中庭：酒店大堂北侧临街，方便旅客落客；东侧为地铁站前下沉广场展厅、livehouse：展厅入口面对宽窄巷子，接纳游客人流，形成连续的游览体验；北邻地铁站，地下部分 livehouse 与之紧密结合，并与地上部分川剧形成对比。

STEP 4 - 围城

将酒店客房围绕主要体量布置，形成“围城”一样的空间效果——外紧内松，内部充满丰富的公共活动。同时，客房的四个朝向皆对景，分别为河景与灯会、沿街灯会、宽窄巷子与生活体验区。

酒店中庭
川剧、办公
展厅、livehouse

STEP 5 - 酒店疏散

酒店主出入口
酒店副出入口
酒店疏散出口

酒店客房
酒店中庭
酒店疏散楼梯
川剧、办公
展厅、livehouse

STEP 6 - 办公体量悬浮

办公体量与主体脱离，在川剧戏台上方形成通高天井。

酒店客房
酒店中庭
酒店疏散楼梯
川剧、办公
展厅、livehouse

STEP 7 - 展厅体量辐射

小报告厅（排练厅）——▶川剧戏台
展厅——▶酒店、宽窄巷子、灯会
Livehouse、看台——▶地下商业街

STEP 8 - 与地铁站交接

嵌入地下商业街，与地铁站交接。

酒店客房
酒店中庭
酒店疏散楼梯
川剧、办公
展厅、livehouse

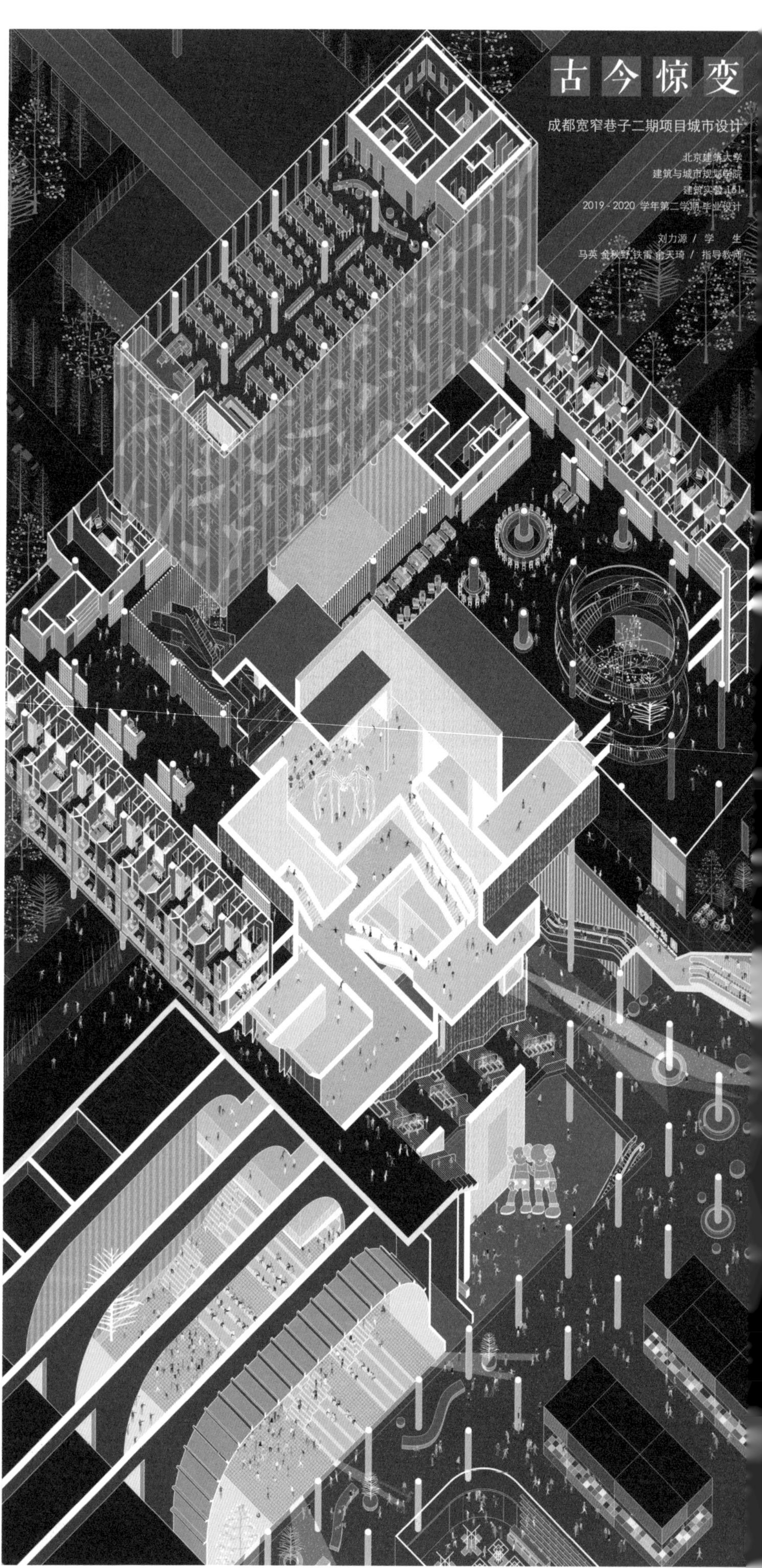

古今惊变

成都宽窄巷子二期项目城市设计

北京建筑大学
建筑与城市规划学院
建筑实验 151
2019 - 2020 学年第二学期 毕业设计

刘力源 / 学　生
马英 金秋野 铁雷 俞天琦 / 指导教师

通过小报告厅和川剧戏台侧的入口可以看到川剧天井；阳光从上方洒下，下方 livehouse 的光也会通过中庭漏上来——展厅透视图

设计策略

期调研后，针对场地上文脉割裂、居民服务功能缺失的题，一方面，在地上部分延续宽窄巷子的文脉，结合成川剧、蜀绣等传统文化项目，创造连贯的文化体验；另方面，地下部分结合地铁站，对地下商业综合体进行开发，周围功能进行补足。

时，本设计以“古今惊变”为概念，将“惊”分为冲突平缓，“变”分为突变与渐变，探讨了本地块在传统与代的夹缝中，可以给人带来的不同体验。

道路
通达性，降低街块尺度

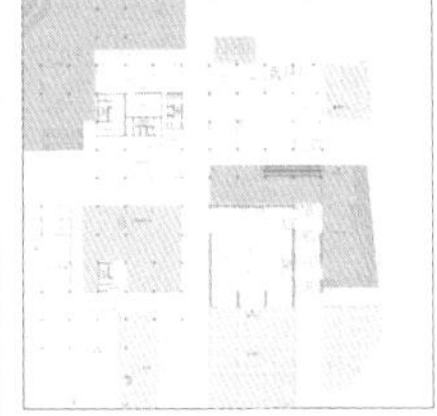

广场
丰富的展览、观演、聚集、就餐区等

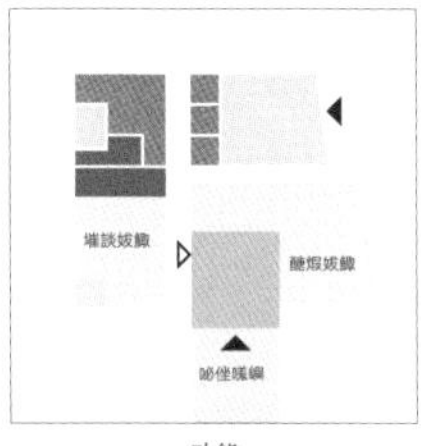

功能
酒店大堂、办公入口、川剧体验、展厅

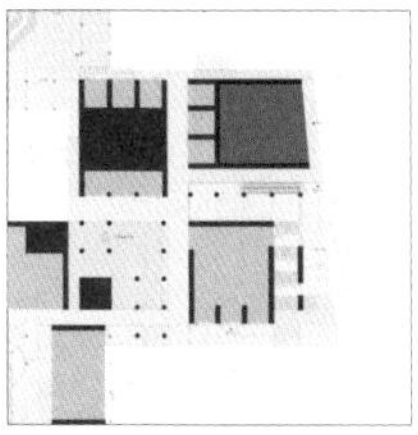

界面
袋状空间，向广场与景观开敞

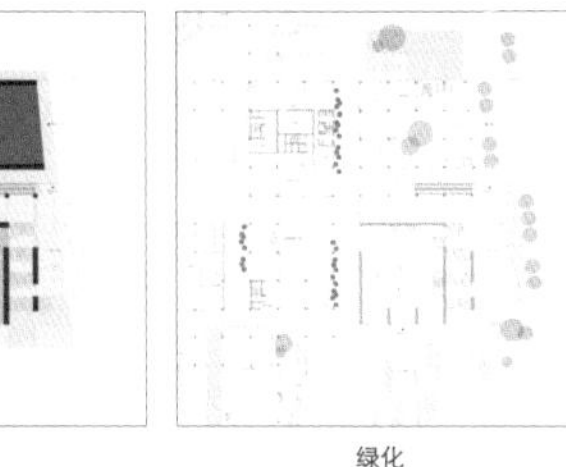

绿化
竹与树，作为软隔断分隔空间

延续与整合——水平方向

宽窄巷子文脉的串联
街巷尺度：高宽比 >1
空间类型：檐下空间、院落空间、井空间等
材料构造：木、混凝土、瓦等
景观植物：竹、银杏、洋槐等

差异与对立——竖直方向

老成都生活方式的对比
以轨道交通为出发点：城市触媒（点 - 线 - 面）
置入各种商业功能：功能补足与质提升
体验路径延伸：竖向与地下商业形成文化体验区、综合体验区

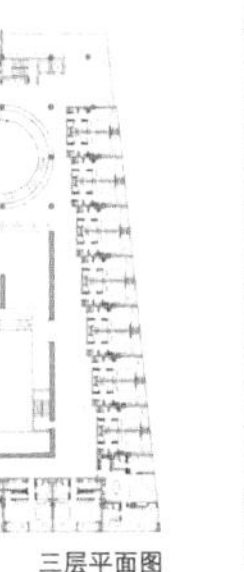

三层平面图

Livehouse 透视图

川剧戏台透视图

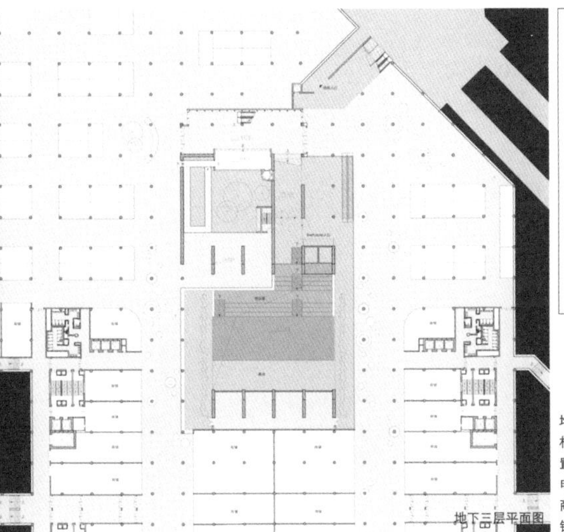

地下三层平面图

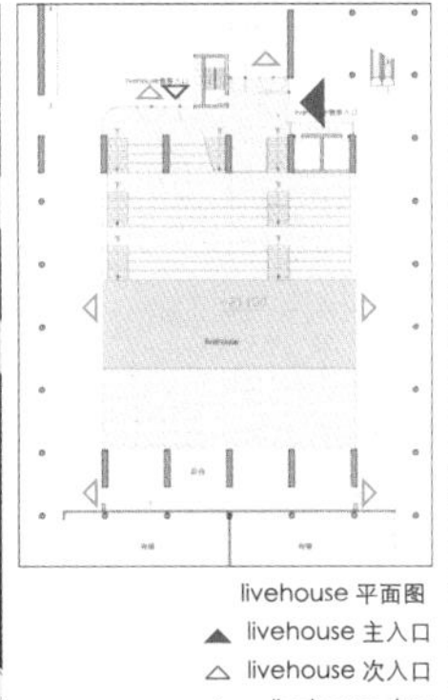

livehouse 平面图

▲ livehouse 主入口
△ livehouse 次入口
△ livehouse 出口

地下商业两条主街与地上部分宽窄巷子相对应，由场地侧至宽窄巷子侧功能布置依次为：小吃街、livehouse、商铺、电影院、生活超市。

商业街的服务流线位于两条主街两侧商铺的外侧，与疏散通道相接。

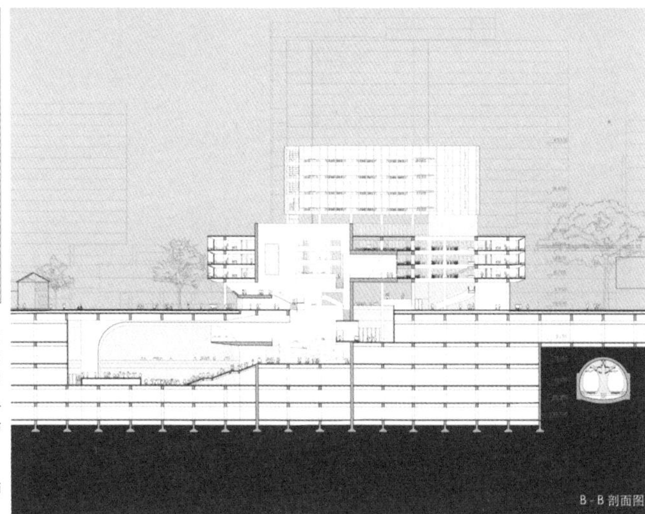

B - B 剖面图

水云间 Sedate

北京建筑大学
设计：韩祺昌/李子曦/张德欢
指导：马英/金秋野/铁雷/俞天琦

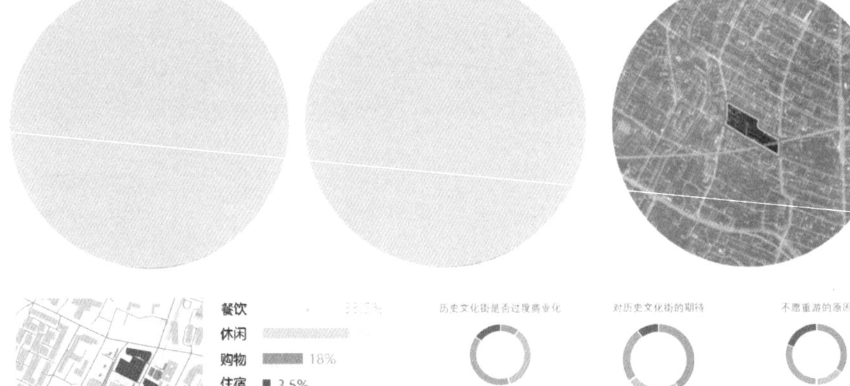

宽窄巷子的商业形态中餐饮和休闲类各占了三分之一，购物又占了剩下的一半。在这条成都文化街中文化艺术类的功能只占了6%的比例。

这个现象也普遍存在于国内的其他历史文化街中。商业占比过大，只存在少量的文化艺术类业态，造成商业化严重，“千街一面”等现象。使得各地文化街缺乏文化特色，对游客并无太大吸引力。

宽窄巷子位于四川省成都市青羊区长顺街附近，由宽巷子、窄巷子、井巷子平行排列组成。

改造后的宽窄巷子整体空间风貌较为完整，延续了清代川西民居风格，街道在形制上属于北方胡同街巷，其主要特色为；“鱼脊骨”形的道路格局。这种格局形式便于街道居民自发式管理，奠定了安静、悠闲的生活基调。宽窄巷子由营房宿舍慢慢与川西民居融合为一，民居内具有川西风格的庭院形态也基本保留，建筑构件如窗扇、雀替垂花柱等从细节上再现了老成都的生活韵味。

宽窄巷子的沿街传统特色立面保存基本完好，黑灰墙与小青瓦做的窗花，整个街道的主调呈现出清代的特征。建筑作为空间的表皮，是空间历史感的外部表象，通过这些实体界面的强化，让历史街区重塑出空间的时间厚度。

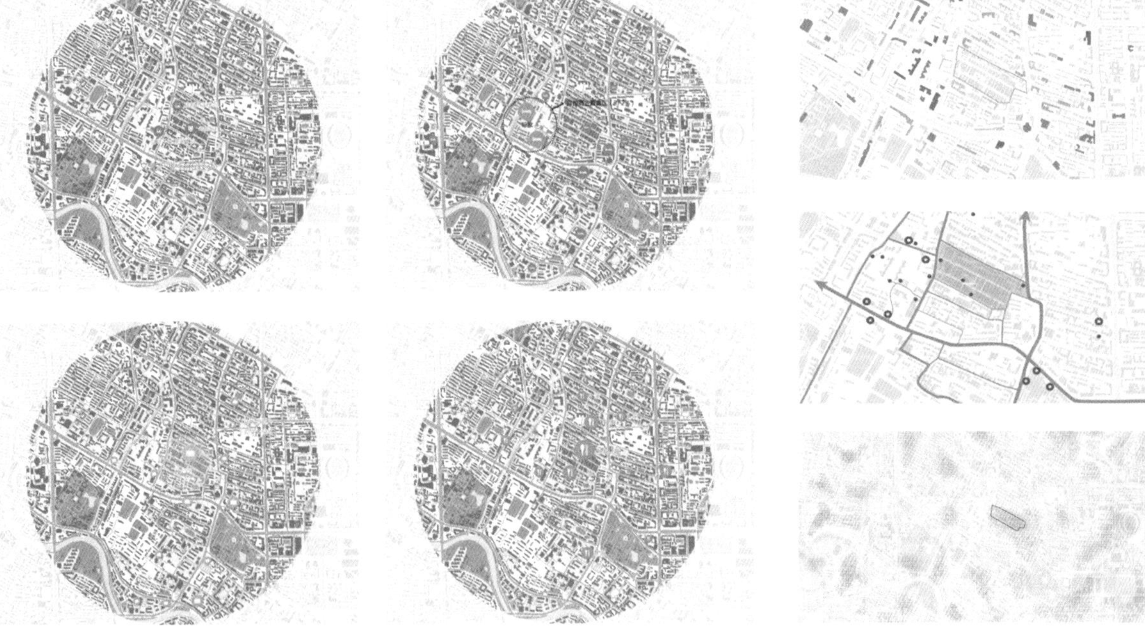

感想：

毕业设计不仅仅是对之前知识的一次检验，也是对自己能力的一次提高。

这次设计是我们第一次尝试先规划设计后建筑设计的模式；前期对建筑区位的分析与解构为后期建筑的塑造打下了基础，使得建筑设计过程的逻辑更清晰。

通过这次毕业设计，我们了解到了历史文化古街的改造设计应当着眼过去和未来：以时间为尺，构筑古今。也明白了能够反映文化变迁，追忆过去，放眼未来的规划设计，才是好的规划设计。

次入口
主入口
次入口
次入口
主入口
次入口
次入口
主入口
主入口

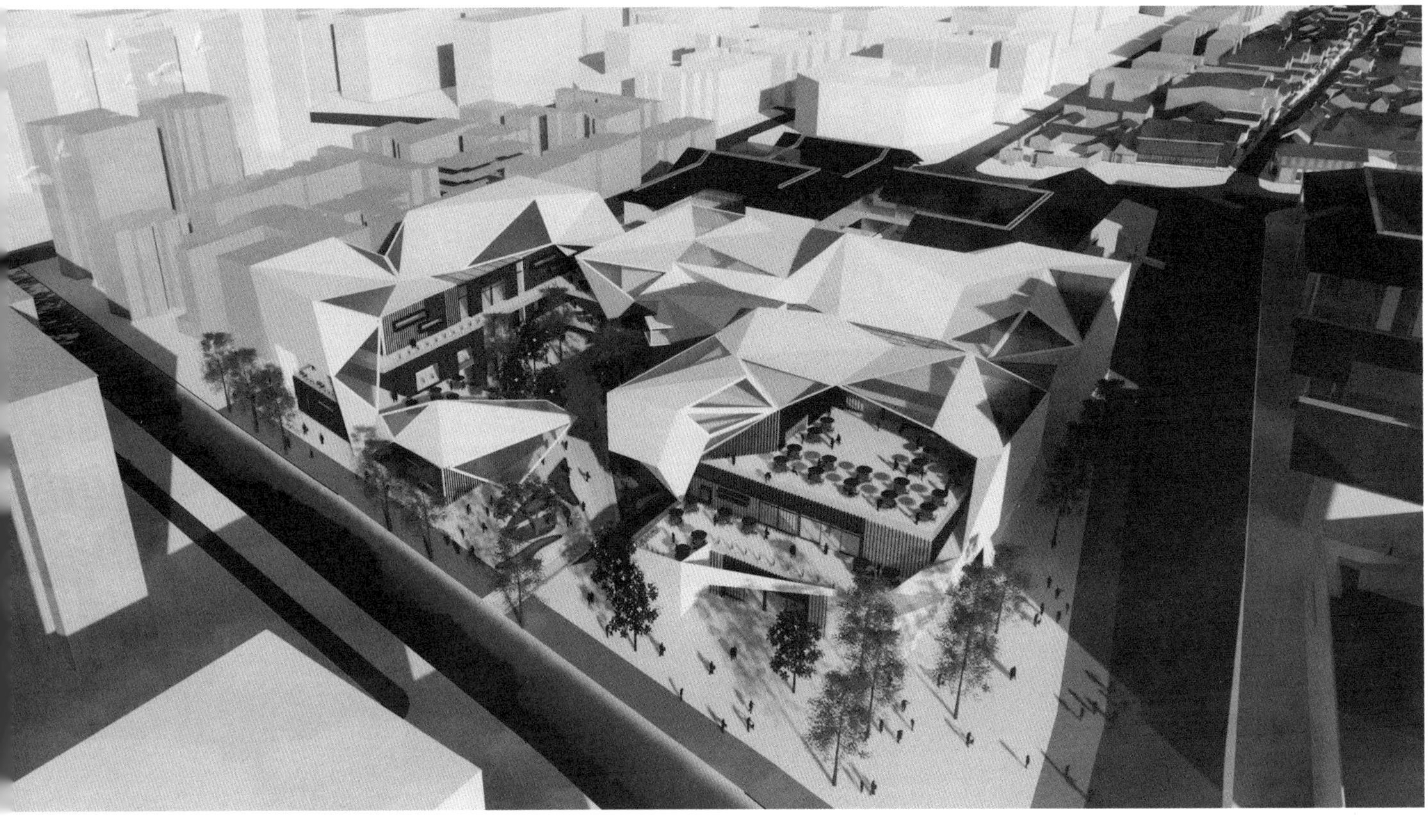

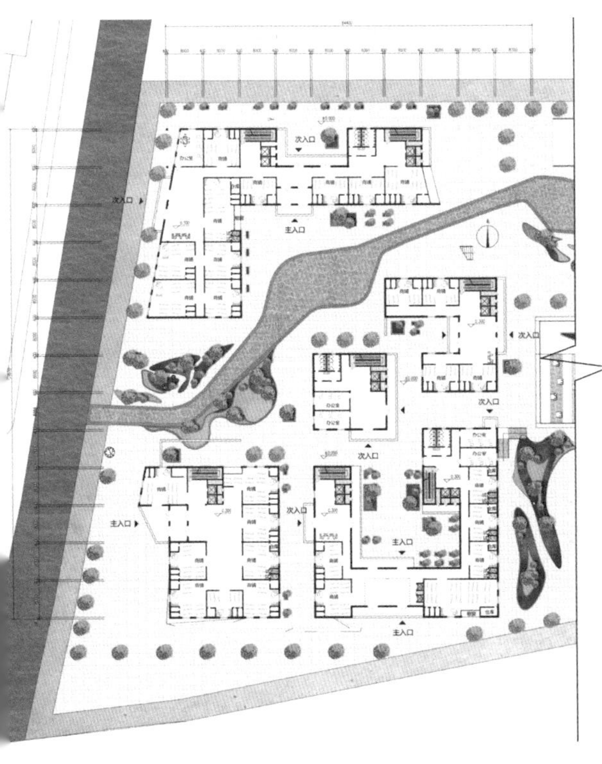

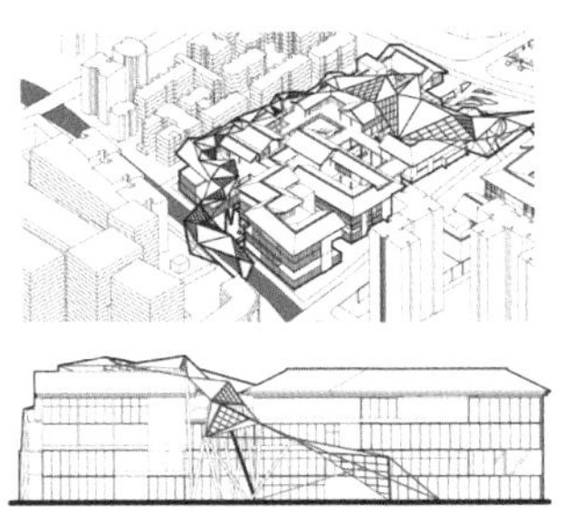

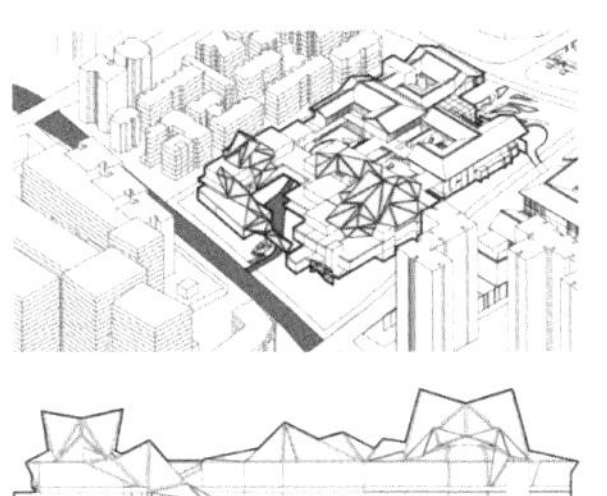

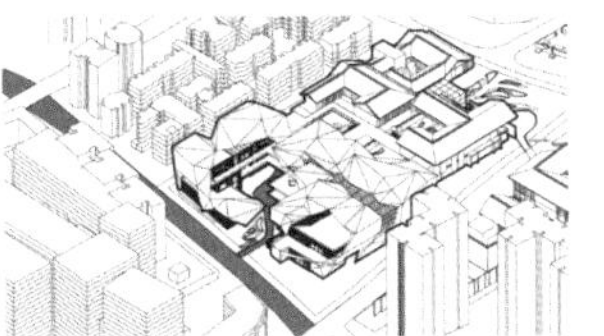

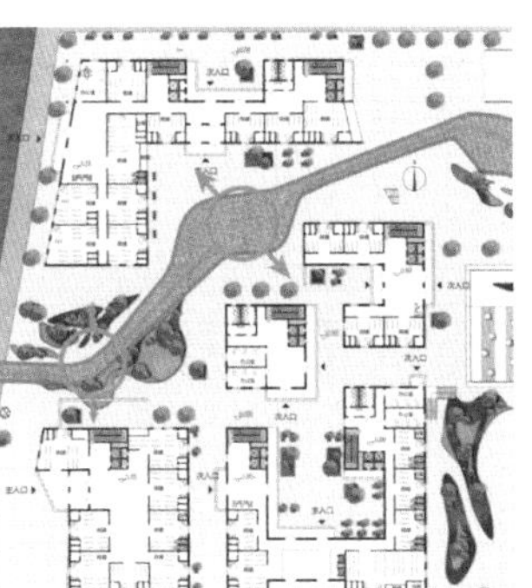

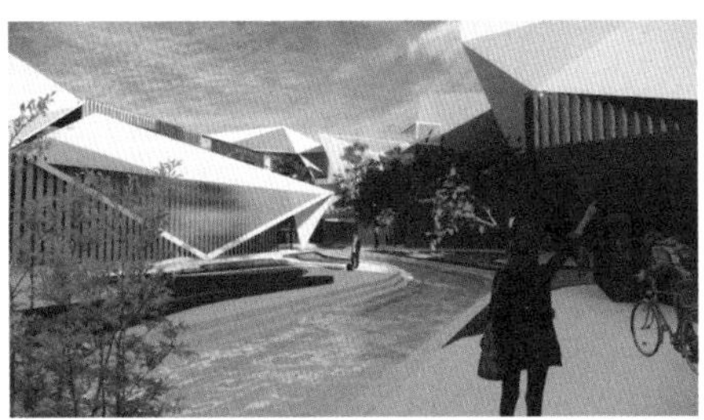

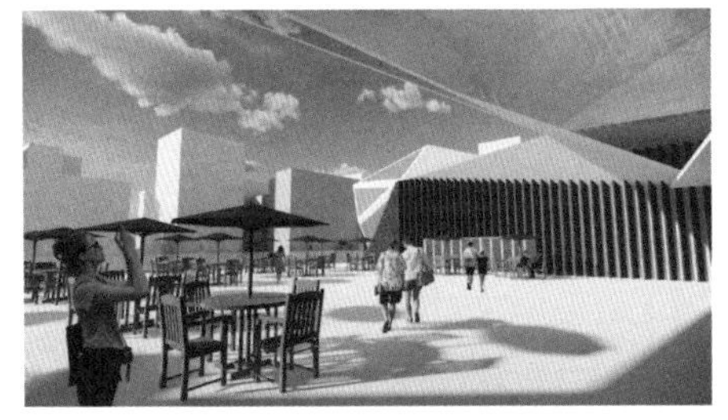

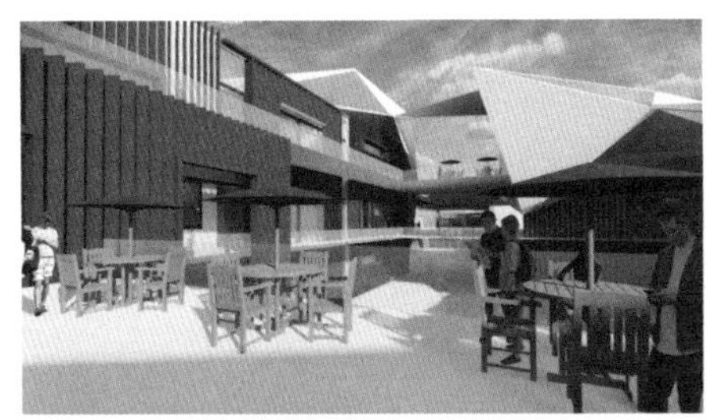

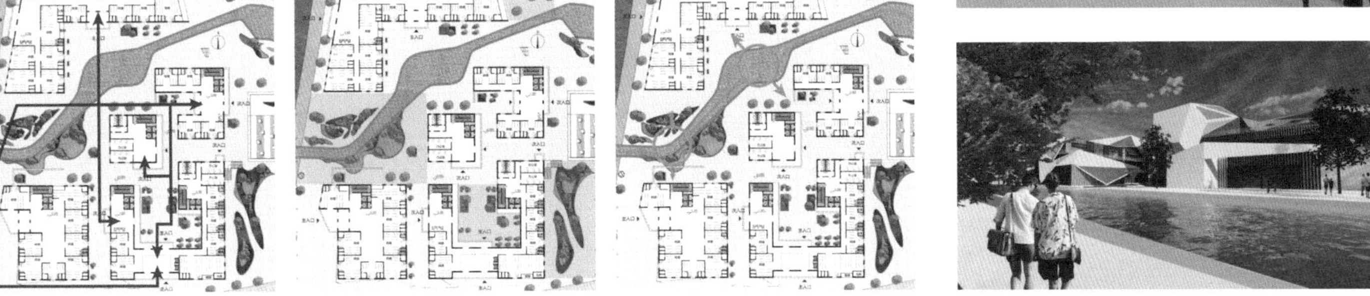

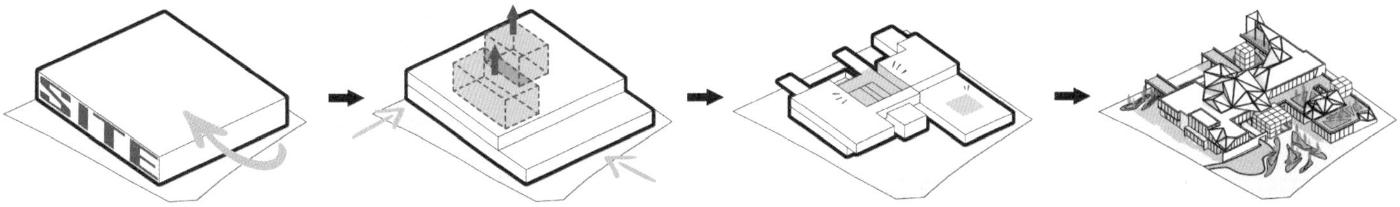

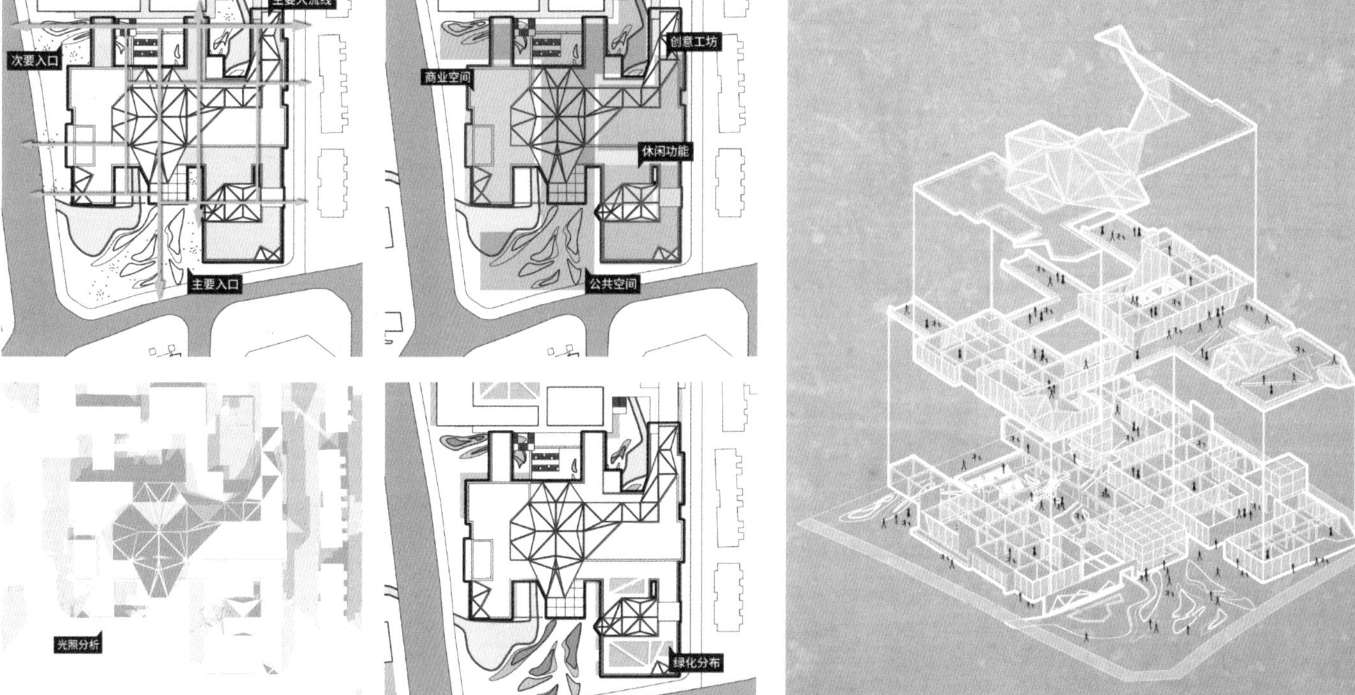
主要人流线
次要入口
主要入口
创意工坊
商业空间
休闲功能
公共空间
光照分析
绿化分布

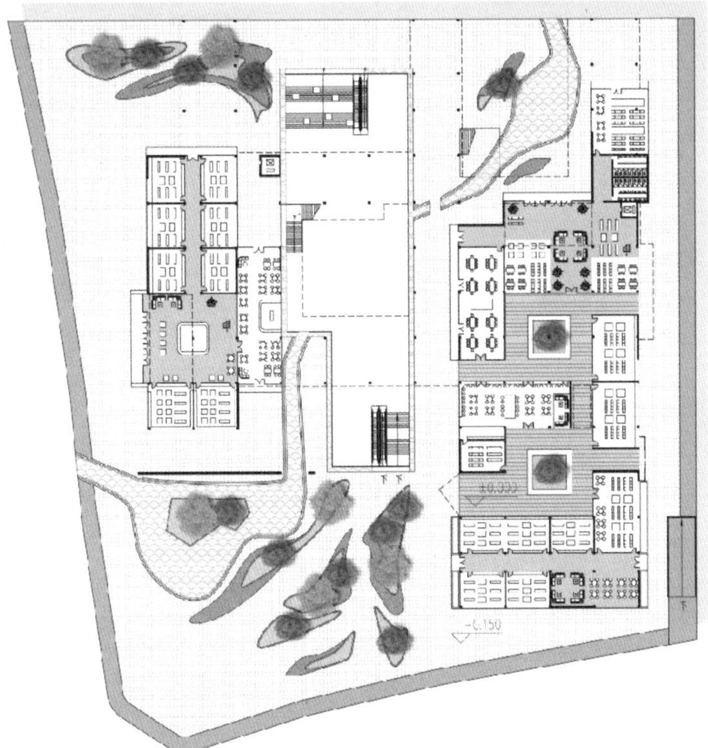
±0.000
-0.150
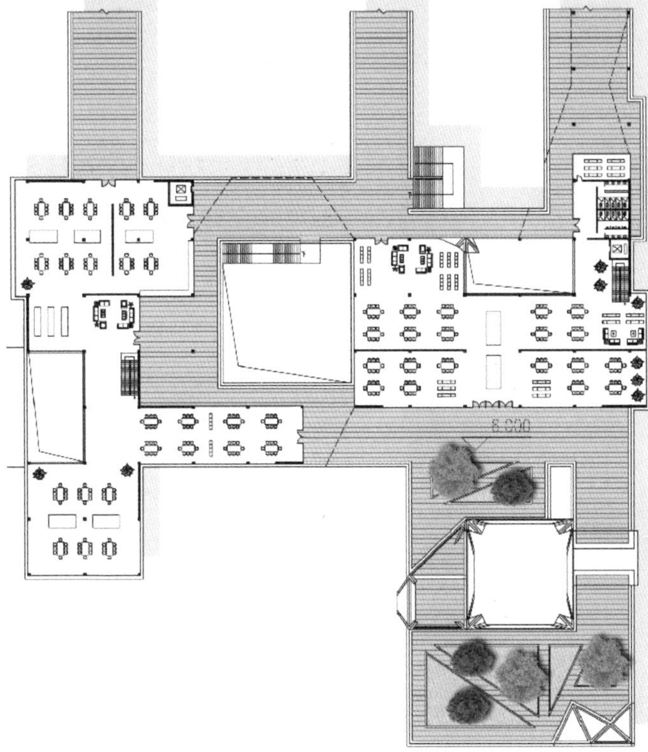
5.000

城市更新——成都宽窄巷子二期项目建筑设计

张德欢

设计说明

■宽窄巷子是历史文化名城成都市的历史文化保护片区之一。我组决定从宽窄巷子周边业态互补的角度入手，试图去探索一种全新的体验沉浸式商业模式。

■我们以商圈理论为指导，旨在营造出娱乐、文化、旅游、商业相结合的一体化空间。

城市商圈的聚集分布高效地整合了城市构成的机理要素，产生的空间集聚效应又产生规模经济和外部性，推动城市的发展。

我们试图完整地将成都公众生活的空间、文化历史的资产、公园般的环境，升华为街巷的氛围，并转化为营商和活跃地区经济的机遇，对可持续发展的都市更新产生积极意义，达到循环带动周边区域发展的目的。

由于传统的单一购物零售模式，正受到日益完善的网络商业的冲击。我们认为商业整合的形式需要顺应这种改变。

人们会更加期待获得拥有良好体验的生活，包括开始转向一些更具有真实场所感、文化感、生态感、艺术感、时尚感、参与性的都市体验。

■我组在城市设计阶段以开放式、低密度的设计手段来呼应川西民居传统的自由开放的聚落空间形态。以水、建筑以及云层三种不同维度的意象将场地组织成一个整体。

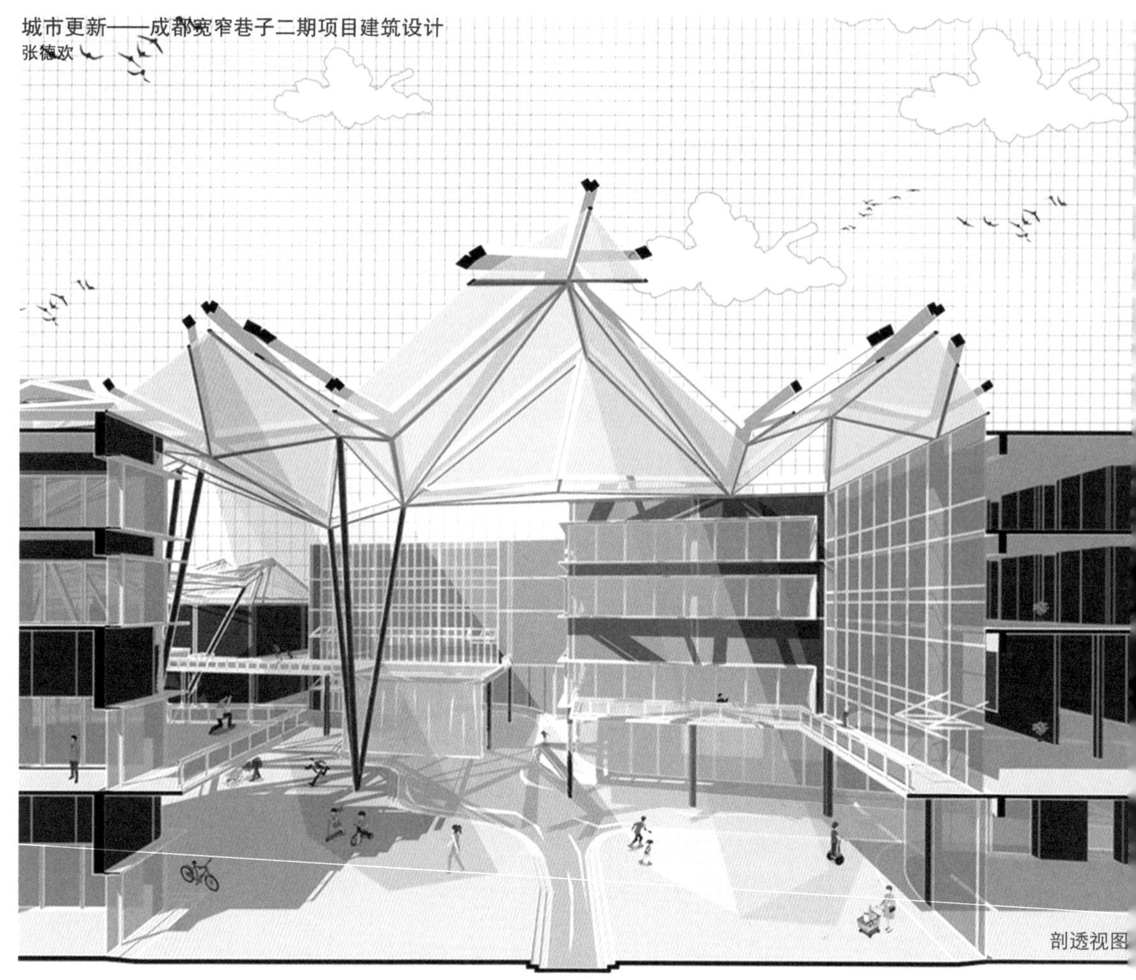

剖透视图

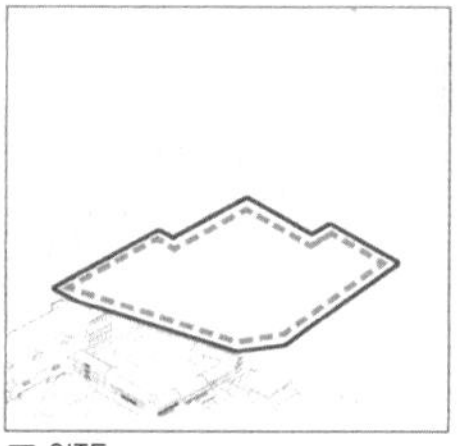

■ SITE
场地及红线

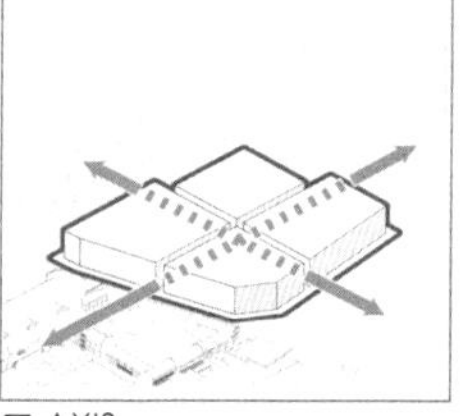

■ AXIS
两条主要道路及轴线

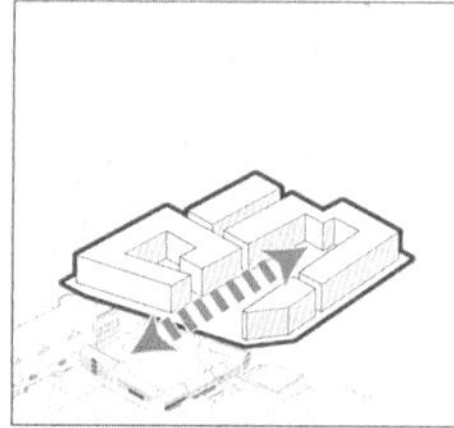

■ ENTRANCE
面向宽窄巷子设置主入口

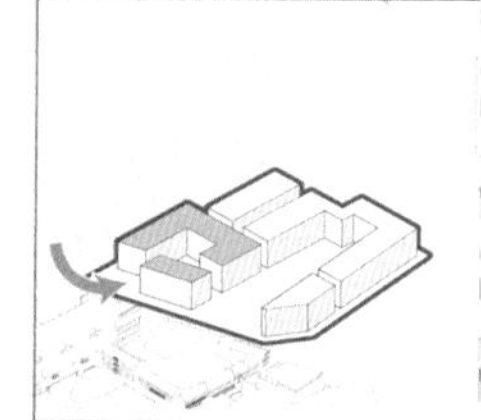

■ CONTEXT
东南角断开形成次入口

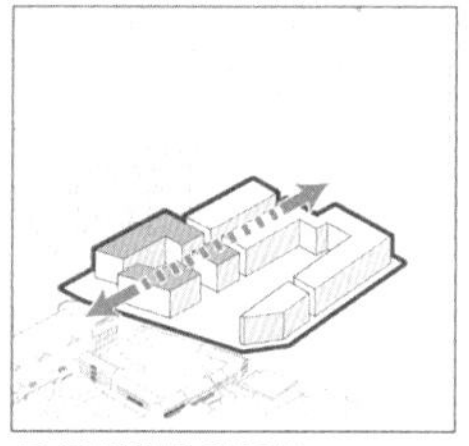

■ CUT-THROUGH
贯通以形成场地至井巷子的轴线

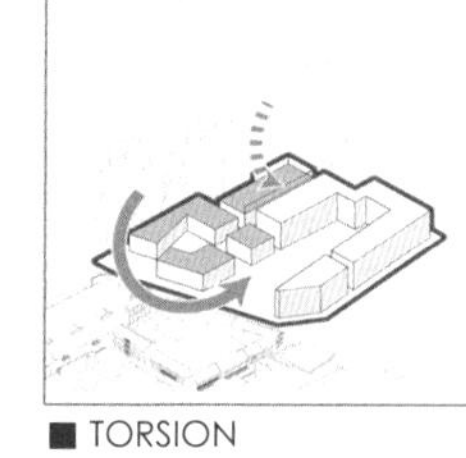

■ TORSION
降低次入口院落体量，旋转以形成入口空间

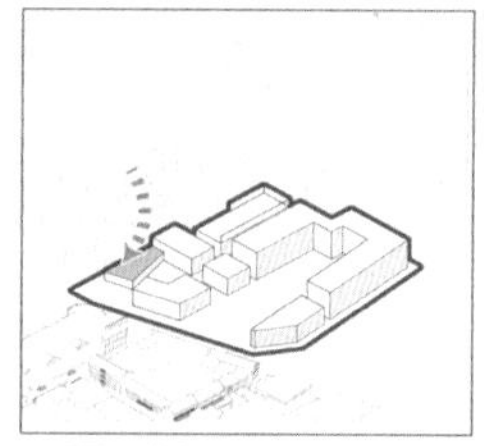

■ TERRACE
入口做出退台，以包容更多城市空间

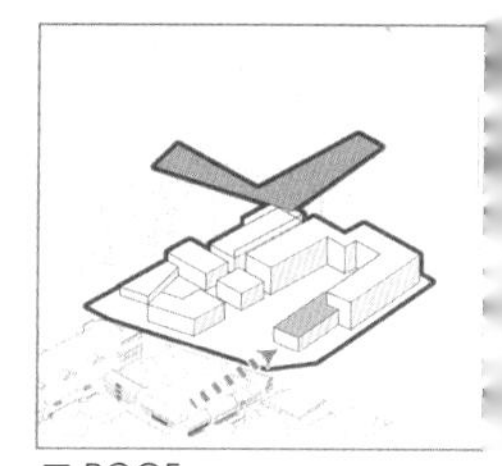

■ ROOF
置入屋顶构架以串联场地院落

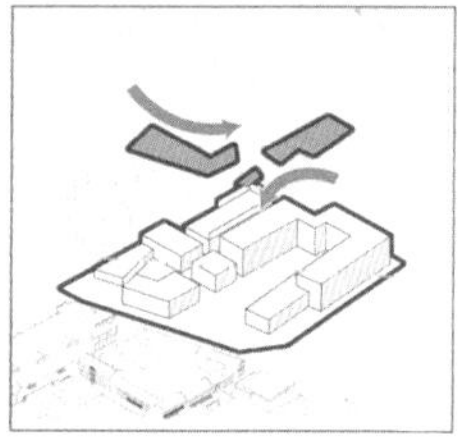

■ CUTTING
调整构架平面形态

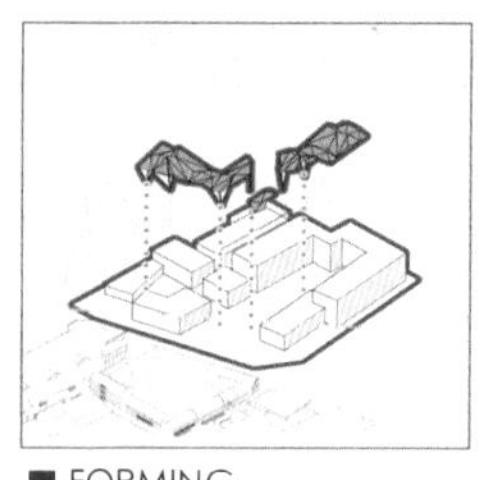

■ FORMING
形成连续而起伏变化的檐下空间

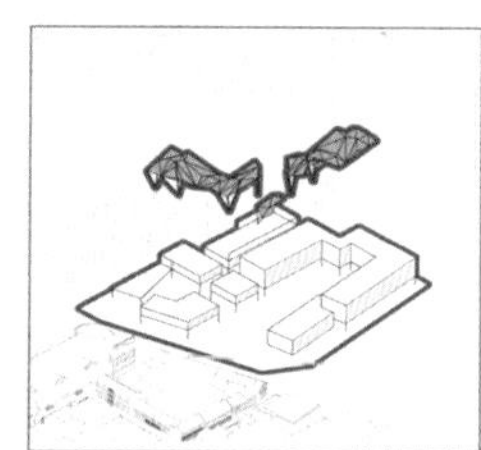

■ OVERHEAD
架空底层形成高中低三个维度的体系

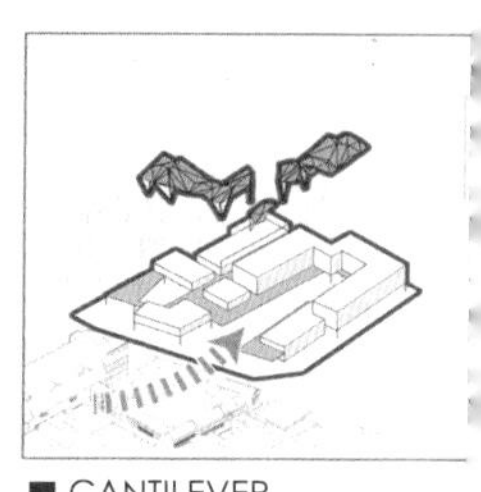

■ CANTILEVER
悬挑出二层平台，扩大空间的变化及影响力

城市更新——成都宽窄巷子二期项目建筑设计

张德欢

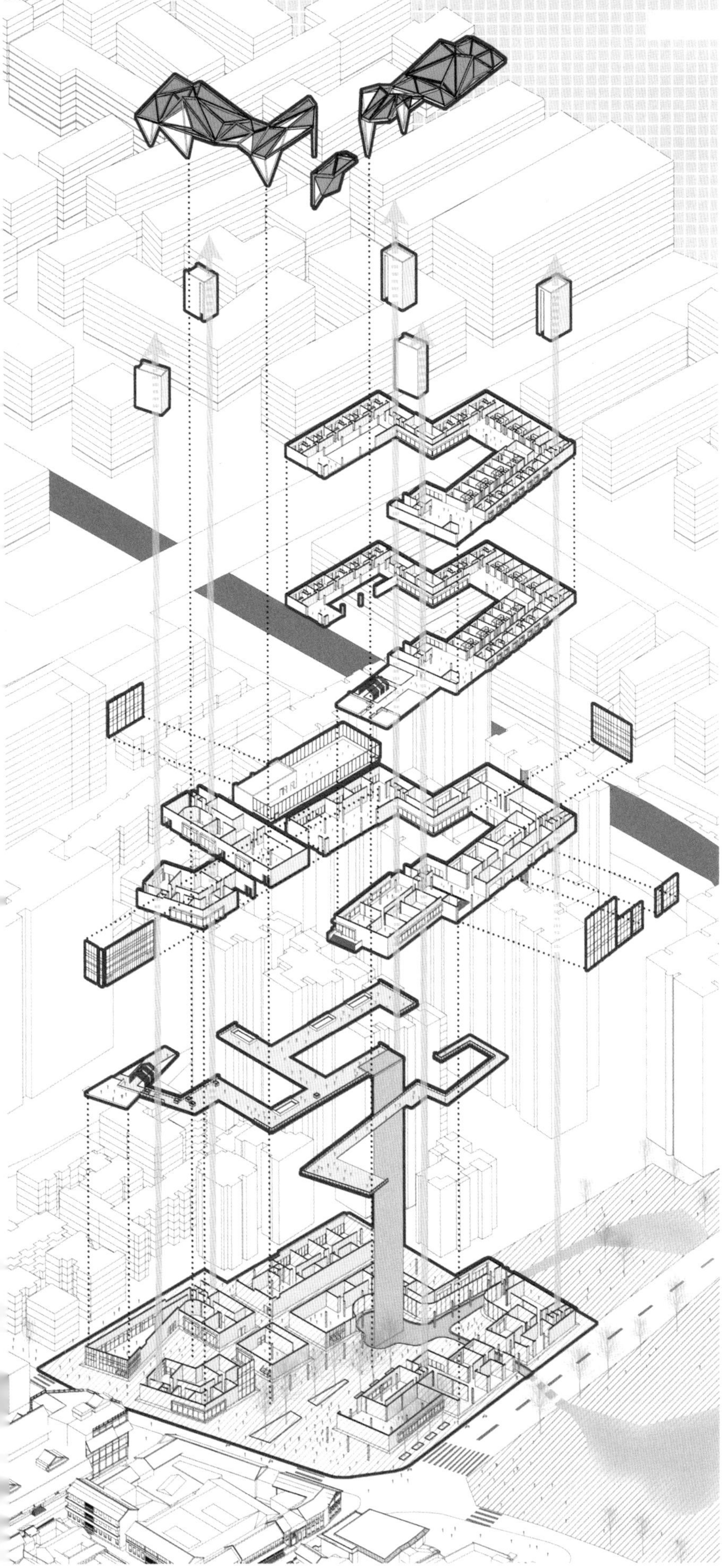

■场景 1 西侧二层连廊跌水景观，与首层水景观形成垂直一体化水系空间景观系统。

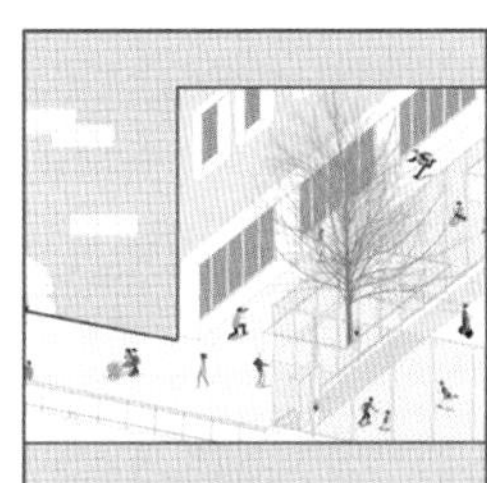

■场景 2 西侧二层商业公共区域，与二层连廊形成内外开放的布局。

■场景 3 南侧二层运动休闲区域，保证良好视线的同时作为二层的活动中心。

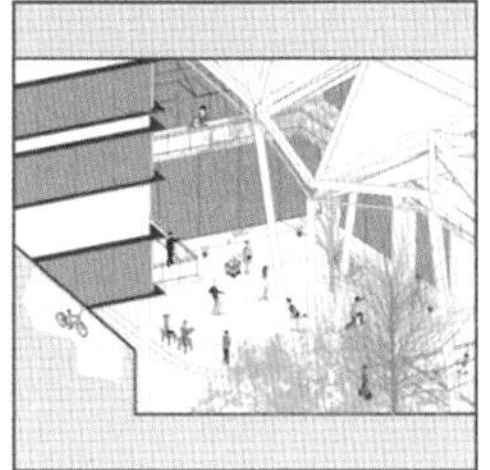

■场景 4 场地中心院落檐下空间景观，拥有最好的景观视野及檐下空间的多重体验。

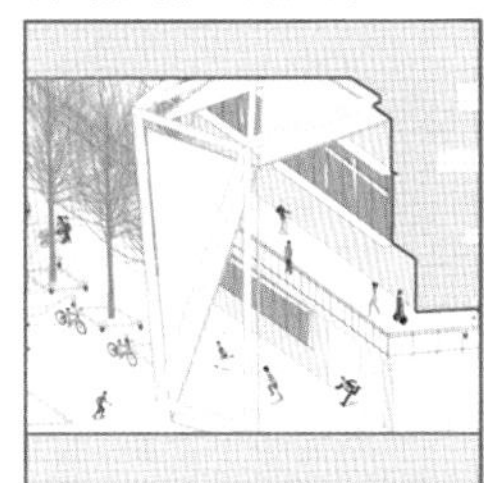

■场景 5 东侧地铁出入口空间，降低屋顶高度，分隔人流，有景观视觉中心的作用。

■场景 6 东侧主入口活动空间，通过体块变化形成入口与中心两个大小不一的院落。

■场景 7 东南角次入口二层平台景观，体块的扭转形成次入口广场空间。

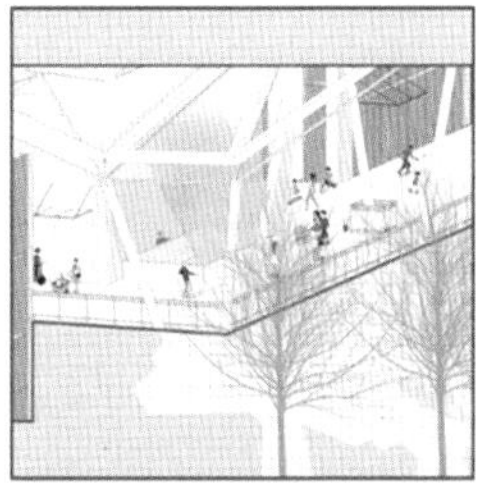

■场景 8 东侧二层采光井空间，在连续的二层连廊上穿插采光井。

■场景 9 南侧二层连廊空间，连接南侧次要道路并形成景观空间。

■场景 10 地铁出入口二层平台空间，提供了商业之外的另一种元素。

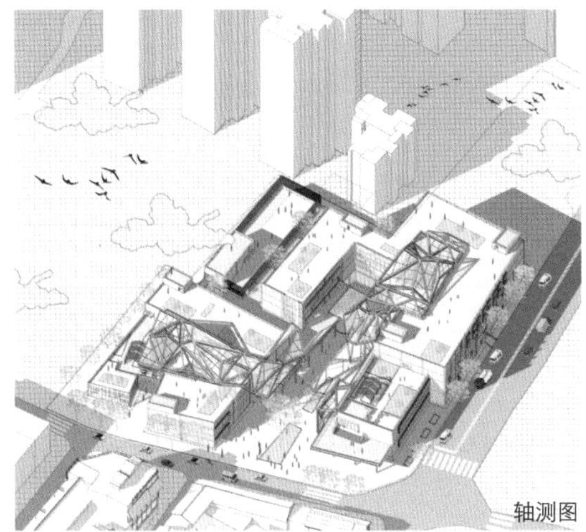

轴测图

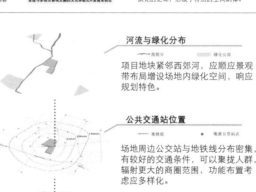

成都宽窄巷子二期工程设计

Design of Chengdu Kuanzhaixiang Phase II Project

北京建筑大学
设计：邵阳/穆青/孙岩
指导：马英/金秋野/俞天琦/铁雷

入口透视图

概念解析

场地调研结果分析

现状分析：商业气氛过浓 缺乏文化体验氛围 缺乏绿化及公共活动空间 街道狭长停留性欠佳 场地环境与周边环境交接突兀

改善需求：归还文化体验功能 提供公共空间和绿化 形成场地与环境的过度 补充商业功能的欠缺功能提高滞留度

规划概念：挑檐商业体量+山型文化艺术空间+多层次绿化公园

概念解读：以提供城市公共空间，唤醒传统文化美学的商业价值为发展战略

规划策略：首层架空 开放城市绿地 + 川西院落式 商业平面布局 + 山型体验式 传统文化空间

具体措施：景观植被吸引游客；下沉广场连接建筑；双步道竖向交通系统；绿化步道串联山体；多重院落错落布置；与山体形成环形流线；体量营造室外平台；商业与文化重新交融；开放式通高空间；螺旋上升浏览流线；室内外流线紧密相接；多向开窗改善光环境

最终目标：营造与多层次景观交融的文化体验式开放商业街区

将传统文化展示部分，包括博物馆，体验店，文化俱乐部及传统文化剧场结合山型体量的特殊特点进行布置，剧院部分利用整座山型体量的半球形造型形成良好的声环境空间，博物馆部分设置中央通高空间提升纪念感，其展览流线环绕布置螺旋上升。

将商业功能布置进南北向竖直的普通矩形体量中，其平面公共流线空间借助挑檐露台组织起室内与室外，形成了良好的空间过渡。避免了只在走道两旁布置空间的尴尬乏味。交通核部分因消防考虑直通一层，将一层人流直接引入商业空间中。矩形体量与曲线的山型体量在一层至四层部分位置均有交接，共同形成了环形的交通系统，游客在传统文化空间与商业空间的变化间游走，文化空间为相对狭长的商业空间提供了宽阔的喘息空间，避免了商业空间同质化的乏味，形成了特别的空间韵律。

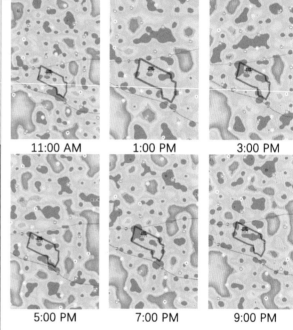

11:00 AM　1:00 PM　3:00 PM

5:00 PM　7:00 PM　9:00 PM

选择周末的一天对6个时间点进行采样分析，发现在一天中游客较多的时刻，在左侧与右侧的巷口总存在大量人流，没有缓冲空间与公共空间是较为严重的问题。

宽窄巷周边由于均为城市次干道双向车道，较为狭窄的环境加上周边居民区较多，从周边的人流热力图中可以看出宽窄巷周边的若干路口均存在较高程度的人群聚集。对应人流聚集位置应设置开放的广场以汇聚人流。

河流与绿化分布

西郊河　绿化公园

项目地块紧邻西郊河，应顺应景观带布局增设场地内绿化空间，响应规划特色。

公共交通站位置

地铁站　地面公交站点

场地周边公交站与地铁线分布密集，有较好的交通条件，可以聚拢人群，辐射更大的商圈范围，功能布置考虑应多样化。

城市道路分布

城市主干道　城市次干道　支路

场地紧邻城市主干道与次干道，人流车流众多，周边环境较为拥挤，应适当增设景观绿化广场进行疏解。

周边区域功能分布

住宅公寓　学校　商业区　医院

周边分布以居民区为主，存在一定的学校医院等社区功能，商业分布较少。可进行适当商业功能增添。

肌理与建筑高度

高层建筑　多层建筑　低层建筑

一期场地与周边建筑体量相差较大，存在过于突兀的问题，应利用二期体量形成过渡交接进行缓解。

场地卫星图

地块位置

宽窄巷一期业态分布状况
文化艺术 6%
旅馆住宿 4%
购物零售 18%
休闲娱乐 39%
餐饮 33%
在宽窄巷一期工程的业态布置中，由于商业考量餐饮、娱乐及购物占据了大量比重，而文化艺术体验等功能仅占6%，商业同质化过于严重，并未充分展现出成都当地的文化特色，对游客缺乏吸引力，应在规划中着重考量当地文化特色及优点，对一期工程中缺失的部分功能如文化展示与体验进行增补，以从功能上达成较好的使用平衡，提升商业价值与游览体验。

感想：

此次毕业设计的经历对于我们每个人都意义非凡，不仅是对我们以往的学习经历的一次综合演练，也让我们更熟悉了建筑与景观规划是如何在设计构思上达成和谐统一，教会了我们如何在真实城市尺度与背景下进行建筑设计实践。通过和各大高校同学之间的切磋，发现了自己的不足，更明确了需要学习进步的方向。

五年的建筑设计课程这么快就结束了，让大家都感觉有些意犹未尽，真希望和老师同学们一起快乐讨论方案和激情澎湃画图的日子还能更长一些，北建大不仅教会了我绘图设计的技巧更教会了我许多生活的哲理，真可谓是受益匪浅，相信这段美好时光会在我们每个同学的心中永存，永远为我们指引前进的航向。

透视图

成都宽窄巷子二期工程设计　水畔写字楼建筑设计

设计说明：

本项目位于前期规划设计中的北部地块滨水区域，为提升场地内商业区人群的黏性，增设了全时段使用的办公建筑，增加了场地内人群的滞留时间，避免了空城现象出现。

由于写字楼本身滨水，为更好地利用河畔景色，结合场地规划思路设计了由错动屋檐形成的河岸景观退台，同时设置了环绕山体的曲线坡道作为步行上升流线，在七层位置可达空中绿化花园，从七层开始可由绿化景观天井内的楼梯继续上升到顶层的屋顶花园，形成了丰富的景观流线，打破了传统办公楼内的枯燥交通核设计，鼓励人们采用步行的方式进行垂直交通，放松心情，锻炼身体。

立面按照时代特色进行简洁玻璃形式的布置，强调建筑的楼板结构产生的通透性，不做过多装饰。在立面上结合平面进行开洞布置，采用低能耗设计方式，将体量进行切分，设置景观天井，增强建筑本身与场地内和外界的通风，降低能源消耗。

爆炸分析图

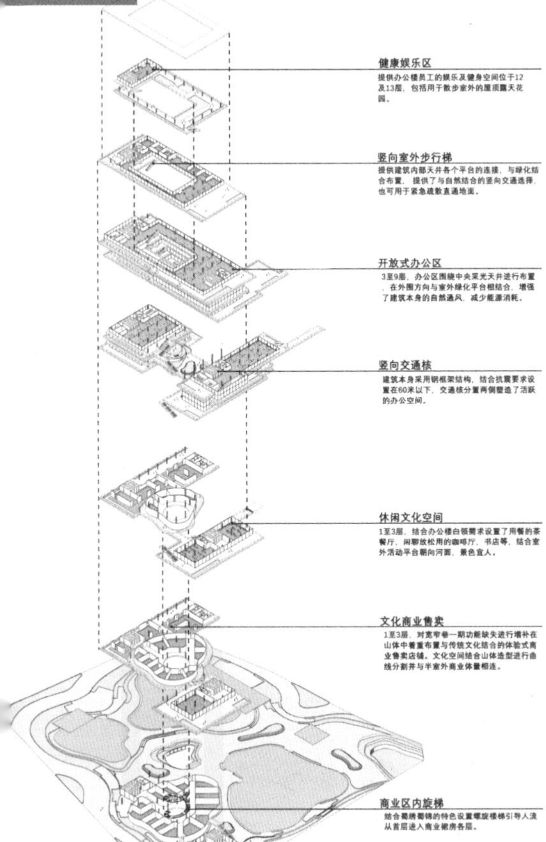

健康娱乐区
提供办公楼员工的娱乐及健身空间位于12及13层，包括用于散步室外的屋顶露天花园。

竖向室外步行梯
提供建筑内部天井各个平台的连接，与绿化结合布置，提供了与自然结合的竖向交通选择，也可用于紧急疏散直通地面。

开放式办公区
3至9层，办公区围绕中央采光天井进行布置，在外围方向与室外绿化平台相结合，增强了建筑本身的自然通风，减少能源消耗。

竖向交通核
建筑本身采用钢框架结构，结合抗震要求设置在60米以下，交通核分置两侧塑造了活跃的办公空间。

休闲文化空间
1至3层，结合办公楼白领需求设置了用餐的茶餐厅，闲聊放松用的咖啡厅，书店等，结合室外活动平台朝向河面，景色宜人。

文化商业售卖
1至3层，对宽窄巷一期功能缺失进行增补在山体中着重布置与传统文化结合的体验式商业售卖店铺。文化空间结合山体造型进行曲线分割并与半室外商业体量相连。

商业区内旋梯
结合蜀绣蜀锦的特色设置螺旋楼梯引导人流从首层进入商业裙房各层。

鸟瞰图

技术经济指标：

总用地面积	14405m²
总建筑面积	31688m²
地上建筑面积	29644m²
地下建筑面积	2043m²
基底总面积	4533m²
绿地率	32.5%
建筑密度	40.6%
开放办公区面积	20209m²
附属商业区面积	8762m²
休闲文化区面积	1310m²
健康娱乐区面积	1200m²

立面图

局部透视图

鸟瞰图

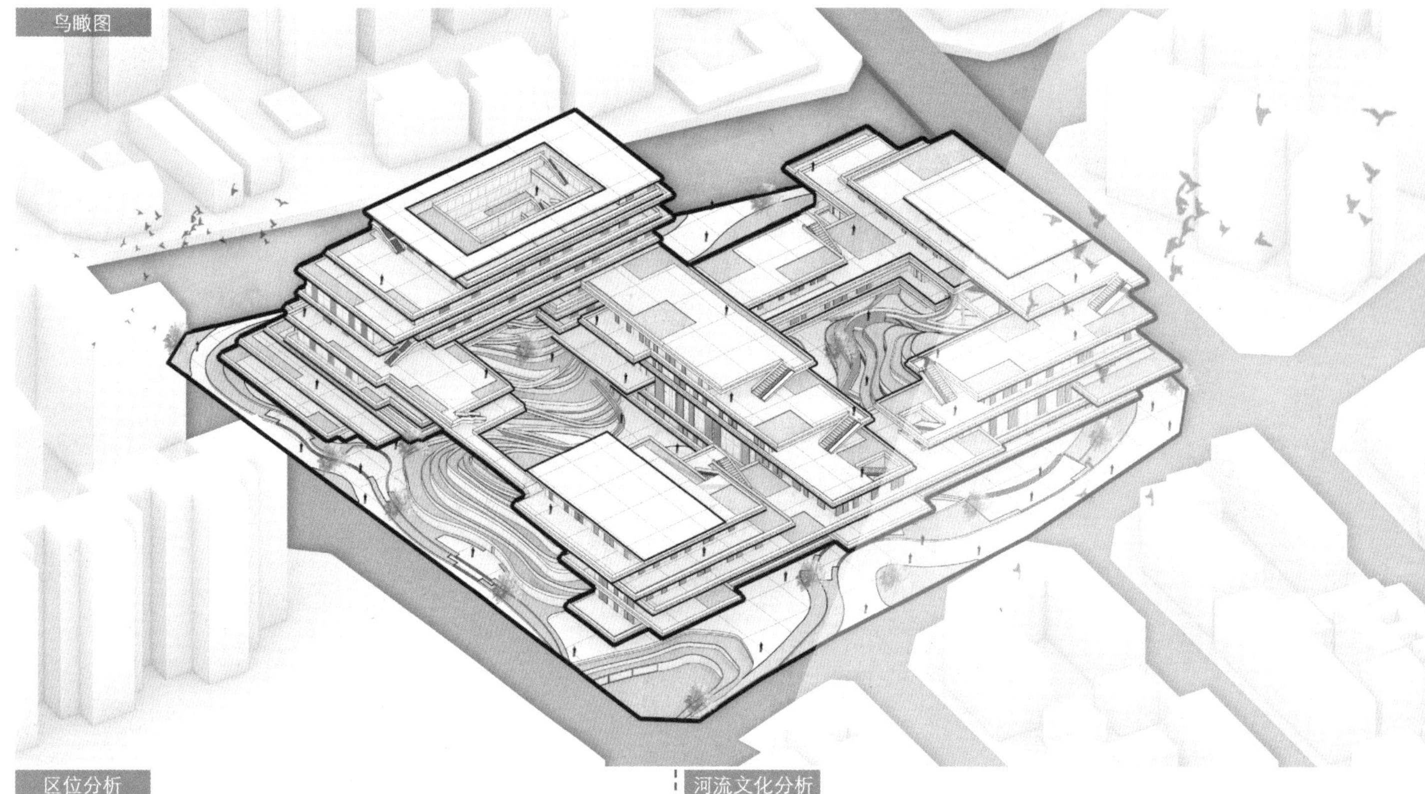

区位分析

四川

四川，简称川或蜀，四川省分属三大气候，分别为四川盆地中亚热带湿润气候，川西南山地亚热带半湿润气候，川西北高山高原高寒气候，总体气候宜人总面积48.6万平方公里，辖18个地级市、3个自治州。

成都

成都地处中国西南地区、四川盆地西部、成都平原腹地，境内地势平坦、河网纵横、物产丰富、农业发达，属亚热带季风性湿润气候，四季分明，夏季高温多雨，冬季温和湿润。自古有“天府之国”的美誉，是中国的历史文化名城。

宽窄巷

宽窄巷子位于四川省成都市青羊区长顺街附近，由宽巷子、窄巷子、井巷子平行排列组成，全为青黛砖瓦的仿古四合院落，这里也是成都遗留下来的较成规模的清朝古街道，与大慈寺、文殊院一起并称为成都三大历史文化名城保护街区。

河流文化分析

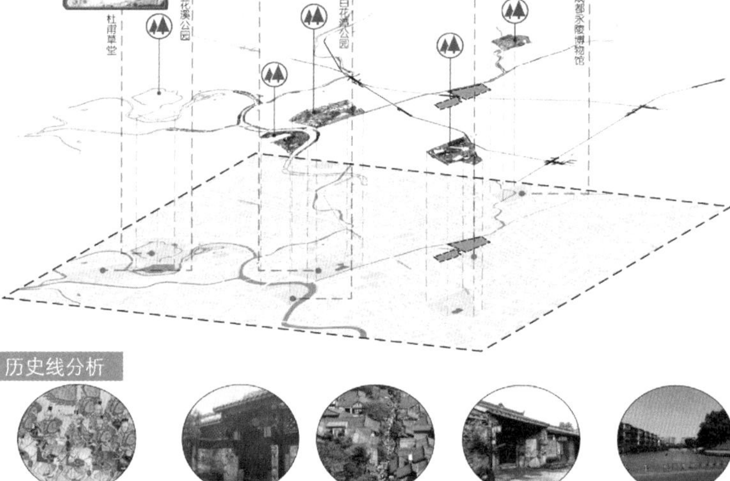

现状分析

商业

宽窄巷子外部为居民区，商业形式多为小区地上日用百货类型

宽窄巷子内部多为文旅商业，文化体验类商业形式。

人群

周围居民活动较有活力，缺少场所支持

人群构成单一，游客为主，居民不涉及

文化体验

成都传统民俗文化及有很强地域特色，有待进一步开发。

宽窄巷子一餐饮小吃为主，缺乏文化体验项目。

历史线分析

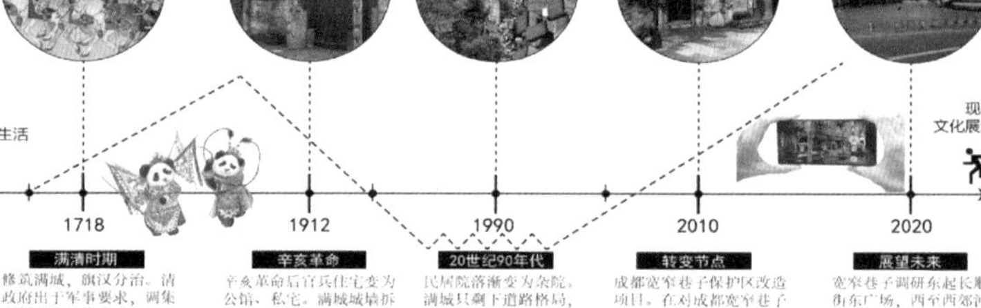

满清时期

修筑满城，旗汉分治。清政府出于军事要求，调集荆州驻防八旗官兵入川，在原少城位置修筑满城，实行“旗汉分治”。宽巷子、窄巷子即是仁里头条胡同和仁里二条胡同，为正蓝旗驻地。

辛亥革命

辛亥革命后官兵住宅变为公馆、私宅。满城城墙拆除，汉人可以进入，原有的官兵住宅逐渐被公馆、私宅替换，民国时期达到建设高潮。

20世纪90年代

民居院落渐变为杂院。满城只剩下道路格局，仅存宽、窄巷子传统院落和民居建筑，其余传统建筑风貌荡然无存。

转变节点

成都宽窄巷子保护区改造项目。在对成都宽窄巷子历史文化保护区的调查研究基础上，在规划与建筑设计中总结出立足于完整性、原真性、多样性、可持续性的保护策略

展望未来

宽窄巷子调研东起长顺街东广场，西至西郊河道，二期工程即将开启

人群需求分析

游客	行为需求	行为需求	居民

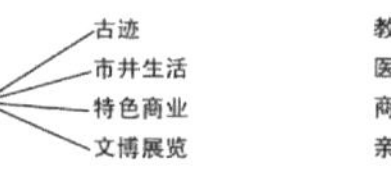

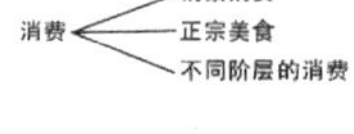

游玩：古迹、市井生活、特色商业、文博展览

消费：情景消费、正宗美食、不同阶层的消费

住宿：特色民宿、常规居住

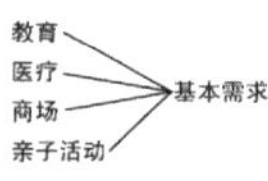
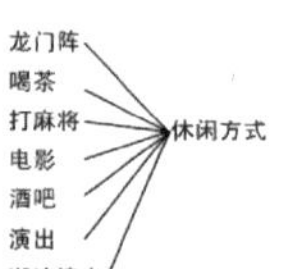

基本需求：教育、医疗、商场、亲子活动

休闲方式：龙门阵、喝茶、打麻将、电影、酒吧、演出、潮流演出

初步概念

1 传统民居空间

2 进行垂直叠加

3 传统绿化与挑檐转译

雨天效果图

效果图

小透视

形体生成

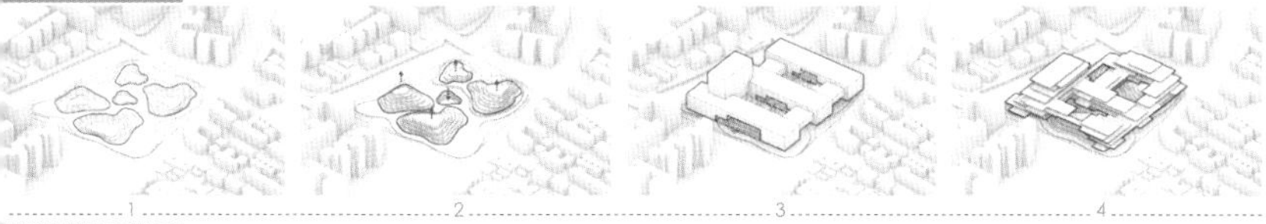

1 2 3 4

建筑与山体

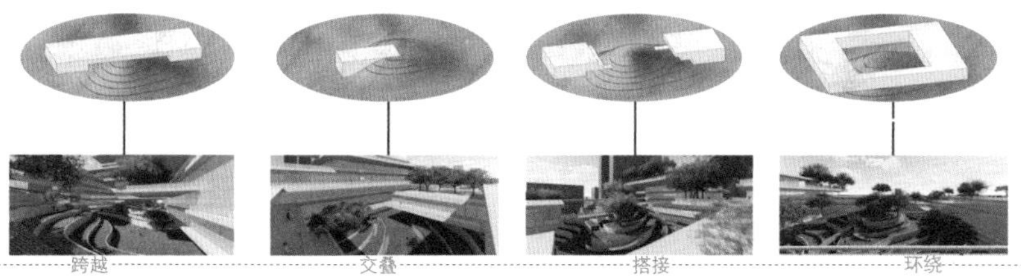

跨越 交叠 搭接 环绕

立面图

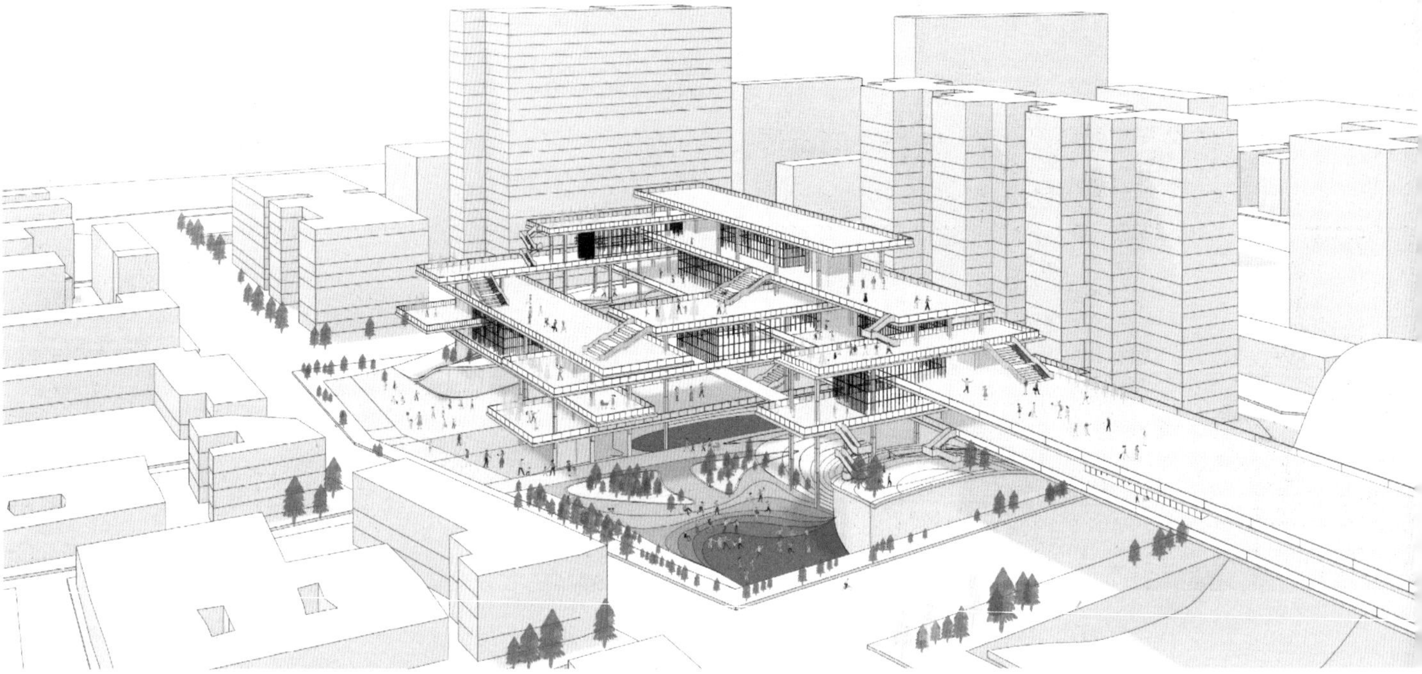

形体生成

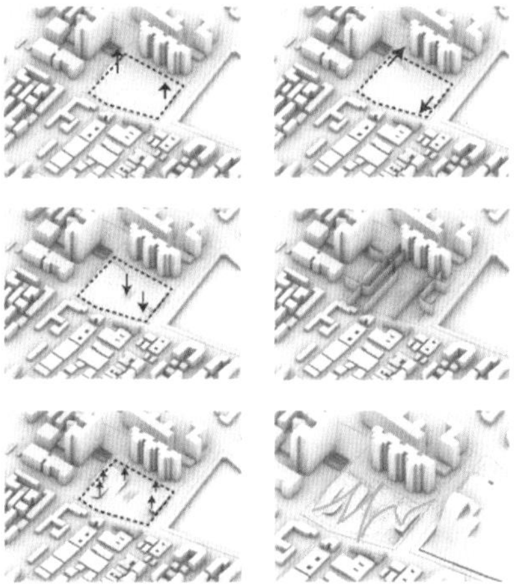

地景生成

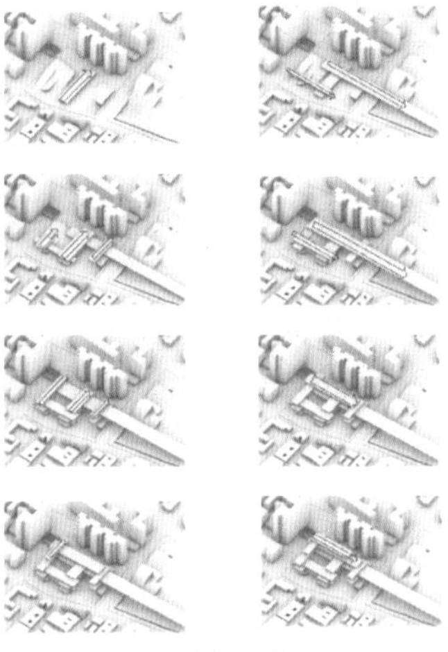

挑台生成

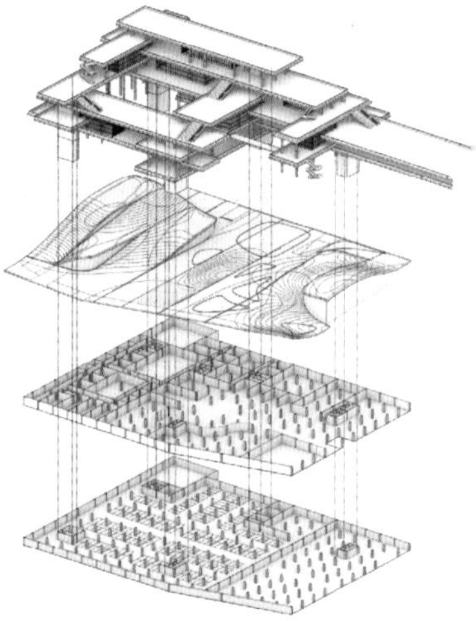

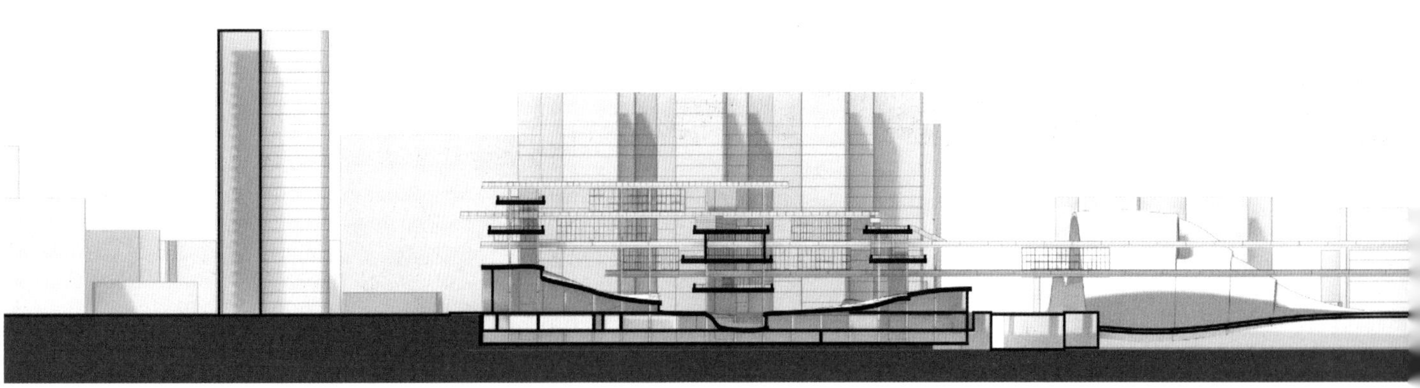

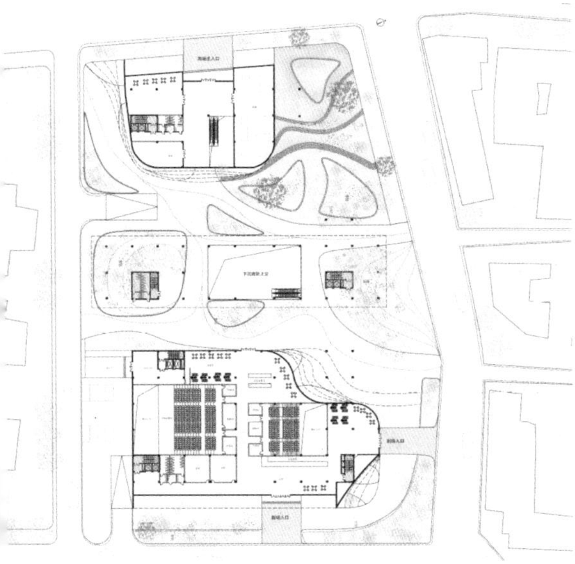

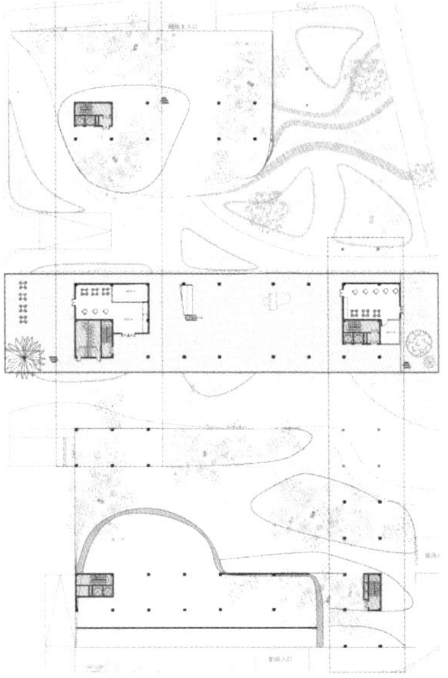

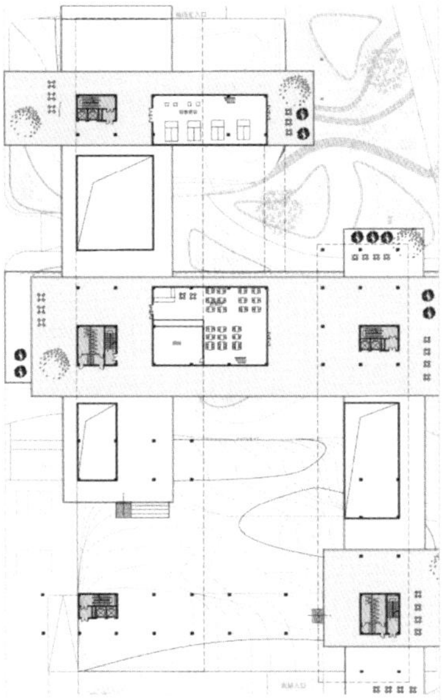

锦城叠院 MULTICOUNTRYARDS

城市更新——成都宽窄巷子二期项目建筑设计

总平面图

锦城叠院

Muti-Countryards

北京建筑大学

设计：李宇馨 / 戴维蒙 / 潘牧宁

指导：铁雷 / 马英 / 金秋野 / 俞天琦

评语：

该组同学敏锐地抓住了场地的内在特质和主要问题，通过小尺度合院的垂直堆叠，将宽窄巷传统街区的宜人尺度和空间结构与高容积率的开发很好地融合在一起，垂直堆叠的空间构成巧妙地解决了当地湿热气候通风和遮阳问题，创造了丰富的空间体验，为周围拥挤的城市空间提供了大量的可供市民和游客活动的室外公共空间，很好地契合了当地的传统户外生活方式。该设计为高强度开发下如何通过现代设计手段承袭传统建筑空间类型和当地生活方式做出了积极有效的探索。

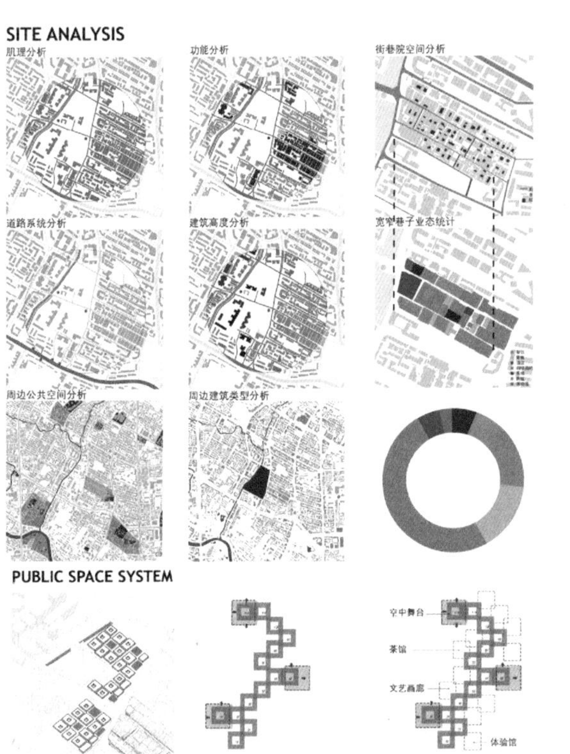

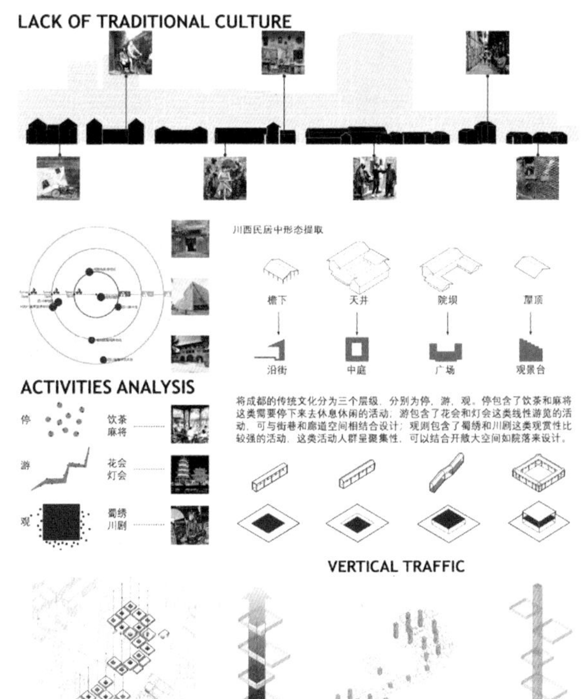

CONCEPT

选择以院落为母题，首先是因为院落是川西民居传统建筑形式，延续传统空间形态；其次院落空间本身的灵活性和开放性，为传统的公共文化活动提供了许多可能性；院落还是宽窄巷子肌理的延续，将院落三维堆叠，形成立体院落。

立体院落可以满足现代建筑对大型空间和功能的需求，适应城市中心高密度的环境，希望营造出图中川西民居层叠起伏、绵延不绝的空间意象。

确定总体意向之后，提取院落基本型，确定以 25m 为边长，生成正方形的院落单体 调研了传统川西民居 + 宽窄巷子的院落尺度“外部模数理论”，以 25m 为模数，应该形成有节奏的重复感或变化，适宜人体步行。

院落的叠合方式：采用 4+1 的方式，每层错动叠置，每层四个角部贯通，可以根据需要灵活放置交通核 每两层之间都可以形成灰空间，营造丰富的室外公共活动空间，重要节点上将院落进行局部变化，可以形成不同尺度、不同形状的空间。

再根据川西民居重叠连续的意象消解传统裙房和高层之间的边界线，形成连续不断的起伏变化完成宽窄巷子周边低层建筑与城市高层建筑之间的良好过渡，并对主要公共空间的体块进行了变化和整合，增强节奏感和可识别性。

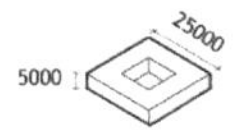

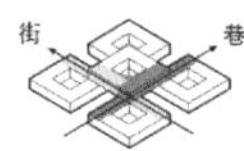

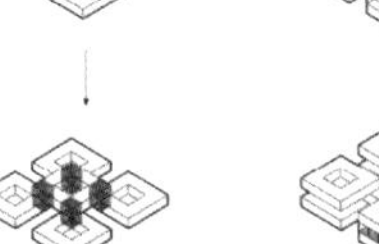

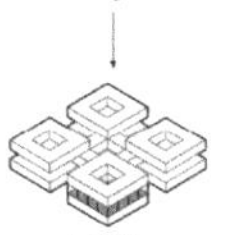

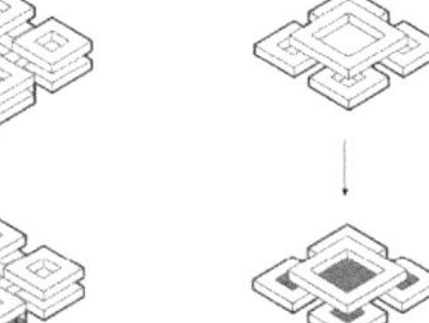

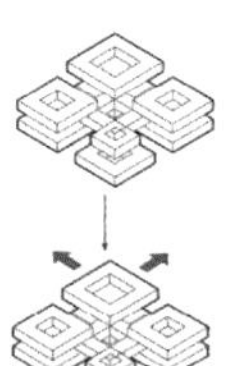

垂直交通　灰空间　不同形状尺寸的院　公共空间节点的放大

GENERATION OF VOLUME

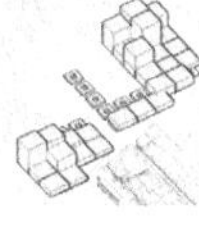

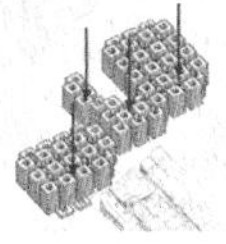

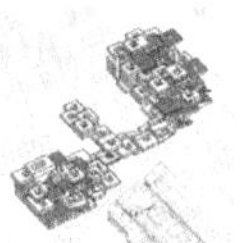

DESIGN PROCESS

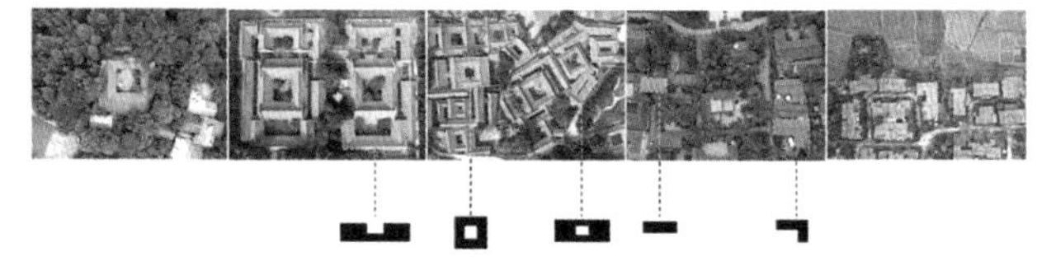

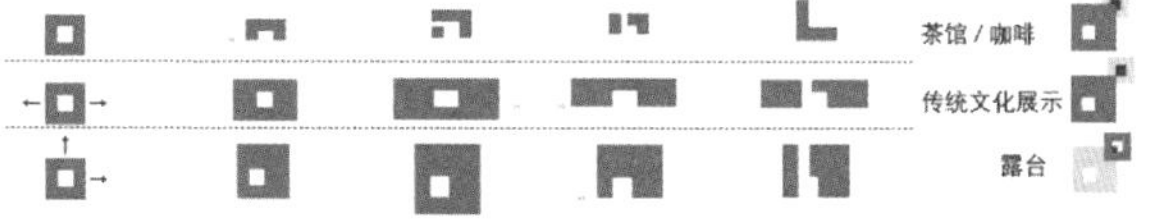

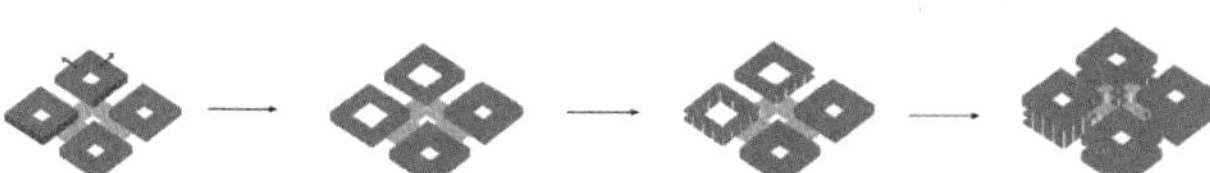

047

24 HOURS DYNAMIC

锦城叠院 MULTICOUNTRYARDS

城市更新——成都宽窄巷子二期项目建筑设计

THE FIFTH FLOOR

THE FIFTH FLOOR

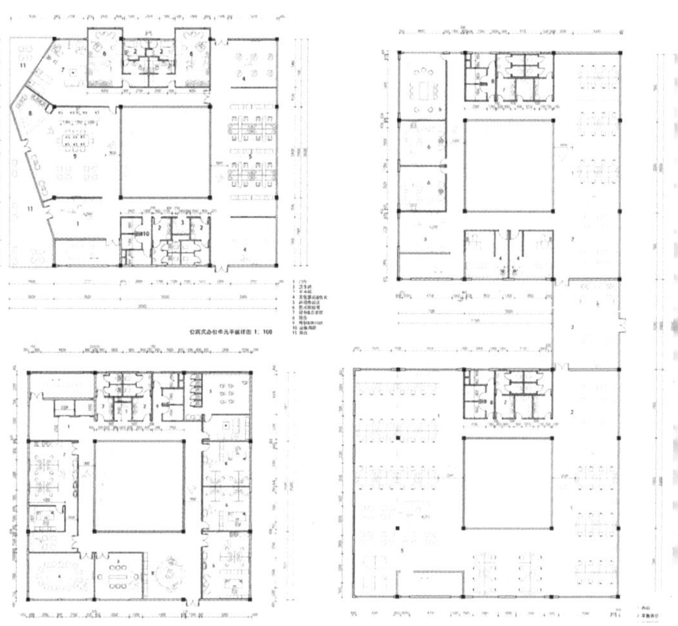

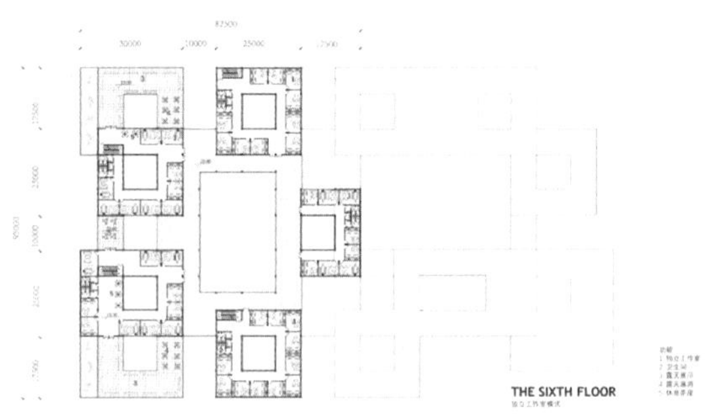

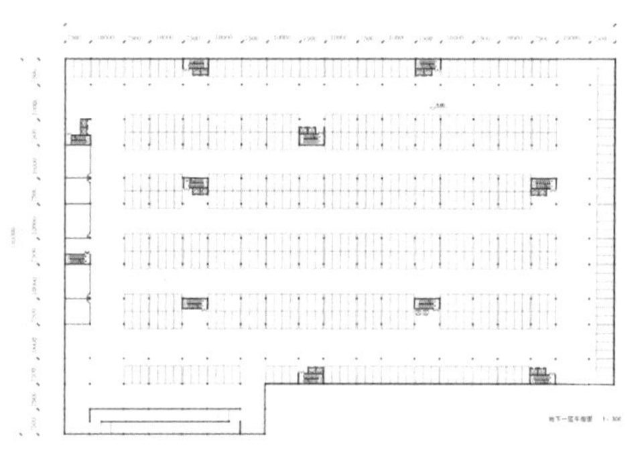

MODULE ANALYSIS

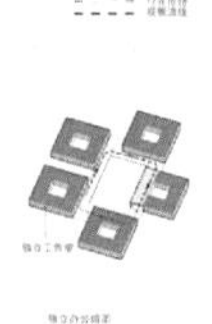

锦城叠院 MULTICOUNTRYARDS

锦城叠院 MULTICOUNTRYARDS
城市更新——成都宽窄巷子二期项目建筑设计

GROUND FLOOR PLAN

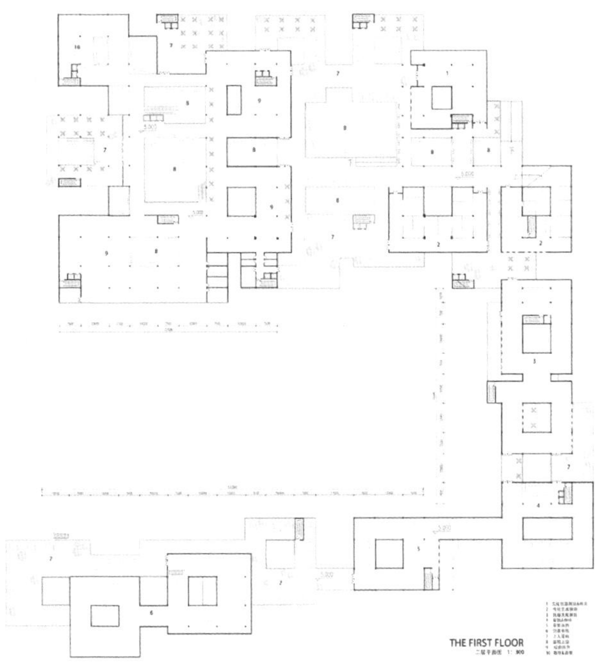
THE FIRST FLOOR

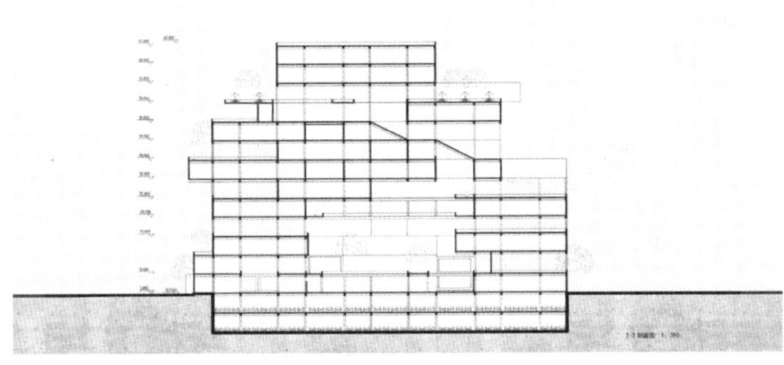

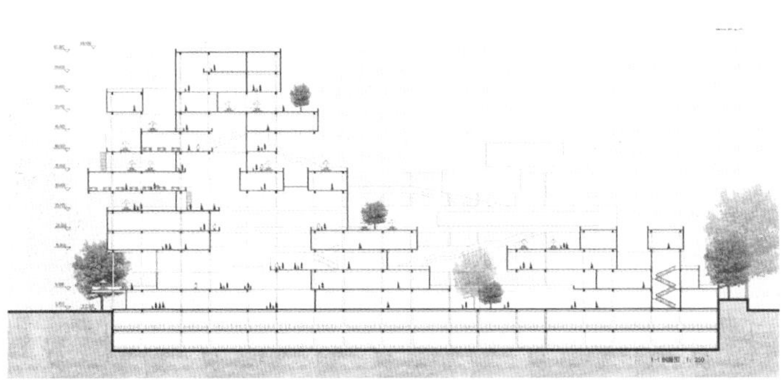

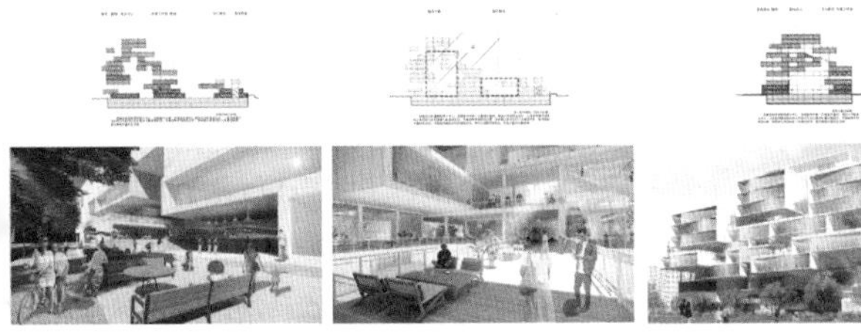

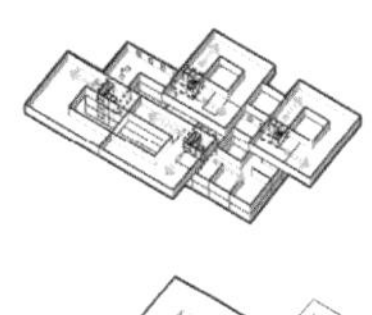

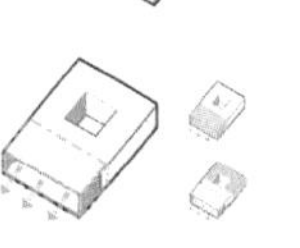

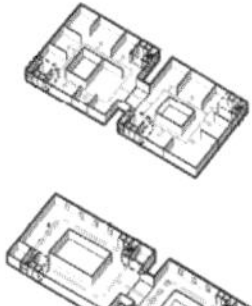

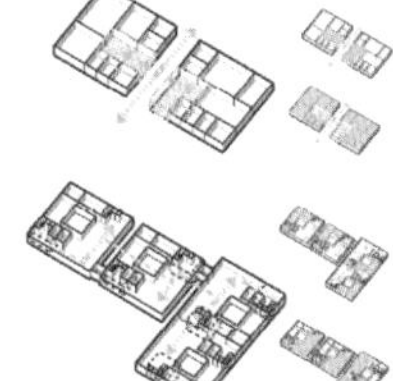

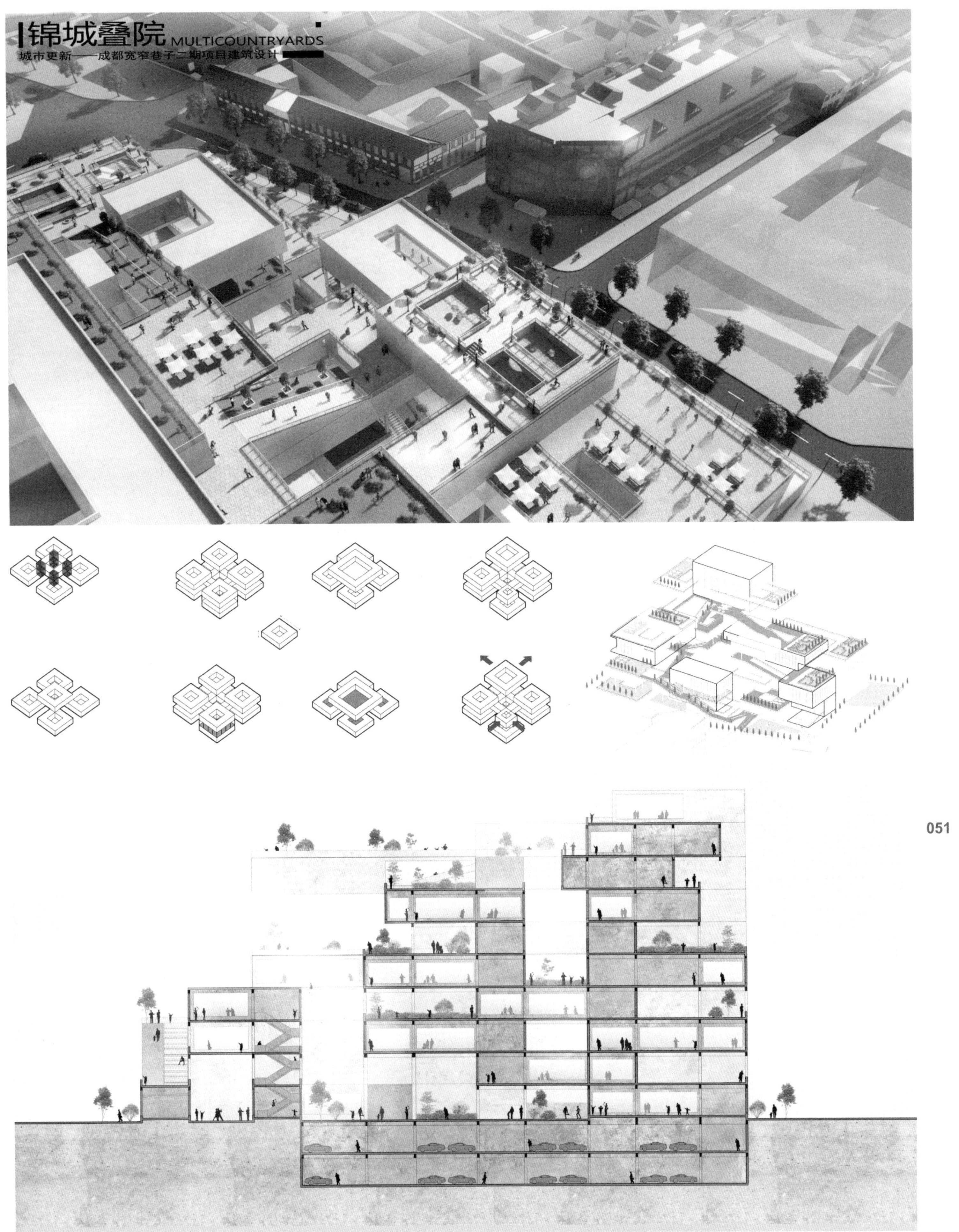

锦城叠院 MULTICOUNTRYARDS
城市更新——成都宽窄巷子二期项目建筑设计

闲

闲人客栈
leisure Inn

北京建筑大学
设计：王杏南/王玉珏
指导：马英/金秋野/俞天琦/铁雷

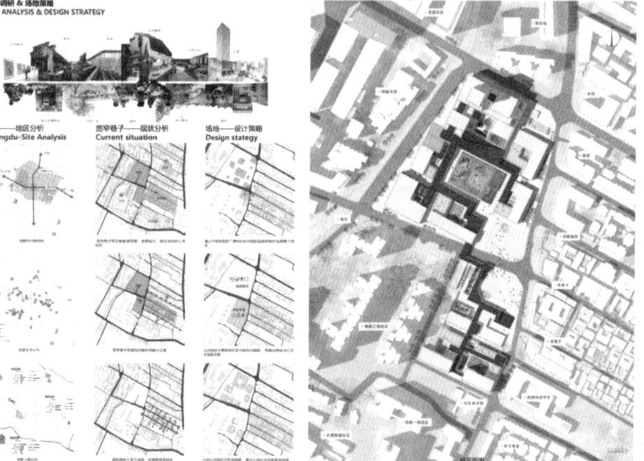

评语：

此设计为针对居家办公，和旅客文化趋势下，具有成都地域性和未来性的城市设计和建筑设计。在成都这个火锅城市以“包容与杂糅”的文化理解为前提下，这个旅客社区就像火锅一样，包罗万象，热络沸腾。这个闲人客栈不单单是一个酒店或者青旅，而是一个包罗万象涵盖各种人群需求，集娱乐、办公、休闲、商业、运动为一体的综合社区。面对现在的时代，我们针对的人群是那些来成都短期旅游，或者长期出差，甚至以年为单位的旅居或求学人士。

而面对未来，也许这里的居民会是远程办公趋势下来自世界各地想体验成都气息的游客们。无论是哪一类人在这里居住都可以为他们的生活提供方方面面的可能性。或是安静的居住空间，或是热络的社交空间。

方案体现出足够扎实的基本功和优秀的设计能力，整体逻辑和设计手法很有逻辑，图纸表达能力优异。

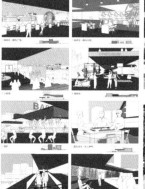

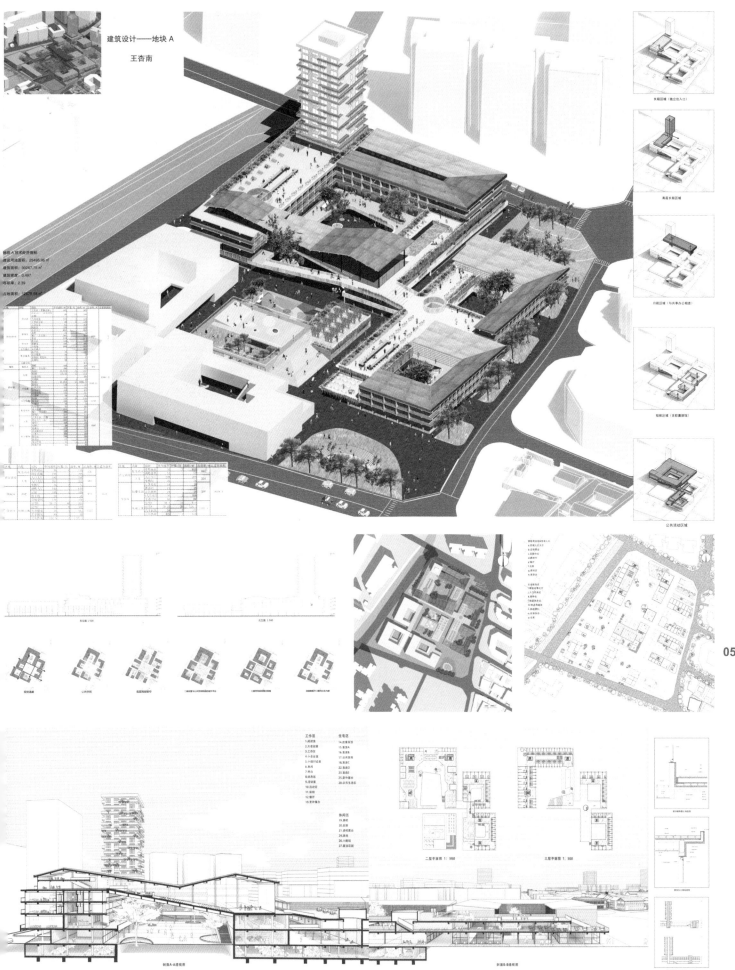

建筑设计——地块 A

王杏南

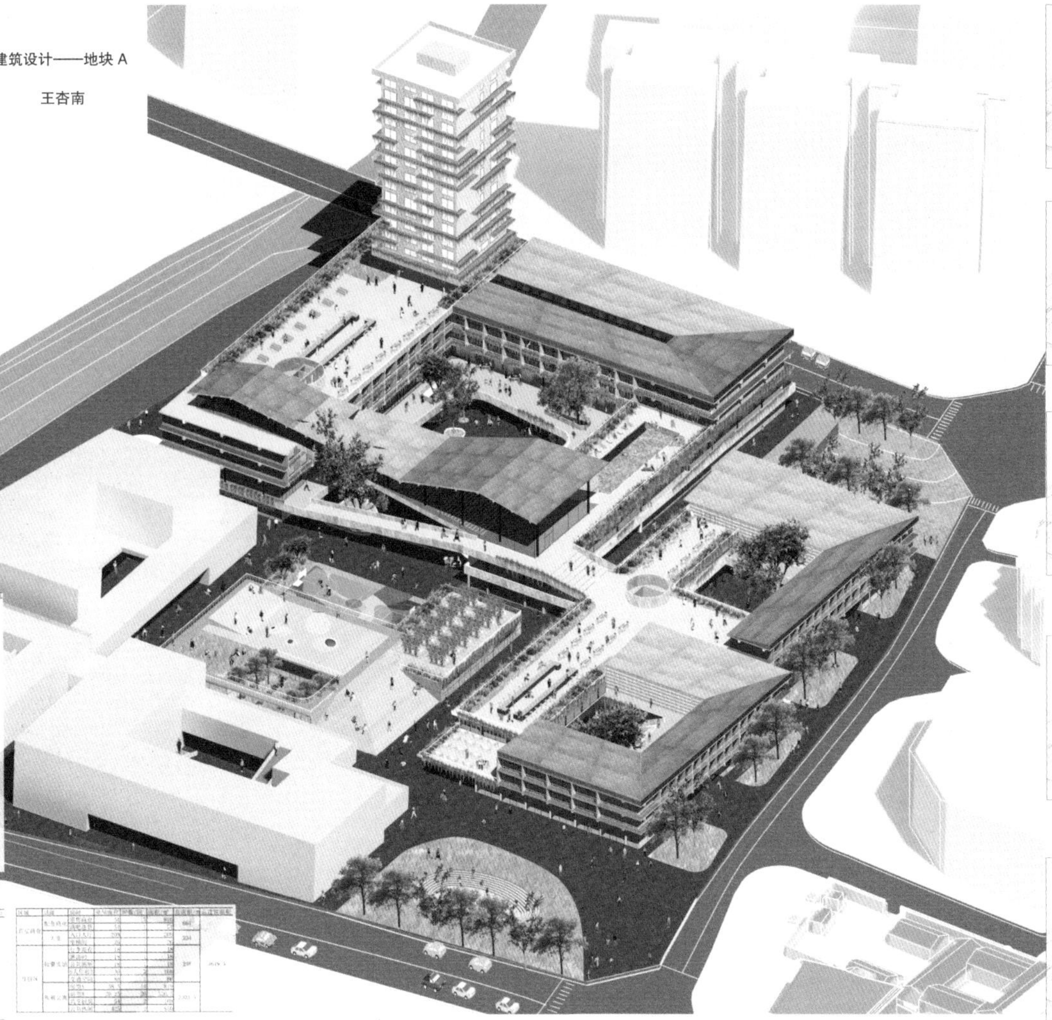

地块 A 技术经济指标

建设用地面积：25495.96 ㎡

建筑面积：30267.75 ㎡

建筑密度：0.497

容积率：2.39

占地面积：12675.55 ㎡

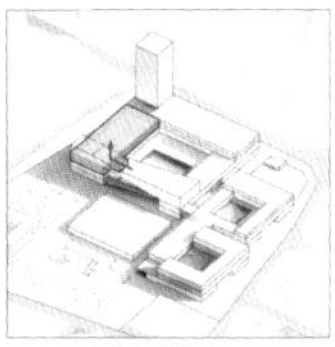

长租区域（独立出入口）

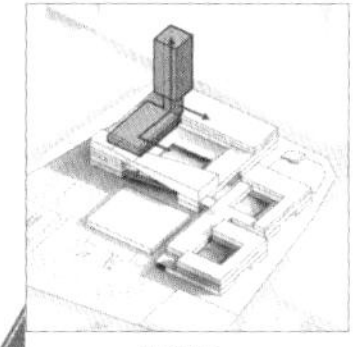

高层长租区域

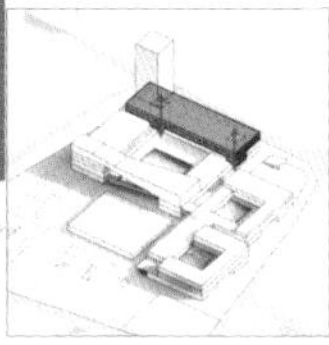

月租区域（与共享办公相连）

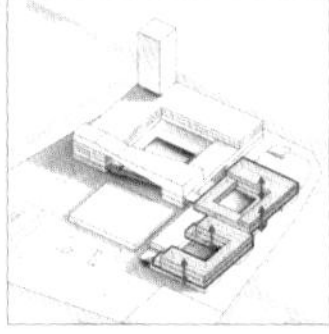

短租区域（含胶囊旅馆）

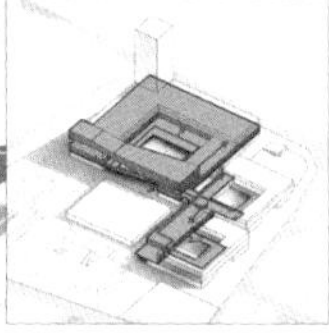

公共活动区域

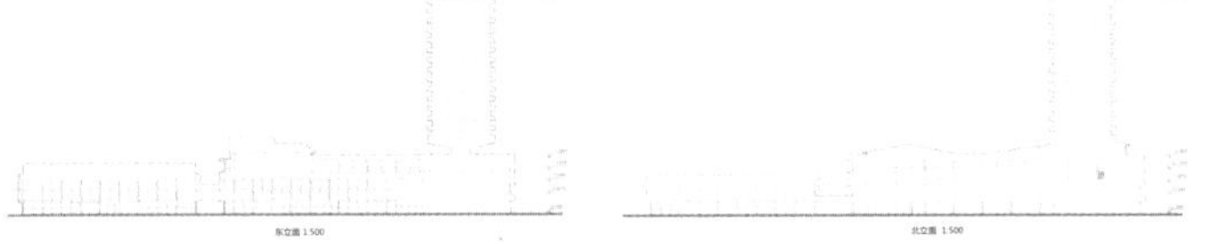

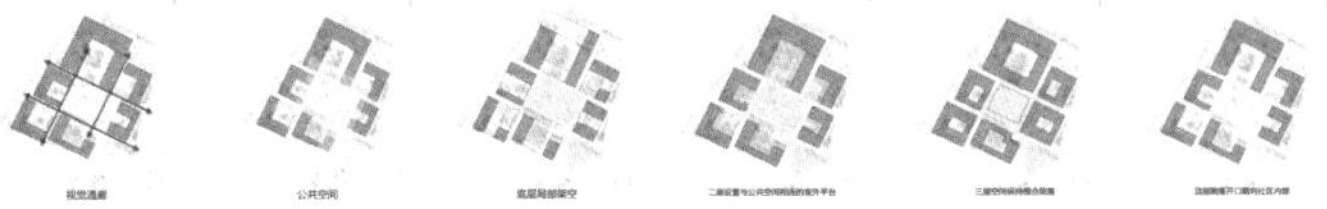

视觉通廊

公共空间

底层局部架空

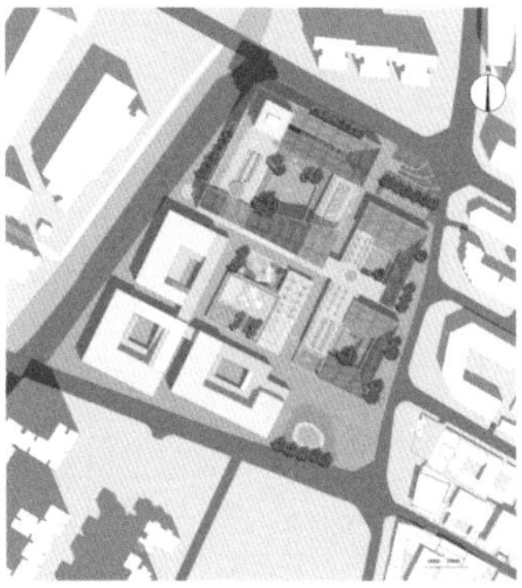

工作区
1.阅读室
2.大会议室
3.工作区
4.小会议室
5.小组讨论室
6.茶间
7.吧台
8.休息区
9.活动室
10.活动区
11.厨房
12.餐厅
13.室外露台

住宅区
14.胶囊旅馆
15.客房A
16.客房B
17.公共厨房
18.客房C
22.客房D
23.客房E
25.室外露台
28.公共生活区

休闲区
19.酒吧
20.厨房
21.酒吧露台
24.泳池
26.小剧场
27.屋顶花园

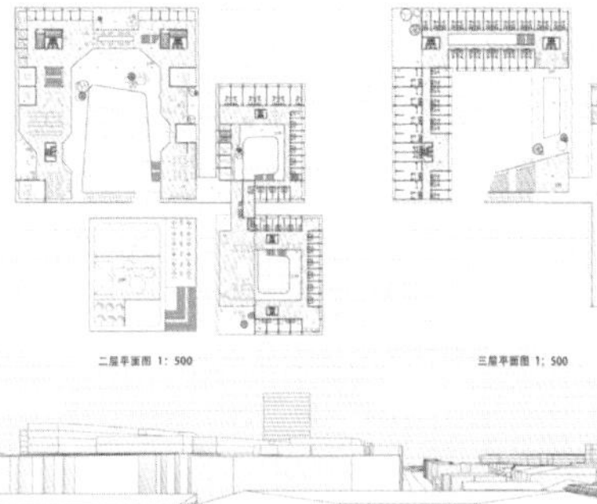

二层平面图 1：500

三层平面图 1：500

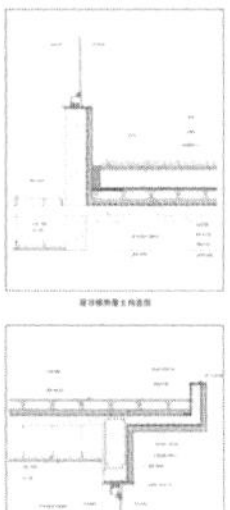

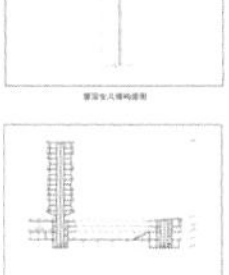

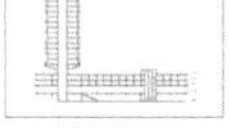

剖面A-A透视图

剖面B-B透视图

屋顶泳池

室内客房

室外二层平台

天井区域

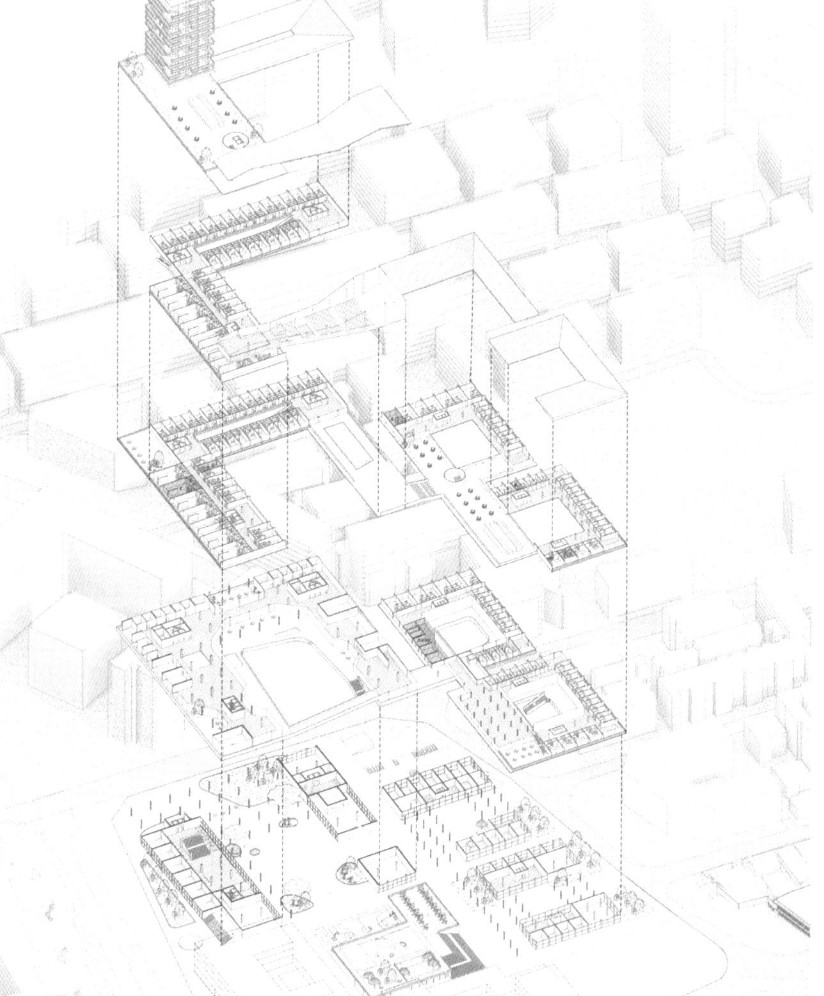

设计简介

在全球疫情居家办公的背景下，此设计反映了未来旅行办公和居家办公的趋势
通过一条同时面对客栈内部住宿和外部游客环形的生活－娱乐－休闲的公共空间体系串联起四周6个客栈block，
底部空间局部打开，充分作为面向市民的活动广场，并且配备沿街商业。
每个block通过设置一个第二地平来达到人群管理的目的，使建筑内部的住宿空间为私密状态，而室外平台和休闲空间加上底层广场为公共状态。
客栈的住宿设计面向了各种人群合各种消费水平的需求。
包含长租房，月租房，日租房，有家庭房，套房，单人公寓和胶囊旅馆。
大部分的房型厨卫齐全，配备室外阳台，和二层的公共活动空间相连，可以感受到浓厚的社交氛围。
对于家庭出游需要静谧环境的客人，提供宽敞明亮的套房和热络的公共活动空间隔绝，并配有单独的入住接待大堂
为了增强青年人社交的需求和营造社交氛围，三层四层的租赁空间设置了一个四水归堂的天井，
并且每个住宿单元在外部有单独的储物空间和座位台灯，并有一面墙用于又住户个性化自主设计。
二层的we work区域为连接室外第二平台和其他建筑单体公共空间的枢纽，
有酒吧，餐厅，剧场，spa，咖啡厅和展厅等满足生活方方面面的娱乐休闲社交空间。
通过co-living，co-working的理念，在未来旅行办公的趋势下
为所有来到成都的短期游玩或者长期旅居的人群提供一个充满成都生活态度的
“闲人客栈”

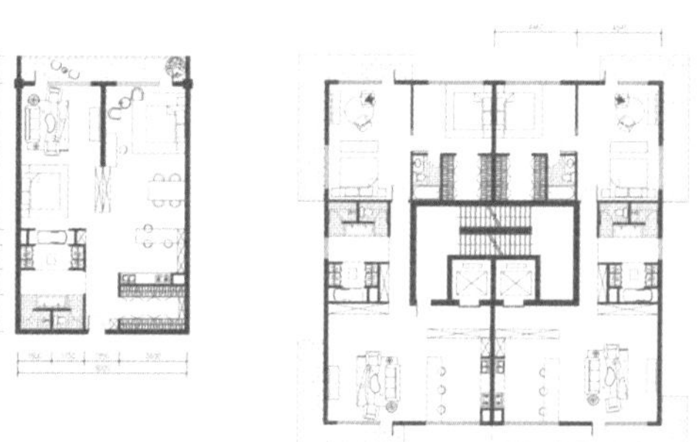

客房E 1:100　　高层客房F 1:100

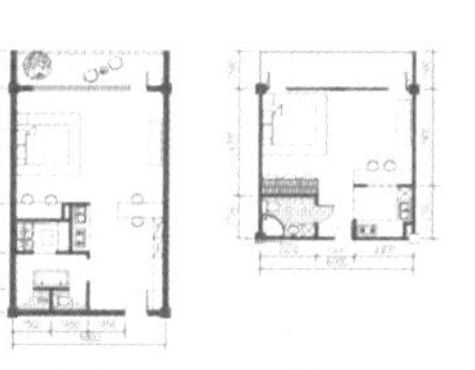

客房A 1:100　　客房C 1: 100　　客房B 1:100　　客房D 1:100

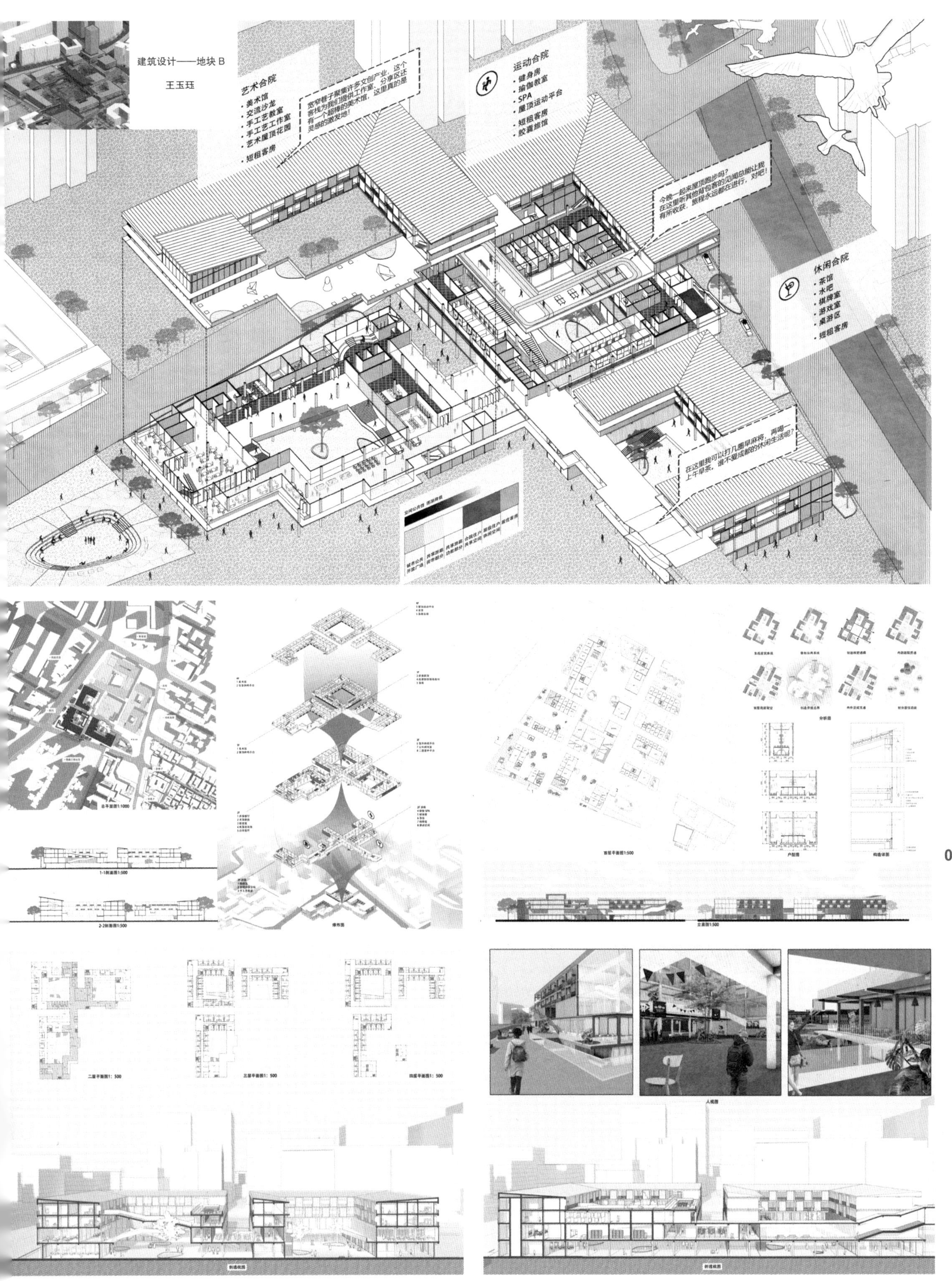

建筑设计——地块 B
王玉珏
艺术合院
· 美术馆
· 交流沙龙
· 手工艺教室
· 手工艺工作室
· 艺术屋顶花园
· 短租客房
宽窄巷子聚集许多文创产业，这个客栈为我们提供工作室、分享区还有一个超棒的美术馆，这里真的是灵感的激发地！
运动合院
· 健身房
· 瑜伽教室
· SPA
· 屋顶运动平台
· 短租客房
· 胶囊旅馆
今晚一起来屋顶跑步吗？在这里听其他背包客的见闻总能让我有所收获，旅程永远都在进行，对吧！
休闲合院
· 茶馆
· 水吧
· 棋牌室
· 游戏室
· 桌游区
· 短租客房
在这里我可以打几圈早麻将，再喝一上午早茶，谁不爱成都的休闲生活呢？
总平面图1:1000
1-1剖面图1:500
2-2剖面图1:500
爆炸图
首层平面图1:500
分析图
户型图
构造详图
立面图1:500
二层平面图1: 500
三层平面图1: 500
四层平面图1: 500
人视图
剖透视图
剖透视图

岛——公园下的博物馆

ISLAND—Museum：Beneath the City Park

北京建筑大学
设计：张文仪 / 张楚沅
指导：马英 / 金秋野 / 俞天琦 / 铁雷

评语：

“近 10 年中成都的传统建筑的消失率约为 50%。据文物局统计，现今成都中心城历史文化街区保留完好的历史建筑仅 6 处，宽窄巷子、大慈寺、文殊院、水井坊、华西医科大学、四川大学历史文化街区等。”成都传统建筑群犹如城市孤岛一般星星点点，同样城市更新进程中本地生活和城市气质也犹如孤岛一般存在。

宽窄巷子既是成都生活和气质的载体，同样也有着对外的文旅价值；繁华的地段、高密的建筑、便利的交通……我们希望为城市注入一个“呼吸口”，为城市提供公共开放空间，强调被迫“孤岛化”的文化、民俗、生活价值，并结合城市现有交通建设，将文化旅游作用的建筑空间置入地下空间中，缓解地段的人流压力。

城市更新进行时，生活“岛屿”—城市公园—成都地下民俗博物馆的系统就此诞生。

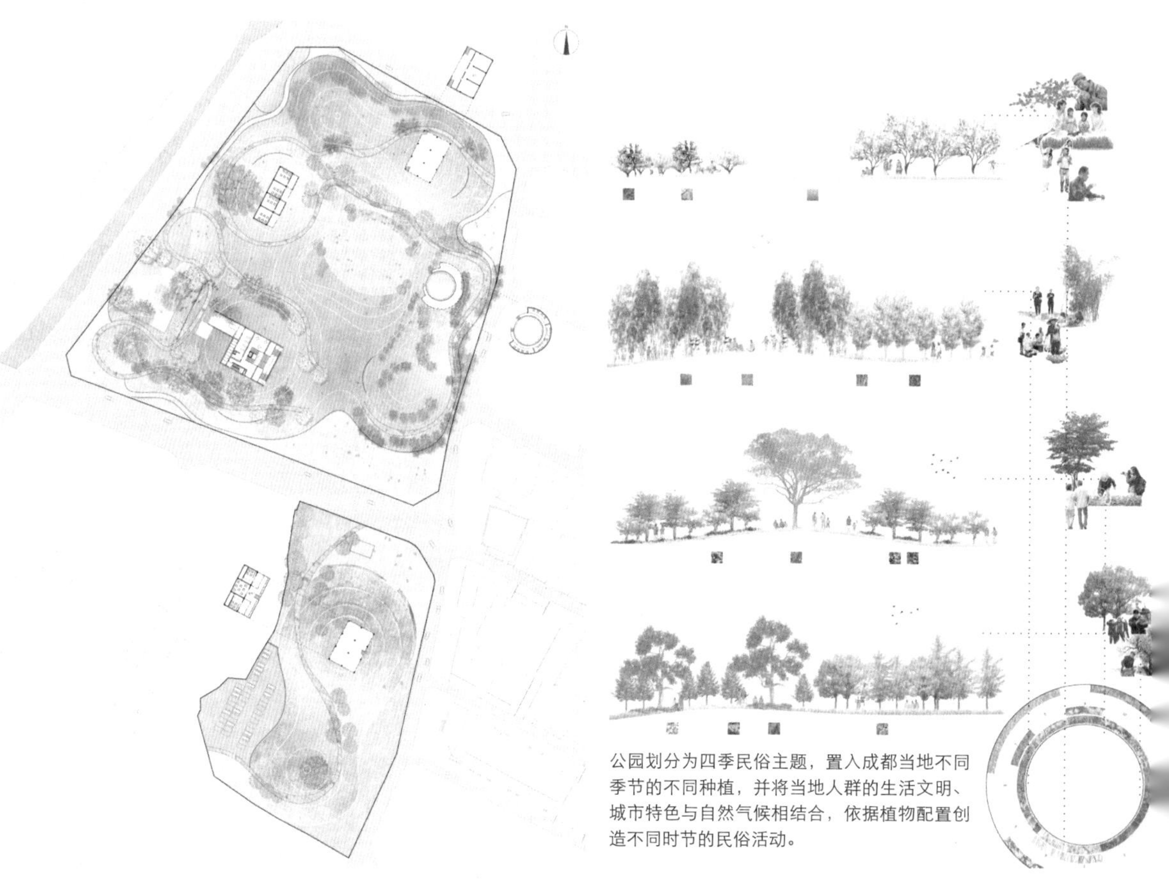

公园划分为四季民俗主题，置入成都当地不同季节的不同种植，并将当地人群的生活文明、城市特色与自然气候相结合，依据植物配置创造不同时节的民俗活动。

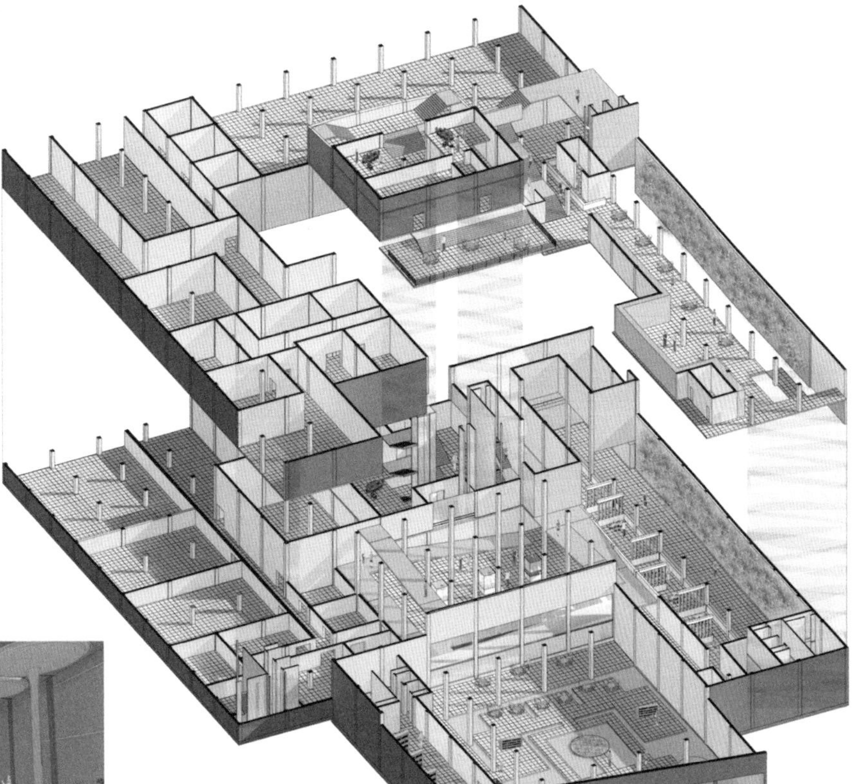

057

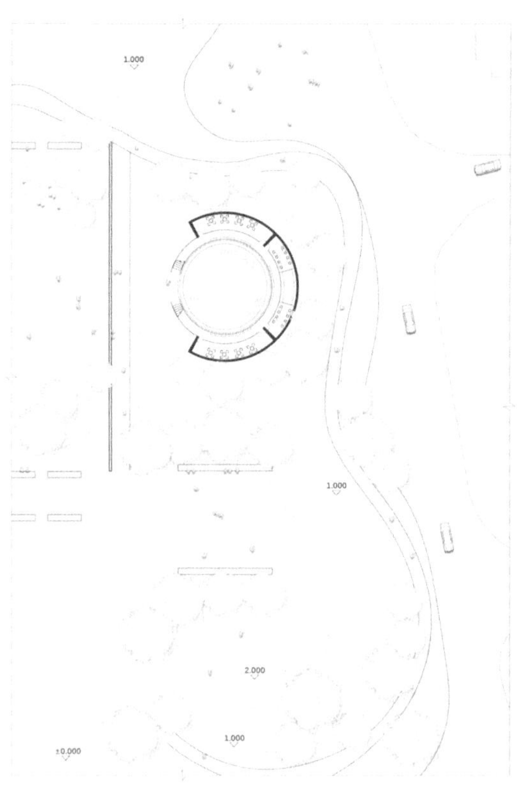

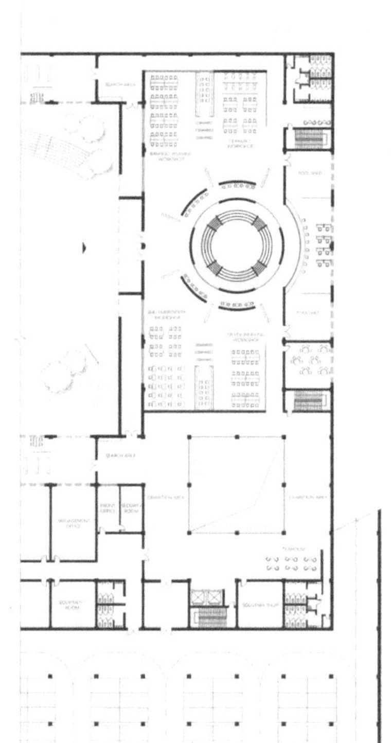

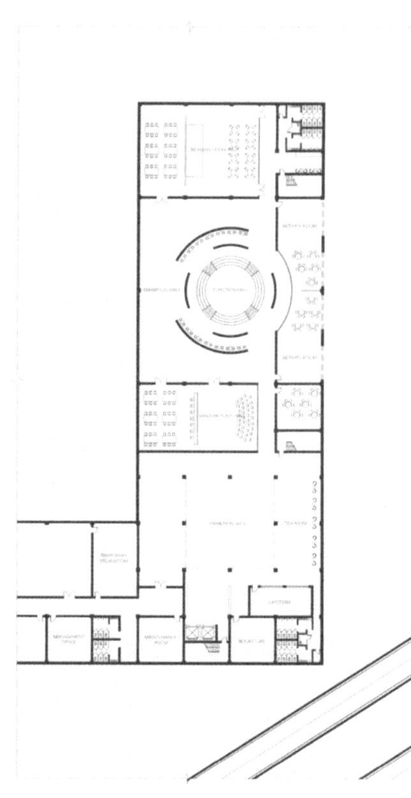

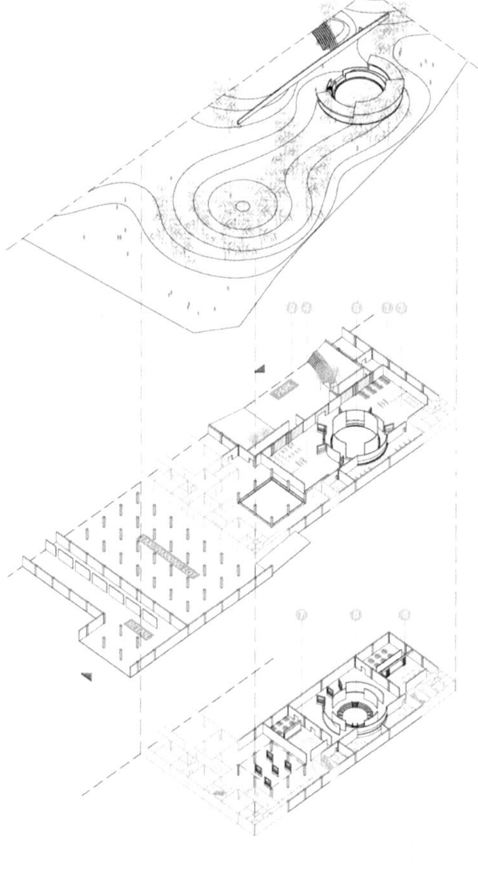

EVACUATION EXIT
ELEVATOR
STORE
REST ROOM
CAFETERIA

BAMBOO WEAVING WORKSHOP
SHU EMBROIDERY WORKSHOP
CERAMICS WORKSHOP
SILVER WEAVING WORKSHOP
FUNCTION HALL

SICHUAN OPERA HALL
SHADOW PLAYS HALL
FUNCTION HALL

有机土壤
5mm过滤层
25mm蓄水板
2mm阻根层
40mm砂浆保护
4mm柔性防水
冷油底子一道
25mm找平
结构层
梁

成都生命线——市井烟火 + 城市留白

The lifeline of Chengdu

北京建筑大学
设计：郭超然 / 张楠
指导：金秋野 / 马英 / 铁雷 / 俞天琦

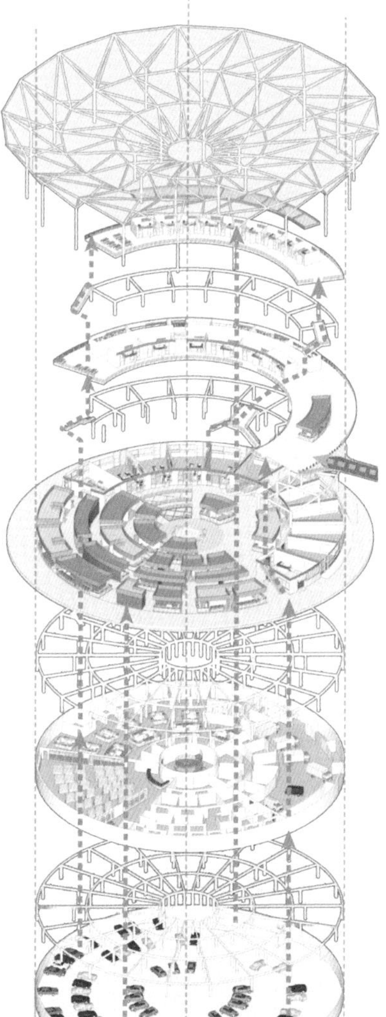

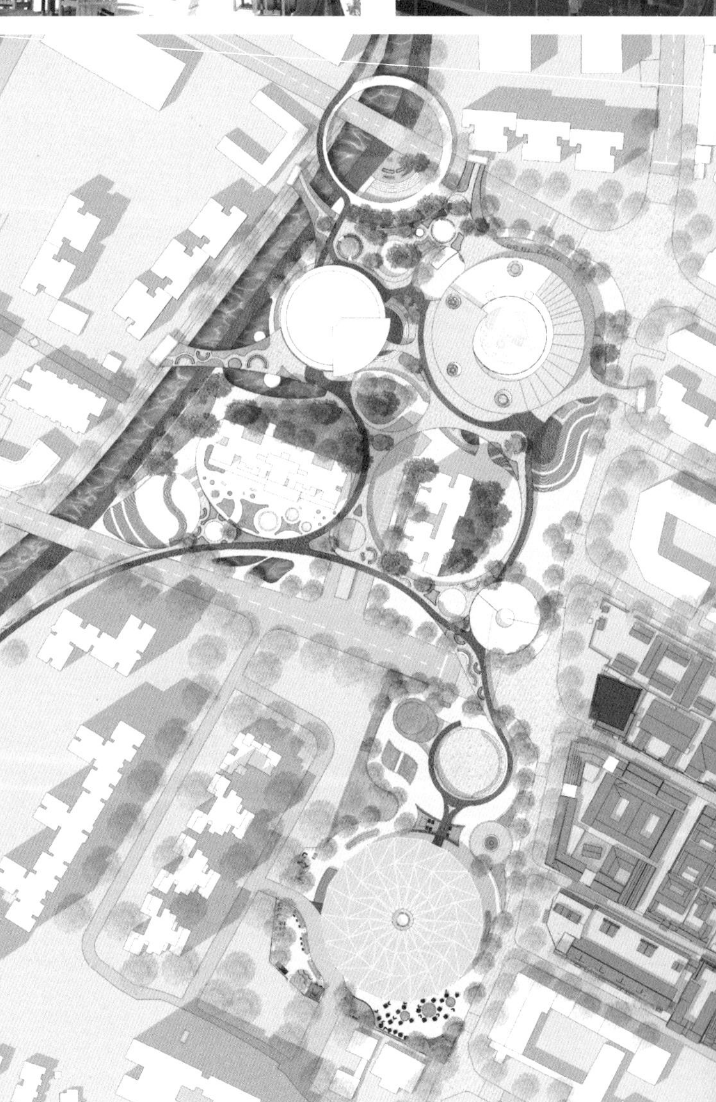

设计说明：

城市设计

"深度旅游"：我们期望打造一个贯穿链接整个成都市区的慢行景观廊道，游客们在廊道上骑行和步行到达各个景区。在廊道的穿行中深入地体验成都市井文化，游客与市民共生。

生活市场

以旅游型市场为载体，通过市场丰富的业态，承载成都多元的亚文化和市井文化。市民营造市场，游客反哺市场。

购物广场

二层廊道形态上向外伸展，展现出开放恭迎的姿态；建筑总体容纳大量的留白，为市井提供场所。

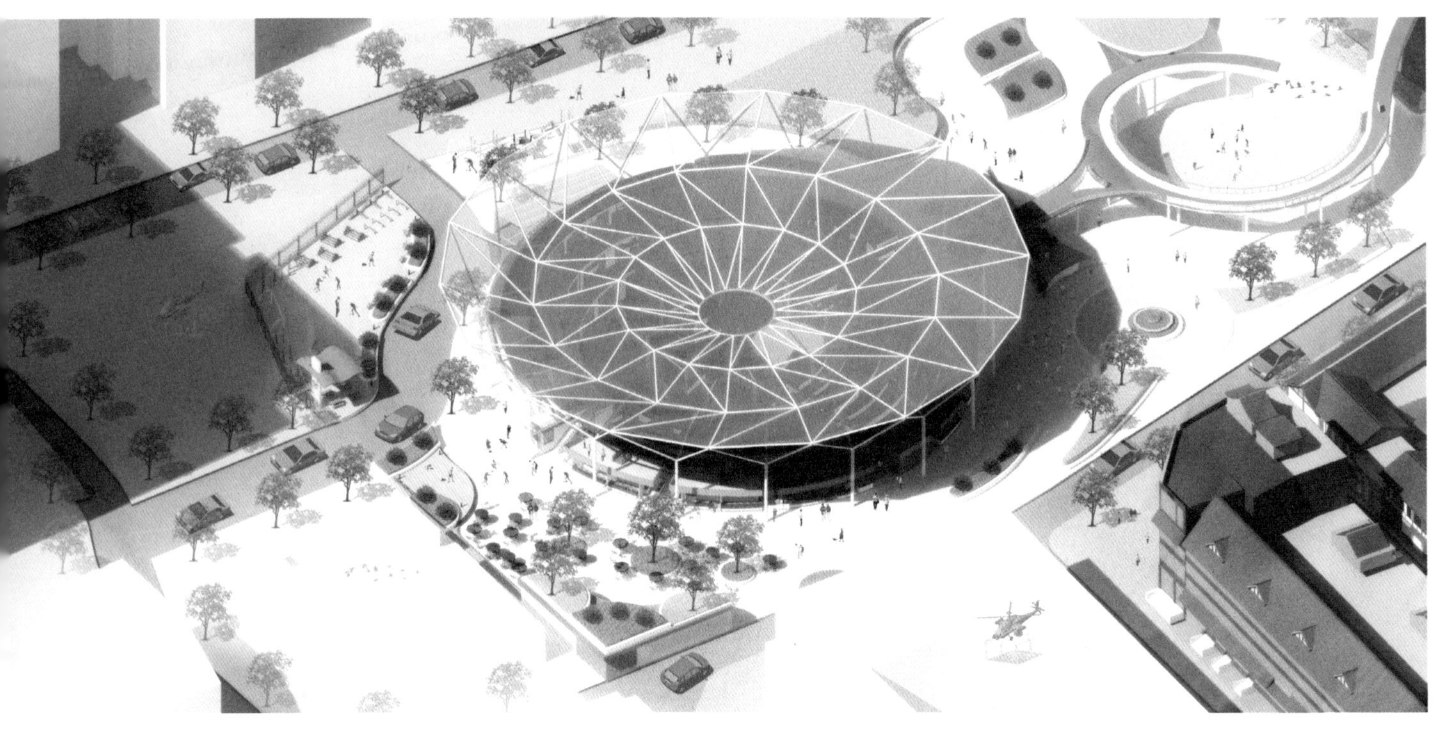

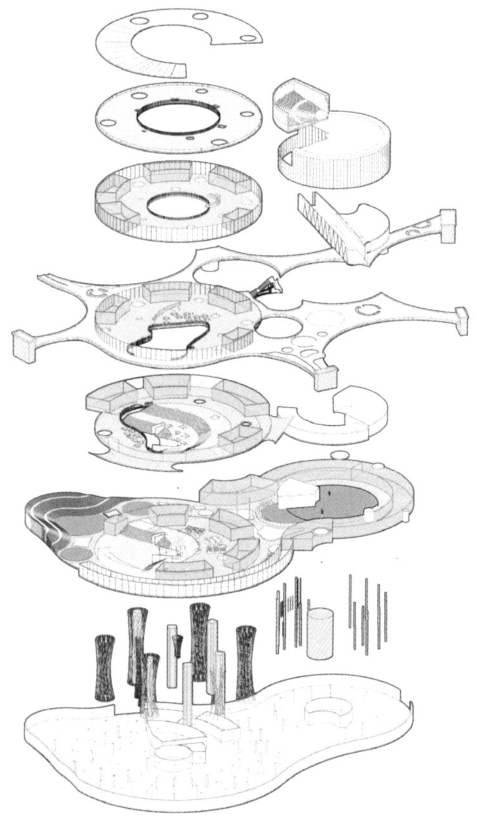

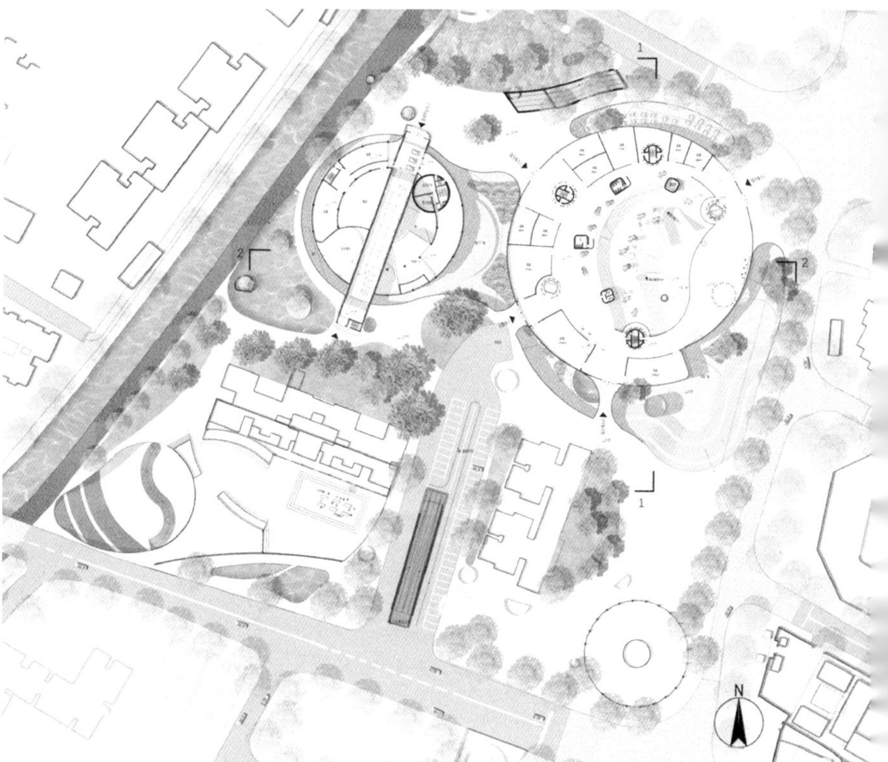
N

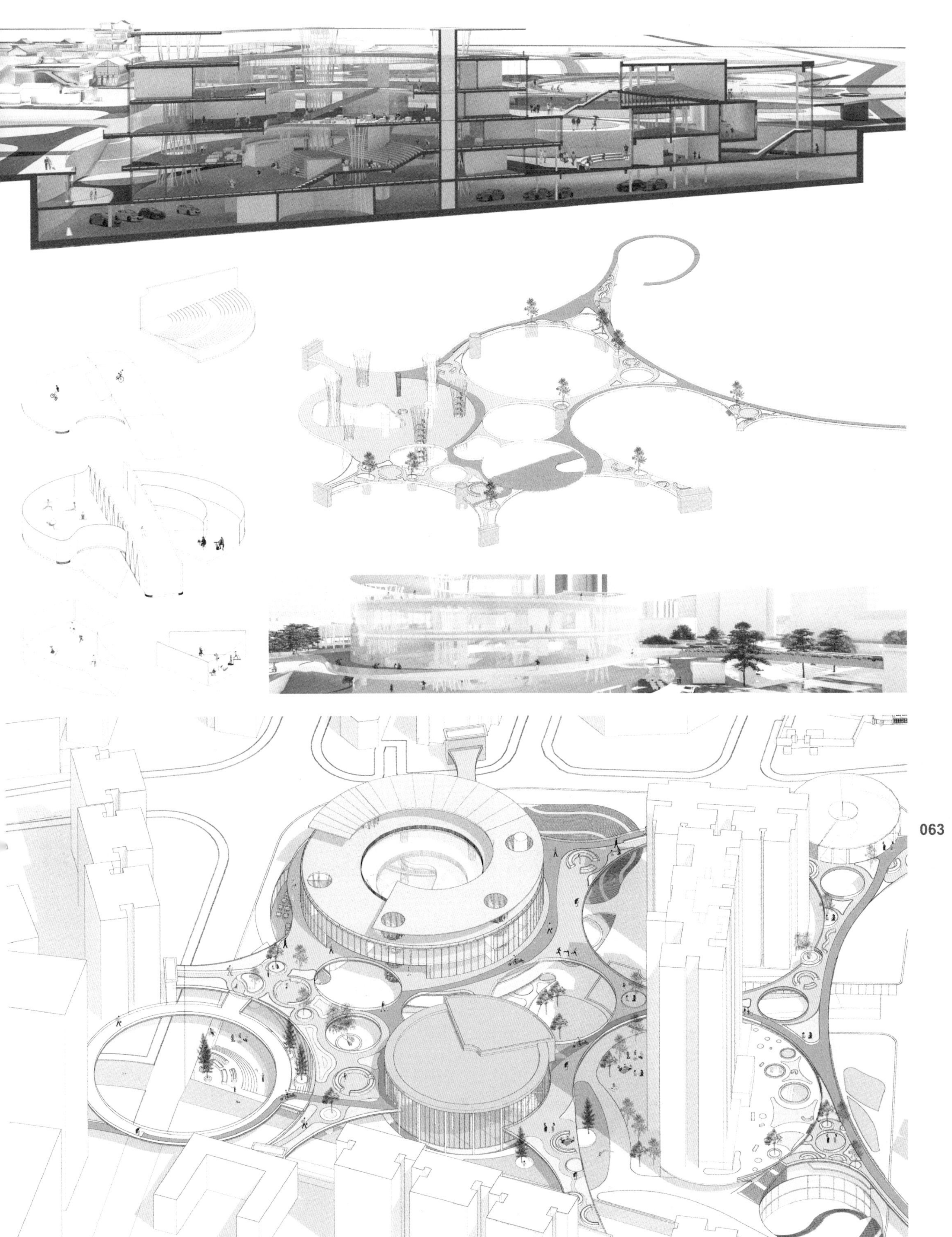

『围』城——新旧生活的渗透

The Besiege City/Urban Design of KuangZhai Alley historical Area

北京建筑大学
设计：江培纯／裴婧然
指导：马英／俞天琦／金秋野／铁雷

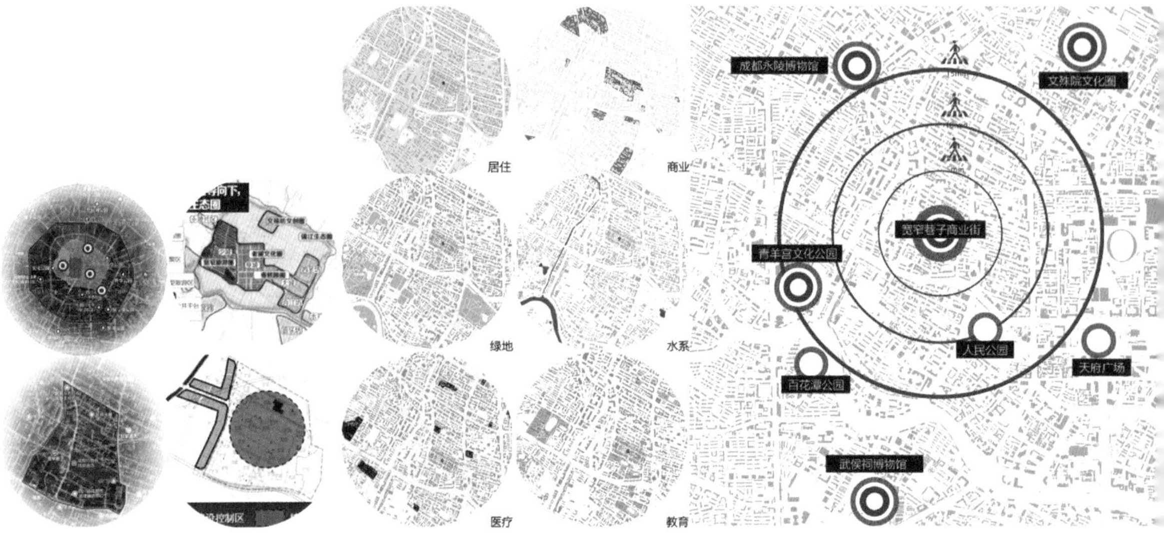

居住
商业
绿地
水系
医疗
教育
成都永陵博物馆
文殊院文化园
宽窄巷子商业街
青羊宫文化公园
人民公园
天府广场
百花潭公园
武侯祠博物馆

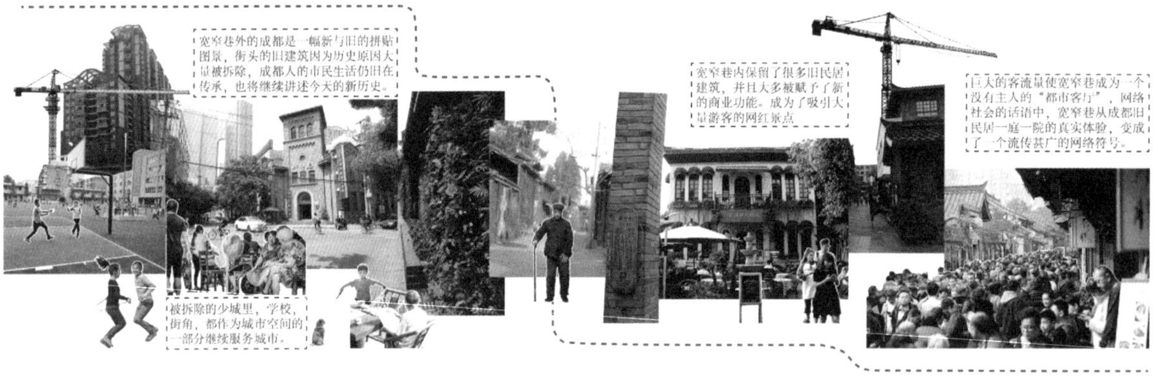

宽窄巷外的成都是一幅新与旧的拼贴图景，街头的旧建筑因为历史原因大量被拆除，成都人的市民生活仍旧在传承，也将继续讲述今天的新历史。
被拆除的少城里，学校，街角，都作为城市空间的一部分继续服务城市。
宽窄巷内保留了很多旧民居建筑，并且大多被赋予了新的商业功能。成为了吸引大量游客的网红景点
巨大的客流量使宽窄巷成为一个没有主人的“都市客厅”，网络社会的话语中，宽窄巷从成都旧民居一庭一院的真实体验，变成了一个流传甚广的网络符号。

清
1949
1980
2000
2010
2020

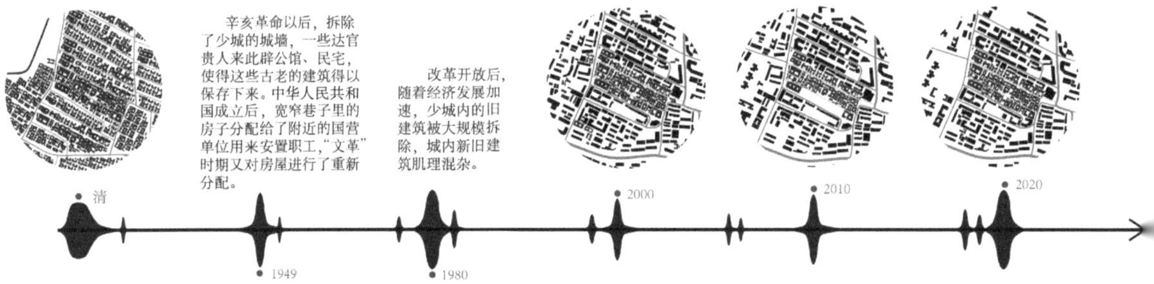

辛亥革命以后，拆除了少城的城墙，一些达官贵人来此辟公馆、民宅，使得这些古老的建筑得以保存下来。中华人民共和国成立后，宽窄巷子里的房子分配给了附近的国营单位用来安置职工，“文革”时期又对房屋进行了重新分配。

改革开放后，随着经济发展加速，少城内的旧建筑被大规模拆除，城内新旧建筑肌理混杂。

康熙五十七年（公元1718年），准噶尔部窜扰西藏，清朝廷派3000官兵平息准葛尔之乱后，选留千余兵丁永留成都，并修建了"城中城"——满城，也叫做少城，少城被定作“八旗”军营及其家眷住处，属禁地。

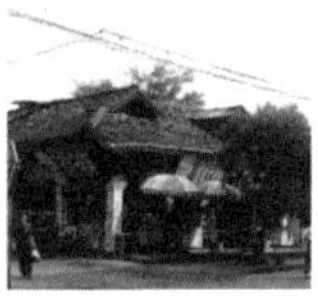

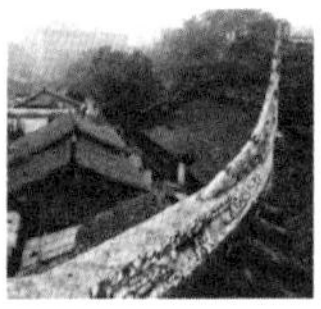

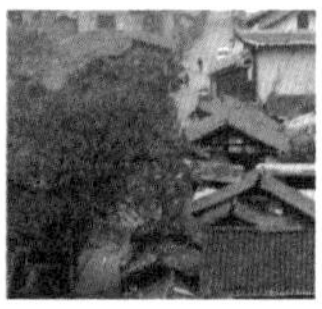

宽窄巷子更新工作开始，巷子内低质量的古建筑被拆除重建，而宽窄巷周边的清少城遗迹已经几乎绝迹。

城市
为城市提供更多公共空间
市民
让宽窄巷子重返市民生活
更新
促进城市区域联动发展
『围』城
提升旅游景区体验的多样性
景区
疏解过度庞大的客流
游客
重新定位历史遗迹与城市的关系
遗产
策略
功能置入
零售
餐饮
住宿
图书馆
美术馆
体育
空间渗透

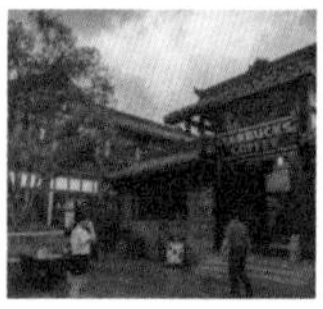

评语：

关注到历史文化片区在新兴城市中的围城状态所造成的历史、文化、社会、环境等影响，城市设计方案希望通过对历史片区与现代都市的界面的介入，在界面上进行缝合，来尝试解决一系列城市问题，包括城市空间景观的割裂、城市生活图景与网红旅游景点之间的矛盾、城市发展与历史文化的保护之间的博弈。而在建筑设计部分，两位同学分别选取了界面中具有代表性的节点，同时关照历史与现代、在地与网络、复杂与抽象，用具体而微的空间诠释两种差异巨大的城市景观之间的碰撞所造成的可能性。

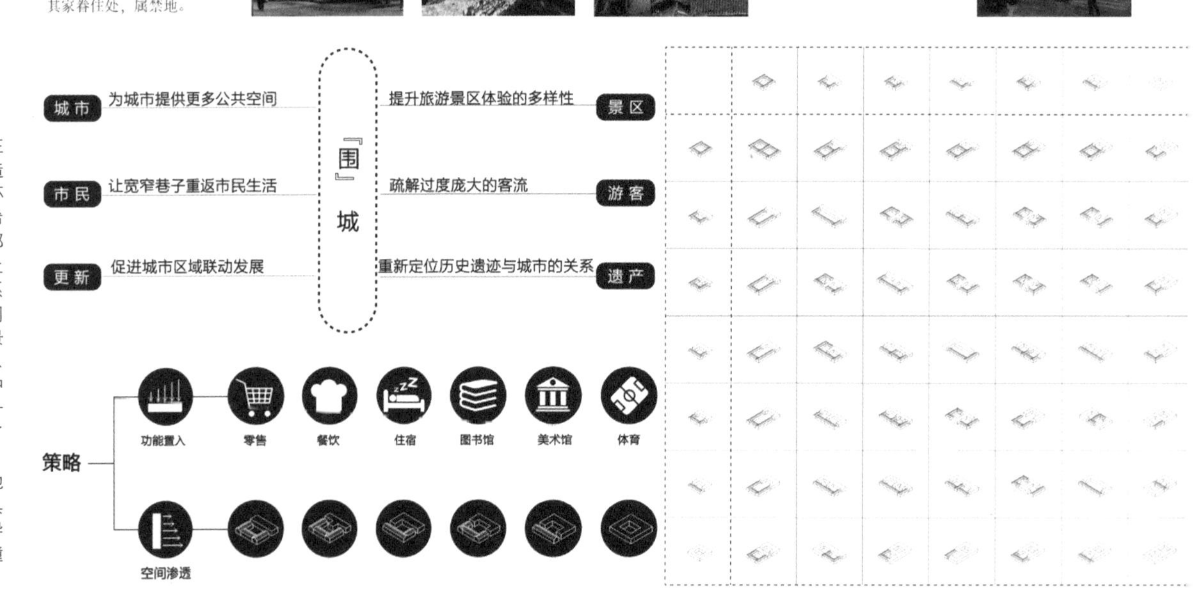

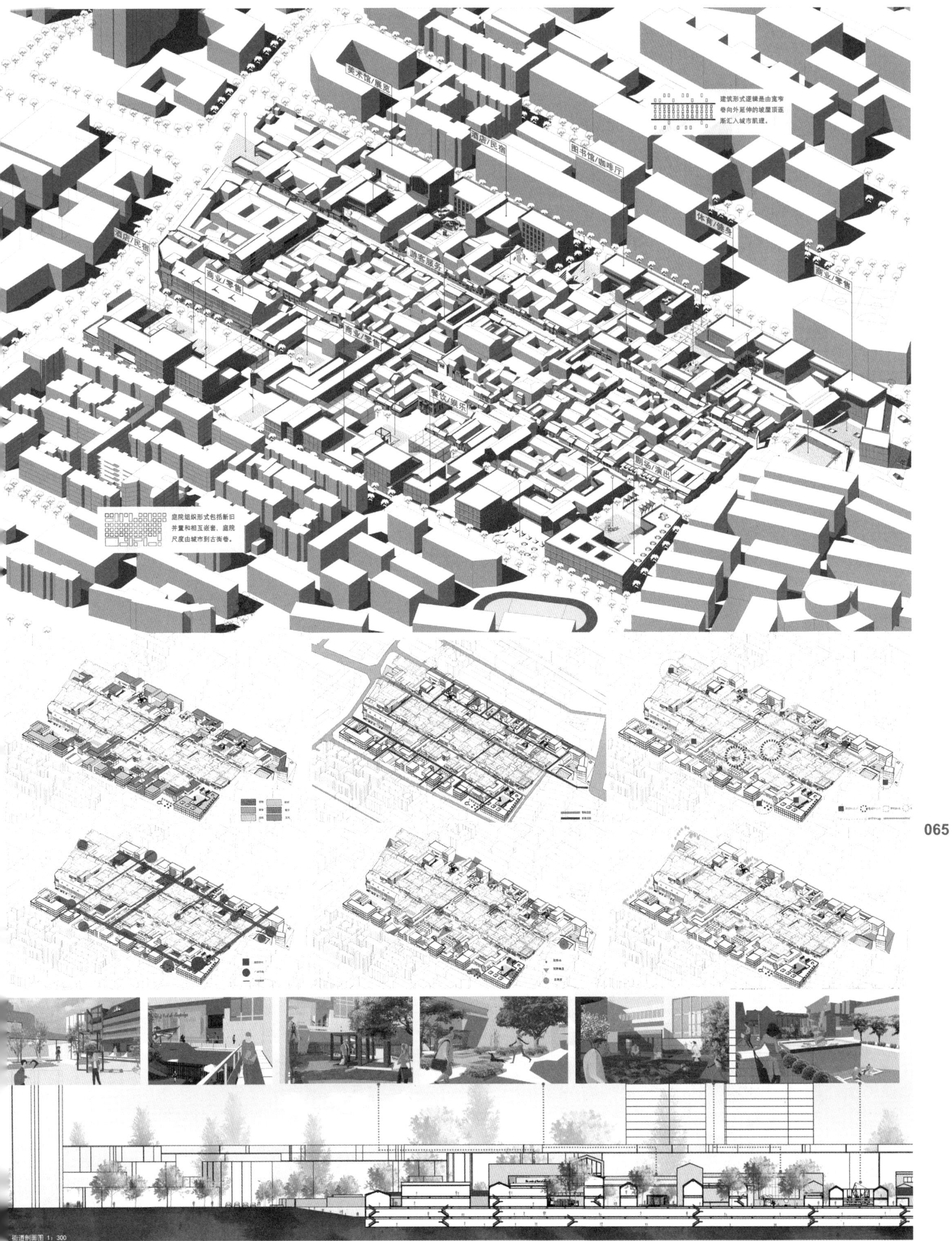
美术馆/展览
建筑形式逻辑是由宽窄巷向外延伸的坡屋顶逐渐汇入城市肌理。
酒店/民宿
图书馆/咖啡厅
酒店/民宿
商业/零售
游客服务
体育/健身
商业/零售
商业/零售
餐饮/娱乐
剧场/演出
庭院组织形式包括新旧并置和相互嵌套，庭院尺度由城市到古街巷。

街道剖面图 1：300

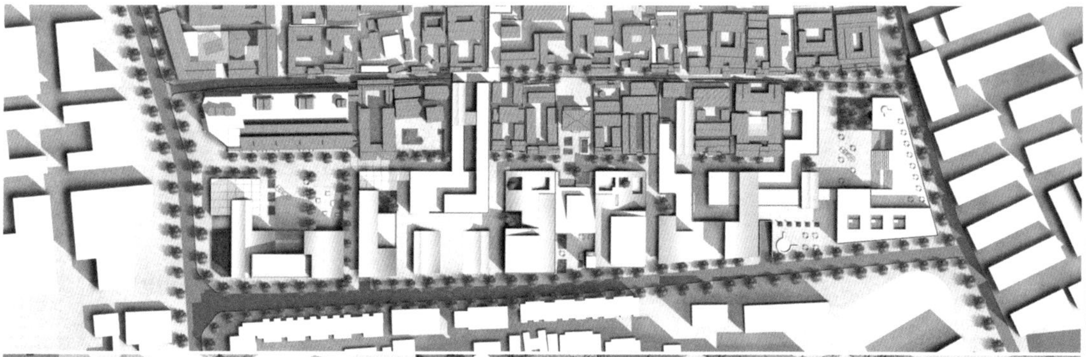

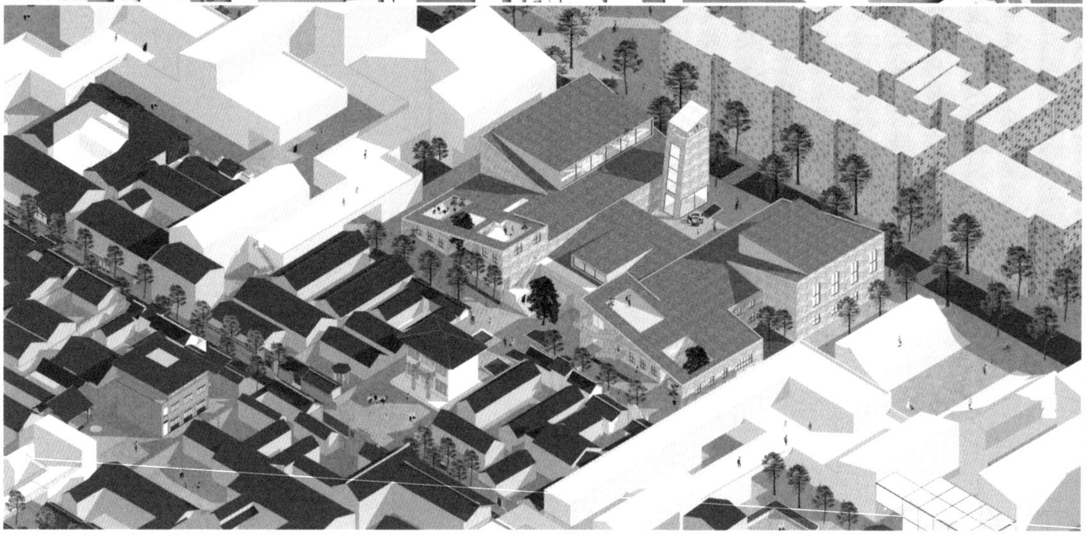

历史文化街区对于现代都市的重要意义是能够打破现代社会高度抽象简洁的社会形态——这一形态最为重要的表现之一便是现代建筑，在新旧之间的场地里，我希望通过增加建筑的复杂性来回应从传统建筑汲取灵感的后现代语境。宽窄巷子内坡屋顶的元素被转化为现代的建筑语汇，并用其串联起从历史到现代成都的一系列事件。在一个大屋檐下，根据不同事件营造出各种不确定的空间。紧邻宽窄巷的檐下空间，回应历史空间的庭院和室内串联关系，屋顶的露台，面向城市市民生活的活动中心……

设计者：江培纯

占地面积：3000m²

建筑面积：5200m²

容积率：0.8

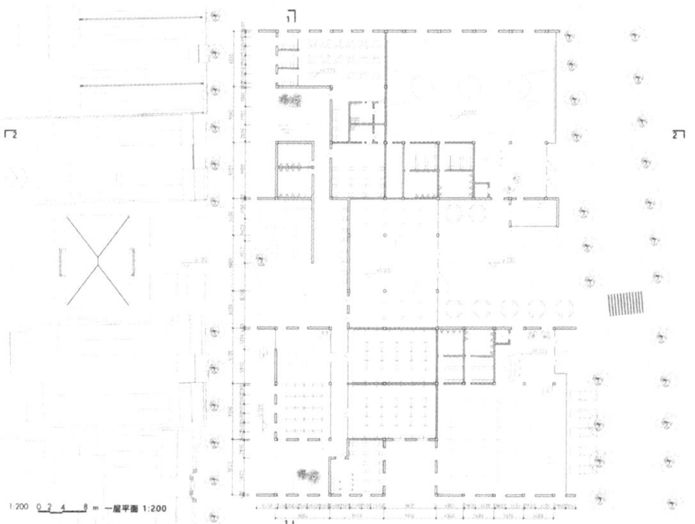

一层平面 1:200

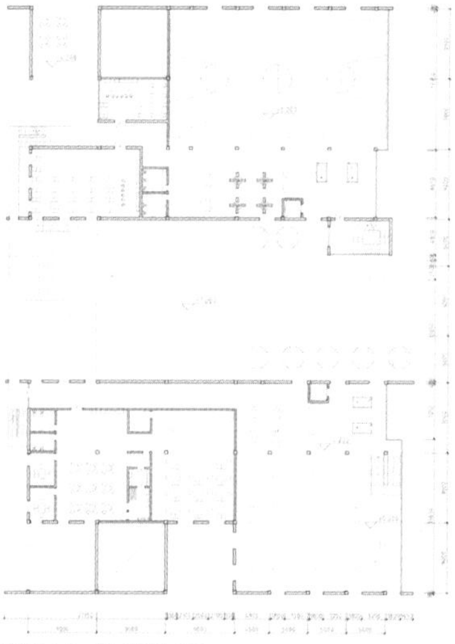

二层平面 1:200

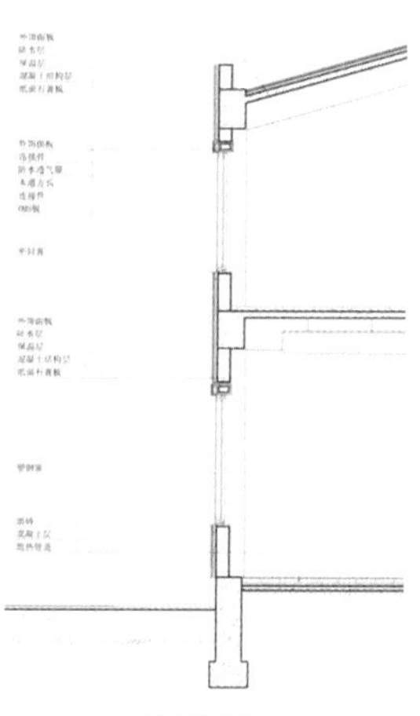

墙身大样图 1:30

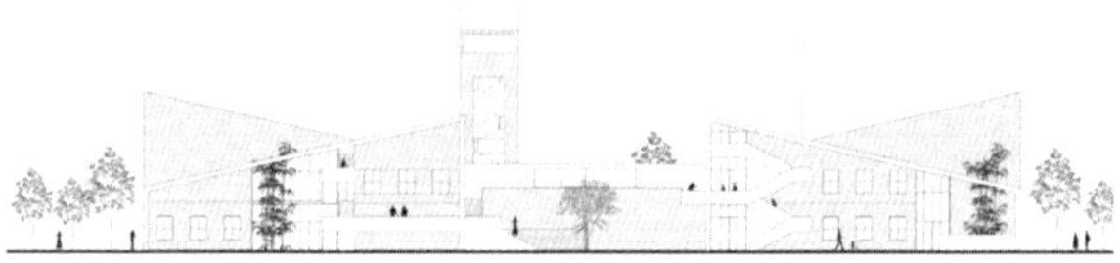

南立面 1: 200

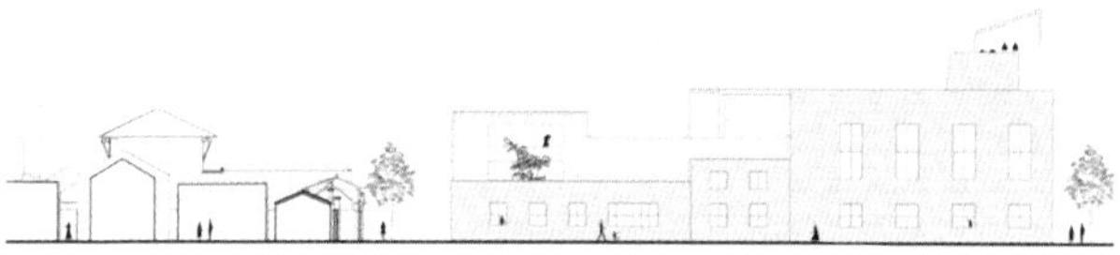

东立面 1: 200

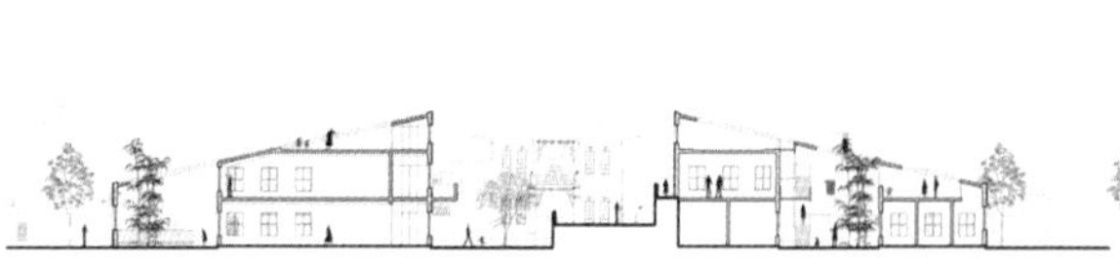

1-1剖立面 1: 200

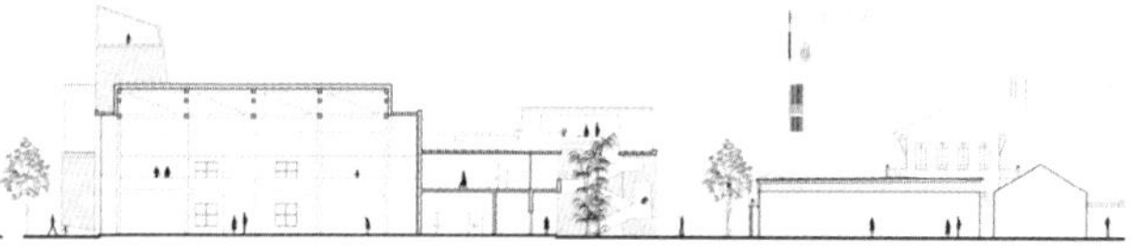

2-2立面 1: 200

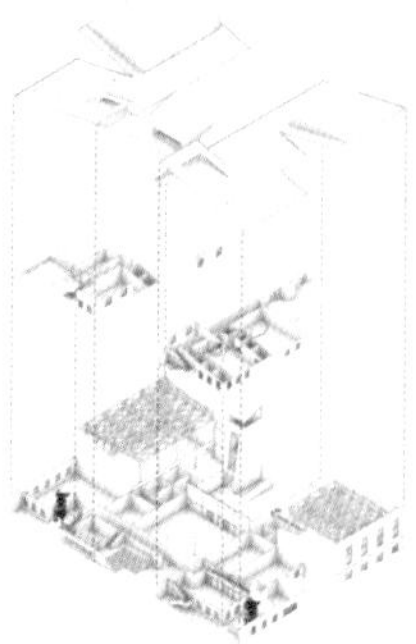

设计题目：渗透与拼接

设计者：裴婧然

设计说明：建筑设计部分延续了城市设计的院落处理思路，保留竖向坡屋顶肌理，通过拆除横向的坡屋顶将院落朝向城市、宽窄巷子及街道开放，新建筑则以 L 形向城市或内街打开，最终形成了四条轴线。我还将建筑进行了开口架空、置入二层 A 字形连廊以呼应轴线。

以重庆高速公路通过不同高度的高架桥与建筑立面交接的原型，我将东侧庭院进行下沉处理，内街则成为一条曲折而缓慢的坡道，行人在不同的高度与院落、广场相接触，丰富了空间体验感。建筑造型采用双坡屋顶呼应原有建筑，大体量建筑则采用角度较小的单坡屋顶，以减小对宽窄巷子的压迫感，并在交通节点和活力较强的空间进行体块穿插处理加以强调。

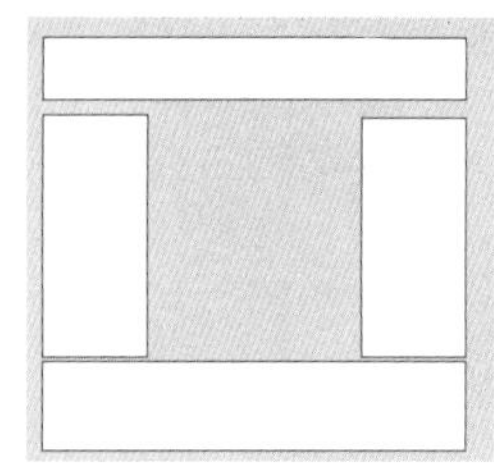

古老城市中的活力街区

A vibrant neighborhood in an ancient city

北京建筑大学
设计：冉子荻 / 凌仕桓
指导：俞天琦 / 马英 / 金秋野 / 铁雷

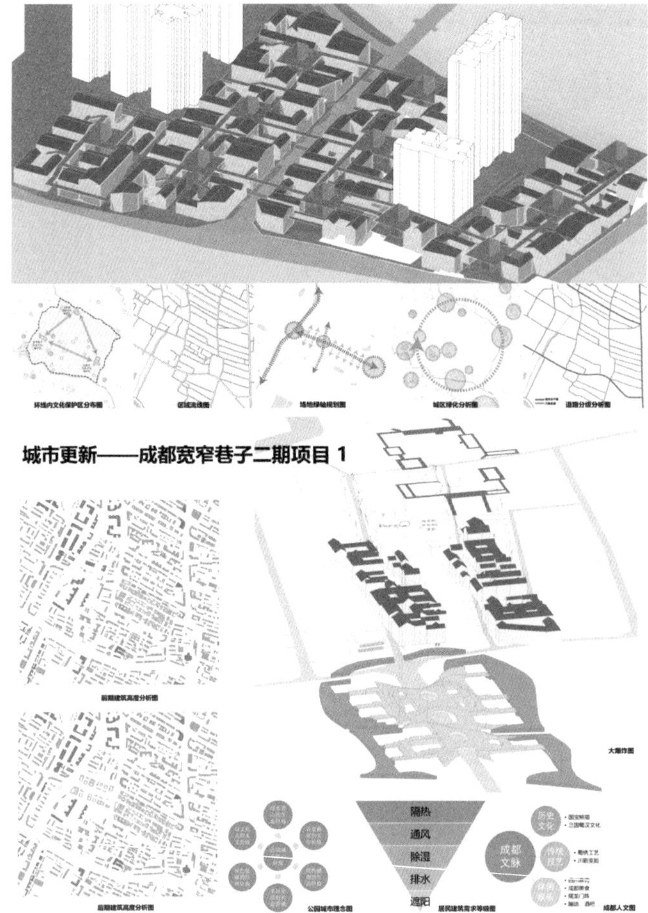

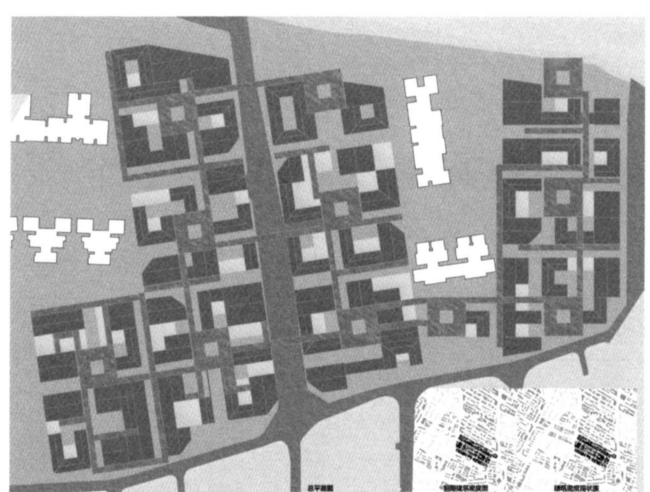

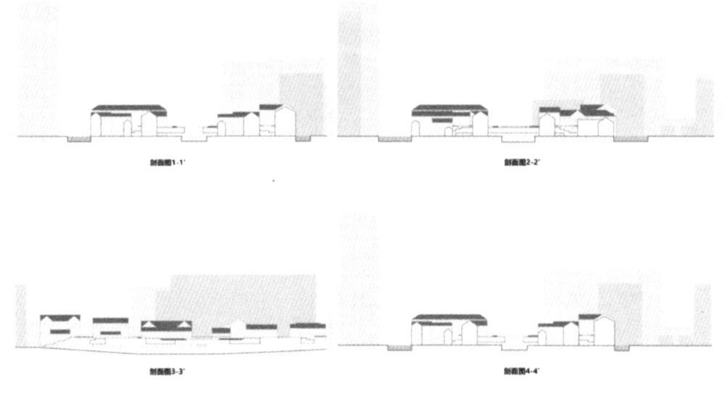

感想：

我们将项目定位为传统风貌拓展区、都市创新休闲区、公园城市体验区。

在建筑风貌上，提取川西民居传统元素；在建筑功能上，塑造休闲购物、餐饮小吃、茶肆酒吧、文创沙龙等功能为一体的服务宽窄巷子历史街区、周边居民单位和创业创新多用途的活力街区。交通组织上，结合建筑布局，构建规整有序的棋盘式路网格局，营造尺度宜人的街巷空间和井然有序的慢行交通系统。绿色生态方面，按照公园城市的设计理念，利用西郊河、西安中路一线形成宽窄巷子生态带，同时在基地的南北两个地块分别设置口袋公园，将绿色渗透到街区内部，打造绿色生态的公园城市。

经过老师的点评，我们也意识到设计存在的一些问题，如建筑外观过于形式化、规整的棋盘式格局不利于保留原有的城市记忆，作为院落空间与宽窄巷子的空间尺度差距较大等。在以后的工作和学习中，我们会从实际项目和案例资料中汲取更多经验，获得对此类项目设计更深刻的认识。

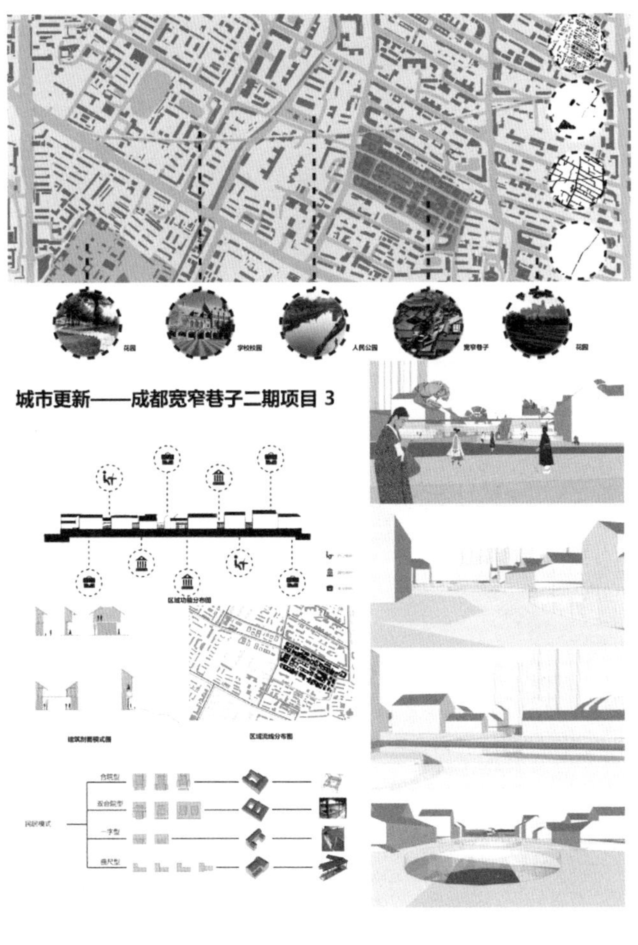

城市更新——成都宽窄巷子二期项目 3
花园
学校校园
人民公园
宽窄巷子
区域功能分布图
建筑剖面模式图
区域流线分布图

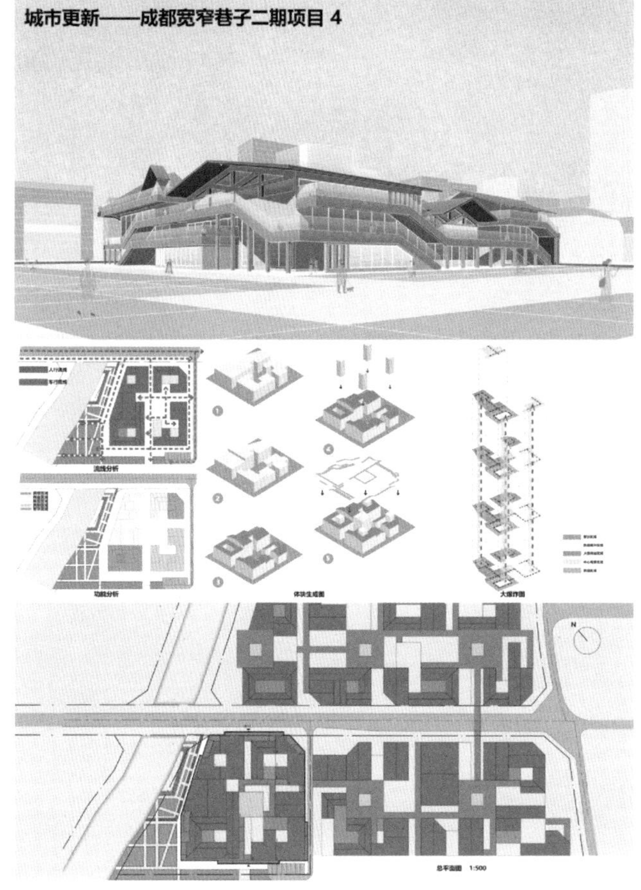

城市更新——成都宽窄巷子二期项目 4
流线分析
功能分析
体块生成图
大爆炸图
总平面图 1:500

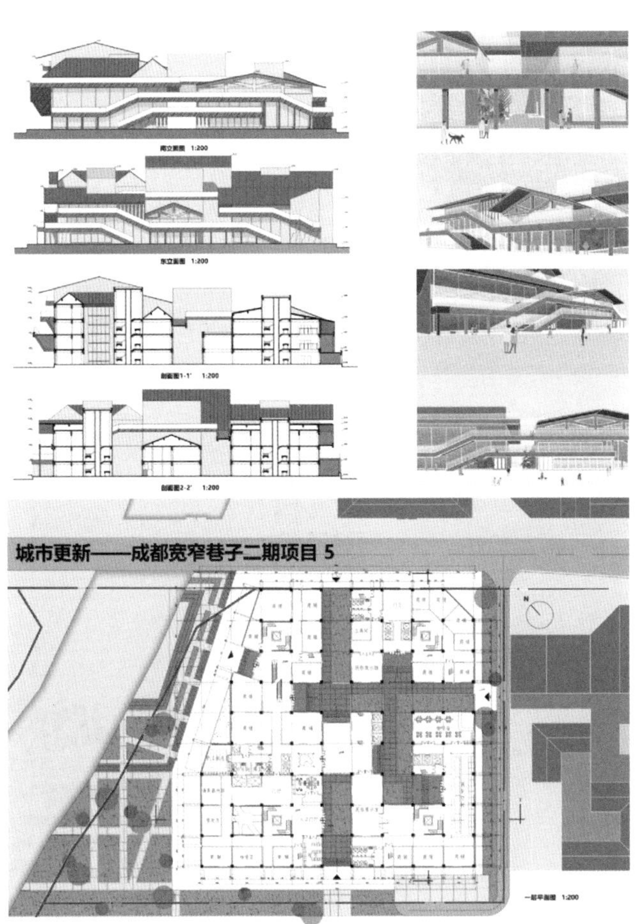

南立面图 1:200
东立面图 1:200
剖面图1-1' 1:200
剖面图2-2' 1:200
城市更新——成都宽窄巷子二期项目 5
一层平面图 1:200

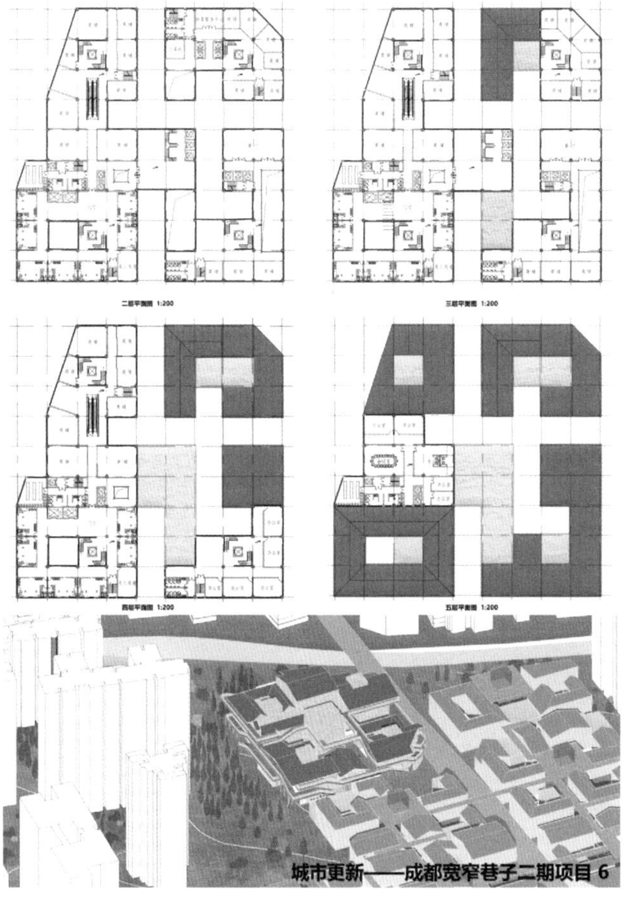

二层平面图 1:200
三层平面图 1:200
四层平面图 1:200
五层平面图 1:200
城市更新——成都宽窄巷子二期项目 6

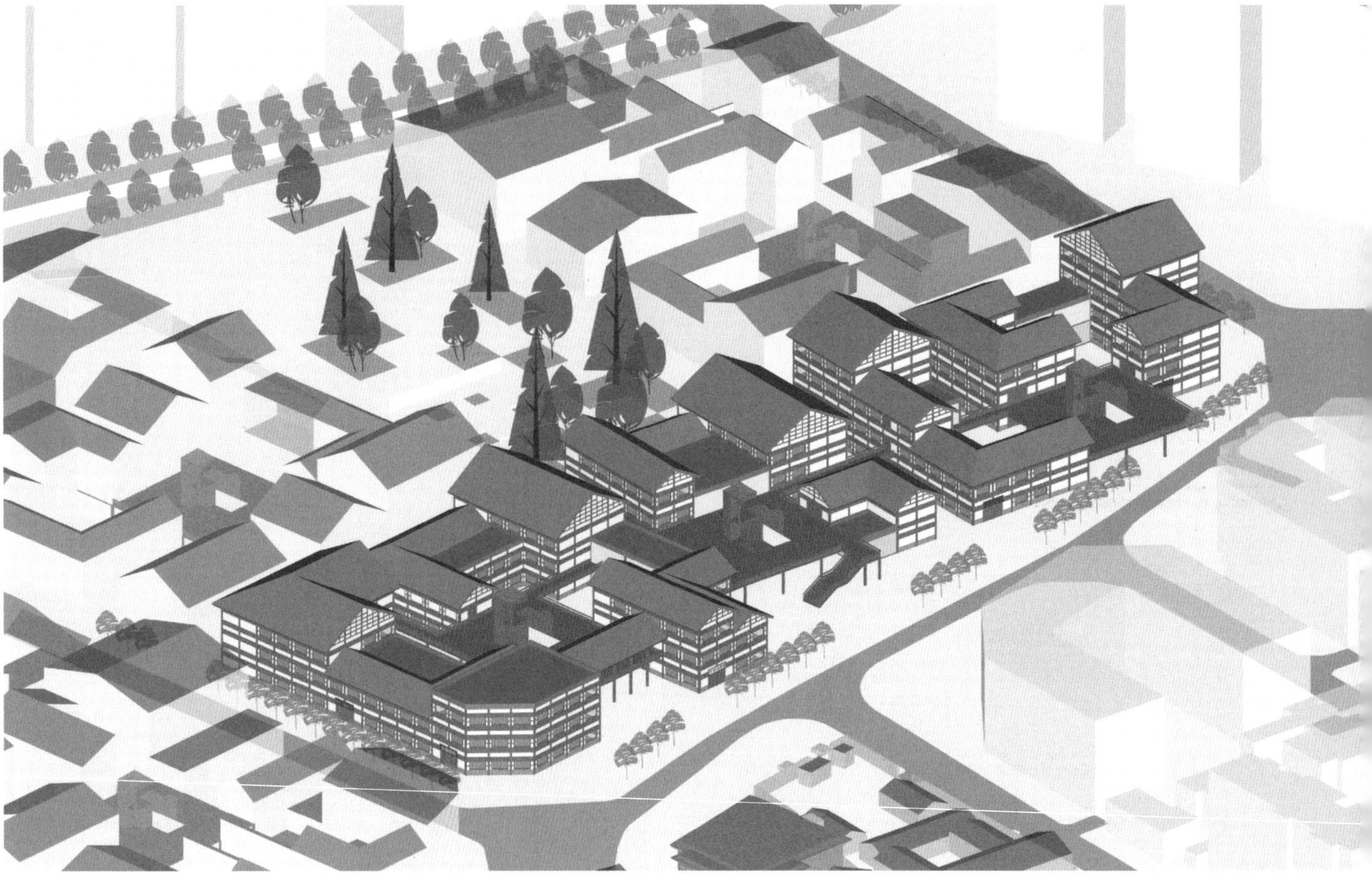

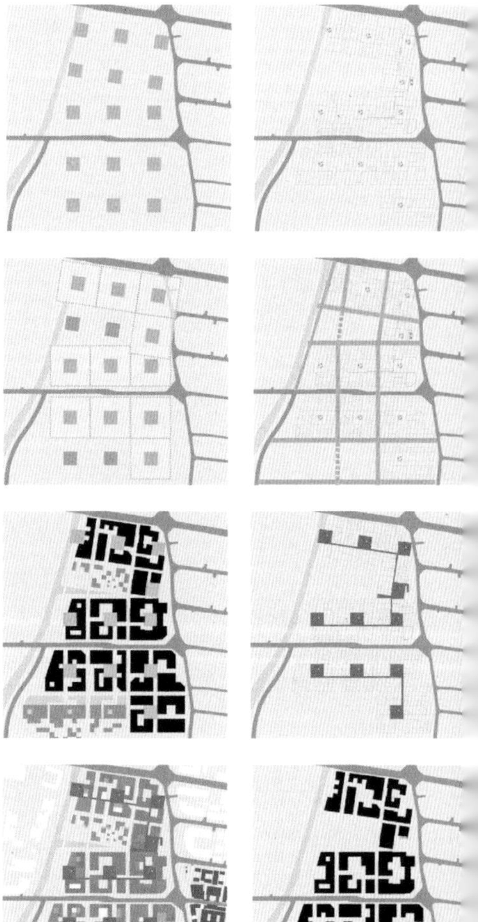

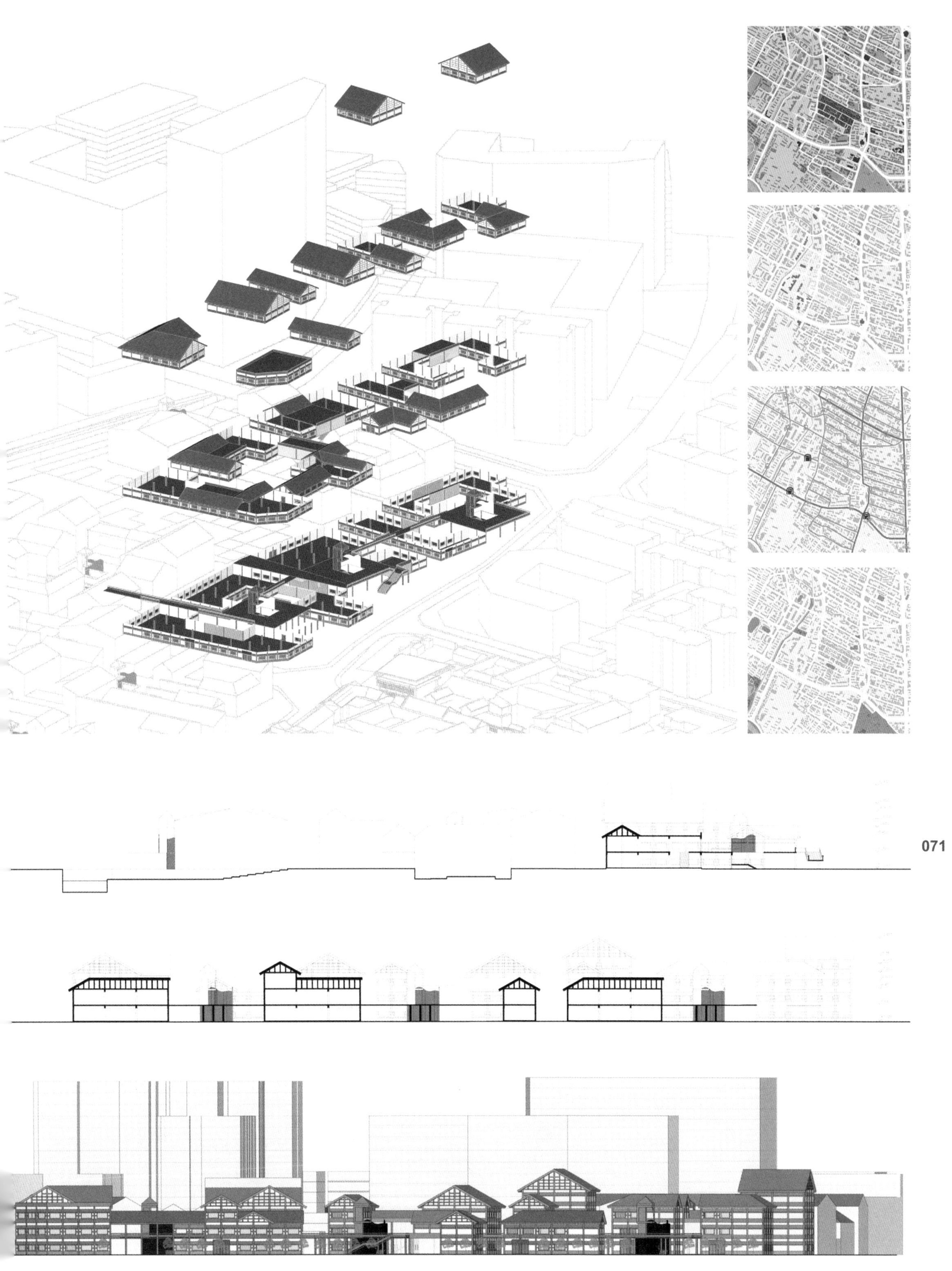

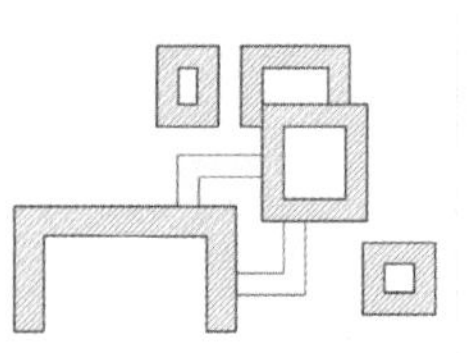

粉墨街区
Drama District

北京建筑大学
设计：丁文晴 / 高栩
指导：金秋野 / 马英 / 俞天琦 / 铁雷

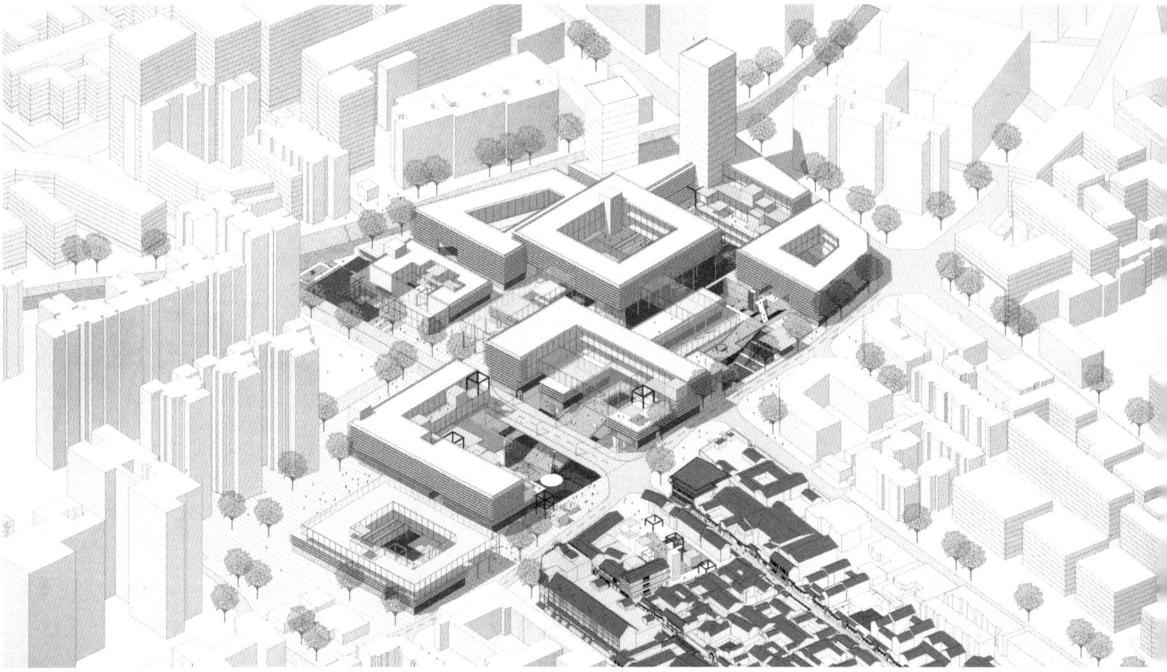

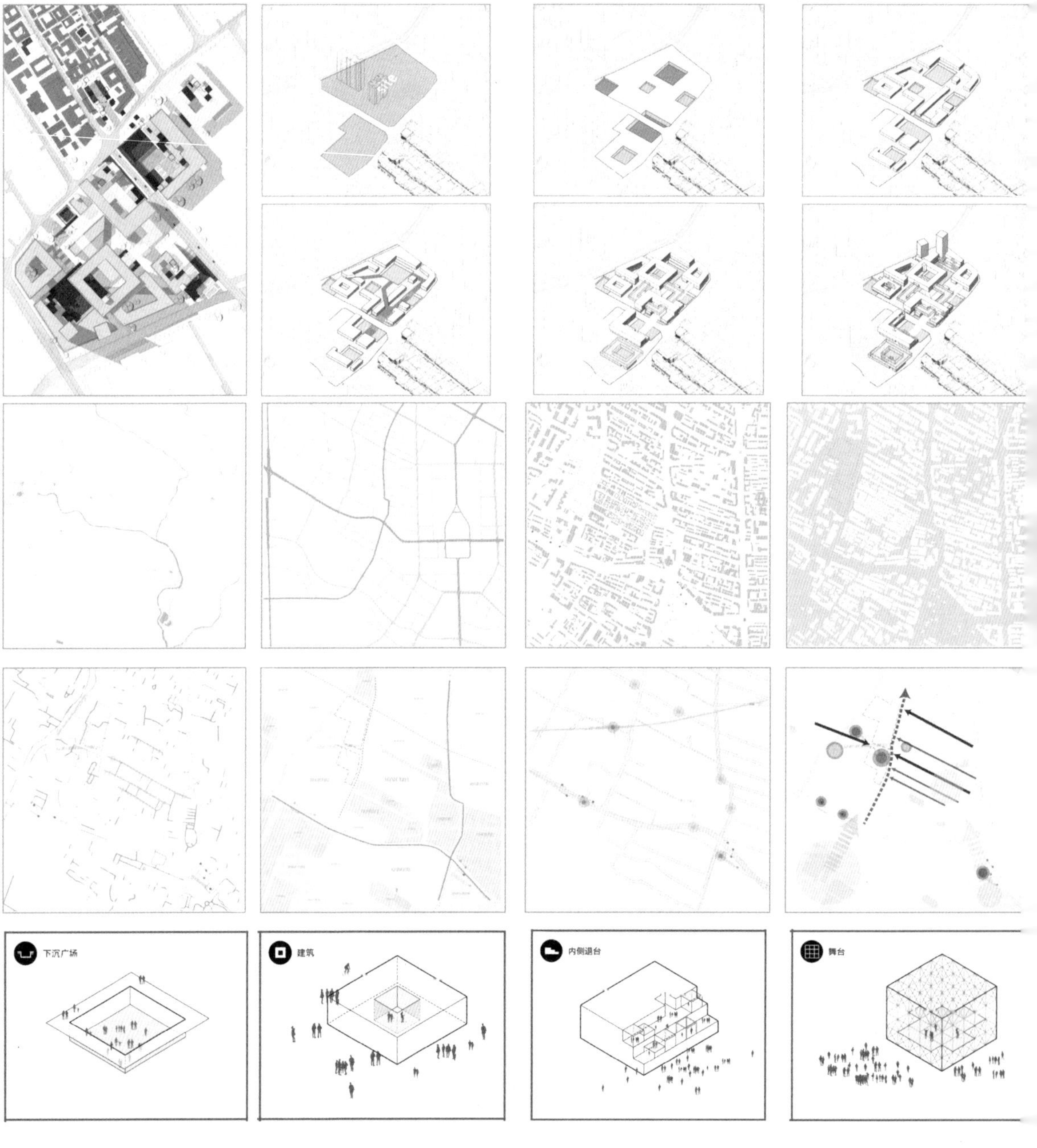

下沉广场　建筑　内侧退台　舞台

评语：

该组同学从当地传统戏剧表演艺术这一非建筑的文化要素作为切入点，通过对其充分的发掘和解读，将空间的序列和剧本的叙事这一共同的历时性作为两者的结合点。

从而实现了戏剧表演艺术和空间语汇的通达融合，并通过室外表演空间的经营，力求在场所意境的营造上契合于戏剧表演的情感氛围。

该设计视角独特，思路清晰，在完成戏剧这一内在出发点的同时，也充分考虑了与外在城市空间的充分融合，是对城市、建筑、戏剧三者进行融合的大胆尝试。

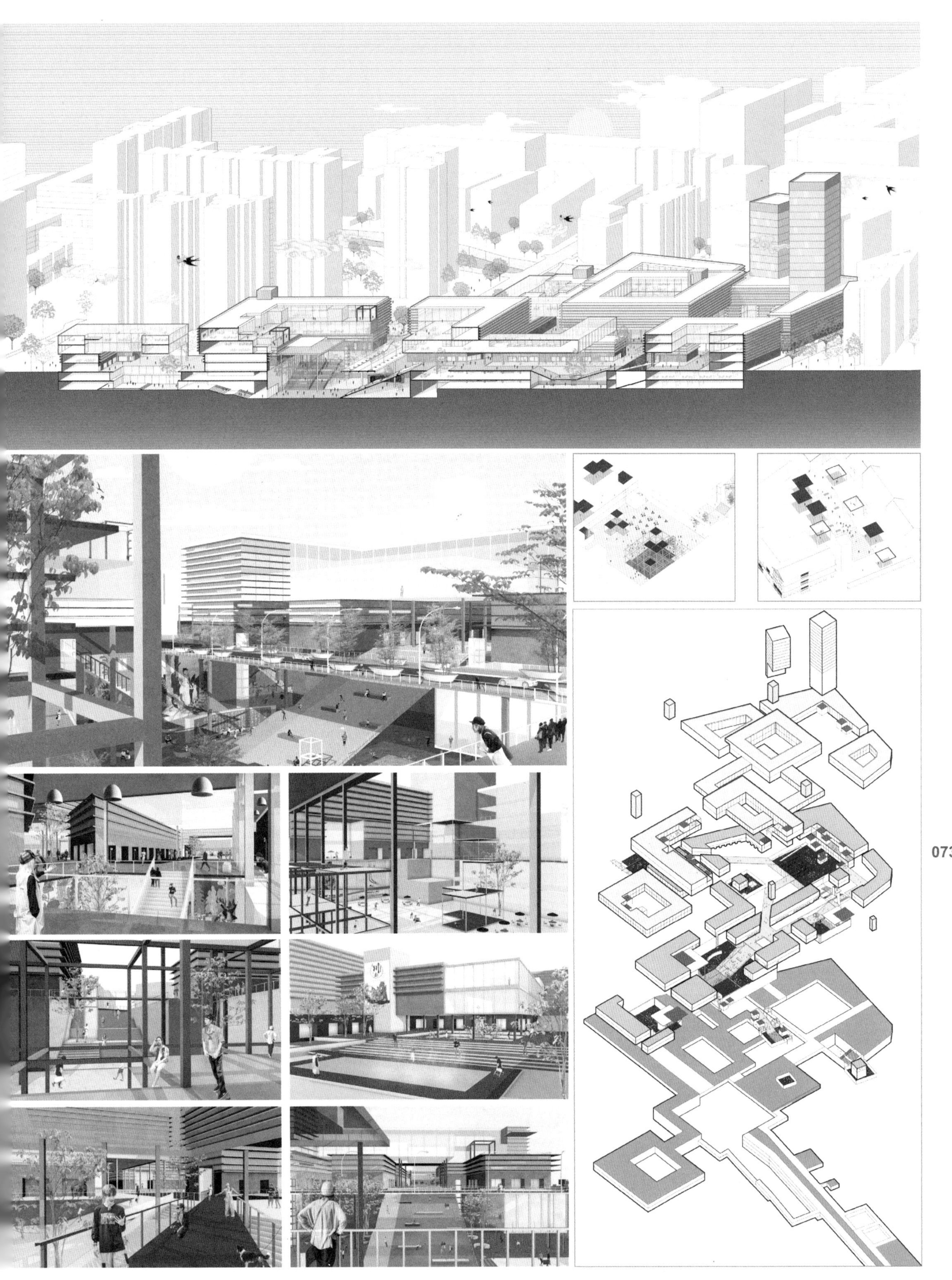

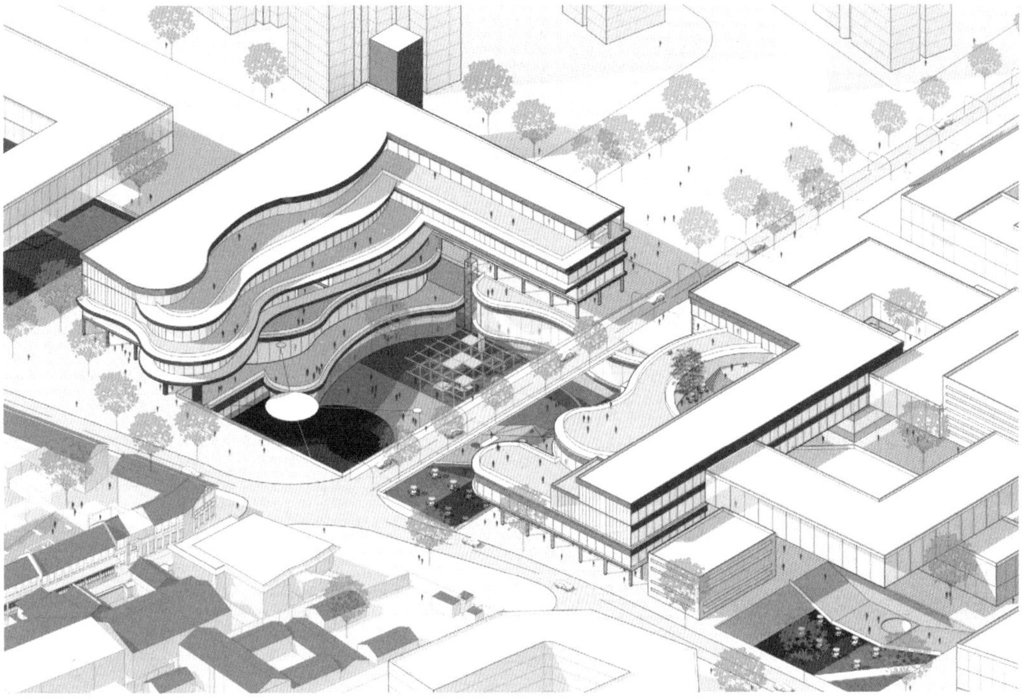

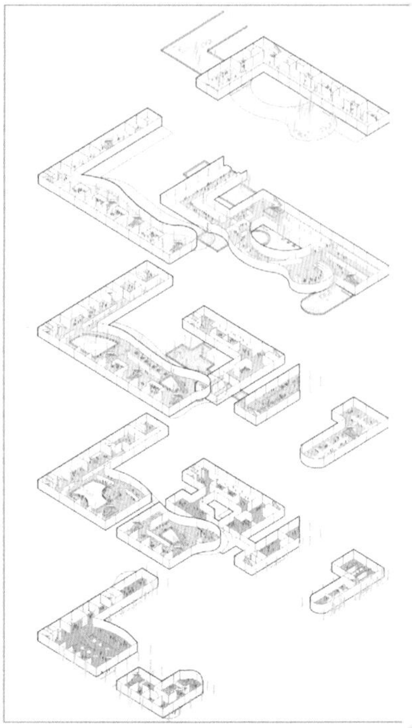

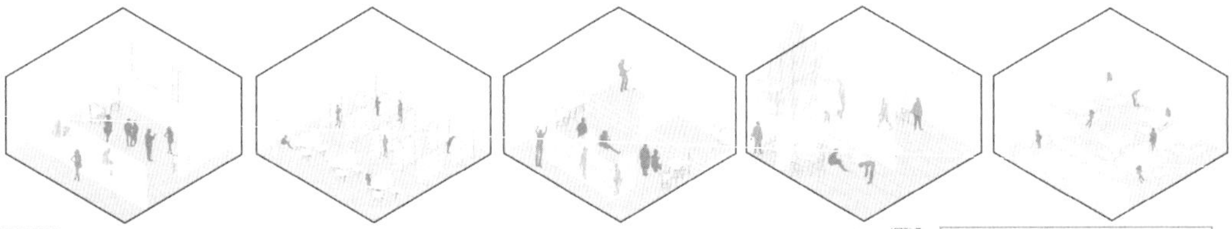

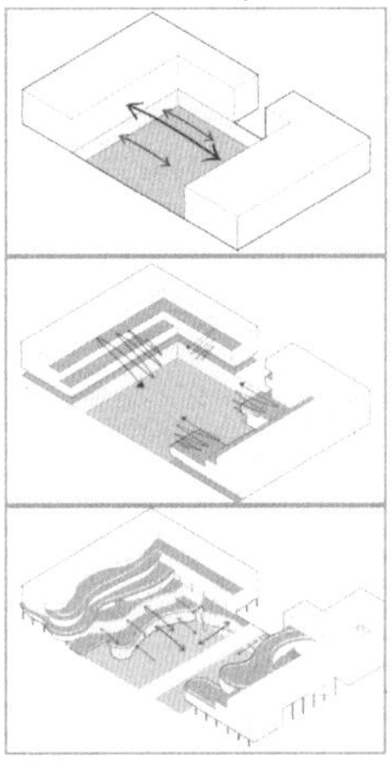

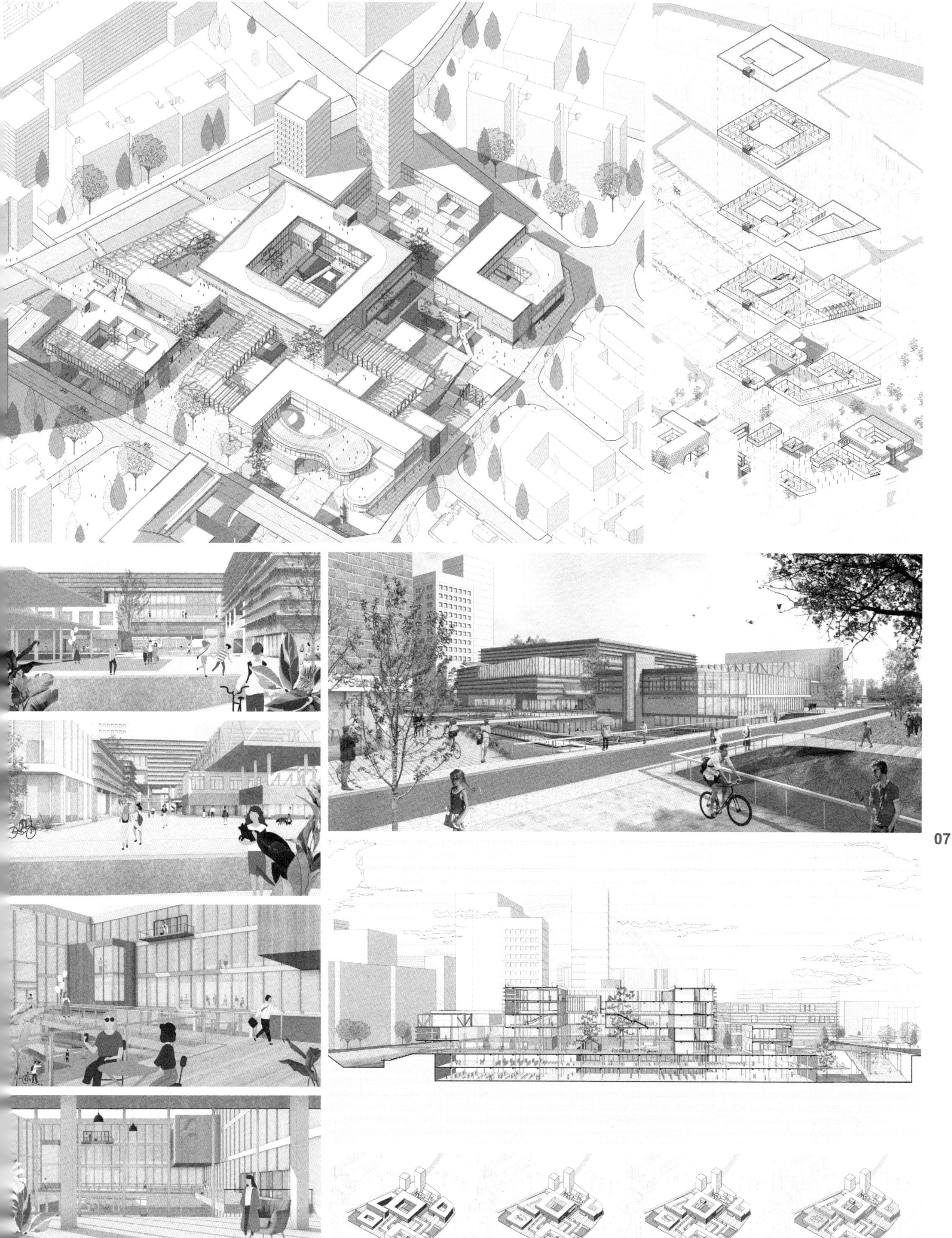

075

西南交通大学

Southwest Jiaotong University

1 设计题目

Title of work

2020 年建筑学专业“8+”联合毕业设计 成都宽窄巷子二期工程

刘奕孜

王怡

徐寅莹

薛雨婷

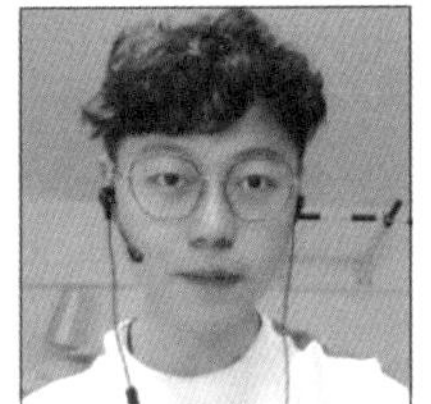
陈允康

刘恩伯

杨凯瑞

王福汉

段笔馨

叶冠麟

徐嘉瑞

张博文

李宇昂

吴堃

黎敏

陈景方

指导教师

李异

熊瑛

付飞

本组同学对该实际真题的具体规划设计条件、城市设计引导与管控要求、建设目标进行理解与遵循的基础上，但并不仅仅拘泥于此开展解读与探究。通过对基地与片区环境的历史沿革与现状调研分析，进行建筑项目策划、业态布局定位、功能构成确立。从城市设计、建筑设计两个层面，探寻相关理论依据并结合实际，注重“研究 + 设计 + 创意”，在设计中重视规划布局与景观环境、建筑结构与选型、建筑材料与构造、建筑设备与物理环境、工程经济与建筑规范等相关基础知识的综合运用。既关注解决实际问题的落地性，又尝试设计理念的创新性探索。

通过参与“8+ 联合毕业设计”组织的一系列网络视频课程讲座，中期答辩与毕业答辩等教学环节过程：学界业界知名专家、学者、各院校指导教师对每个设计方案的评议，以及各校同学阶段性方案的相互网上观摩交流，拓展了教学平台，开阔了专业视野，使本组各个毕业设计方案成果在以下方面分别有不同内容与一定程度的特色体现：

1. 对街区肌理、历史记忆、街区风貌与建筑风格的在地性特征研究中，提炼出“街一巷一院一市”空间层级与次序构成关系，并在其整体空间布局与建构中，加以时代性转译与适宜性植入。

2. 注重历史文化保护片区与保护协调街区的边界空间“新一旧”互联，使其之间伸延与协调、互补与共融。

3. 统筹历史街区保护、利用、更新与发展的关系，特别在基地内的遗址城墙的保护与利用中，采用“保护与活化”的策略尝试，为市民、游客与历史对话的体验行为活动提供开放空间支持。

4. 关注“公园城市”理念，将基地临河岸线环境生态价值拓展，并在场地与建筑空间的营造中设置渗透共享的开放与半开放空间、空中林盘，以及第五立面空间利用，力求创建更加开放、卫生、健康的空间环境。

5. 重视边界空间、节点空间、小街区以及街头开放空间的街区活力场所建构，为市井生活活力体现，提供空间场所呼应配置。

6. 运用 TOD 的设计理念，立体布局街区复合功能，将地铁站点空间、建筑地下空间与地上建筑群体、空中连廊与街区适度关联，将“站域空间”进行有机整合，达到站区（城）一体、有机融合，对创建便捷性、人性化、高品质的集约街区空间提出了相应的设计措施。

——李异

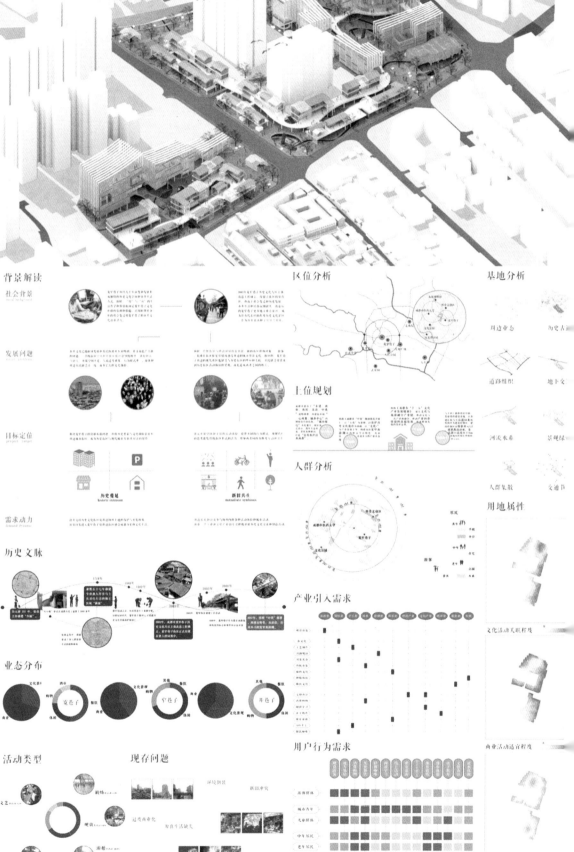

『慢游记』——叙事思维下的城市空间场景营造

西南交通大学
设计：刘奕孜 / 王怡
指导：李异 / 熊瑛 / 付飞

2020年建筑学专业"8+"联合毕业设计 "慢游记"

刘奕孜 2015113111 王怡 2015113115

成都宽窄巷子二期工程项

背景解读

社会背景

发展问题

目标定位

历史延续

新旧共生

需求动力

区位分析

上位规划

人群分析

基地分析

周边业态

道路组织

河流水系

人群集散

用地属性

文化活动关联程度

商业活动适宜程度

公共活动适宜程度

历史文脉

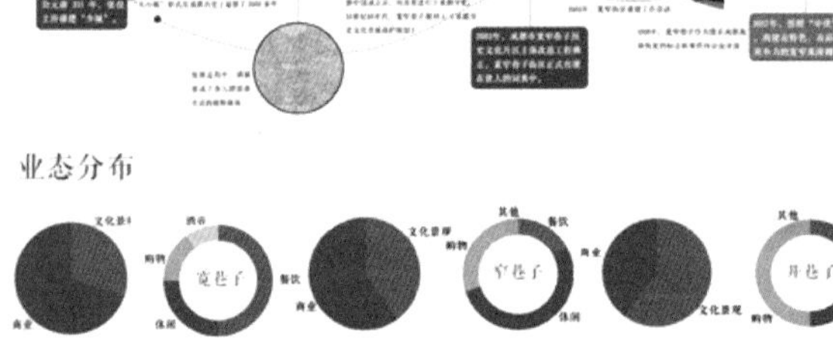

业态分布

宽巷子

窄巷子

井巷子

产业引入需求

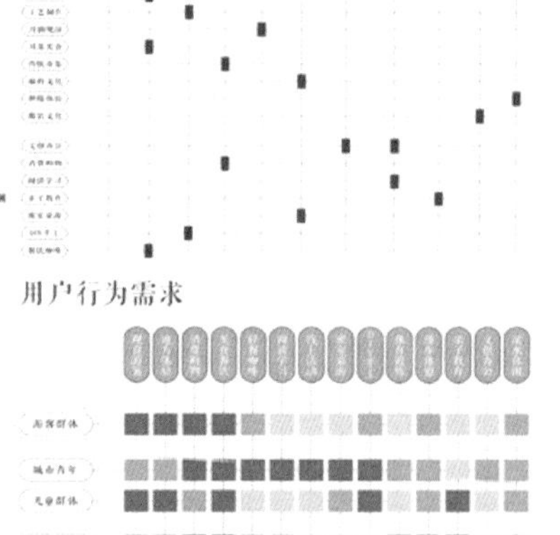

用户行为需求

活动类型

现存问题

感想：

项目处于成都市宽窄巷子历史保护街区西侧，场地周边有着浓厚的市井生活氛围与文化氛围，为场地提供了多元的人流基础。在方案中我们试图通过引用TOD模式、公园城市理念与空间转译手法，对场地原有交通重新进行组织，将商业街区、滨河绿道与原有地铁站点融为一体，并置入文创产业以激发地块活力，使片区成为一个交通条件优良、产业焕发活力并利于文化交流的城市客厅。将大量的公共空间归还城市，创造出一个能够丰富城市空间层次与公共生活质量的建筑。

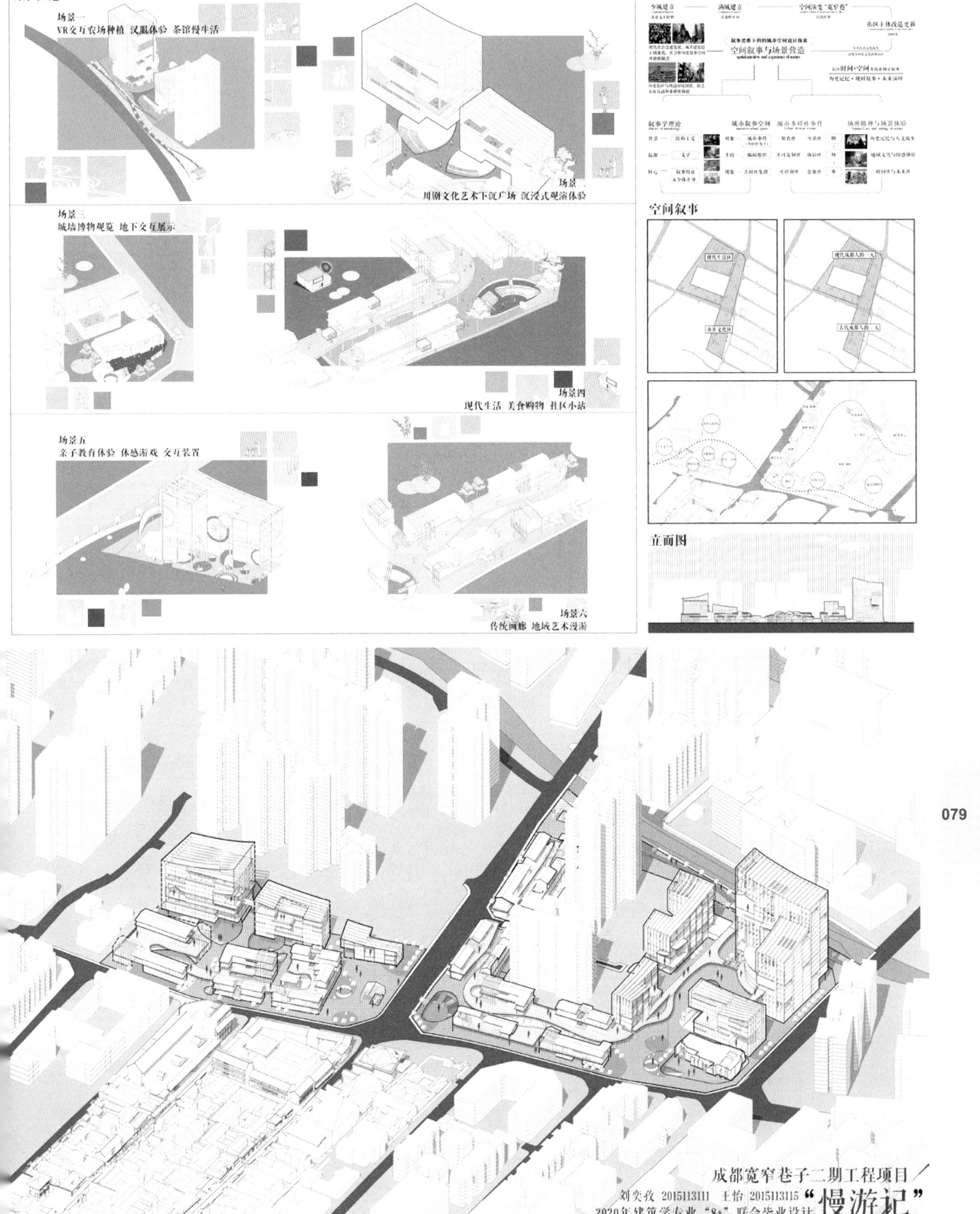
场景营造
场景一
VR交互农场种植 汉服体验 茶馆慢生活
场景二
川剧文化艺术下沉广场 沉浸式观演体验
场景三
城墙博物观览 地下交互展示
场景四
现代生活 美食购物 社区小站
场景五
亲子教育体验 体感游戏 交互装置
场景六
传统画廊 地域艺术漫游
设计概念
空间叙事与场景营造
叙事学理论
城市叙事空间
城市多样性事件
场所精神与场景体验
空间叙事
立面图
成都宽窄巷子二期工程项目
刘奕孜 2015113111 王怡 2015113115
2020年建筑学专业“8+”联合毕业设计
“慢游记”

079

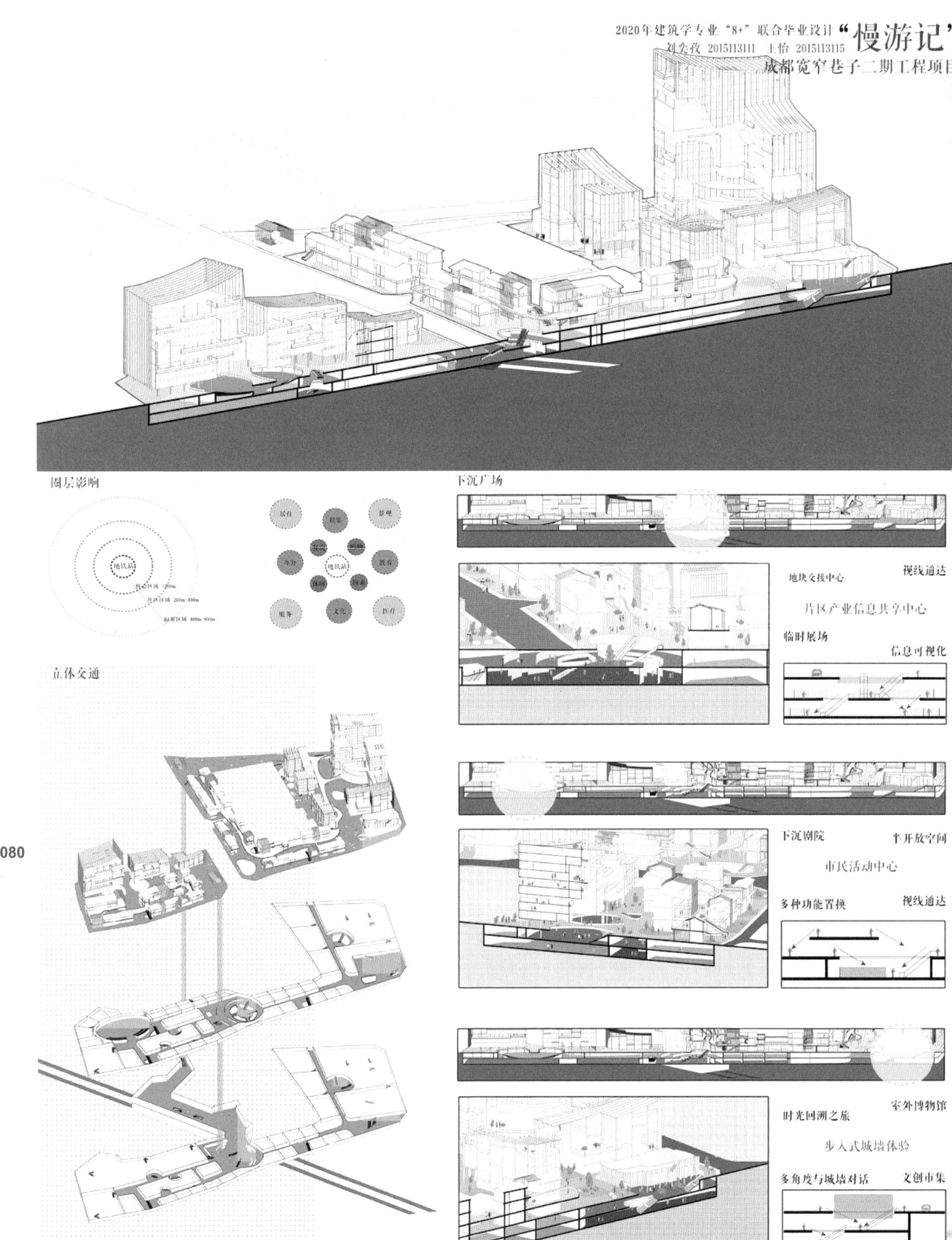
2020年建筑学专业"8+"联合毕业设计"慢游记"
刘奕孜 2015113111 王怡 2015113115
成都宽窄巷子二期工程项目
圈层影响
地铁站
居住
就业
景观
办公
教育
休闲
服务
文化
医疗
立体交通
下沉广场
地块交接中心
视线通达
片区产业信息共享中心
临时展场
信息可视化
下沉剧院
半开放空间
市民活动中心
多种功能置换
视线通达
时光回溯之旅
室外博物馆
步入式城墙体验
多角度与城墙对话
文创市集

功能分区

2020年建筑学专业"8+"联合毕业设计"慢游记"

刘奕孜 2015113111 王怡 2015113115

成都宽窄巷子二期工程项目

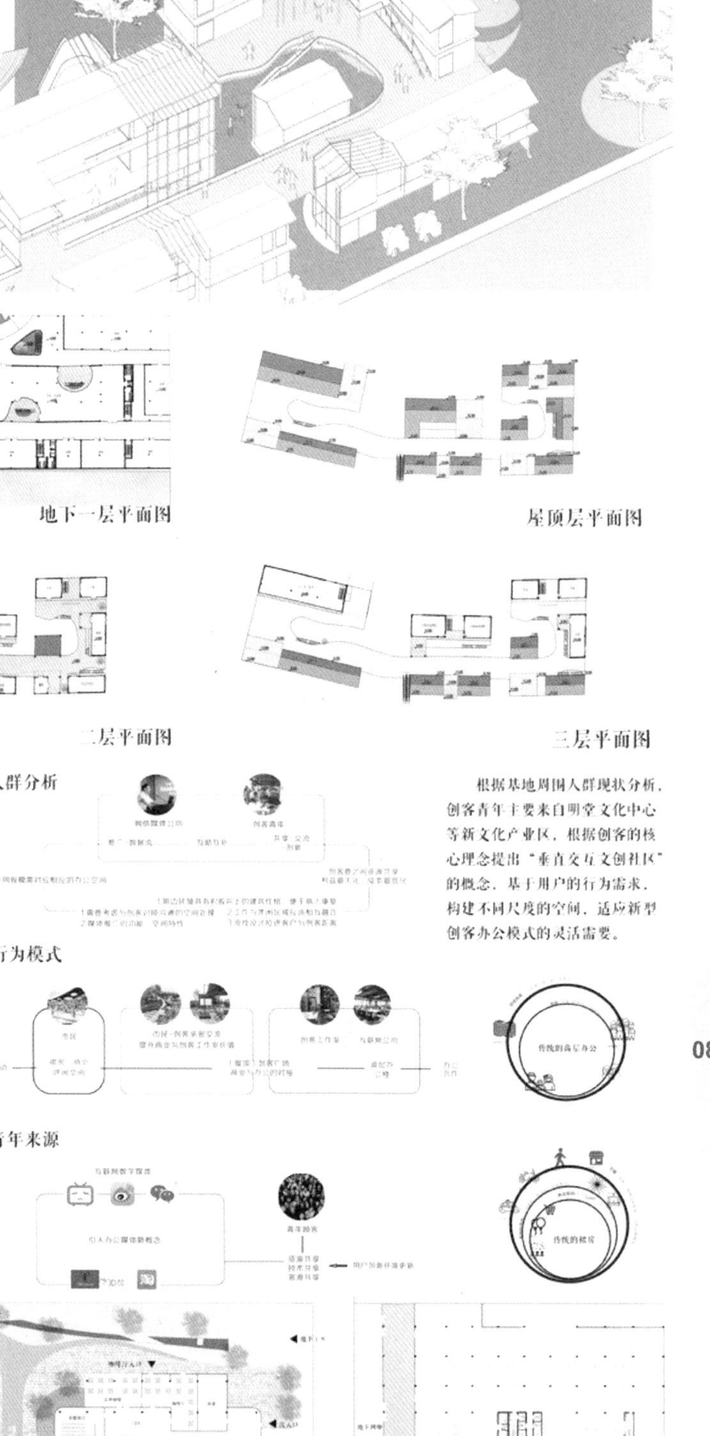

地下二层平面图

地下一层平面图

屋顶层平面图

一层平面图

二层平面图

三层平面图

办公人群分析

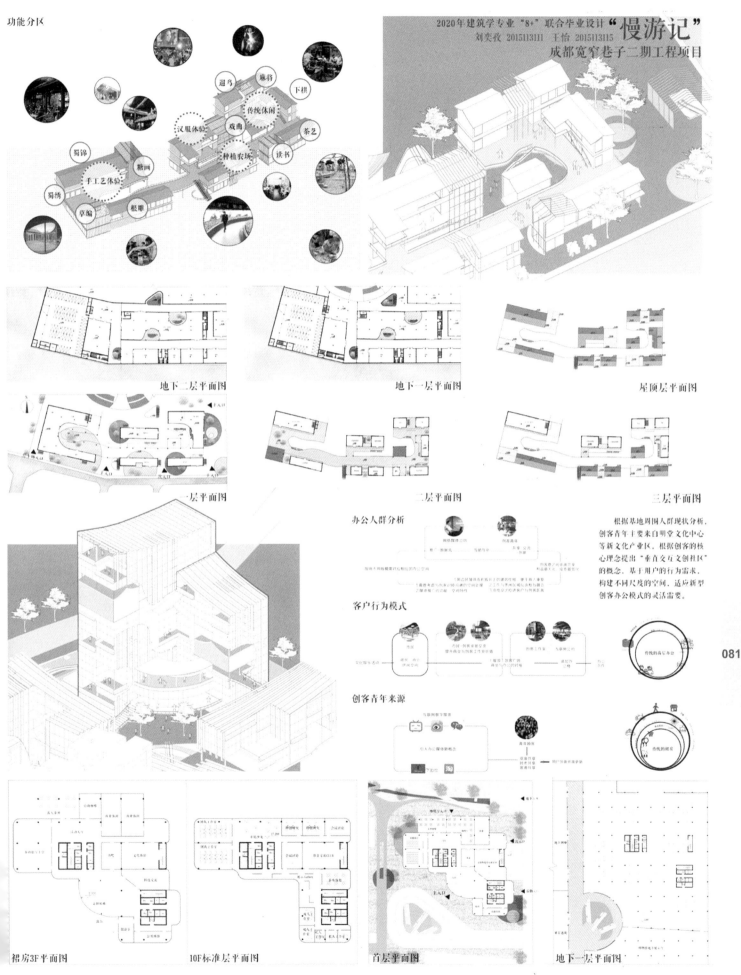

根据基地周围人群现状分析，创客青年主要来自明堂文化中心等新文化产业区，根据创客的核心理念提出"垂直交互文创社区"的概念，基于用户的行为需求，构建不同尺度的空间，适应新型创客办公模式的灵活需要。

客户行为模式

创客青年来源

裙房3F平面图

10F标准层平面图

首层平面图

地下一层平面图

延续与交融

基于川西坝子的传统生活的现代转译

延续与交融

西南交通大学

设计：徐寅莹／薛雨亭

指导：李异／熊瑛／付飞

2020 年全国建筑学专业"8+"联合毕业设计
成都宽窄巷子二期工程
延续与交融
基于川西坝子的传统生活的现代转译
徐寅莹 2015113165 薛雨亭 2015113175

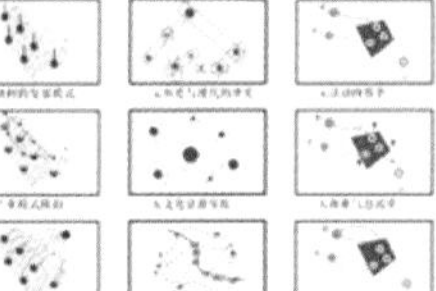

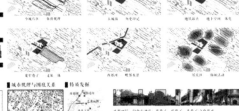

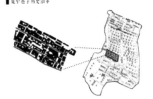

感想：

该项目处于成都历史保护街区之一，又与地铁线路交织，极富挑战性。如何让设计符合街区的历史气质，又满足现代生活的需求，是我们考虑的入手点。结合川西建筑的空间风格，我们进行了现代化转译。在 TOD 模式的概念引导下，结合地铁线路挖掘地下空间，利用下沉庭院将室内外空间结合，实现轨道交通到商圈的零换层。高层部分则打破固有平面，打造了对外开放的创意文化层。整个设计过程我们力图将建筑融入整个片区，做到和而不同，有传统空间形式的体验，亦有现代化商区的互动，有与历史遗迹的对话，亦有 TOD 模式的立体交通。

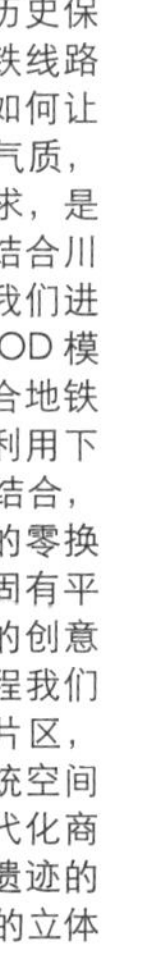

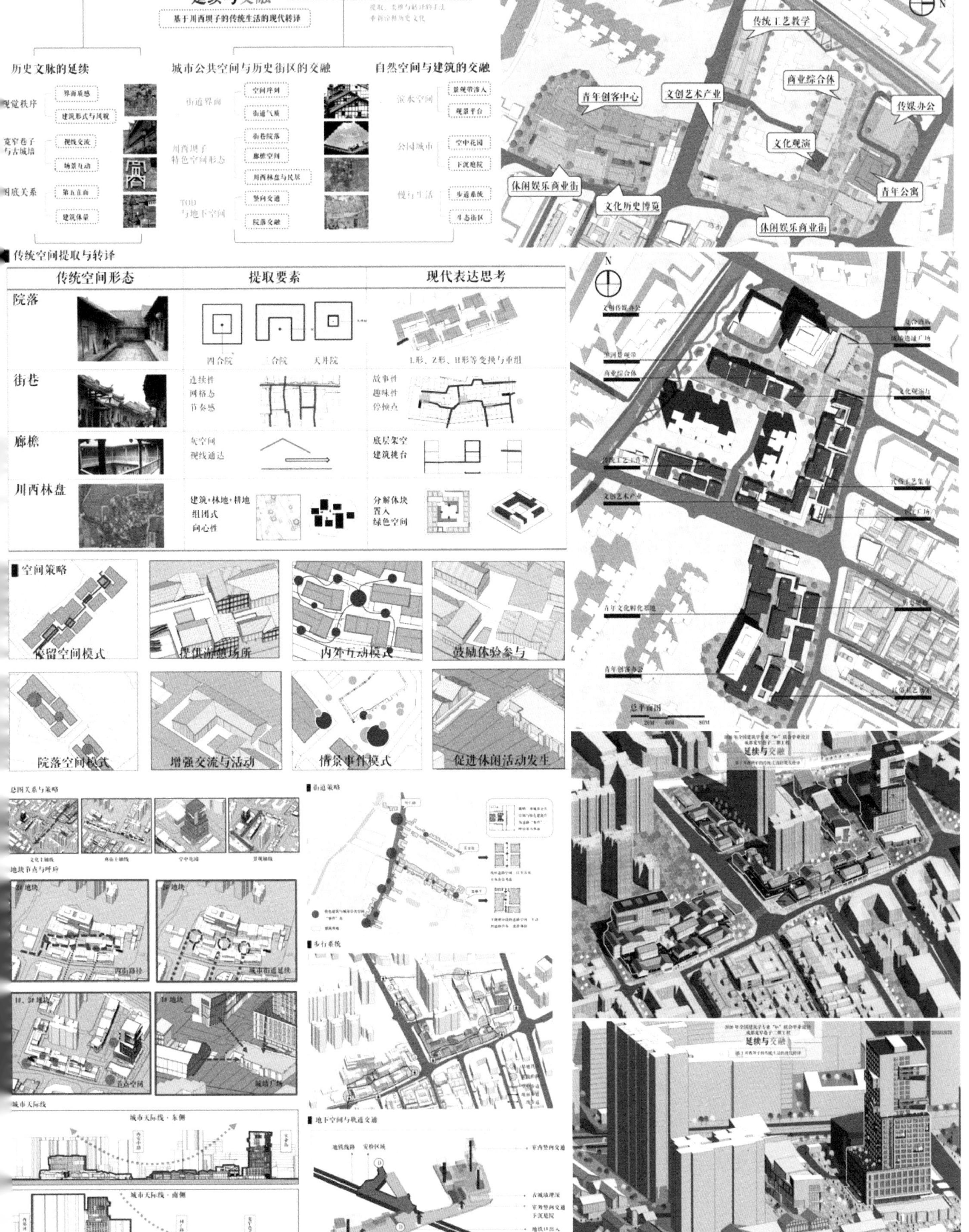

设计概念
延续与交融
基于川西坝子的传统生活的现代转译
文化·自然·特色空间
历史文脉的延续
城市公共空间与历史街区的交融
自然空间与建筑的交融
功能业态布局
传统工艺教学
青年创客中心
文创艺术产业
商业综合体
传媒办公
文化观演
休闲娱乐商业街
文化历史博览
青年公寓
传统空间提取与转译
传统空间形态
提取要素
现代表达思考
院落
四合院
三合院
天井院
L形、Z形、H形等变换与重组
街巷
连续性
网格态
节奏感
故事性
趣味性
停顿点
廊檐
灰空间
视线通达
底层架空
建筑挑台
川西林盘
建筑·林地·耕地
组团式
向心性
分解体块
置入
绿色空间
空间策略
保留空间模式
提供活动场所
内外互动模式
鼓励体验参与
院落空间模式
增强交流与活动
情景事件模式
促进休闲活动发生
总平面图
延续与交融

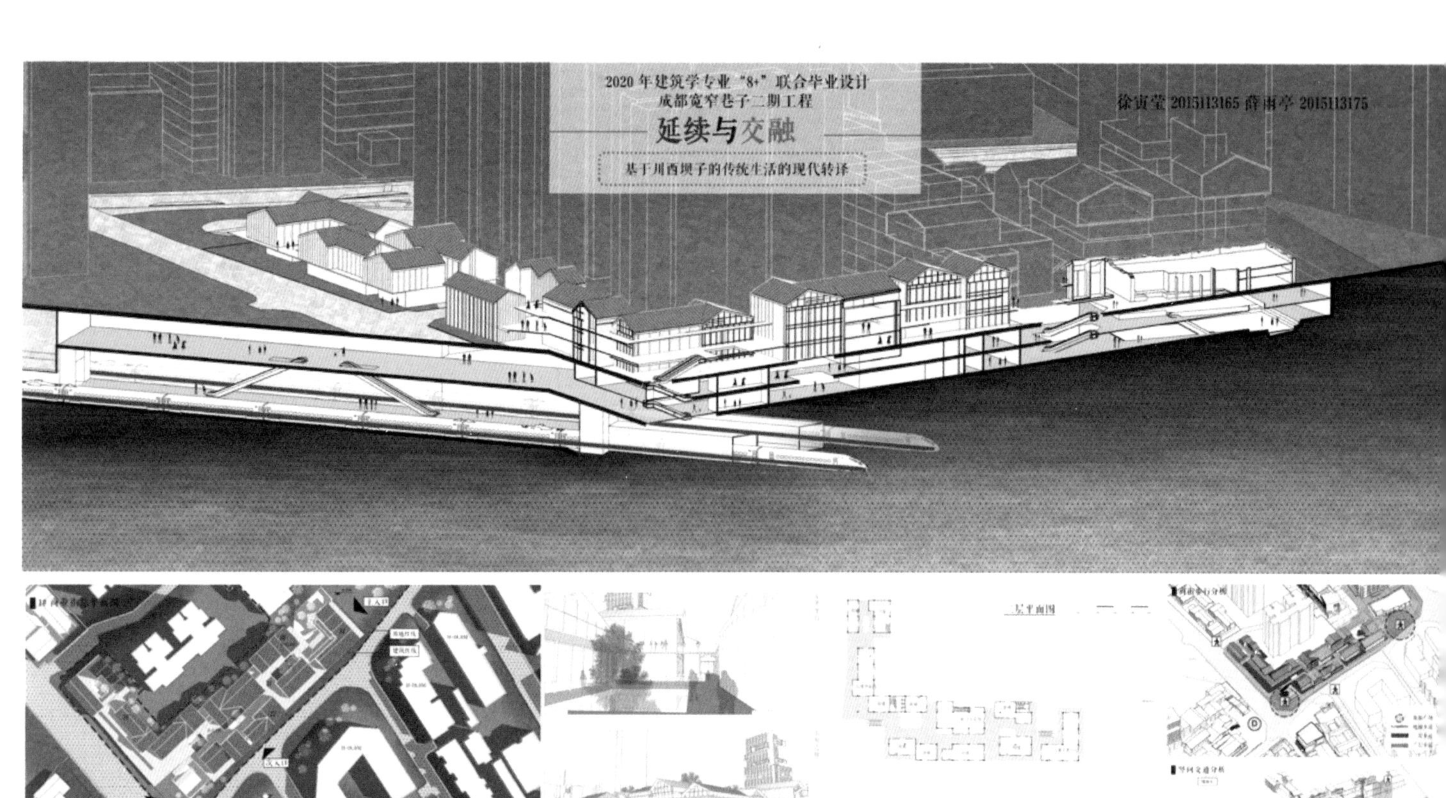
2020 年建筑学专业“8+”联合毕业设计
成都宽窄巷子二期工程
延续与交融
基于川西坝子的传统生活的现代转译
徐寅莹 2015113165 薛雨亭 2015113175

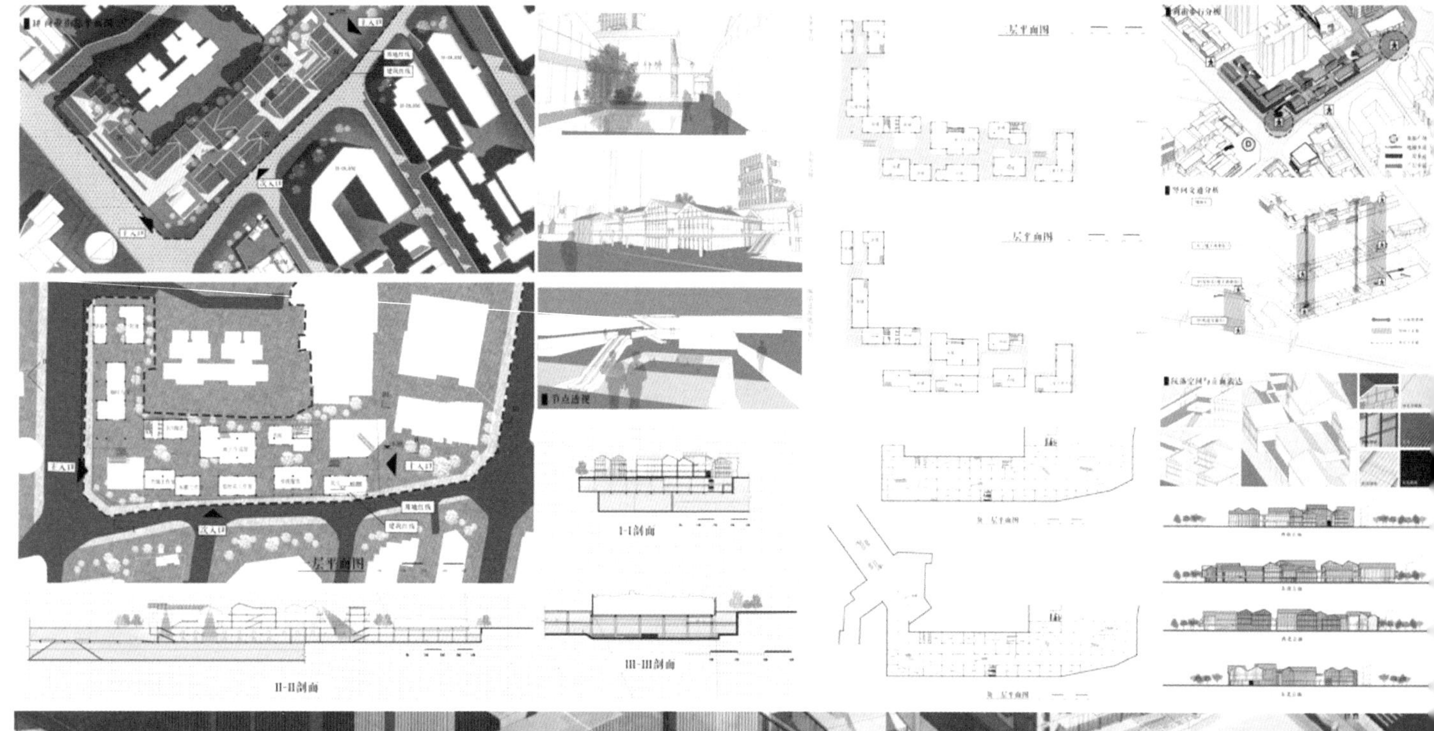
一层平面图
节点透视
I-I剖面
II-II剖面
III-III剖面

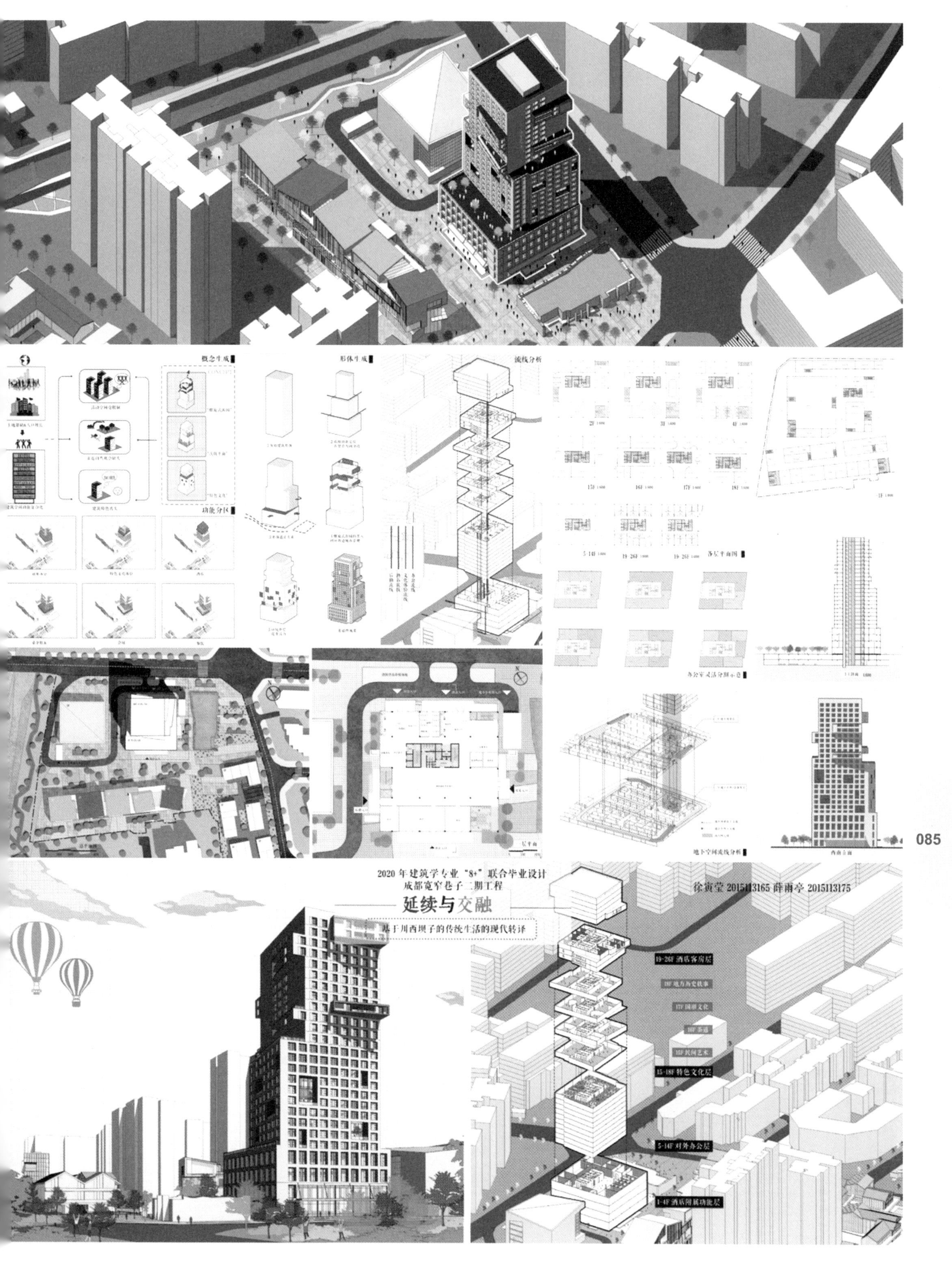
概念生成
形体生成
流线分析
功能分区
各层平面图
办公室灵活分隔示意
地下空间流线分析
西南立面
2020 年建筑学专业"8+"联合毕业设计
成都宽窄巷子二期工程
延续与交融
基于川西坝子的传统生活的现代转译
徐寅莹 2015113165 薛雨亭 2015113175
19-26F 酒店客房层
15-18F 特色文化层
5-14F 对外办公层
1-4F 酒店附属功能层

宽窄

传统街巷活力在现代城市空间的再生

Regeneration of traditional street vitality in modern urban space

西南交通大学
设计：陈允康 / 刘恩伯
指导：李异 / 熊瑛 / 付飞

城市设计部分

设计：陈允康 刘恩伯 指导老师：李异 / 熊瑛 / 付飞

对照国家中心城市"五中心一枢纽"的功能支撑，青羊区确定了三大核心功能，分别是金融商务中心、文化创意产业核心区、天府文化交流与集中展示中心。同时，基于青羊的资源禀赋和历史积淀，青羊区的城市总体定位是"千年蜀都 文博青羊"，规划了"双心两轴、六廊多点"的空间结构。

本次项目应依托宽窄巷子一期所形成的以川西传统院落和街巷为载体的城市旅游地标，提升文化旅游属性，打造集传统文化、精品餐饮、城市观光为一体的文旅产业集群。

项目应充分理解尊重城市历史文化，并能结合时代发展需求，进行合理的传承与创新，并对成都老城更新与公园城市理念进行解读与应用，为宽窄巷子面向未来城市的发展提供更好的城市场所，为本地人也为外来人能展现一个全新的独具特色的宽窄街区。

道路肌理
宽窄巷子的鱼骨路网继承自少城，控制区的商业街可以保留这样的路网特征以继承传统街巷的走势。

河流景观
西郊河作为场地内宝贵的景观资源，要保证河岸建筑对其观景的效果。

业态分布
医院和学校属于需要安静的场所，所以靠近其两侧应避免喧闹的产业，靠近宽窄巷子的临街建筑要考虑建筑风格与传统建筑的一致

地下交通
宽窄巷子的鱼骨路网继承自少城，控制区的商业街可以保留这样的路网特征以继承传统街巷的走势。

植被绿化
3号地块的的沿河岸就有不错的绿化，为了街道的活力可以将绿地引入场地。

交通节点
周边的交通节点都意味着人流多的节点和可利用的公共资源，是唤醒传统活力的重要部分。

问题的提出与矛盾的总结

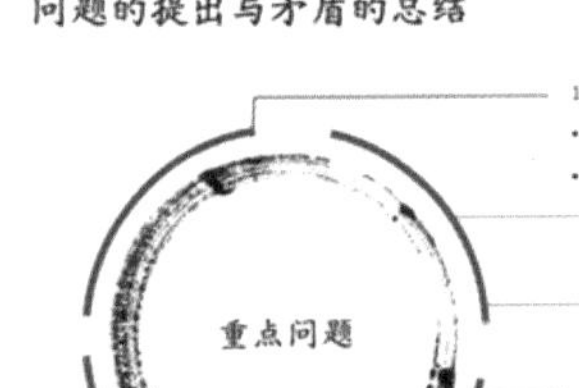

1、一期工程街巷和地块尺度过小，容积率低
- 大体量建筑和功能的缺失
- 商业价值挖掘不够充分

2、建筑可识别性的继承
- 传统建筑与现代建筑的融合

3、城市绿道对场地的介入和影响

4、对于城墙遗址公共价值的挖掘
- 怎样平衡保护和利用

5、地铁线路的影响

实现活力再生四步骤

STEP 01
塑造引力中心
和有活力的公共场所

引力中心吸纳人流
并在特定时间释放
公共场所形成人群聚集、等待的空间
并创造通向各处的可能性

STEP 02
用节点空间和"街、巷、院"的空间形态引导人群的流动路线

创造丰富的形态和空间形式，激发人体验的欲望，并在其中进行各种各样的活动

STEP 03
"时间换空间"
"空间换时间"

引力中心在不同的时间产生不同的引力
不同的引力中心错峰产生引力
形成人群不断穿越场地的理由

STEP 04
城市活力的提升

感想：

基地位于成都市青羊区，地处内环，毗邻宽窄巷子历史文化保护区，周围文创产地、历史街区众多。将主题业态特征以地方特色为主，契合地区的文化氛围，打造一个不仅能吸引游客还可以招揽当地人的城市名片。同时从街区活力理念、空间时态观念入手，通过活力中心错峰释放人群的方法实现片区 24 小时之间相对轮回。

单体部分 1——少城商业综合体

设计：刘恩伯 指导老师：李异 / 熊瑛 / 付飞

基地现状

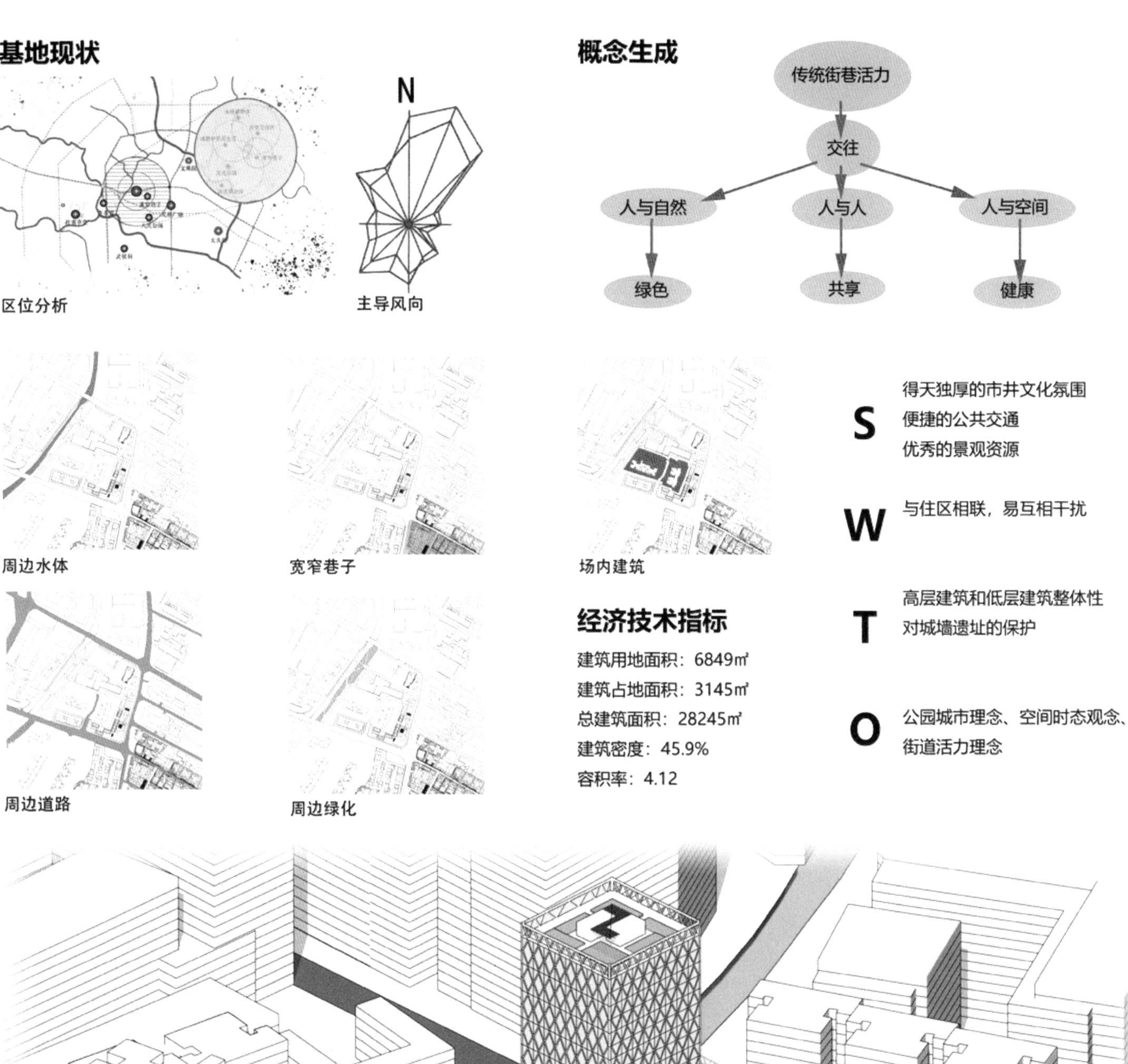

概念生成

经济技术指标

建筑用地面积：6849㎡

建筑占地面积：3145㎡

总建筑面积：28245㎡

建筑密度：45.9%

容积率：4.12

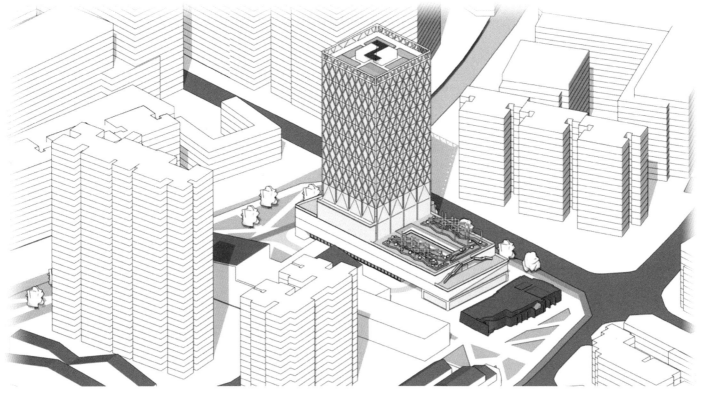

S
得天独厚的市井文化氛围
便捷的公共交通
优秀的景观资源

W
与住区相联，易互相干扰

T
高层建筑和低层建筑整体性
对城墙遗址的保护

O
公园城市理念、空间时态观念、
街道活力理念

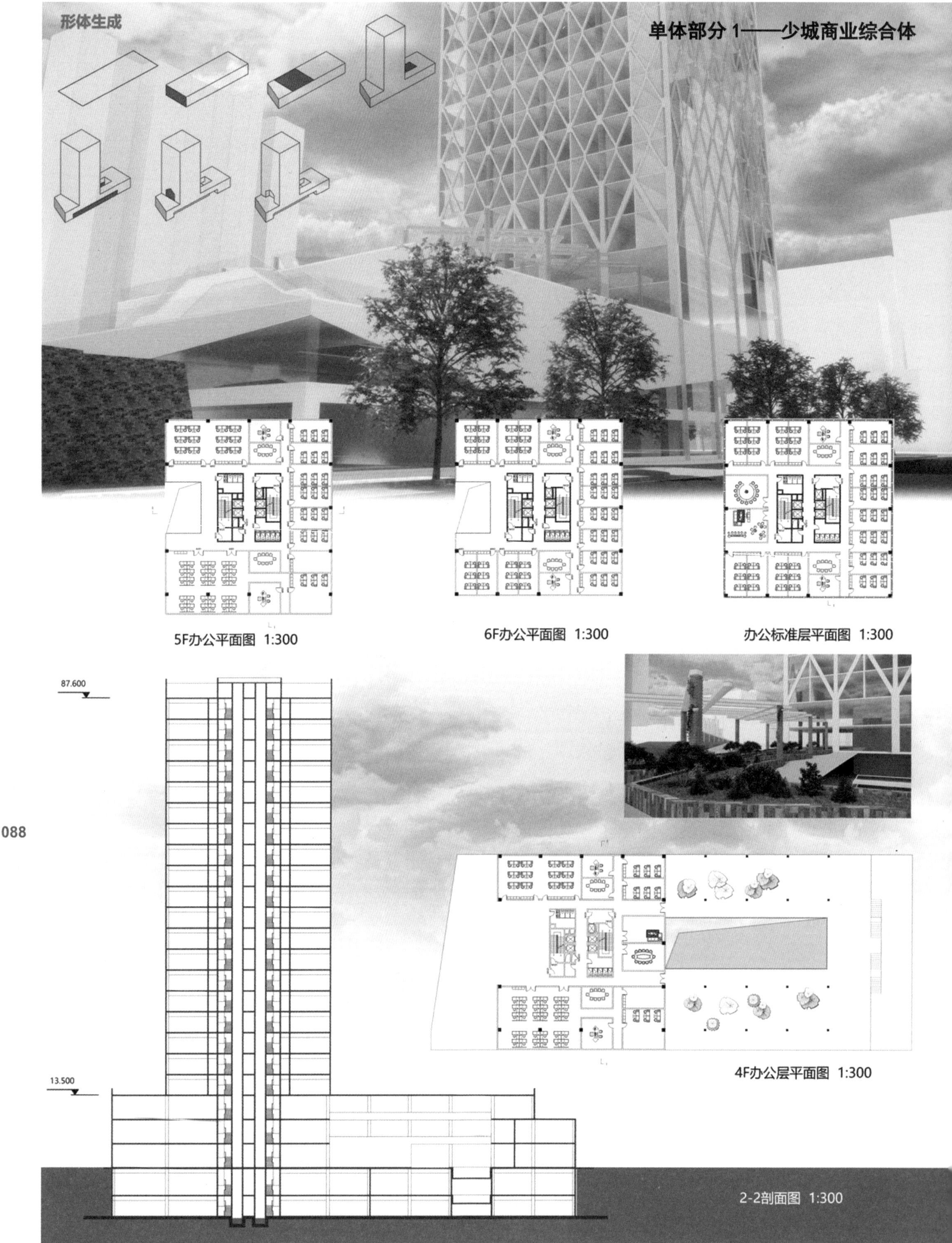
形体生成
单体部分 1——少城商业综合体
5F办公平面图 1:300
6F办公平面图 1:300
办公标准层平面图 1:300
87.600
4F办公层平面图 1:300
13.500
2-2剖面图 1:300

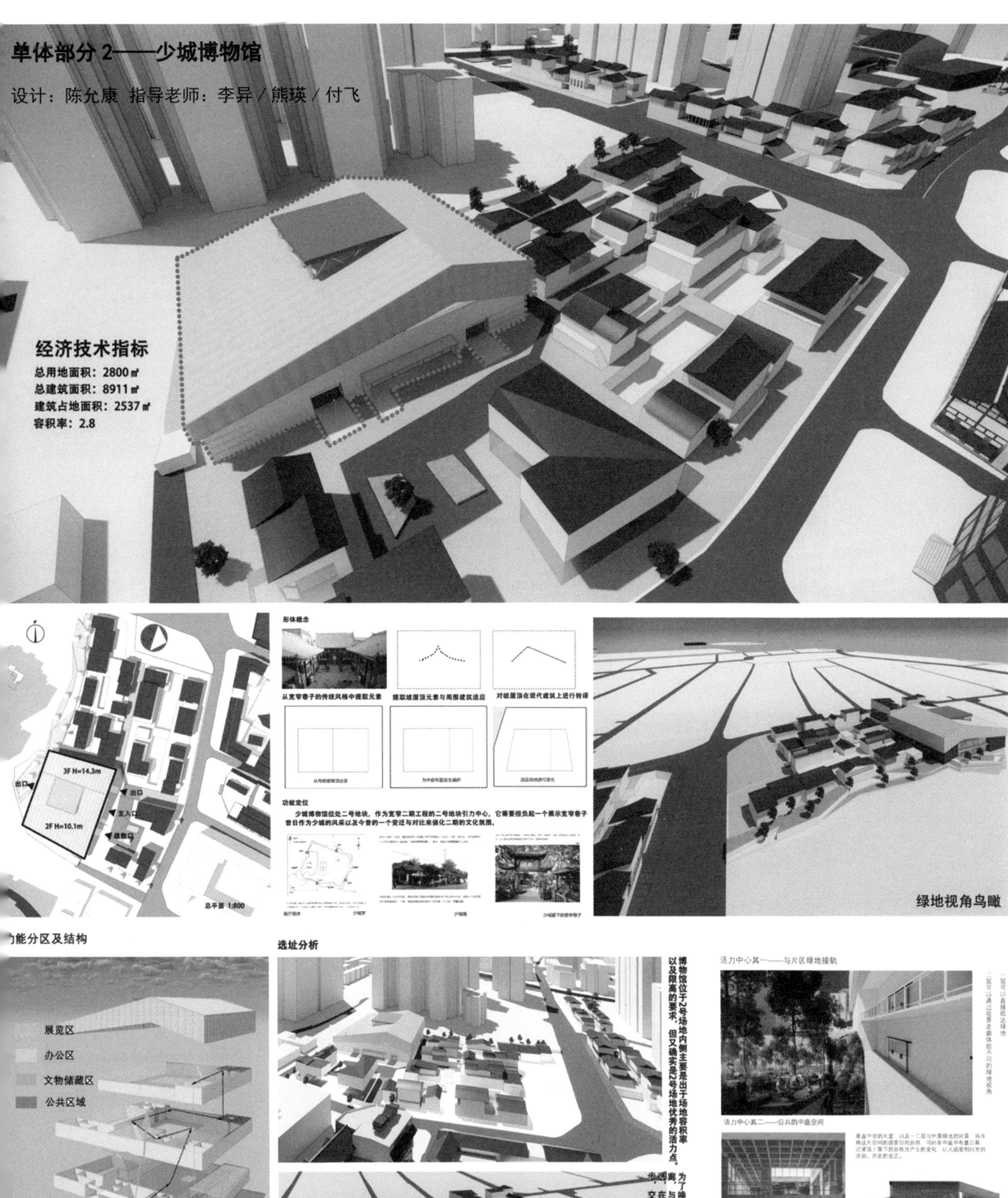

博物馆位于2号场地内侧主要是出于场地容积率以及限高的要求，但又确实是2号场地优秀的活力点。

为了唤醒区块的街道活力引入了和一号地块同样的绿廊，与绿廊紧邻的位置也就成了少城博物馆的不二之选，在体验少城文化风情的同时，还可以吸引人们散步、交流自然的惬意和喜悦。

活力中心其三——顶层的互动展览空间

西南交通大学

设计：杨凯瑞／王福汉

指导：李异／熊瑛／付飞

成都宽窄巷子二期工程——宽窄·窗

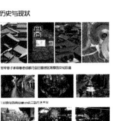

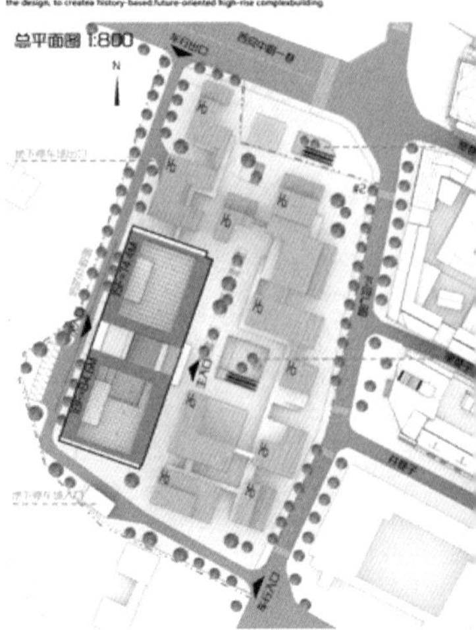

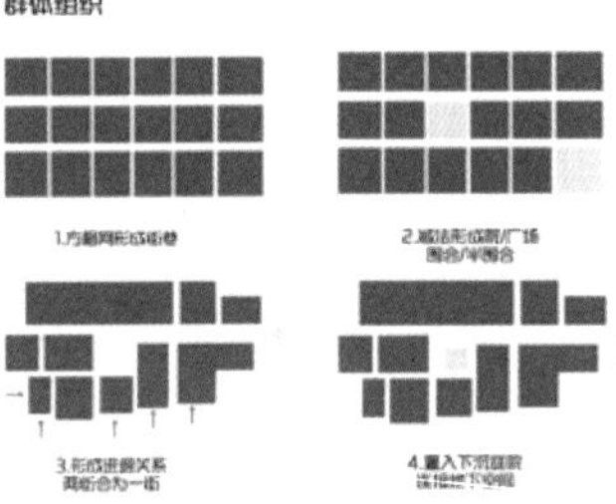

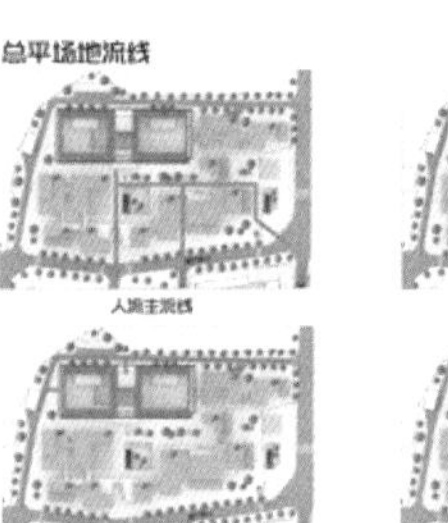

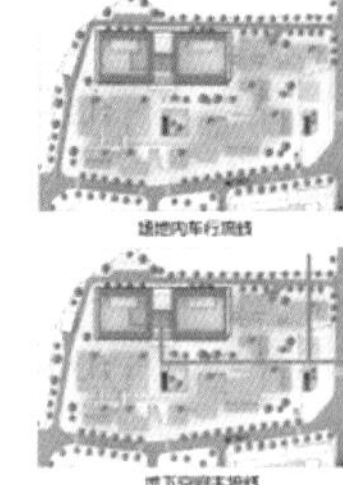

感想：

项目位于成都市宽窄巷子西侧，依托宽窄巷子一期工程，打造功能互补、面向未来的新宽窄巷子二期工程。方案所在场地位于项目中2号场地，发展功能定位为文化创意产业。整体功能产业分布围绕科技文创产业进行设置。整体图底关系是以窄巷子、井巷子作为宽窄巷子一期游览路线结尾的衍生、借鉴传统街巷院的空间布局，并结合场地内现有地下交通对地下空间及地上空间的联系做出对未来的思考。本次选取的单体设计为2号场地内的高层设计，意在设置曲折变化的游览路线，创造大面积的开放式的公共共享空间。同时主要景观面面向与宽窄巷子一期遥相呼应，对于高层的使用人群，它是回望历史的窗口；对于宽窄巷子的参与体验者，它是思考未来的窗口。并且将竖向功能叠合、空中林盘、被动式设计融入设计中，打造立足历史，面向未来的高层综合体建筑。

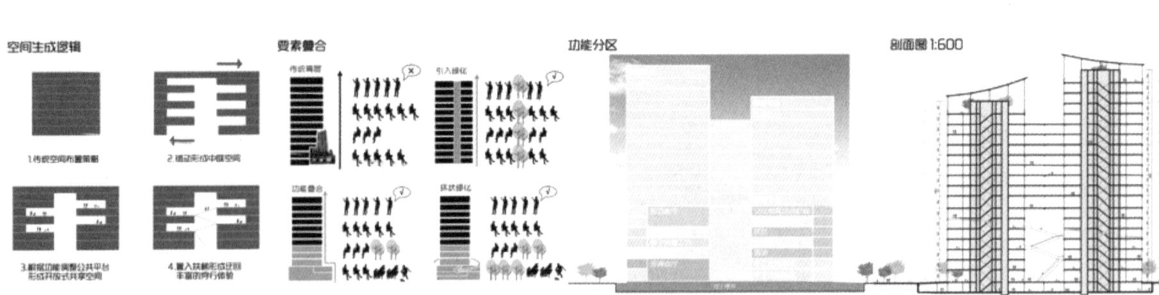

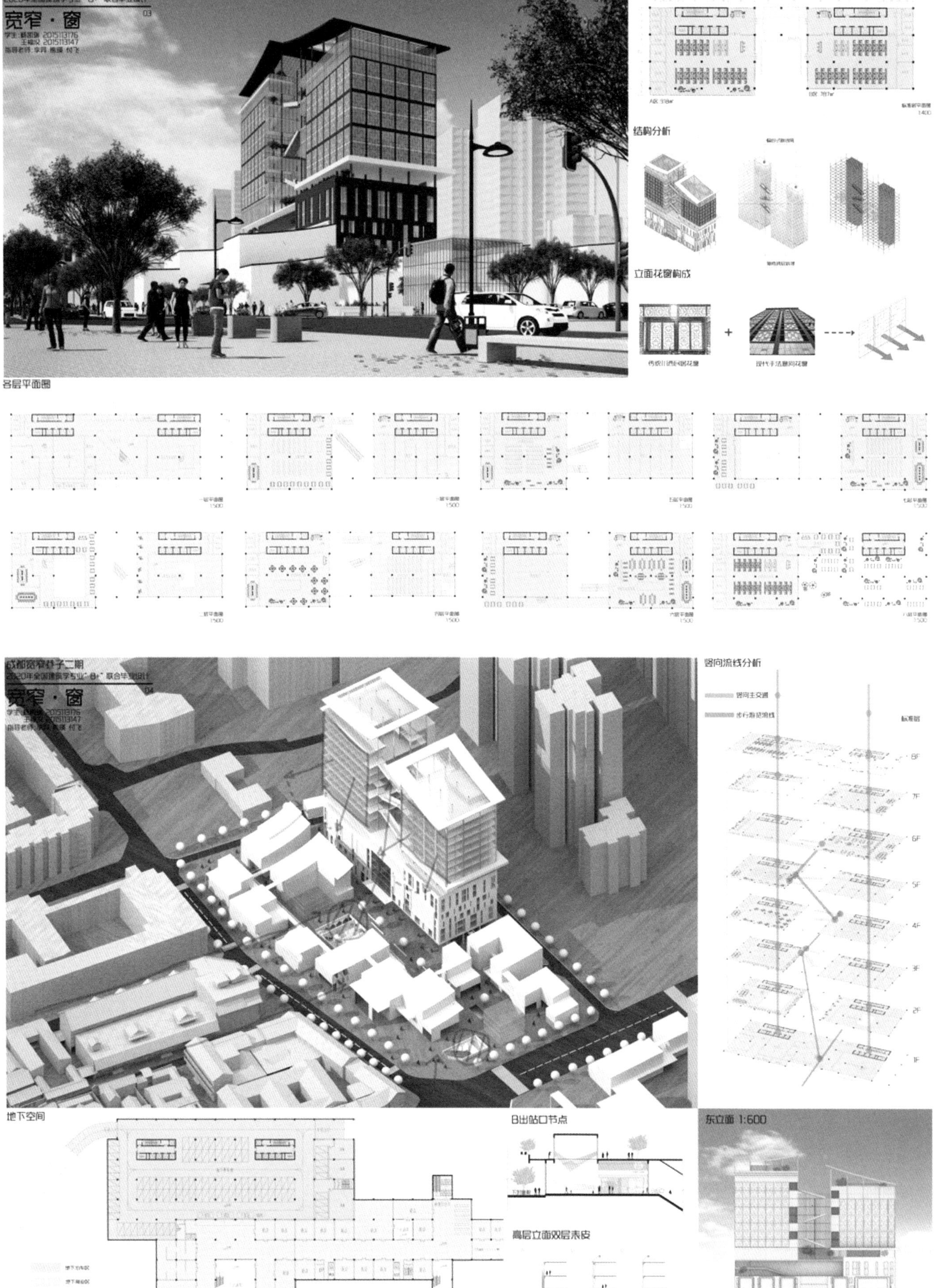

成都宽窄巷子二期
2020年全国建筑学专业"8+"联合毕业设计
宽窄·窗
03
偏心式核心筒
结构分析
立面花窗构成
各层平面图
成都宽窄巷子二期
2020年全国建筑学专业"8+"联合毕业设计
宽窄·窗
04
竖向流线分析
地下空间
B出站口节点
高层立面双层表皮
东立面 1:600

新宽窄 少城情

Title of work

西南交通大学
设计：段笔馨 / 叶冠麟
指导：李异 / 熊瑛 / 付飞

城市设计 —— 文脉延伸 城市伸延

疏浚交通 还路于人 | TOD | 宽窄文化

–1990– 宽窄巷子改造前是历史遗留下来的老街区，充满了生活的气息，成都标志性的坝坝茶的休闲的生活在这里体现。但是由于搬迁等问题，很多老建筑都已经破败，只有更新修复才能重新唤醒这里的活力。2003年正式开始改造工程。

–2050– 成都的韵味是成都几百年的文化积淀，在未来的宽窄巷子的改造以及宽窄巷子二期的打造中都是需要保留这样的韵味的。随着科技的发展，人们体验空间的方式已经从原来的二维空间体验，变为包括时间，虚拟空间等多维度的空间体验。将通过新科技、新理念、新手段。还原一个安逸的成都，延续少城的历史和情感。

–2020– 今天的宽窄巷子，已经成为了成都四大国家级历史文化保护区之一。空间的更新保留了传统的韵味，商业功能的置入唤醒了活力。成都的传统戏剧、工艺、美食在这里得到了集中。成为了游客体验成都的好去处。但略有不足就是现在商业开发过度，人流量过大，失去了曾经的休闲安逸舒适的生活状态。

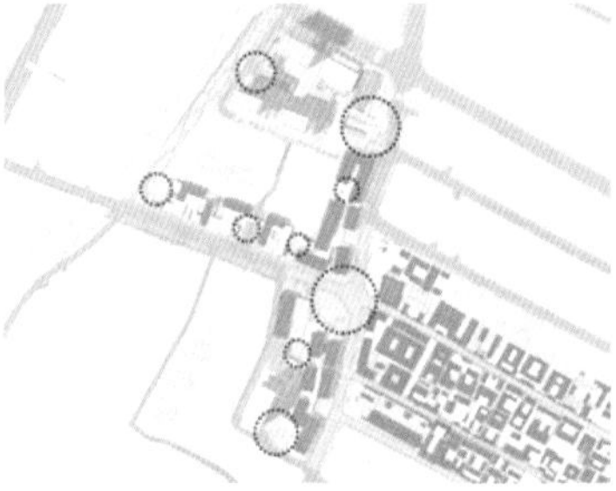

空间节点

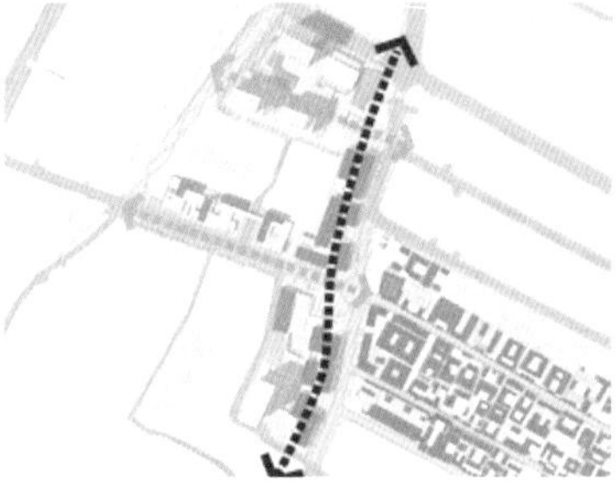

轴线关系

功能布局

车挡设置

步行系统

车行系统

车库入口

车库范围

动线关系

感想：

宽窄巷子二期的场地原本是成都的少城，场地内部有一段城墙遗址，是少城重要的记忆。在这样一个特殊的场地上进行设计，我们首先想到的是时间的叙事性，过去—现在—未来进行的对话。因此我们在设计中抓住历史，发现现在，设想未来，除此之外通过对现状进行分析，提出“疏浚车流，还路与人”“文脉续延，城市伸延”的理念，通过合理设计和功能布局，缓解场地周边人流车流，把我们的设计与宽窄巷子及周边城市打造成一个融合的整体。通过对城市公共空间进行研究，把宽窄巷子二期打造成一个既面向游客，又对城市开放的积极公共空间。

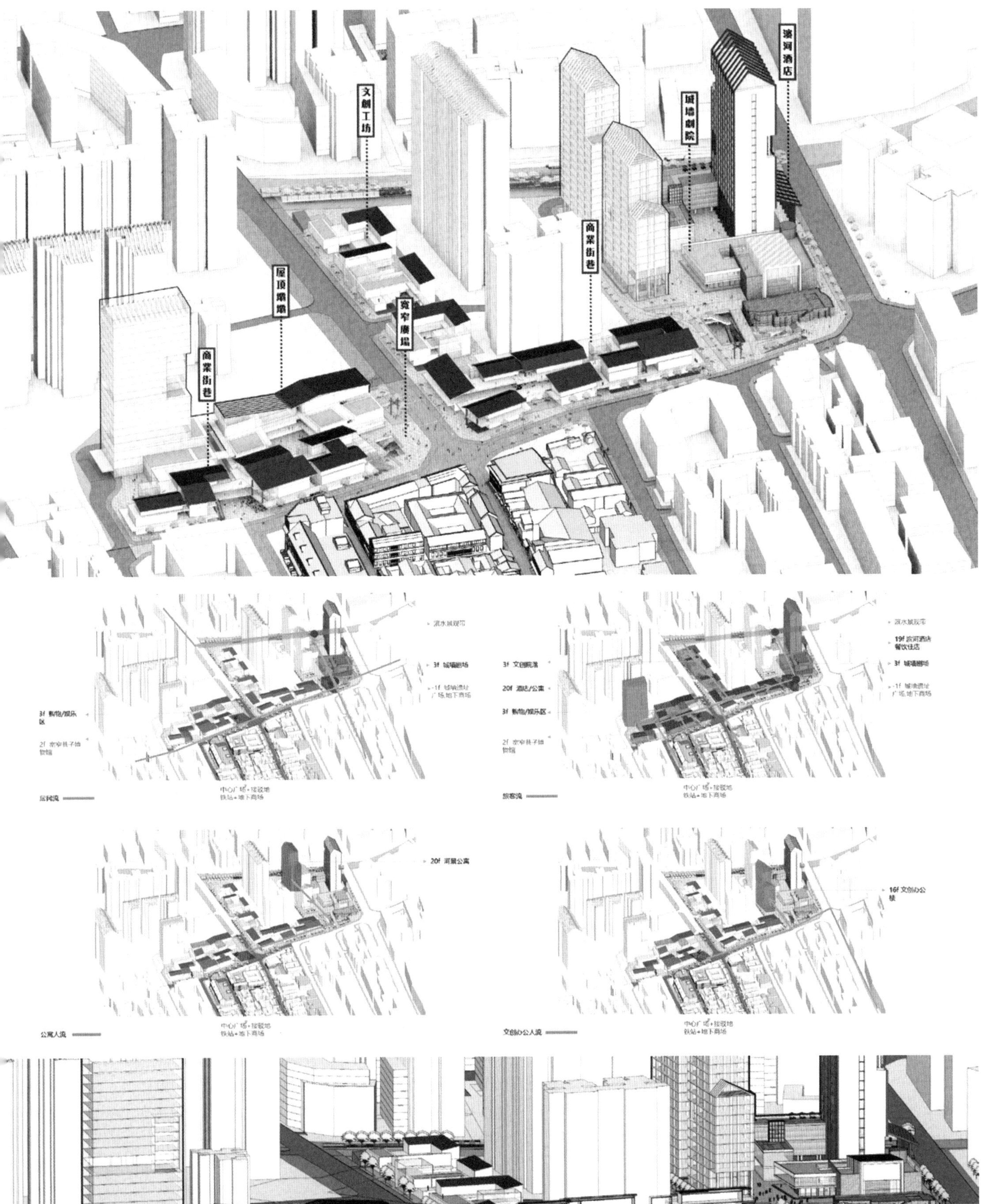
文創工坊
濠河酒店
城墙劇院
商業街巷
寬窄廣場
商業街巷

滨河酒店 ——叠院重重 花重锦官

延伸和碰撞 | 四川传统分析 | 对话空间

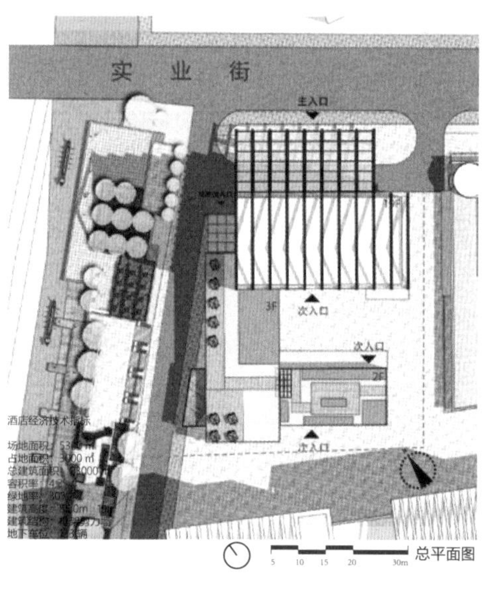

总平面图

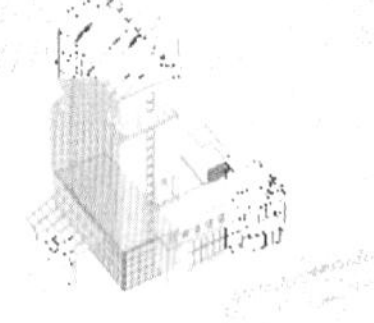
公共大厅部分

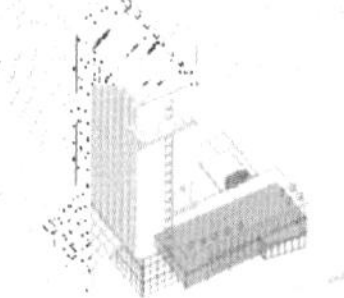
餐厅部分

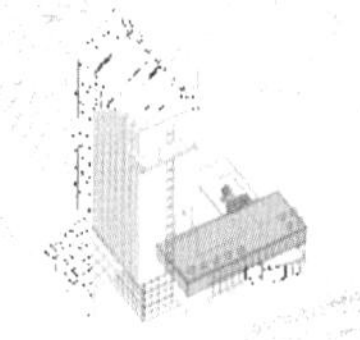
茶厅部分

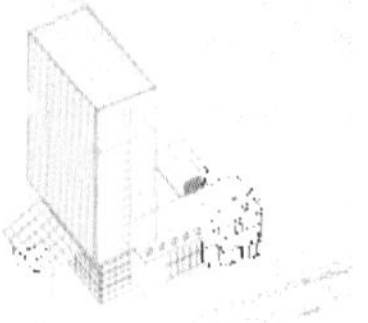
客房部分

厨房部分

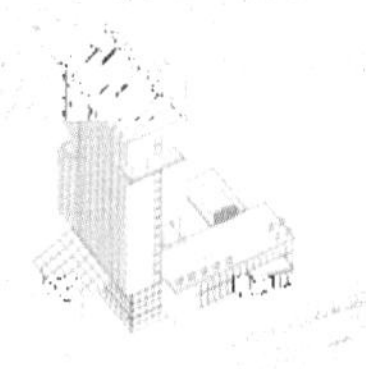
空中叠院部分

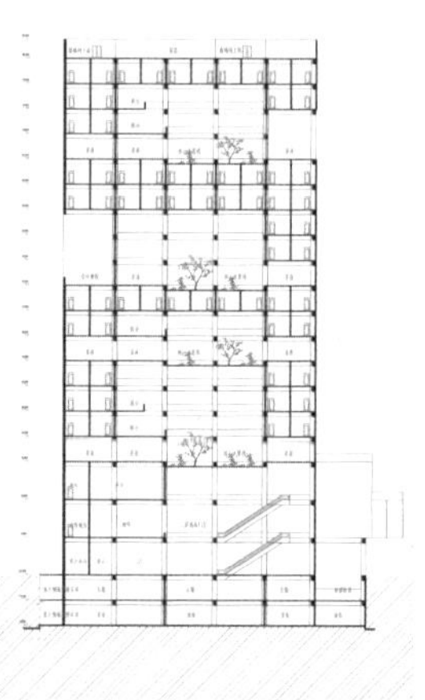
1-1 剖面图

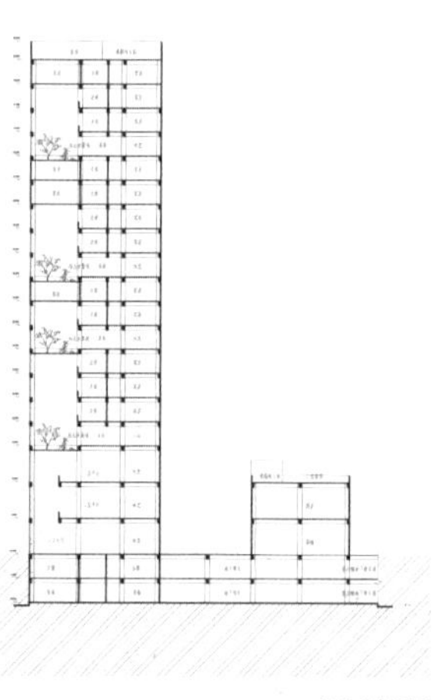
2-2 剖面图

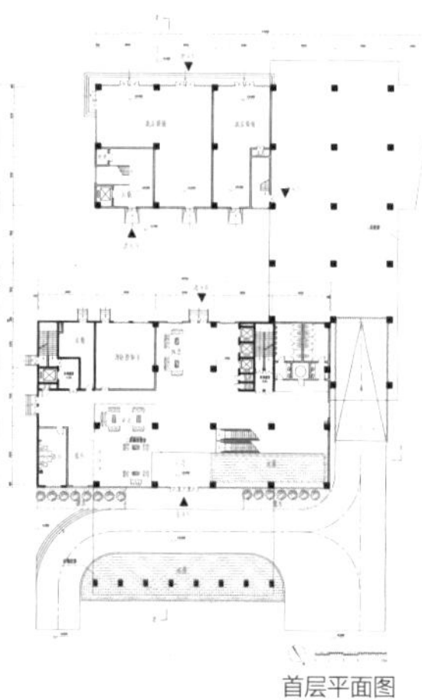
首层平面图

标准层平面图

十七层平面图

城墙剧院 —— 对话 史 开放城市

遗址开发保护 | 公共空间

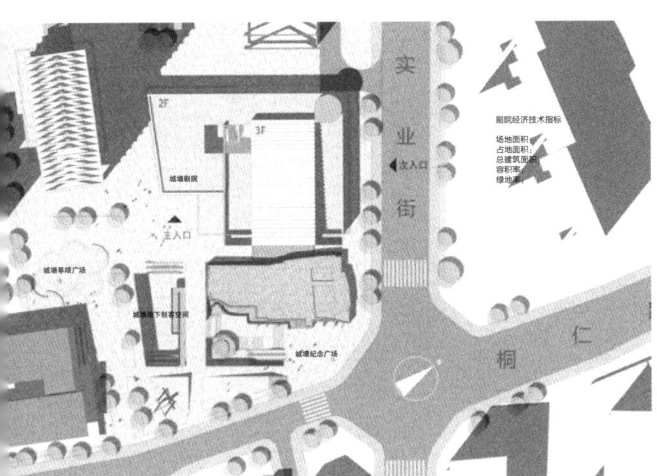

总平面图 1：500

地上
地面上，城墙成为了城市的标志物。在这层空间上，设计通过剧院，广场，街道来呼应城墙空间，让城墙成为引力中心。

地下
-1.5m 打造局部围绕城墙的空间，可以通过埋深的部分了解城墙的建造技术和砌筑方式。人们游历于错落的层次关系间，创造出多种交流方式。

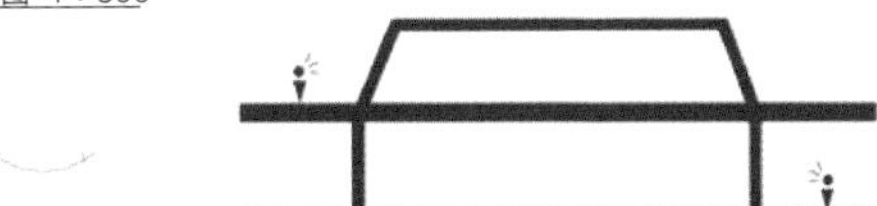

城墙下
城墙下，配合地下空间的打造，暴露城墙下的土层结构，使这面土层墙成为地下空间的景墙。让人们可以通过更深的层次来体验空间，充满奇幻的感觉。

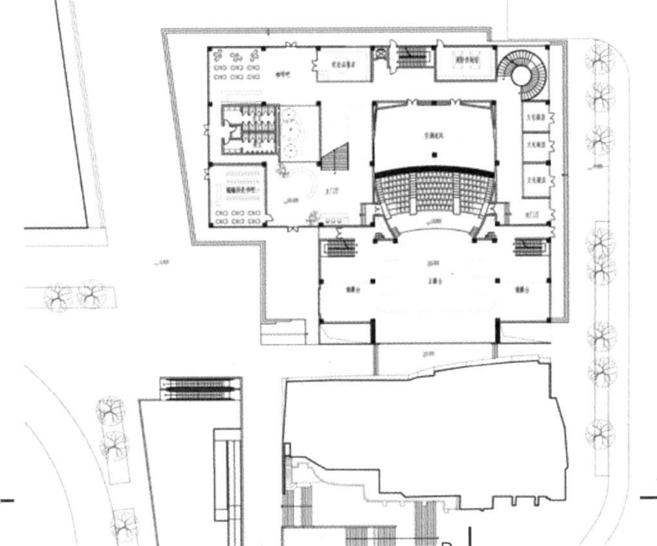

一层平面 1：300

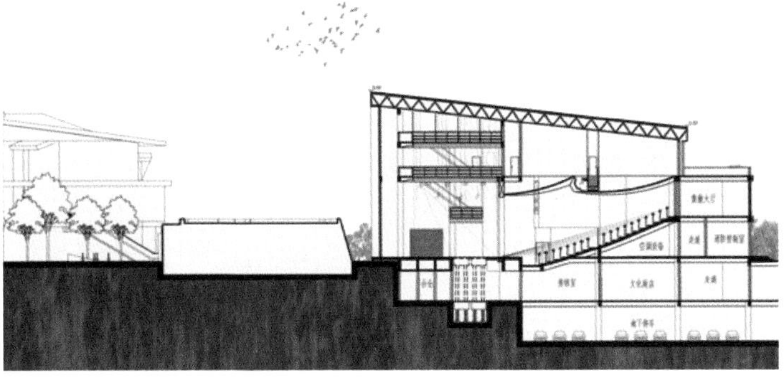

剖面 B-B 1：300

新时代下蓉城理想生活的伸延

西南交通大学
设计：徐嘉瑞 / 张博文
指导：李异 / 熊瑛 / 付飞

新时代下蓉城理想生活的伸延

2020年建筑学专业"8+"联合毕业设计

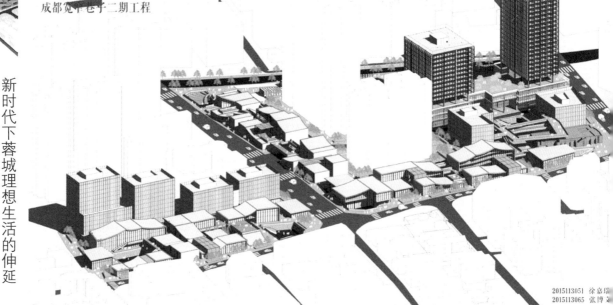

成都宽窄巷子二期工程

2015113051 徐嘉瑞
2015113065 张博文

◆ 项目区位

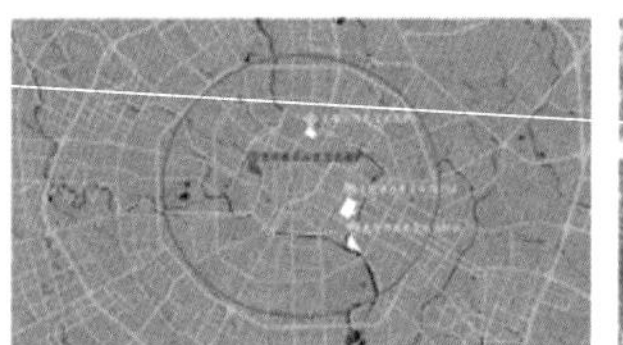

◆ 上位规划

◆ 历史沿革

有明确的历史文脉产生、发展和传承
城市客厅，成为在居民区包围下的商业文化区

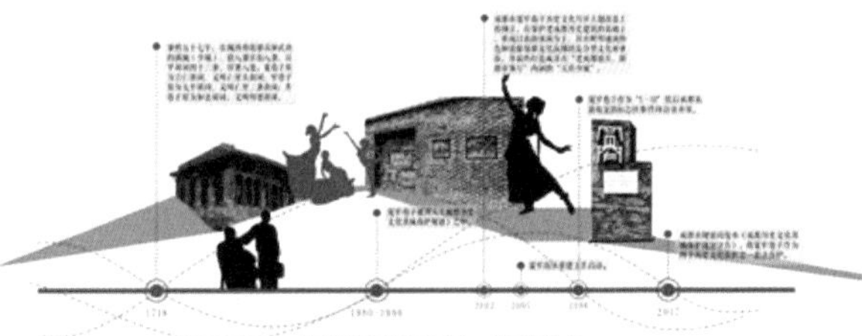

满城（少城）边界处
城市道路肌理发生变化和转

◆ 外部交通

地铁 道路 停车场
落客点 公交 主要人流来向

路网交通系统发达，交通通达程度高

◆ 周围要素

场地要素丰富，问题指向性明显

◆ 上位规划

满足政府预期的实践项目

按照成都市第十二次党代会会议精神，落实市委市政府要求，市规划局围绕"建设全面体现新发展理念的国家中心城市"总体目标，坚持"东进、南拓、西控、北改、中优"差异化发展思路，全面开展规划工作，分类分级细化落实城市空间发展战略。

优化城市空间形态：
降低开发强度；
降低建筑尺度；
降低人口密度。

打造现代服务业增长极核：
疏解非核心区功能；
优化现有产业业态；
注入新兴业态，提升产业层次。

提升城市品质：
塑造特色；完善配套；改善交通；提升环境；彰显文化。

◆ 问题解读

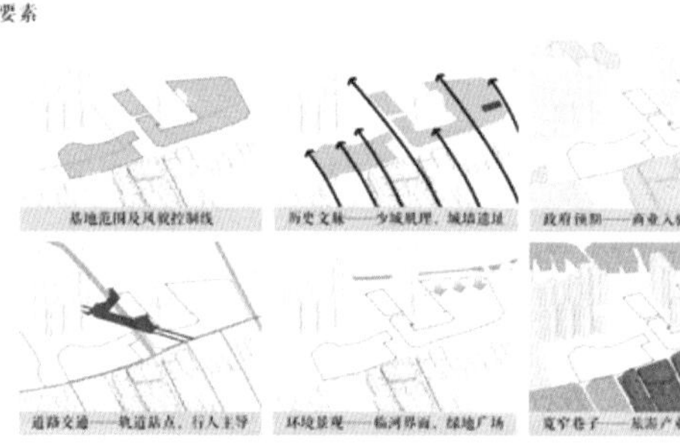

价值观的判断

◆ 规划目标

新时代下蓉城理想生活的伸延

感想：

在城市化发展迅猛的当下，城市的边界随着经济的快速发展不断向外拓展，然而城市的内部却面临着质量低下，发展迟缓，更新困难等问题。宽窄巷子一期工程作为保护和更新历史文化街区的经典案例，为二期项目的打造奠定了基础。本案作为对成都宽窄巷子二期项目的设想，从一种新的角度去审视历史街区的改造，利用城市有机更新的理念，为项目的实际建造给出有力的参考。更新的第一愿景是商业街的延伸，手工业的传承与创新将会为片区带来生产与经济基础；随后的第二愿景为文脉与历史展开了不同的可能性，工作坊、办公楼、会议厅、展览馆、阅览中心等多项文教服务功能的提供，是片区从第二产业向第三产业过渡的美好场景；最后，第三愿景是酒店与公寓楼的综合性高层建筑，社区的更新离不开居住功能，新时代下的蓉城理想生活就在此发生。

◆ 理论与概念

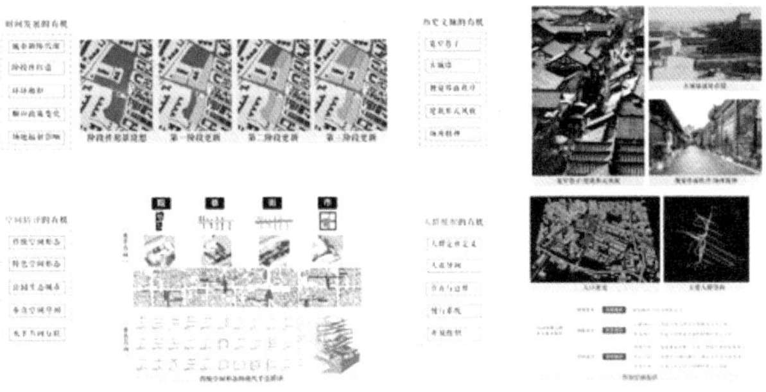

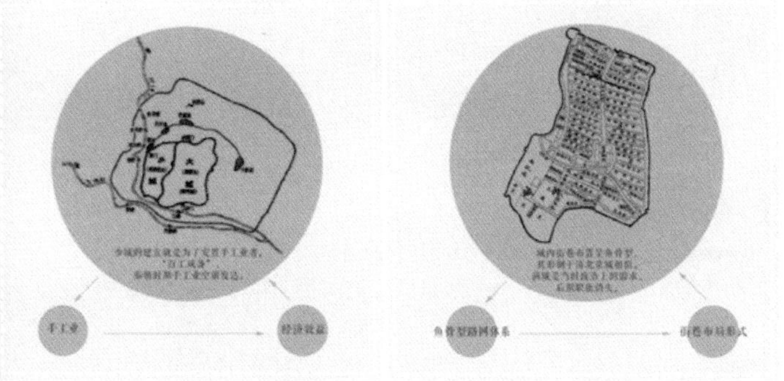

城市有机更新

新时代下蓉城理想生活的伸延

时间发展的有机	历史文脉的有机	空间转译的有机	人群组织的有机
城市新陈代谢	宽窄巷子	传统空间形态	人群定性定义
阶段性打造	古城墙	特色空间形态	人流导向
环环相扣	视觉界面秩序	公园生态城市	节点与边界
顺应政策变化	建筑形式风貌	垂直空间序列	慢行系统
场地辐射影响	坡屋顶语汇	水平方向互联	TOD交通导向

少城的建立就是为了安置手工业者，"百工城池"，秦朝时期手工业空前发达。

手工业 → 经济效益

秦朝时的生产要素成为城市发展的根本原因

鱼骨型路网体系 → 街巷布局形式

清朝时的历史因素成为建筑空间的组织依据

◆ 功能与规划

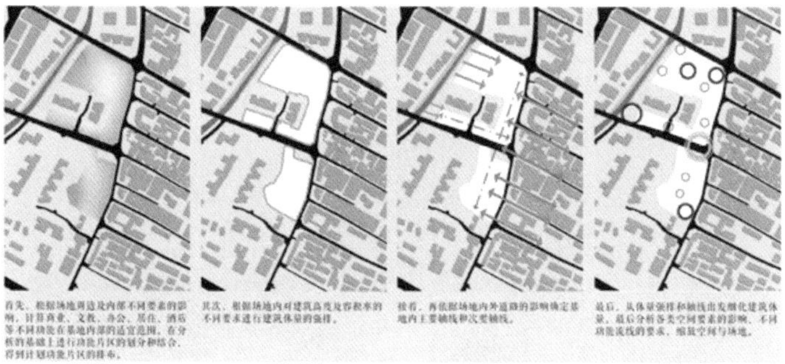

首先，根据场地周边及内部不同要素的影响，计算商业、文教、办公、居住、酒店等不同功能在基地内部的适宜范围，在分析的基础上进行功能片区的划分和整合，得到计划功能片区的排布。

功能辐射

其次，根据场地内对建筑高度及容积率的不同要求进行建筑体量的强排。

建筑边界

接着，再依据场地内外道路的影响确定基地内主要轴线和次要轴线。

路网控制

最后，从体量强排和轴线出发细化建筑体量，最后分析各类空间要素的影响、不同功能流线的要求，细致空间与场地。

节点收放

【第一阶段】

手工业主题商业街区

第一期建设片区

蜀绣、蜀锦、瓷胎竹编、银花丝、成都漆艺、木雕造像、茶文化、皮影川剧，八大不同的工艺主题院落，在"宽窄巷子"的建筑空间基础上，塑造出不同的特色空间。

【第二阶段】

针对手工业从业者的工作室与办公楼

第二期建设片区

以退台和院落相结合的形式打造灰空间，塑造具有生活氛围的场景体验感，让街道的活力特色得到激发。

城墙广场与文教功能建筑

第二期建设片区

一是在垂直方向上通过不同视角来体验城墙、历史空间与城墙印记；二是在水平方向上通过不同的空间并置和流线来感受城墙、体验空间与城墙串联。

【第三阶段】

酒店与公寓高层综合体

第三期建设片区

在高层的裙房部分塑造入户方式引进绿地景观，并且用架空的手法塑造出空中花园楼层。

沿河景观绿化道

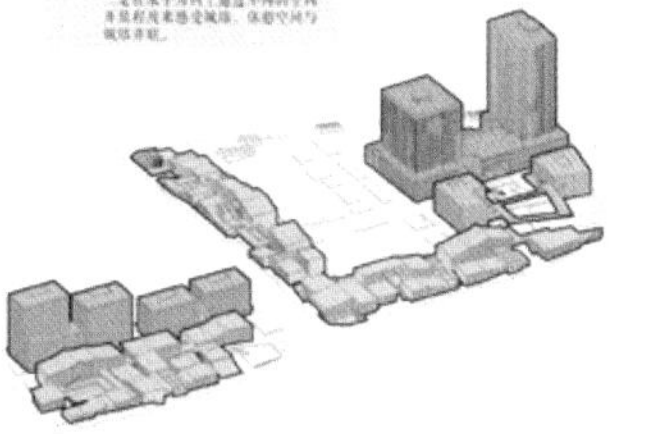

第三期建设片区

打造场地与西部河岸景观相通，引入良好景观界面。

茶工艺

银花丝

成都漆艺

蜀锦

木雕造像

艺术家工作坊

蜀绣

艺术家公寓

瓷胎竹编

皮影川剧

新时代下蓉城理想生活的伸延

2020年建筑学专业"8+"联合毕业设计

成都宽窄巷子二期工程

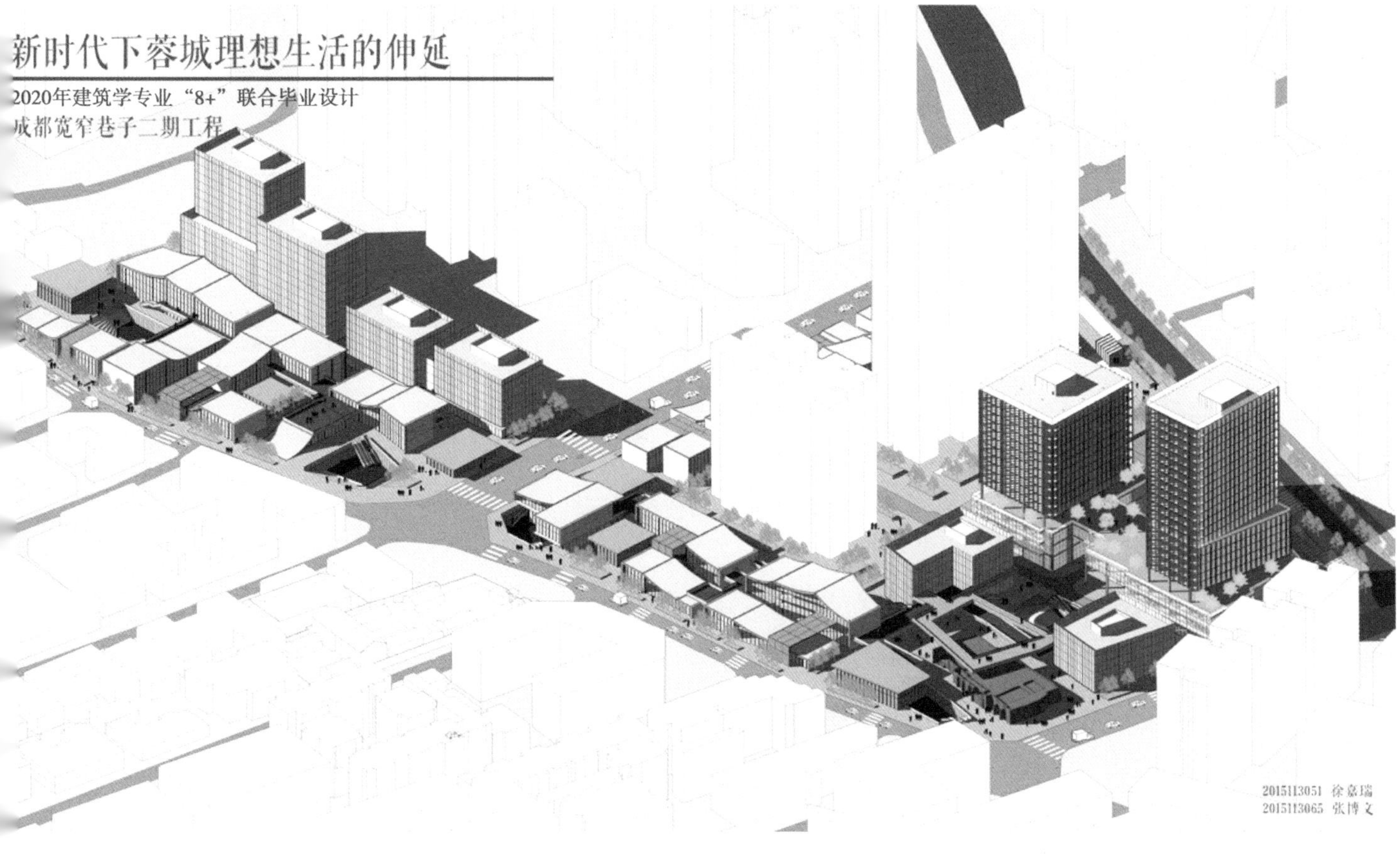

2015113051 徐嘉瑞
2015113065 张博文

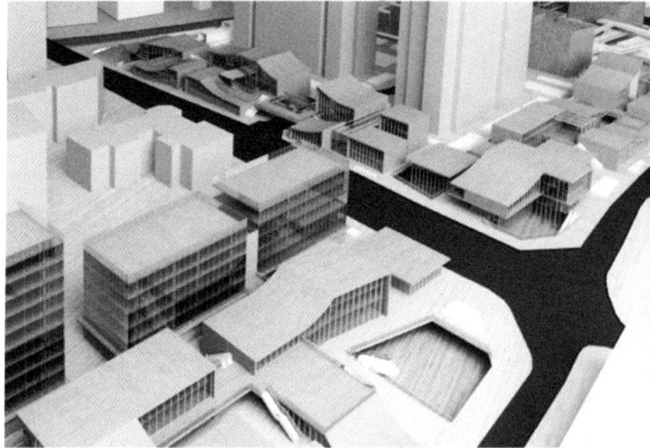
四号线B口出站十字路口/一级重要空间节点，以TOD理论为核心，交通导向/延续宽窄巷子商业业态，分流人群

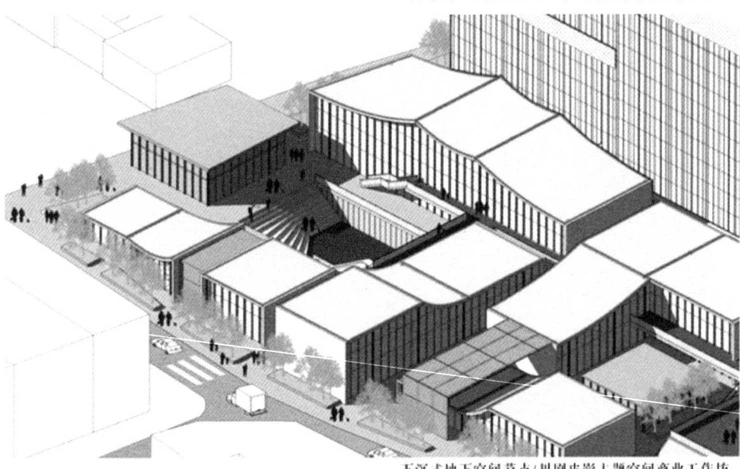

下沉式地下空间节点/川剧皮影主题空间商业工作坊，导向室外表演平台/连接轨道交通，多层级开放空间塑造

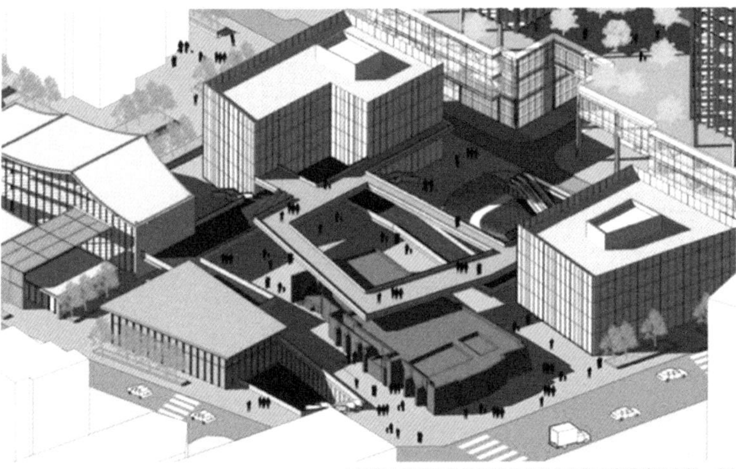
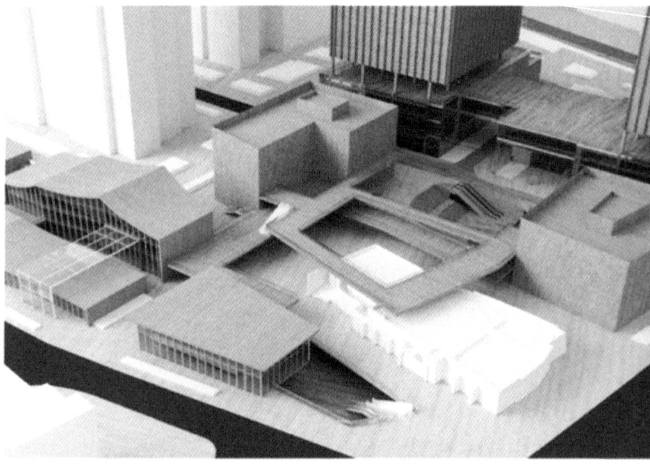
古城墙开放广场节点/商业与文教功能的空中过渡性空间，多层与高层建筑的地下广场连接性空间/空中平台创造全新观赏遗迹视点

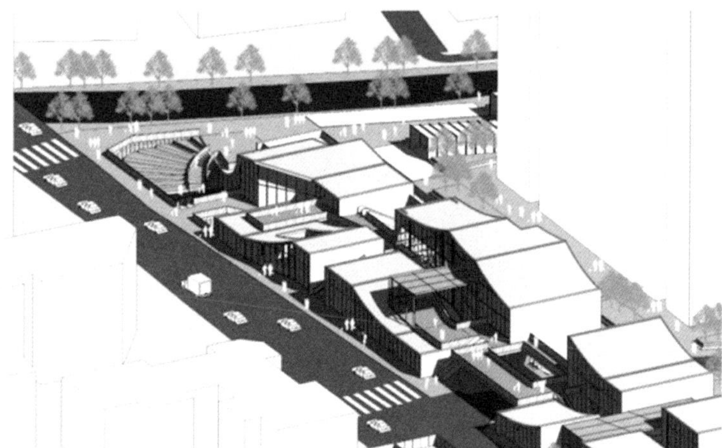

次级空间节点/四号线D口出站路口/沿河绿化带与商业业态融合

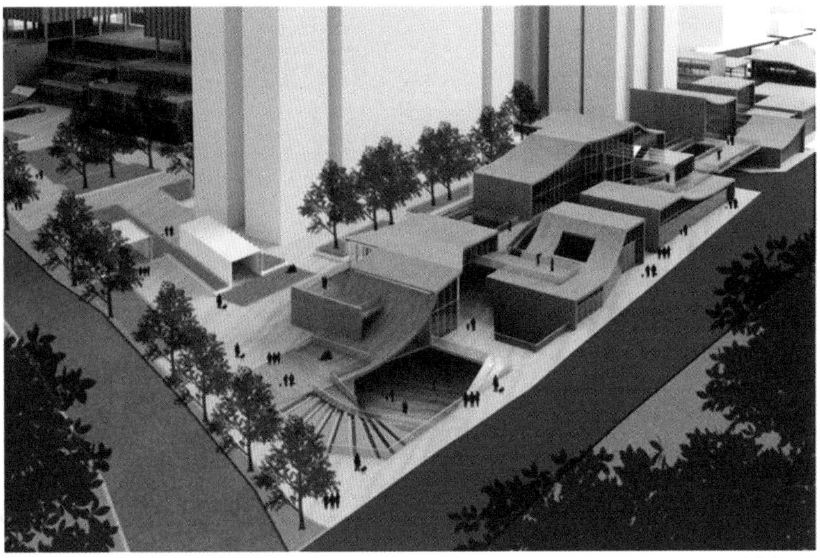

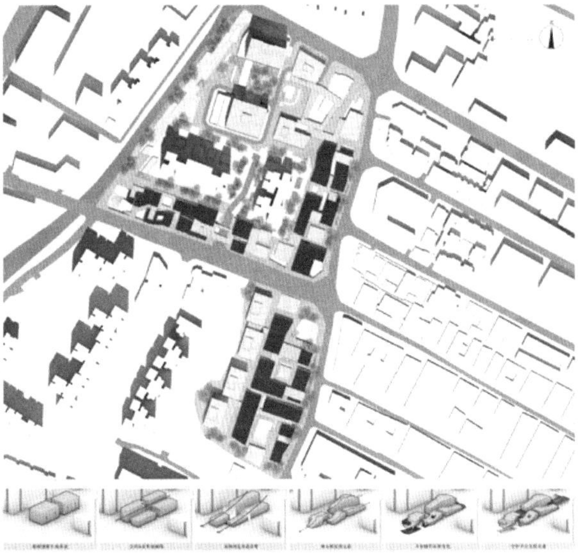

◆ 商业街区单体建筑设计

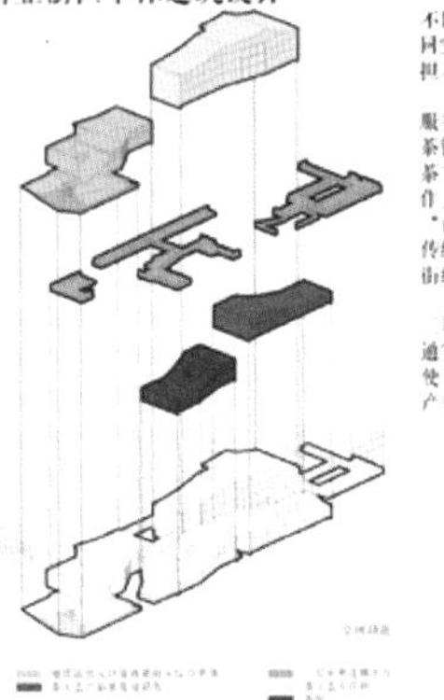

不同单体呈现不同空间氛围，承担不同使用功能；

服务中心、茶室茶馆、展览销售、茶文化研究与制作工坊，符合“前店后坊”的传统手工业商业街组织形式；

二层空中连廊沟通室内外空间，使不同单体之间产生关联。

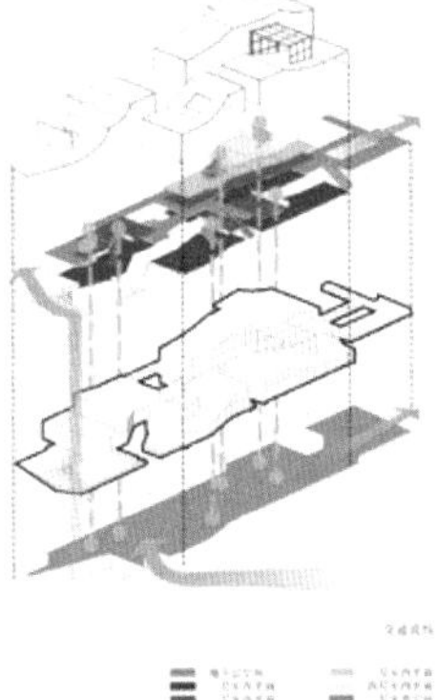

以交通导向为出发点，地铁四号线D口与商业街紧密相接；

在水平方向流线上节奏性、叙事性强；

在垂直方向流线上变化性、贯通性强。

◆ 商业街区单体建筑设计

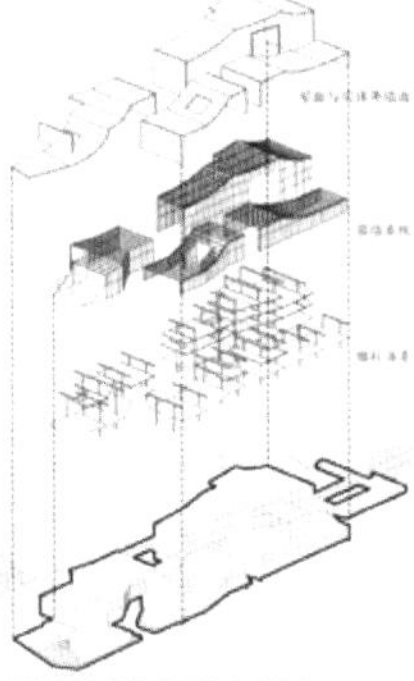

幕墙龙骨与结构柱脱开，自成体系（内部空间有柱）

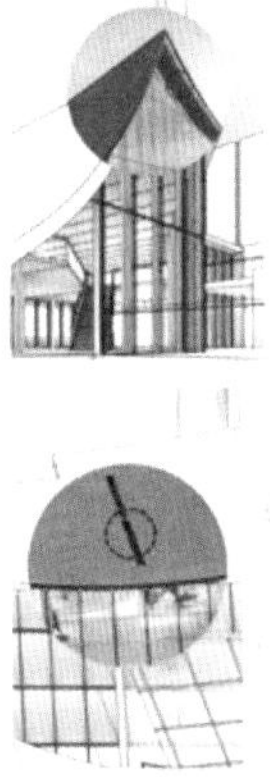

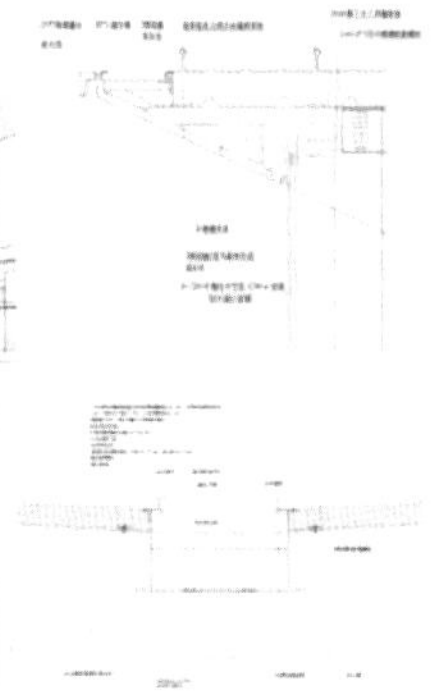

屋面与玻璃幕墙、室内天花节点大样

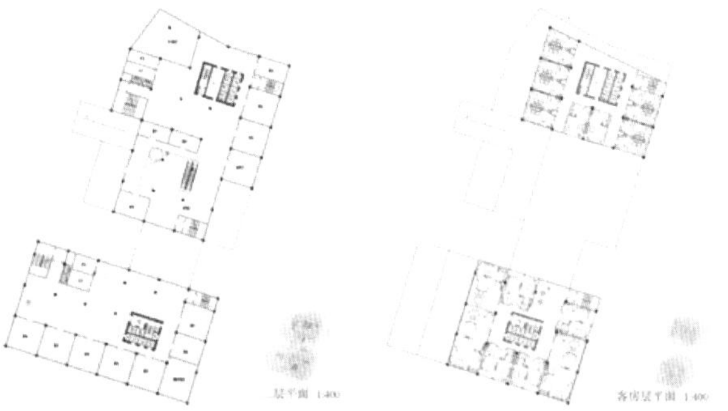

屋面排水系统大样

◆ 技术图纸

一层平面

二层平面 1:400

客房层平面 1:400

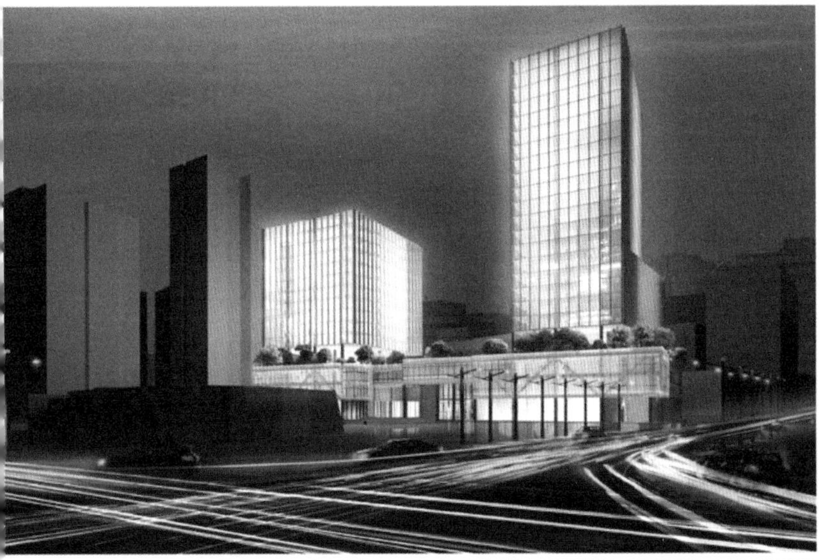

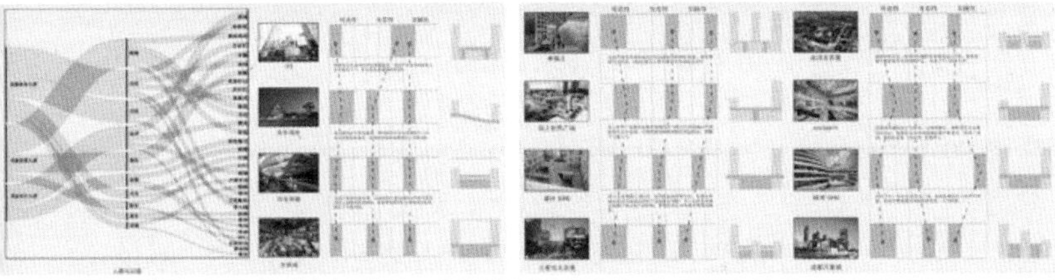

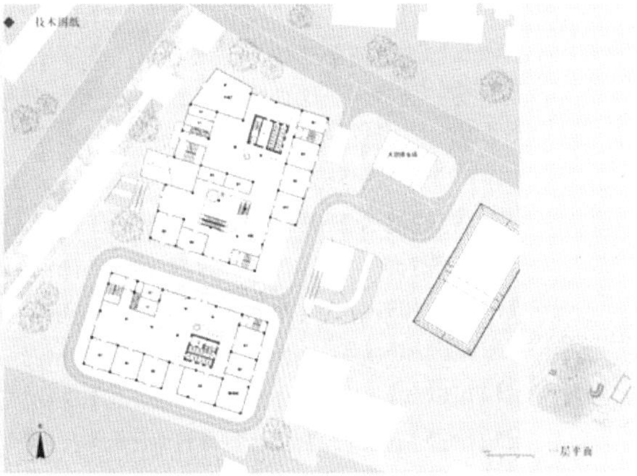

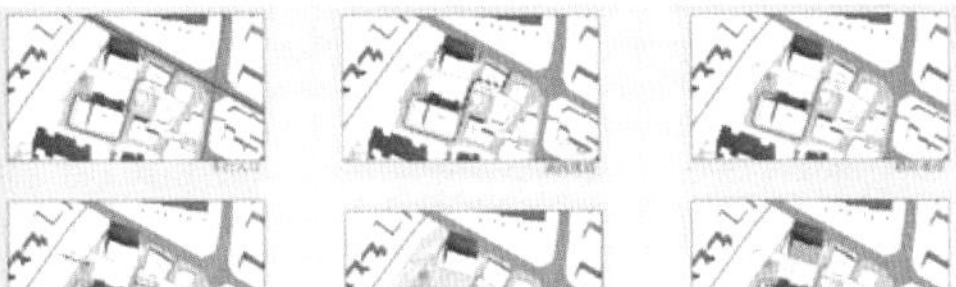

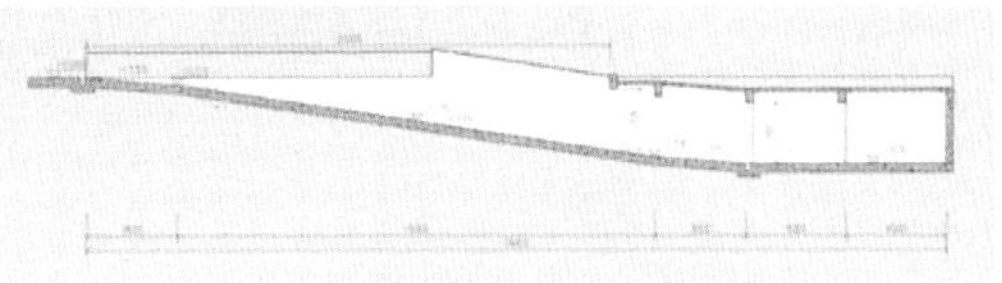

地下车库出入口详细剖面 1：150

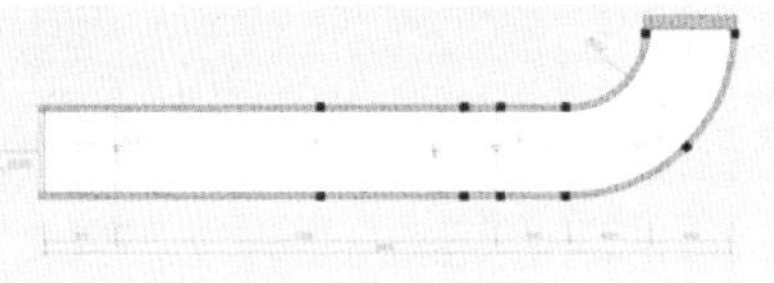

地下车库出入口详细平面 1：150

回归

西南交通大学
设计：李宇昂／吴堃
指导：李异／熊瑛／付飞

生成逻辑分析

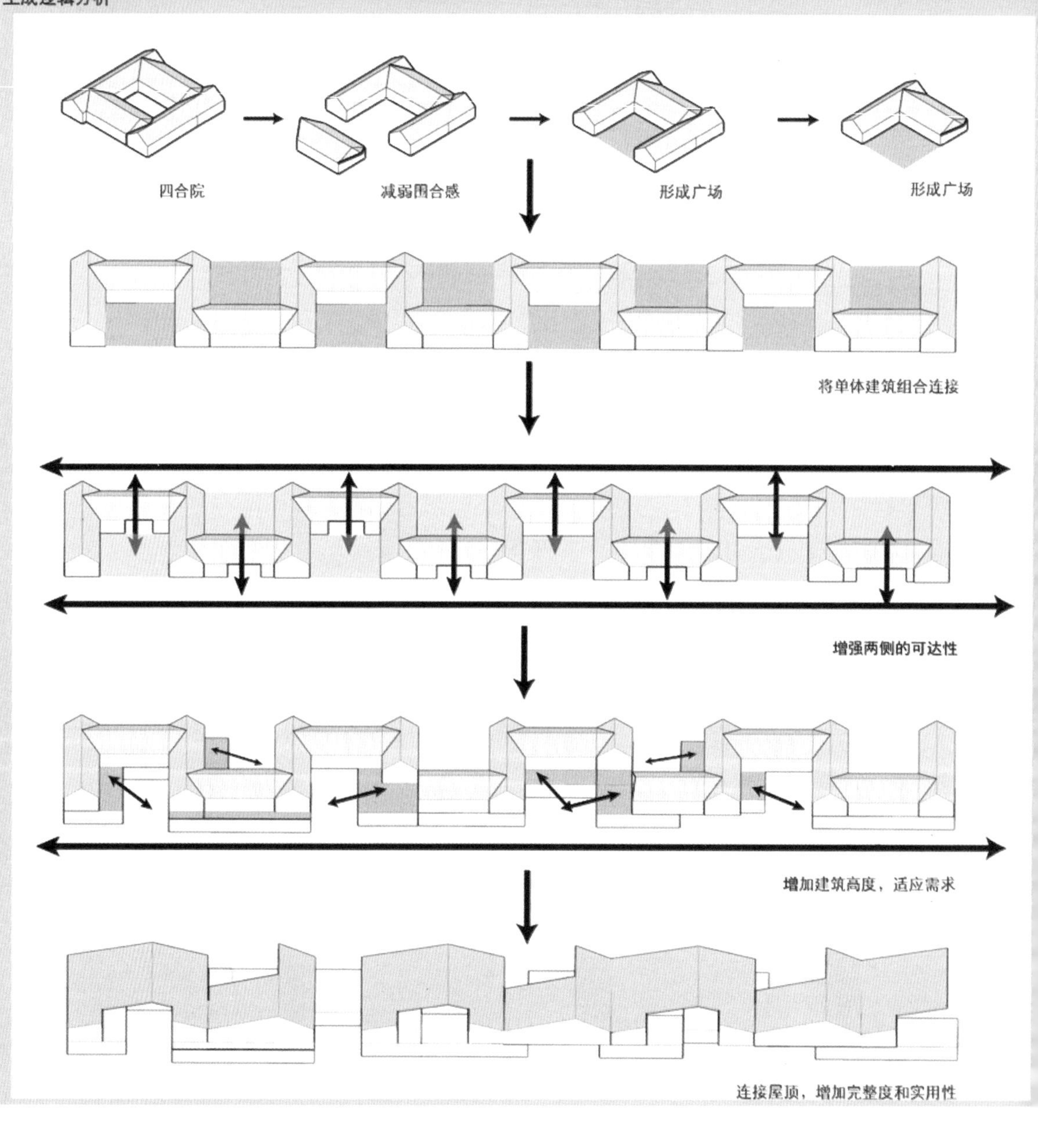

四合院 → 减弱围合感 → 形成广场 → 形成广场

将单体建筑组合连接

增强两侧的可达性

增加建筑高度，适应需求

连接屋顶，增加完整度和实用性

感想：

项目位于宽窄巷子西侧，宽窄巷子是一个历史保护街区，但是由于近年来过度商业化，已经失去了原有的文化氛围。在设计中，我们将宽窄巷子二期作为商业中心，将一期过剩的商业转移到二期，使得一期承担原本的文化属性。

川传统民居

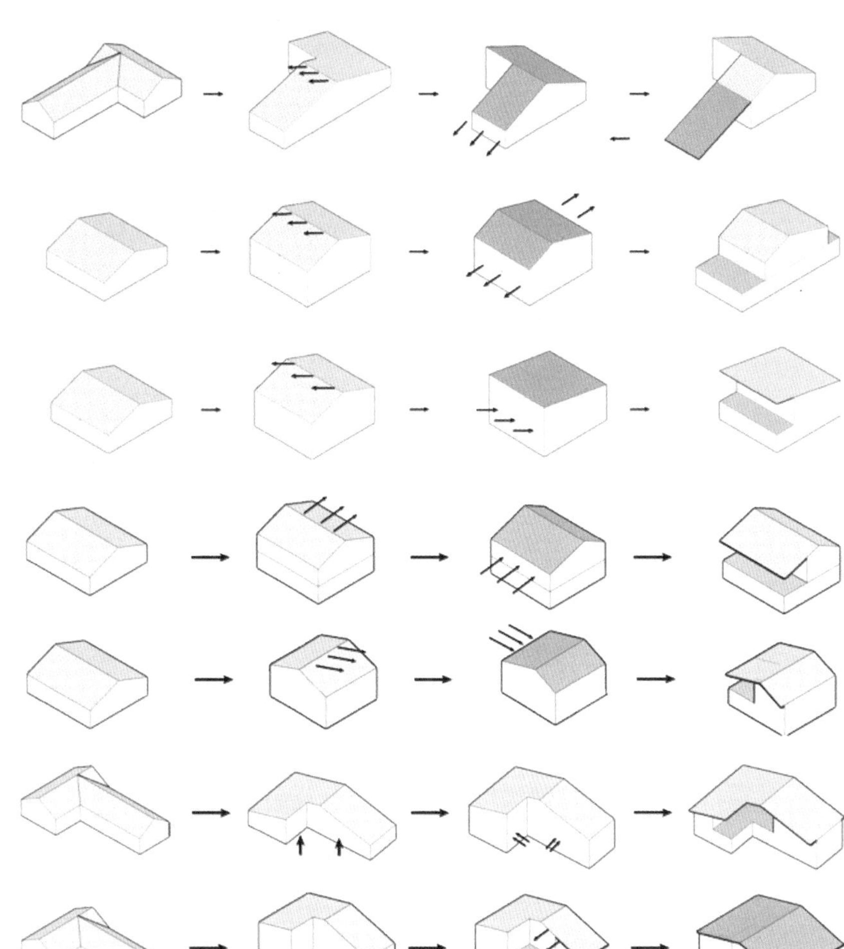

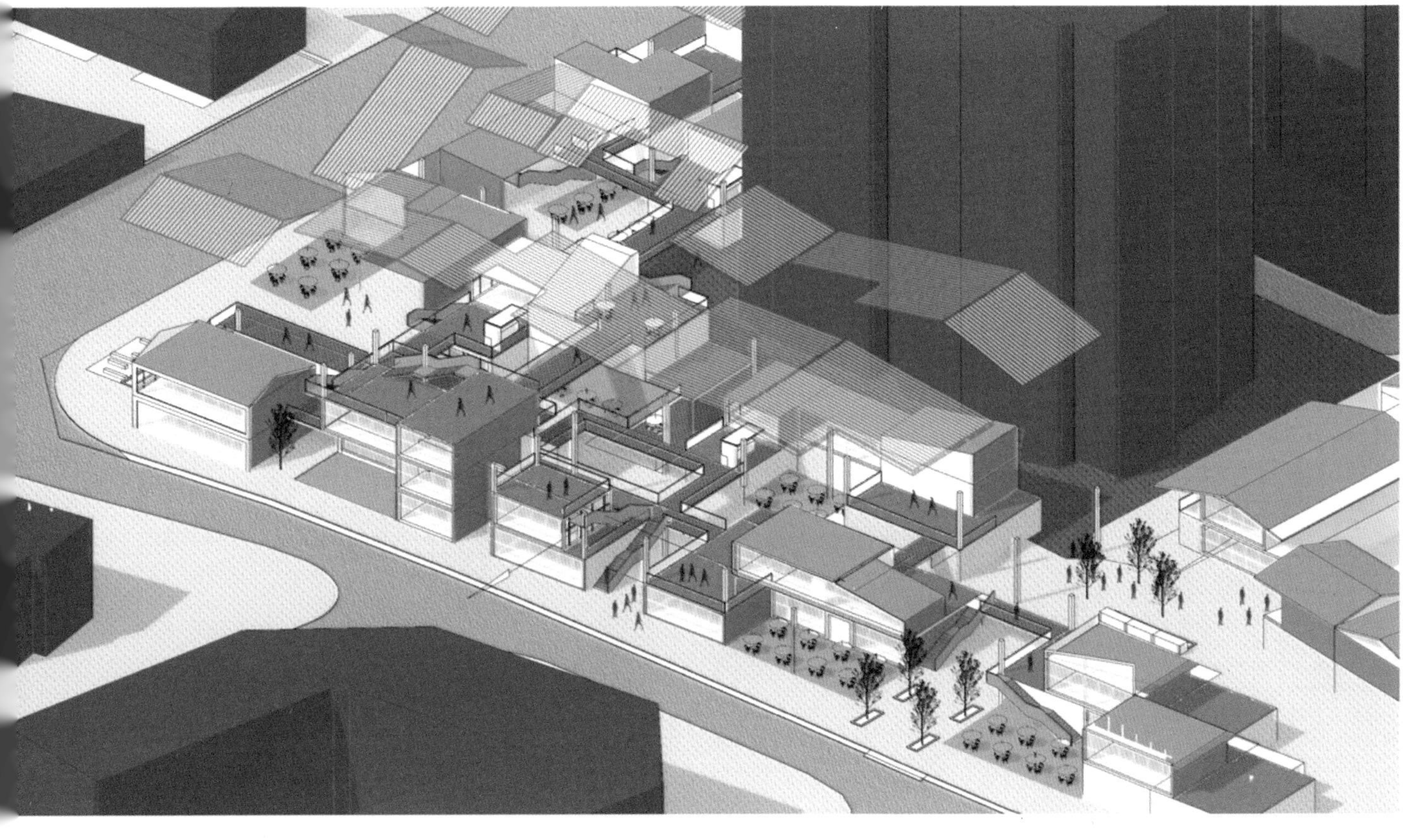

别院——院落空间的现代演绎
Another courtyard

西南交通大学
设计：黎敏 / 陈景方
指导：李异 / 熊瑛 / 付飞

「场地分析」

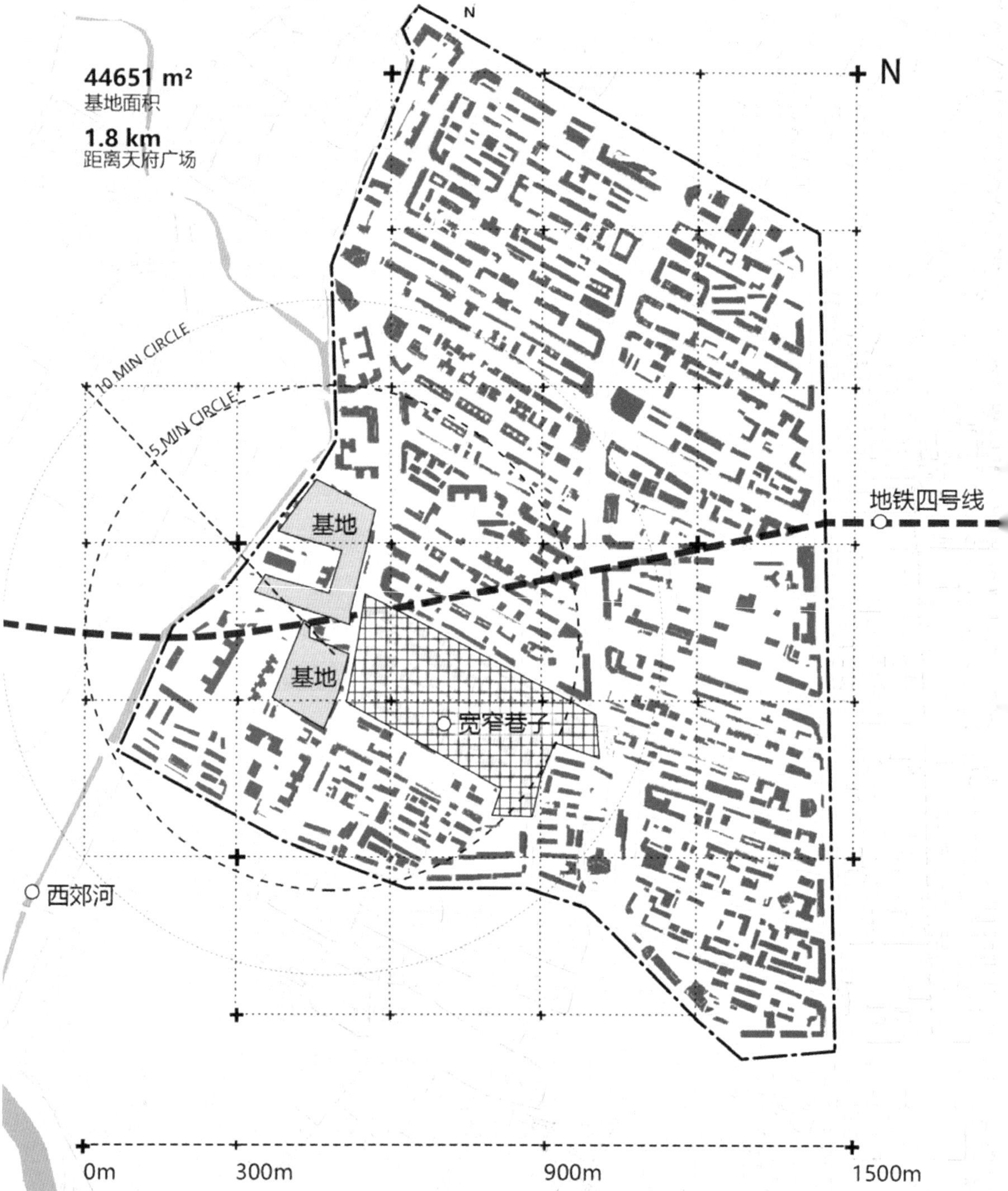

44651 m²
基地面积

1.8 km
距离天府广场

N

10 MIN CIRCLE

5 MIN CIRCLE

基地

基地

宽窄巷子

地铁四号线

西郊河

0m 300m 900m 1500m

「业态分析」

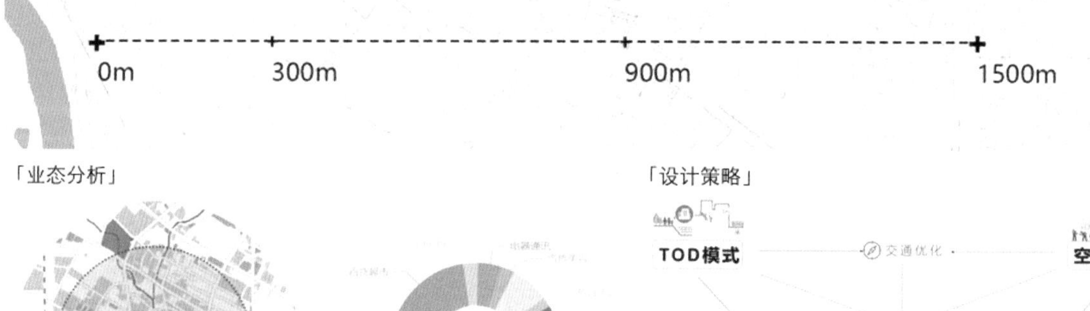

「设计策略」

感想：

项目地处成都市宽窄巷子历史保护街区西侧，场地周边有着浓厚的市井生活氛围与文化氛围，为场地提供了多元的使用人群。在方案中我们试图通过引用TOD模式、公园城市理念与空间转译手法，对场地原有交通重新进行组织，将商业街区、滨河绿道与原有地铁站点融为一体，并置入文创产业以激发地块活力，使片区成为一个交通条件优良、产业焕发活力并利于文化交流的城市客厅。

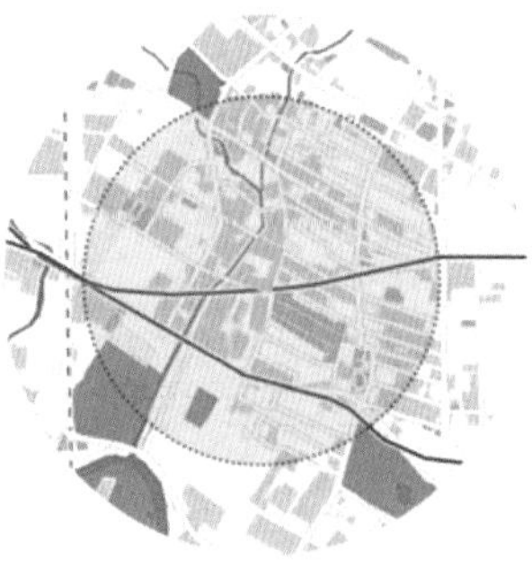

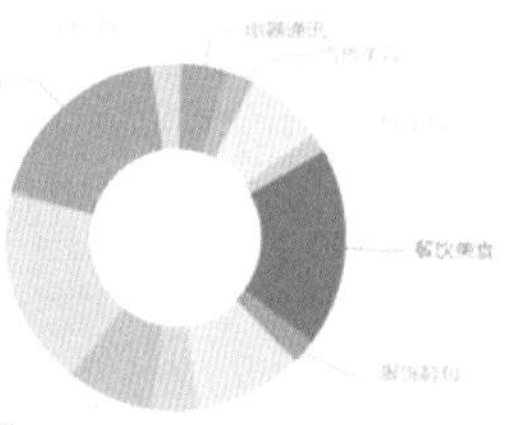

鸟瞰图」

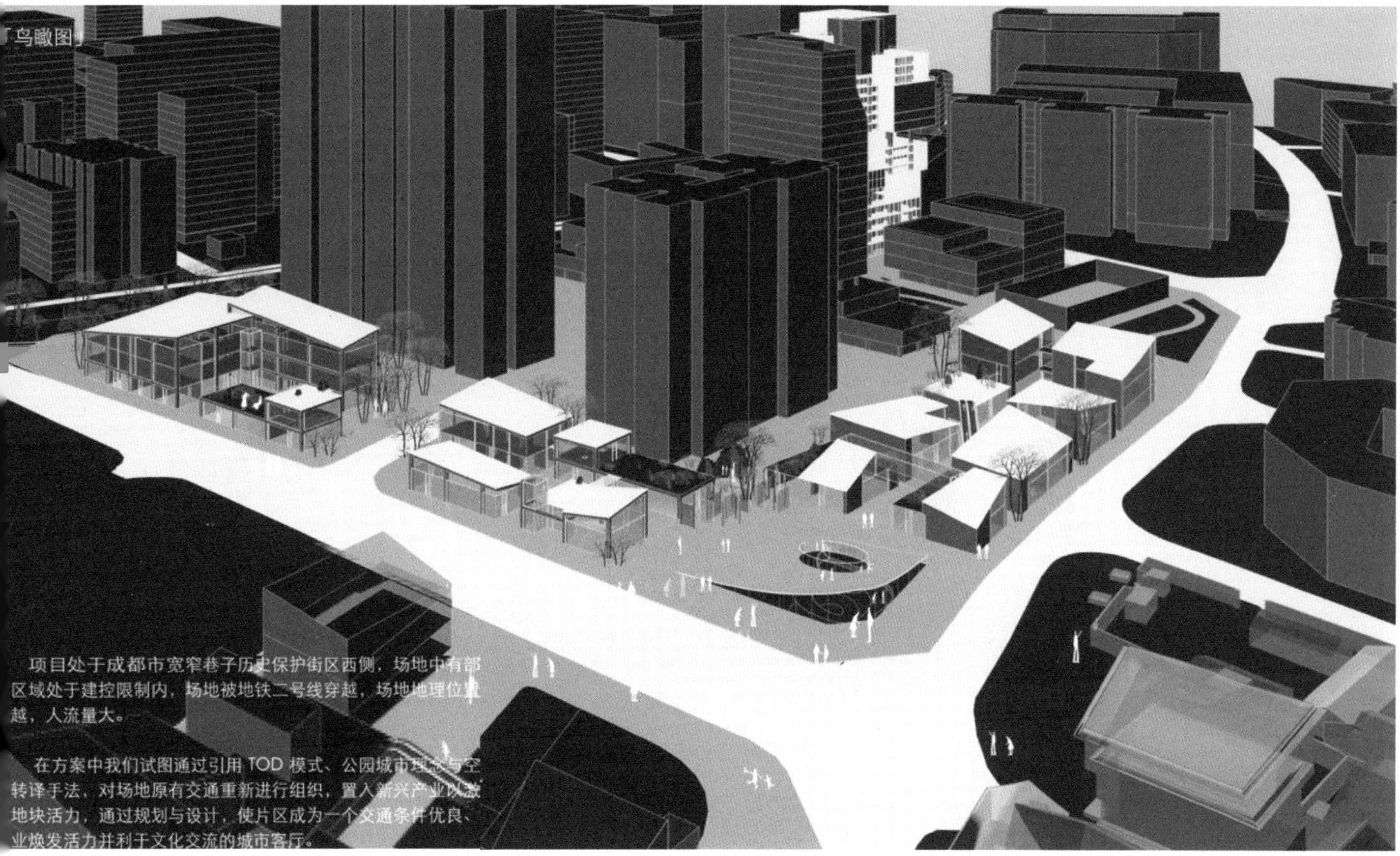

项目处于成都市宽窄巷子历史保护街区西侧，场地中有部区域处于建控限制内，场地被地铁二号线穿越，场地地理位置优越，人流量大。

在方案中我们试图通过引用 TOD 模式、公园城市理念与空转译手法，对场地原有交通重新进行组织，置入新兴产业以激地块活力，通过规划与设计，使片区成为一个交通条件优良、业焕发活力并利于文化交流的城市客厅。

间结构推演

入街区路网

轴线关系

公共开放空间

出入口节点

景观主轴线

商业主轴线

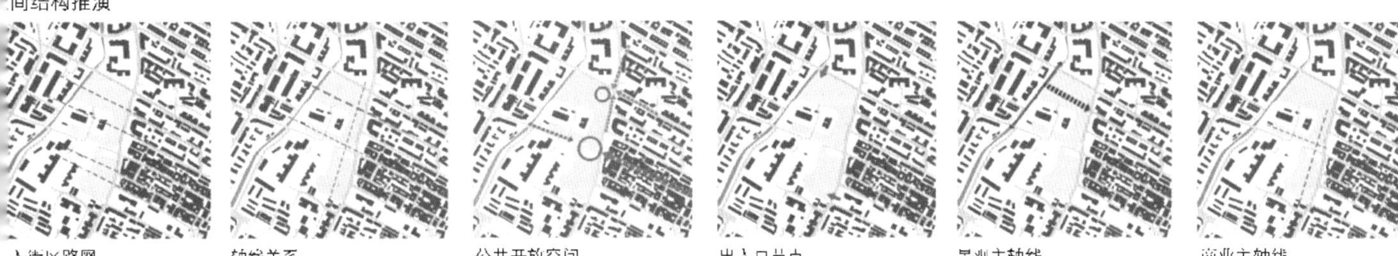

平面图

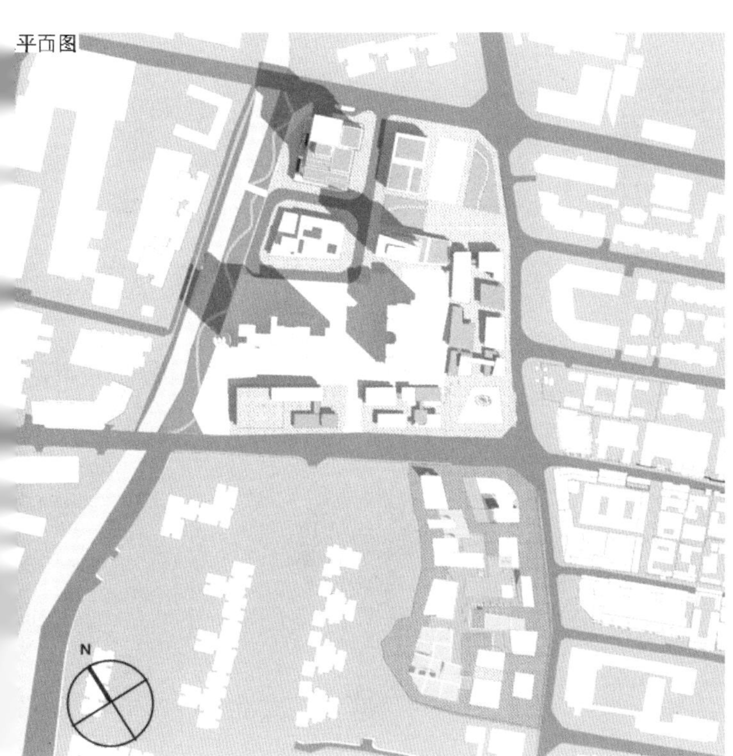

「城市界面关系」

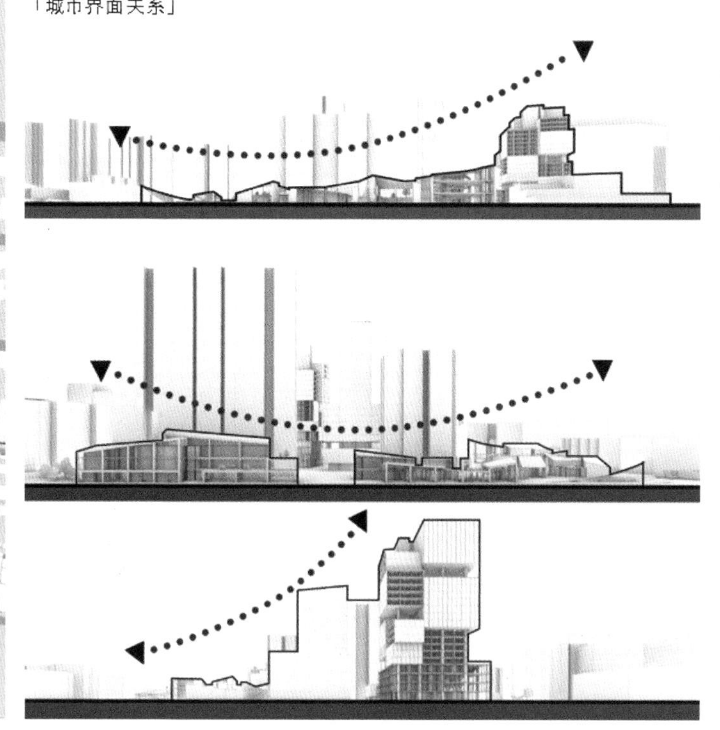

「商业街方案设计」

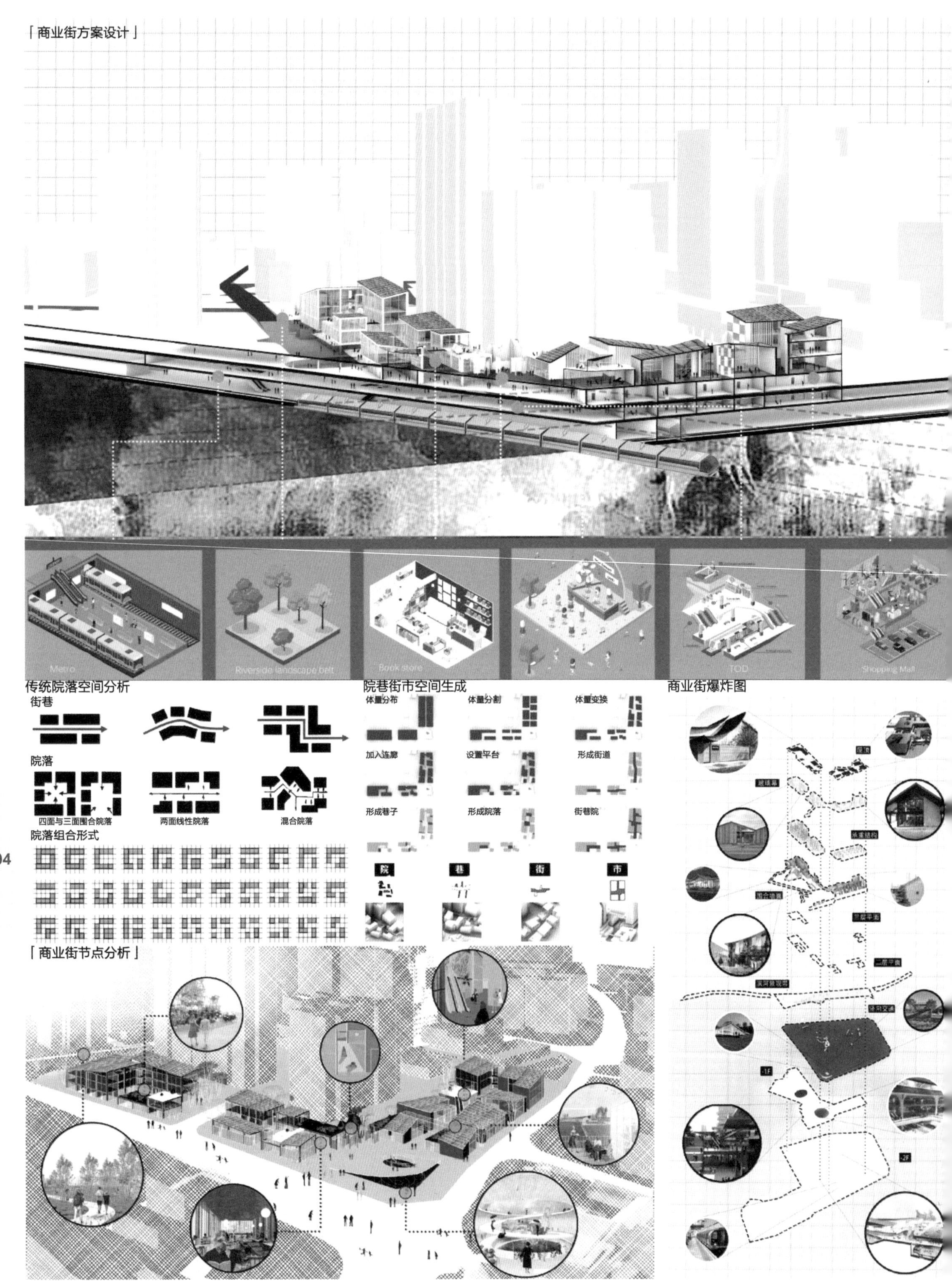
Metro
Riverside landscape belt
Book store
TOD
Shopping Mall
传统院落空间分析
街巷
院落
四面与三面围合院落
两面线性院落
混合院落
院落组合形式
院巷街市空间生成
体量分布
体量分割
体量变换
加入连廊
设置平台
形成街道
形成巷子
形成院落
街巷院
院
巷
街
市
商业街爆炸图
-1F
-2F
「商业街节点分析」

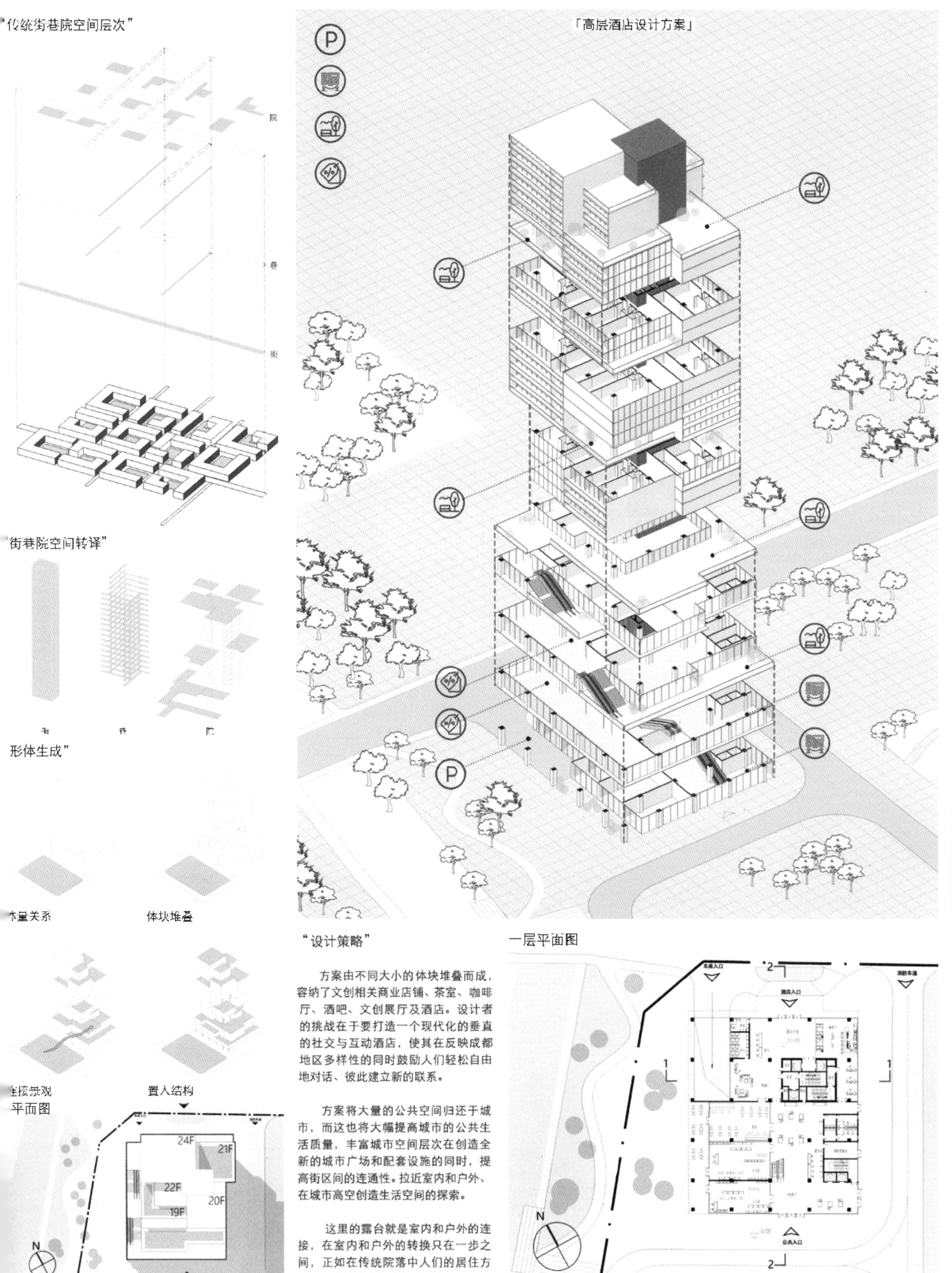

“设计策略”

方案由不同大小的体块堆叠而成，容纳了文创相关商业店铺、茶室、咖啡厅、酒吧、文创展厅及酒店。设计者的挑战在于要打造一个现代化的垂直的社交与互动酒店，使其在反映成都地区多样性的同时鼓励人们轻松自由地对话、彼此建立新的联系。

方案将大量的公共空间归还于城市，而这也将大幅提高城市的公共生活质量，丰富城市空间层次在创造全新的城市广场和配套设施的同时，提高街区间的连通性。拉近室内和户外、在城市高空创造生活空间的探索。

这里的露台就是室内和户外的连接，在室内和户外的转换只在一步之间，正如在传统院落中人们的居住方式——在内外空间之间流动。

清华大学

Tsinghua University

学生团队

1 一城所系
Network & Origin

我们通过探寻成都历史和文化的根，构建成都旧城历史文化网络，突破古迹“孤岛化”困境。

2 城市连接网
TP-LINK Traditional-Present-Link

我们通过建立“连而不同”的公共空间，沟通居民的生活，唤醒对西郊河的记忆，达到时间和空间上的双重连接。

孙子荆

潘徽音

朱晓东

孙馨桐

梁淑莹

指导教师

韩孟臻

教师寄语

2020年突如其来的疫情，改变了秩序井然的日常生活。这也使得本届完全在线上开展的联合毕业设计教学与交流变得非同寻常。云调研、云讲座、云上课、云评图、云展览……活在彼此云端的师生，距离反而更近了。迫于形势的线上教学也展现出开创性和实验价值。

回顾本学期的教学过程，100% 线上教学所产生的影响已可初见端倪。无法开展实地踏勘调研无疑是最直接的冲击。师生不可能通过直接经验去理解真实的物理环境、认知当地的社会人文；转而只能依赖间接经验，通过三维计算机虚拟模型、网络文献调研去认识场地、发掘问题。通过身体的直接感知和体验去综合性感受问题的过程，被代之以理性的逻辑演绎，这显然会产生对问题本身的认知缺陷。

在另一方面，对于毕业设计训练而言，前述问题也带来了新的机会。与实际中错综复杂的各类问题的距离感，也给同学们的城市研究提供了更能发挥自己学术志趣的可能性。一手资料的缺乏，促使师生以更广泛的研究视野，或者更个人化的视角去讨论设计问题，定义设计问题，使得同学们有可能结合自己的学术志趣，在建筑设计层面开展更具本体层面和原型意义的思考。

清华大学的这两份毕业设计成果不约而同地呈现出前述设计方法层面的特点。两组同学都从放大尺度的城市研究入手，发现属于成都的独特问题；继而开展具有针对性的文献研究与案例研究，提出问题解决设计策略；最后通过城市设计与建筑设计，解决由自己所设定的关键问题。两份设计成果所呈现出的逻辑的一贯性与完整性，令人印象深刻。

毕业设计是对本科学习阶段的总结，更是同学们走向未来设计实践的开端！希冀今年特殊形态的联合毕业设计，也能为同学们开启非比寻常的未来。

——韩孟臻

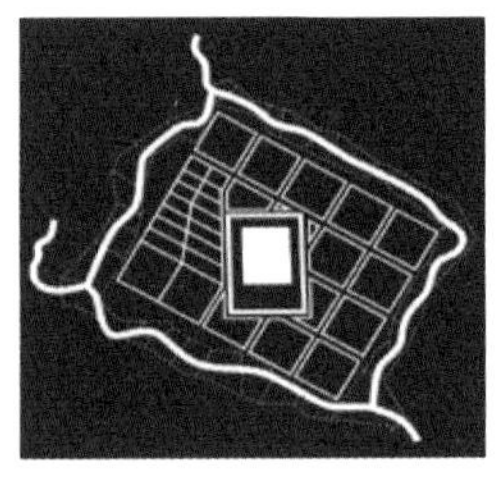

一城所系 Network & Origin

清华大学

设计：孙子荆 / 朱晓东 / 梁淑莹

指导：韩孟臻

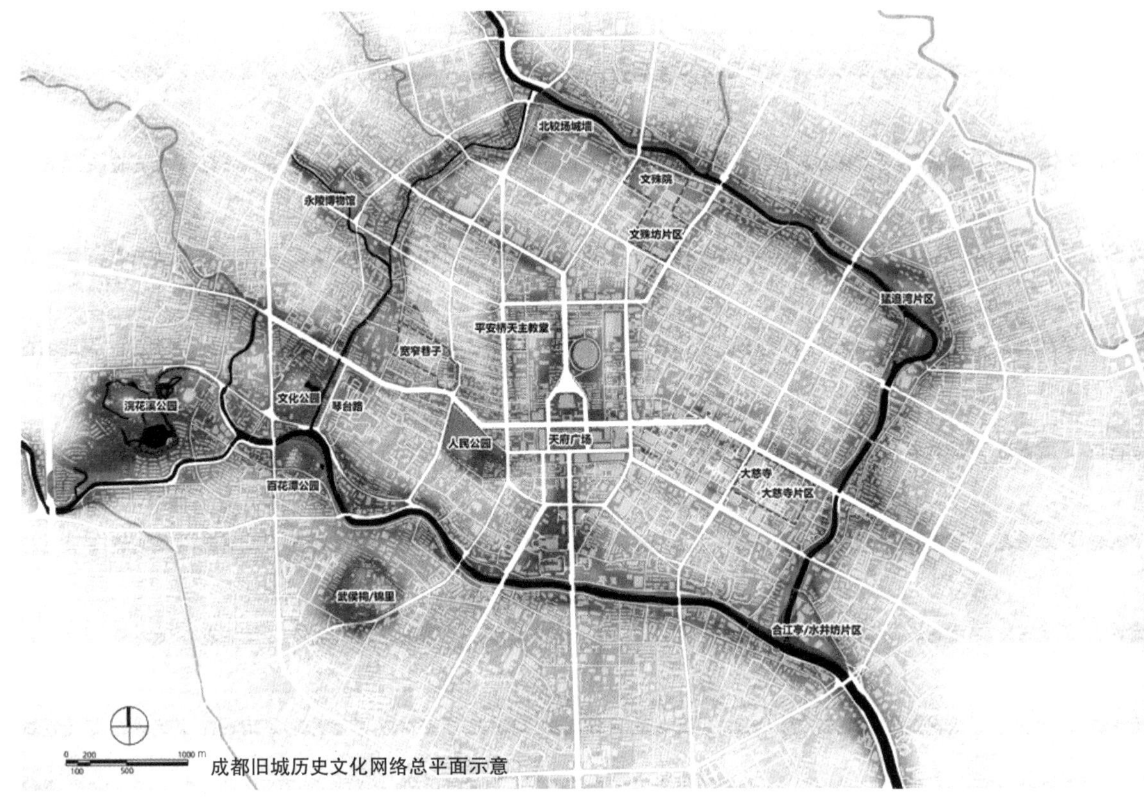

成都旧城历史文化网络总平面示意

孤岛化的历史文化街区

调研发现旧城的历史街区呈现出“孤岛化”的割裂状态。为此，在城市设计阶段，设计构建了成都旧城历史文化网络：打通环城滨水景观空间，梳理慢行系统，加强重要公共文化节点的标识性，并在连接系统中植入娱乐设施。设计团队在设计策略阶段以类型化的方式对不同类型的空间的改造进行了初步诠释，并选择了具体的城市节点具体地实践了设计策略，为未来的设计工作提供参考。

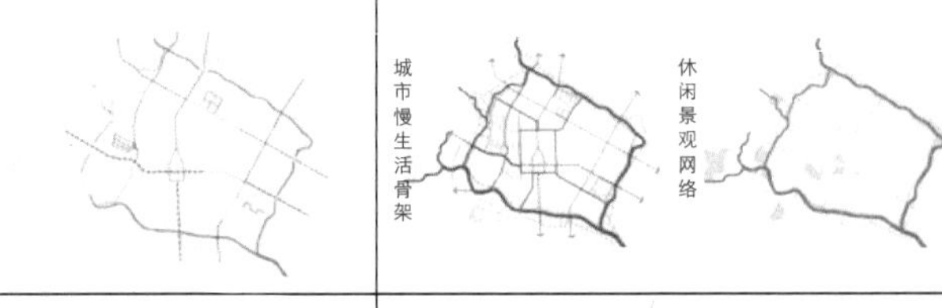

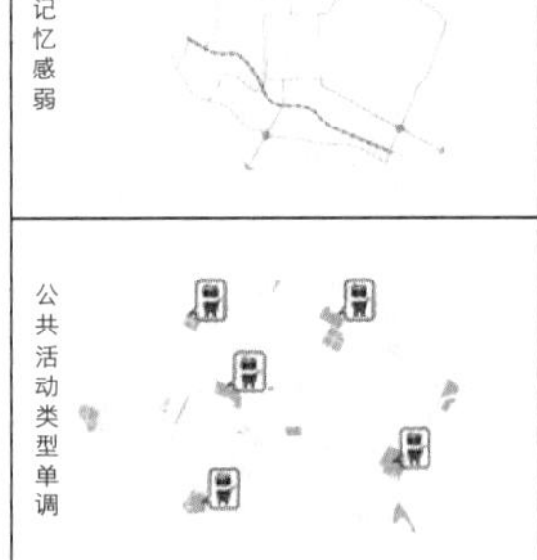

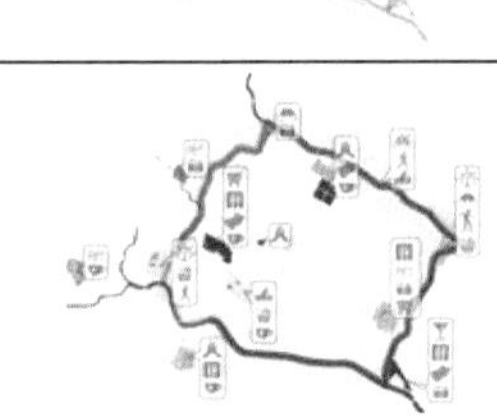

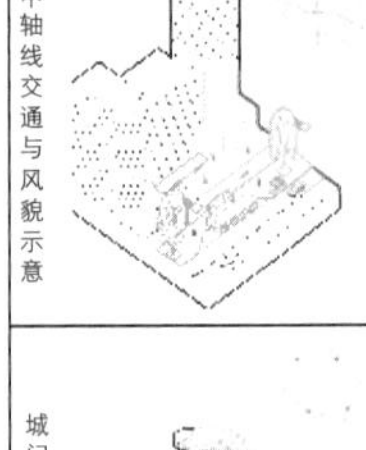

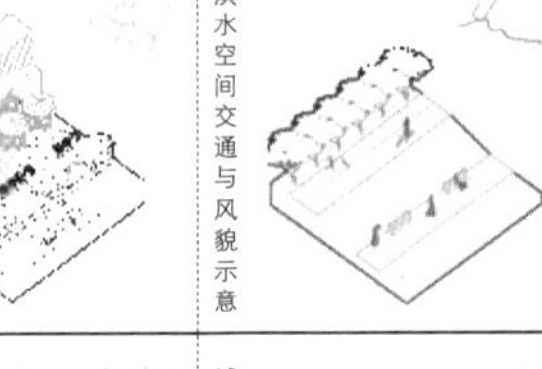

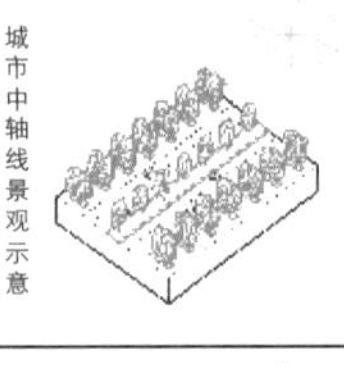

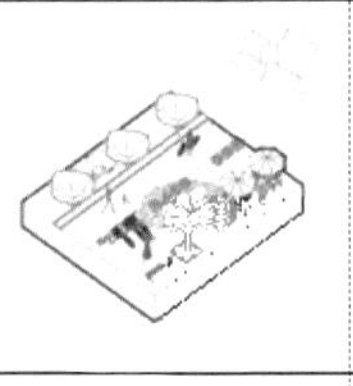

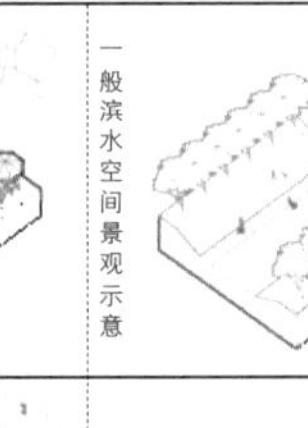

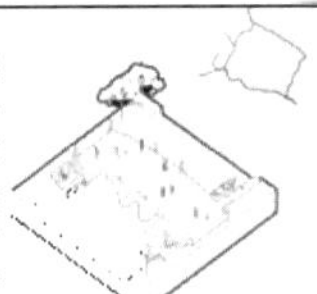

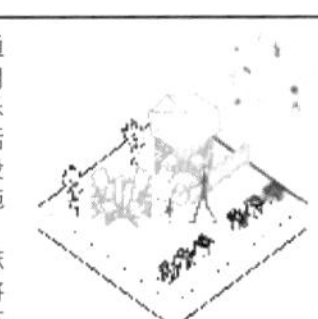

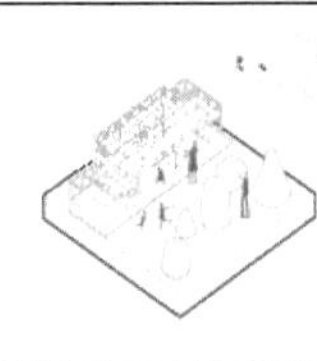

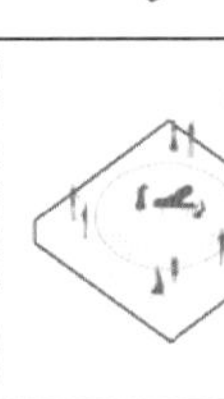

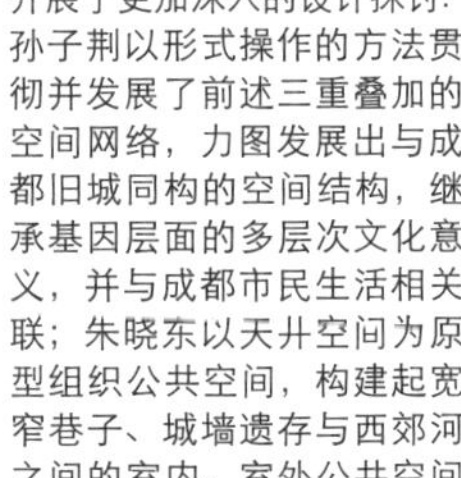

评语：

该设计的突出特点是在前期城市研究中，将视角扩大至整个成都古城尺度，基于扎实的文献与案例研究，挖掘出成都特有的三重叠加的空间网络，并试图揭示由该空间网络所生成的城市空间结构在成都文化、市民生活中的意义。基于该内在结构，小组选取了6片典型的历史遗存片区开展了城市设计，意图化解当下历史保护片区的孤岛化困境。

在建筑设计阶段，三位同学结合各自的学术关切，开展了更加深入的设计探讨：孙子荆以形式操作的方法贯彻并发展了前述三重叠加的空间网络，力图发展出与成都旧城同构的空间结构，继承基因层面的多层次文化意义，并与成都市民生活相关联；朱晓东以天井空间为原型组织公共空间，构建起宽窄巷子、城墙遗存与西郊河之间的室内、室外公共空间联系；梁淑莹也以公共空间塑造为核心，在形成高密度商业综合体的同时，也复合性地为城市居民营造出社区日常生活空间。

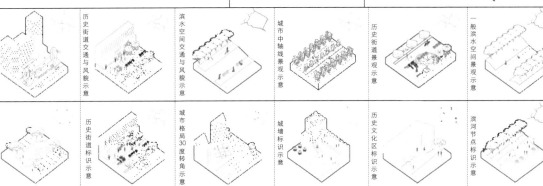

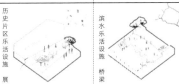

成都旧城要素评估——历史空间要素

主要内容包括古墙旧址及存段、城旧址、重要古迹及史街区、历史街道、河道、现存历史水等。

- 金水河旧址
- 城墙旧址
- 历史街道
- 次级历史节点
- 重要历史节点
- 环城水系
- 地段

都旧城要素评估——历史空间要素

主要内容为对当城市重要节点、地的功能业态等现状行调研分级。

- 当代城市轴线
- 绿地公园片区
- 次级文化片区
- 重点文化片区
- 重点商业片区
- 环水居住片区
- 水系
- 地段

成都历史场景

成都当代生活

合江亭

合江亭位于府河南河的交汇点，长久以来一直是成都城最南端的标志物。在河道两侧架设桥梁为游人提供交通的便利，连接音乐广场和水井坊艺术区，提供多个观赏合江亭公园的视角。

百花潭 — 琴台路

百花潭公园与琴台路文化公园紧邻府南河与西郊河的交汇处，是成都西侧公园区的一部分。设计在百花潭公园的河岸设置公共平台，增加游乐设施、服务功能、标志物瞭望塔。

宽窄巷子

宽窄巷子与西郊河相隔一个街区，设计旨在加强河流连接体系和宽窄巷子的联系，拓宽滨河绿化带，在室外设置公共平台，在沿河建筑内布置餐饮娱乐设施。

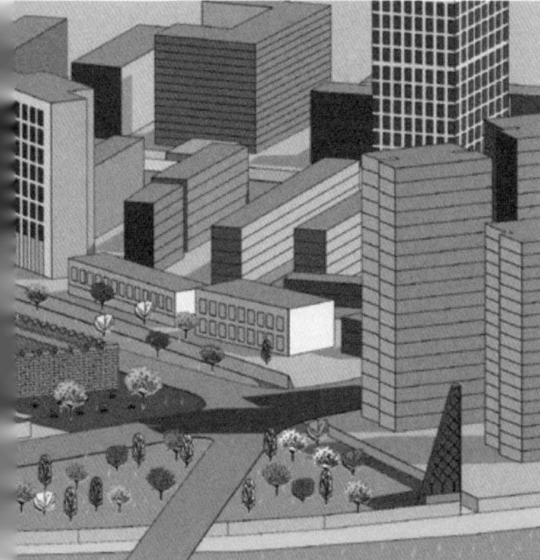

北校场城墙

北校场城墙是成都保存较为完好的一段城墙，位于西郊河与府南河的北部交汇处。设计完善城墙保护，设置遗产铭牌和线形景观；设置茶馆等服务设施；增强沿河景观设计。

猛追湾

猛追湾是府南河东部的转折点，是成都人常去的休闲娱乐地，也是四川电视塔所在地。猛追湾突出的土地未被开发，因此在这里设计广场和游乐场，符合地区的娱乐属性。

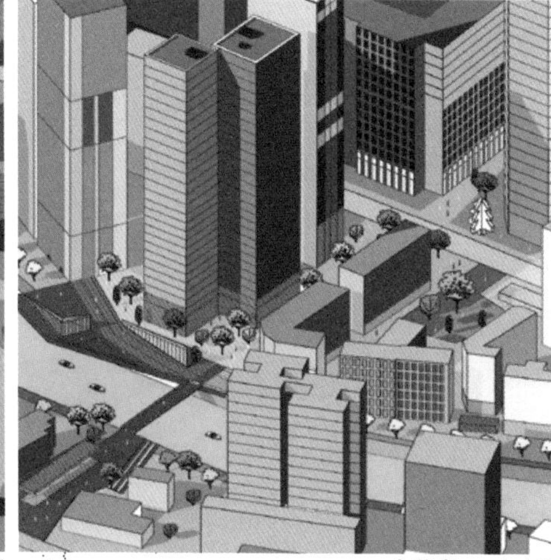

大慈寺 — 太古里

大慈寺太古里片区是成都最繁华的商业区也是成都重要的历史文化街区。设计架设桥梁，在河岸两侧加筑亲水平台和文化展馆，整合底层商业并提供文化产业发展空间。

从西郊河对岸相望——三重网格的交织与再现

三重网格：城市格局基因与精神文化根源

旧城历史文化网络的结构融合了成都独特的北偏东30°城市布局、满城鱼骨状肌理、明蜀王城（清贡院）和当代城市主干道的正南北轴网，并强化了环城水系的格局。通过对旧城历史文化网络的结构特征进一步的分析，发现成都的城市空间格局基因源于三重网格的叠加——旧城北偏东30°街坊网格、环城水系、传统正南北轴线。此外，不仅旧城的空间格局“基因”在于这三套网格的叠加组合，在精神层面上，这三套网格的意义相叠加所形成的正是成都旧城生活和精神文化的核心。北偏东30°的街坊格局历来容纳着百姓的日常，发达的水系展现出与自然的亲近，而正南北的中轴线则代表着对我国古代正统文化的传承——三者相加，正是人们印象中那个宜人舒适的“慢”成都。

孤岛化：历史与当代的割裂

宽窄巷子与街对面的住宅高楼

文殊院红墙外的住宅小区

城市主干道旁的合江亭

与住宅楼相接的北较场城墙遗址

总平面图：旧城历史文化网络的延续

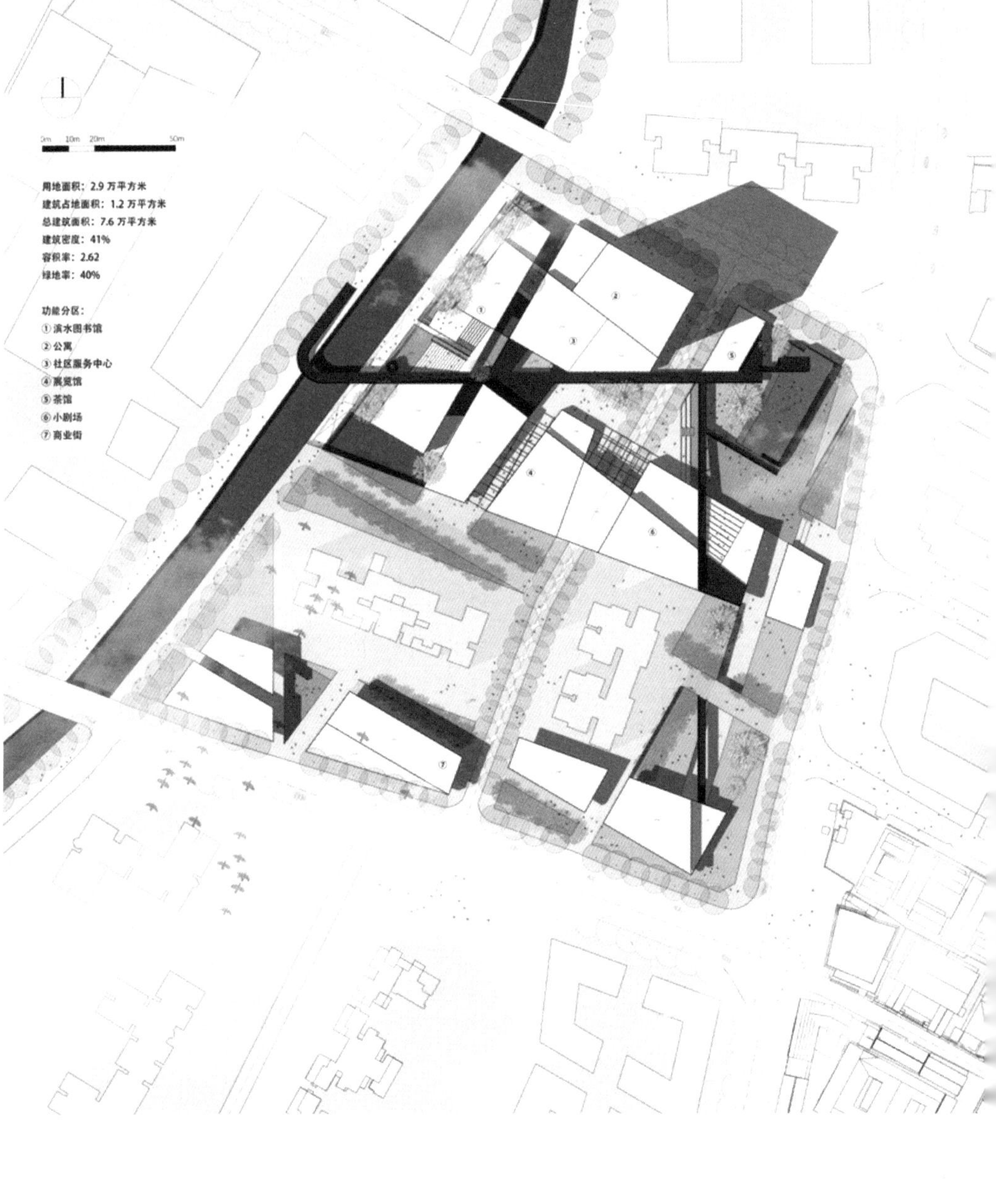

0m 10m 20m 50m

用地面积：2.9 万平方米
建筑占地面积：1.2 万平方米
总建筑面积：7.6 万平方米
建筑密度：41%
容积率：2.62
绿地率：40%

功能分区：
① 滨水图书馆
② 公寓
③ 社区服务中心
④ 展览馆
⑤ 茶馆
⑥ 小剧场
⑦ 商业街

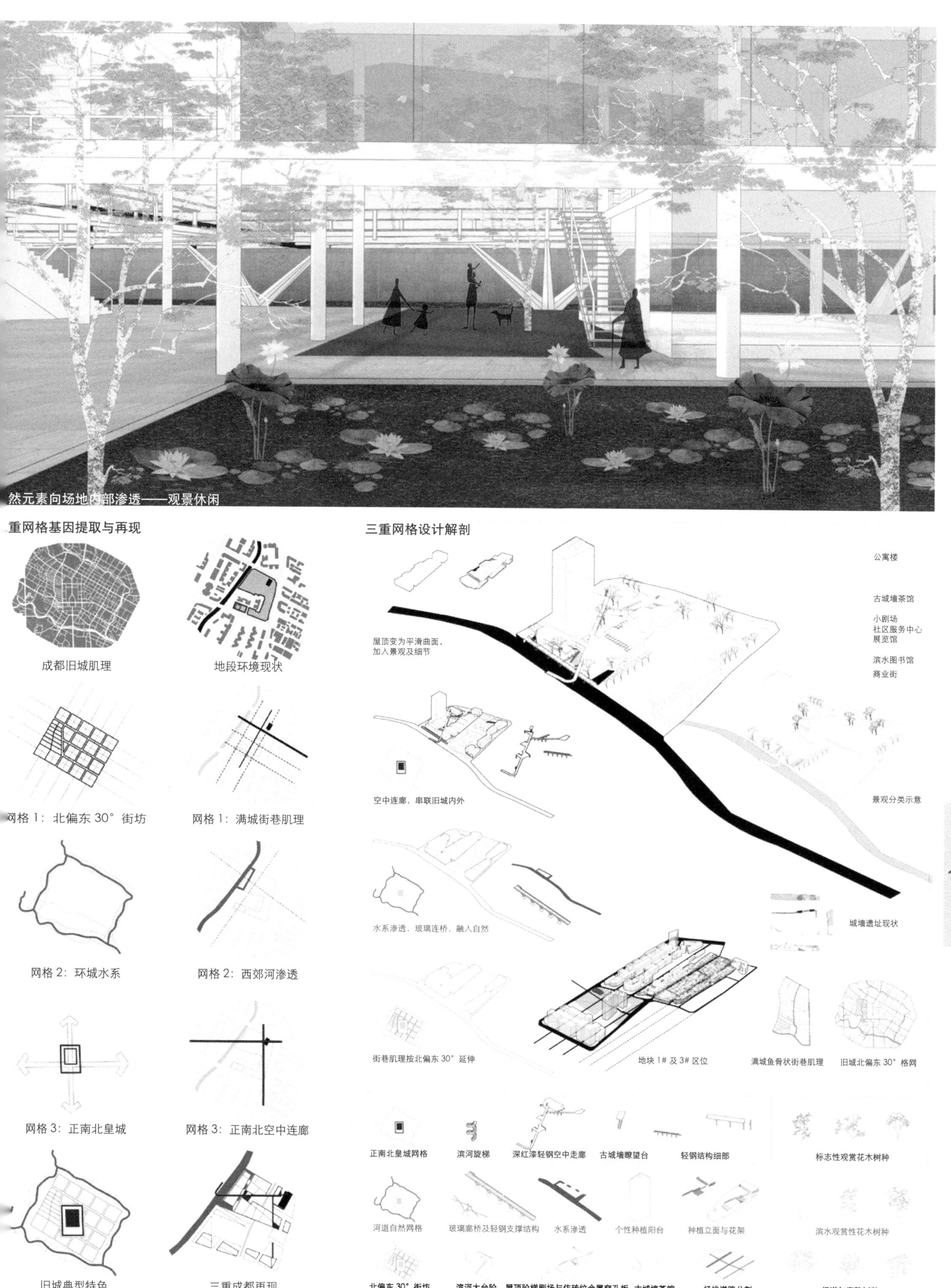
然元素向场地内部渗透——观景休闲
重网格基因提取与再现
成都旧城肌理
地段环境现状
网格 1：北偏东 30° 街坊
网格 1：满城街巷肌理
网格 2：环城水系
网格 2：西郊河渗透
网格 3：正南北皇城
网格 3：正南北空中连廊
旧城典型特色
三重成都再现
三重网格设计解剖
公寓楼
古城墙茶馆
小剧场
社区服务中心
展览馆
滨水图书馆
商业街
屋顶变为平滑曲面，
加入景观及细节
空中连廊，串联旧城内外
景观分类示意
水系渗透、玻璃连桥，融入自然
城墙遗址现状
街巷肌理按北偏东 30° 延伸
地块 1# 及 3# 区位
满城鱼骨状街巷肌理
旧城北偏东 30° 格网
正南北皇城网格
滨河旋梯
深红漆轻钢空中走廊
古城墙瞭望台
轻钢结构细部
标志性观赏花木树种
河道自然网格
玻璃廊桥及轻钢支撑结构
水系渗透
个性种植阳台
种植立面与花架
滨水观赏性花木树种
北偏东 30° 街坊
滨河大台阶
屋顶阶梯剧场与仿砖纹金属穿孔板
古城墙茶馆
场地道路分割
行道与庭院树种

红色空中连廊与室外阶梯——聚会游乐

网络－连接－生活

场地内再现出三重网格的基础上，成都人的生活也需植根其中。成都的街头文化，其根源上是一种“自发性”的文化。它们诞生在街头或是茶馆这类缺乏规范管理且人员丰富的地方，原因就是运营成本低、回报效率高；而它们之所以能够在成都繁荣至今，最重要的原因便是成都人的“慢生活”习惯——茶和火锅并不是真正的重点，享受生活才是。成都人的生活，不论是坐在树荫下的茶馆里打盹，去闹市里的火锅店大快朵颐，还是在深夜安静的书屋里静心思考，都具有很强的图景感；成都人喜爱的空间，也应当像悠闲的成都人一样，不论是何种功能，都是有趣的，舒适的，令人放松的空间——这种空间能够给人以充分的自由，让他们“慢”下来，并自己寻找最“巴适”的方式去体验。回到地段内，不论是滨水的社区图书馆，还是古城墙脚下的茶馆，在深化设计时，都应当在延续三重网格的基础上，配合周边宜人的环境，给予居民充足的自由活动空间。而滨水社区图书馆处在三重网格最直接的交织点上，因此被选为重点细化部分。

少城街巷烟火

TOD 城市生活

古城墙茶会

西郊河漫步

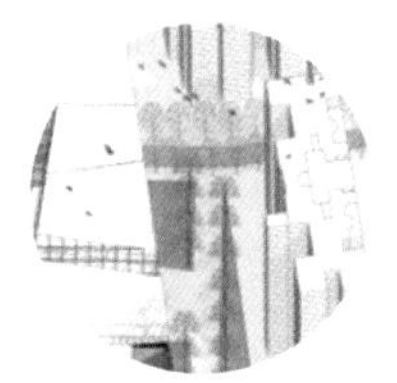

和睦的社区关系

充足的开放空间

场地鸟瞰

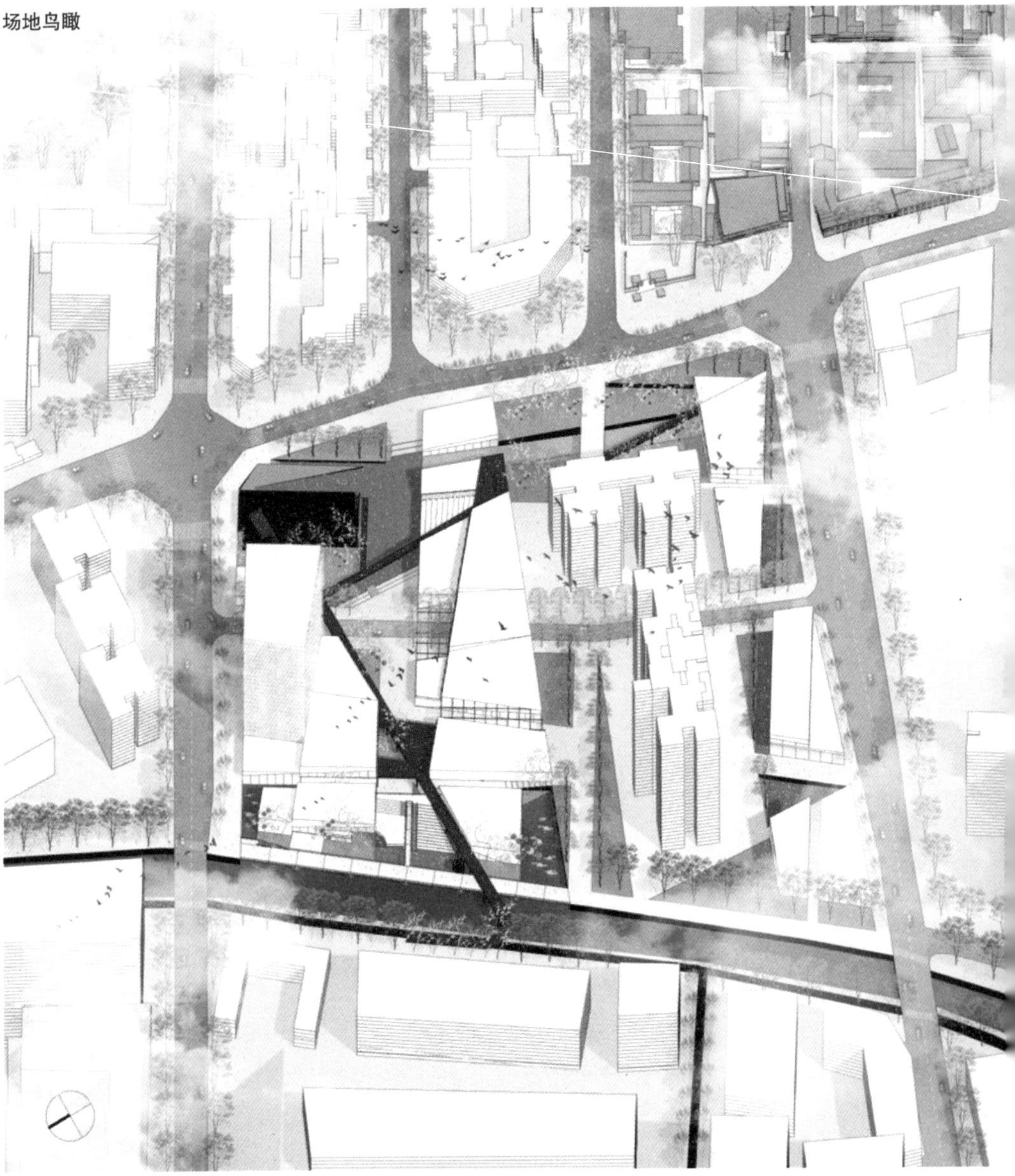

格叠加错动生成灰空间——自由阅览

重网格交点：滨水社区图书馆

承接场地的基本网格，图书馆被北偏东 30° 主轴线切分为南馆和北馆两部分。被切开的中间部分是主轴与河道之间的重要连接点，同时又与地段中正东西向连廊相接，三重网格汇聚于此，因此设计为面向西郊的室外大台阶和观景平台，作为滨水图书馆的标志性空间。观景平台和阶梯的下表面呼应屋顶做法，采用滑曲面掏挖，生成独特的灰空间。同时，观景平台的曲面也延续到北馆室内，成为儿童馆的曲面楼板，提趣味性的乐活阅览空间。图书馆整体采用框架结构，玻璃幕墙的走向遵循场地网格的叠加推演，柱网和楼梯核心筒则一律遵循北偏东 30° 的格网，在矛盾中突显旧城的特征性城市网格。

图书馆的首层充分延续了地段中多重网格的叠加和切分，形成充足的室外亲水活动空间，室外空间中绿化布局也充分考虑对场地整体网格的延续和室内外空间的相互渗透。首层最北部为社区公共多功能活动室，供个人或组织举办活动使用；活动室南边为被绿地包围的茶室 / 咖啡厅，绿地顺着北偏东 30° 的主轴线渗包围到茶室南侧，并有室外楼梯可供登上曲面屋顶下的二层室外休闲平台。南馆的首层则为公共大厅，其包括服务台、活动室、面水的条形公共自习桌等。在二层，南北两侧均为普通阅览或自习空间，中间以室走廊相连。其中北馆设有研讨间。与柱网相同，长条书架一律顺应北偏东 30° 的走向布置，进一步强调场的基础网格。在三层，北馆为儿童阅览活动空间，曲面楼板与室外平台平滑相接，书架仍顺应北偏东 30° 网，但其体量更小，分布更为随机，以生成可供儿童“捉迷藏”的趣味空间。南馆则为报告厅，报告厅的形适应网格叠加所生成的钻石形空间，亦是这一场地所独具的特色。

首层平面图　　三层平面图

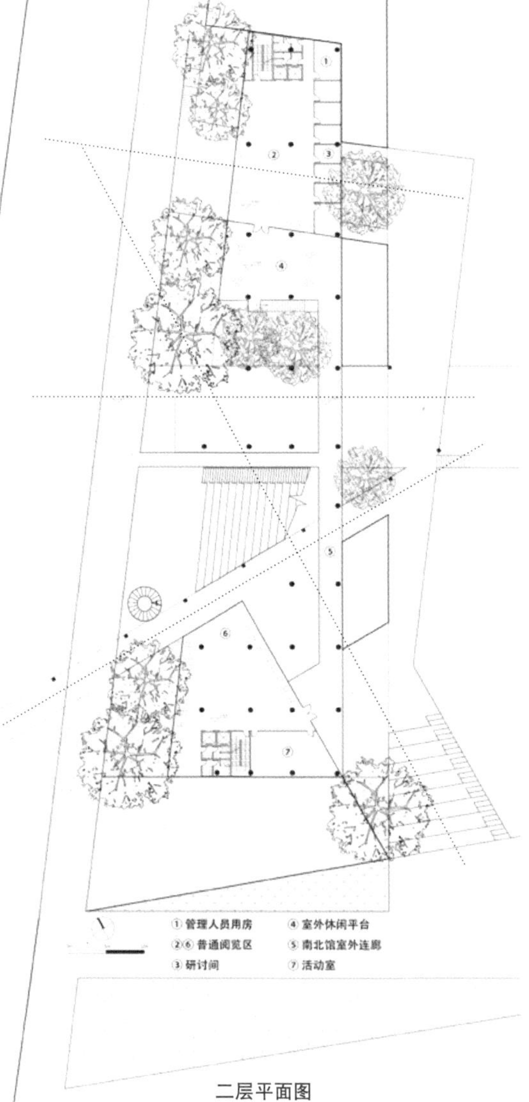

二层平面图

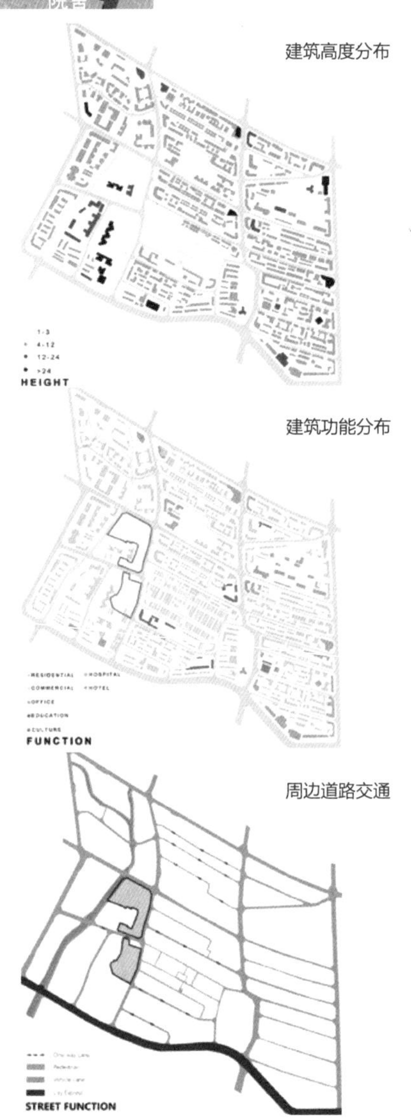

鸟瞰图

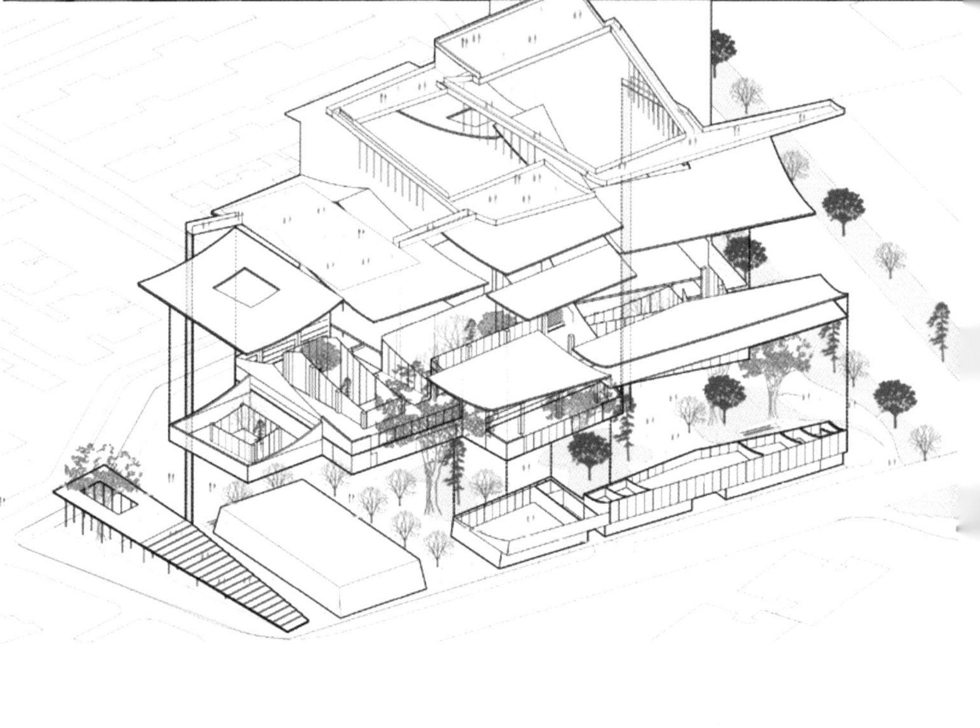

成都是中国历史文化名城，宽窄巷子则是成都传统城市肌理和建筑群落的重要组成部分，然而现状下包括宽窄巷子在内，成都旧城内诸多历史文化片区呈现孤岛化的局面。本设计研究通过历史景观网络方法，试图建立成都旧城历史文化节点的文化地标网络，完善居民和游客的城市空间认知。城市设计层面，设计者依托成都旧城的环城水系，通过景观系统、交通系统和服务设施的改造和完善建立成都历史景观网络，提高各历史文化节点的可达性、标识性和功能性。建筑设计层面，设计者在对宽窄巷子的建筑形式和院落空间特点，以及川西民居的空间特征进行研究梳理后，选取了院落空间、檐下空间、穿斗结构等川西民居特色作为宽窄巷子二期的设计要素，在场地内设计包括酒店、办公、餐饮、文化设施在内的城市综合体。并基于城市设计中的历史景观网络方法对综合体内的城市公共空间进行设计，使其成为宽窄巷子介入成都文化地标网络的重要节点。

技术指标中，场地面积 41013m^2，建筑面积 114582m^2。其中办公 69000m^2，商业 1626m^2，餐饮 8562m^2，酒店 17100m^2，美术馆 10986m^2，容积率 2.79。

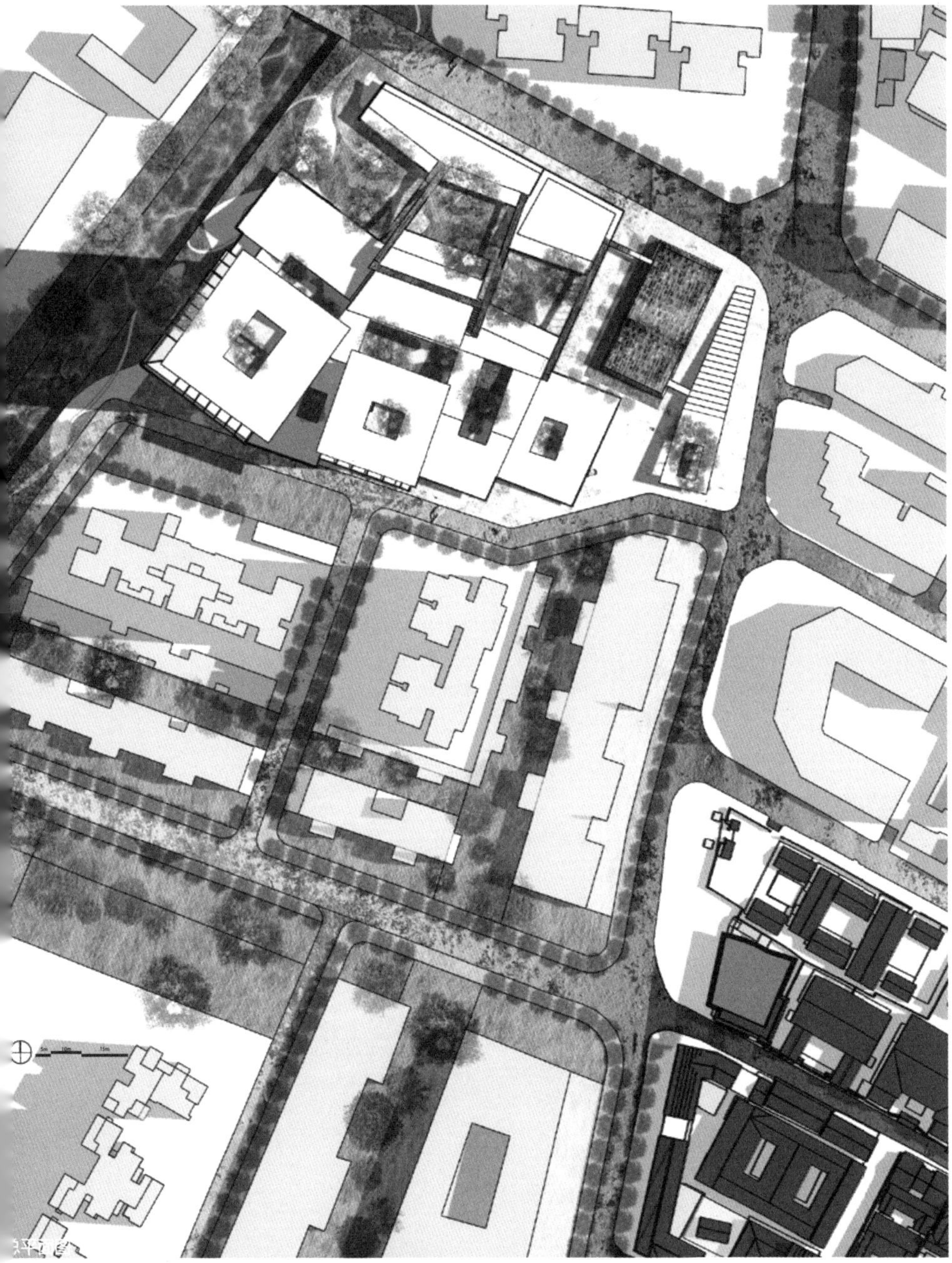

平面图

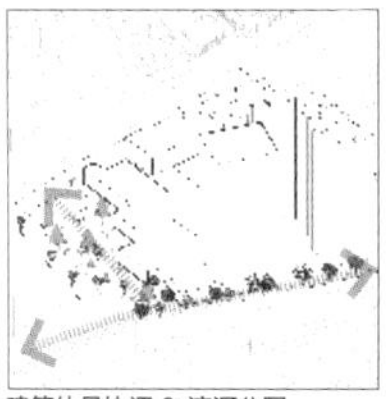

建筑体量协调 & 滨河公园

车辆流线

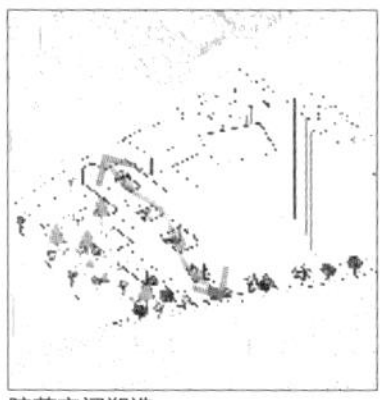

院落空间塑造

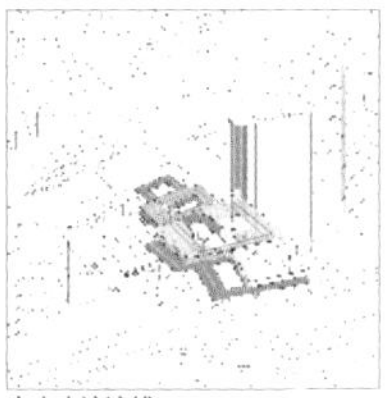

室内人流流线

围合空间 & 塑造街道剖面

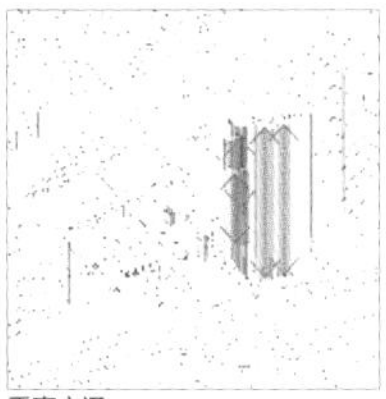

垂直交通

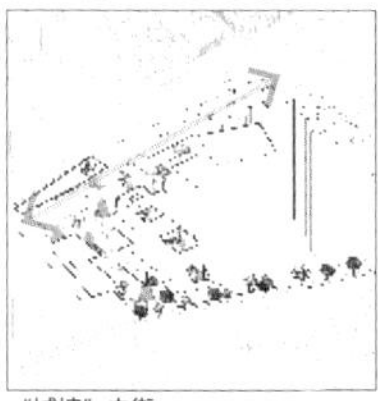

"城墙"内街

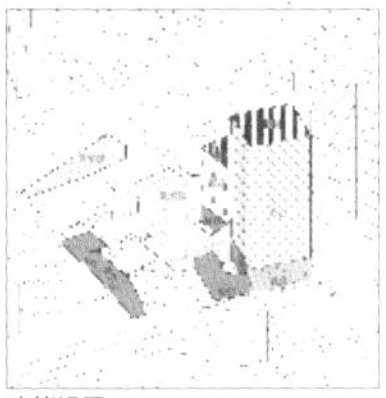

功能设置

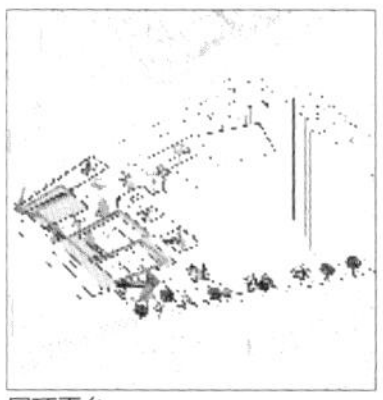

屋顶平台

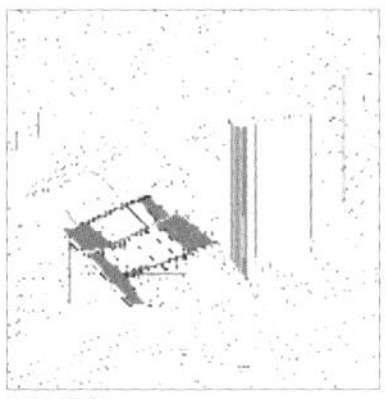

屋顶平台

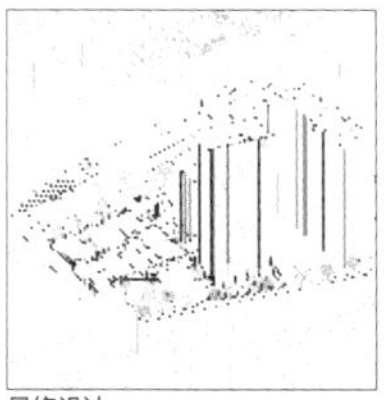

最终设计

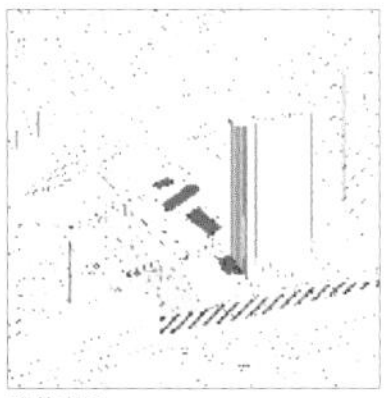

院落空间

顶平台透视

通过室外院落空间和室内的庭院空间串联起建筑内外从西向东的两条流线，串联起西郊河历史景观带和城墙遗址，并通过城墙遗址南部的内街经过轴线，构建起西郊河与宽窄巷子的公共空间连接体系。在实现城市设计的目标的同时，通过多层次的空间设计和联系多个庭院的视线通廊，使得综合体内有人景中行的空间体验。承接旧城功能转移和成都画院文化基因，打造集酒店，美术馆，办公楼，餐饮，商业等多功能高品质的宽窄巷子二期建筑集群。

剖面图 A-A

剖面图 B-B

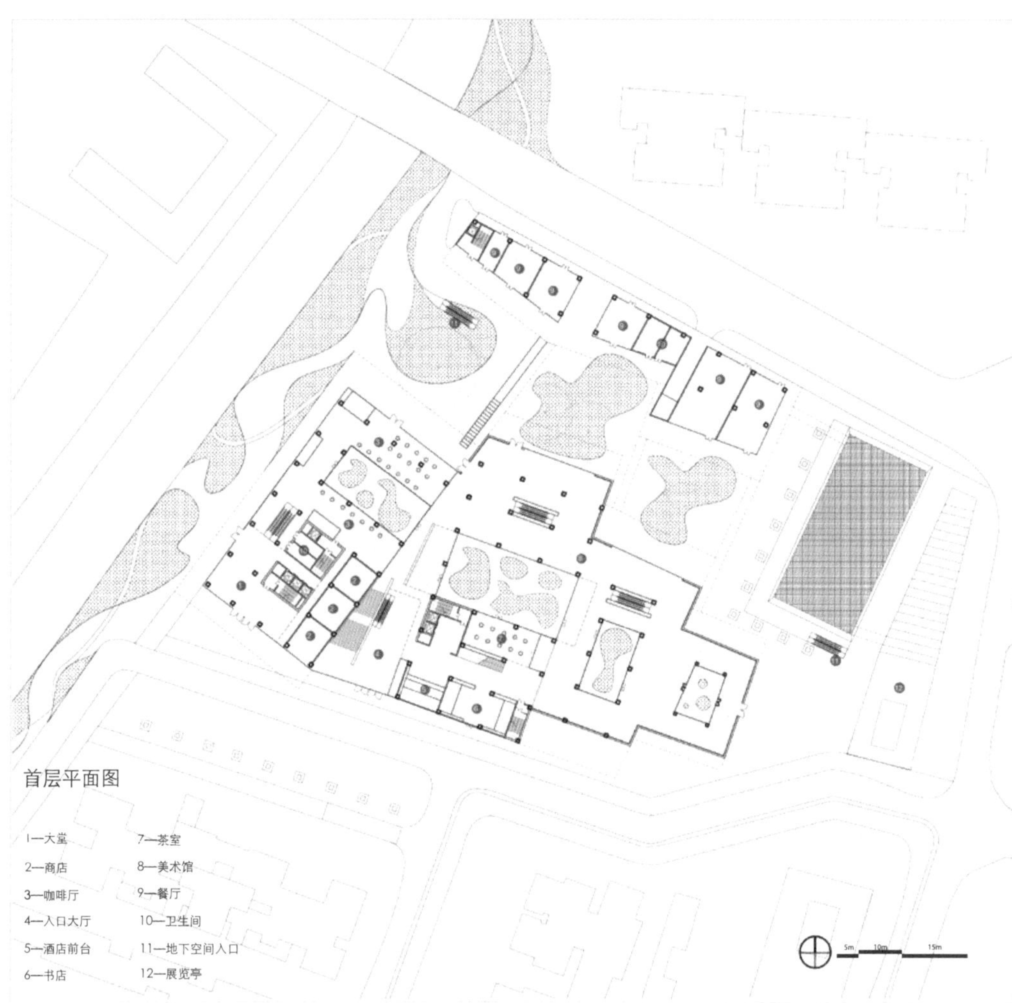

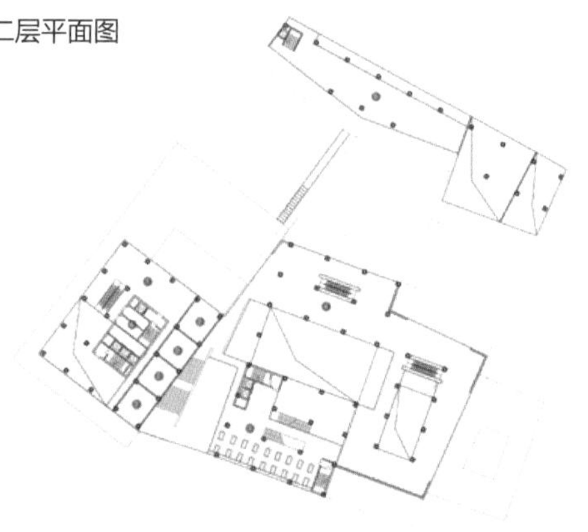
二层平面图

1— 大堂　2— 商店　3— 西餐厅　4— 美术馆
5— 室外平台　6— 卫生间

三层平面图

1— 办公　2— 卫生间　3— 门厅　4— 室外花园
5— 后勤　6— 厨房　7— 宴会厅　8— 美术馆
9— 室外平台

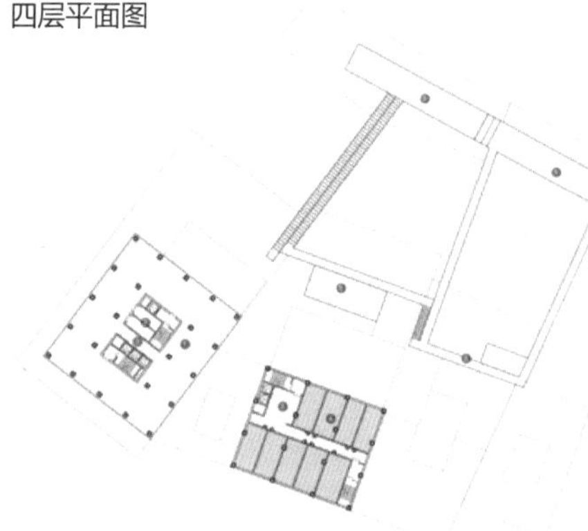
四层平面图

1— 办公　2— 卫生间　3— 门厅　4— 套房
5— 室外平台

楔形入口空间透视

室外院落透视

术馆入口空间透视

岸景观鸟瞰图

影入口空间透视

“宽窄”既代表着宽窄巷子，同时也是表示尺度的对比，在基于城市设计的历史文化网络框架上进行宽窄巷子二期设计，建筑设计核心概念为激发城市活力，本项目将以公共空间营造为主要设计内容，通过置入不同尺度的公共空间来给使用者带来不同的空间体验。“之间”则是说明项目是一个城市肌理及城市功能上的过渡空间，设计既对肌理进行了修补，亦对居住和商业的功能进行了渗透，在功能上，项目将定位为集文创商业、居民市政设施及展览馆等文化设施功能为一体的城市综合体设计。

形态生成

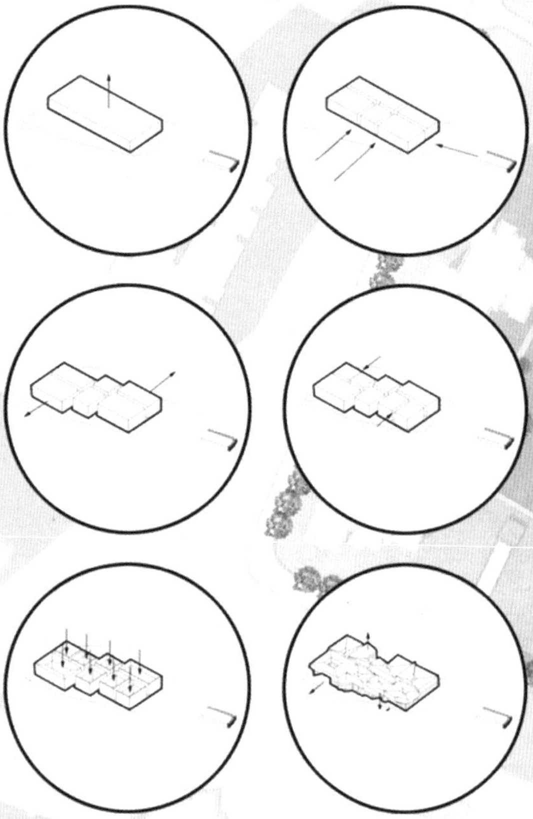

总平面图

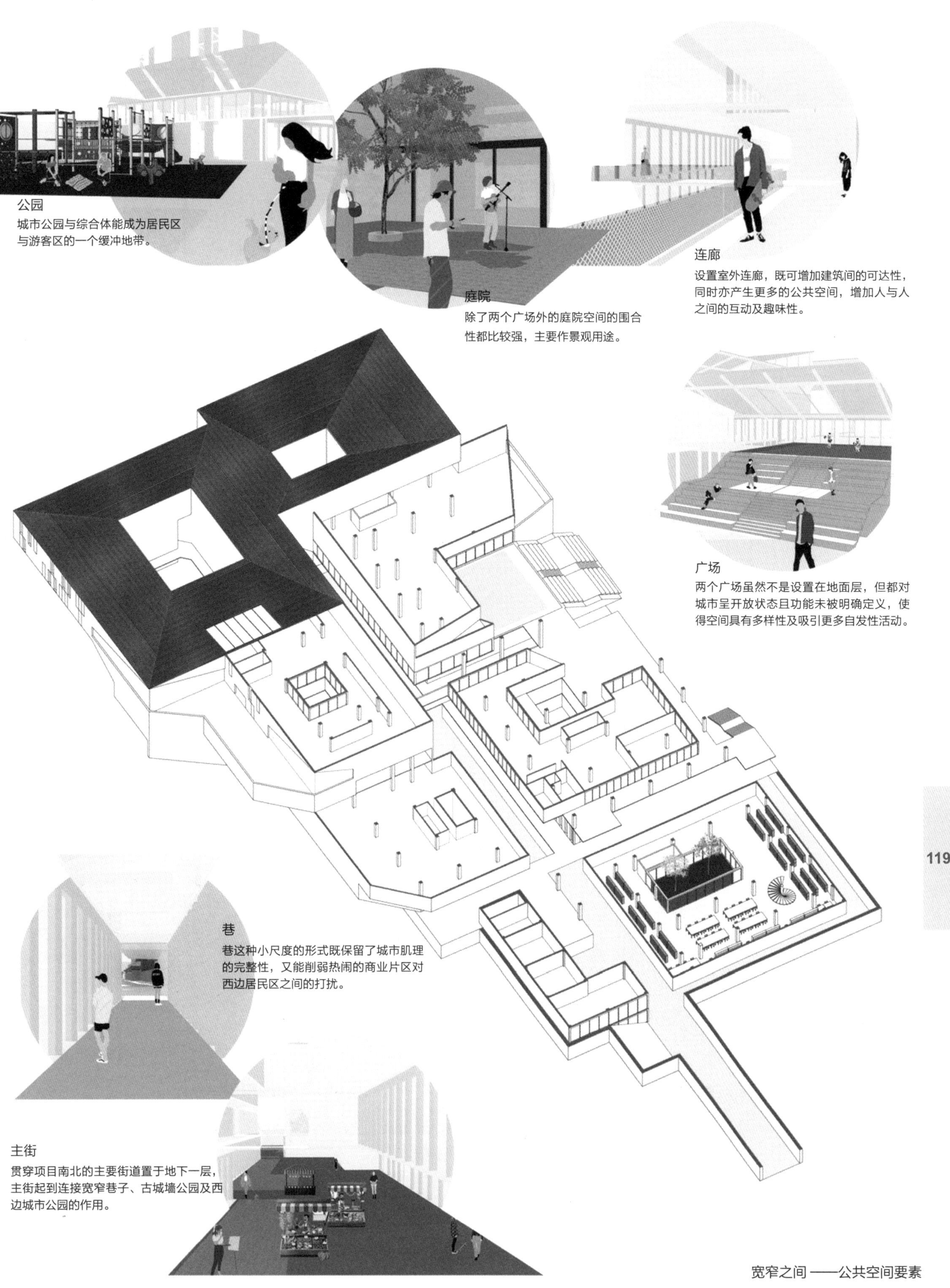
公园
城市公园与综合体能成为居民区与游客区的一个缓冲地带。
庭院
除了两个广场外的庭院空间的围合性都比较强，主要作景观用途。
连廊
设置室外连廊，既可增加建筑间的可达性，同时亦产生更多的公共空间，增加人与人之间的互动及趣味性。
广场
两个广场虽然不是设置在地面层，但都对城市呈开放状态且功能未被明确定义，使得空间具有多样性及吸引更多自发性活动。
巷
巷这种小尺度的形式既保留了城市肌理的完整性，又能削弱热闹的商业片区对西边居民区之间的打扰。
主街
贯穿项目南北的主要街道置于地下一层，主街起到连接宽窄巷子、古城墙公园及西边城市公园的作用。

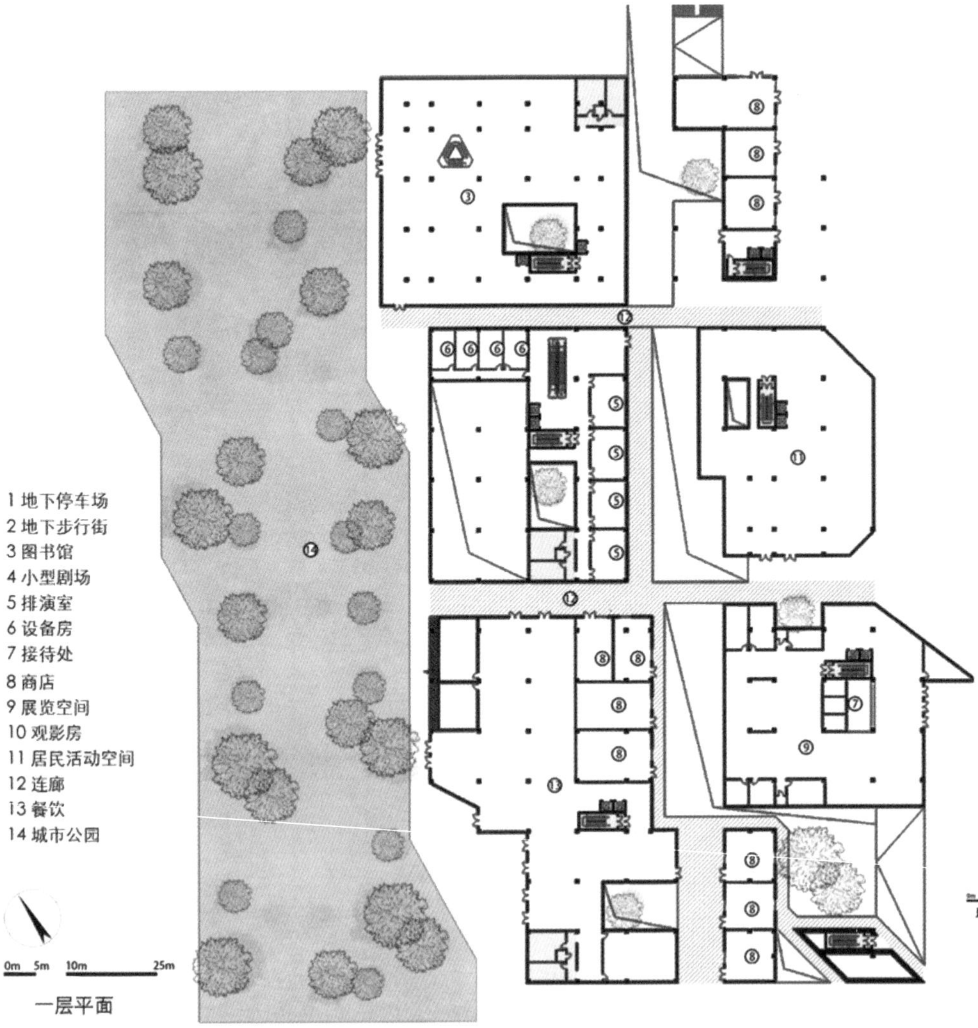

1 地下停车场
2 地下步行街
3 图书馆
4 小型剧场
5 排演室
6 设备房
7 接待处
8 商店
9 展览空间
10 观影房
11 居民活动空间
12 连廊
13 餐饮
14 城市公园

一层平面

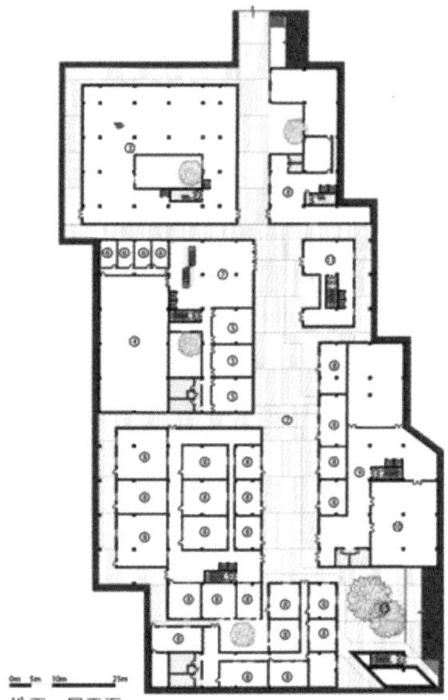

地下一层平面

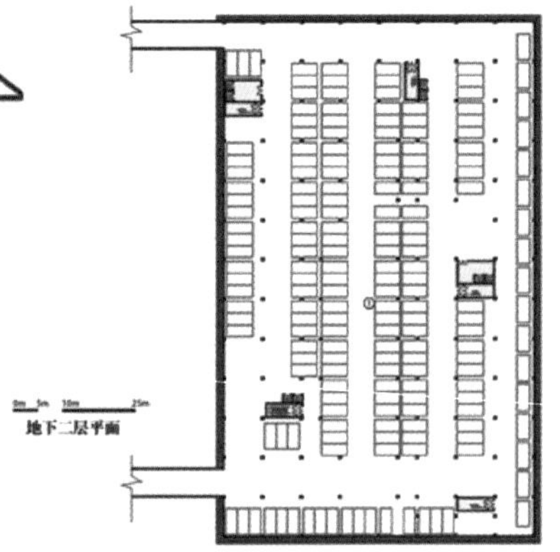

地下二层平面

城市公园及广场

经济技术指标
用地面积15861m²
建筑面积10406m²
总建筑面积40400m²
容积率3.88
绿化率0.1
车位数量192

西立面

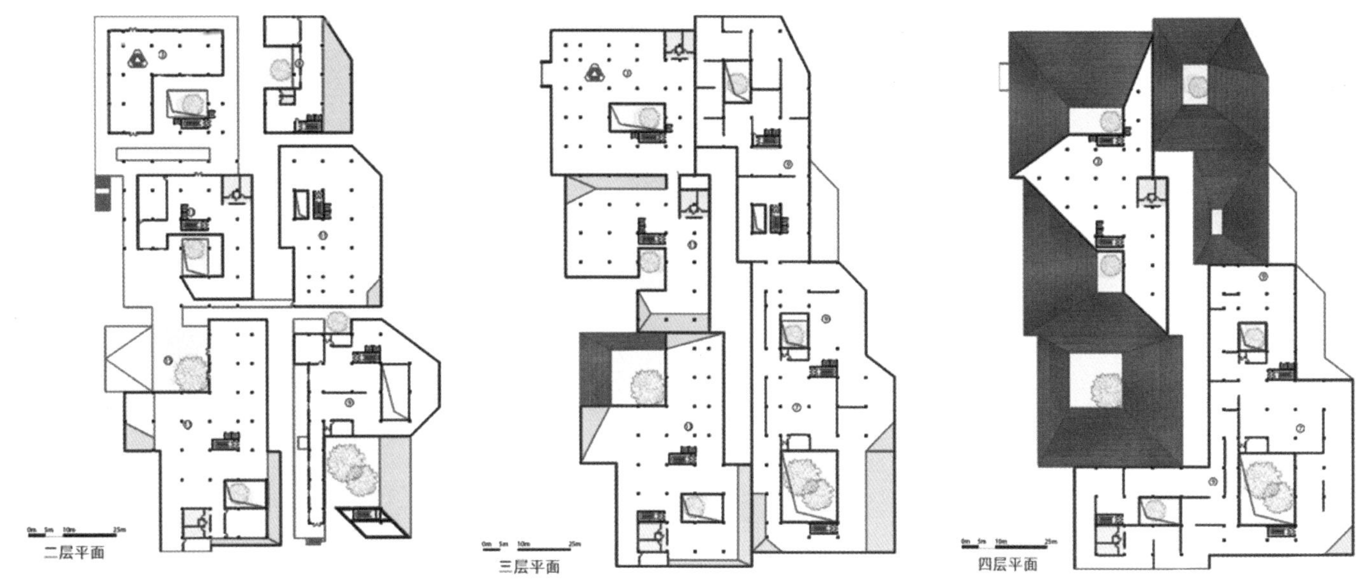

主街

展览馆入口

连廊空间

图书馆

北边入口

0m 5m 10m 25m

东立面

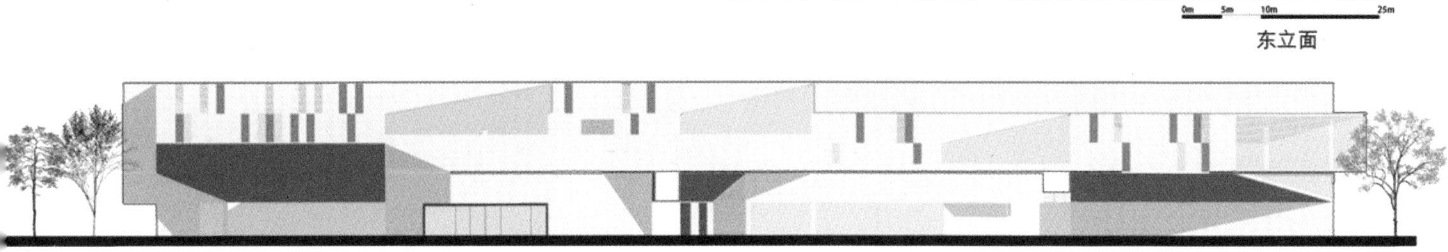

城市连接网
TP-LINK：Traditional-Present-Link

清华大学
设计：潘徽音 / 孙馨桐
指导：韩孟臻

成都历代典型城市空间格局图

由日照条件渐渐形成斜向城市肌理

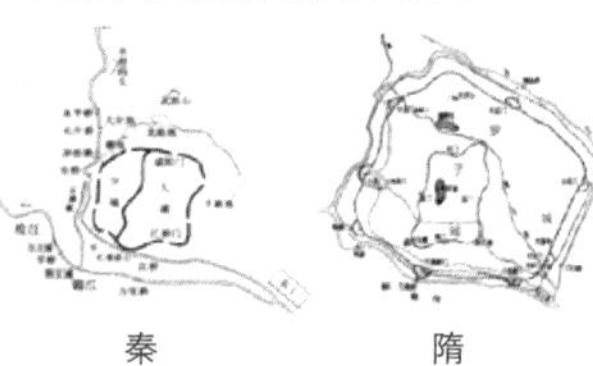

秦　隋　唐　清

少城肌理特点

鱼骨状结构为居住和军事功能提供便利

鱼骨状结构
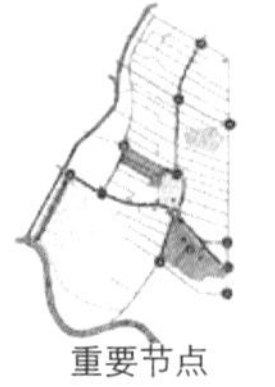
重要节点
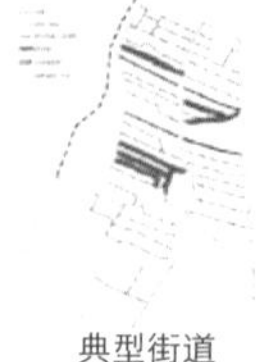
典型街道

问题起源

沿西郊河的街区由河道、城市道路划分出几种不同的街区，它们的肌理有着各自明显的特点。东侧的老城区的房屋形成回字形肌理，西侧新城区房屋则是典型的板楼排列肌理，而沿河地块的房屋相比较东西两边城区则不规则许多，为高楼围合型的肌理。

城市范围场地分析

区位分析

观察范围：由一环路、西大街、东城根街、蜀都大道围合
设计范围：沿河地块

景观分析

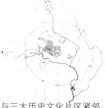

西郊河为成都市绿道体系“锦江绿道”上重要的部分，现已完成施工：整治河道、优化步道

历史文化区位

与三大历史文化片区紧邻，城市文化气息浓厚

用地分析

居住为主要功能
商业集中在城中心＋沿西北东南城市两翼规划带

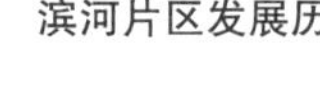

外城区排列型肌理

新城区土地利用最大化的典型住区规划

沿河地块高楼围合型肌理

沿河地块随工业开发与整治——较为杂乱

少城区回字形肌理

老城区的居住和军事属性——鱼骨状＋回字形

业态分析　公园、学校突出　过渡属性　商业突出

交通分析　块状街区，内部可达性低，街区私密性高　块状街区，南北通达性较差，过渡属性　条状街区，可达性高，易产生丰富生活

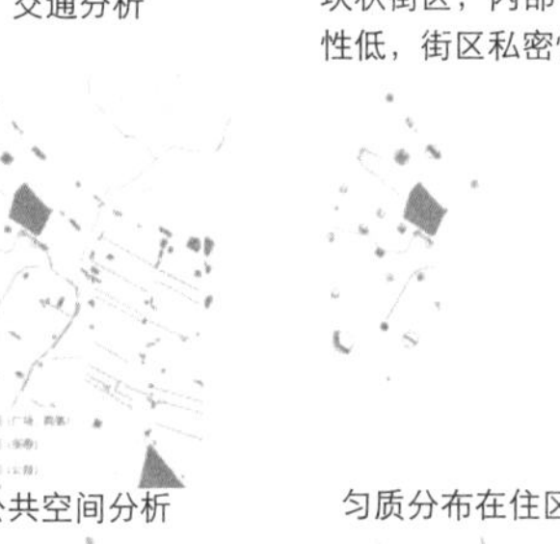

公共空间分析　匀质分布在住区中　过渡属性　商业突出

绿化景观分析　树木匀质分布在楼间　水系＋沿河绿带＋大面积绿地　树木分布在街区边界

滨河片区发展历程

从西郊河的变迁过程梳理中发现，人们与西郊河的联系自从20世纪90年代以后就断裂了，并且不同街区的人们也仿佛有了一河之隔，住在不同街区的居民之间的互动也变少了。因此，原汁原味的市井生活也被这河道与街道带来的隔阂打碎了

河道　城市

清代

西郊河除了护城河的作用，河上游乐、贸易功能发达

支流众多　城墙内居住比例高

20世纪40至50年代

田野上居住的居民与河关系密切，抓鱼、抓螃蟹等等童年回忆不胜枚举

支流众多　城墙外分布大片田地，建筑以草房为主

20世纪70至80年代

人们渐渐开始利用河道工业排污，直到1981年的大洪水赶走了周围的居民和工厂

支流减少，干流堵塞　沿河两岸开始兴建工厂，违章建筑越来越多

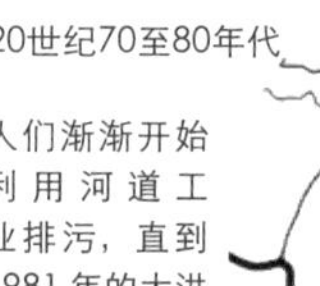

20世纪90年代后

西郊河的记忆从此断裂

河道疏通，形成饮马河—西郊河贯通体系　河道整治，沿河建筑渐渐与两边的街区形成不同的肌理

评语：

在前期城市研究中，两位同学敏锐地发现了基地周边三种不同城市肌理并存：东侧的少城古城肌理，西侧的新城市肌理，以及夹在两者之间，伴随着西郊河变迁的城市肌理。经历史研究与调研分析，三种空间肌理的成因与其所对应的城市空间所面临的困境逐渐清晰。城市设计以“连而不同”为设计策略，借助滨河型与街道型两类公共空间的梳理，在保持各城市片区独特空间结构的同时，解决其各自的问题；并将前述三种城市肌理切面并置展现于城市公共空间之中，在对比之中彰显出其各自的价值。针对北部地块，潘徽音在高密度的城市综合体建筑中，插入了立体而多层次的公共空间系统，联系起滨河空间与少城，为市民提供了丰富的日常生活空间载体；针对南部地块，孙馨桐的商业街区设计，将正对宽窄巷子入口的街道空间转变为与城市生活紧密互动的公共空间，方案对街道型公共空间设计原型的讨论富有学术创新性。

解决策略

如何解决“断裂”成为了复兴这一大片地区市井生活的关键所在。所以建立一个“城市连接网”（或可称其为 TP-Link: Traditional-Present-Link）就是西郊河滨水街区市井生活复兴的主要策略。具体解释为，利用现有河道与街道形成的骨架，将三种肌理的街区连接在一起。

其中，这种连接定义为“连而不同”的。它不同于一般对于连接的定义，不是一种模糊界限、泯灭特征的鲁莽的连接。而是基于对城市发展过程的尊重，认为每个时期的市井生活特征都有其保留的价值，所以这种连接是基于解决各街区问题、强化各街区特征的手法。

设计通过建立横纵相交的公共空间体系，使之成为连接各街区生活的连接网。城市设计层面将从横向与纵向两个体系分别进行连接设计。纵向从河道出发，将滨河空间与周边街区的公共空间节点连接起来，解决老住区缺少过渡空间的问题，同时满足新住区居民对多功能空间的需求。横向从街道出发，以实业街与西安中路一巷为例，分别定位为历史风貌街区和商业步行街区，将街道分区分段进行特色打造，重新定义功能分区。

改造节点分布图

三横一纵公共空间骨架建立

景观更新策略

选择主要景观带进行打造，引向中心河道绿带，形成横向与纵向交织的景观网络

公共空间活动分层

利用现有骨架，将三种肌理的街区联系在一起，复兴西郊河周围街区居民的市井生活，延续对西郊河的记忆

纵向河道节点更新

平面节点设计：河道与相邻不同类型街区的因地制宜的连接。将连接类型分为：①与西侧新居民区连接节点，②与东侧老居民区连接节点，③④河岸连接节点，⑤沿河步道，以此来适应不同街区空间的不同需求。其中，河道与新老居民区连接的节点（即①②）进行了进一步的设计。

立体空间设计：新居民区的人群丰富，要求多样，于是与新居民区连接的公共空间中加入复合功能空间，如路口的阅读休息亭（Ⅰ）、十字路口的复合功能广场（Ⅱ）、临河的亲水商业广场（Ⅲ）。老居民区的空间紧凑，于是与老居民区连接的公共空间加入了过渡空间与集体活动的大空间，如河岸设计成了简单空旷的大广场（Ⅳ）、社区路口放置了休息凉亭（Ⅴ）。

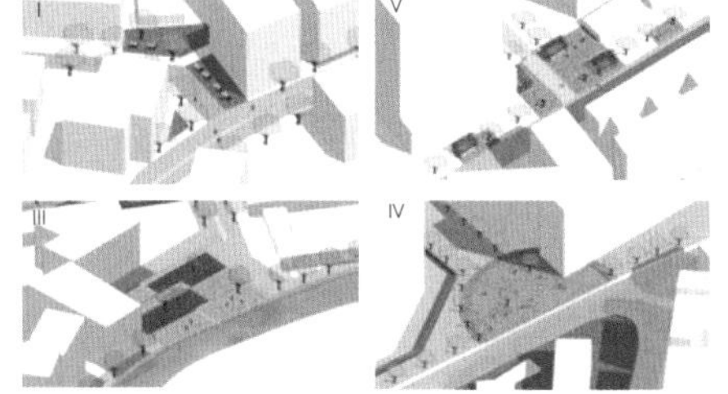

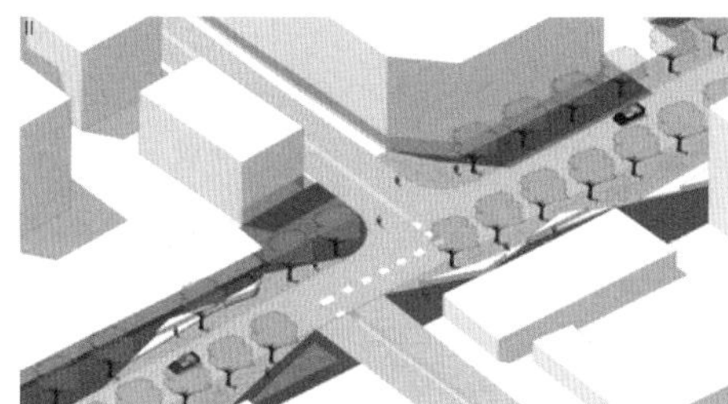

横向街道改造：分段规划 强化特色 过渡连接

⑥西安中路一巷改造：文化商业街

生活服务 餐饮 交通 人流疏散 餐饮 / 体验

1 新城区 2 沿河多层区 3 沿河高层区 4 待建区 5 旧城区

日常交往 休闲散步 喝茶打牌 滨河观景 民风体验 文化消费 表演活动 游客疏散

⑦实业街改造：历史风貌街

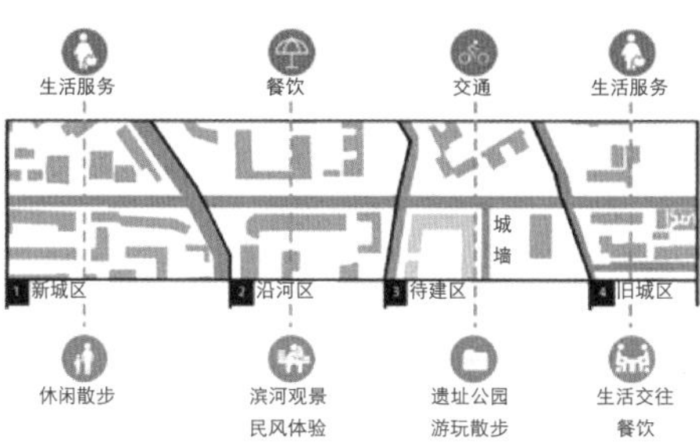

成为河道与周围街区的过渡花园

宽窄巷子二期建筑设计之一
——城与河之间的立体家园

西郊河在成都市老城区的城市发展中占据重要的历史地位，而随时间推移，西郊河渐渐失去其在城市中的纽带作用，滨河街区原汁原味的市井生活逐渐没落。因此激活西郊河的氛围，复兴成都市井生活成为进一步建设老城区的焦点。

设计试图通过多元立体的公共空间营造，将河道与滨河街区连接起来，达到复兴市井生活的目的。同时结合成都传统民居中的空间特点，将新公共空间与传统的天井空间结合起来，发扬地域特色。

总用地面积：2.5 万m^2
绿地率：32%
建设控制区容积率：0.5
非建设控制区容积率：2.5
建筑面积：3.9 万m^2
建筑密度：24%

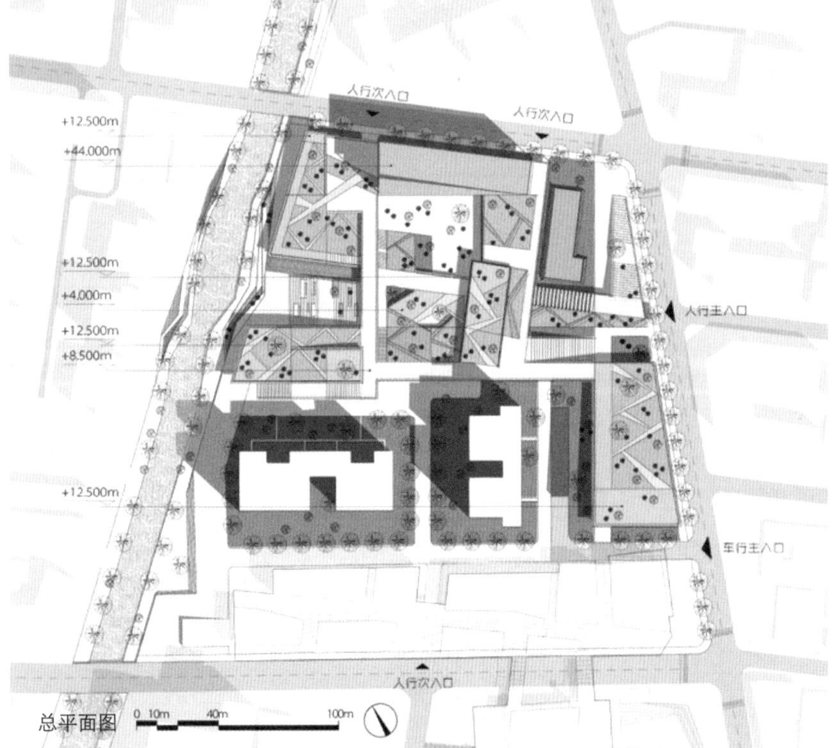

总平面图

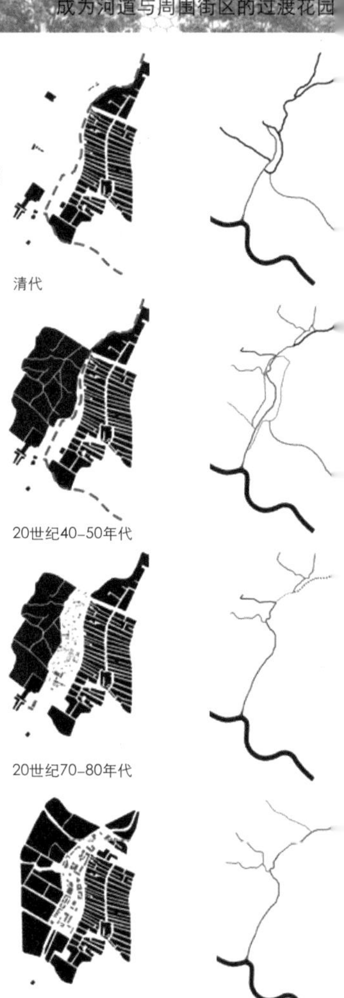

清代

20世纪40-50年代

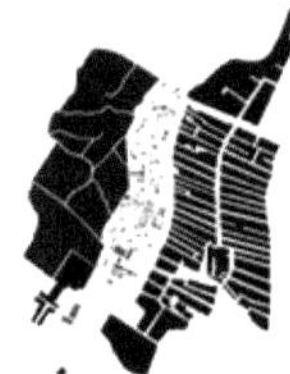
20世纪70-80年代

20世纪90年代后

沿河街区肌理变迁

几十年的变迁，带来的不仅是西郊河周边街区肌理的改变，更是新老街区居民生活的分隔。因此，连接成为设计的主题。把西郊河与老住区连接起来，从而串联起居民的回忆。

经过城市层面的设计，基本可以实现从河道到社区的现有公共空间的连接。

因此，建筑设计层面希望解决的问题是，解决居民生活社区内缺少私密到公共的过渡空间，以及缺少交往空间的两个问题。整个设计将从二维到三维，将河道与社区的“连接”实现出来。

二维连接

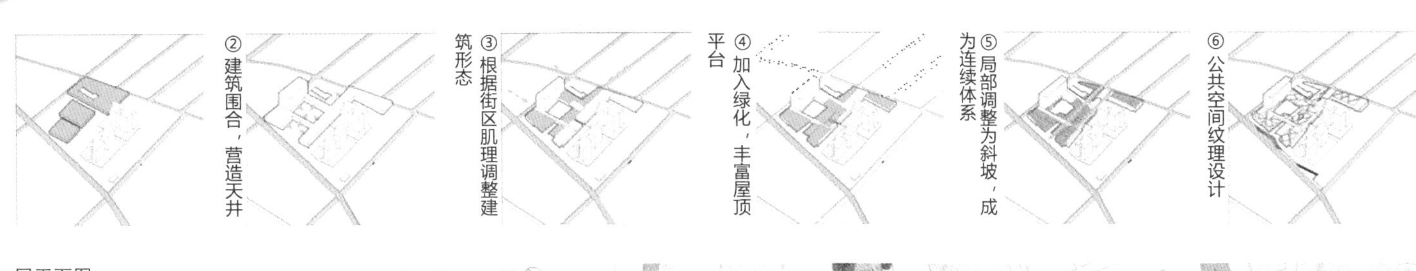

② 建筑围合，营造天井
③ 根据街区肌理调整建筑形态
④ 加入绿化，丰富屋顶平台
⑤ 局部调整为斜坡，成为连续体系
⑥ 公共空间纹理设计

层平面图

层平面图

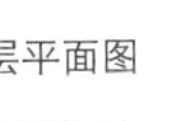

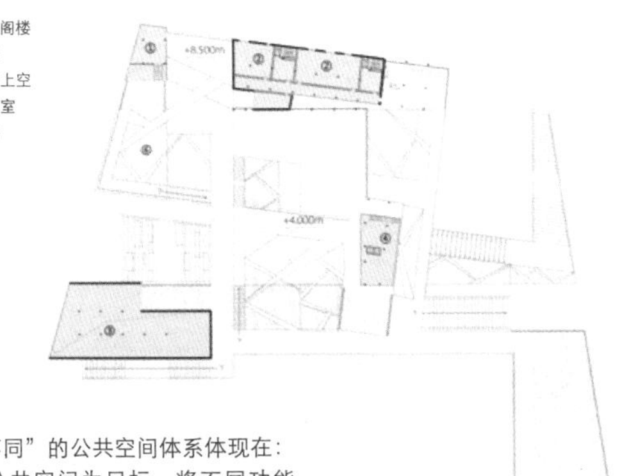

连而不同”的公共空间体系体现在：
营造公共空间为目标，将不同功能
广场从西到东地布置在地段内，通
建筑、道路、连续平台串联起来。

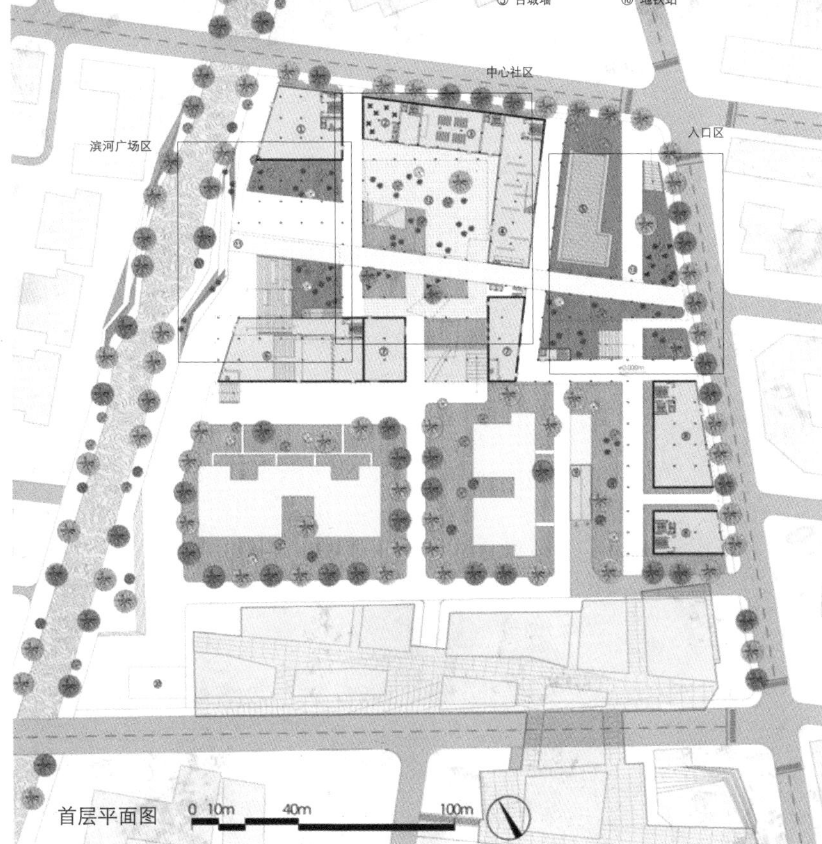

首层平面图

联通室内外的平台给
中心社区广场向心

平面布局（二维）上，公共空间的连接是通过与周边街区肌理相同的道路实现的，而三维上的连接是通过不同高度的连续走廊与屋顶平台，将各个不同气氛的广场串联在一起而实现的。

这种连接可以从东西方向和南北方向两个角度来解读。东西方向上的连接是空间上的，通过屋顶平台将地面与地上不同高度的空间串联在一起，将地面广场、屋顶广场、走廊、大台阶、建筑功能都联系在一起，给人丰富的空间体验与视线交流；南北方向上的连接为体验上的，给予居民与游客多种功能体验，强化这个地段的特别性。

总结来说，希望用这样一个多元、立体的公共空间体系，实现周围街区与河道的直接和间接连接，并打破住宅与休闲空间的界限。

东西方向剖面

升维连接

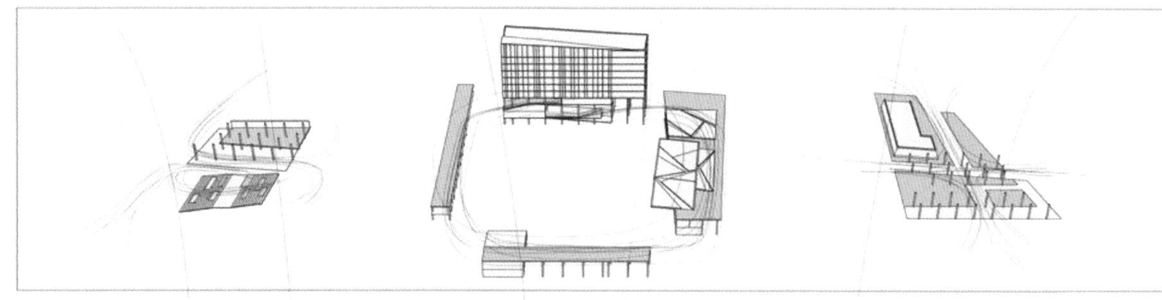

不同：各广场朝向

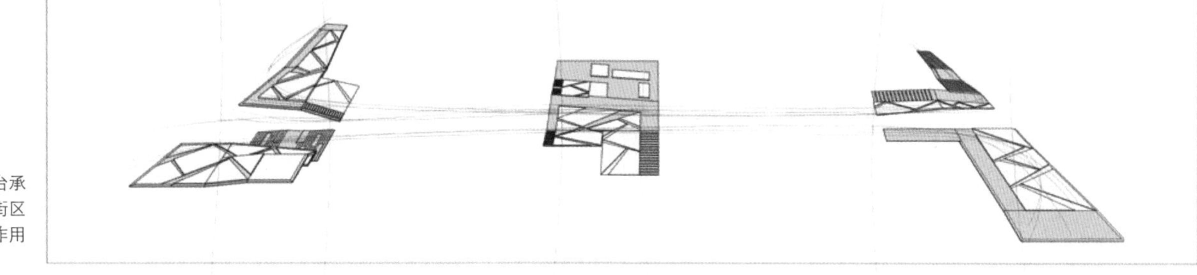

连接：二三层平台承担河道、社区、街区的连接作用

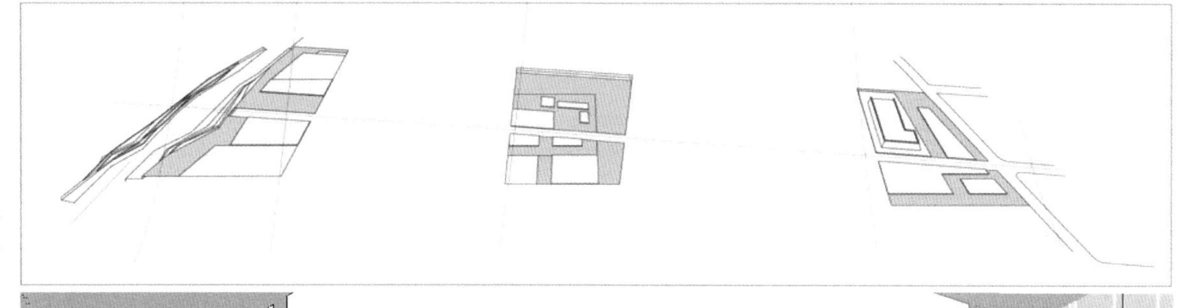

连接：地面层连接城市肌理

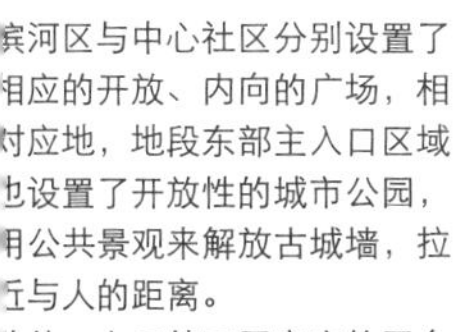

宾河区与中心社区分别设置了相应的开放、内向的广场，相对应地，地段东部主入口区域也设置了开放性的城市公园，用公共景观来解放古城墙，拉近与人的距离。
此外，入口处不同高度的平台也给予了人们欣赏古城墙的不同视角。

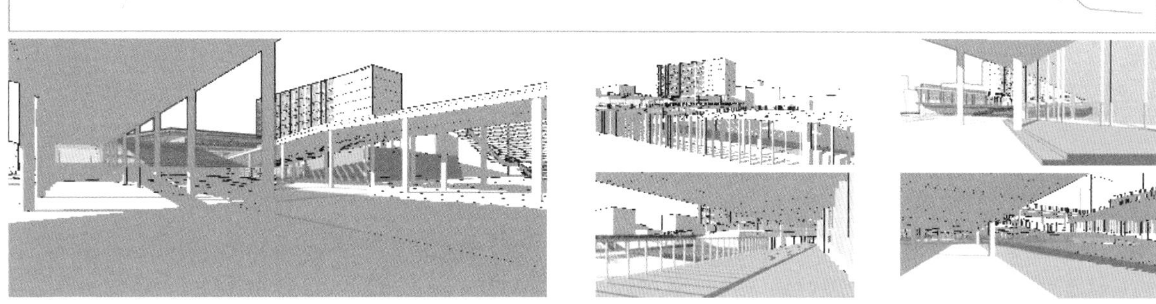

西安中路一巷人视点透视

宽窄巷子二期建筑设计之二
——基于街巷空间关系的场所认同重建

本项目为宽窄巷子二期商业综合体设计，试图通过对街道型公共空间的设计研究，强化成都新旧城城市肌理，连接不同街区结构中多样的市民生活，延续地域性文化传统。在城市设计层面，建立街道型公共空间骨架，以“连而不同”的方式过渡新旧城区，延续以西郊河为代表的历史记忆。在建筑设计层面，对川西民居中的檐廊原型进行立体化形式的当代转译，构建丰富而活跃的街道公共空间，实现宽窄巷子旅游区与周边居民区之间的过渡。本设计尝试通过街道型公共空间设计为城市更新提供新的思路。

本设计在地段内延续少城街道肌理，开辟出三条东西向内街，一方面完成地段与宽窄巷子景区的衔接，强化西郊河历史地位，另一方面，通过新街道的围合与新旧城两套轴网的建立，完成西安中路一巷由外部街道向内部空间的转化，将交通型街道转变为生活型街道，使道路成为城市生活的容器，将城市生活纳入空间设计中。此外，本设计对三者的流线进行分析，在重点节点设置广场等点状公共空间，与街道型公共空间相配合，实现空间氛围的过渡，为游客、居民和市民间的交流提供能够容纳多样化活动的场所。景观上，将西郊河水向东侧引流，水景一方面能够调节微气候，另一方面也对西郊河起到提示作用，引导游客的游览方向。

本项目围绕地段内连接宽窄巷子商业区和西侧生活区的西安中路一巷，完成了以街道型公共空间为核心的建筑设计。将街道生活融入建筑之中，完成街道从交通型向生活型的转变，从而实现街道场所精神的重建。在形式上，本设计以传统川西民居中的檐廊为原型，通过内街的设计使建筑实现了交通、商业、生活功能的结合，居民、市民和游客的社交行为在这里融合，产生了多样而丰富的城市生活场景。

檐廊原型研究

传统檐廊形式

当代檐廊体现

形态生成

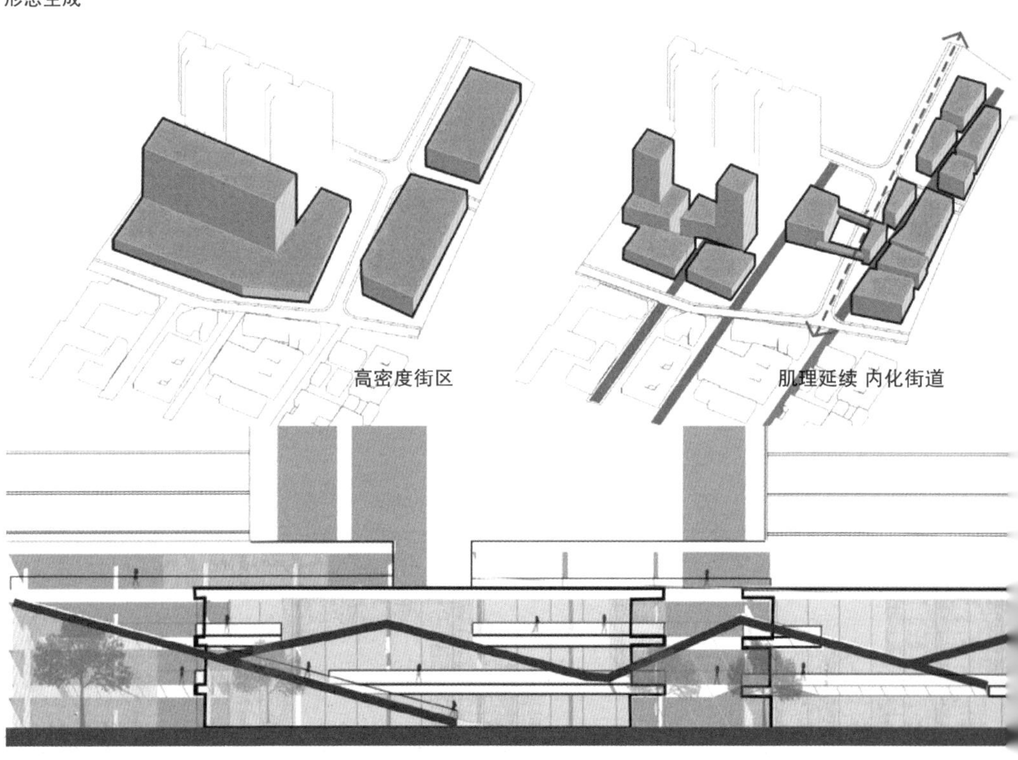

经济技术指标

总用地面积：2.5 万m^2
绿地率：35%
容积率：总用地面积
建设控制区：1.3
建设控制区：3.8
建筑面积：6.12 万m^2
建筑密度：48%

总平面图

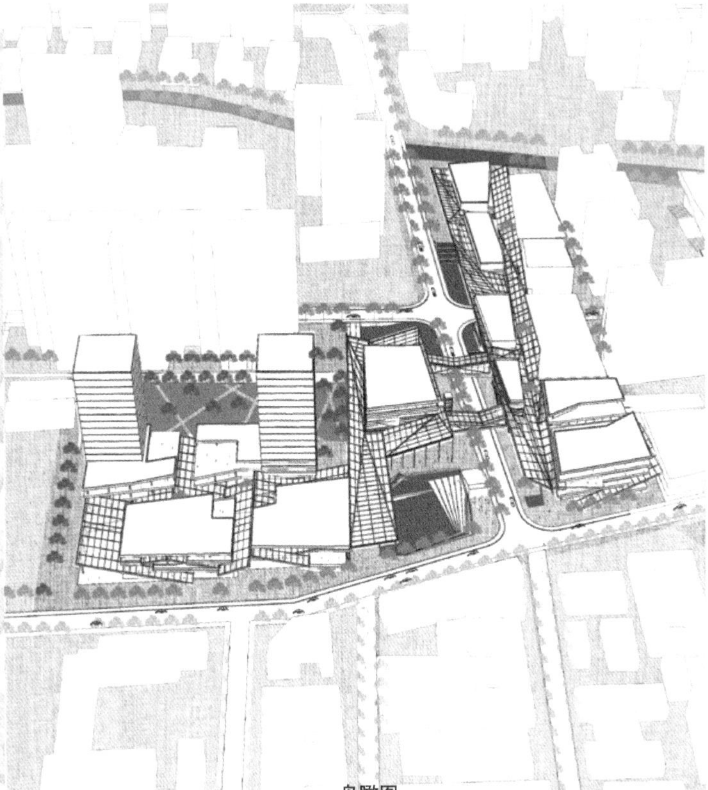

鸟瞰图

内街入口透视图　　内街中庭透视图　　临下同仁路广场透视图

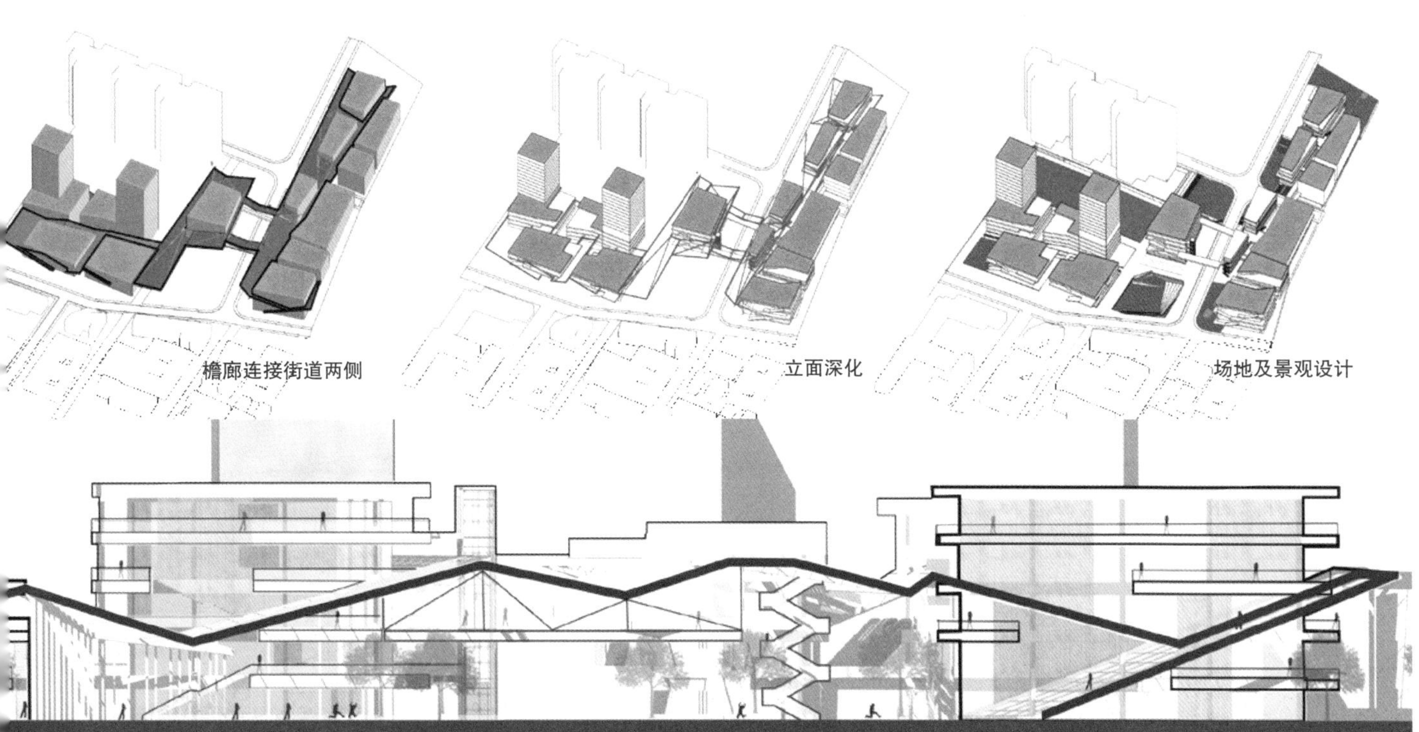

檐廊连接街道两侧　　立面深化　　场地及景观设计

沿下同仁路 东侧立面图

1. 商铺
2. 走廊
3. 廊下灰空间
4. 下沉广场

首层平面图

二层平面图

三层平面图

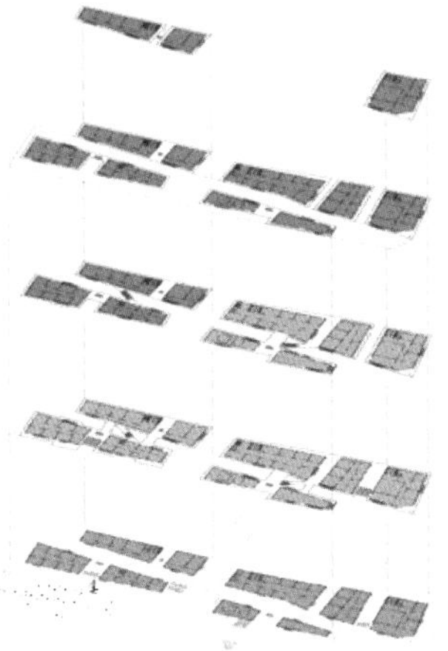

体验

餐饮

零售

功能分析图

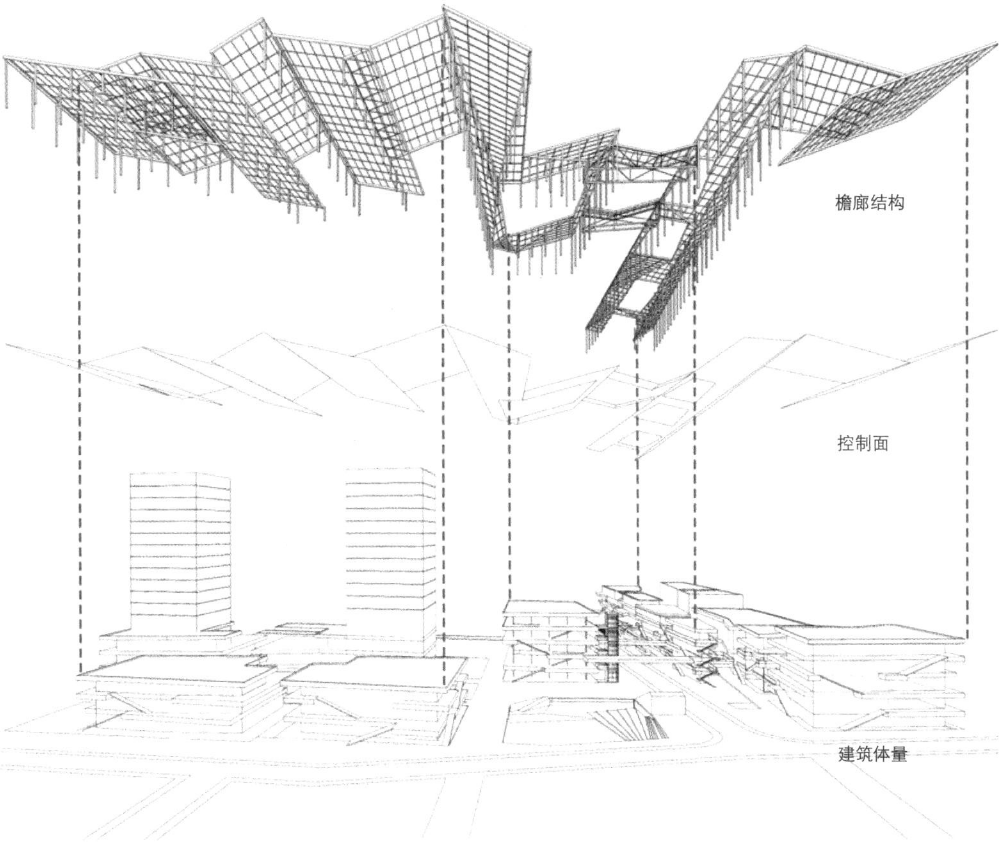

檐廊结构

控制面

建筑体量

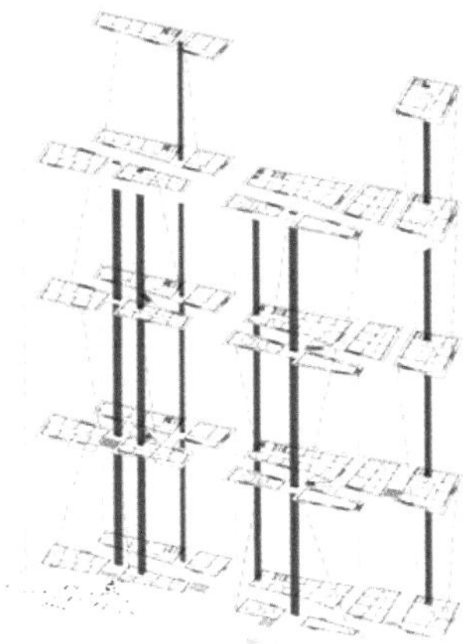

交通分析图

檐廊结构分析图

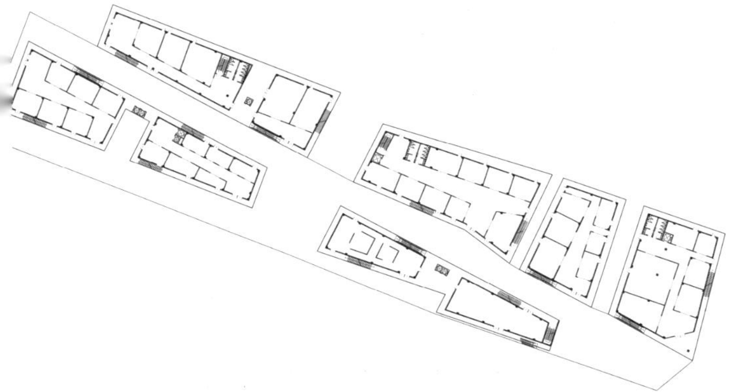

四层平面图

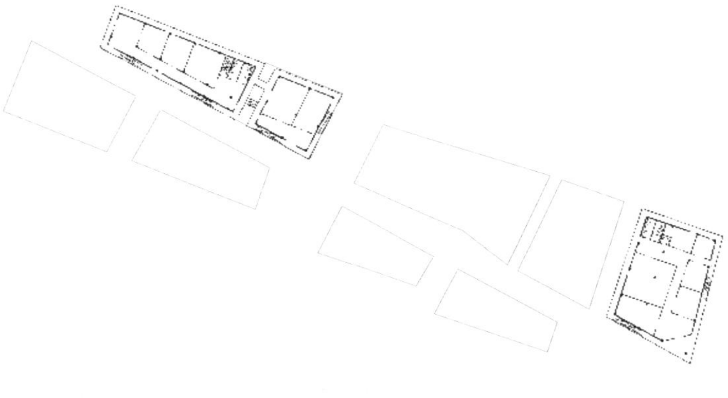

五层平面图

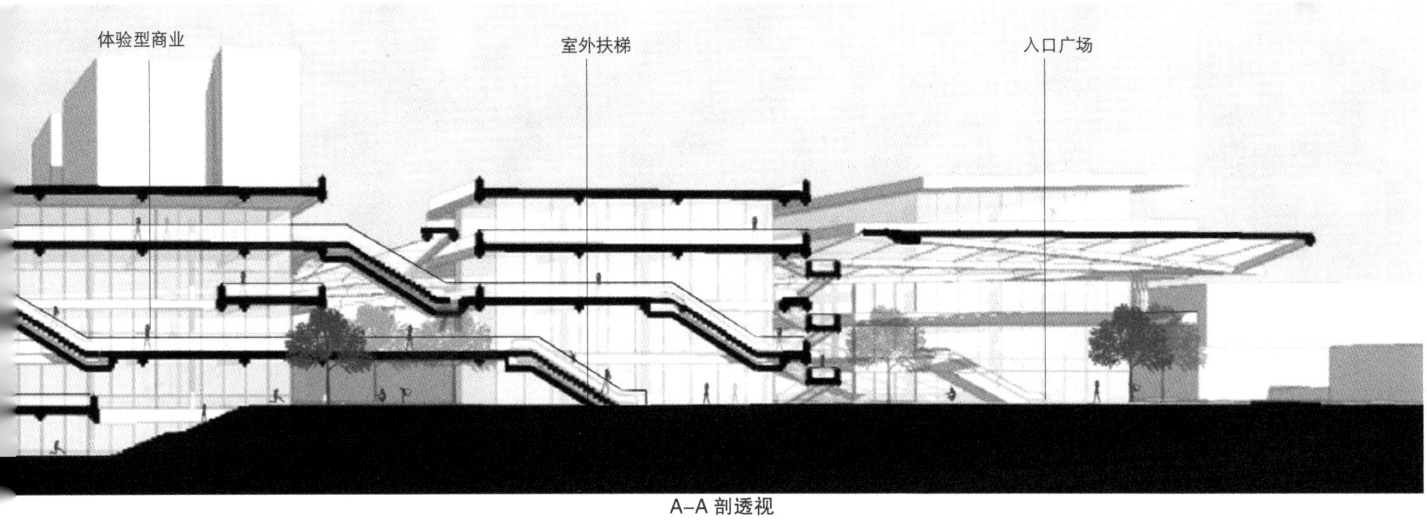

体验型商业

室外扶梯

入口广场

A-A 剖透视

东南大学

Southeast University

夏兵

周霖

1 襟河游就 Reappear

1 漂流公寓 Drifting Apartment

基于“蓉漂”需求设计的可移动胶囊公寓

杜淦琰

2 基建河川西郊市集 Infrastructure river Market of Xijiao

对历史基础设施的节点化群落转译

郎烨程

3 垂直街巷 Vertical Street

对历史街巷空间的现代化营造及生态设计

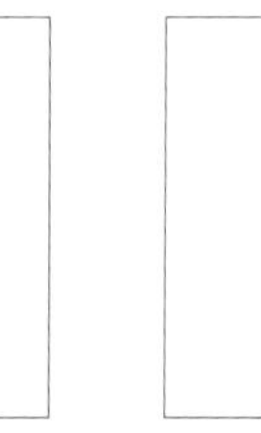

肖嘉欣

4 遗址公园 + Heritage Park+

纪念性空间与轻生活业态的叠合尝试

赵英豪

2 共融少都 Max mix

1 时空交织 Inner Space

基于老成都十二月市的“里世界”文创综合体

秦令恬

2 成都记艺 Memories and Crafts of Chengdu

基于城市设计成果的文创节点研究设计

孔玉

3 垂直旅院 Vertical courtyard

从宽窄巷子合院空间出发的高层旅馆设计

赖怡蓁

4 成都偷心 Stolen Heart

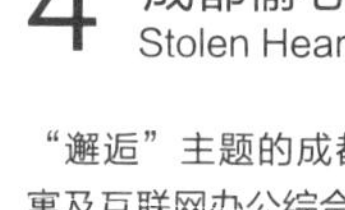

“邂逅”主题的成都蓉漂公寓及互联网办公综合设计

王佩瑶

教师寄语

成都这座弥漫着烟火味的现代都市，宽窄巷子与高楼大厦相比邻，历史与现代的碰撞，交相辉映。这一切，今年却只能隔着口罩在电脑屏幕上品味。变化总是令人措手不及，但却总孕育着新的希望。对每一位参加本次联合毕业设计的教师和同学而言，2020 年的经历将会永生难忘。感谢主办、协办方在疫情肆虐下的辛勤组织，感谢兄弟院校的坚持与努力，感谢天华设计一贯的支持，我们明年再会。

——夏兵

“巴适”应该是成都这座西南最具生活气息与休闲氛围的现代都市的特色，而宽窄巷子更作为这座城市最具代表性的名片，成为这座城市中必经的“打卡圣地”。如何在二期设计中找寻创新与突破，成为本届 8+ 联合毕业设计的题眼与契机。然而，今年的联合毕设却因为疫情使得参与师生仅能通过云端线上交流与碰撞，这一突如其来的变化虽然带来了诸多的不适与遗憾，但是也使之成为历届联合毕业设计中最难忘与最具挑战的历练与磨炼，各校师生化被动为主动，充分发扬云端授课的优势，海纳百川与百家争鸣成为联合答辩最显著的特色，也使得 2020 年 8+ 联合毕业设计最终提交的成果比往届都更具想象力与创造性。

再次由衷感谢“8+”主办、协办方在疫情肆虐下的辛勤组织，感谢兄弟院校的协助与配合，感谢天华设计贯穿始终的支持。2020 年云端联合毕设将成为所有参赛老师与同学人生中最难以忘怀的宝贵经历，期待明年我们线下再会！

——周霖

襟河游就

Reappear

东南大学

设计：杜淦琰/郎烨程/肖嘉欣/赵英豪

指导：夏兵/周霖

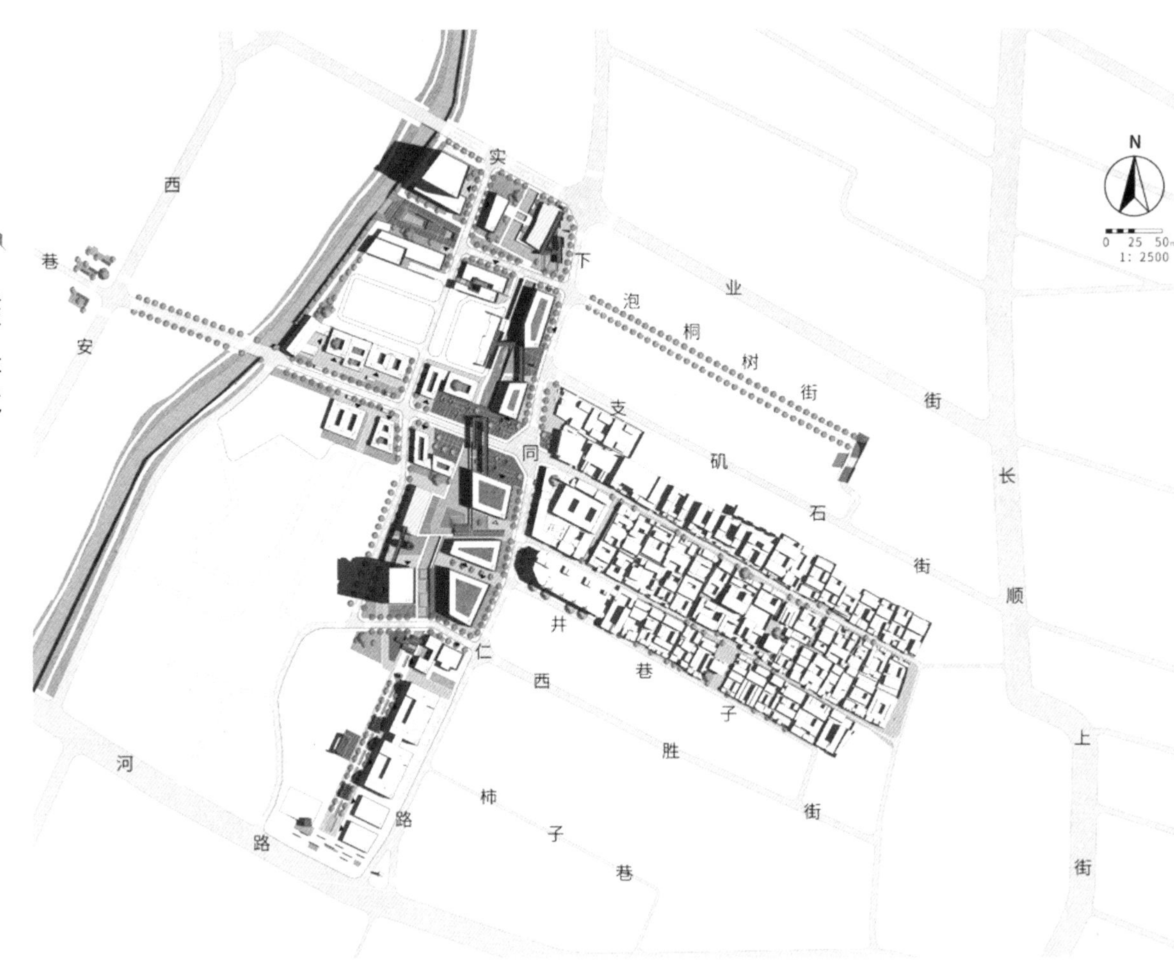

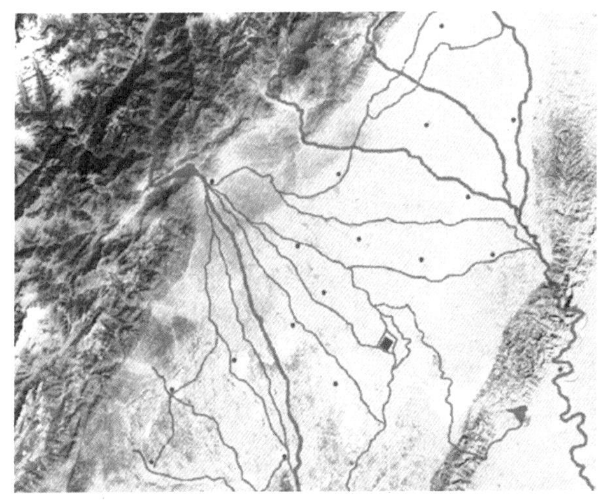

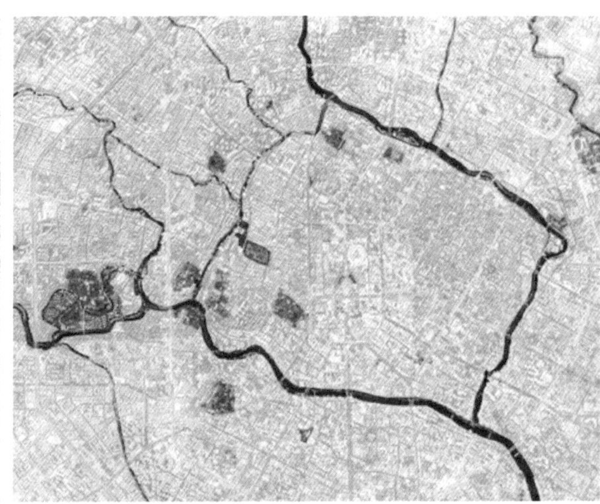

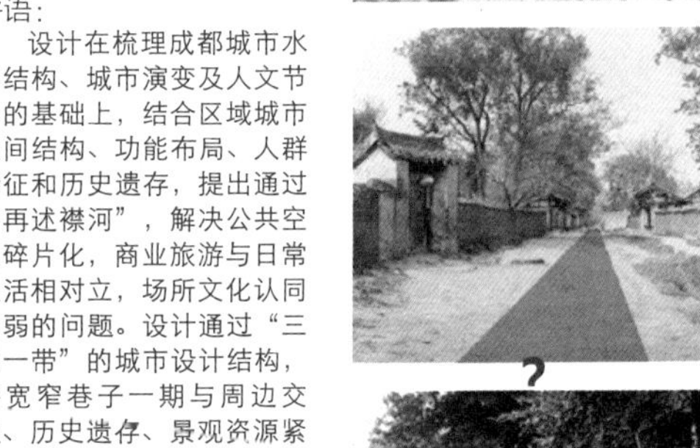

评语：

设计在梳理成都城市水系结构、城市演变及人文节点的基础上，结合区域城市空间结构、功能布局、人群特征和历史遗存，提出通过“再述襟河”，解决公共空间碎片化，商业旅游与日常生活相对立，场所文化认同感弱的问题。设计通过“三轴一带”的城市设计结构，将宽窄巷子一期与周边交通、历史遗存、景观资源紧密连接，并通过结合日常公共活动的慢行系统，打造体现“成都性格”的城市漫游体验。设计还提出整合景观、建筑和城市基础设施的理念，兼顾轨道交通与城市排水管网，具有宏观层面上的前瞻性和创新性。

三轴一带四片区

三轴一带：襟河文化轴、交通轴、日常轴、西郊绿带
四片区：社区生活 +、精品商业区、手工匠作区、休闲娱乐区

为了解决场地空壳化的问题，我们选择在场地上再述襟河，恢复原有的外河—城墙—内河—河边绿化的体系。

从而确定了主轴——襟河文化轴。

已知上位规划西郊河将会通航，在河边置入一个码头站点。并有地铁 4 号线的站点、锦城观光公交 2 号线的站点，枣子巷步行街和宽窄巷子。

用一条交通轴把上述节点进行连结。

已知有以慢生活为主题的泡桐树步行街。

用日常轴把泡桐树街的生活氛围延续到场地上。交通轴和日常轴这两条次轴对场地周边资源进行连结，用以解决场地碎片化的问题。

承托西郊河绿道建设，把西郊绿带作为结构上**的景观带。**

四片区：日常轴辐射出的社区生活 +，延续了宽窄巷子业态与肌理的精品商业区，展现成都传统文化的手工匠作区和休闲娱乐区。

机动交通

公共交通

静态交通

慢行系统

开放空间

绿化系统

水体系统1

水体系统2

业态设计

高度控制

城市肌理1

城市肌理2

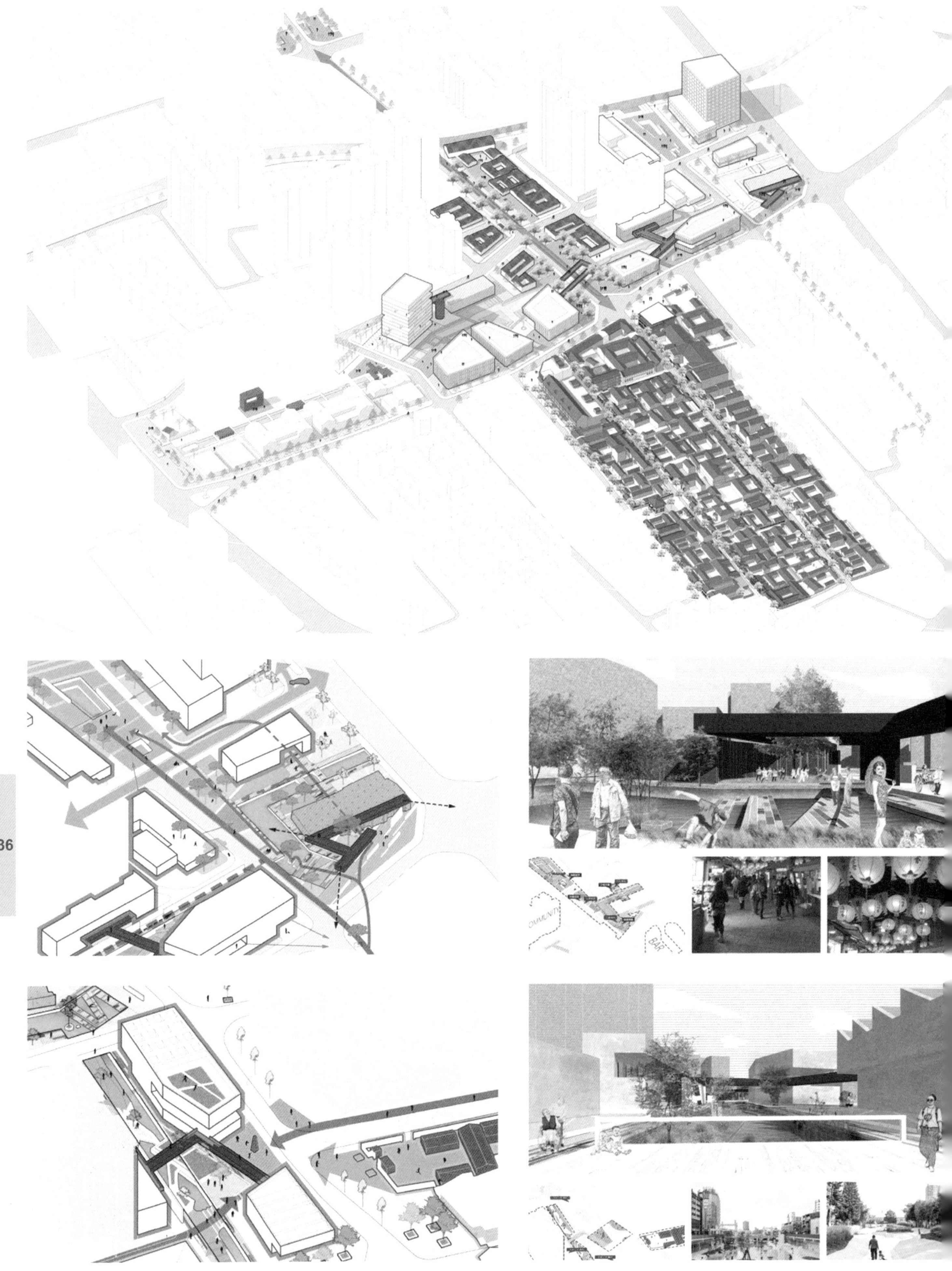

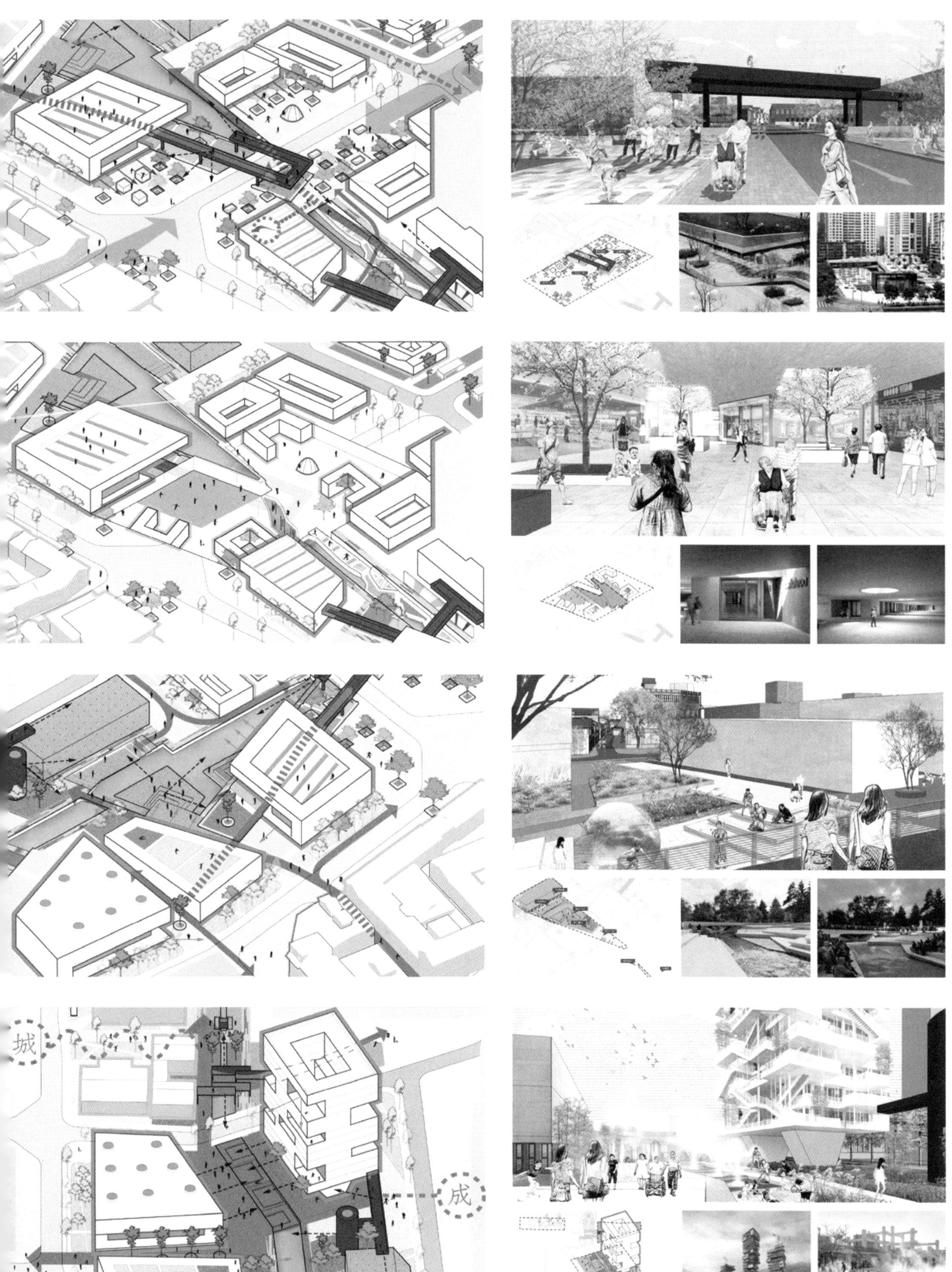
城
成

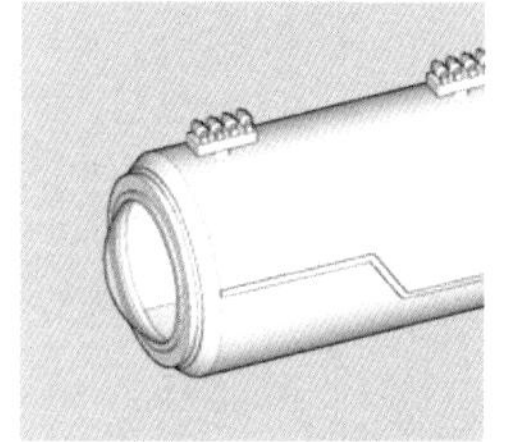

漂流公寓 Drifting Apartment

东南大学
设计：杜淦琰
指导：夏兵 / 周霖

滑轮
加固板
门
转轴
胶囊外筒
球轴承
胶囊内筒
加固板
视窗
排污管
重力感应数控系统
地板
蓄电池组
当外筒在各个方向上运动时 内筒仍然保持水平

因为要保证漂泊者的家在迁徙的过程中，单元内的家具不会由于运输而造成跌落和侧移，所以我设计了一个胶囊造型的单元。

组成：一个胶囊单元在结构上主要由外筒和内筒构成：外筒上有通过转轴连接的滑轮，可以保证胶囊单元能够顺着导轨进行任意方向的运动；内筒与外筒之间由球轴承连接，可以让内筒和外筒发生相对转动，而内筒地板下方安装了重力感应数控系统，能够保证当外筒运动时，内筒仍然保持水平，不受到外筒倾斜角度的影响。同时，内筒的地板下方设置了蓄电池组，可以使胶囊单元在没有外接电源的情况下保持 3 天的基础电力供应。排污管从地板下面通过，连接到整个建筑的排污系统里去。

胶囊单元分解

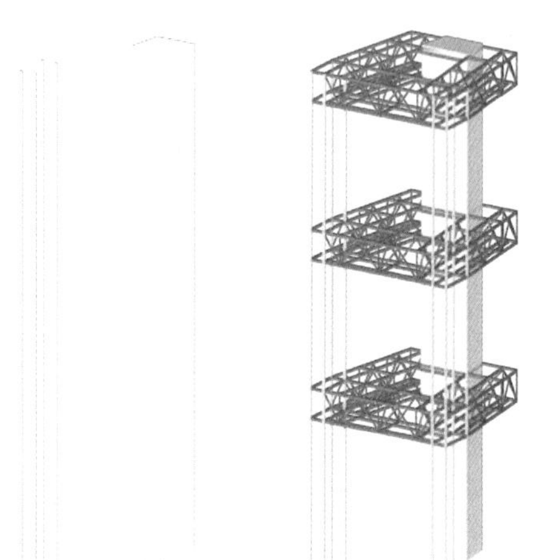
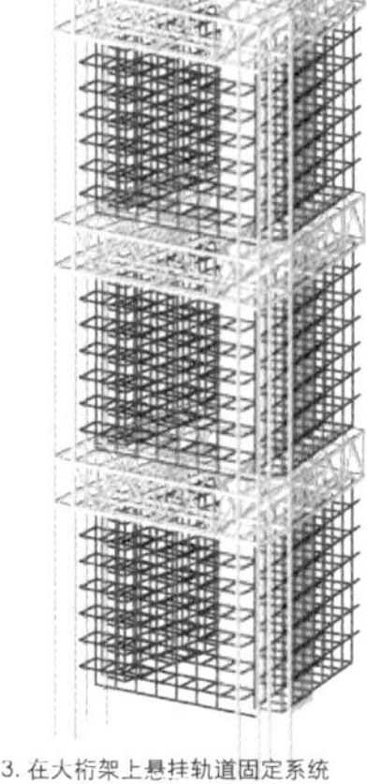
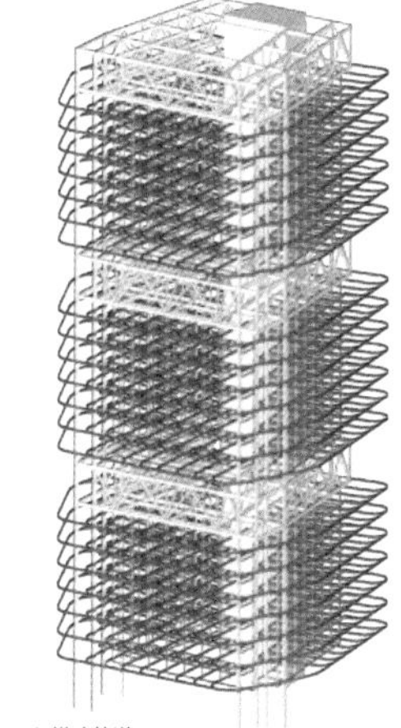
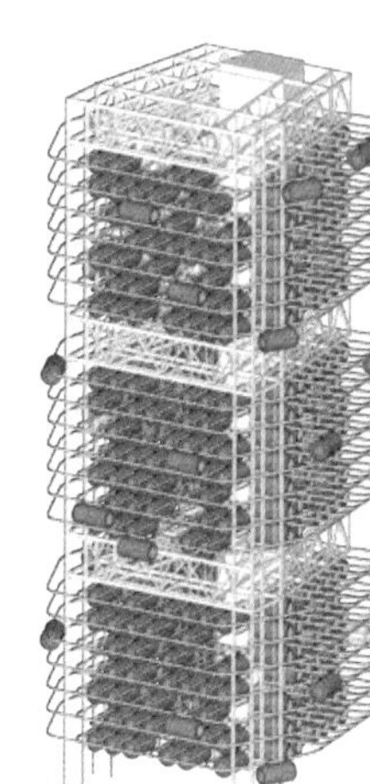

1. 核心筒侧置，在平面上形成稳定的三角形
2. 置入三层大桁架作为结构转换层
3. 在大桁架上悬挂轨道固定系统
4. 搭建轨道
5. 在轨道上置入胶囊单元

结构分解

评语：

作者以“蓉漂”现象为问题切入点，通过建筑学设计方法为居无定所和频繁出差的青年人群提供可移动的居所。设计紧扣人群特点，结合新陈代谢理论，运用装配式建筑、可移动建筑、互动建筑、现代物流等先进技术，营造出具有未来感的全新居住模式。

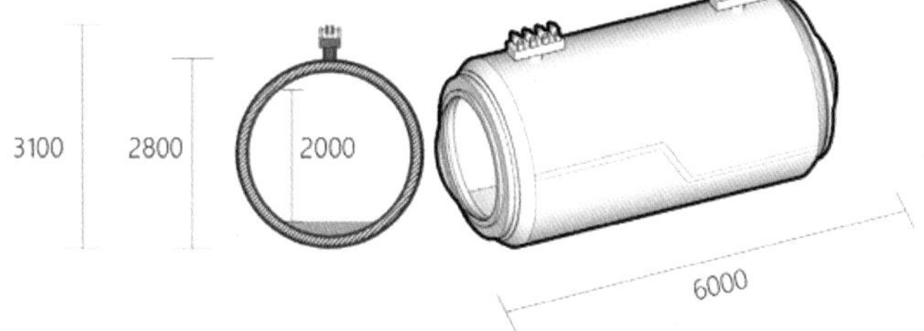

3100
2800
2000
6000

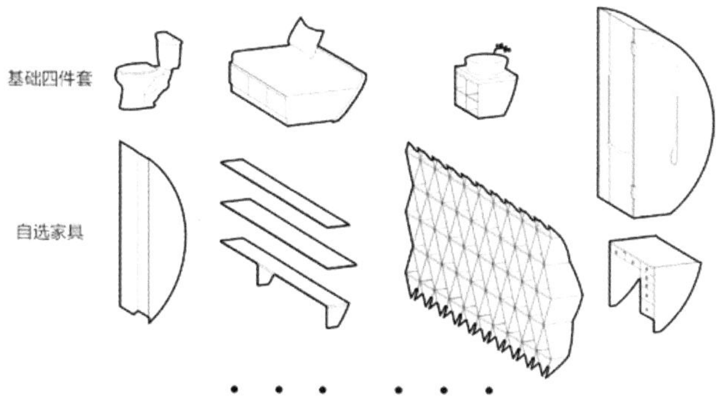

基础四件套
自选家具

除了最基本的沐浴、马桶、盥洗台、床这基础四件套之外，其他个性化家具可以通过订制的方式制作。厂家把家具制作成半成品板片，再由住户自己装配。当 3D 打印普及之后，家具订制更方便。

胶囊单元布置 可能性之一
（淋浴模块 + 马桶模块 + 盥洗台模块 + 衣柜模块 + 床模块 + 置物模块）

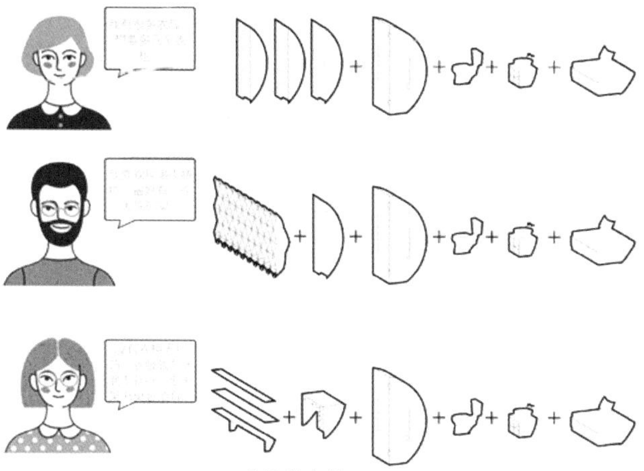

个性化家装

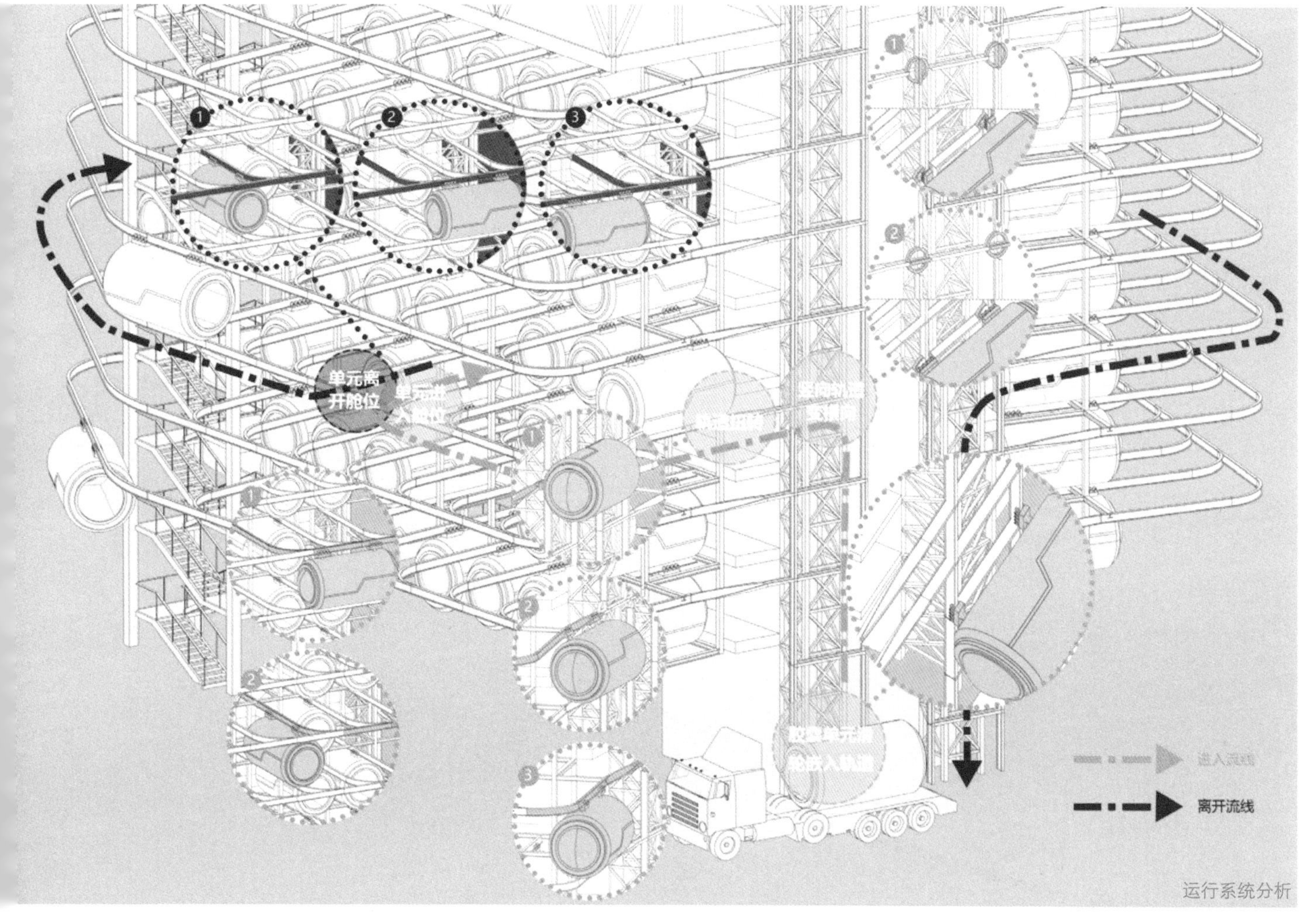

单元离开舱位
进入流线
离开流线

运行系统分析

基建河川 · 西郊市集
Infrastructure river · Market of Xijiao

东南大学
设计：郎烨程
指导：夏兵 / 周霖

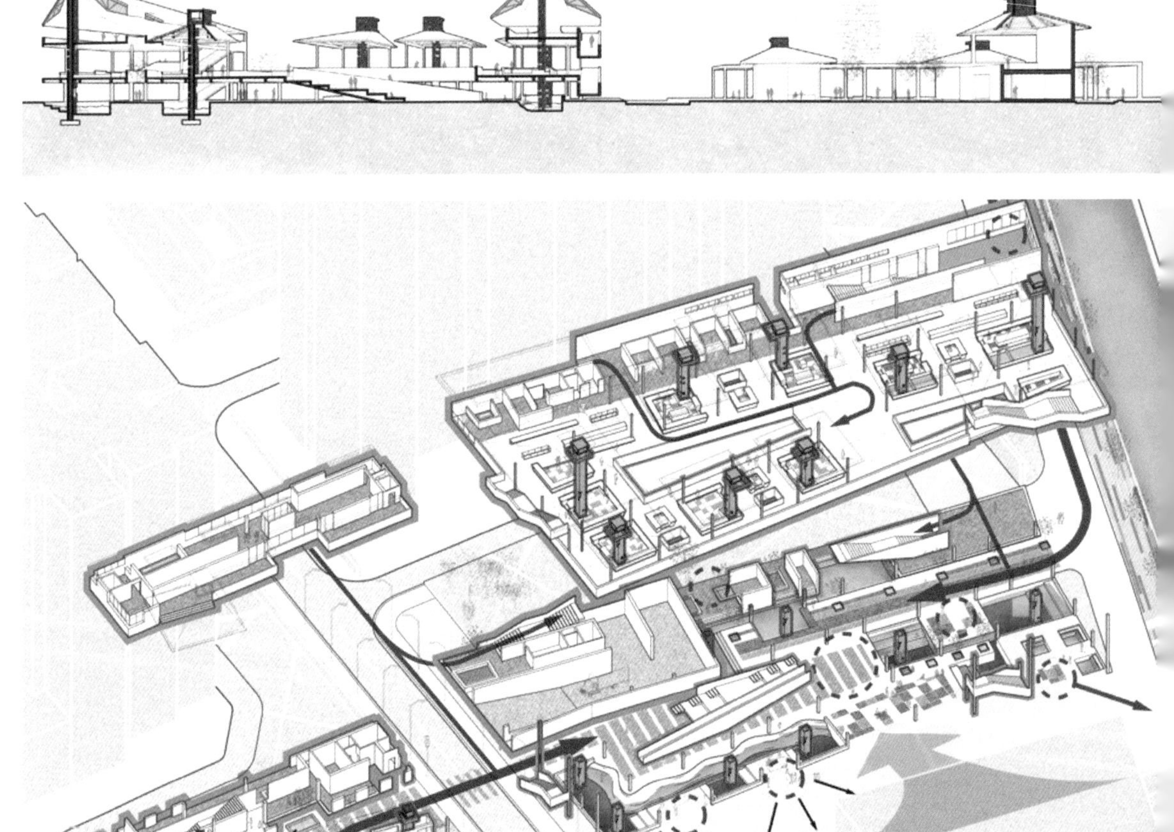

评语：

作者受基地内襟河故道启发，在梳理成都水系和城市排水系统的基础上，提出结合城市基础设施的“历史记忆节点”概念。设计以再述宽窄巷子及少城旧日生活景象为目标，通过对“襟河游就”历史意向的转译，打造集地面景观与地下排水系统一体的线性城市开放空间，并以“基建之塔”的形式表达出历史作为片段与现代城市功能和日常的整合与碰撞。

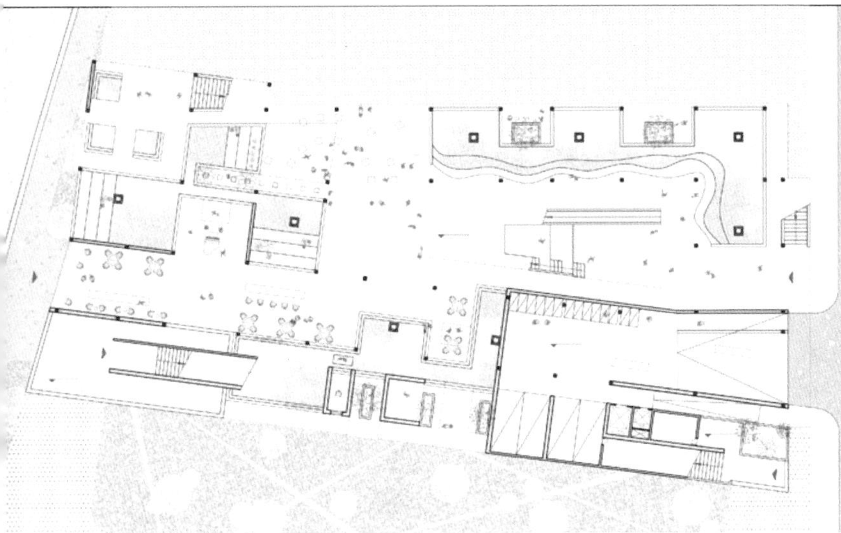

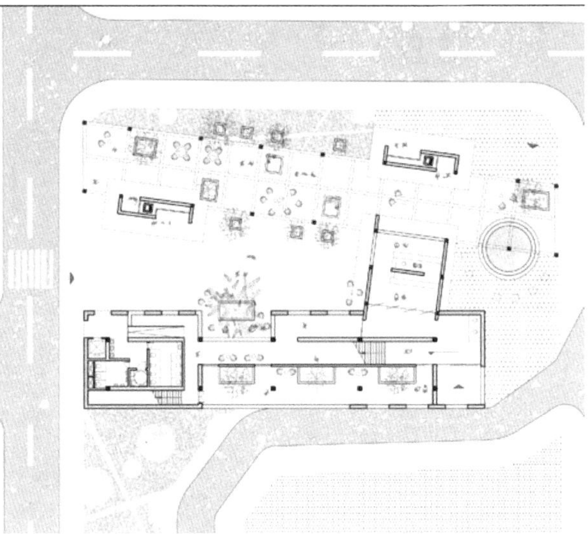

主要入口　2 辅助入口　3 社区居民活动庭院
露天茶社　5 文化舞台　6 货车停车空间
洗手台·老虎灶　8 茶社前台

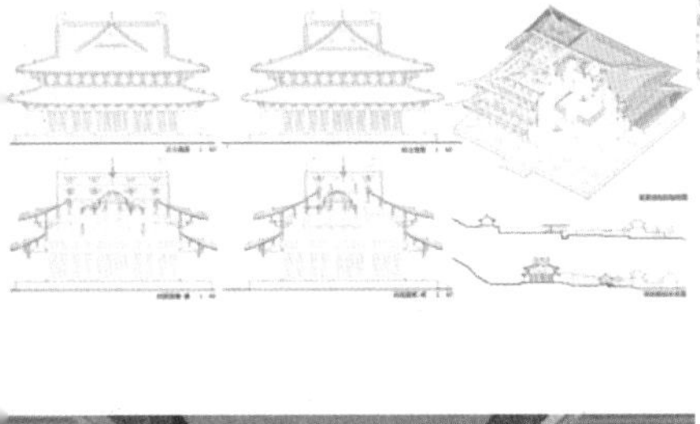

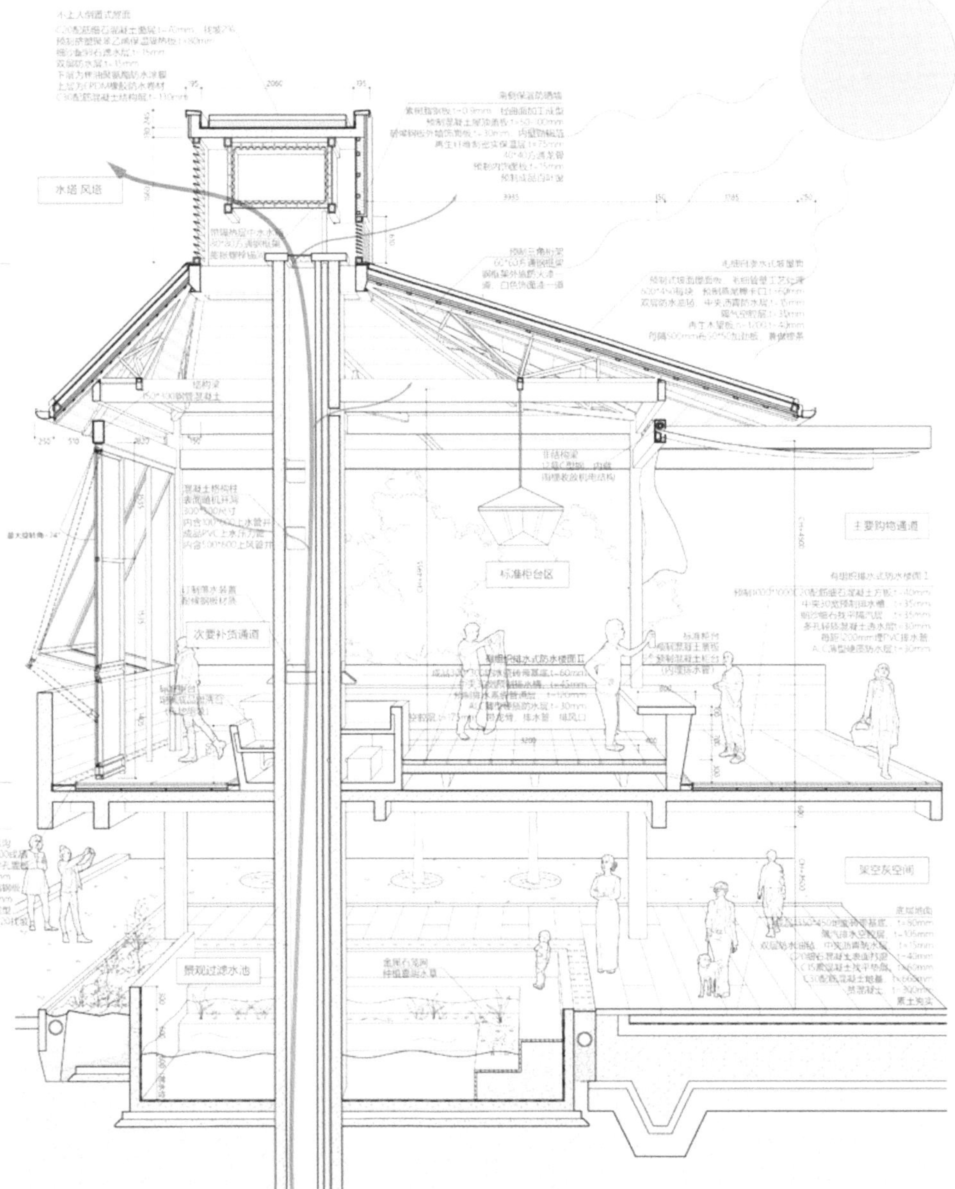

基建之塔·西郊市集：功能上以地下涵管中水，满足市场盥洗清洁等日常运转所需，将生活与“襟河”的河流概念叠合。并通过气温差异导致的被动式通风系统调节气候。

从生活到社群，从社群到想象，生活在一条被再发明的历史河流之上，由文化水道配给公共资源。这种场景将周边形塑为一个“想象共同体”。从而，社区将以此为依据进行再构建与运转，并通过文字及多媒体等方式进行想象。

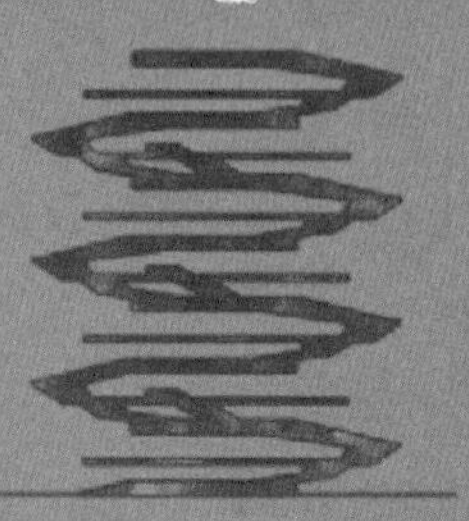

垂直街巷 Vertical Community

东南大学
设计：肖嘉欣
指导：夏兵／周霖

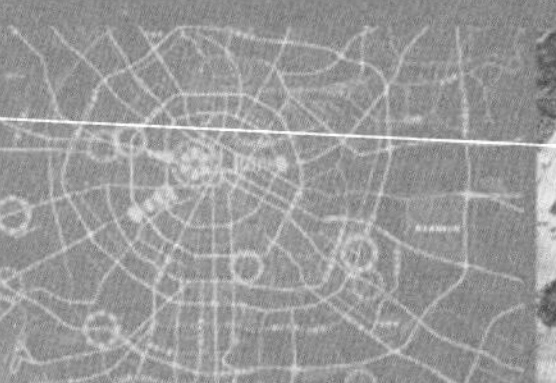

成都艺术产业园区分布

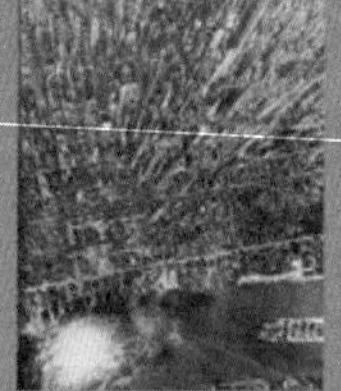

19 世纪末到 1940 年代曼哈顿的变化

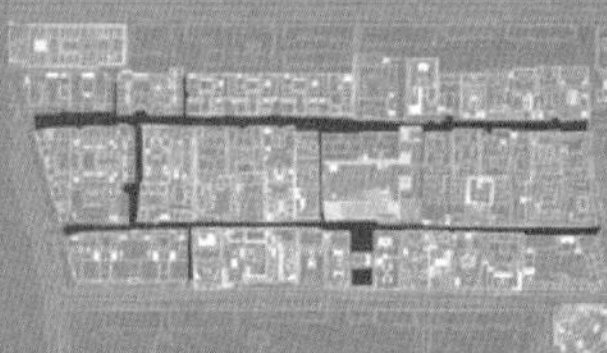

十八梯台地式

内圈螺旋式

外圈螺旋式

内圈街道式

街道转向型

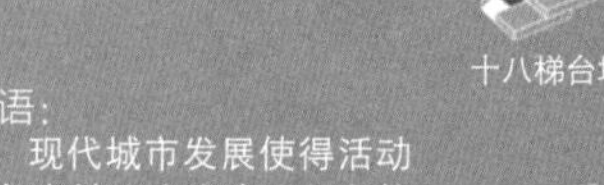

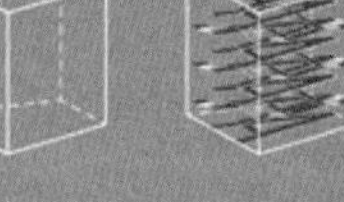

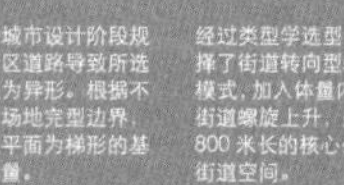

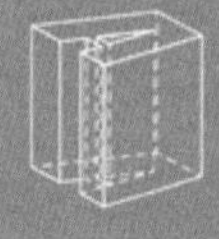

由于城市设计阶段规划街区道路导致所选地块为异形。根据不规则场地完型边界，生成平面为梯形的基础体量。

经过类型学选型，选择了街道转向型基本模式，加入体量内部，街道螺旋上升，生成 800 米长的核心公共街道空间。

考虑到标准层过大，且单一的中轴街道空间采光不够好，空间丰富性不足，因此根据梯形平面特征生成三角形中庭空间。

项目南侧为连接城市道路的支路，作为整个建筑的主入口，进行体量退让，使入口更加明显，入口空间更加具有仪式感。

根据街道排布单元，单元分布在中央三角形街道两侧，并对楼梯空间进行部分退让，形成单元与斜向街道分割的立面。

评语：

现代城市发展使得活动不仅在地面上发生，更多的活动向天空延伸，场地位于新老城交接地带，毗邻宽窄巷子历史街区，然而代表现代城市的高层在场地附近都是住宅楼，因此希望将成都老城传统街巷空间进行现代化转译，创造代表现代新街道公共空间的垂直街巷。

将研究重点放在街巷空间的垂直化流线与街道空间特征，垂直性的概念被视为再现和扩展地面所有事件的可能性。作为新型现代公共空间，方案还对于建筑热力学进行研究与探索，垂直绿化，太阳能利用，雨水收集处理，以及利用高层带来的烟囱效应进行建筑通风，为脱离地面的公共空间增加了自然环境，创造宜人条件。

标准层商业街道层

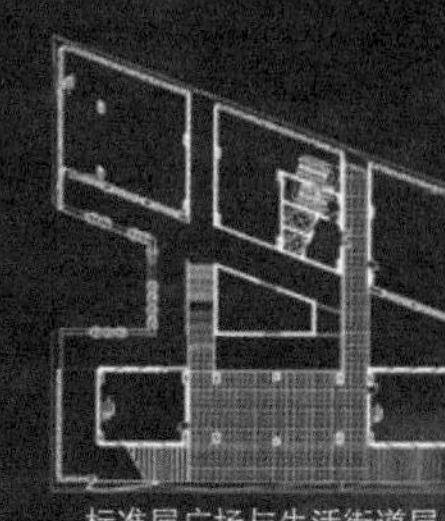

标准层广场与生活街道层

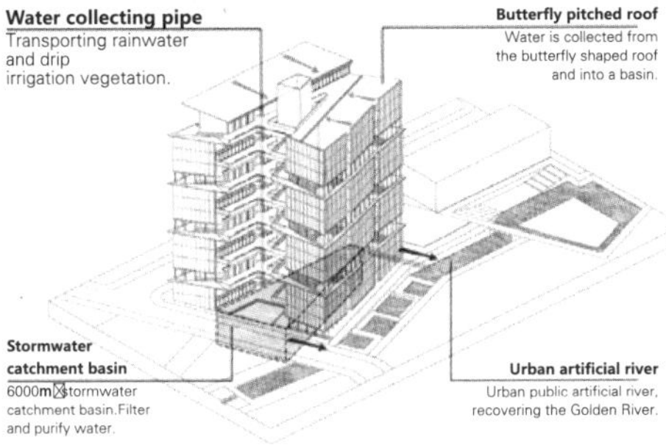

Water collecting pipe
Transporting rainwater
and drip
irrigation vegetation.

Butterfly pitched roof
Water is collected from
the butterfly shaped roof
and into a basin.

Stormwater catchment basin
6000m⊠stormwater
catchment basin.Filter
and purify water.

Urban artificial river
Urban public artificial river,
recovering the Golden River.

雨水收集分析图

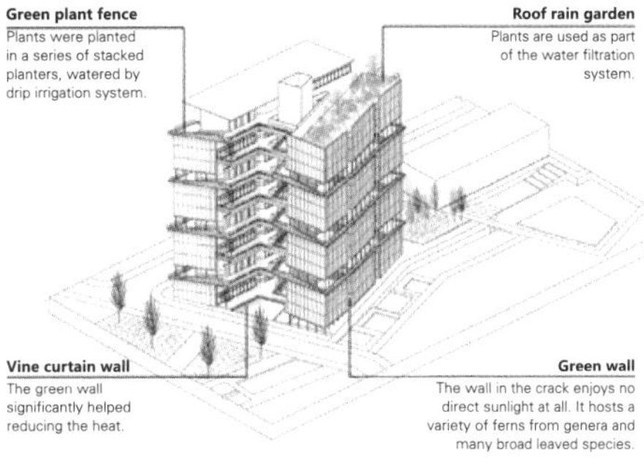

Green plant fence
Plants were planted
in a series of stacked
planters, watered by
drip irrigation system.

Roof rain garden
Plants are used as part
of the water filtration
system.

Vine curtain wall
The green wall
significantly helped
reducing the heat.

Green wall
The wall in the crack enjoys no
direct sunlight at all. It hosts a
variety of ferns from genera and
many broad leaved species.

垂直绿化分析图

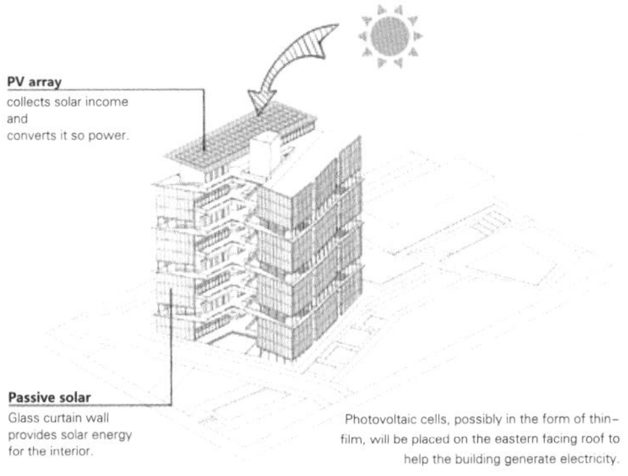

南立面图

PV array
collects solar income
and
converts it so power.

Passive solar
Glass curtain wall
provides solar energy
for the interior.

Photovoltaic cells, possibly in the form of thin-film, will be placed on the eastern facing roof to help the building generate electricity.

太阳能分析图

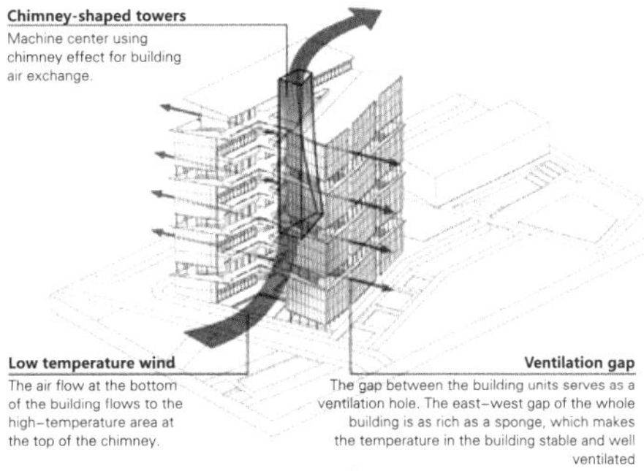

Chimney-shaped towers
Machine center using
chimney effect for building
air exchange.

Low temperature wind
The air flow at the bottom
of the building flows to the
high-temperature area at
the top of the chimney.

Ventilation gap
The gap between the building units serves as a ventilation hole. The east-west gap of the whole building is as rich as a sponge, which makes the temperature in the building stable and well ventilated

通风分析图

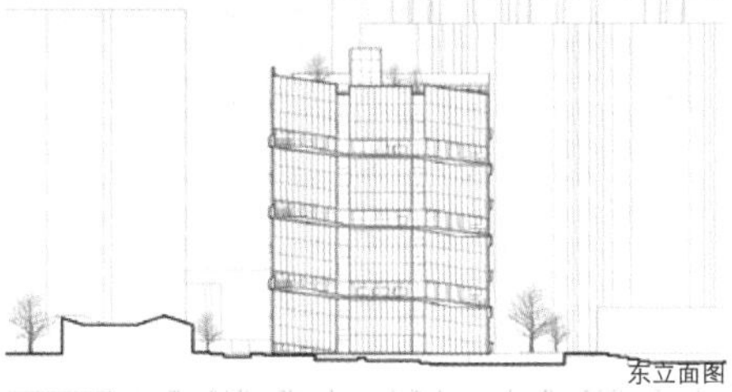

东立面图

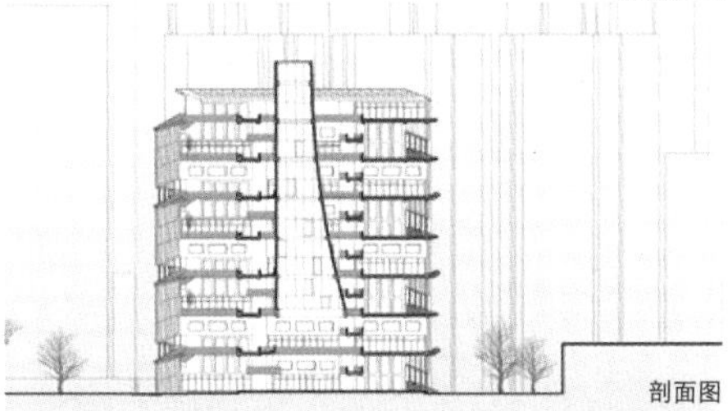

剖面图

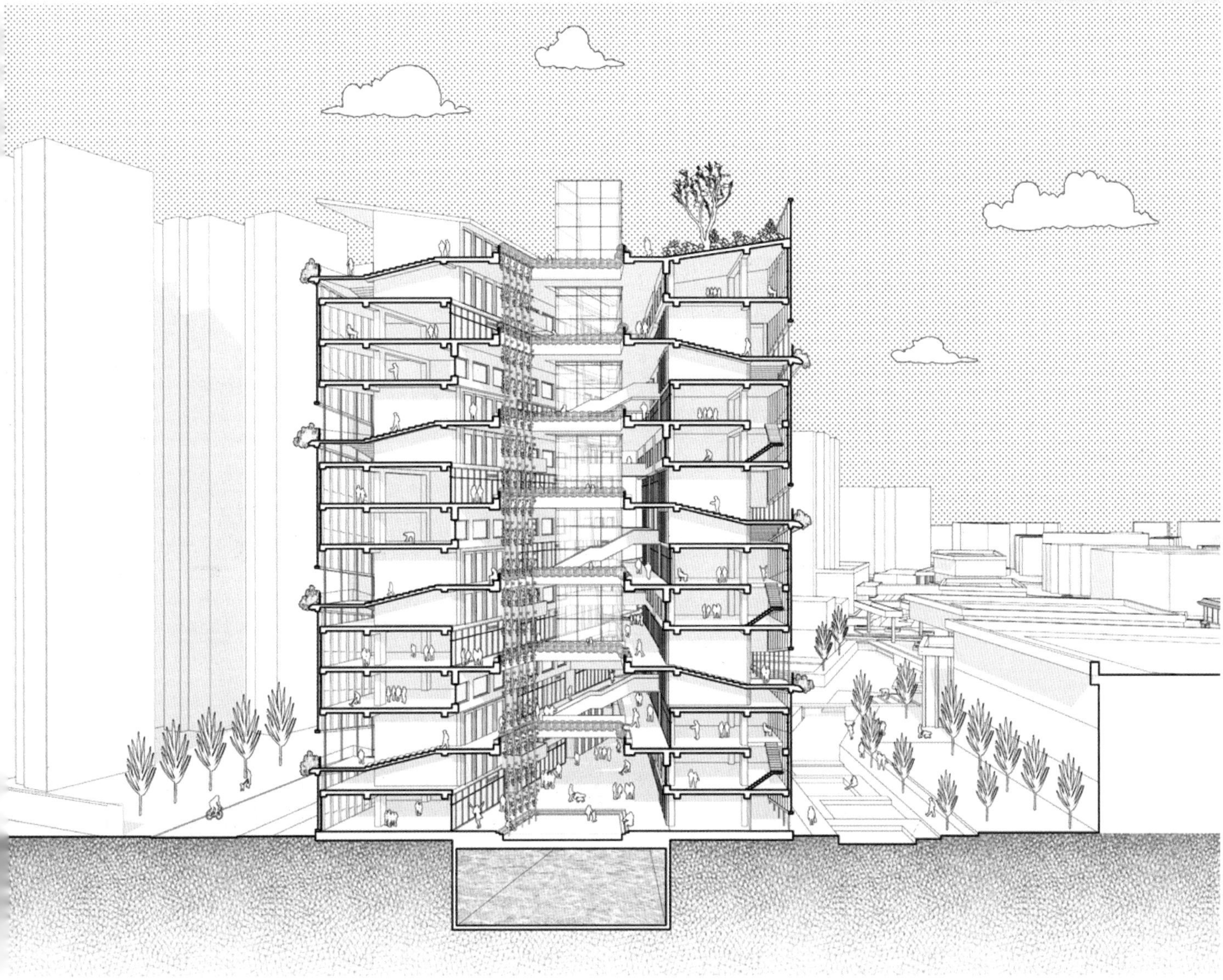

遗址公园 Heritage Park

东南大学
设计：赵英豪
指导：夏兵／周霖

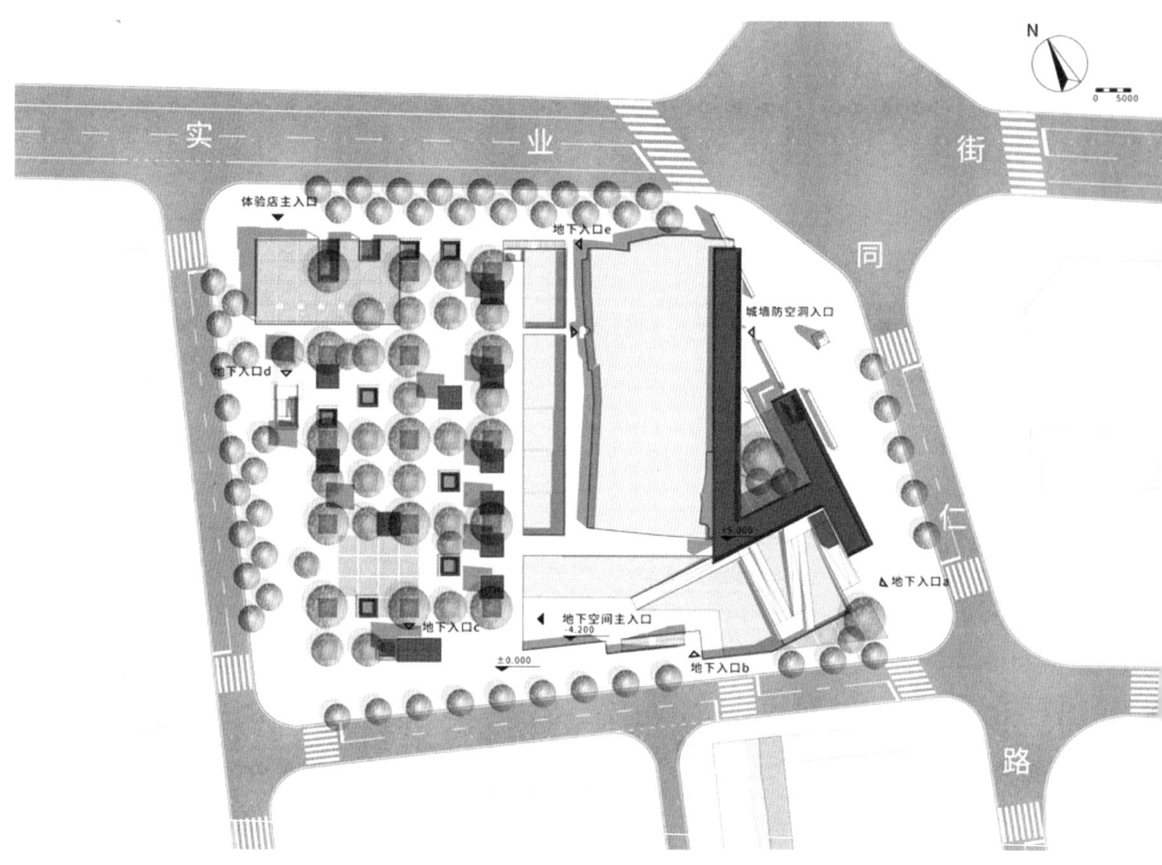

设计说明：

方案选取了前期城市设计阶段确定城墙遗址公园地块。该地块是社区生活＋片区的重要组成部分。一方面需要对城墙这一重要的纪念物进行回应，另一方面需要强化公园的日常性。由此确定借助川西平原传统的林盘来完成纪念性空间的日常化。同时借助成都市提出的“公园商业＋首店经济”的模式，置入王者荣耀线下体验店这一全新的商业门店，使得公园不再是老年人专属，年轻人也能参与其中。因为用地面积限制将公园与商业垂直分层，由地面树阵的树池影响到地下空间，从而提出一系列“树池单元”，将地面与地下联系起来。

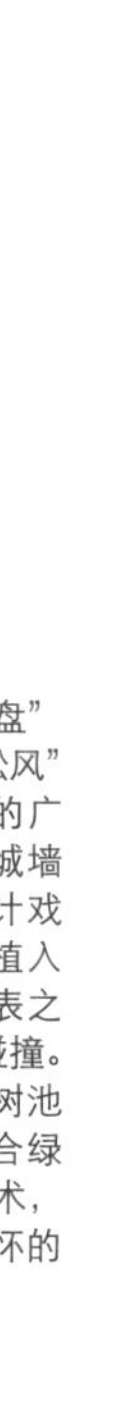

评语：

作者以成都平原“林盘”为原型，受昭觉寺“十里松风”景观启发，通过树阵式的广场空间，表达对基地内城墙遗址的纪念。同时，设计戏剧性地将“手游”商业植入广场地下，在地下与地表之间完成了历史与现代的碰撞。此外，树阵广场以单个树池为结构、功能单元，结合绿色建筑、装配式建筑技术，表现出一种具有人文关怀的建筑技术观。

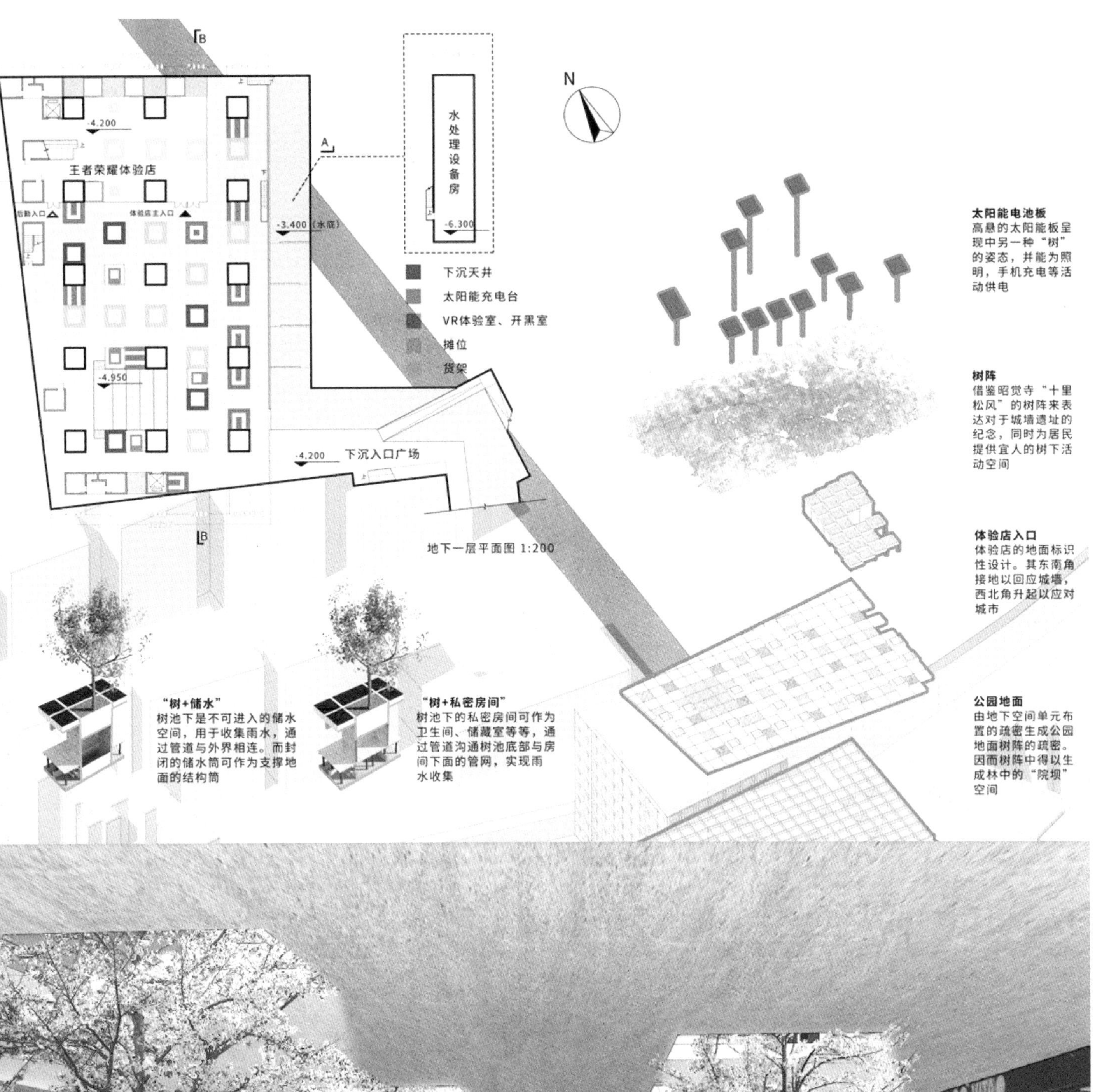
B
-4.200
王者荣耀体验店
后勤入口
体验店主入口
-3.400（水底）
A
水处理设备房
-6.300
下沉天井
太阳能充电台
VR体验室、开黑室
摊位
货架
-4.950
-4.200
下沉入口广场
B
地下一层平面图 1:200
N
太阳能电池板
高悬的太阳能板呈现中另一种“树”的姿态，并能为照明，手机充电等活动供电
树阵
借鉴昭觉寺“十里松风”的树阵来表达对于城墙遗址的纪念，同时为居民提供宜人的树下活动空间
体验店入口
体验店的地面标识性设计。其东南角接地以回应城墙，西北角升起以应对城市
“树+储水”
树池下是不可进入的储水空间，用于收集雨水，通过管道与外界相连。而封闭的储水筒可作为支撑地面的结构筒
“树+私密房间”
树池下的私密房间可作为卫生间、储藏室等等，通过管道沟通树池底部与房间下面的管网，实现雨水收集
公园地面
由地下空间单元布置的疏密生成公园地面树阵的疏密。因而树阵中得以生成林中的“院坝”空间
CHANEL

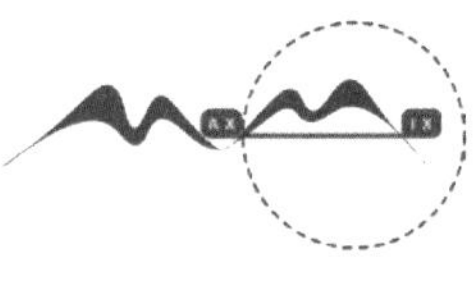

东南大学
设计：秦令恬／孔玉／赖怡蓁／王佩瑶
指导：周霖／夏兵

Maxmix——再现共融少都

CONCEPT

秦代建城 民国初的少城 如今的少城

位于皇城之外，外城墙之内 城墙打开 位于五大老城中心区之一青羊区

都城边缘 城市中心 "老成都最后的记忆"

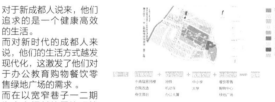

人们共同体意识

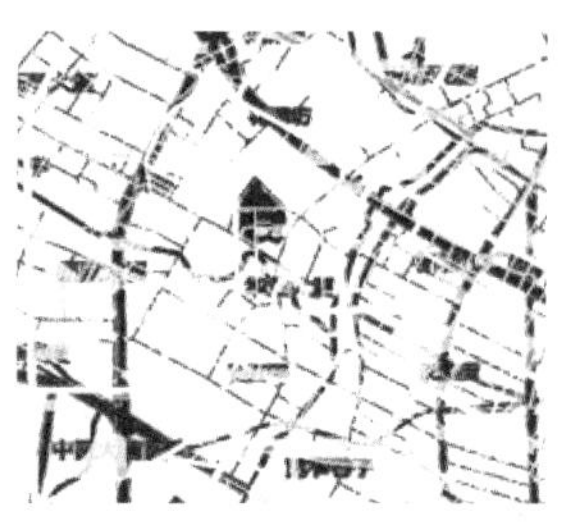

在历史演变的过程中，少城经历了以下三个阶段：秦代初建少城时，少城位于皇城之外外城墙之内，作为都城的边缘起到防御作用；经过几次毁坏和重建；到民国初期，作为边界的城墙被打开，少城成为成都中心的一部分；到如今，少城位于五大老城中心区之一的青羊区，少城成为人们眼中老成都最后的记忆。我们可以看到少城从都城内的边陲地带变成老城和新城的边界，也就导致它内部社会现实、人群属性、物质空间的异质。

少城的历史变迁也伴随着人群的变化，人们的共同体意识也随之不断波动。从少城最初代表满人聚落这样的分割状态到清政权瓦解满汉的共融，再到新中国初他们作为老成都人的安闲自在，再到现代化以来，新成都人的生活方式开始变化，随着时间推移，新老成都人形成融合状态；旅游热兴起后，游客暴增带来游客与居民之间的隔阂与矛盾；相信在不远的未来，新成都人老成都人游客蓉漂能够聚集在一起，形成一种高度融合的状态。

人群需求及场地现状

老成都人

根据历史文本的研究，我们发现，当老成都人谈及过去的成都生活时，主要提到的城墙，临街的店铺和住宅，街道上的小摊贩，河边的嬉戏，竹林下喝盖碗茶的悠闲等等。对老成都人来说，他们更在意的是老成都的记忆和现实的生活。

接下来我们整理了场地中遗留下的历史片段：城墙片段——防空洞——宽窄巷子——成都画院；西郊河——鱼骨状肌理——日字型布局的四合院。

我们希望重构这些历史片段来唤起人们对于成都根的记忆，并将其作为社区共同体意识的物质基础。

城市环境：城墙和街道 + 商业空间：店铺与地摊 + 日常空间：家与邻之间 + 社会空间：河道和竹 — 社会自治：共同体意识

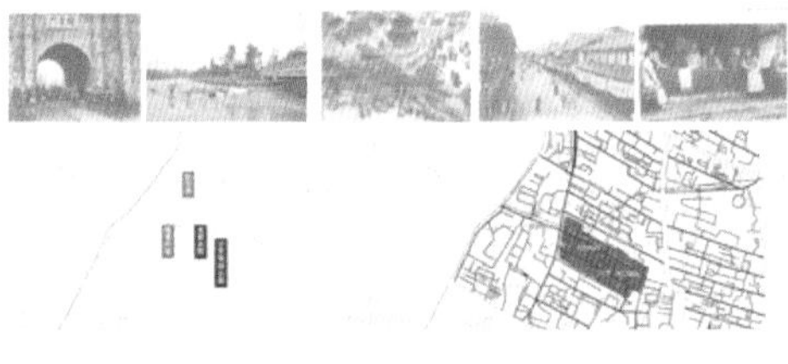

新成都人

对于新成都人说来，他们追求的是一个健康高效的生活。

而对新时代的成都人来说，他们的生活方式越发现代化，这激发了他们对于办公教育购物餐饮零售绿地广场的需求。

而在以宽窄巷子一二期为中心辐射的周边环境中。

绿地和广场比较匮乏，场地与滨河绿道联系较少，所以希望营造更多的绿地广场等公共空间并与滨河步道建立更紧密的联系。

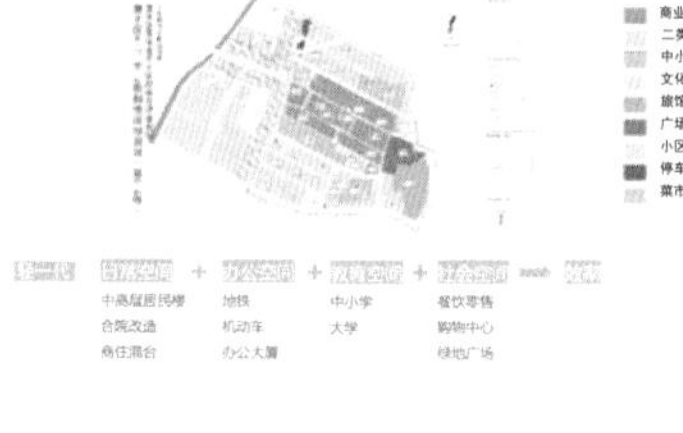

以宽窄巷子一二期为中心辐射的周边环境中

场地：滨河绿道+绿化广场

游客

针对游客，我们通过查阅资料，对游客在宽窄巷子的停留时间进行分析，其中游览时间小于半小时的旅客认为宽窄巷子空间较为拥挤、公共休息空间有限；消费定位过高、特色活动较少。

所以我们希望营造像朋友小聚、节庆狂欢、创意集市等等更多日常互动社交的活动，创造一种体验式沉浸式的消费。

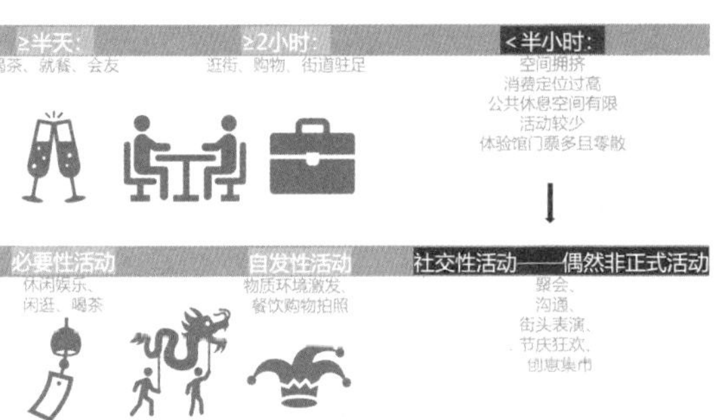

蓉漂

与此同时在中国城市群建设过程中，成都作为西南地区中心城市，近些年大力发展互联网经济以及网红经济，吸引了大量年轻一代来成都创业，这些蓉漂主要从事科技、文创、新媒体方面的工作，他们日夜加班，在物质上需要一个健康的生活而在心灵上更渴望多一些公共空间来感受成都，从而建立起对成都的归属感，让新成都人迁进来，还能留下来，激发成都文化源源不断的生命力。

我们可以看到场地处于成都正在规划建设全球最长绿道慢行系统——天府绿道慢行系统中，成都希望通过步行／自行车等慢行交通，承载文化、体育、休闲等功能。

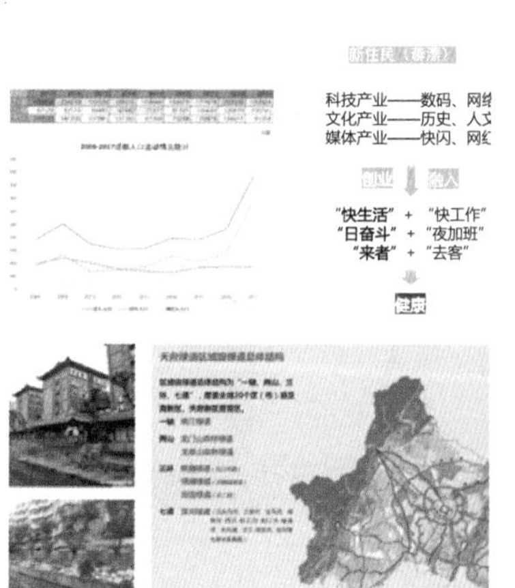

历史重塑　　绿地营造

评语：

设计在对成都历史沿革演变，城市肌理，民俗地理以及人文风情等系统研读的基础上，聚焦城市人群构成及其特征，充分挖掘场地内的历史遗存及独特的城市记忆，提出通过"立体绿链系统"——慢行＋区域景观共享生态走廊，以拉结缝合方式解决场地中历史人文和自然景观碎片化的问题，形成感受成都日常悠闲"慢生活"的步道系统，打造新活与旧意共存的"MAXMIX"共融的城市新风貌，最终形成"一链、二轴、三区、五域"的城市结构，将基地内各类人群（老成都、新成都、蓉漂、游客）不同类型的行为空间有机整合，营造出独具成都特色的共融空间场域。整个城市设计从人群及其特定行为空间出发，兼顾轨道交通及区域立体慢行系统，具有强烈的人本主义与都市景观主义的基调。

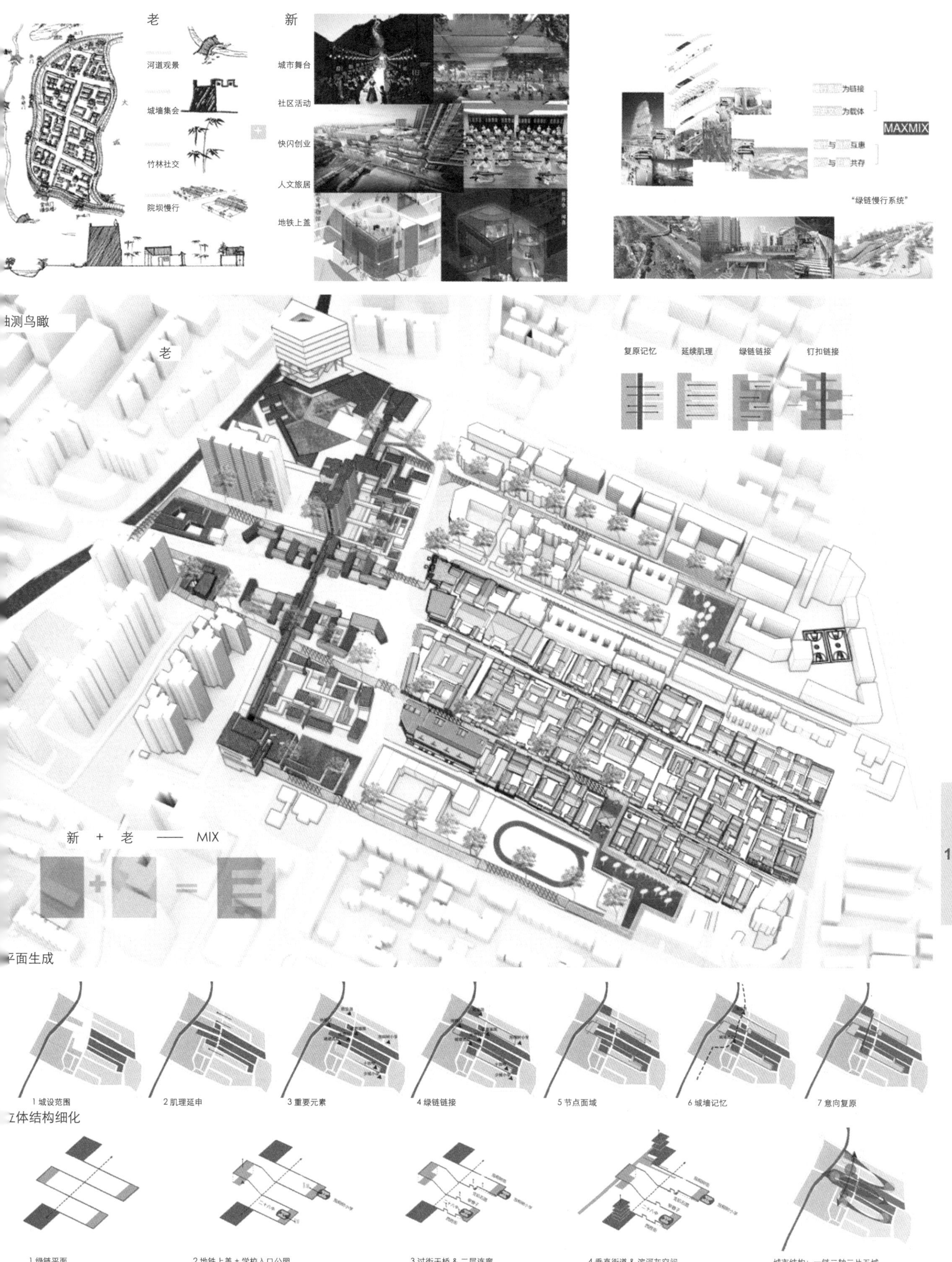

老
新
河道观景
城墙集会
竹林社交
院坝慢行
城市舞台
社区活动
快闪创业
人文旅居
地铁上盖
为链接
为载体
与 互惠
与 共存
MAXMIX
"绿链慢行系统"
轴测鸟瞰
老
复原记忆
延续肌理
绿链链接
钉扣链接
新 + 老 —— MIX
平面生成
1 城设范围
2 肌理延申
3 重要元素
4 绿链链接
5 节点面域
6 城墙记忆
7 意向复原
立体结构细化
1 绿链平面
2 地铁上盖 + 学校入口公园
3 过街天桥 & 二层连廊
4 垂直街道 & 滨河灰空间
城市结构：一链二轴三片五域

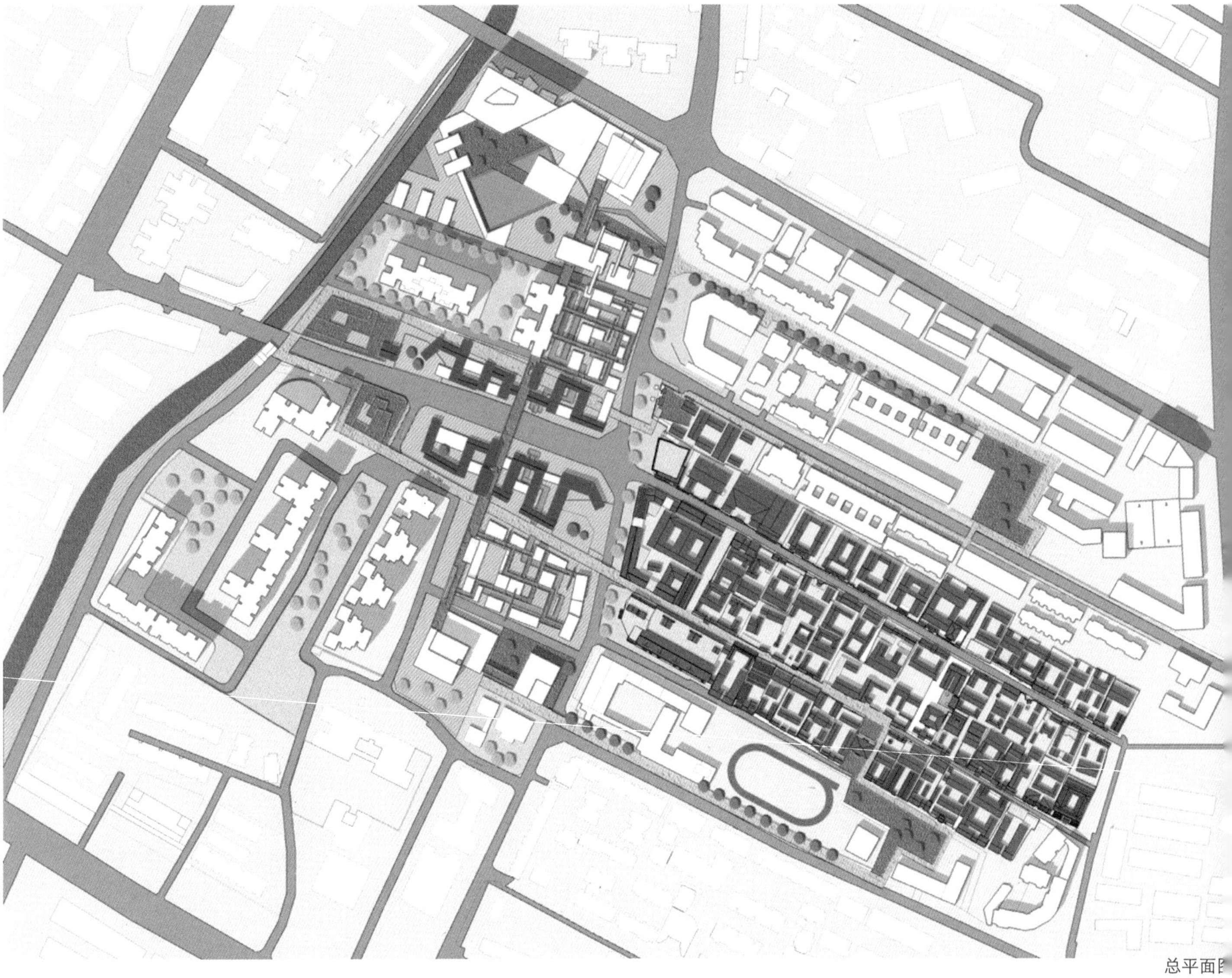

总平面

人群分析

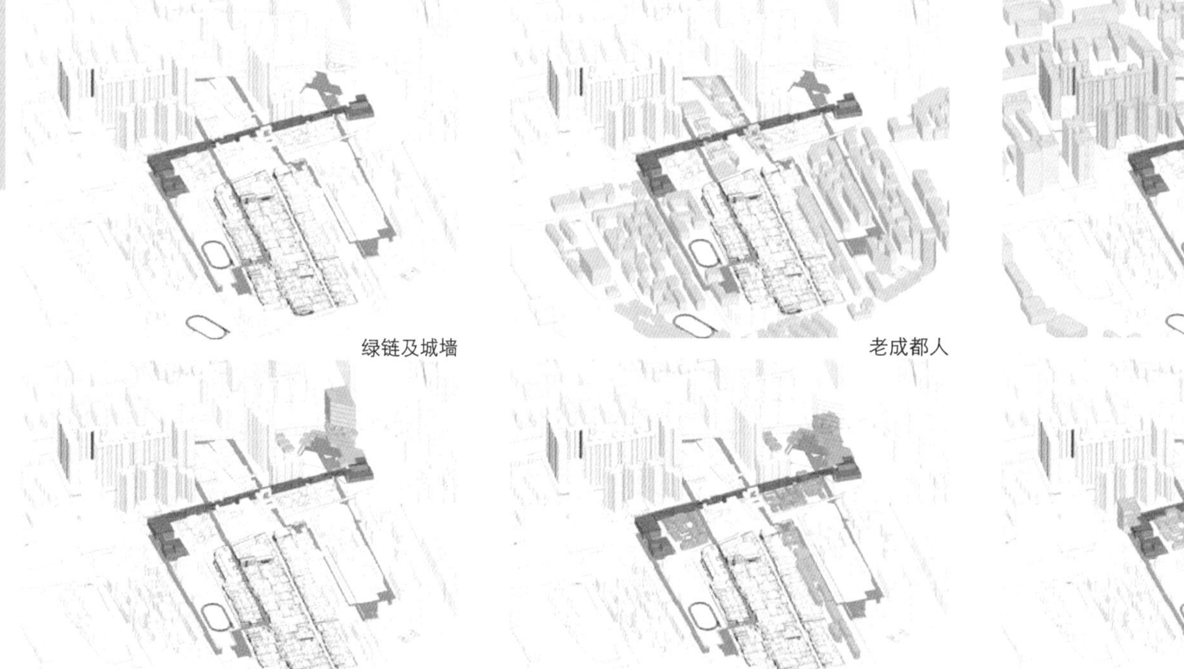

绿链及城墙　老成都人 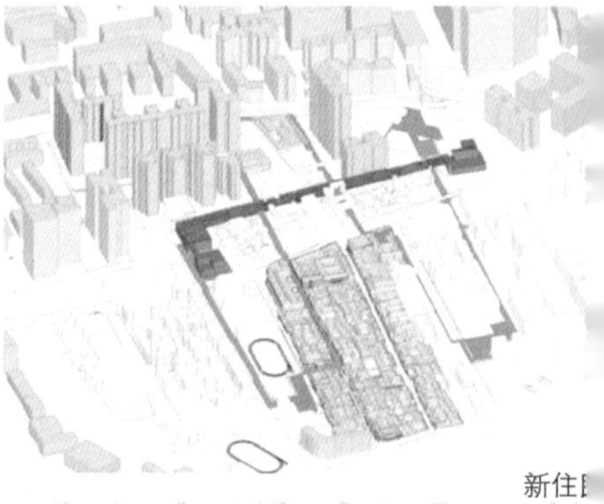　新住

蓉漂　文人雅士 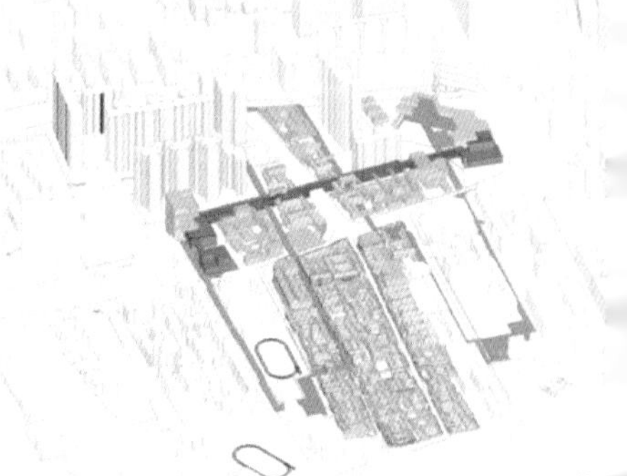　游

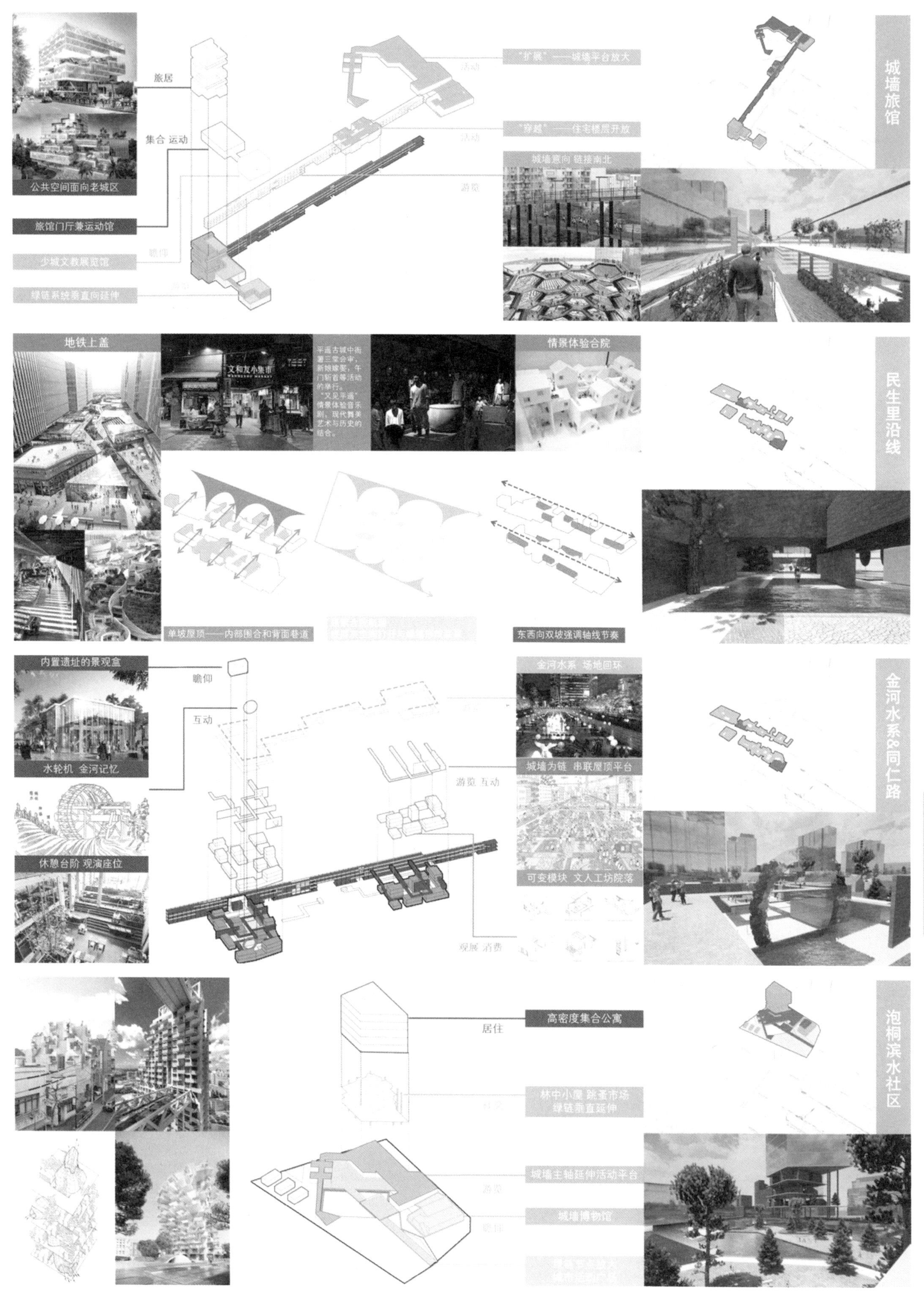
城墙旅馆
旅居
集合 运动
公共空间面向老城区
旅馆门厅兼运动馆
少城文教展览馆
绿链系统垂直向延伸
"扩展"——城墙平台放大
活动
"穿越"——住宅楼层开放
活动
城墙意向 链接南北
游览
瞻仰
地铁上盖
文和友小集市
平遥古城中街署三堂会审、新娘嫁娶、午门斩首等活动的举行。"又见平遥"情景体验音乐剧，现代舞美艺术与历史的结合。
情景体验合院
民生里沿线
单坡屋顶——内部围合和背面巷道
东西向双坡强调轴线节奏
内置遗址的景观盒
瞻仰
互动
水轮机 金河记忆
休憩台阶 观演座位
金河水系 场地回环
城墙为链 串联屋顶平台
游览 互动
可变模块 文人工坊院落
观展 消费
金河水系&同仁路
泡桐滨水社区
高密度集合公寓
居住
林中小屋 跳蚤市场
绿链垂直延伸
城墙主轴延伸活动平台
游览
城墙博物馆
瞻仰

时空交织
Inner space

东南大学
设计：秦令恬
指导：周霖 / 夏兵

周边环境

1 地铁出入口

2 绿链和城墙

方案生成

1 场地　2 合院肌理　3 延伸转译　4 尺度割裂　5 城市橱窗　6 绿蔓 & 城墙　3 合院记忆轴

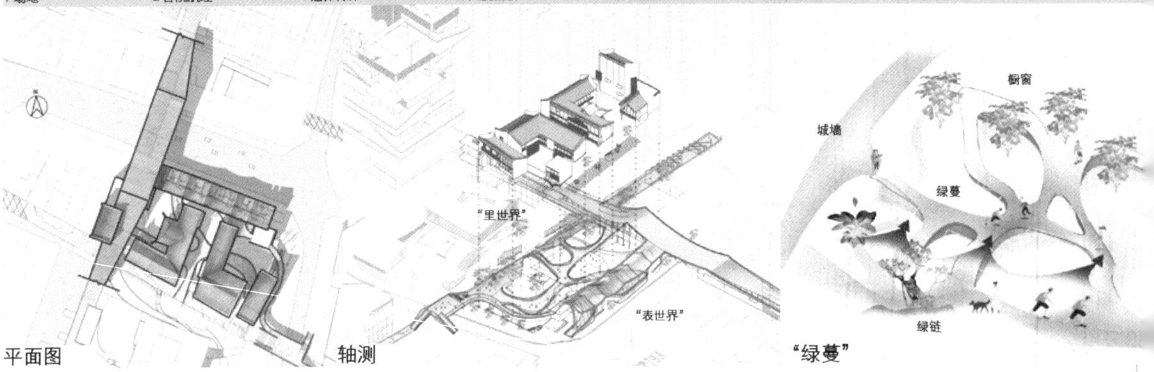

平面图

轴测

"里世界"

"表世界"

"绿蔓"

城墙　橱窗　绿蔓　绿链

老成都氛围营造

老成都的游乐精神
成都十二月市
1 民与官同乐
2 与商贸活动结合
3 演艺活动多样
4 群众性竞技体育活动

二层平面

三层平面

AA 剖立面

BB 剖立面

评语：

该同学以再现老成都日常生活场景为核心理念，选取了宽窄巷子西侧民生里地块进行建筑设计，透过时空交织策略，采用分离空间、颠倒空间、相对空间三种处理手法，结合地铁出入口，用底层异形空间，宛若巨大的藤蔓道穿越地块内三个核心庭院及三个对应的"城市橱窗"，将"里世界"织连起来，最终打造出一个"上旧下新""异质交融"的立体空间模式，从而将老成都院落生活以镜框式橱柜展现出来，打造人群之间"内景外看"的视廊及互动交往模式。

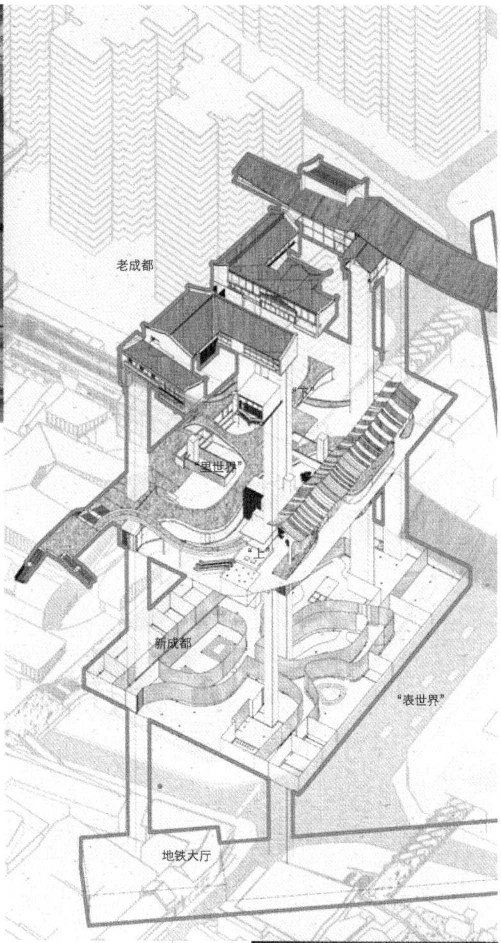

城市橱窗

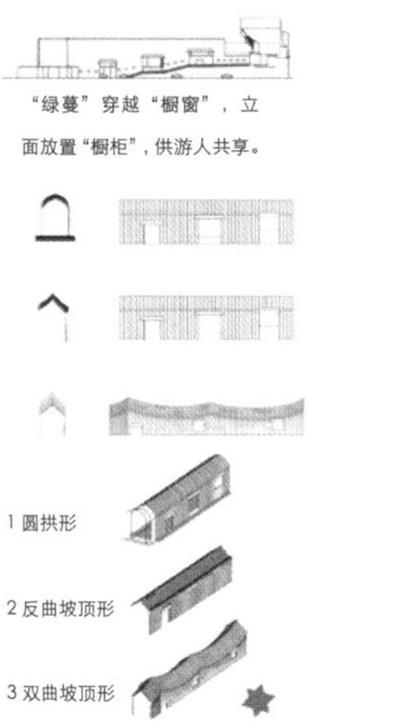

“绿蔓”穿越“橱窗”，立面放置“橱柜”，供游人共享。

1 圆拱形

2 反曲坡顶形

3 双曲坡顶形

①号橱窗

②号橱窗

③号橱窗

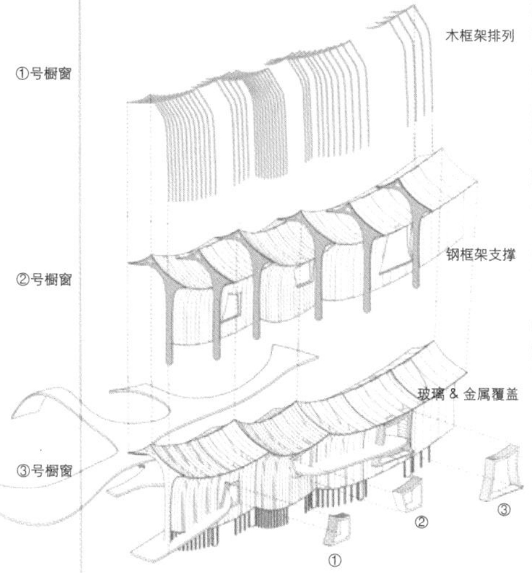

木框架排列

钢框架支撑

玻璃 & 金属覆盖

老成都

“里世界”

新成都

“表世界”

地铁大厅

新成都氛围营造

新成都的前沿科技氛围

1 成都电子科技产业

2 成都汽车展

3 无人超市；大疆旗舰店；新媒体 ……

一层平面

负一层平面

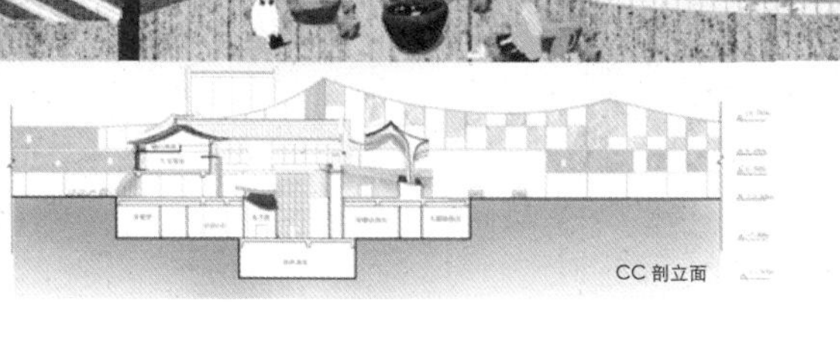

分离空间

颠倒茶室

城市橱窗

分离空间

——上老下新

颠倒空间

——非人视角

平行时空

——城市橱窗

CC 剖立面

DD 剖立面

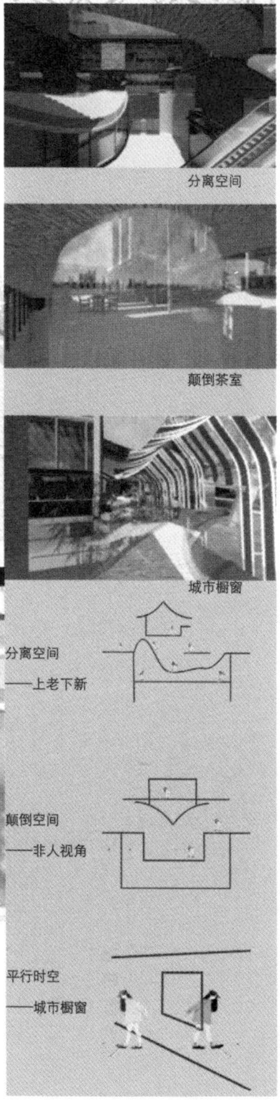

成都记艺
Memories And Crafts of Chengdu

东南大学
设计：孔玉
指导：周霖 / 夏兵

总平面图

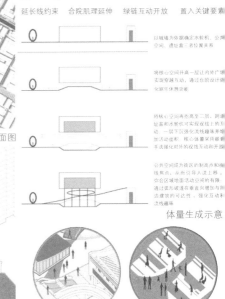

延长线约束　合院肌理延伸　绿链互动开放　置入关键要素

以城墙为依据确定水轮机、公共
空间、遗址盒三者位置关系

将核心空间升高一层让内外广场
实现穿越互动，通过台阶设计强
化娱乐休憩功能

将核心空间再抬高至二层，则遗
址盒和水轮机可实现视线上的互
动，一层下沉强化流线趣味并增
加活动面积，核心体量采用嵌套
手法强化对外的视线互动和开放

公共空间成为街区的制高点和视
线焦点，从而引导人流上移，
弥合区域地面活动空间的有限；
通过弧形坡道在垂直向增加与周
边建筑的可达性，强化互动和
流线趣味

体量生成示意

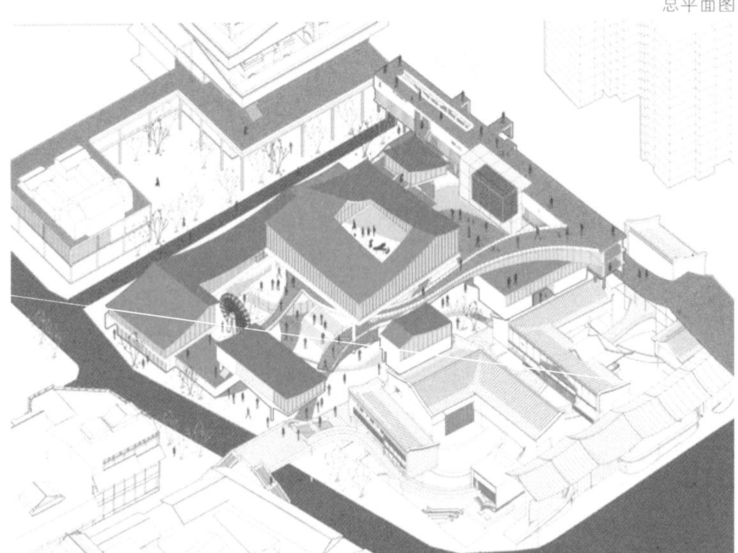

街区鸟瞰图

节点示意

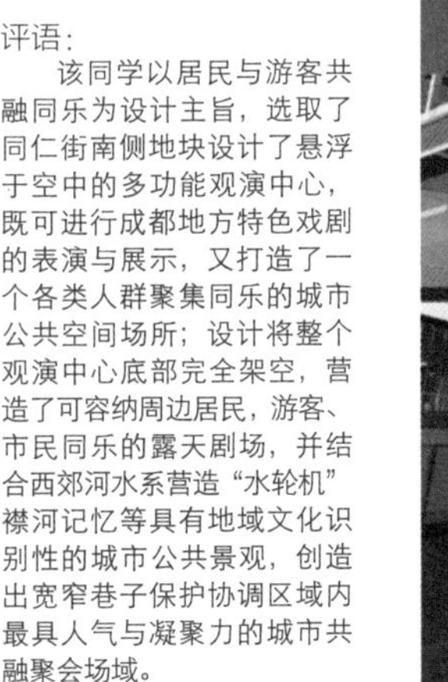

评语：

该同学以居民与游客共融同乐为设计主旨，选取了同仁街南侧地块设计了悬浮于空中的多功能观演中心，既可进行成都地方特色戏剧的表演与展示，又打造了一个各类人群聚集同乐的城市公共空间场所；设计将整个观演中心底部完全架空，营造了可容纳周边居民，游客、市民同乐的露天剧场，并结合西郊河水系营造“水轮机”襟河记忆等具有地域文化识别性的城市公共景观，创造出宽窄巷子保护协调区域内最具人气与凝聚力的城市共融聚会场域。

节点构成 1

多功能空间的垂直向叠合
坡屋顶的旋转切割与融合

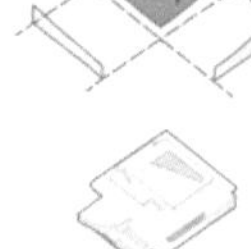

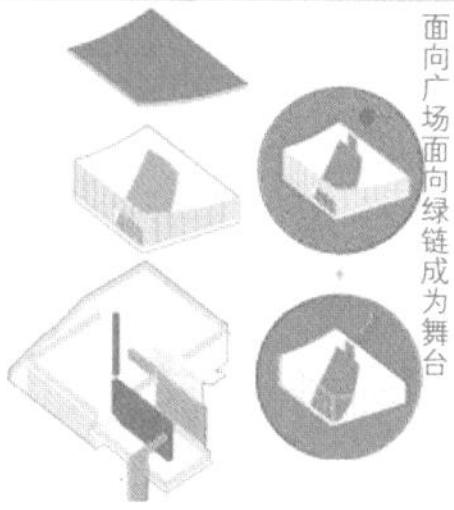

节点构成 2

通过雾化玻璃实现虚实立面的日夜转换

架空构架强化游览趣味

面向广场面向绿链成为舞台

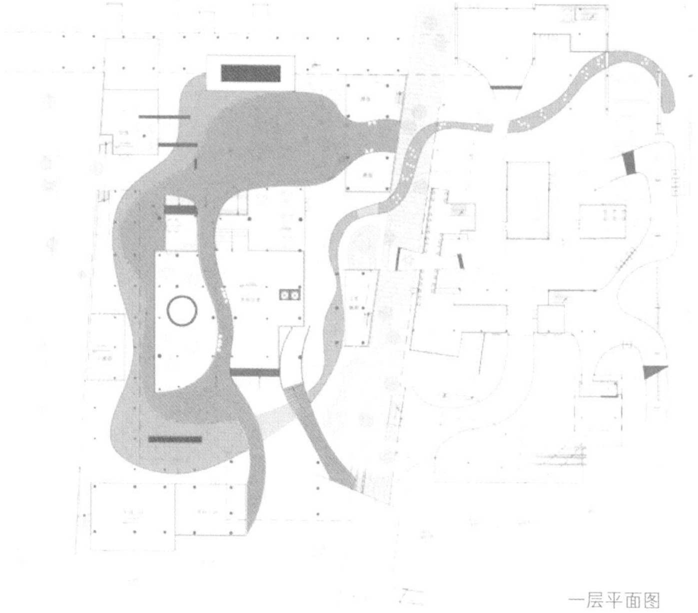

一层平面图

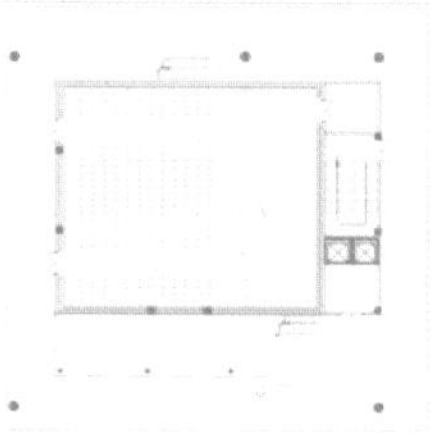

四层平面图

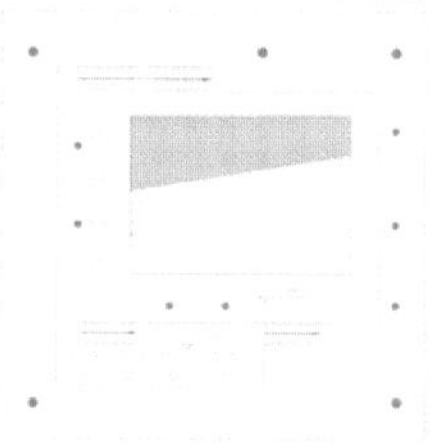

五层平面图

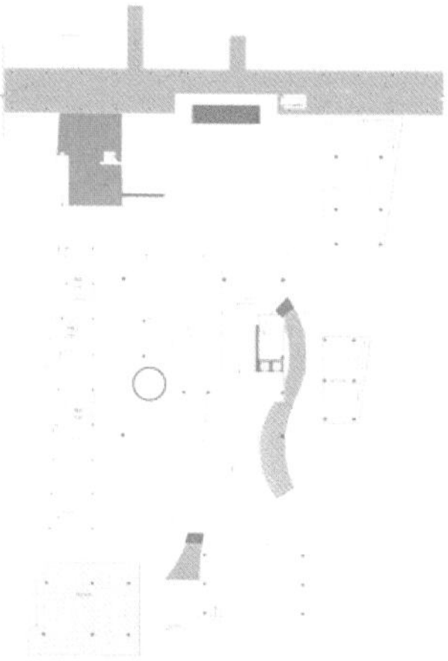

二层平面图

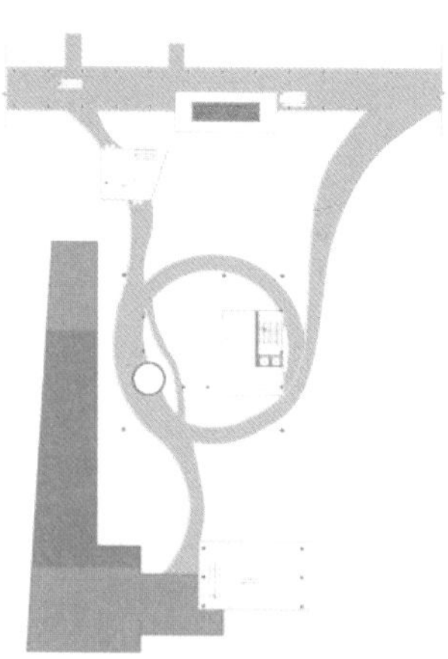

三层平面图

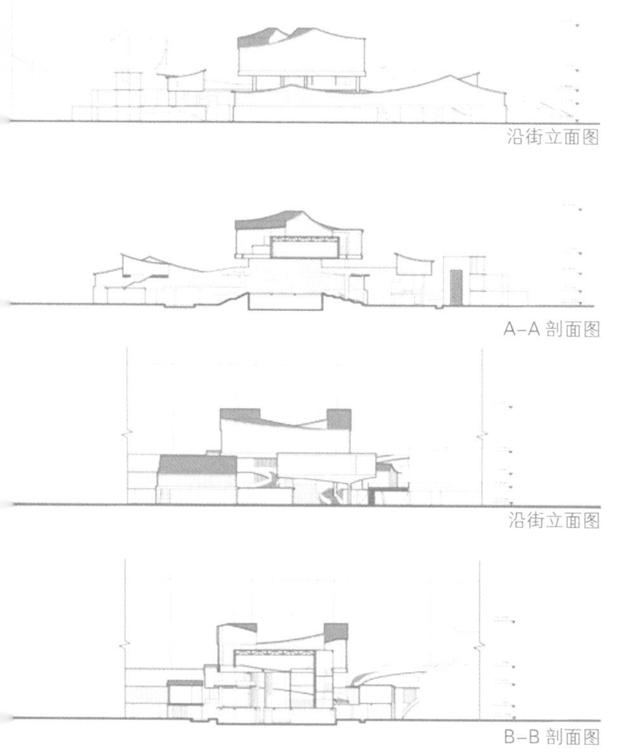

沿街立面图

A–A 剖面图

沿街立面图

B–B 剖面图

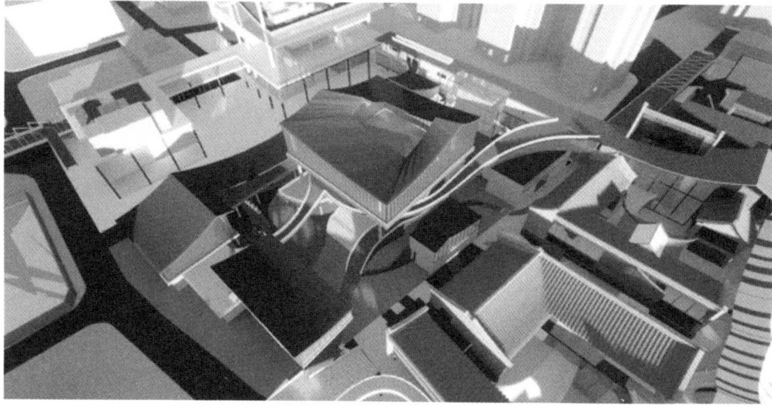

垂直旅院
Vertical courtyard

东南大学
设计：赖怡蓁
指导：周霖

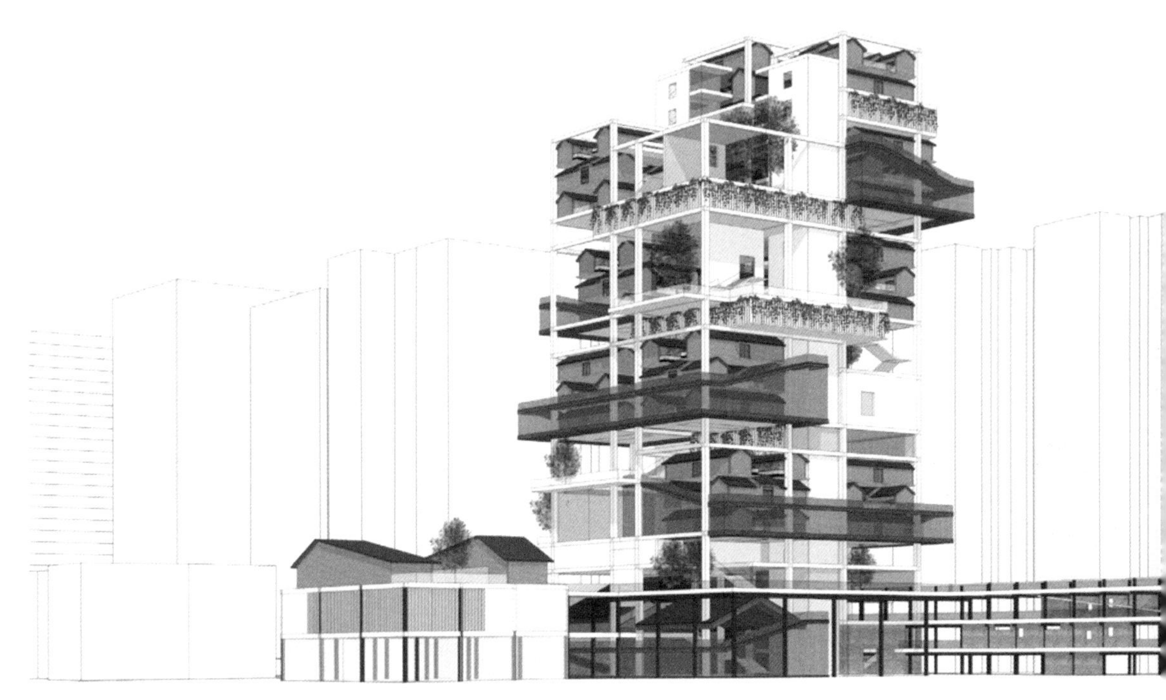

"街巷和绿意共同交织出一个又一个的空中四合院，为宽窄巷子的旅人营造出具有新老成都意蕴的栖居场所

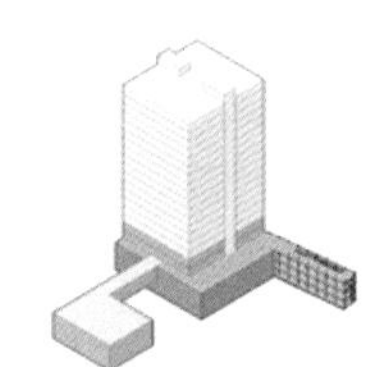

1 绿链及城墙

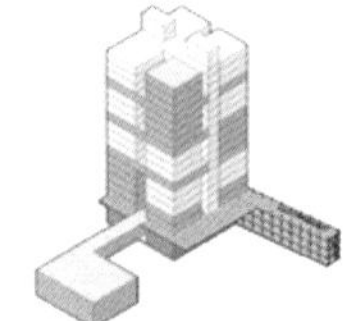

2 平面分区

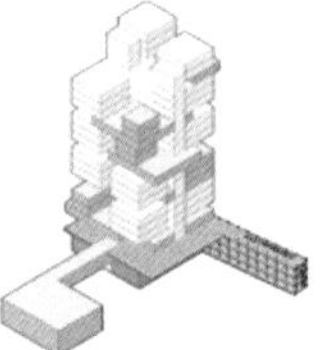

3 绿链垂直化

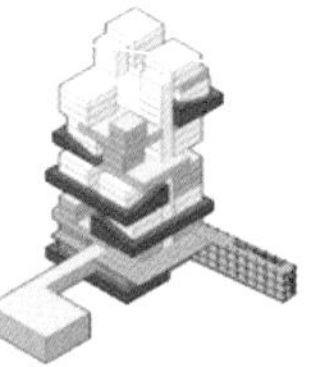

4 街巷垂直化

5 居住单元细化

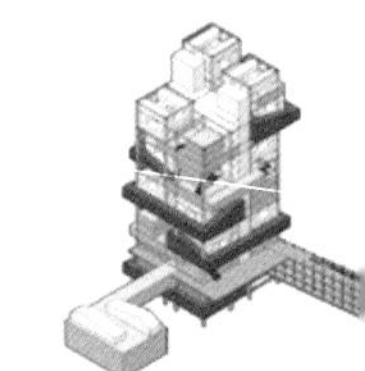

6 垂直四合

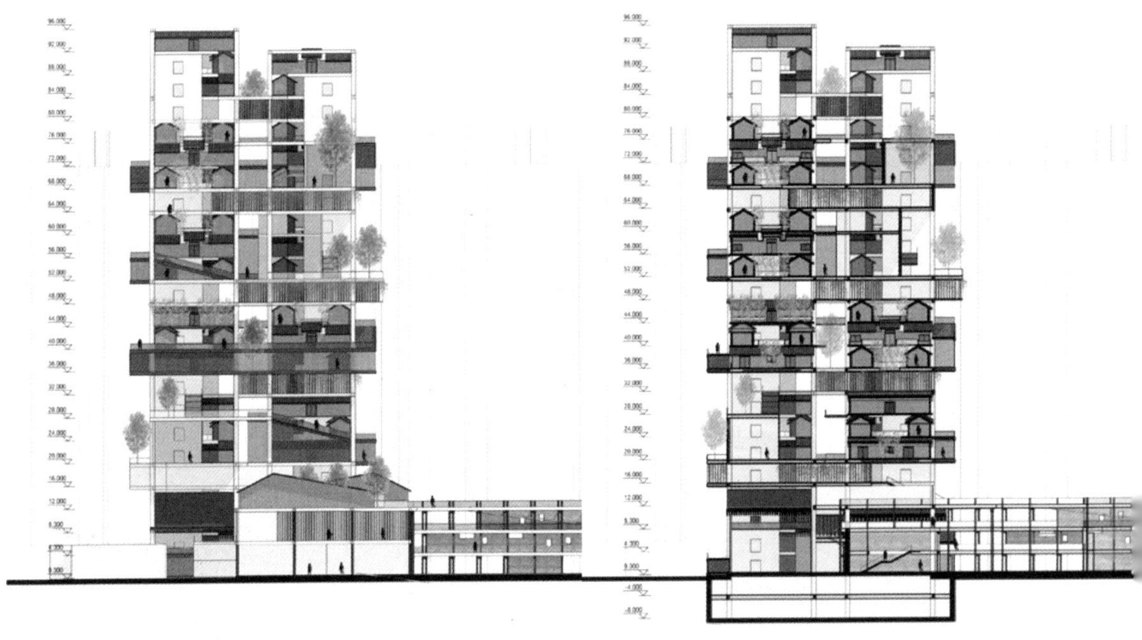

东立面图

剖面

评语：

该同学设以“垂直聚落”为设计核心，挖掘并延续宽窄巷子四合院院落空间的特征，将传统水平向发展模式转换为垂直向，既有效提升土地利用率，同时又创造独具时代特色的立体院落空间，并由此形成垂直绿化与垂直街巷共建的双螺旋结构，将绿化与垂直步道巧妙整合，立体四合院旅馆与宽窄巷子中的传统四合院落新老呼应，并在业态方面形成了灵活的补充，既延续了宽窄巷子的传统院落特质，又营造出现代创新的空间组织模式。但在处理方面存在一定问题。

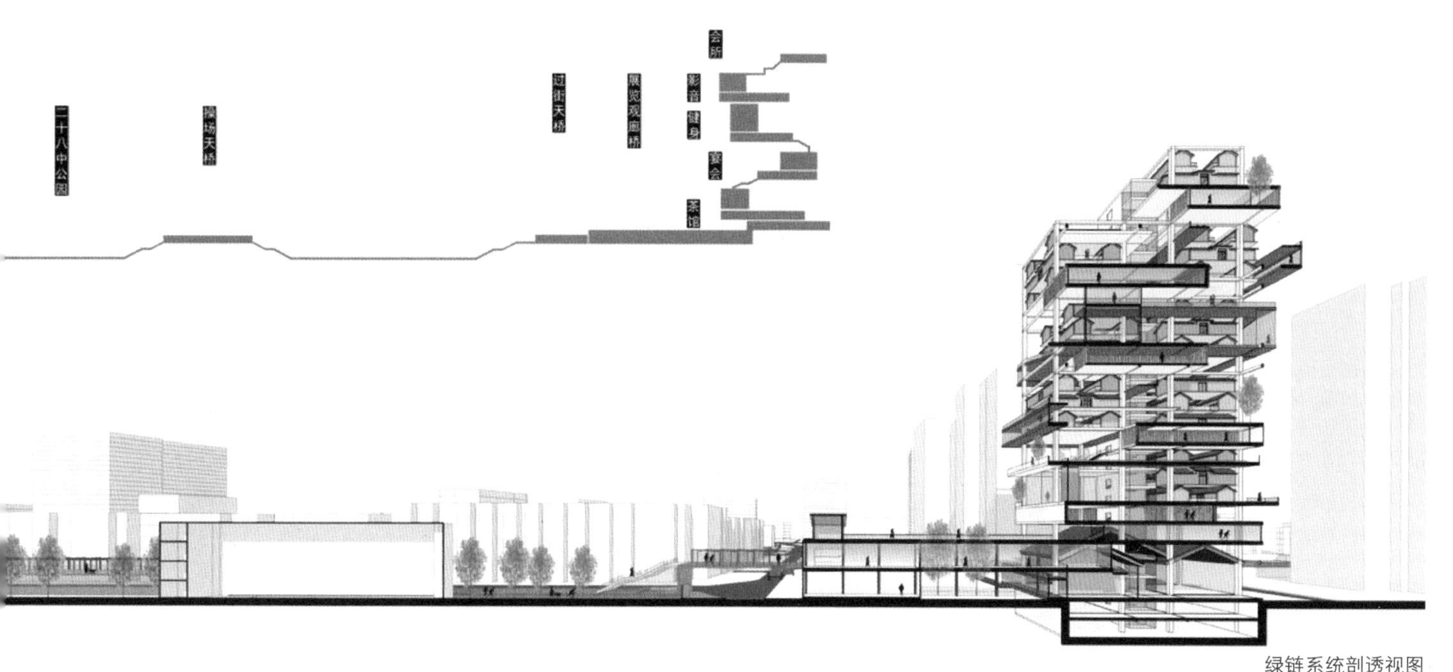

绿链系统剖透视图

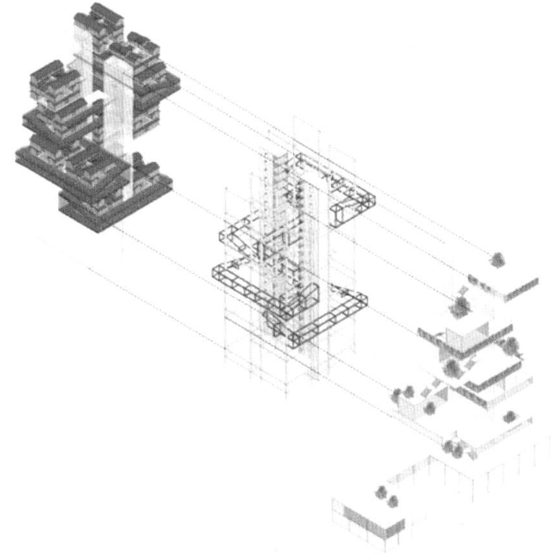
双螺旋结构分解图

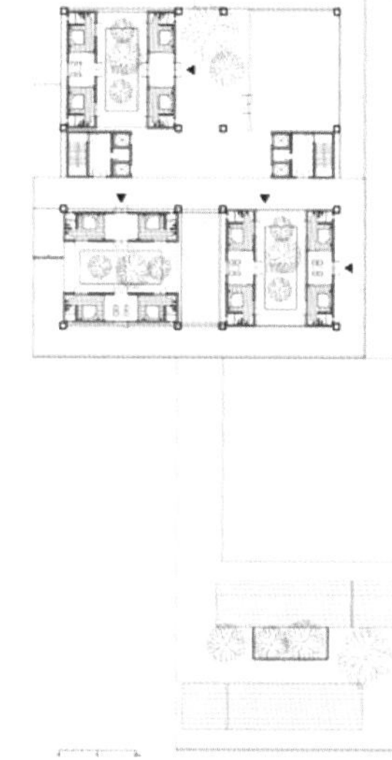
标准层平面图

绿链系统走向旅馆

合院间的街巷

垂直四合院一层院落空间

城墙系统走向旅馆

绿链平台

垂直四合院二层廊桥空间

成都偷心

Stolen Heart

东南大学
设计：王佩瑶
指导：周霖

在中国城市群建设的过程中，成都
西南地区的中心城市，这些年持续
引着西南地区的年轻人前来奋斗。
也成为继北京、上海之后，最受年
业者青睐的城市之一。
在21世纪城市的竞争等于人才的竞
我们不仅要吸引年轻人迁进来，更
的是要将他们留下来。
随着城市化进程的深入，大城市的
问题已经成为越来越多年轻人心中
点。人才公寓类公共租赁住房将成
来越多年轻人的选择。所以我选择
公寓作为我设计的基点。
成都自古以来就是一座移民城市，
座根植于老城文化圈里的蓉漂公寓
以让新迁入的群体和成都的本土文
互滋润，从而激发成都文化源源不
生命力。
近些年来，成都不断发展互联网经
网红经济，形成了自己的特色产业
此程序员和网红便成为了蓉漂的重
成部分 。

小成

身份:
程序员

工作内容:
开发，融资

空间需求:
极小居住空间，团队共享办公

嘟嘟

身份:
穿搭博主；美食博主

工作内容:
文创；新媒体；直播带货

空间需求:
一个人的工作室

人群定位

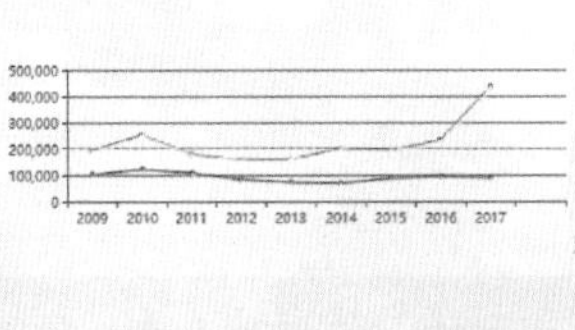

2009—2017 成都迁入迁出人口

	互联网平台店铺消费	互联网平台出行消费	互联网平台居住消费	互联网电商消费	双微声量	微博情绪	微信影响力
成都	96.7	78.	89.9	97.4	97.9	88.8	91.
杭州	97.2	75.7	88.	99.9	94.5	91.4	90.5
武汉	90.4	71.	78.5	92.6	81.4	81.4	88.0
南京	75.	67.8	80.5	82.	82.6	82.6	82.
西安	87.	61.	75.	80.	79.8	79.8	80.3
厦门	66.1	75.4	70.	78.	84.7	84.7	75.4
重庆	81	70.8	65.2	72.	77.4	77.4	65.4
长沙	83	67.8	63.8	75.8	71.2	71.2	60.
昆明	67.	73.2	61.4	66.8	63.	63.	52.3
贵阳	60.7	60.7	42.	61.2	62.	79.	69.8

互联网生活消费指数排行

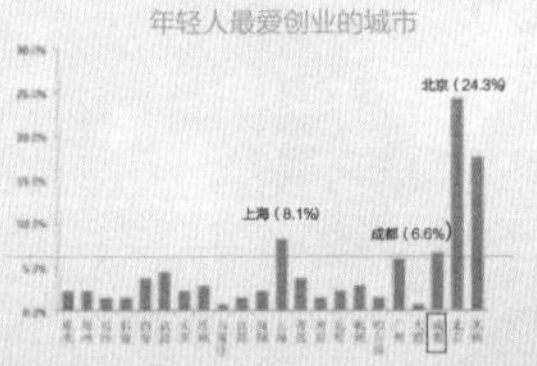

年轻人最爱创业的城市

北京（24.3%）
上海（8.1%）
成都（6.6%）

年轻人最爱创业城市

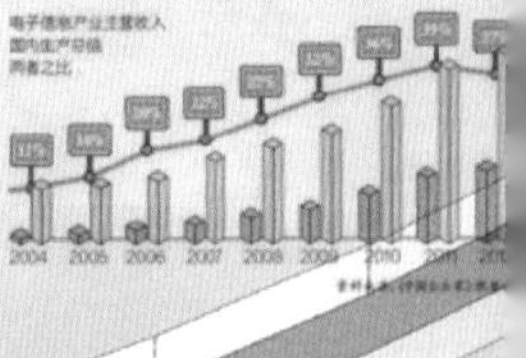

电子信息产业主营收入
国内生产总值
两者之比

成都市电子信息产业主营收入及 GDP 对比

概念阐释：
仔细想想，当你喜欢一座城市时，是因为什么？当你想扎根一座城市时，又是因为什么？除了工资、房价、熟悉度……还有一个平时不太容易察觉到的因素——城市文化。城市的外在层面是“偷生”，内在层面则是“偷心”。

偷心

偷生

密集的居住单
工作空间的组

旋转的坡道让
在绿链中与
都、新成都、
相互邂逅，以
减轻年轻人在
打拼的孤独感
受成都的温暖

1 置入蓉漂公寓单元
2 底层架空
3 借林中小屋和林中步道意向，置入坡道，回应绿链
4 将小屋沿着坡道旋转攀升，嵌入居住单元。

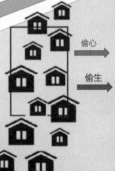

评语：

该同学以独特的人群关注计契机，通过对成都新蓉漂人群构成结构进行梳理与分析，设计了集“网红工作室”与“程序员之家”两类主要蓉漂人群的高层集合住宅——少城蓉漂公寓。设计了以树屋为结构原型，通过巨型蘑菇柱为结构支撑的垂直向单元聚合体量，中部单元为规整而均质的“程序员之家”，平面布局强调该类人群合作的工作模式，采用了周边为居住的胶囊模式的住宿单元，中心为公共讨论聚会的共享区；下部与上部单元则为大小不一零散变化的两坡顶体量，以容纳直播网红相对独立而私密的集工作生活于一体的中小型 SOHO，并结合观景平台与立体步行交通系统有机联系，打造了独具特色的新型聚居模式建筑体。

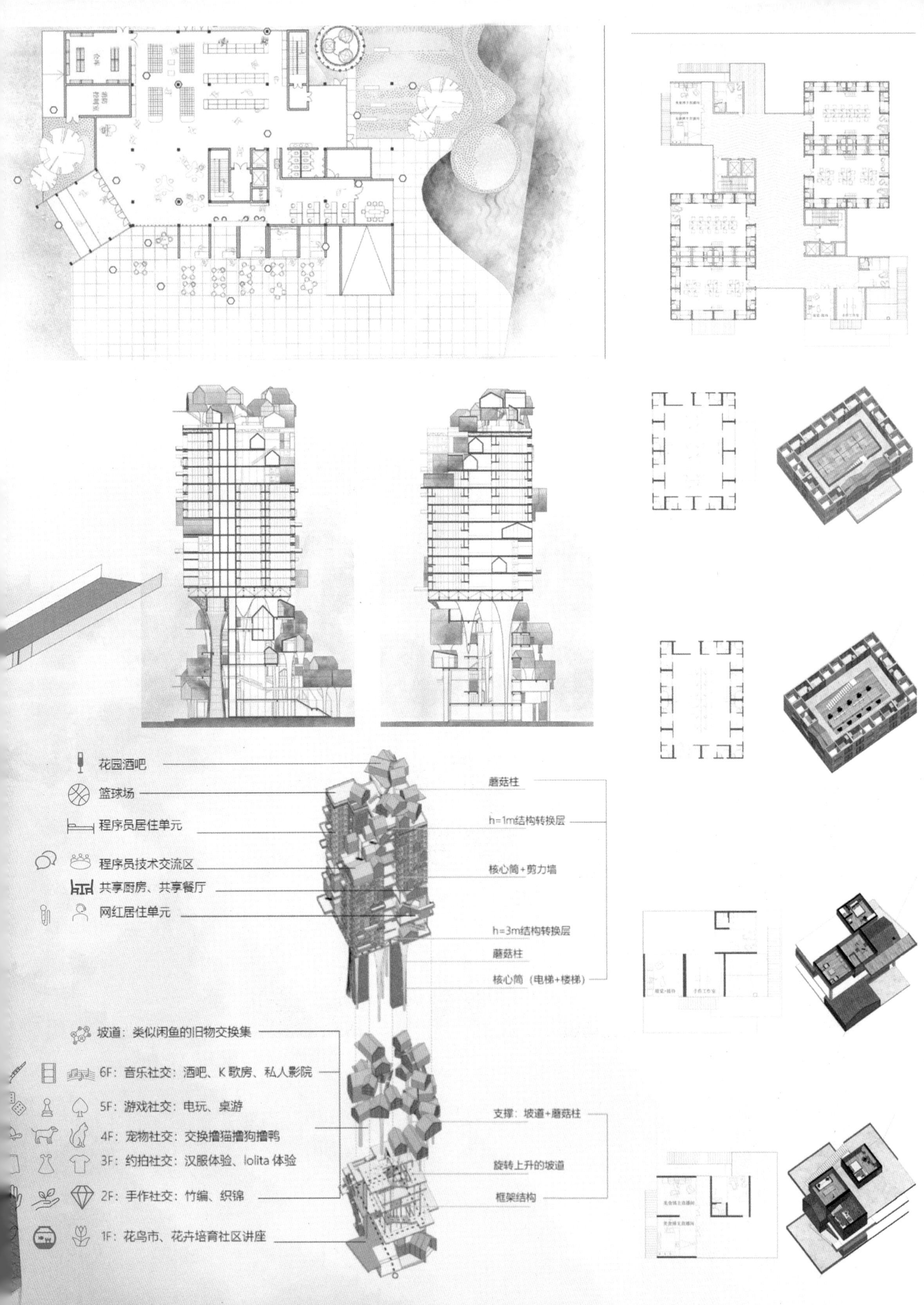

花园酒吧
篮球场
程序员居住单元
程序员技术交流区
共享厨房、共享餐厅
网红居住单元
蘑菇柱
h=1m结构转换层
核心筒+剪力墙
h=3m结构转换层
蘑菇柱
核心筒（电梯+楼梯）
坡道：类似闲鱼的旧物交换集
6F：音乐社交：酒吧、K 歌房、私人影院
5F：游戏社交：电玩、桌游
4F：宠物社交：交换撸猫撸狗撸鸭
3F：约拍社交：汉服体验、lolita 体验
2F：手作社交：竹编、织锦
1F：花鸟市、花卉培育社区讲座
支撑：坡道+蘑菇柱
旋转上升的坡道
框架结构

同济大学

Tongji University

学生团队

陈子瑶

冯子亭

姜晓薇

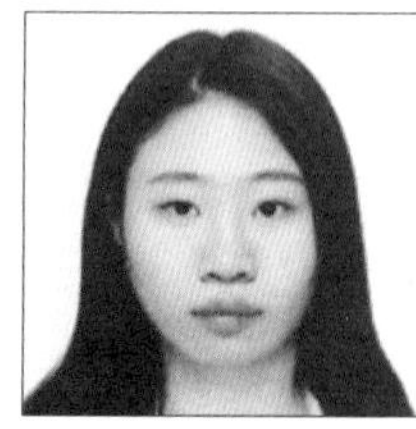

潘宸（助教）

陈泓宇

李琦芳

盛逸涵

黄磊（助教）

方正欣

刘筱沐

檀烨

黄家盈

毛姜静

薛润梁

杨阳

许敏慧

张帆

朱鹏霖

赵菡

邹雨新

指导教师

李翔宁

王一

孙澄宇

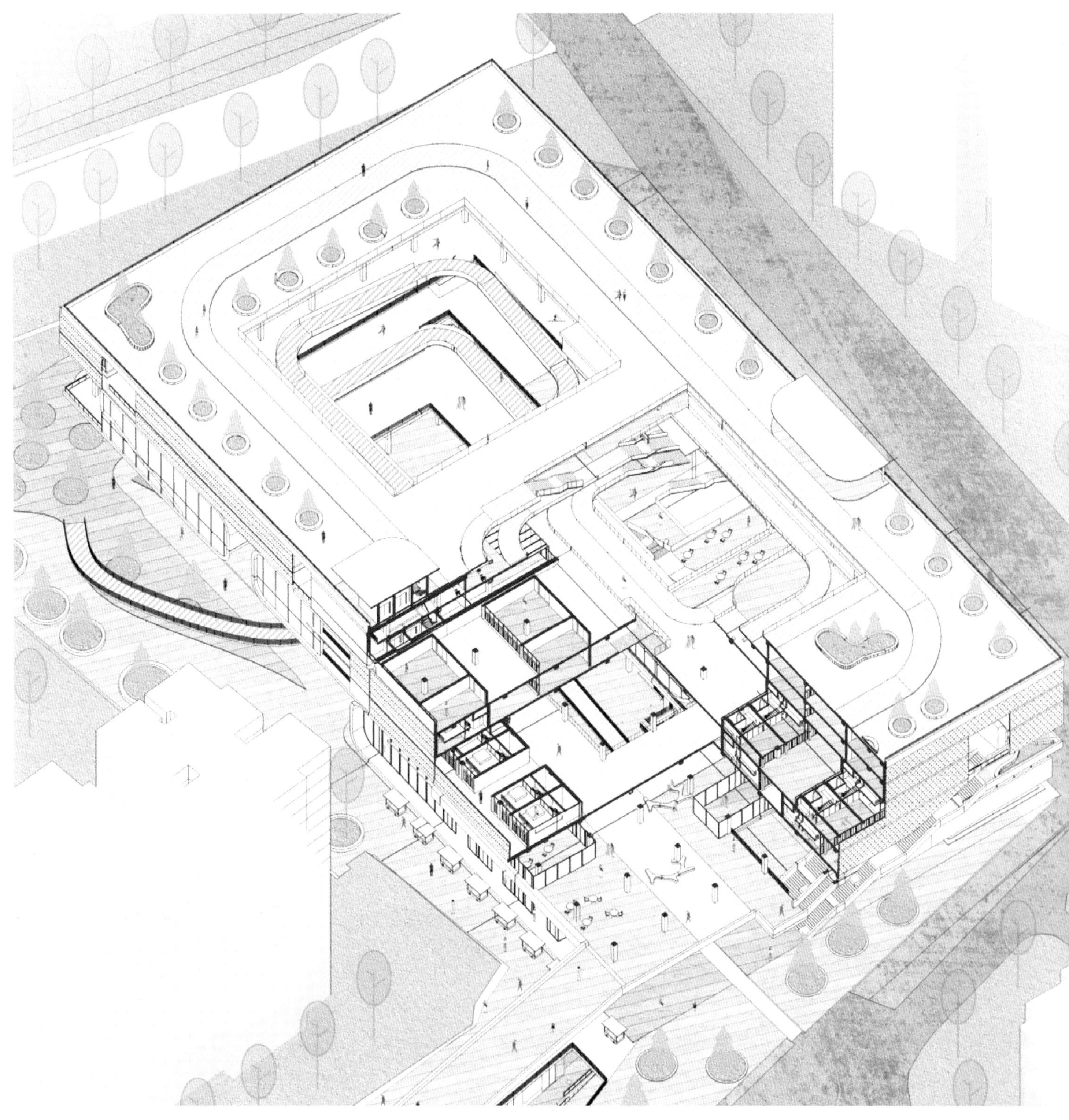

对于“成都宽窄巷子二期”这一课题，同学们既要面对城市风貌、规划条件、交通组织等同物质环境直接相关的具体问题，也要回应诸如经济发展、社会活力、文化精神等更加抽象和深刻的问题。总体上看，同学们在设计研究的过程中，都体现出了较强的问题意识，并在解决这些问题的同时，尝试提出自己的独特思路。但是在回应第二类的问题的时候，思考的深度稍显不足。建筑师在专业实践中，总是会面对各种各样的现实问题，但最终的设计不应该是解决各种问题的技术方案的堆砌，如何在纷繁复杂的现实面前，提炼出设计创作的关键切入点，我认为核心在于建筑师的立场和价值观，正是这样一种立场和价值观会让你在现实面前不会迷失自我，更不会让设计沦为空间和形式的游戏。希望每一位同学，把本次毕业设计的创作实践，当作思考建筑学的专业定位和建筑师角色的起点。

——王一

教师寄语

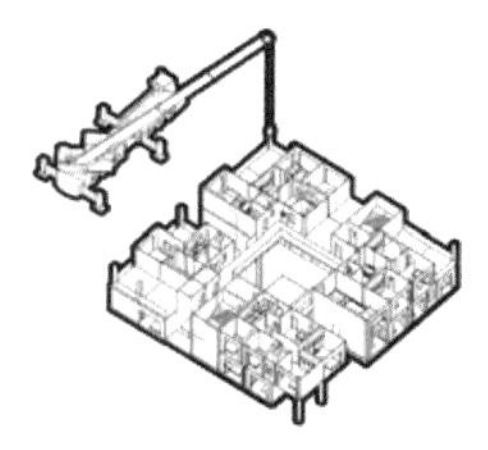

模块街区 Modular Shared Communities

同济大学
设计：陈子瑶
指导：李翔宁 / 王一 / 孙澄宇

历史分析

成都曾经是一座水城，河网纵横，降水丰沛。场地内便有一条西郊河，连接着成都的诸多历史古迹，然而，古时候成都临水而居的历史记忆早已消失，取而代之的，是河边的高层建筑、高台和围墙。另外，场地中有一条消失的金河，曾经也是成都的母亲河，却在 1917 年的一场革命中，为了战争修建防空洞而人为断流了。另外，由于处于古少城的边界，基地内也留有一段城墙的遗址，那么设计改如何让现代人们感知到历史的存在呢？

生成分析

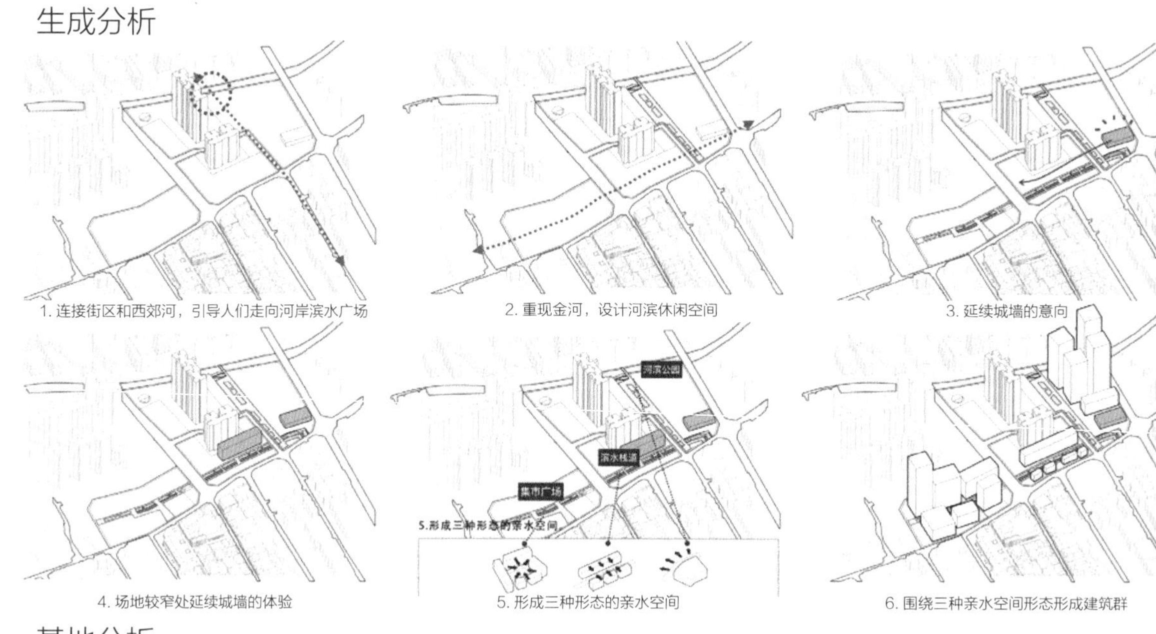

1. 连接街区和西郊河，引导人们走向河岸滨水广场
2. 重现金河，设计河滨休闲空间
3. 延续城墙的意向
4. 场地较窄处延续城墙的体验
5. 形成三种形态的亲水空间
6. 围绕三种亲水空间形态形成建筑群

基地分析

模块化设计

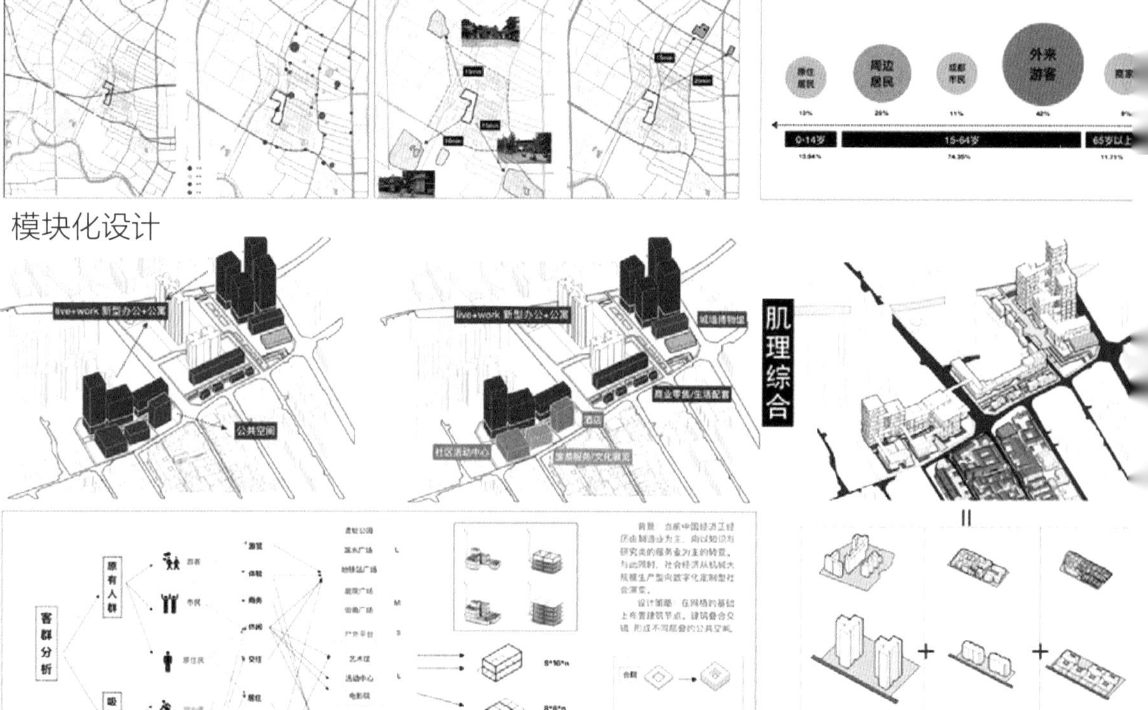

评语：

设计在城市设计角度上综合考虑了历史元素、基地现状的关系，尊重了历史，又与场地紧密结合。同时，在思考未来的时候，结合了模块化设计和装配式建筑的关系，体现了整个设计的思考深度。

轴测图

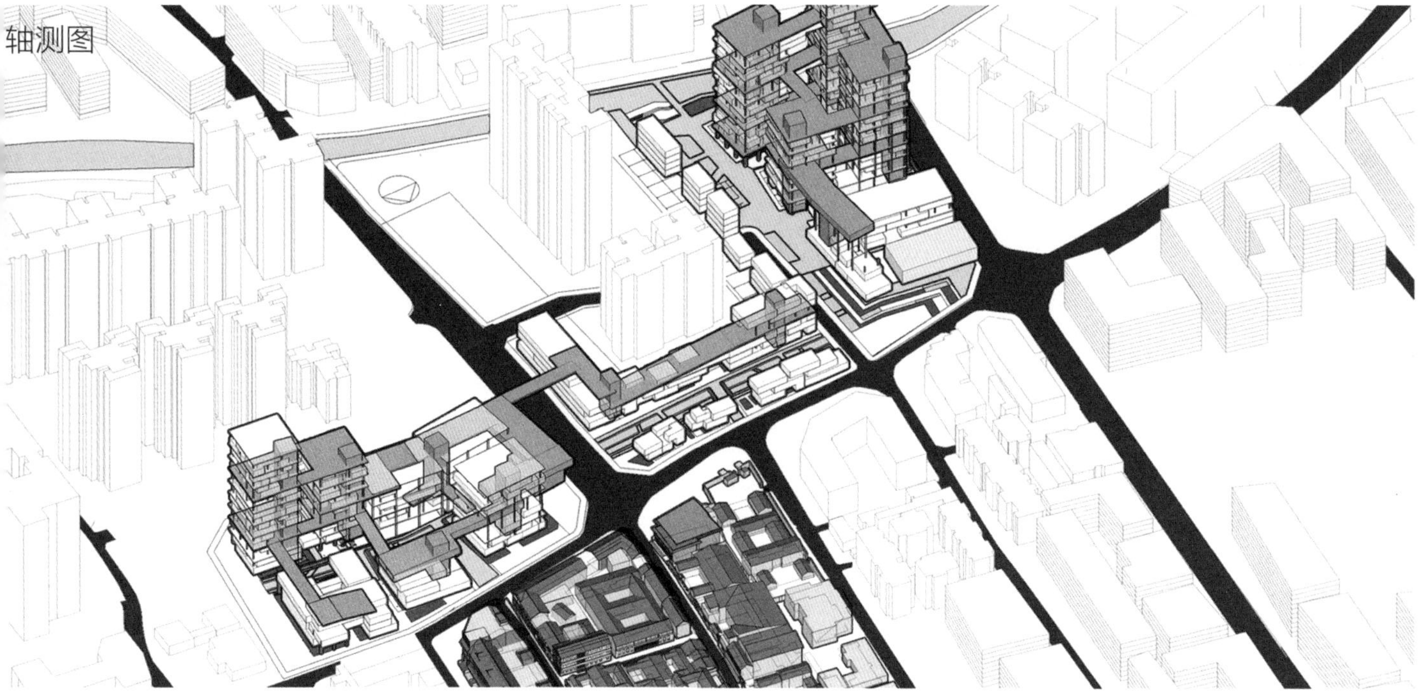

公寓模块化设计

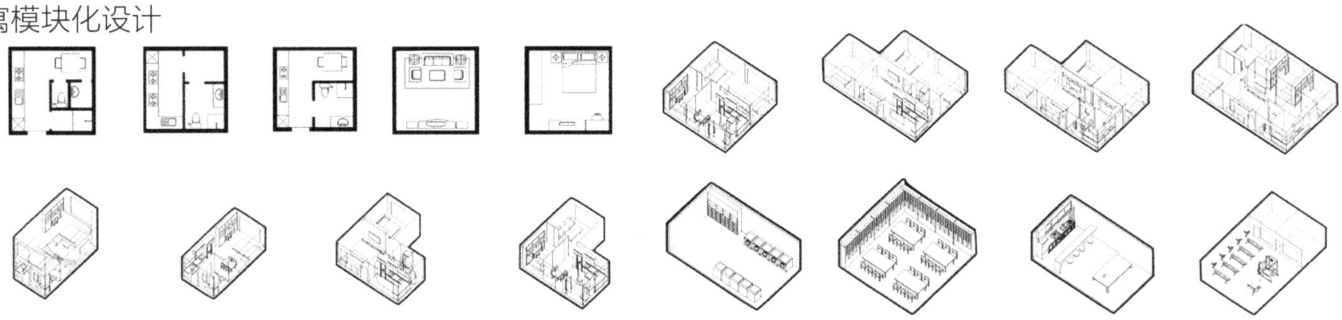

东立面图

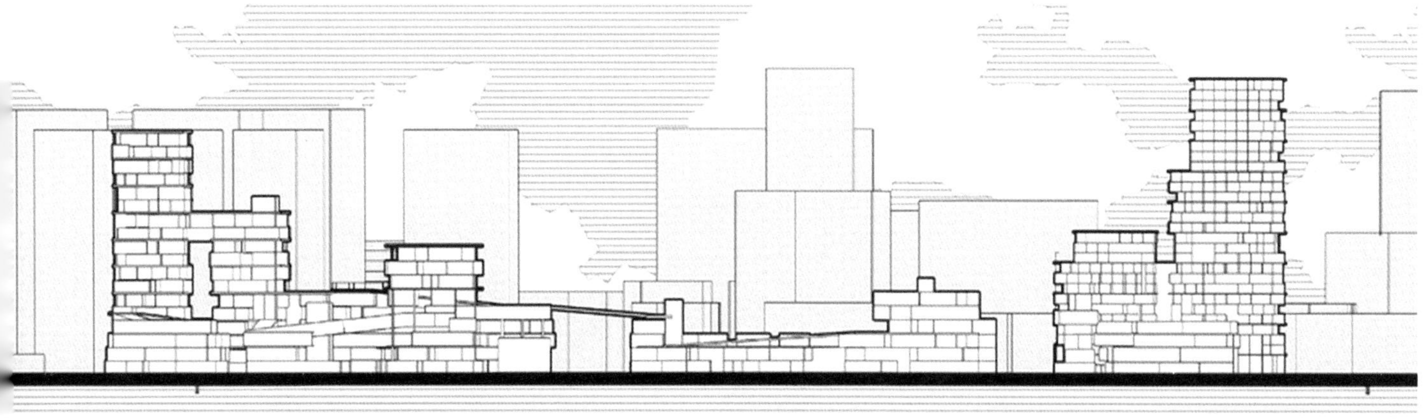

装配式设计

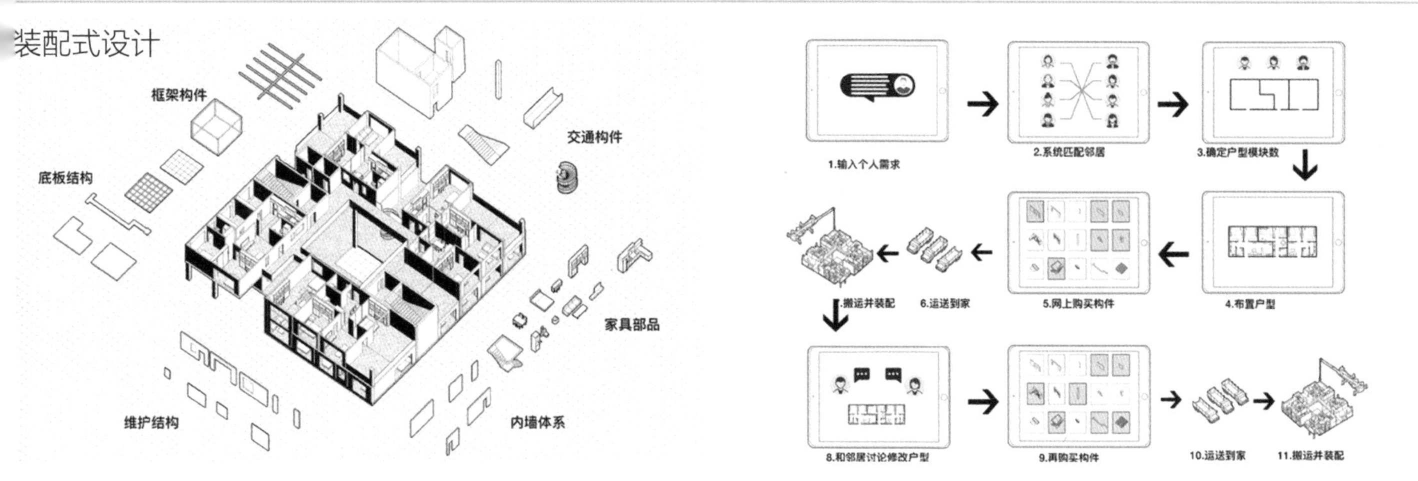

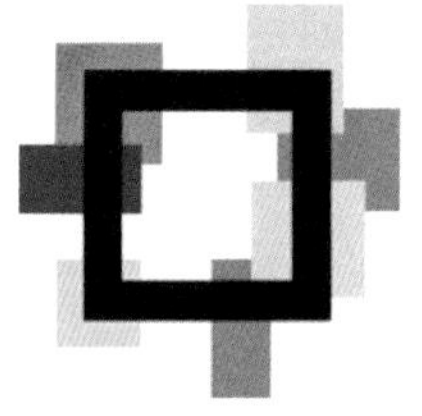

超级坝坝——成都宽窄巷子二期项目设计研究

同济大学
设计：陈泓宇
指导：李翔宁 / 王一 / 孙澄宇

超级坝坝轴测图

基地位于成都少城片区内宽窄巷子景区西侧，本方案旨在探讨高强度商业化开发同时塑造开放、包容的城市公共空间的可能性。“坝坝”是四川方言中对特定公共空间的指称，这种空间往往彰显出成都最具代表性的市井休闲文化。本方案一方面对“坝坝”的原型进行了整理和研究，另一方对少城片区独具特色的场地基因进行了梳理和分析，将两者结合生成了城市设计尺度的“超级坝坝”。而后继续深化建筑组团尺度的“超级坝坝”，目标构建能包容不同城市人群、满足不同功能诉求的“公共空间综合体”。

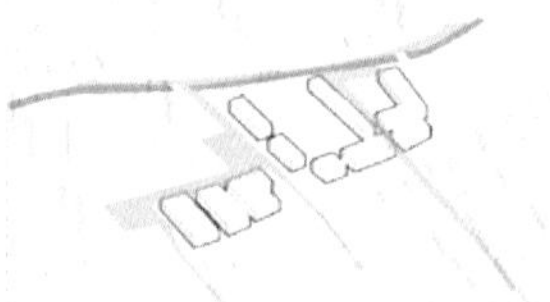

+

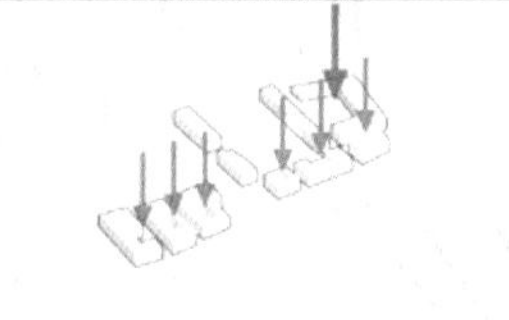

+

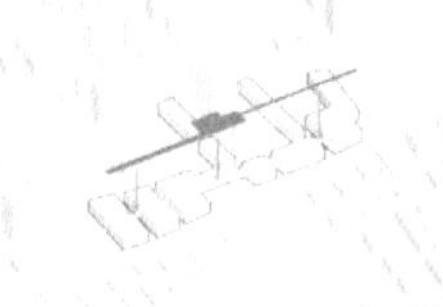

成都坝坝意向分析

生成分析

1 延续鱼骨状的街巷格局，构建完整、连续的街道氛围

2 依托西郊河构建滨水公共空间体系，并在节点处设置开放的“坝坝”

3 根据基地形态在建筑内部挖出“坝坝”，或由建筑组团围合形成“坝坝”

4 置入二层文创轴，建立整个场地的南北向联系，连接不同尺度、不同功能的坝坝

超级坝坝功能分析

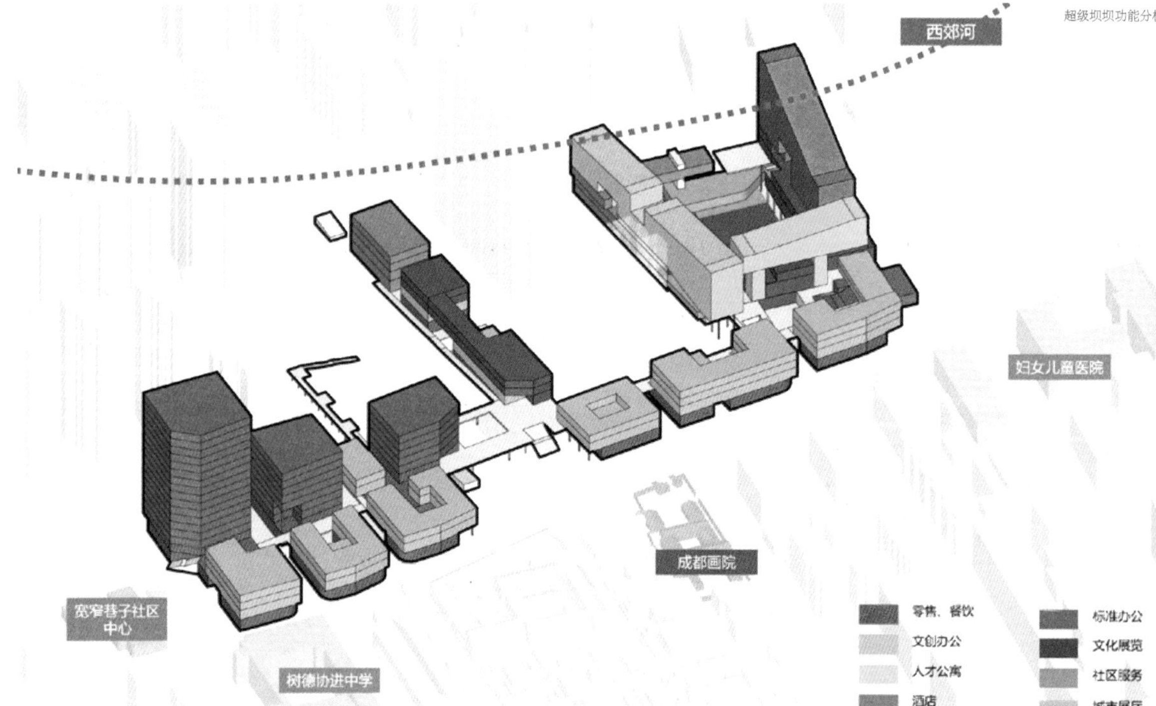

感想：

最后看来，超级坝坝最明确的体现是北侧场地上围院式的文化生活综合体，它在空间上开放、连通、不设门槛，在功能上也接纳所有的社会群体。但是，正如小组答辩时老师们的质疑，我的坝坝始终停留在对一种空间现象的描写或者描述，既没有明确的建筑学边界去界定它，也没有一套自圆其说的生成逻辑。这个问题贯穿毕设的始终。

现在回想起来，中期答辩时老师们提出的问题本该对我有所启发——坝坝没有在地性，因为它们没有解决任何实际问题。如果前期场地分析和问题导出的部分是扎实而有效的，那么将应对实际问题作为生成坝坝的逻辑就是强有力的，可惜我的推导过程从“问题导向”慢慢演化成了“顺水推舟”。

超级坝坝建筑组团生成分析

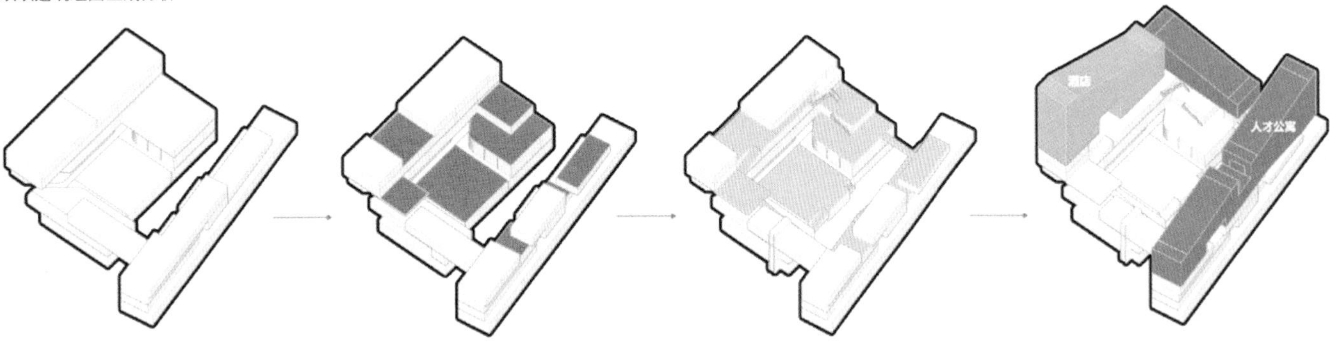

酒店

人才公寓

1 将功能体块置于城市设计生成的组团体量中

2 通过退台、悬挑等手段，在不同层面上构建出不同尺度的坝坝

3 通过连廊、坡道、楼梯将所有坝坝串联成为环绕建筑的公共空间体系

4 在底部公共功能体量构成的基座上放置酒店和人才公寓

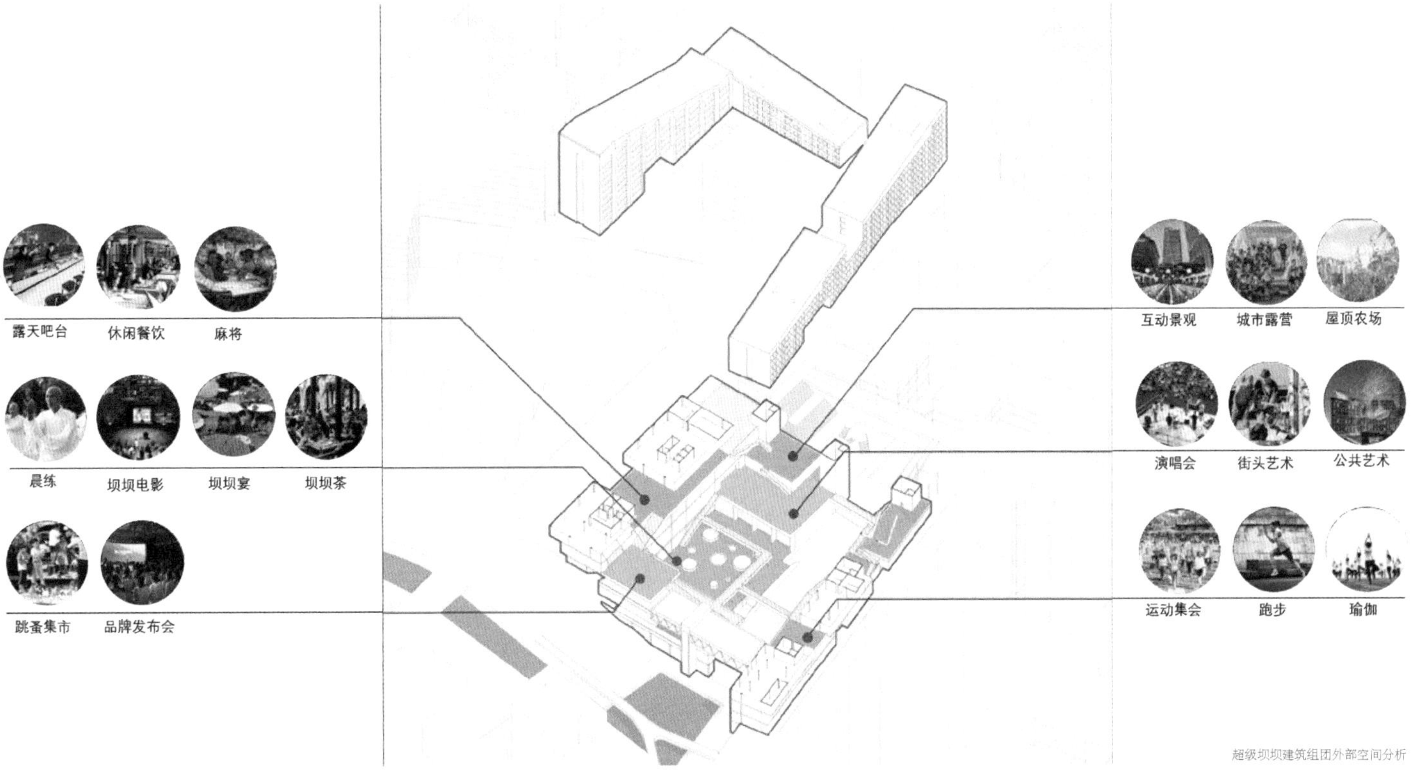

露天吧台　休闲餐饮　麻将

晨练　坝坝电影　坝坝宴　坝坝茶

跳蚤集市　品牌发布会

互动景观　城市露营　屋顶农场

演唱会　街头艺术　公共艺术

运动集会　跑步　瑜伽

超级坝坝建筑组团外部空间分析

超级坝坝场景图

超级坝坝场景图

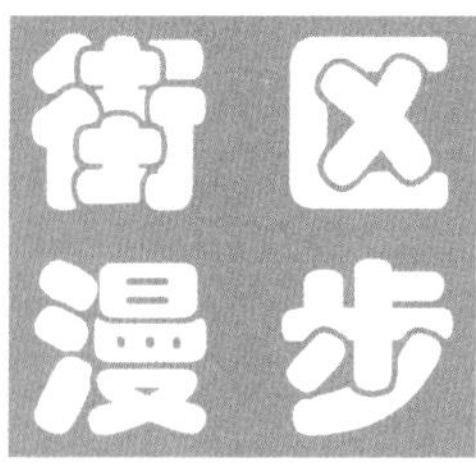

街区漫步

Block Walking

同济大学

设计：方正欣

指导：李翔宁/王一/孙澄宇

总平面图

效果图

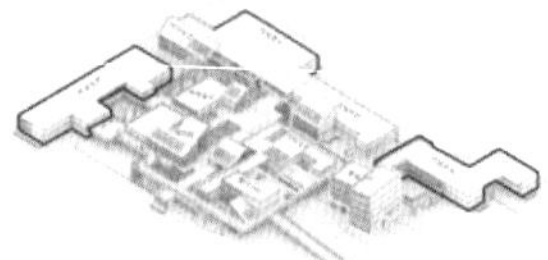

功能分析

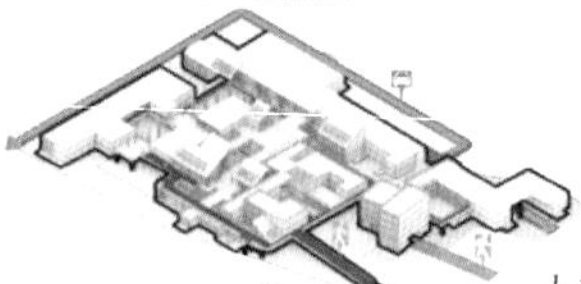

人车流线分析

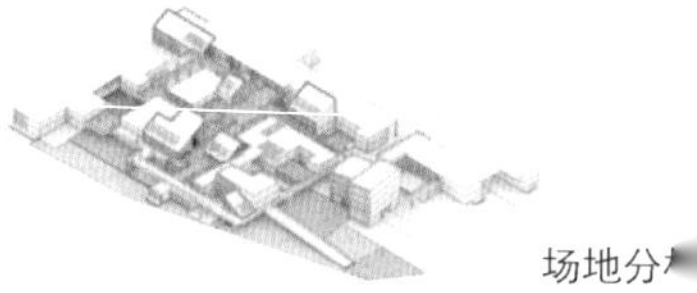

场地分析

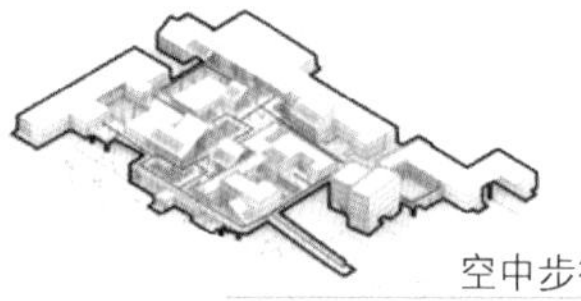

空中步行分析

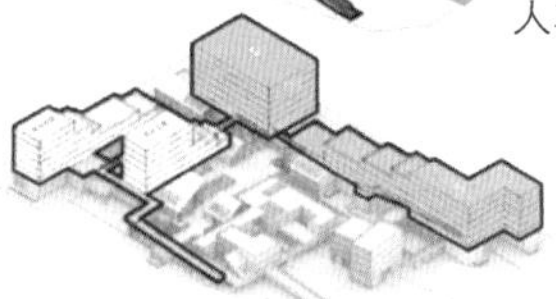

上层定位分析

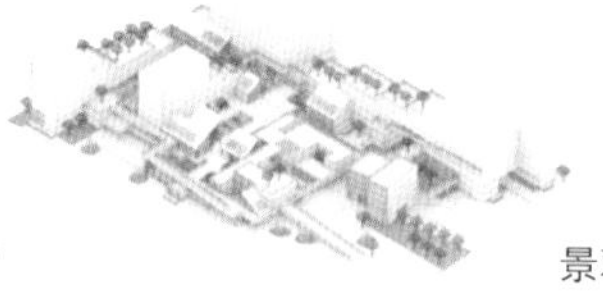

景观分析

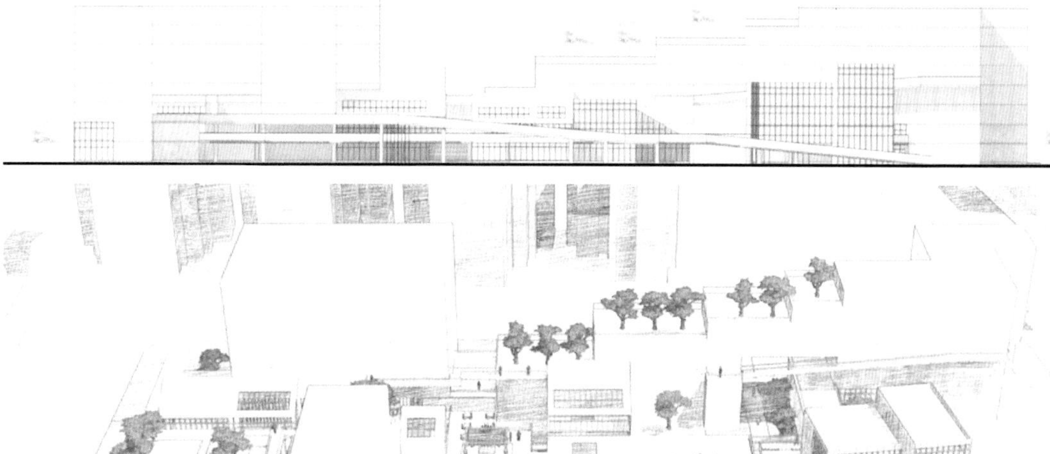

东立面图

感想：

街区漫步，意在让人们漫步在街区里体验不同的生活，漫步的想法是来自成都慢生活。

在创艺街区的内部结合不同活动的场地设置了不同尺度的漫步通道，希望能够在工作坊关闭之后仍给游客以及居民提供一个漫步的空间。而三级步行系统的加入让建筑空间有了更多的可能性与丰富性，二级步行系统作为空中漫步给漫步其间的人们提供了丰富的体验。结合传统艺术、传统音乐、传统舞蹈、传统技艺这些成都的各类非物质文化遗产形成的各个创艺工作坊，还有它们对应的室内外的展示以及体验区域组成了整个创艺街区。

最后，我想衷心感谢各位指导我毕业设计的老师们，同时也要感谢在我这次学习期间给我极大支持和关心的我的同学和朋友。

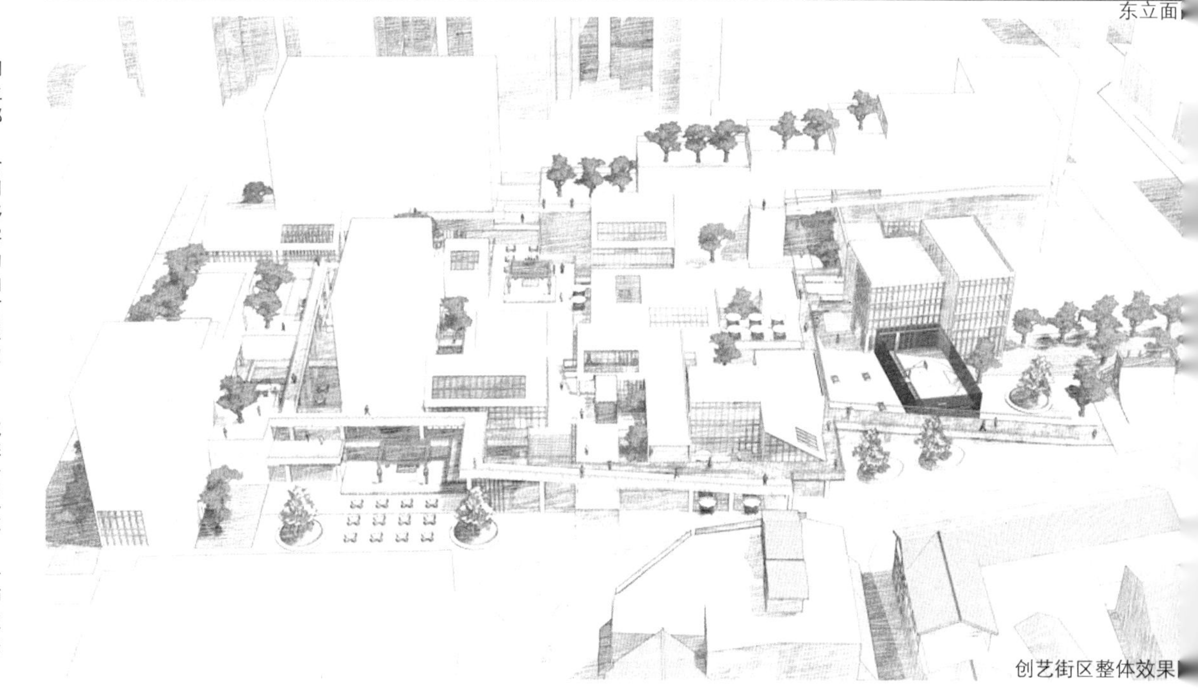

创艺街区整体效果图

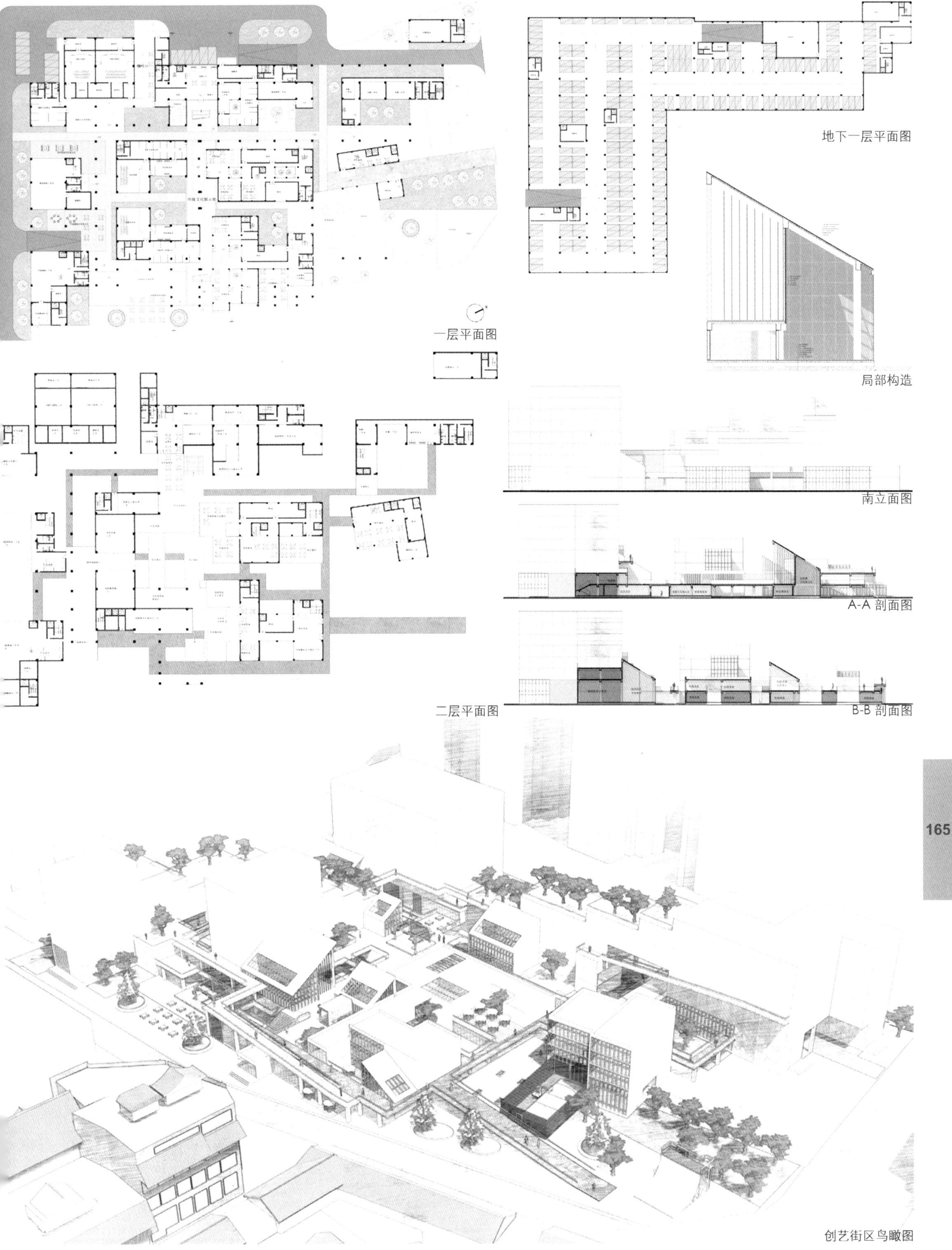

地下一层平面图

一层平面图

局部构造

南立面图

A-A 剖面图

二层平面图

B-B 剖面图

创艺街区鸟瞰图

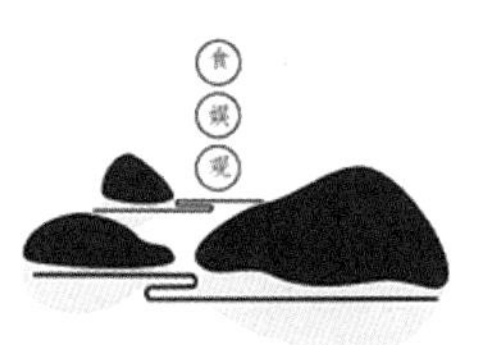

复合目标下的地景——成都宽窄巷子二期项目设计研究

Multi-Purpose Landscaping

同济大学

设计：黄家盈

指导：王一 / 李翔宁 / 孙澄宇

场地位置　功能分析　交通分析　生态分析　社区关系分析　公共空间节点分析

人群分析　概念分析　生成分析

总平面 1:800　人群需求分析　空间需求分析

A-A 剖面图　B-B 剖面图

简介：

从社会利益角度来看：①宽窄巷子周边内城片区的集中公共空间严重不足，本设计通过一种地景建筑的方式创造一个丰富变化开放与绿色的、容纳交往空间的集中绿地，满足不同人的需求。②地景建筑有意引导宽窄巷子与地铁口到滨水空间的互动，加大开放空间的整合度，同时可以作为宽窄巷子到高层区，历史到现代的过度与延伸。从功能角度来看，本设计试图通过将新的文旅产业与社区功能进行混合功能开发的方式，给内城片区带来一份新活力。①扩展宽窄巷子文旅产业向上下游的复合发展，对一期进行补足。②针对社区公共活动空间与服务空间的不足，本设计引入了社区服务链，满足社区生活基本需求，让生活更便利丰富，让居民对社区增加认同感，归属感。③让社区服务链与创意产业高度混合，进而促进社区人群、游客、创意人群的积极互动与交流，同时起到传承文化的作用。

区集市
社区集市
层平面
二层平面
平面
四层平面
办公平面
公寓平面
攀岩馆
屋顶农场
多功能厅
创客门厅
社区集市
咖啡厅
屋顶农场
地景建筑

市场+

Market Plus

同济大学
设计：杨阳
指导：李翔宁/王一/孙澄宇

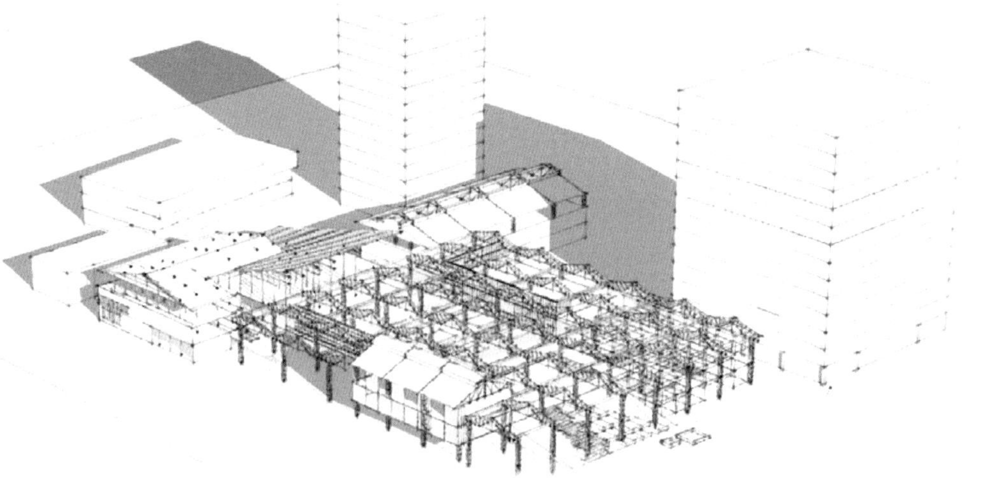

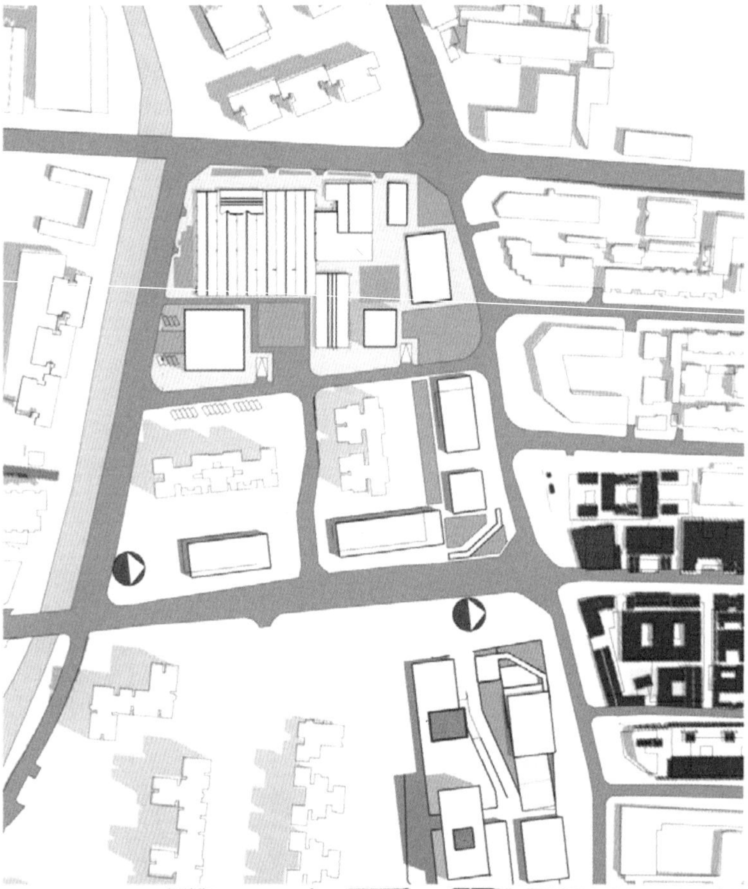

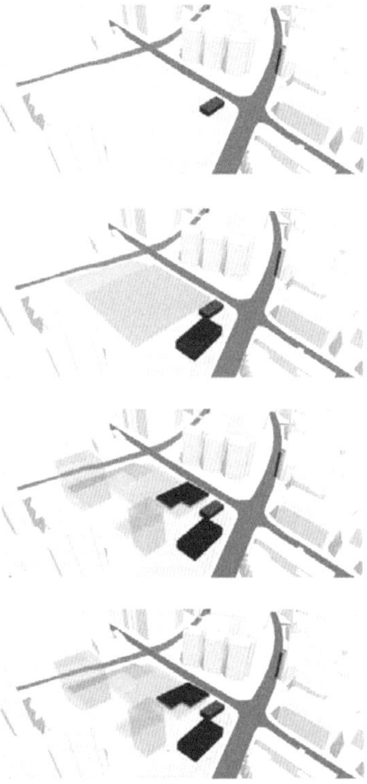

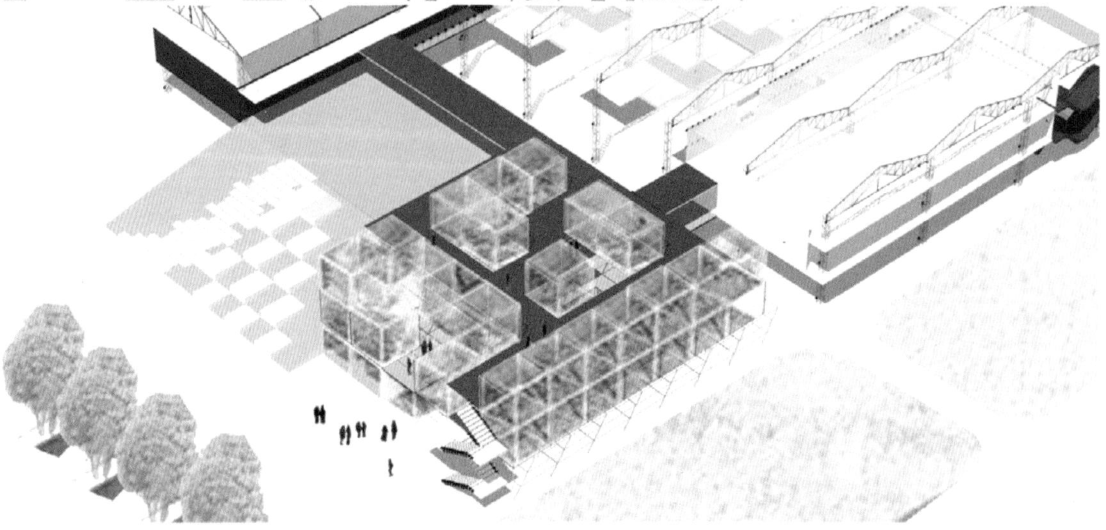

评语：

本次设计，围绕菜市场主体展开，在场地中穿插博物馆、菜市场、城市农场景观三个主体，形成了一个以菜市场为核心的生活服务中心。

大顶棚下的空间，由功能性体块，非功能性的公共空间和灵活的走廊串联而成，激发了居民，游客和白领等不同群体对空间的创造性使用。

坡屋顶的设置大大丰富了城市表情，与宽窄巷子的立面形式相呼应而又增添新意。该设计很好的激发了街区内游客和居民的互动，在增强游客在地性体验的同时，也为城市居民提供了生活补益。

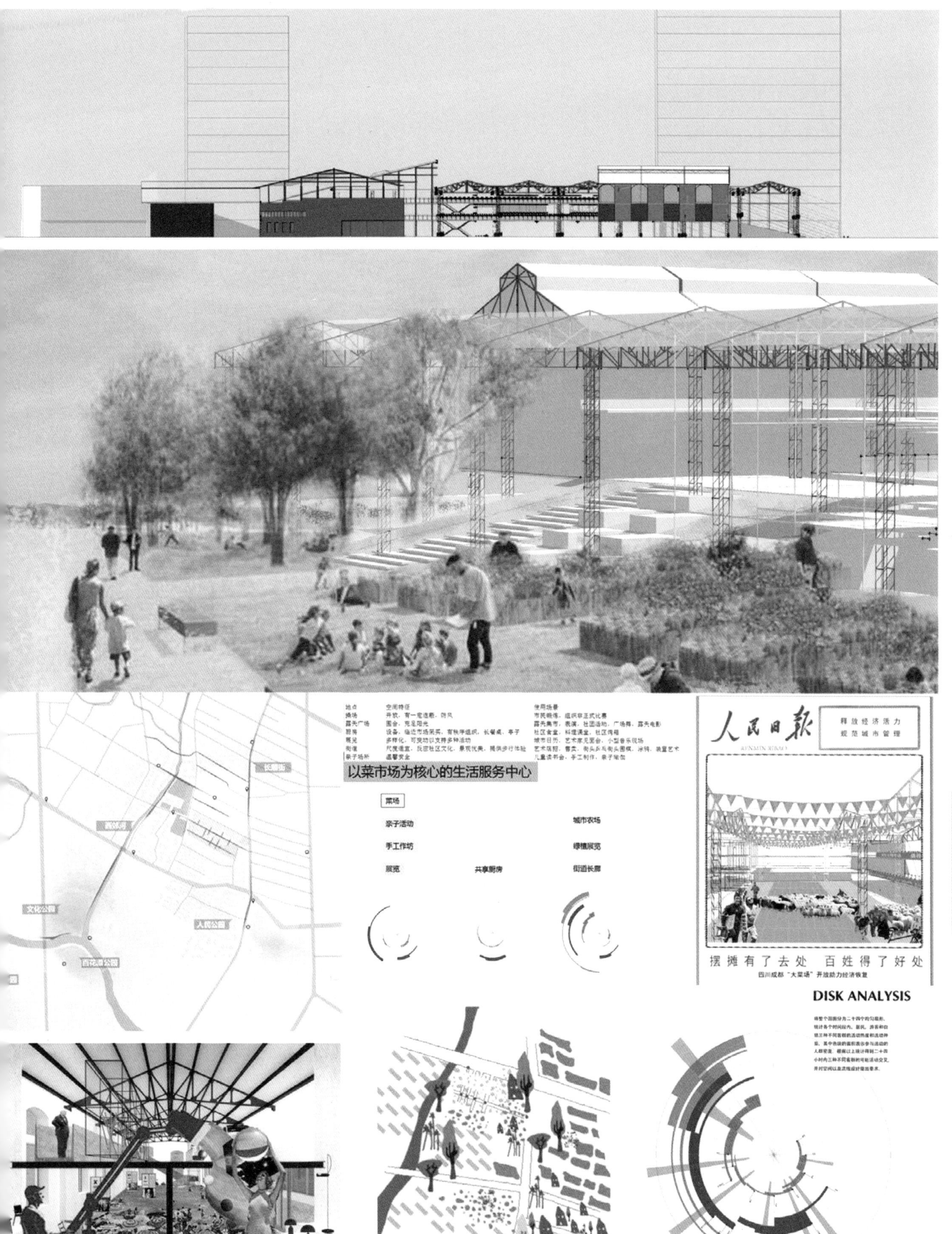
长顺街
文化公园
人民公园
百花潭公园
以菜市场为核心的生活服务中心
菜场
亲子活动
手工作坊
展览
共享厨房
城市农场
绿植展览
街道长廊
人民日报
RENMIN RIBAO
释放经济活力
规范城市管理
摆摊有了去处 百姓得了好处
四川成都“大菜场”开放助力经济恢复
DISK ANALYSIS

螺旋宽窄
Serpentine Width

同济大学
设计：朱鹏霖
指导：李翔宁 / 王一 / 孙澄宇

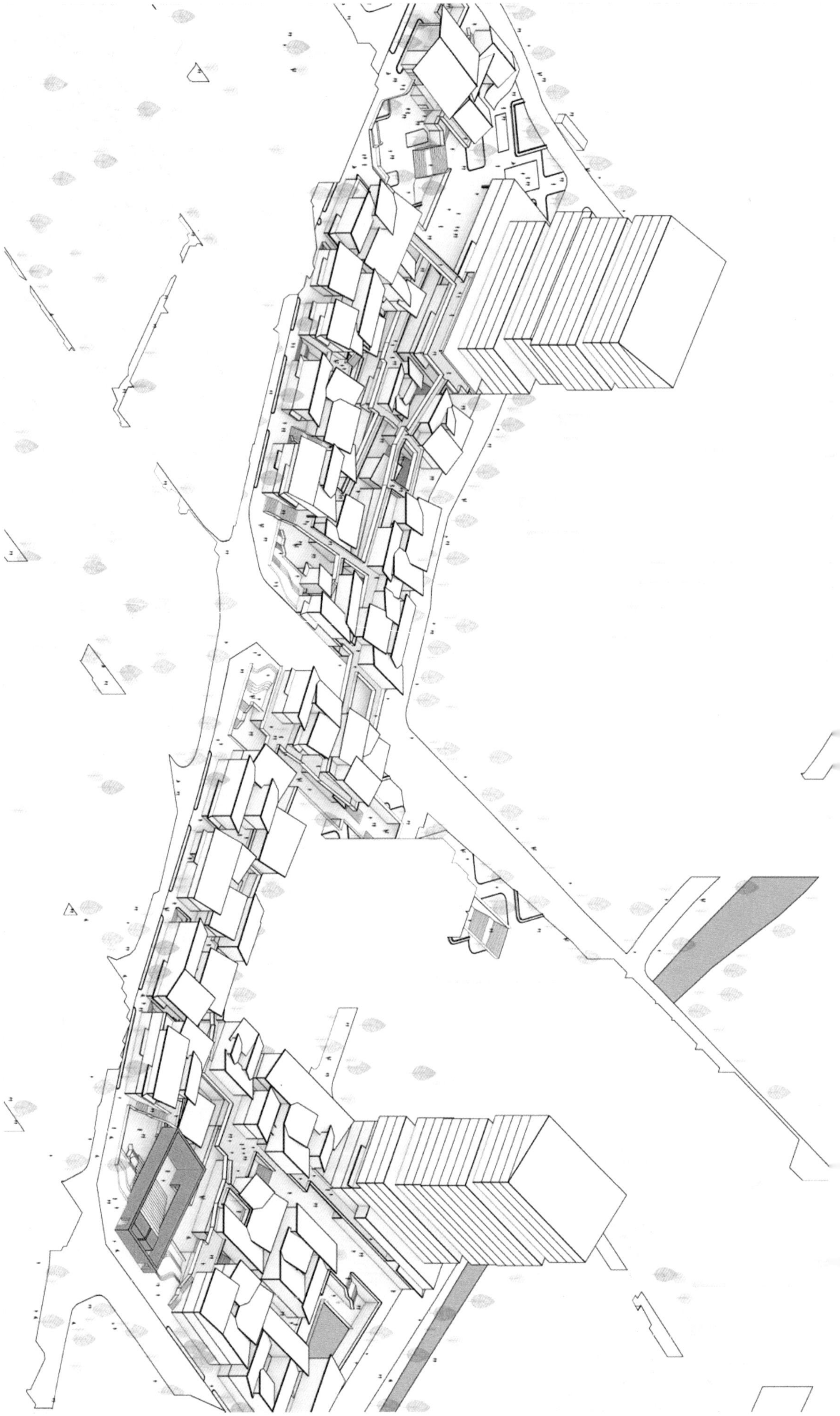

评语：

经过前期大量的场地分析，历史研究与理论学习，该生能够比较准确地把握 TOD 设计要点，并准确地应用到场地内部。设计作为公共空间，在改善少城片区的整体公共空间质量的同时，也服务了周边人群，实现地铁站之间的快速换乘。

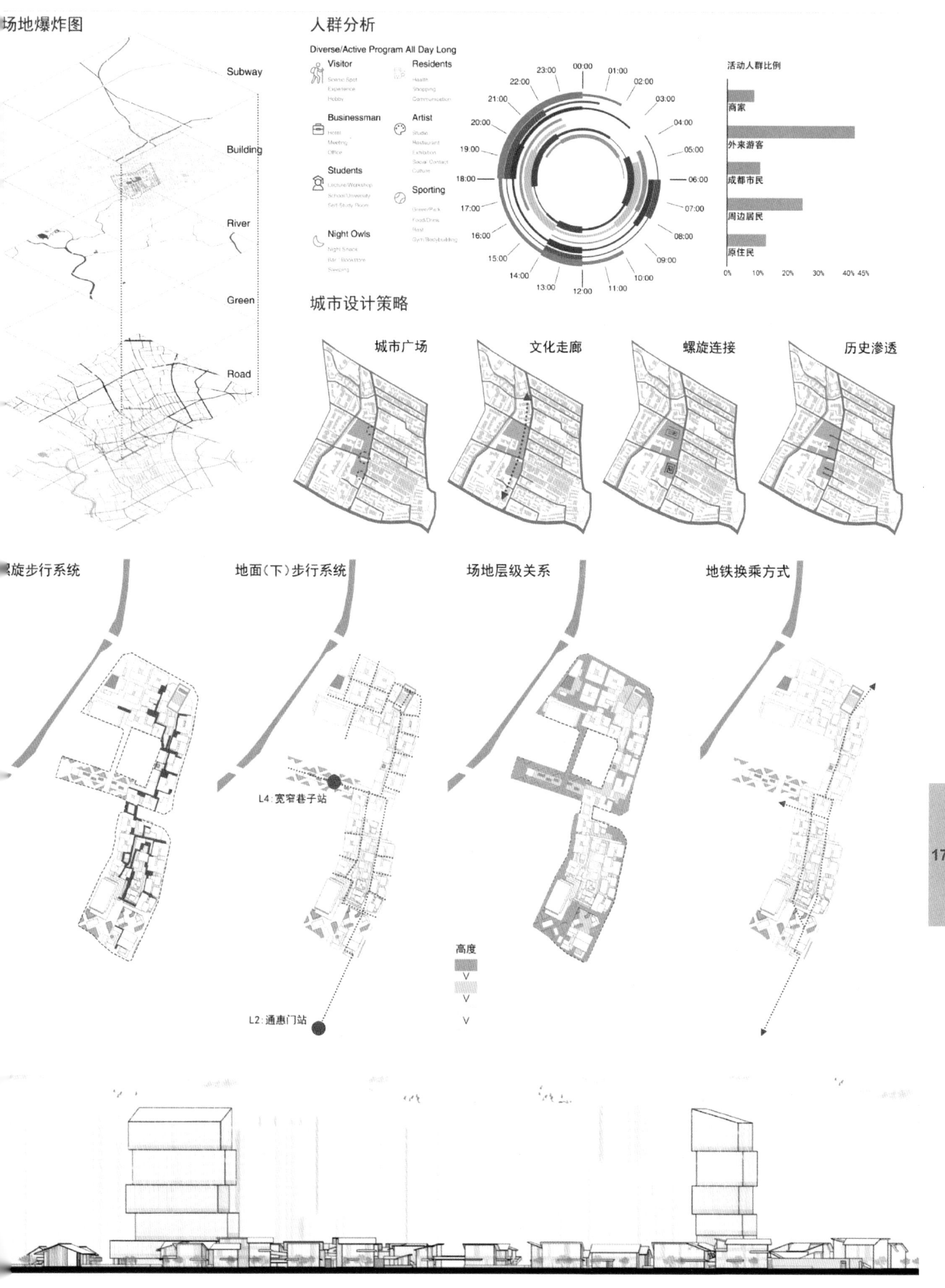

场地爆炸图
Subway
Building
River
Green
Road
人群分析
Diverse/Active Program All Day Long
Visitor
Residents
Businessman
Artist
Students
Sporting
Night Owls
活动人群比例
商家
外来游客
成都市民
周边居民
原住民
城市设计策略
城市广场
文化走廊
螺旋连接
历史渗透
螺旋步行系统
地面(下)步行系统
L4:宽窄巷子站
L2:通惠门站
场地层级关系
高度
地铁换乘方式

共享社区

同济大学
设计：冯子亭
指导：王一／孙澄宇／李翔宁

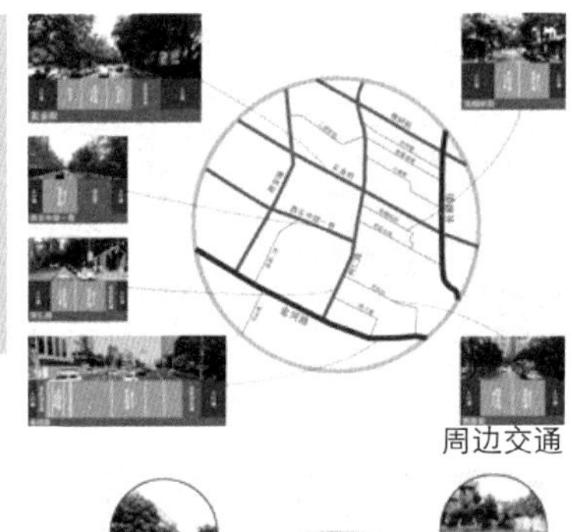

周边交通

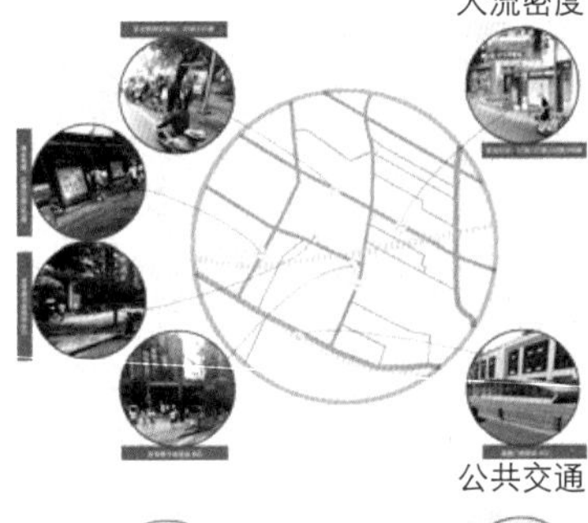

人流密度

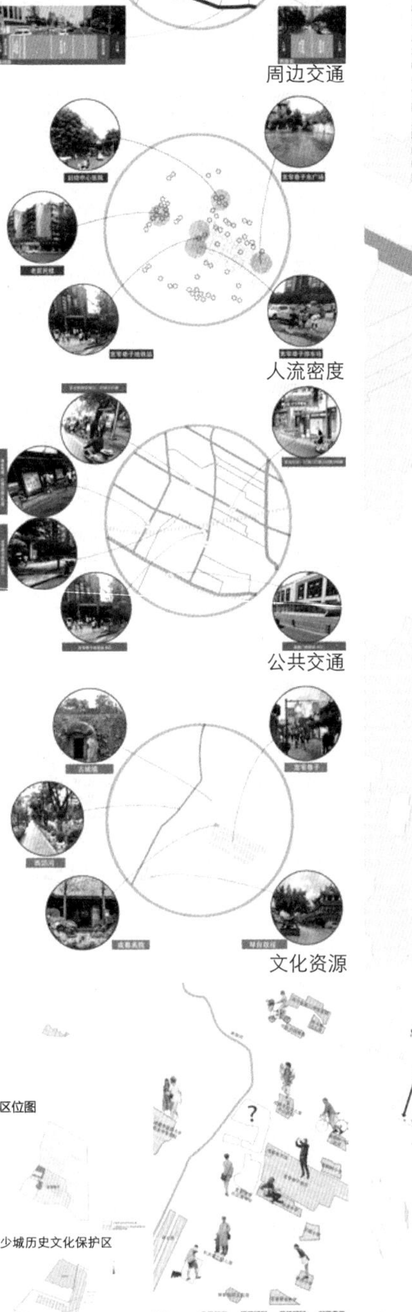

公共交通

文化资源

居游共生

——成都宽窄巷子二期项目城市研究及建筑设计

轴测图

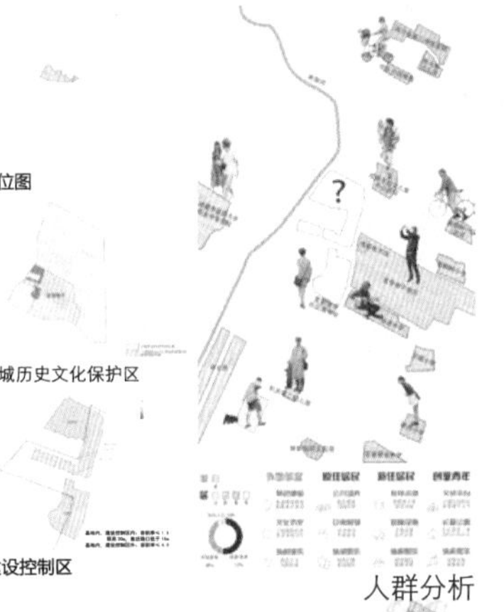

人群分析

历史沿革

设计生成

共生模式

总平面

评语：

历时三个多月的毕业设计就要告一段落了，在2020年这样一个特殊的疫情条件下完成毕业设计，可以说是终生难忘的一段经历。疫情将我们隔离在不同的地区，但网络又使被阻断的交流重新连接起来。通过网络的平台与老师同学们进行课程设计的交流和探讨，是一种与线下教学非常不同的体验，并且由于网络平台的优势，我在毕设期间有幸听到了多场高质量的线上讲座，这也算是疫情带来的众多不便中的一点积极影响吧。

最后，感谢王老师、孙老师和李老师及助教学姐的细心指导，也感谢同学和朋友们的热情帮助。

共享社区

深化设计部分选取位于西北角的社区地块。设计提出共享社区的理念，通过将住宅、民宿和青年公寓整合于一个地块内，同时回应居民、游客和青年三种人群的需求。形态上通过院落和中庭两种类型的空间手法，营造丰富多样的公共空间，并通过退台等形式，回应城市周边环境。最终实现城市共享、社区共享和单元共享的三层级共享，为人们营造出具有归属感的社区。

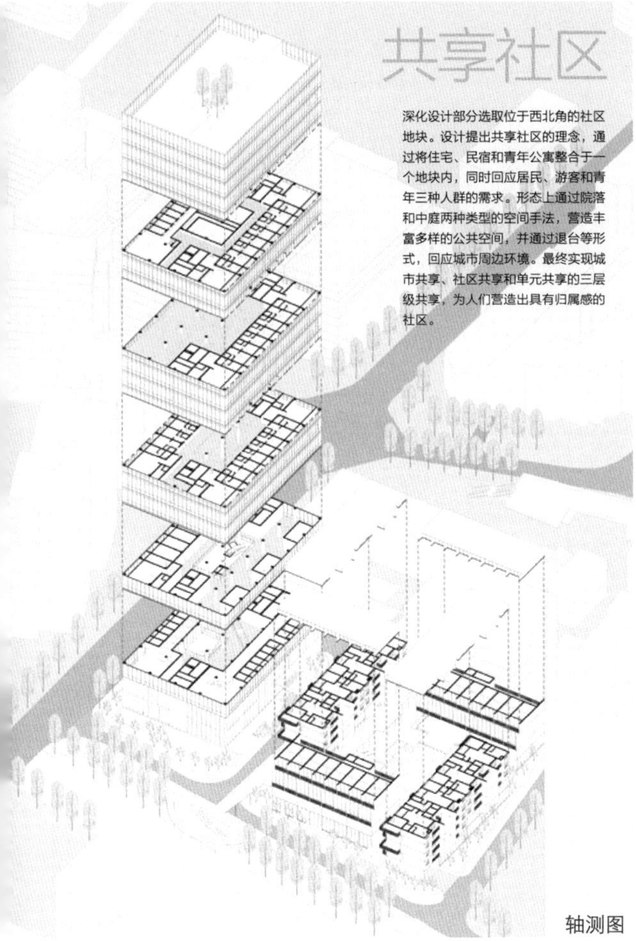

经济技术指标：

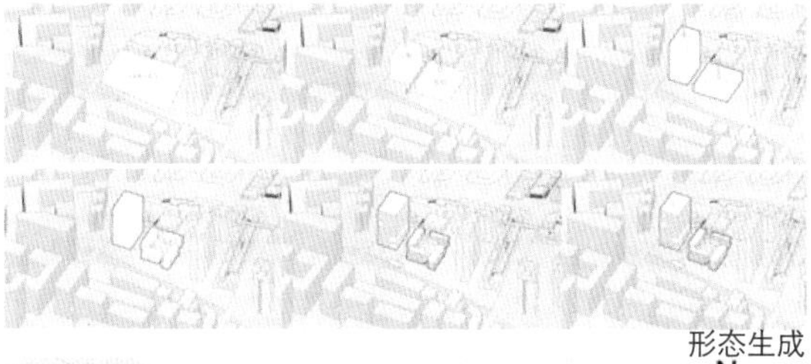

基地面积：8720 ㎡

建筑面积：30258 ㎡

容积率：3.47

建筑密度：0.40

绿地率：0.16

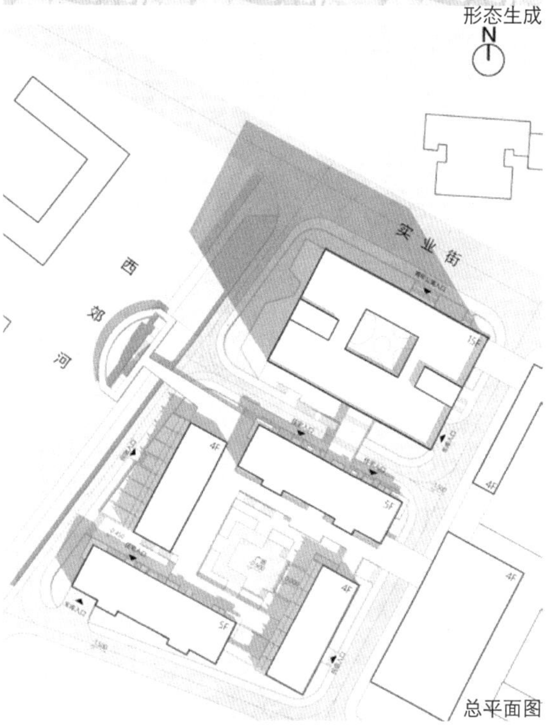

轴测图

形态生成

总平面图

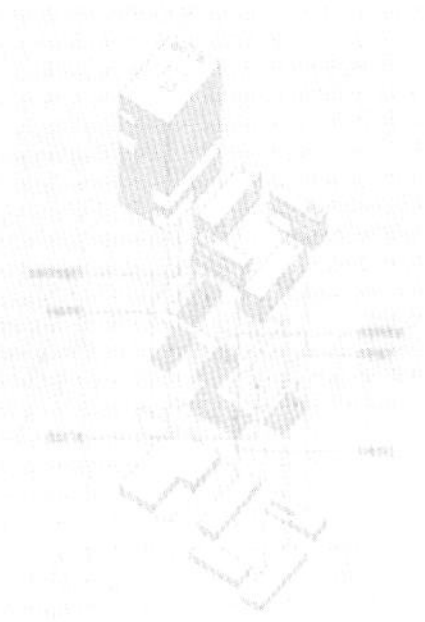

共享系统

共享平台

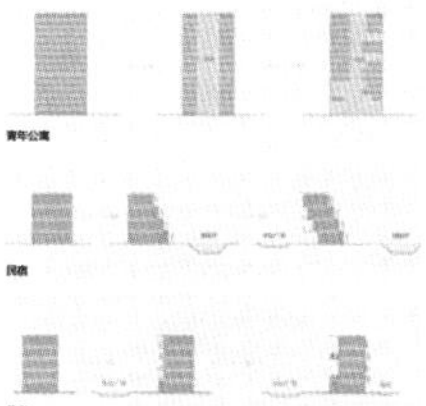

剖面生成

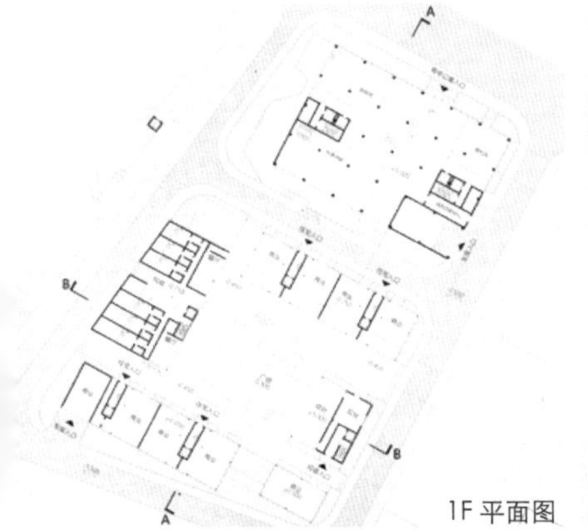

1F 平面图

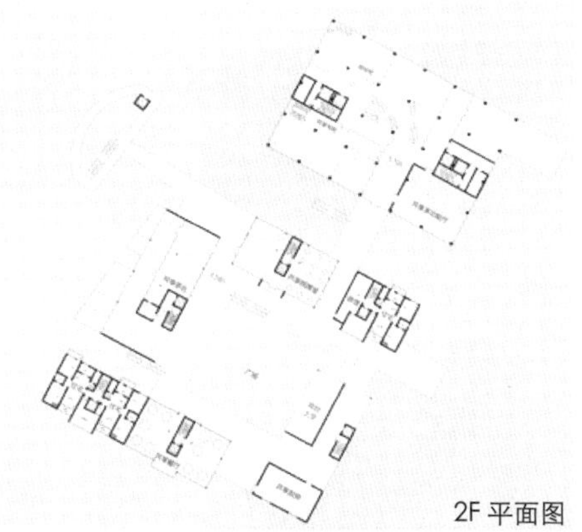

2F 平面图

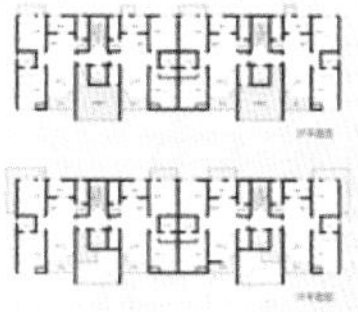

住宅平面图

民宿立面图

住宅立面图

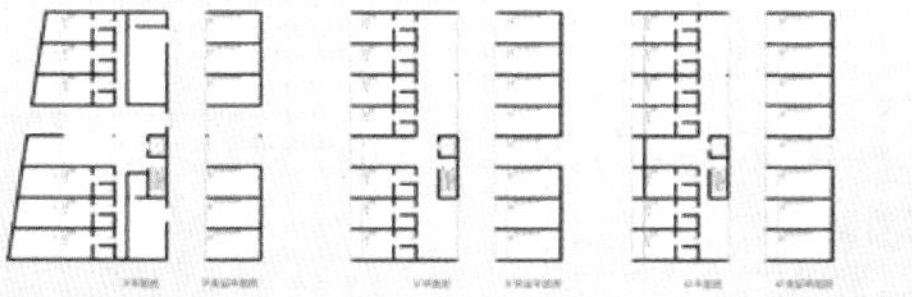

民宿平面图

台广场

道空间

享客厅

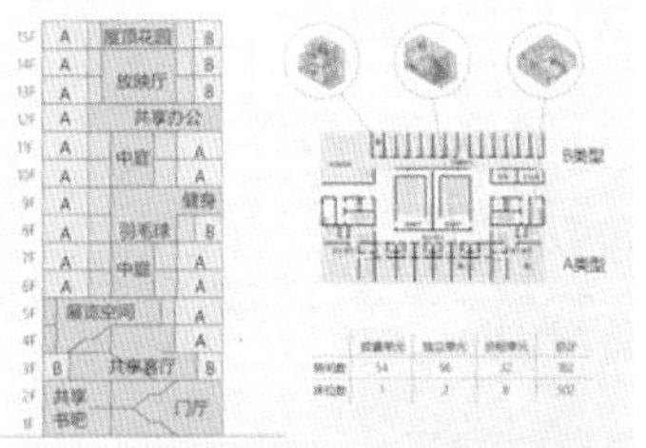

青年公寓分析

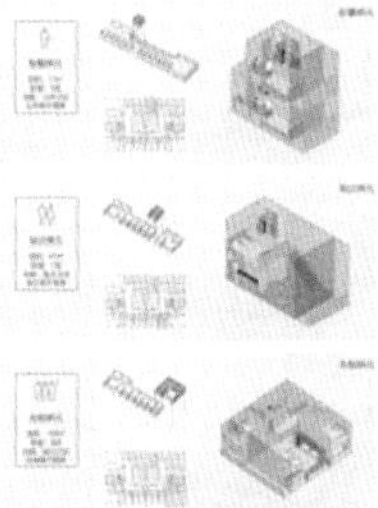

居住单元

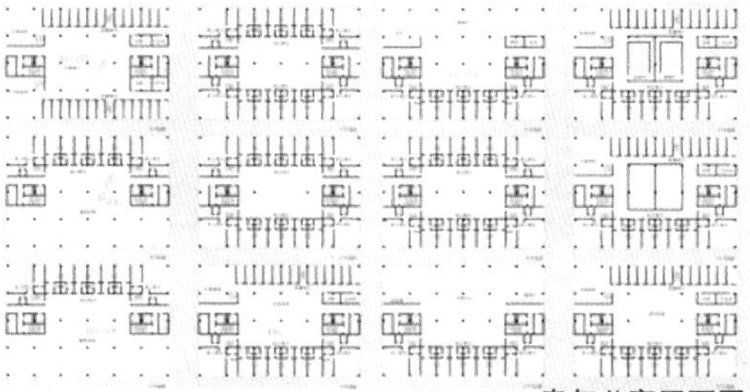

青年公寓平面图

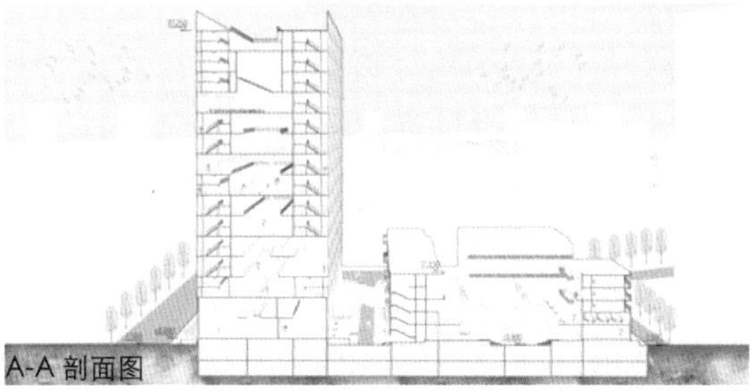

A-A 剖面图

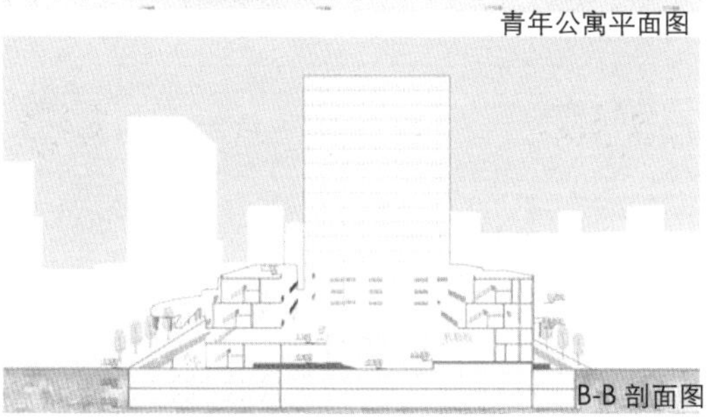

B-B 剖面图

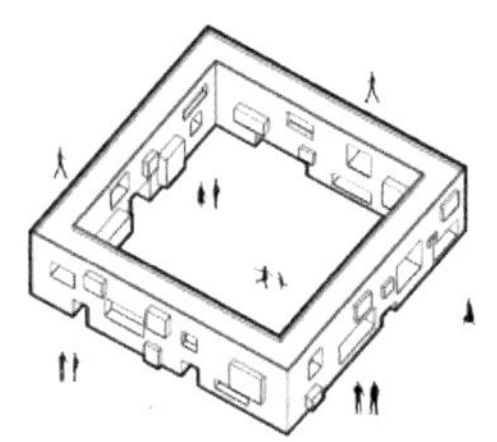

墙 Wall

同济大学
设计：李琦芳
指导：王一 / 孙澄宇 / 李翔宁

场地分析

策略分析

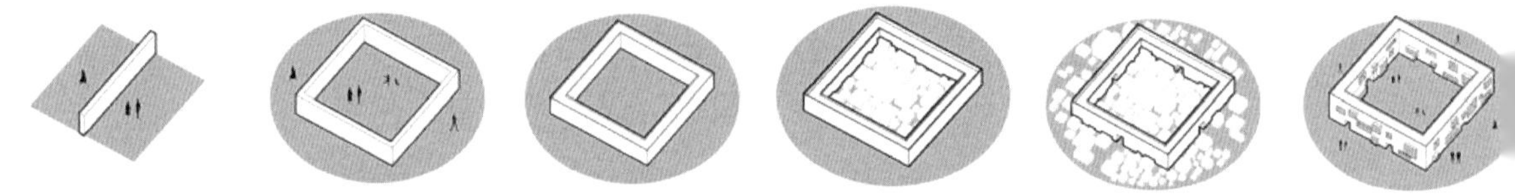

生成过程

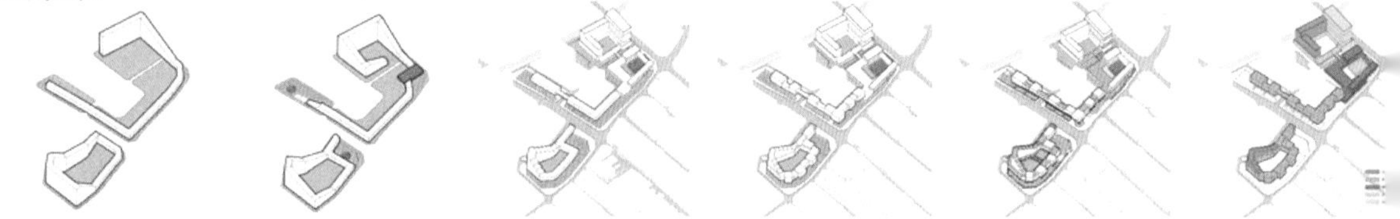

整体鸟瞰

景观分析

总平面

设计说明：

基地位于成都市青羊区宽窄巷子街区西侧，旅游景观资源丰富。场地周边道路路况较好，通达度较高。

本方案从场地中留存的少城城墙历史遗迹出发，探究“城墙”作为“边界”在城市中的意义。

“墙”在中国历史上对于“城市”具有重要意义。古代城墙作为城市边界，主要承担防御功能，保护了许多城市免于战争灾祸。随着城市逐渐发展，城墙的存在一定程度上限制了城市的扩张，阻碍了城内城外的经济、文化交流。在当代，城墙已经基本消失，城市环境更加宽松，只有部分历史城墙的遗迹残留，但城市中依然存在各种无形的“边界”。本次毕业设计以场地中残留的一段城墙为契机，试图创造一种活跃的、可以展示、交流的“墙”，赋予“墙”新的意义，使其成为现代人日常公共生活的一个部分。

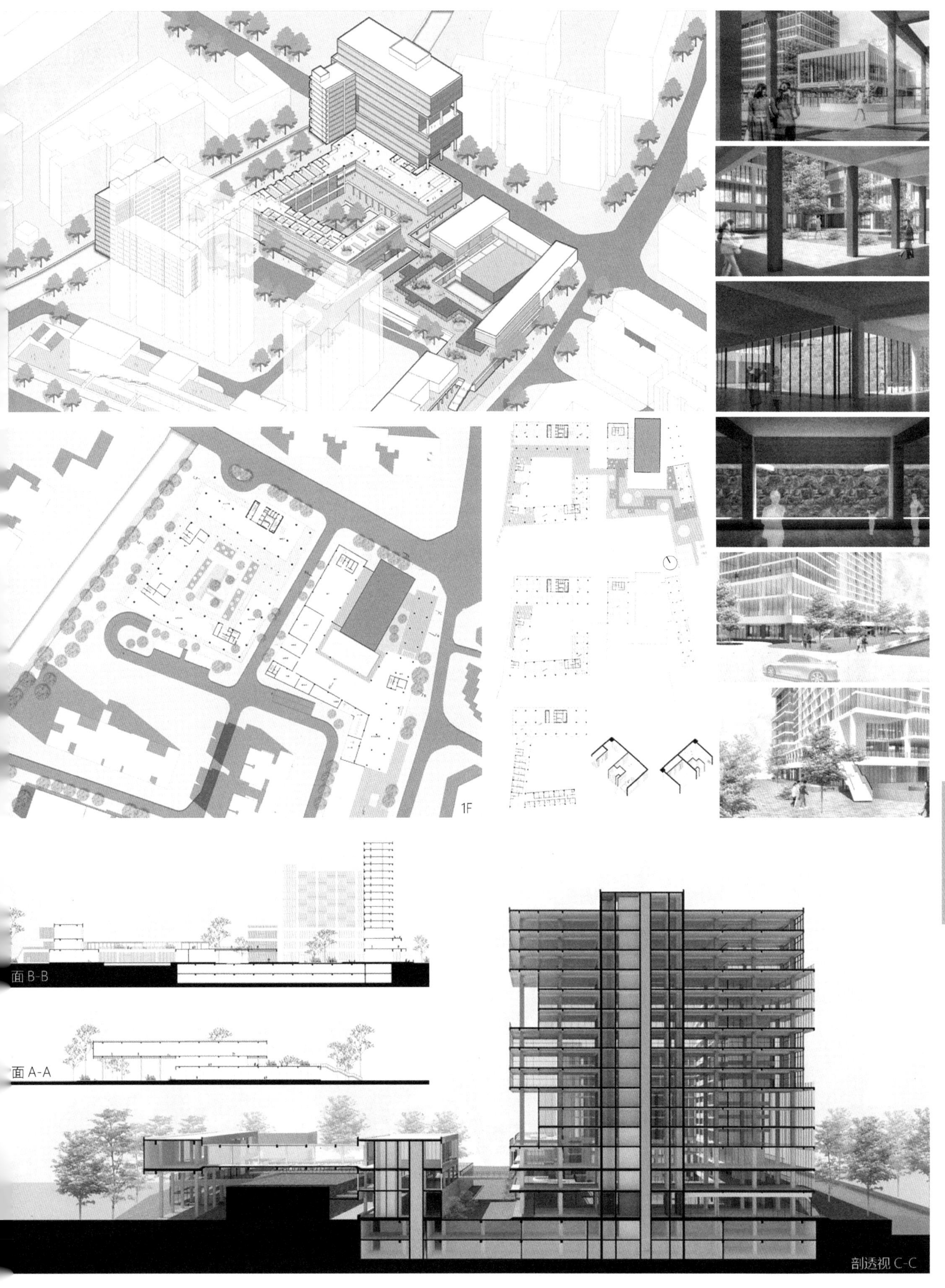
1F
面 B-B
面 A-A
剖透视 C-C

集市+——商业与日常生活的共生共荣

同济大学
设计：刘筱沐
指导：王一

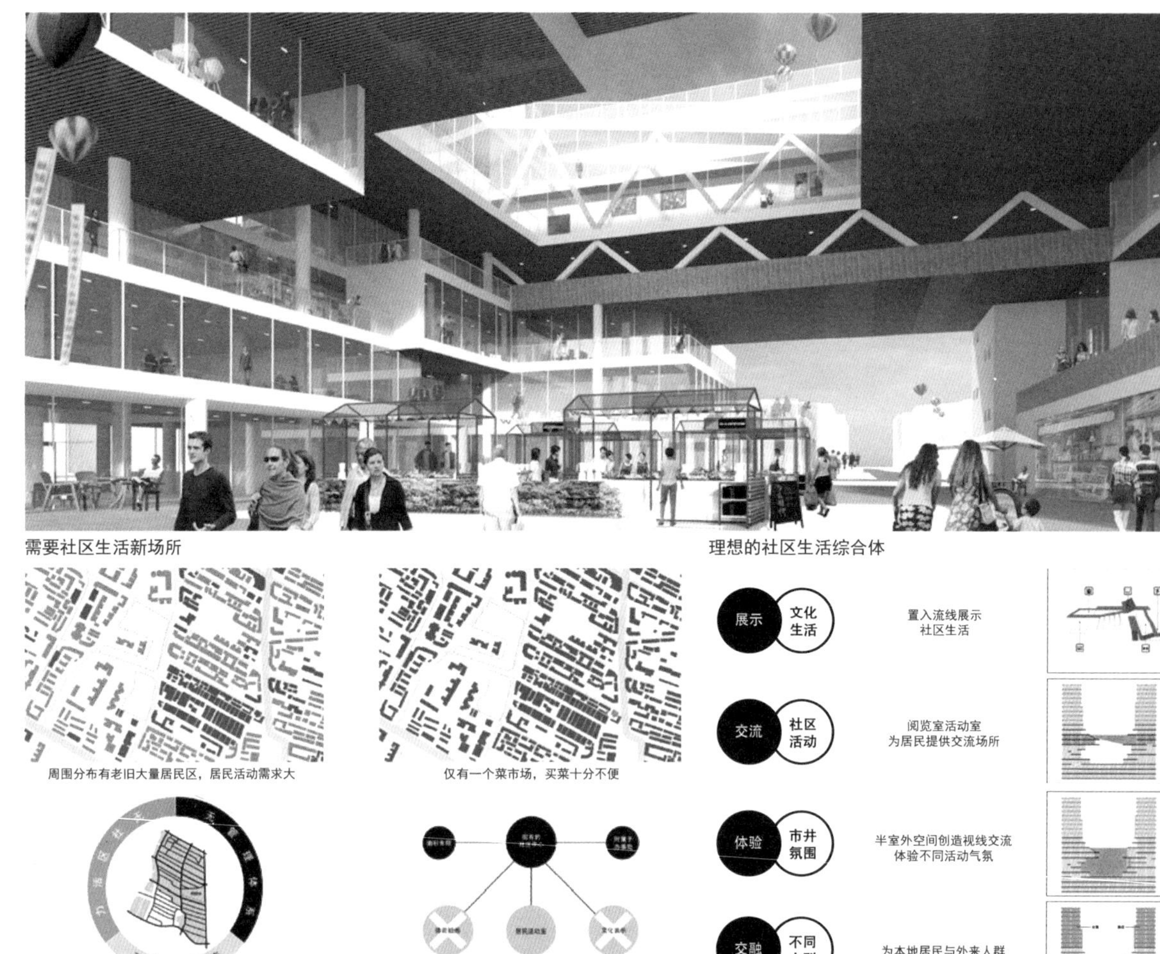

需要社区生活新场所

理想的社区生活综合体

周围分布有老旧大量居民区，居民活动需求大

仅有一个菜市场，买菜十分不便

大量“三无”老旧社区，无基础配套

已有活动中心功能单一

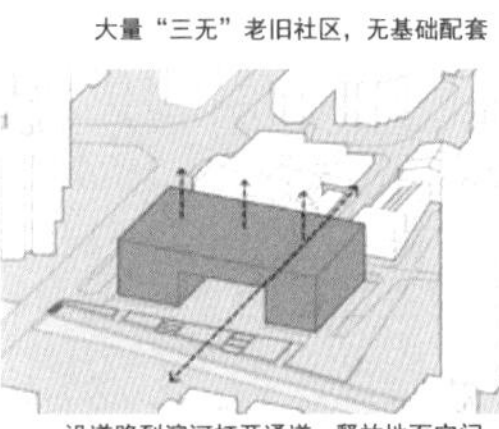

沿道路到滨河打开通道，释放地面空间

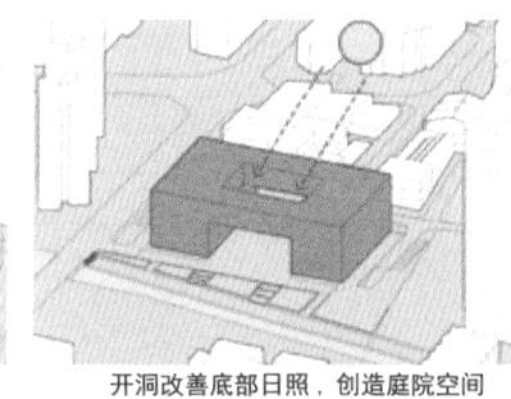

开洞改善底部日照，创造庭院空间

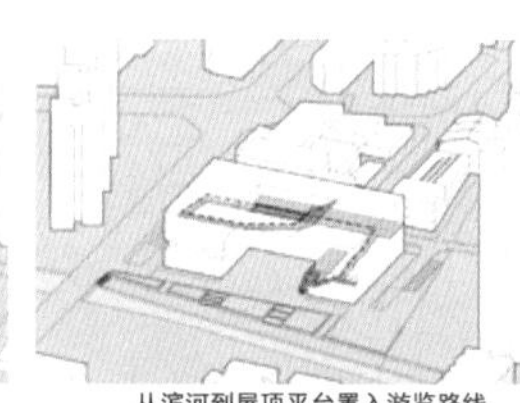

从滨河到屋顶平台置入游览路线

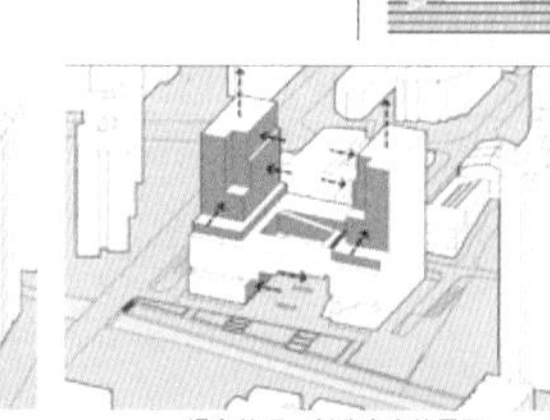

退台处理，创造丰富的界面

经济技术指标		
名称		数值
总用地面积		10280㎡
总建筑面积		41810㎡
地上建筑面积		29120㎡
地下建筑面积		12690㎡
建筑占地面积		2800㎡
容积率		2.83
绿地率		26%
机动车停车位		192辆
其中	地下停车位	178辆
	地上停车位	14辆

酒店入口 办公入口 大堂吧 办公室 办公入口 办公室 值班室 卫生间 厨房 餐厅 市场入口 市场 公寓入口 公寓大堂 办公室 值班室 便利店

一层平面图

设计说明：

设计以集市作为核心空间，从而吸引人流，将设计融入城市设计的集市系统之中，通过对不同类型的人群、不同功能进行混合，力图创造城市公共活动中的活力节点，带动整个区域的活力。

为了提供相应的实地体验供游客感受社区氛围，将社区活动对外展示，运用一条路径将这些场景串联起来，通过多种多样的社区生活场景，游客可以感受到社区的活力，日常成为能够被观看的活动，居民也能在这条线路上观看周围的环境和了解自己的社区，从中获得对家园的自豪感，丰富居民的精神需求。

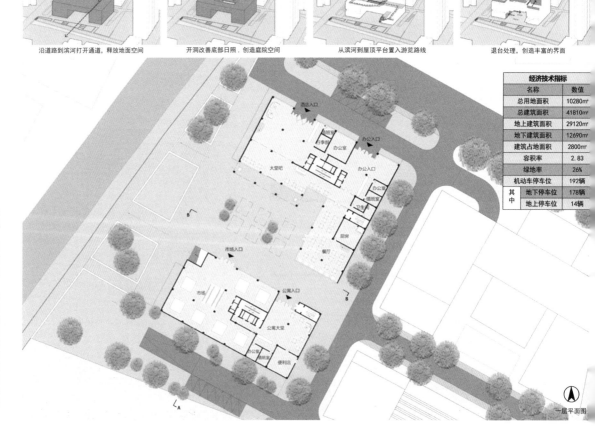

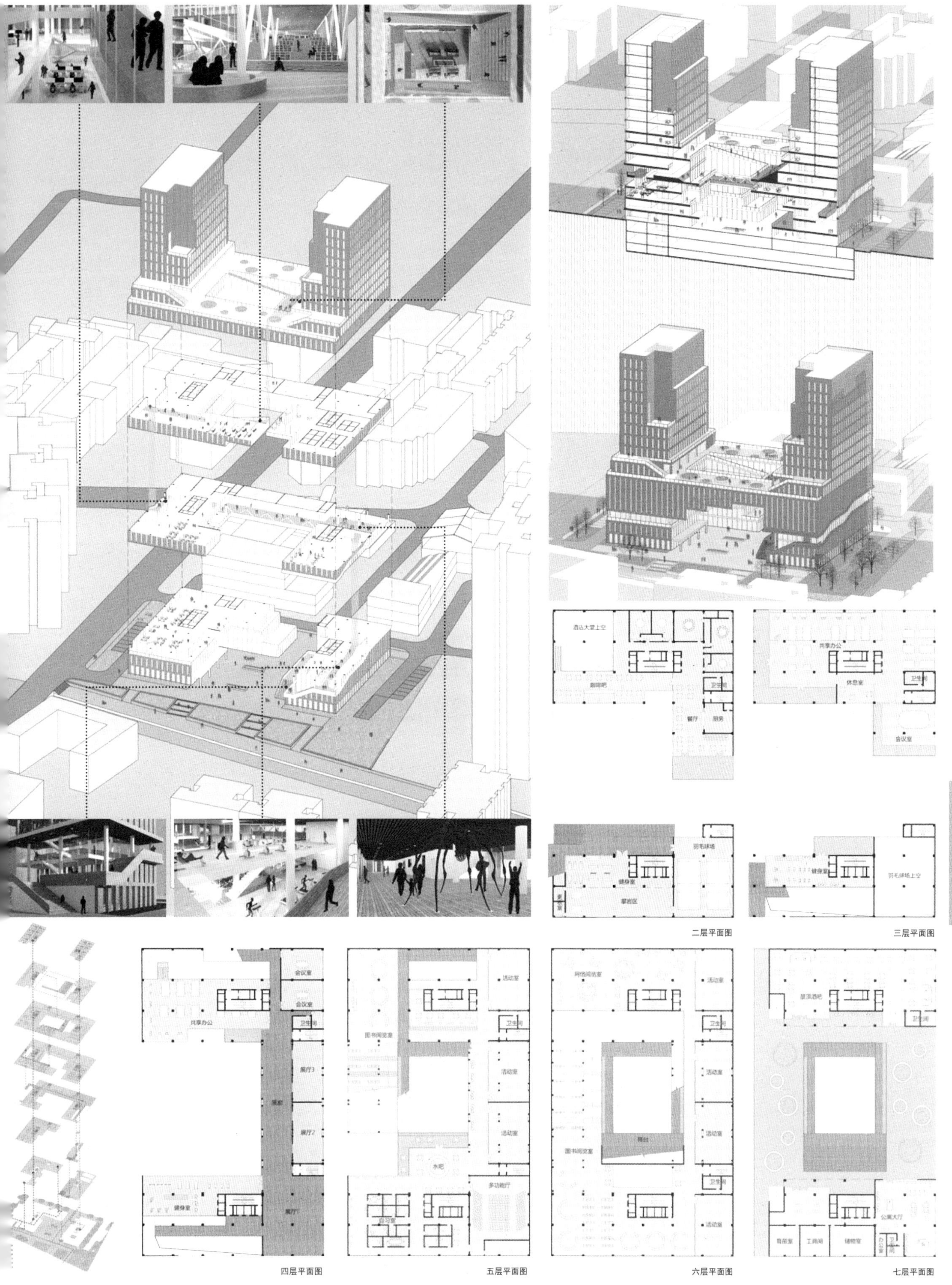
酒店大堂上空
咖啡吧
卫生间
餐厅
厨房
共享办公
休息室
卫生间
会议室
羽毛球场
健身室
攀岩区
健身室
羽毛球场上空
二层平面图
三层平面图
会议室
会议室
共享办公
卫生间
展厅3
展厅2
展厅1
健身室
四层平面图
活动室
卫生间
图书阅览室
活动室
活动室
水吧
多功能厅
自习室
五层平面图
网络阅览室
活动室
卫生间
活动室
舞台
图书阅览室
活动室
卫生间
活动室
六层平面图
屋顶酒吧
卫生间
公寓大厅
育婴室
工具间
储物室
办公室
七层平面图

超级线性公园
Super Linear Park

同济大学
设计：毛姜静
指导：王一 / 孙澄宇 / 李翔宁

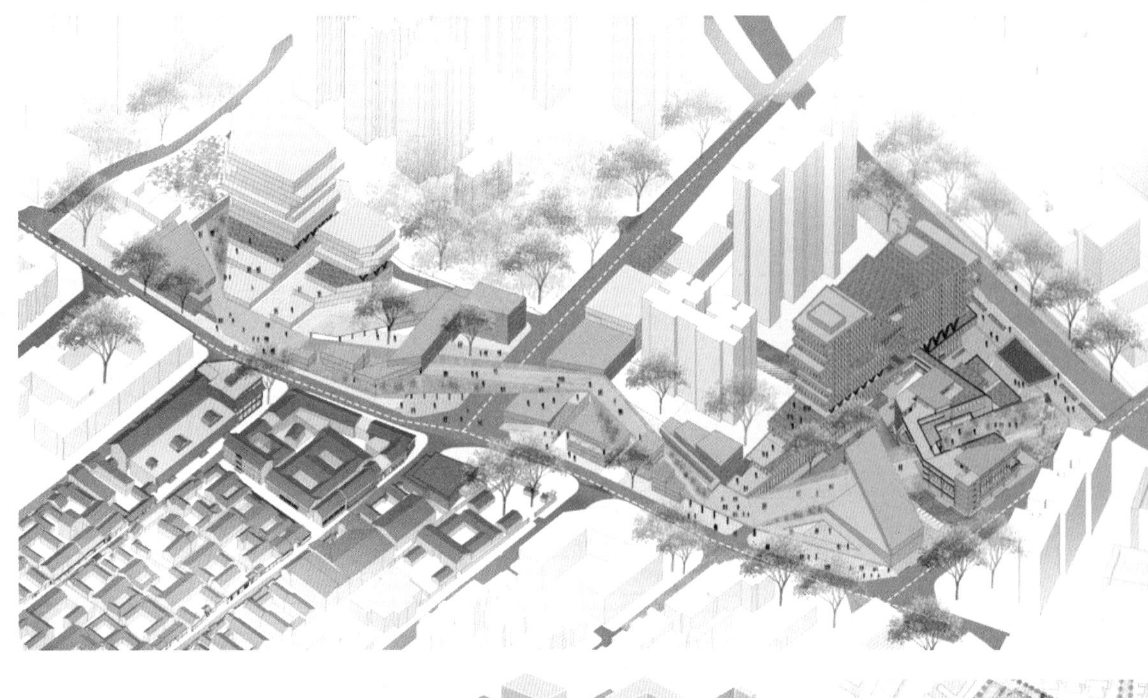

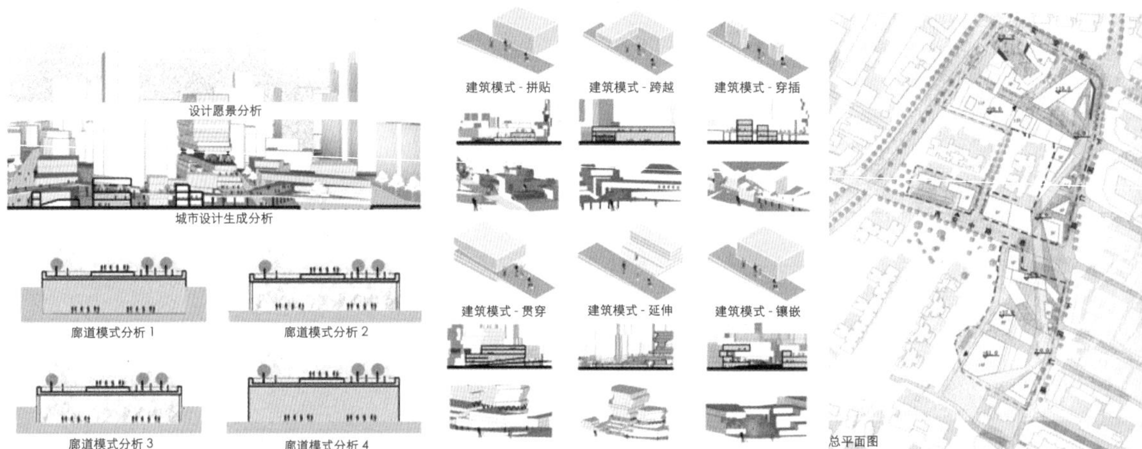

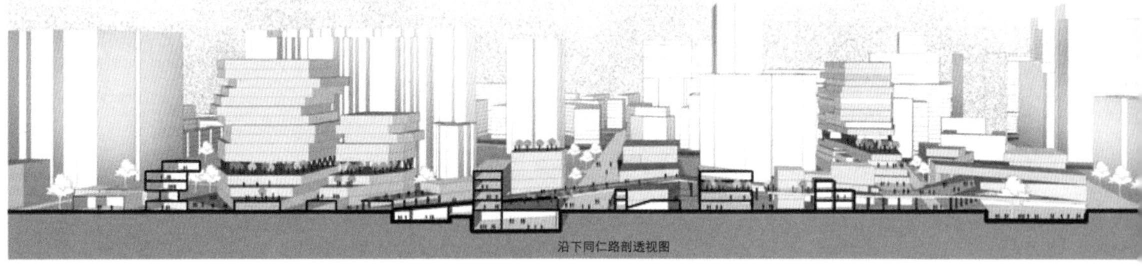
沿下同仁路剖透视图

评语：

设计以社区居民和游客对宽窄巷子的不同体验出发，充分利用基地内部现有的河流绿地自然资源。在尊重宽窄巷子历史环境的前提下，通过延伸过去的道路轴线，形成基地内部的转折节点，连点成线形成城市设计的方案脉络。

城市设计过程中通过组织折线性公园来整合基地周边复杂而多样的历史、人群、自然环境。线性系统的节点充分对应不同的街区现状交叉点和周边人群活动聚集点。

在建筑单体设计过程中则充分考虑三栋不同功能建筑之间的相互联系，以及建筑与周边整个线性系统和滨河自然资源的联系。通过设置一系列连续且错落的片状绿化来实现不同人群的混合交融、不同功能的串联并置。

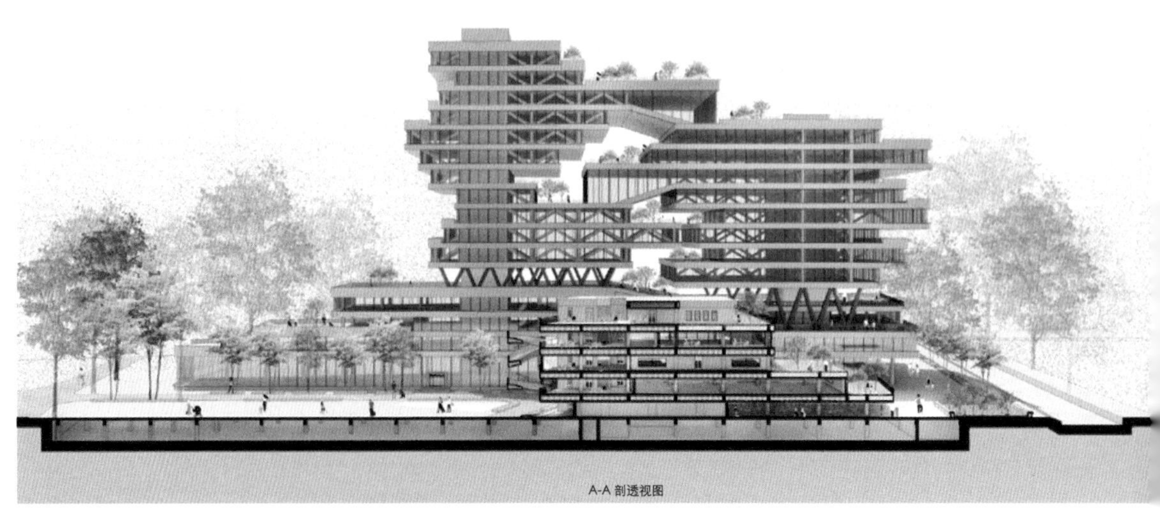
A-A 剖透视图

生成分析图

轴测分析图

B-B 剖透视图

E-E 剖面图

城市连接

Urban Connection

同济大学
设计：许敏慧
指导：王一 / 李翔宁 / 孙澄宇

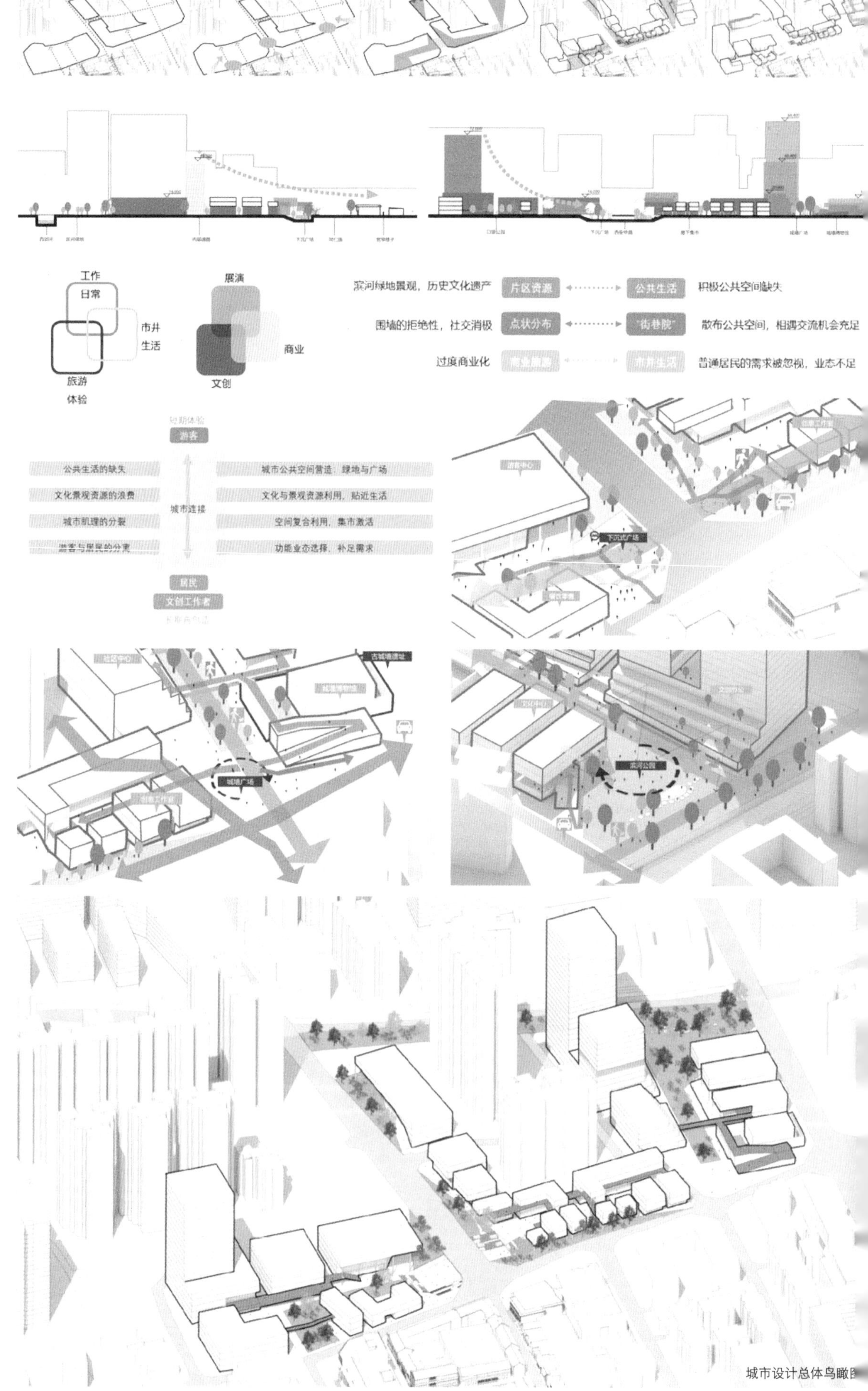

城市设计总体鸟瞰图

评语：

设计位于成都宽窄巷子西侧，又有原护城河与城墙遗址。城市设计阶段延续成都少城原有的鱼骨状街道肌理，并意图用连贯的线性绿地与空中廊道来组织各个城市公共空间，最终生成连接文化与自然、居民与游客、商业旅游与市井生活的体验型步行街区。即为城市连接。

建筑设计阶段则选择北部泡桐树路延伸一线的文化建筑作为深化设计。延续平台的公共性与连续性，结合城墙遗址与滨河公园以及线性绿地，将建筑主入口抬升至二层，一层朝向滨河公园开放为集市，建筑下大台阶则作为城市舞台使用，以期达到城市文化生活与市井生活的融合。

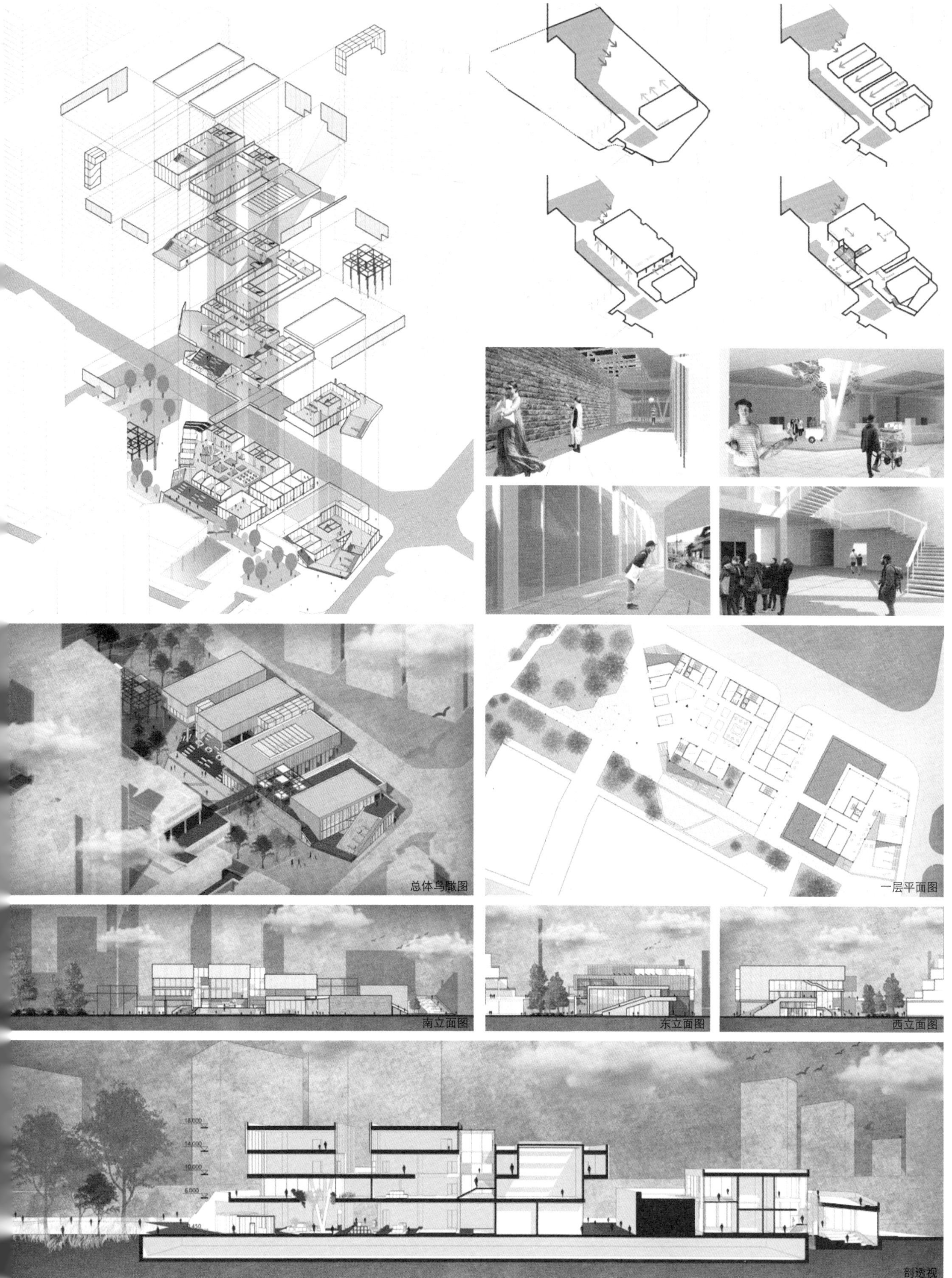
总体鸟瞰图
一层平面图
南立面图
东立面图
西立面图
18.000
14.000
10.000
6.000
剖透视

城市沉积聚落 Sedimentary City

同济大学
设计：赵菡
指导：王一 / 李翔宁 / 孙澄宇

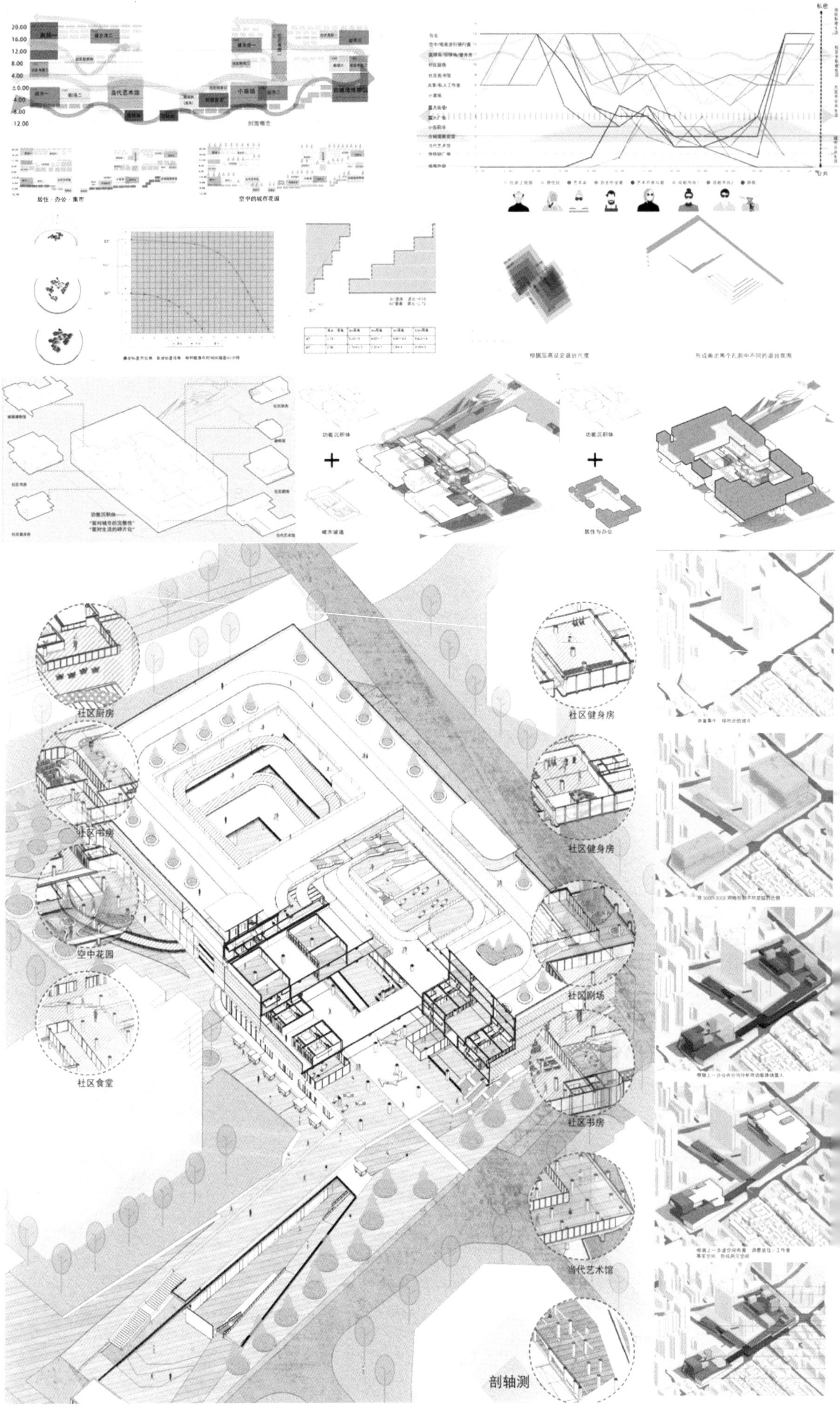

剖轴测

社区厨房

社区书房

空中花园

社区食堂

社区健身房

社区健身房

社区剧场

社区书房

当代艺术馆

评语：

本次城市更新设计从实现理想中的未来城市聚落——小尺度的居住与艺术办公，中尺度的社区生活，大尺度的城市空间混杂的状态，从场地上的城墙获得灵感，提取四个城墙的物质特性。尺度与功能的拼贴——多种砌筑方式；块状沉积——砖窑和防空洞在均质砖墙上形成特殊点；城市性——城市至高线的漫步路径；适应场地——绵长连续的体量随着场地变化。将沉积像素化，成片化，整体化，将聚落尽量完整，将大片空地还给城市，内部通过将功能空间沉积穿插在内部，与居住和办公空间发生关系，可以让未来居住在其中的人群自由的在私密生活，社区生活，城市公共生活中转换。

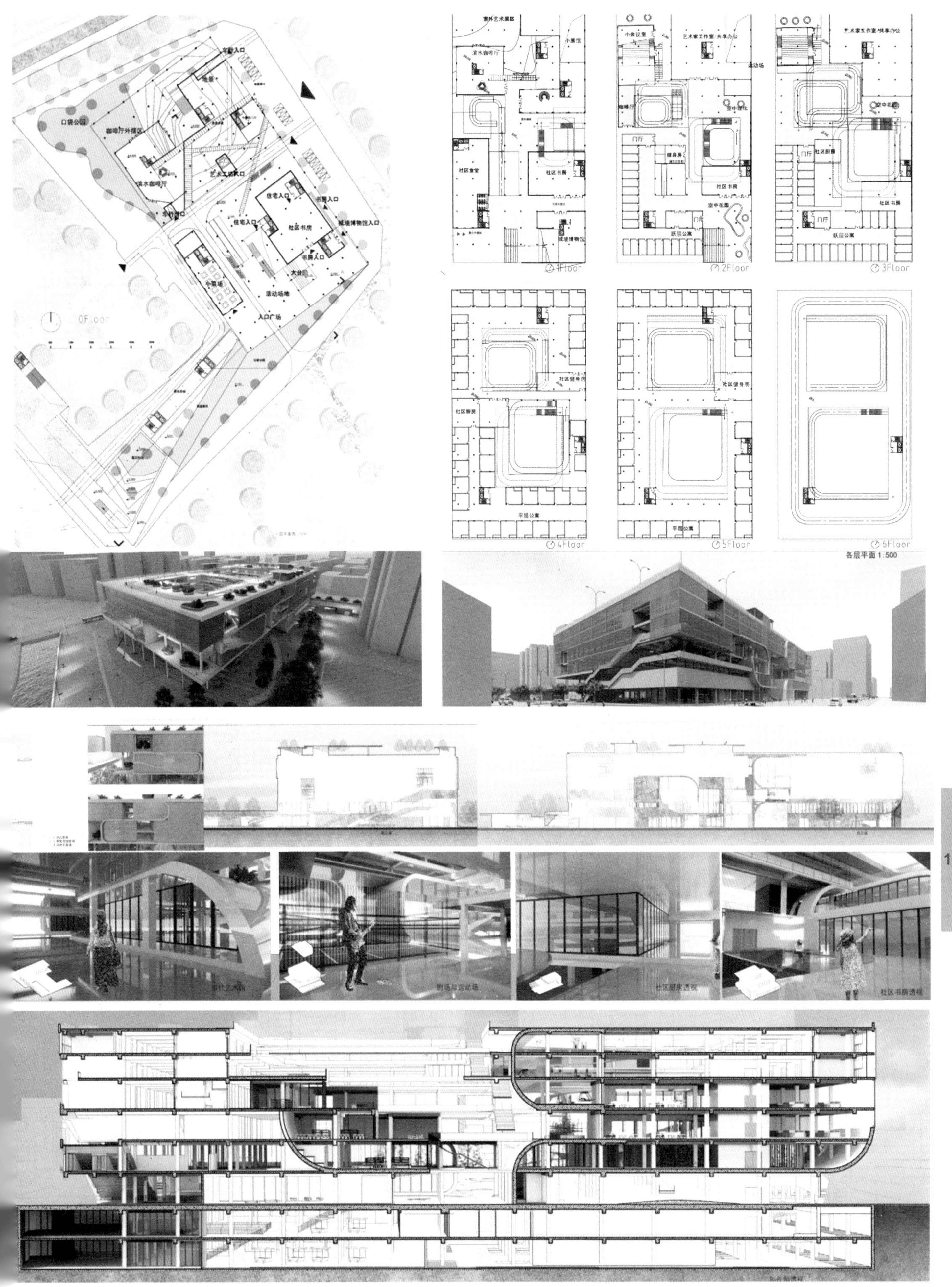
0Floor
口袋公园
咖啡厅外摆区
演水咖啡厅
艺术工坊入口
住宅入口
书房入口
社区书房
城墙博物馆入口
小展场
活动场地
入口广场
1Floor
2Floor
3Floor
4Floor
5Floor
6Floor
社区食堂
社区书房
健身房
空中花园
跃层公寓
社区厨房
社区健身房
平层公寓
各层平面 1:500
剧场与运动场
社区厨房透视
社区书房透视

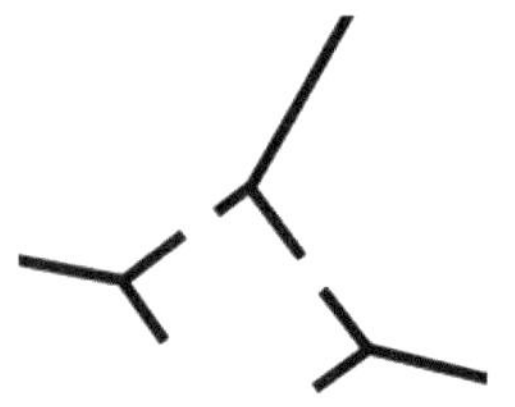

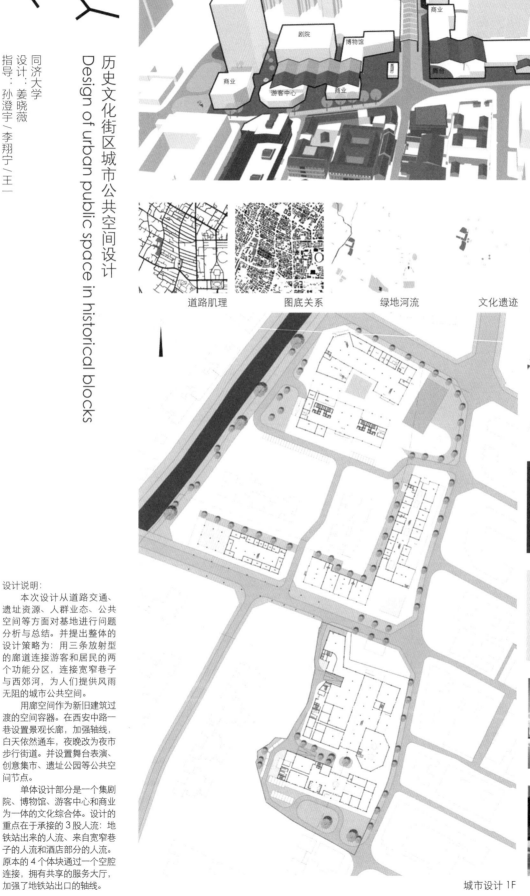

历史文化街区城市公共空间设计

Design of urban public space in historical blocks

同济大学

设计：姜晓薇

指导：孙澄宇 / 李翔宁 / 王一

轴测

道路肌理　图底关系　绿地河流　文化遗迹　公共交通　单双车

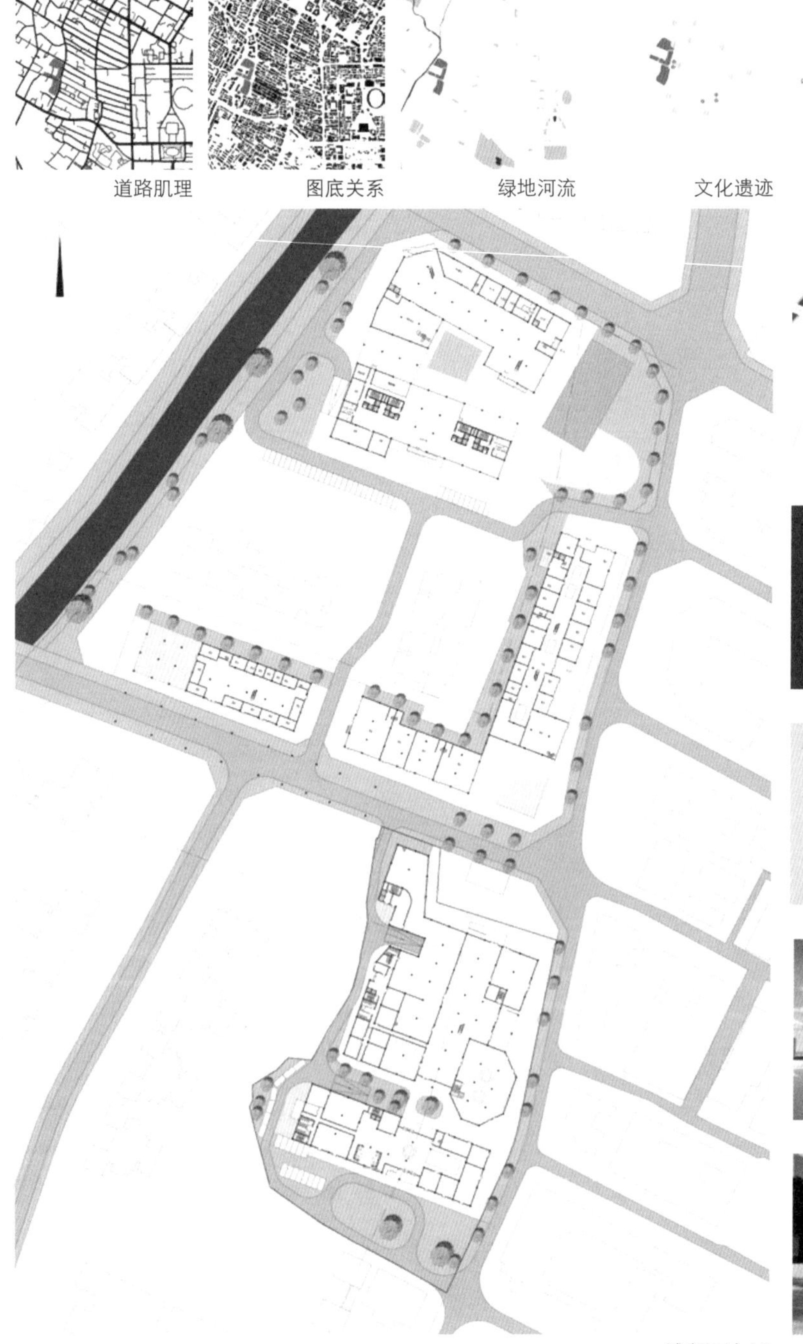

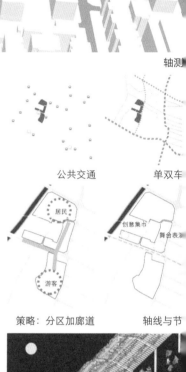

城市设计 1F

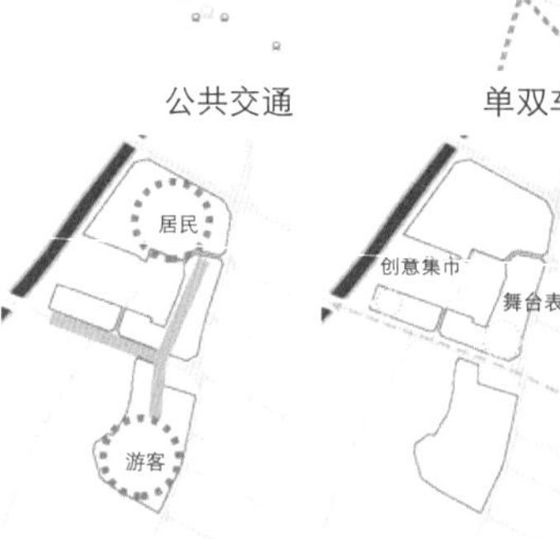

策略：分区加廊道　轴线与节

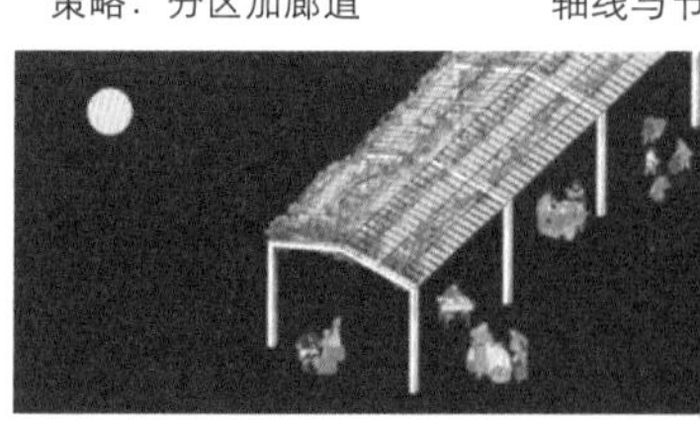

景观廊道夜晚集

景观廊道白天车

创意集

舞台表

设计说明：

本次设计从道路交通、遗址资源、人群业态、公共空间等方面对基地进行问题分析与总结。并提出整体的设计策略为：用三条放射型的廊道连接游客和居民的两个功能分区，连接宽窄巷子与西郊河，为人们提供风雨无阻的城市公共空间。

用廊空间作为新旧建筑过渡的空间容器。在西安中路一巷设置景观长廊，加强轴线，白天依然通车，夜晚改为夜市步行街道。并设置舞台表演、创意集市、遗址公园等公共空间节点。

单体设计部分是一个集剧院、博物馆、游客中心和商业为一体的文化综合体。设计的重点在于承接的3股人流：地铁站出来的人流、来自宽窄巷子的人流和酒店部分的人流。原本的4个体块通过一个空腔连接，拥有共享的服务大厅，加强了地铁站出口的轴线。

单体入口

沿同仁路街景

室内中庭

露台眺望宽窄巷子

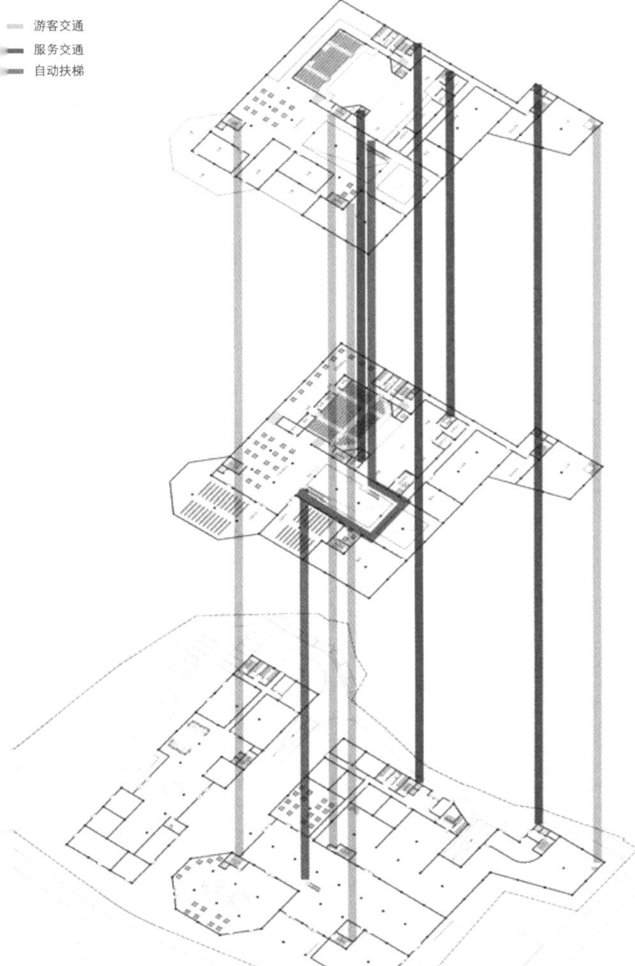

商店
展览
后勤服务
咖啡餐饮
剧院附属

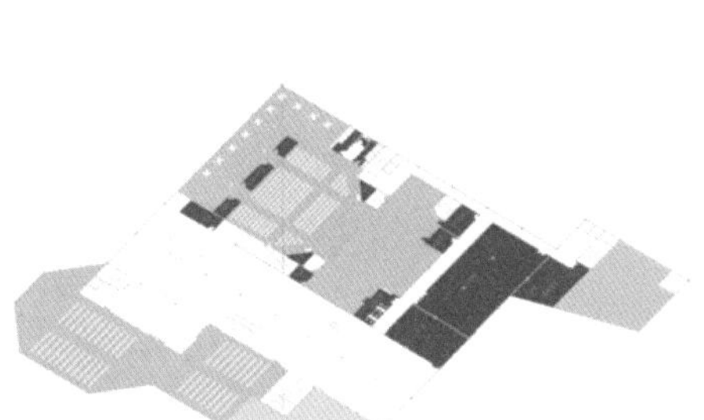

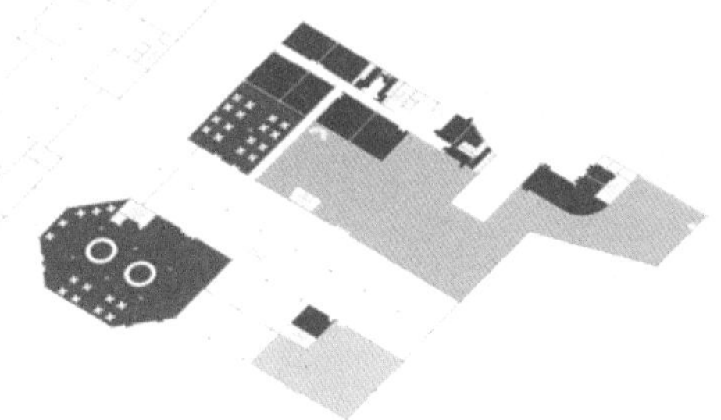

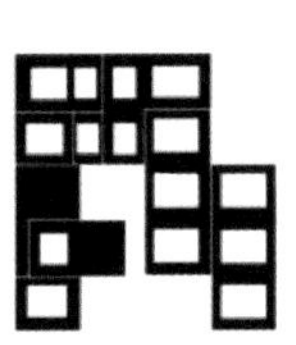

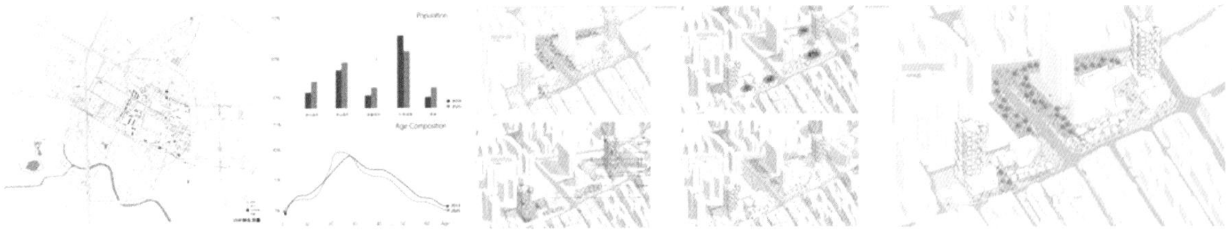

折叠宽窄 Folding Kuanzhai Alley

同济大学
设计：盛逸涵
指导：孙澄宇 / 李翔宇 / 王一

基本楼层排布

公共外向"街道"

竖向交通

内部"街市"空间

外向"院落"空间

居住组团

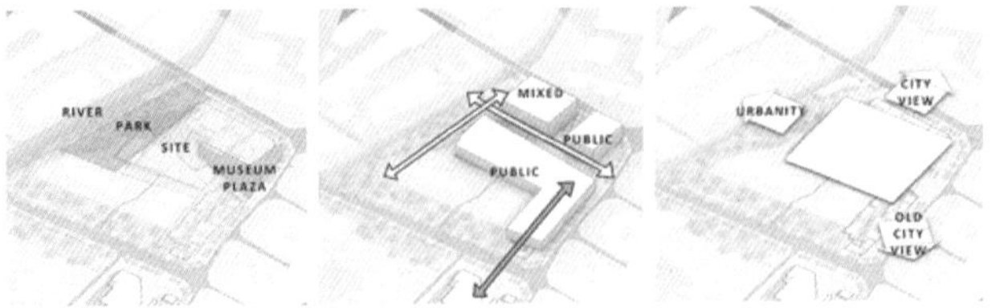

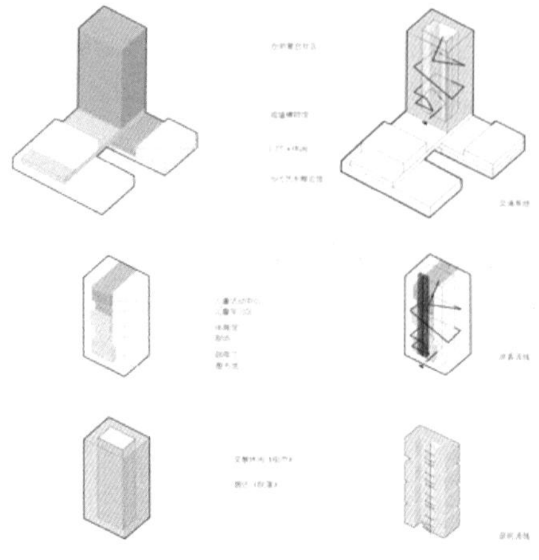

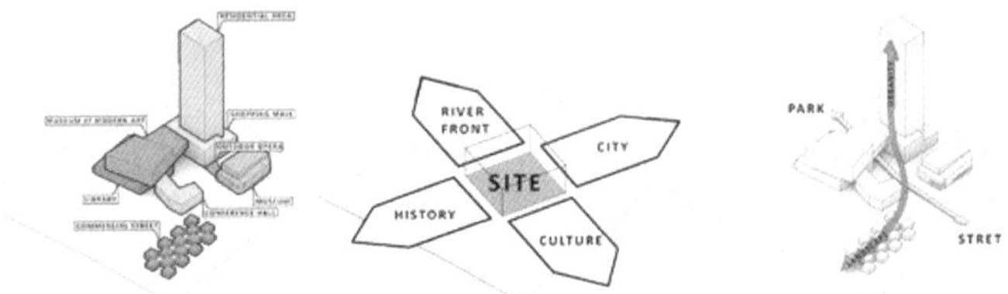

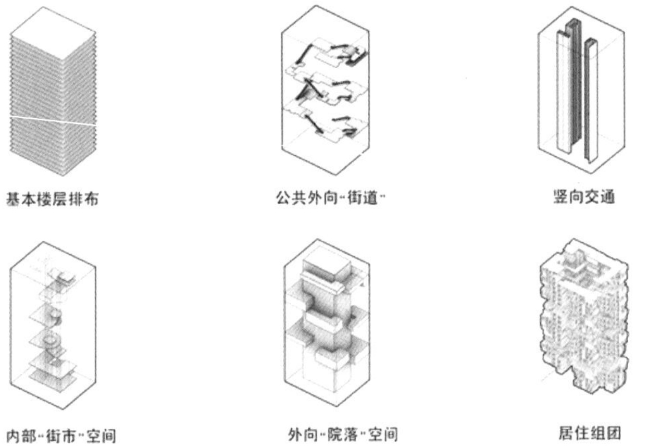

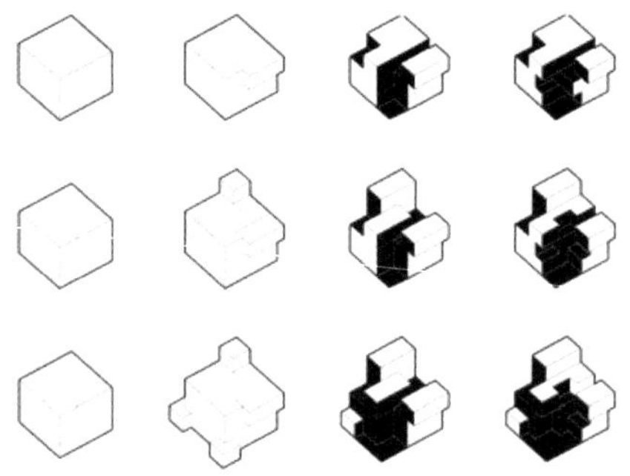

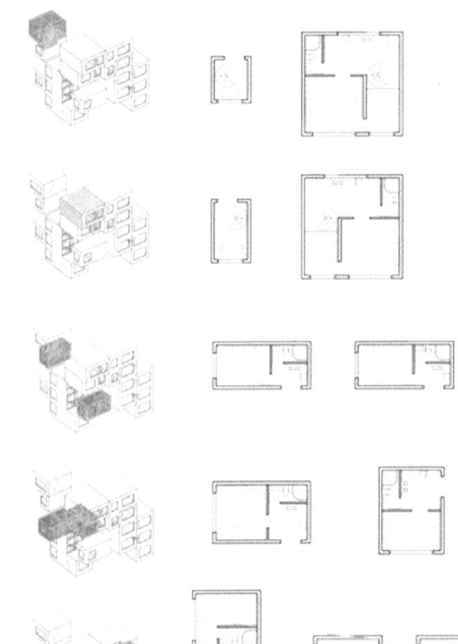

评语：

作者受到宽窄巷子院落空间的自然和谐生活状态的启发，希望通过折叠宽窄巷子的肌理打造一个复合居住、办公、休闲、娱乐、教育的垂直城市。折叠肌理的两种尺度，大体量建筑尺度回应城市，小尺度组团回应院落肌理和人生活需要。

高层在基本楼层排布后引入竖向交通和螺旋交通，螺旋交通与中间公共空间形成街市空间，外接居住组团形成院落空间，并根据不同房型形成三个层次的院落空间，并分别对应不同住户人群拥有不同氛围。从组团外部看向组团和从各个房型望向组团内部，均能看到非常丰富且活跃的不同氛围的院落场景。

街市部分流线中游客与居民互不干扰但视线相通，游客可以充分感受院落氛围，但不影响居民的正常生活。剖面上的推敲与思考意图梳理街市部分和组团部分的关系，为街市的活动创造丰富度，并与院落组团空间的交织呈现疏密不同的节奏感。

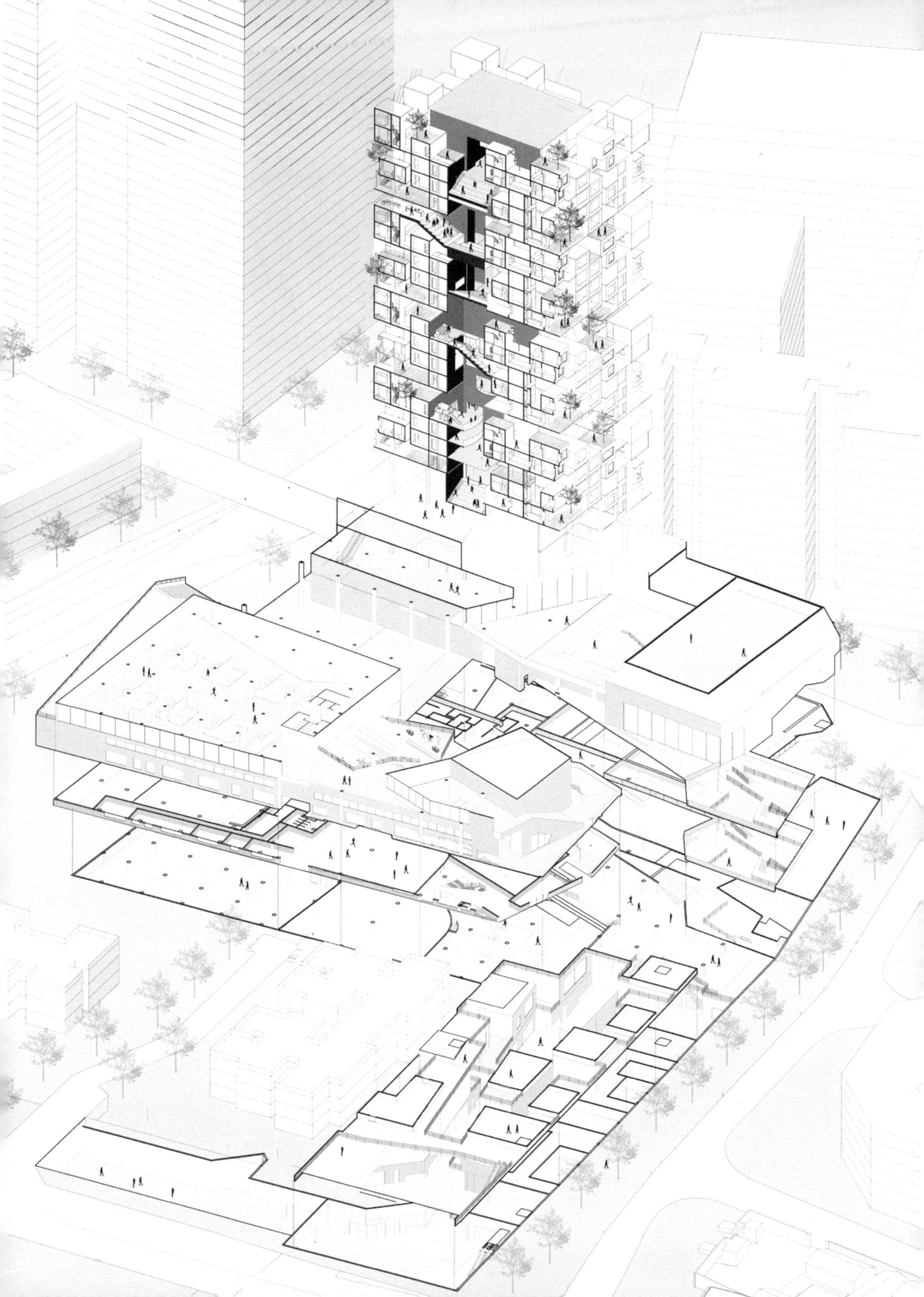

基于城市触媒理论的旧城更新和建筑设计

Urban and Architecture Design Based On Urban Catalyst Theory

同济大学
设计：檀烨
指导：孙澄宇/李翔宁/王一

城市设计鸟瞰图

城市设计一层平面图

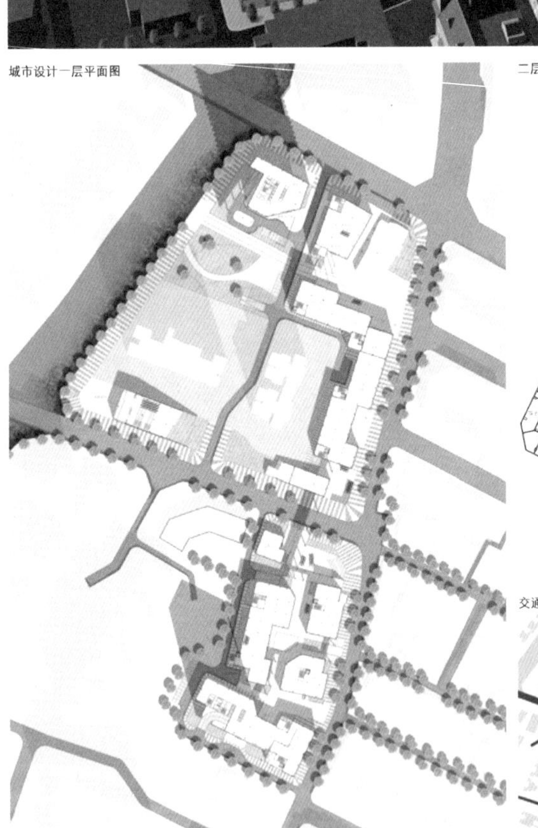

二层平面图

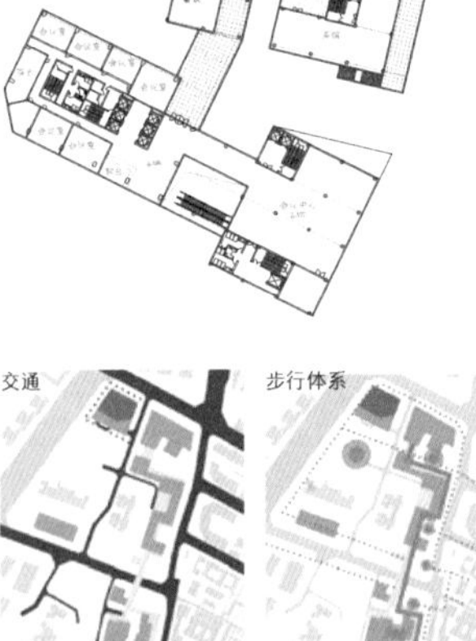

三层平面图

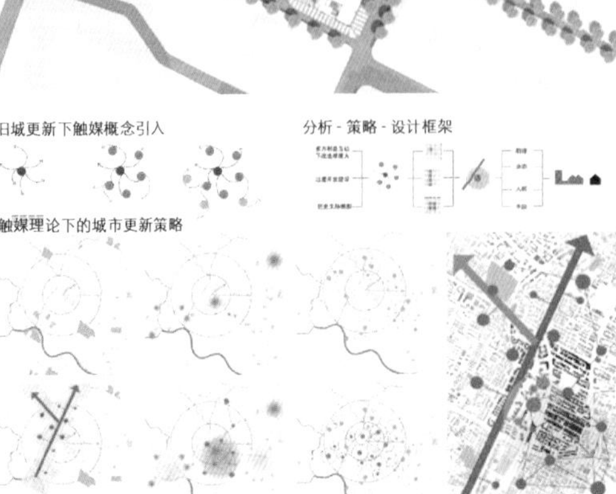

设计说明：

宽窄巷子二期项目位于成都青羊区市中心，文创氛围浓厚，吸引了游客和文创产业者。项目位于旧城区，面临存量更新、改造难度大、新建筑和旧文脉断裂等问题。

针对上述问题，引入城市触媒概念，通过线性城市客厅这一带状触媒串联功能区，实现人群混合、业态更新和补足和城市肌理的延续。

建筑设计层面，将线性长廊步行区外置，在二层实现对宽窄巷子多角度的观望。靠近宽窄巷子的一侧以细碎的坡屋顶回应肌理，在西侧以单坡顶映衬，城市公共客厅与地铁站接驳，实现人群引流，同时配置目的性较强的功能，在尊重旧文脉的同时，为少城创造新活力。

筑设计鸟瞰图

层平面图

地下层平面图

公共空间体系图

共空间

业态

交通

一层人流线

二层城市客厅

后勤流线

剖面图

A-A 剖面图

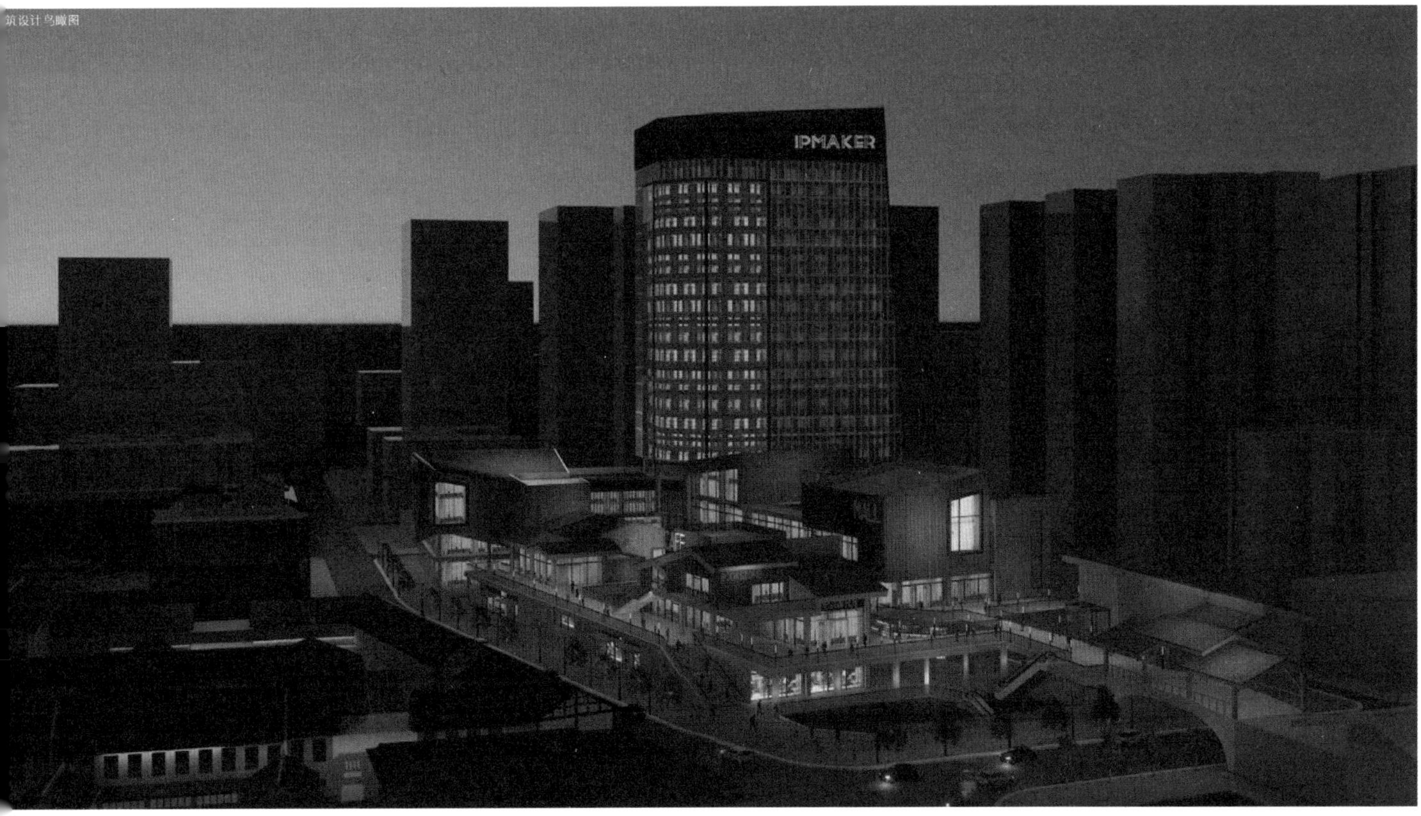

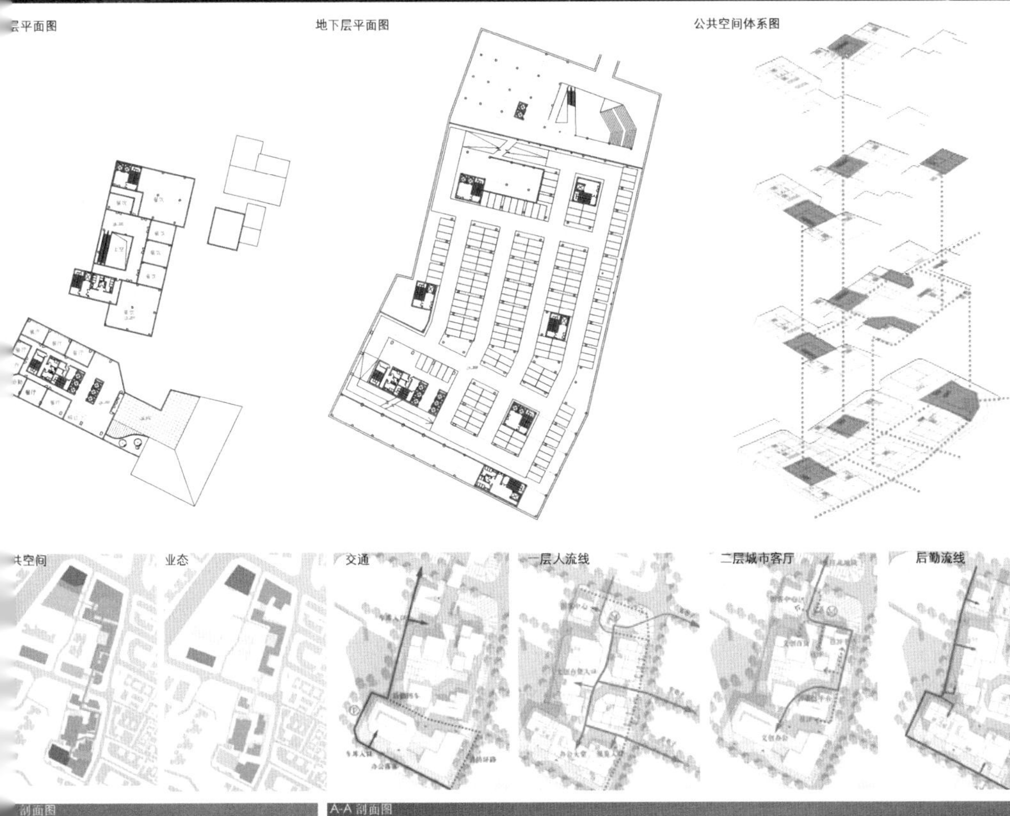

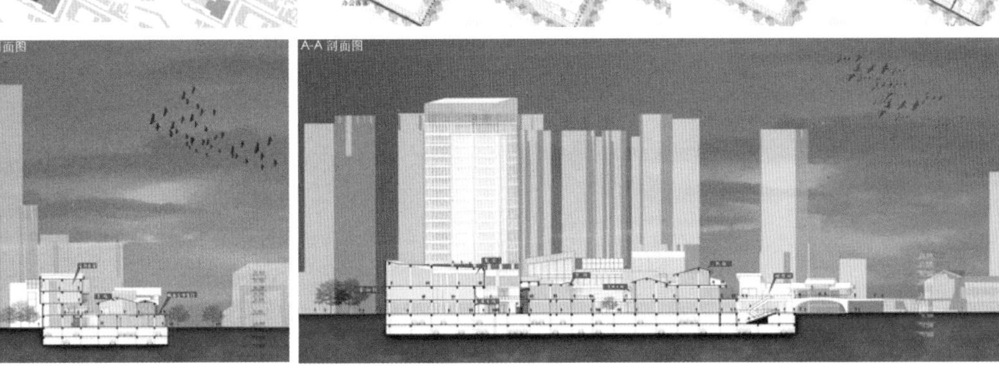

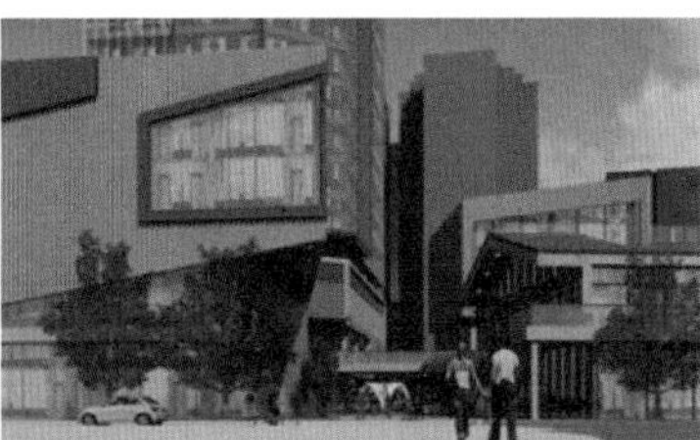

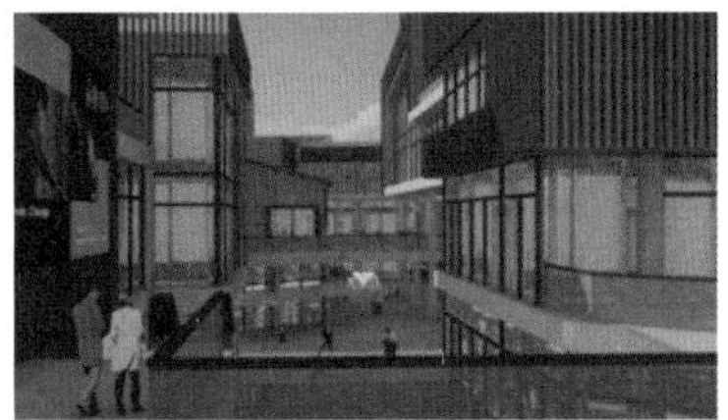

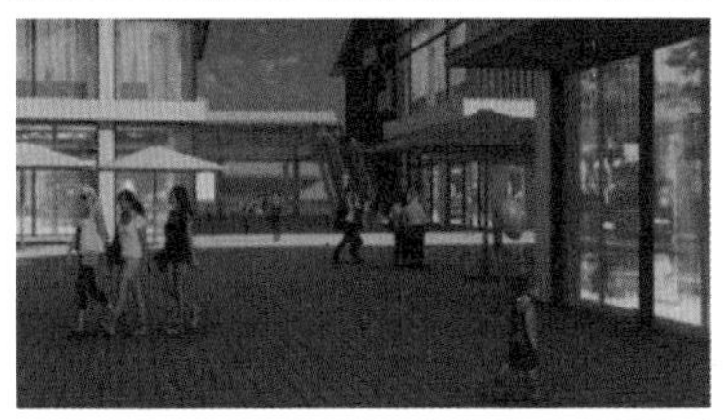

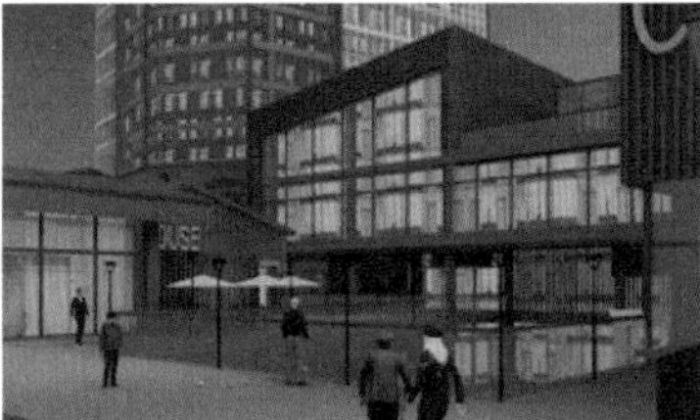

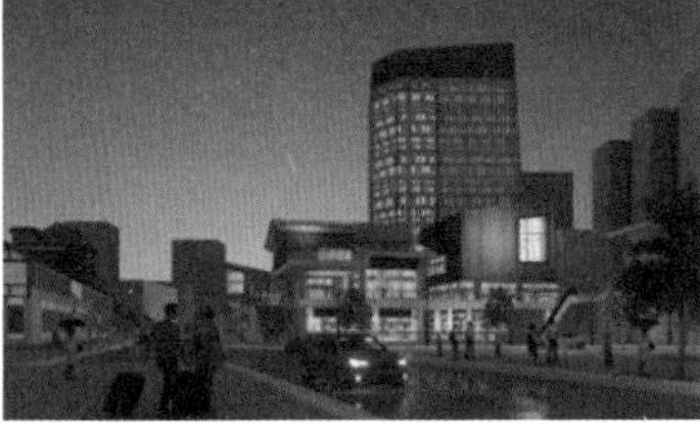

宽窄巷子站 TOD 综合体设计

Design of TOD complex of Kuai Zhai Zane station

同济大学

设计：薛润梁

指导：孙澄宇 / 李翔宁 / 王一

城市设计鸟瞰图

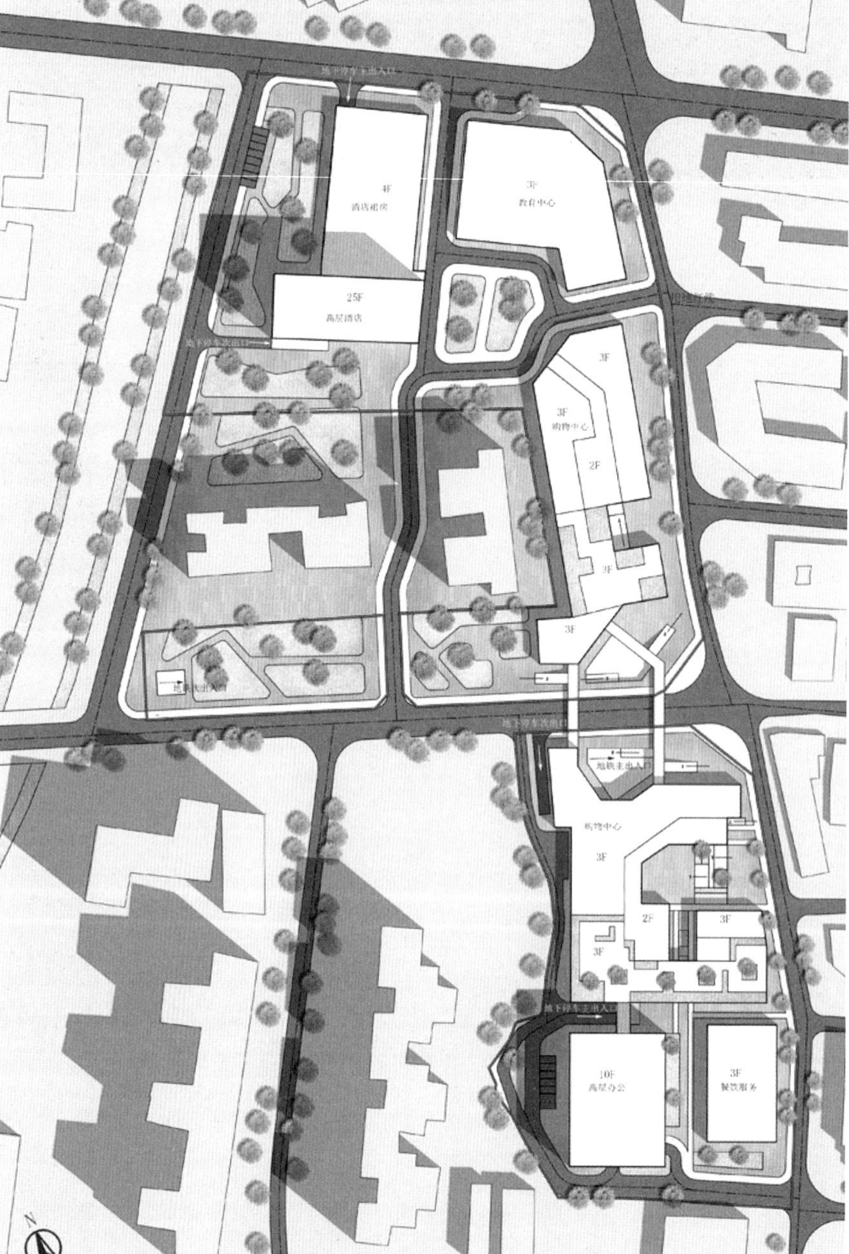

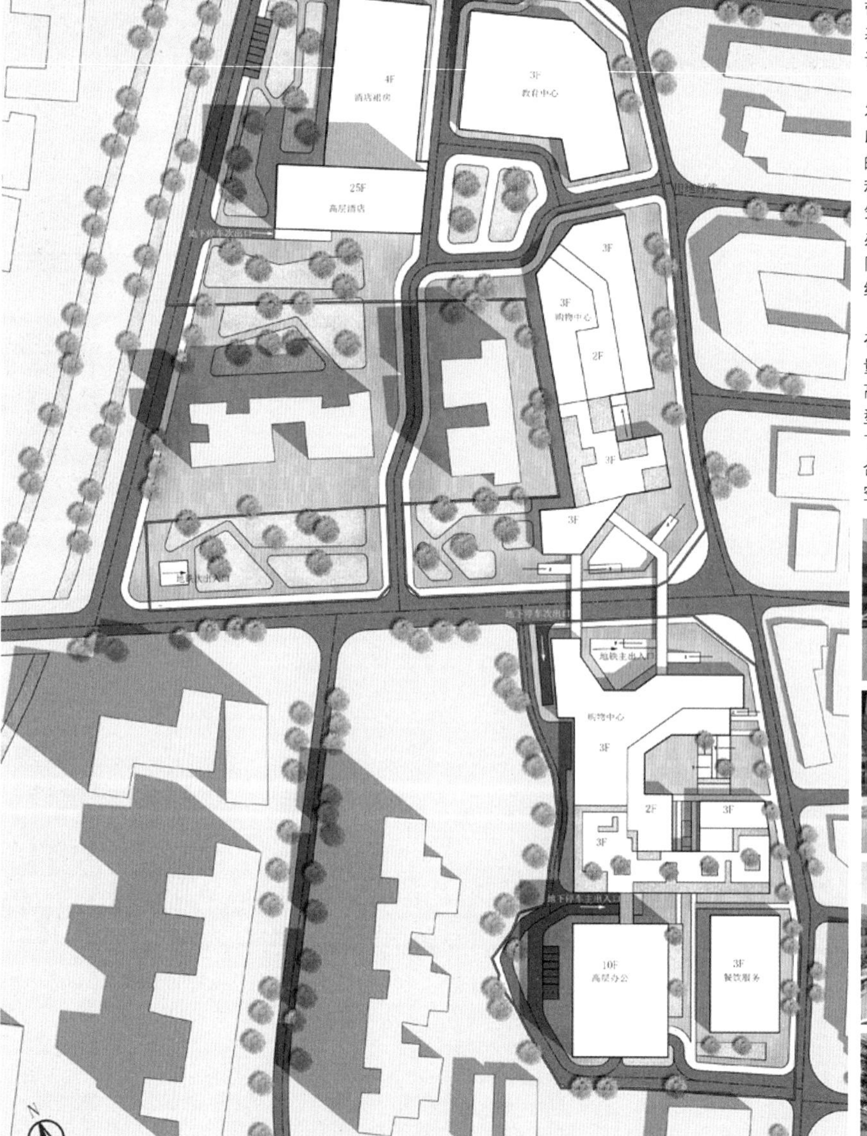

城市设计总平面图

设计说明：

基地周边历史文化资源与社会公共资源丰富，宽窄巷子作为著名文化景区，对设计提出较大要求，同时也带来了较大的机遇。地铁 2 号线作为基地最主要的交通形式，也成为了设计的出发点之一。

城市层面上，为均衡现代城市经济发展模式与历史环境风貌延续，提出以公共交通为导向的城市合院型商业的主题，总体分为保护控制区（1.5 容积率）和非控制区（4.0 容积率），建筑形式以大型商业综合体为主，兼具办公，教育，酒店等多种功能形式，同时关注城市公共空间的塑造，以连续步行道路串起建筑与公共空间。

建筑层面上采用“减法”的策略，在现代高密度的发展模式下，进行体量的削减来满足低积率的要求，形成高低密度共存，大小体量互补的院落型商业模式。以多个室外公共平台与下沉广场为核心，以商业界面局部围合，向城市开放，来为城市提供公共空间的同时创造更多的商业机遇。

评语：

本设计能充分考虑地铁资源，采用线性半围合的方式将南北通过地铁带来的地下空间相连接，地面上面对宽窄巷子为城市提供了公共空间，具有一定的城市性。

设计初步解决了原来割裂缺失的业态，形成了高效互补的业态模式，在现代高密度商业综合体的发展模式下满足了在历史环境周围低密度的容积率要求。

设计技术性图纸完备，平面图流线完整合理，人行车行流线分离，各个技术性指标基本符合规范要求。室内功能性房间的排布在满足使用要求的同时，拥有良好的空间体验。

在本学期设计的过程中认真严谨，能够按时按量提交设计成果，不拖延不应付，最终成果拥有较高的完成度。希望在以后的设计中能够更加有创新性，大胆想象，小心求证，能尽量跳出已有的圈子，产生更多新颖有趣的设计。

建筑设计部分为南侧地块的商业综合体，包括一个购物中心和一栋高层办公楼，总体延续了城市设计的概念，以“街”“巷”“院”为空间原型。设计以地铁出口为起点，中央合院为核心组织流线，运用多首层的手法，一方面扩大了商业感受面积，另一方面让高密度形体与低密度历史环境相适应，形成层层跌落，相互感知的空间效果。

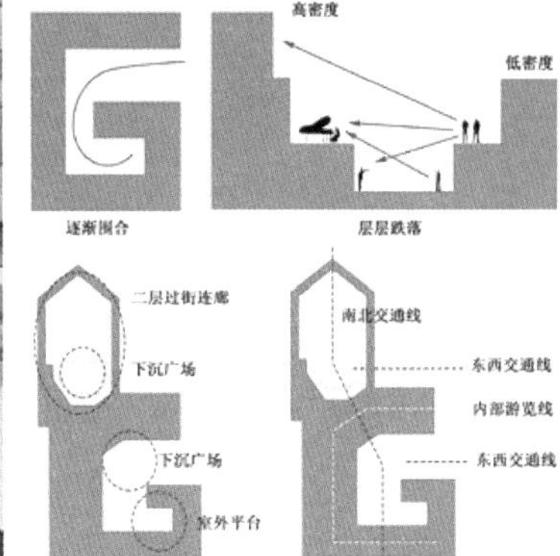

建筑设计鸟瞰图

建筑设计首层平面图

南北通道效果图

办公入口效果图

基于时空综合利用的市集综合体
Market Complex Based on Comprehensive Utilization of Time and Space

同济大学
设计：张帆
指导：孙澄宇/李翔宇/王一

社区服务
商业
文创办公
文博
酒店
游客服务

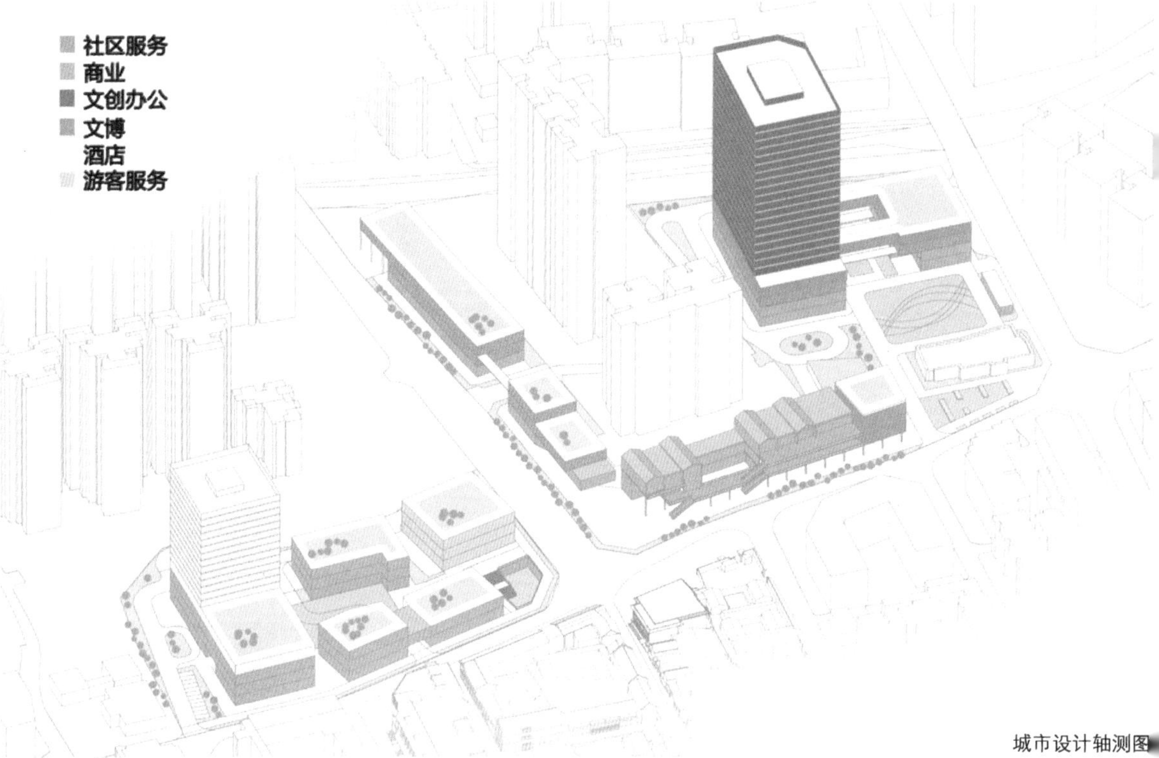

城市设计轴测图

人行　绿化　地铁　文化　业态

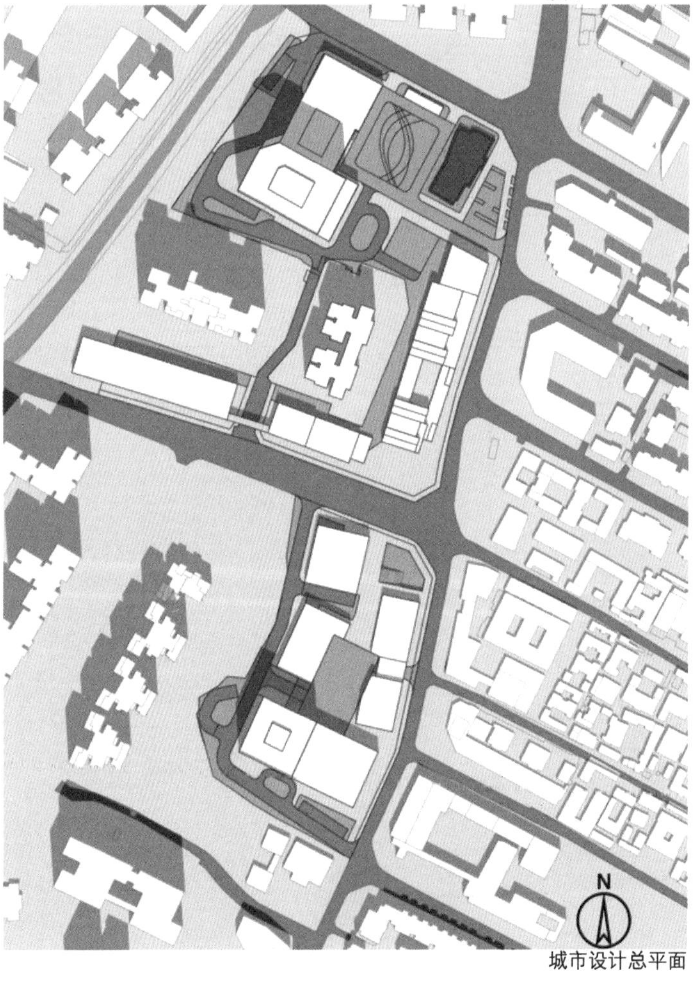

城市设计总平面

不同时段场景

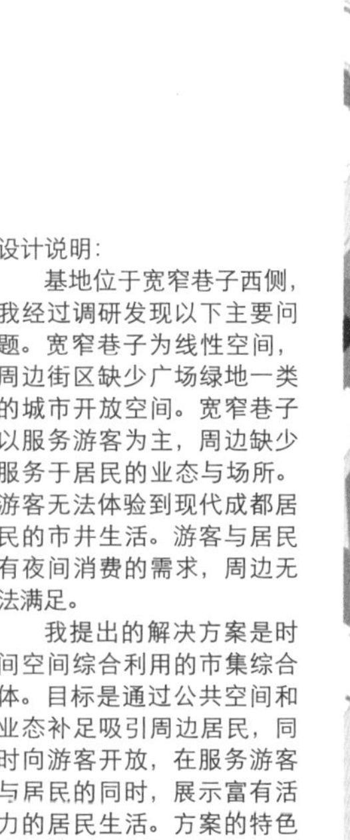

设计说明：

基地位于宽窄巷子西侧，我经过调研发现以下主要问题。宽窄巷子为线性空间，周边街区缺少广场绿地一类的城市开放空间。宽窄巷子以服务游客为主，周边缺少服务于居民的业态与场所。游客无法体验到现代成都居民的市井生活。游客与居民有夜间消费的需求，周边无法满足。

我提出的解决方案是时间空间综合利用的市集综合体。目标是通过公共空间和业态补足吸引周边居民，同时向游客开放，在服务游客与居民的同时，展示富有活力的居民生活。方案的特色在于时间与的复合性与空间的复合性。时间复合性：公共空间不同时段有不同活动不同功能，建筑弹性空间灵活利用。空间复合性：多种功能复合，垂直方向叠加。市集：具有市井气息且富有活力的活动承载形式。

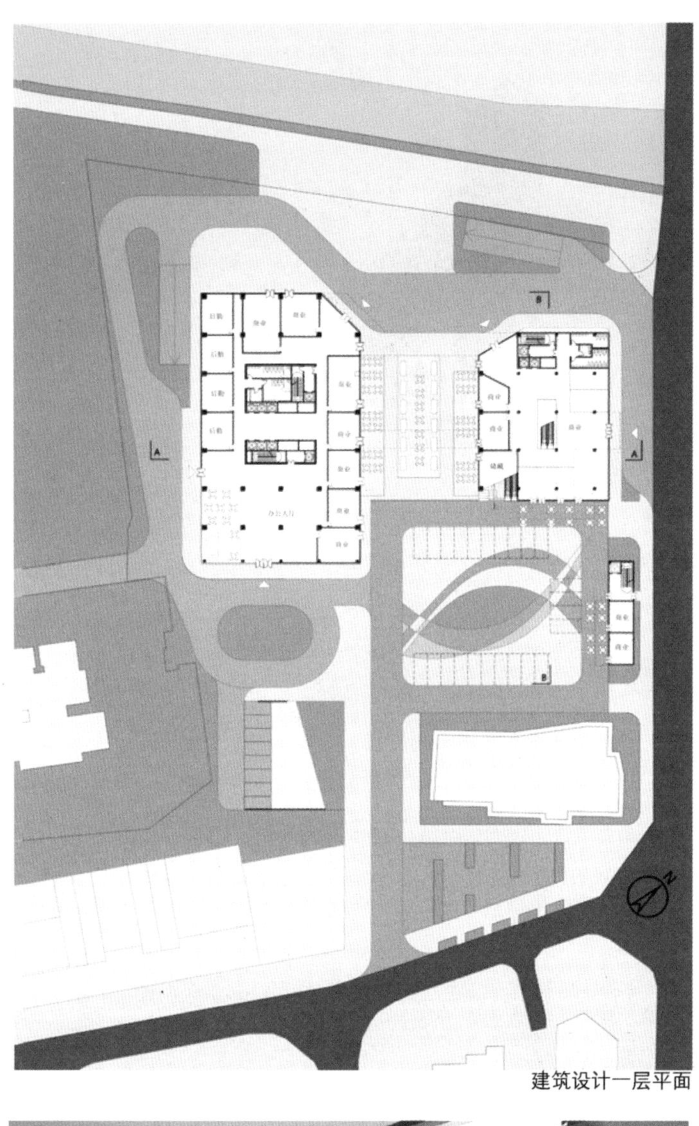
建筑设计一层平面

北立面图

AA' 剖面图

场景表现 1

场景表现 2

场景表现 3

场景表现 4

邻里圈——文化永续、健康宜居的宽窄里

同济大学
设计：邹雨新
指导：孙澄宇 / 王一 / 李翔宁

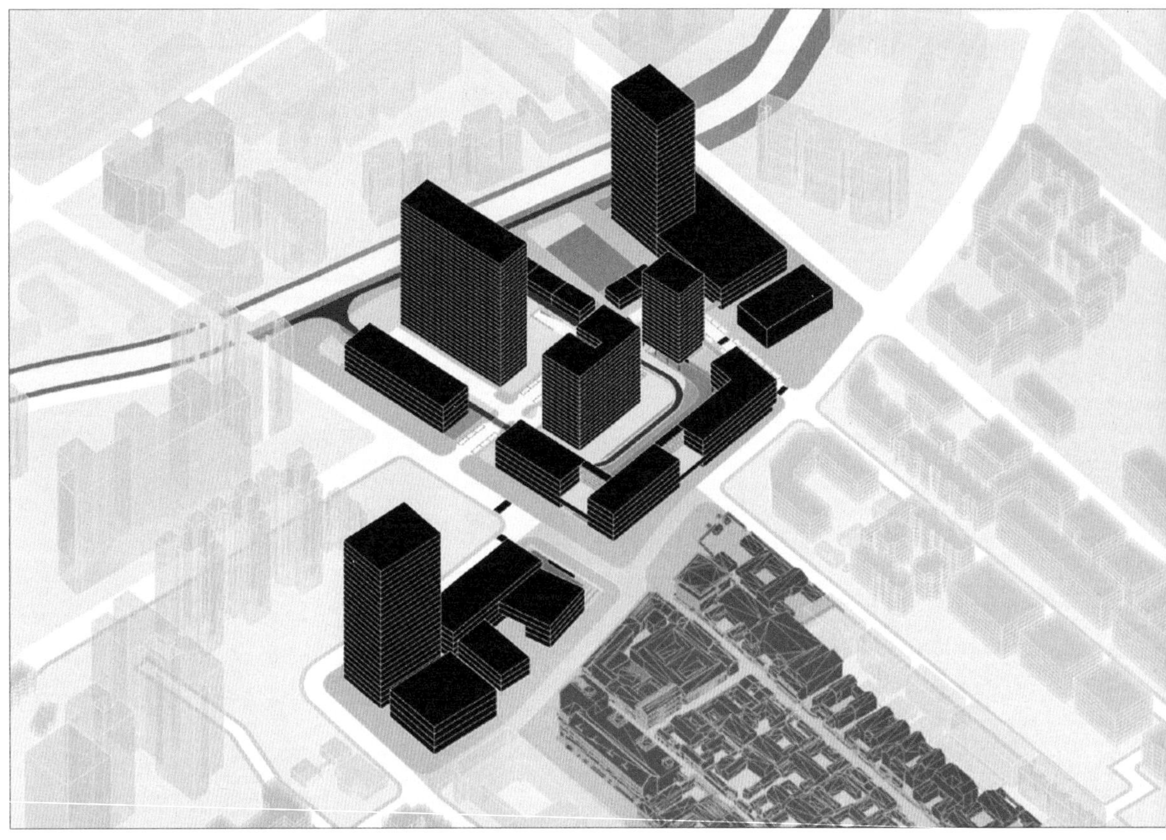

将基地视为宽窄巷子的腹地与延伸，提供更灵活的空间配置模式？

完善配套，打造集文化、旅游、居住为一体的生态圈

1. 新旧衔接

2. 路径连贯

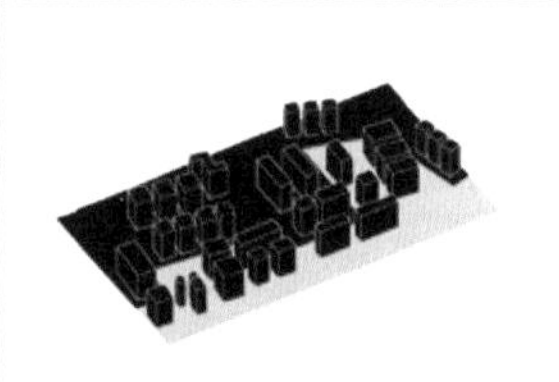

3. 尺度一致

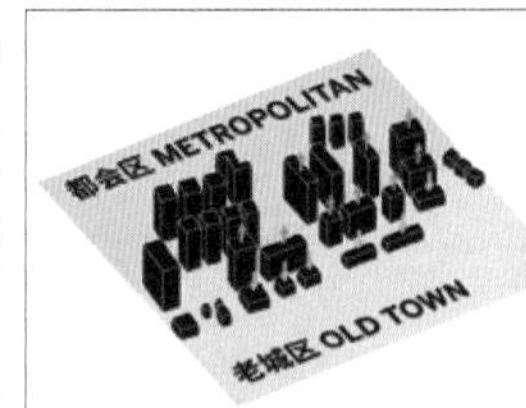

4. 极致空间

设计简介：

基地位于成都宽窄巷子历史街区西侧，周边生活形态极其丰富。然而，周边商圈的业态完整度不足，居住圈的生活配套和活动空间亦有所欠缺。本设计基于上述原因，利用富有弹性的公共空间系统和中心的地铁站，串联北地块的河滨绿地、城墙遗址，并在宽窄巷子门户入口的南地块创造一片「表演天地」，为成都市民提供灵活的创造场所和舒适的生活空间。

总而言之，在现代垂直化的城市发展道路上，我认为，我们不应忽视了社会互动最为密切的地面场所。本设计基于此设想，希望利用简单的空间组织手段，为人们在「文化永续」和「宜居社区」的精神追求上，提供发展的契机。

南地块功能配置

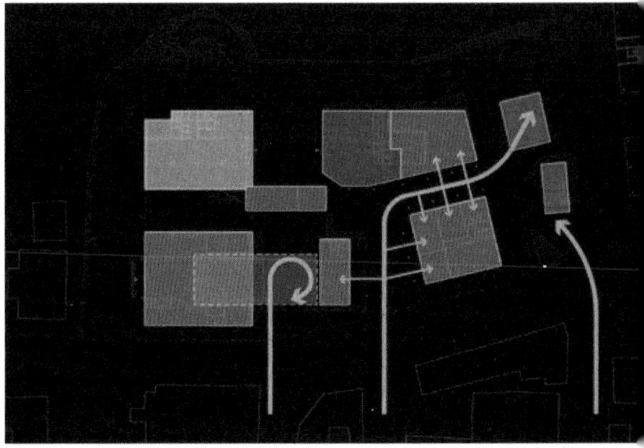

南地块空间与动线配置

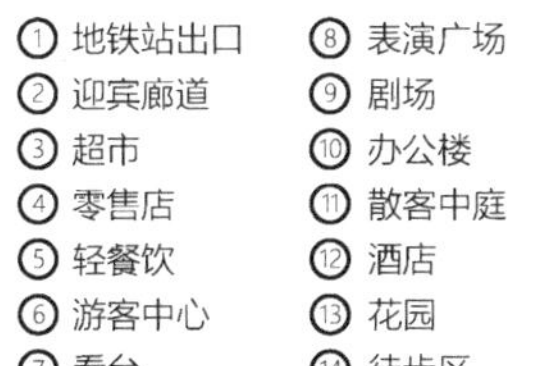
① 地铁站出口
② 迎宾廊道
③ 超市
④ 零售店
⑤ 轻餐饮
⑥ 游客中心
⑦ 看台
⑧ 表演广场
⑨ 剧场
⑩ 办公楼
⑪ 散客中庭
⑫ 酒店
⑬ 花园
⑭ 徒步区

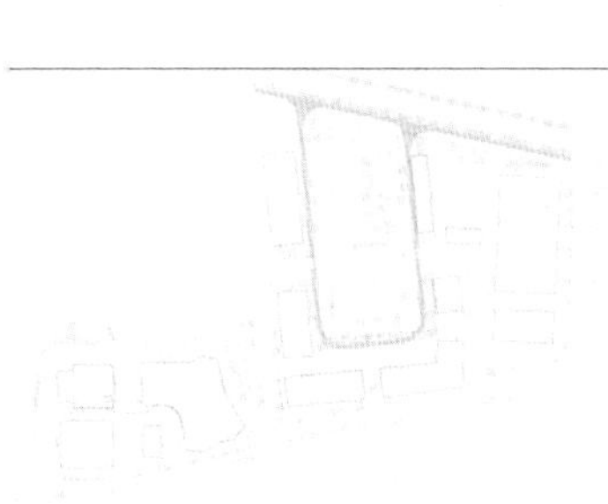

总平面

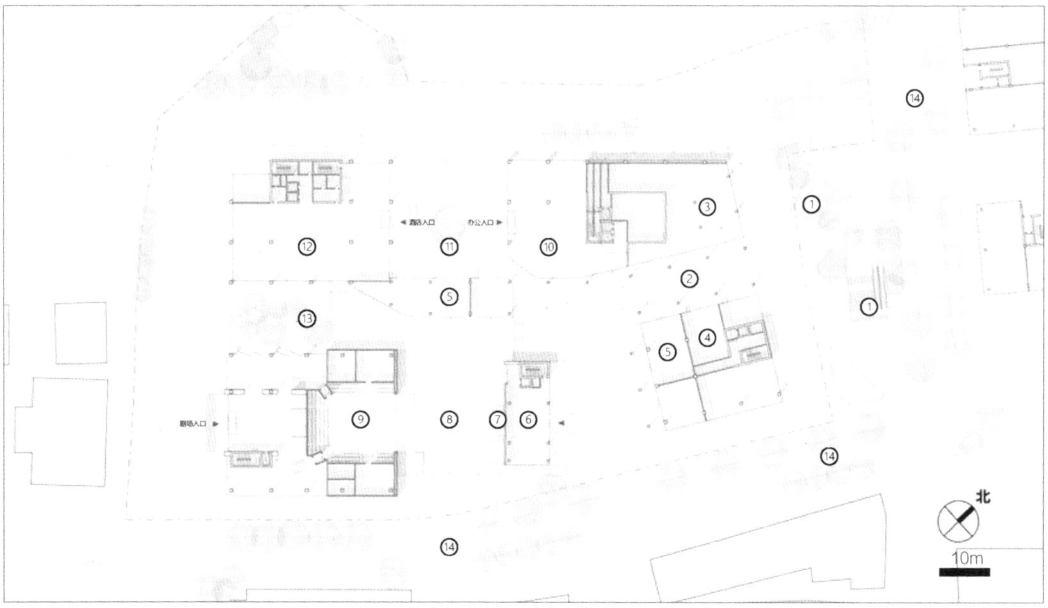

南地块底层平面

天津大学

Tianjin University

学生团队

1 现代文化展示区 The Modern Cultural Exhibition Area

郜若辰

闫方硕

胡杰

周歆悦

2 都市农业体验区 The Urban Agricultural Experience Area

赵婧柔

徐嘉悦

董瑞琪

丛逸宁

3 弹性城市与建筑 Flexible Urban Design and Architecture

高元本

许琳

许宁佳

余思苇

指导教师

邹颖

孙德龙

张昕楠

教师寄语

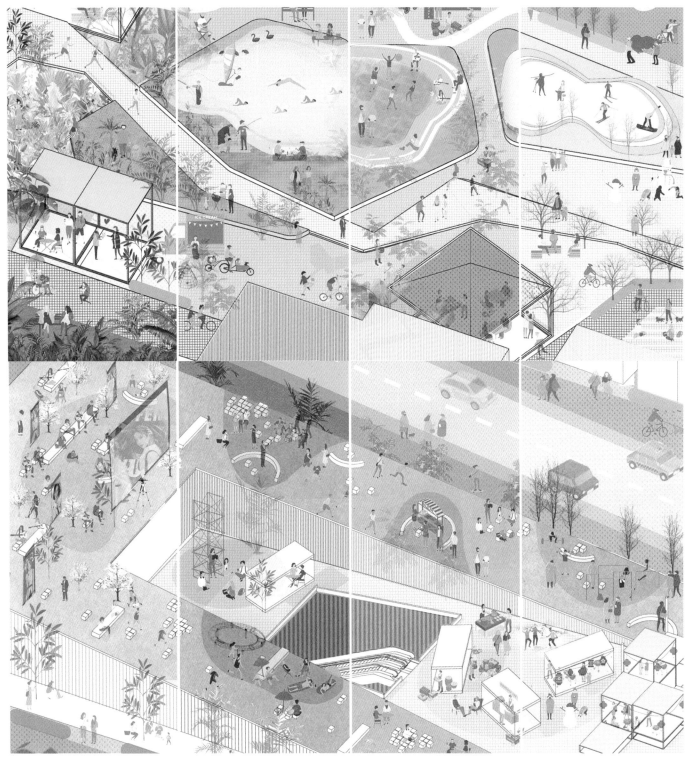

都说庚子年不平常，没想到是这么的不平常。从 2019 年 11 月的毕设准备开始，12 个同学已经跃跃欲试，那首《成都》一直萦绕在耳畔：“和我在成都的街头走一走，直到所有的灯都熄灭了也不停留”是同学们的共同梦想，然而疫情打破了一切计划，直到毕业设计答辩，同学们也没能走进成都。

尽管如此，同学们通过网络、通过书籍、通过西南交大的资料库、通过寻求在成都的亲朋好友的场外援助、通过一切可以利用的手段，竟然也做到了对宽窄巷子了如指掌，三组同学分别以“展示新成都”“弹性”“成都都市农园”为概念出发点，回应基地中蕴含的问题，并提出自己的解答，远程教学成果不输面授，是真心没有想到的。

其实没有想到的还有很多，比如对同学的头像比同学的面孔更熟悉，比如大家竟然在 ZOOM 上练出了一手流畅的鼠标草图，比如 12 个同学身处 12 个地方虽天涯却宛如咫尺……从最后的终期评图看，各校的成果异彩纷呈，都对宽窄巷子的未来给出了自己的精彩答案。遗憾的是这次老师们、同学们没有机会当面交流，但这也更让我们期待在来年的八校联合毕设中能够相聚。

2020 年的毕业设计，注定要载入历史。在八校联合毕设的十四年中，我参加过其中的四次，这次闭门造车最为难忘，想必大家也是如此。

——邹颖（指导教师）

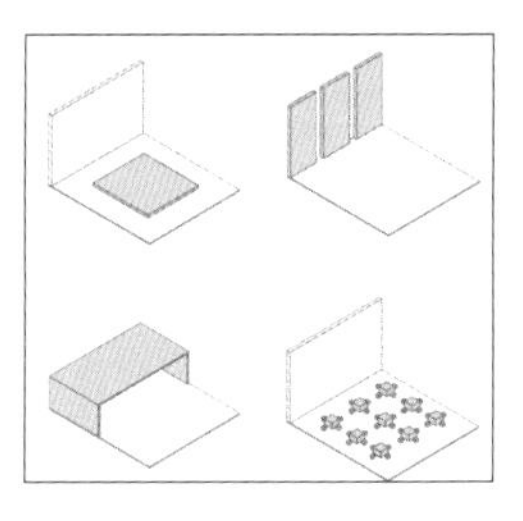

成都宽窄巷子二期城市与单体设计——现代文化展示区

Chengdu Wide and Narrow Alleys Urban and Architectural Design_Morden Cultural Exhibition Area

天津大学
设计：郜若辰／闫方硕／胡杰／周歆悦
指导：邹颖／张昕楠／孙德龙

前期分析

宽窄巷子周边元素热度统计

成都景点热度统计

小型点状公园

大型生态湿地公园

SITE

现状背景

场地问题

目前成都的旅游产业主要以传统文化展示为主，其展示内容已经比较完善，但是缺乏一个现代产业展示的区域

成都产业发展

现状：成都文化创意产业发展在全国处于第一梯队，入选"全球创意城市网络"首批城市

定位：创建"互联网+文化创意"产业发展新模式

场地优势

宽窄巷子景区吸引大量客流

给展示活动提供能提条件

为城市新产业发展提供更多机会

城市会客厅

现代成都科技文化展示窗口

宽窄巷子旅游活动的延续

建筑风格过渡

总体方向：延续宽窄巷子旅游链的现代文化产业展示区

总平面图

N

0　15　30　60　120m

概念生成

评语：

本组毕业设计以成都宽窄巷子片区城市设计和单体设计为对象，通过相关的文献阅读、资料收集等，对成都以及片区进行了深入研究，以此为基础提出以成都新型高科技产业的"展示"作为规划与单体设计概念出发点，问题发现准确、立论依据充分、逻辑清晰。

城市设计中四个展示单体的设计各具特色，对相应的展示内容有比较全面且独特的诠释。成果较为完整，逻辑也比较清晰。但是四个单体之间联系性较差，四个单体与城市设计之间的关系也有待进一步研究与提升。

整体设计

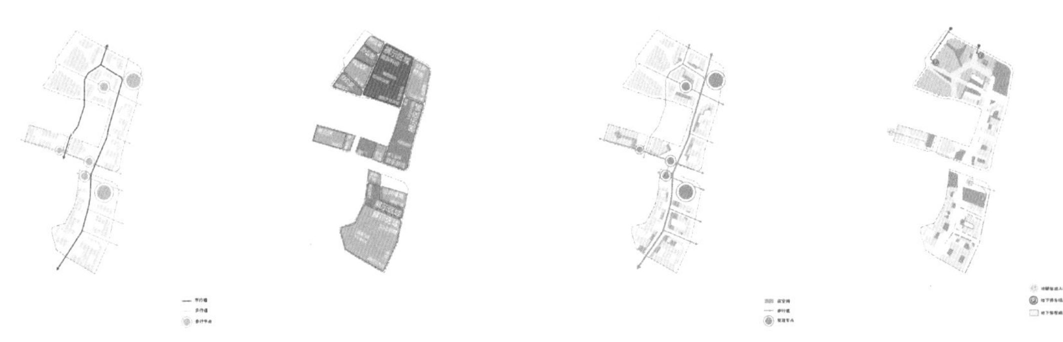

生成逻辑

分区展示

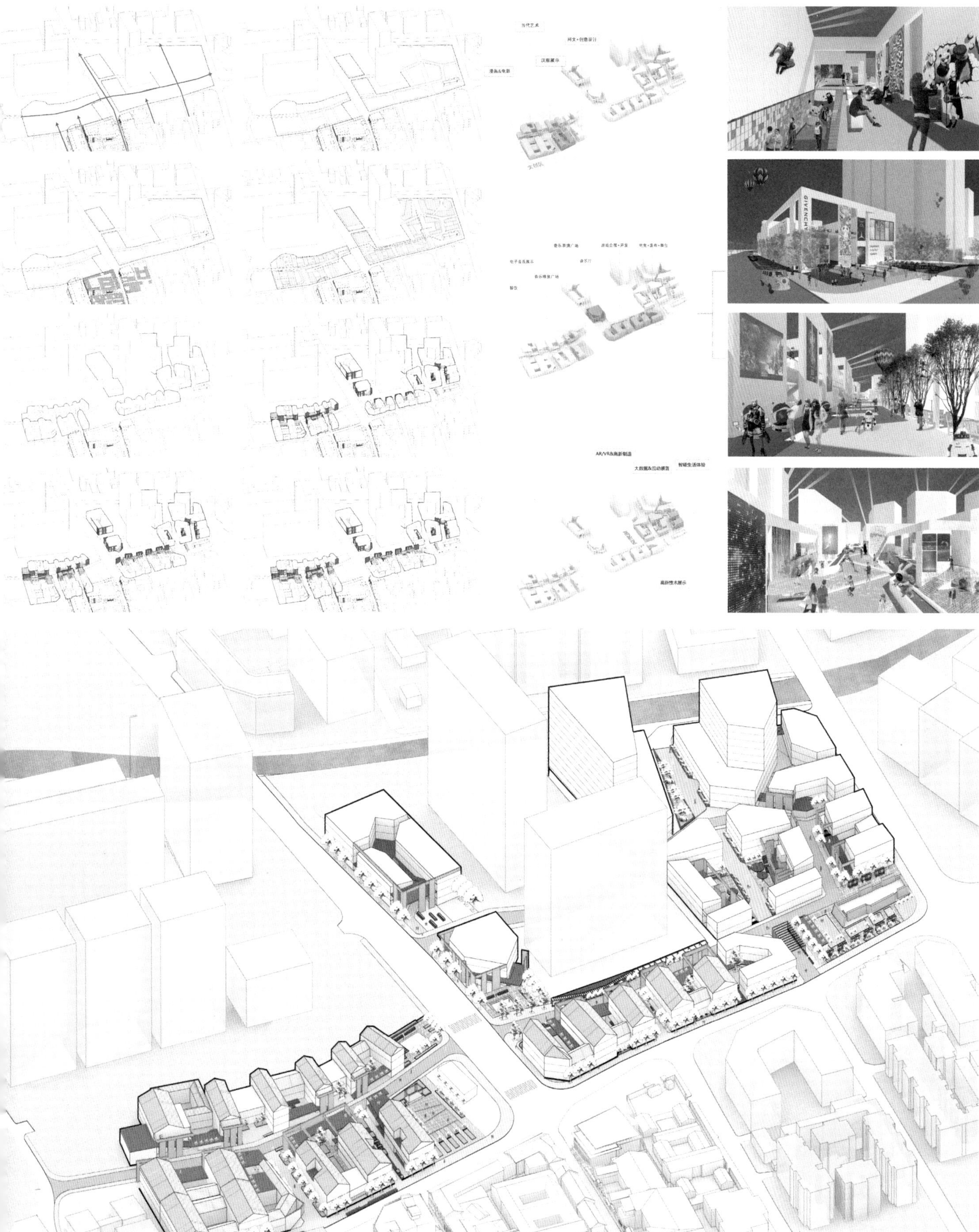

容积率

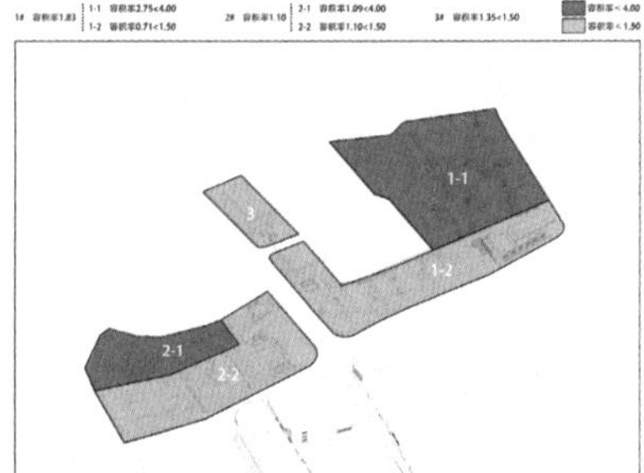

建筑面积

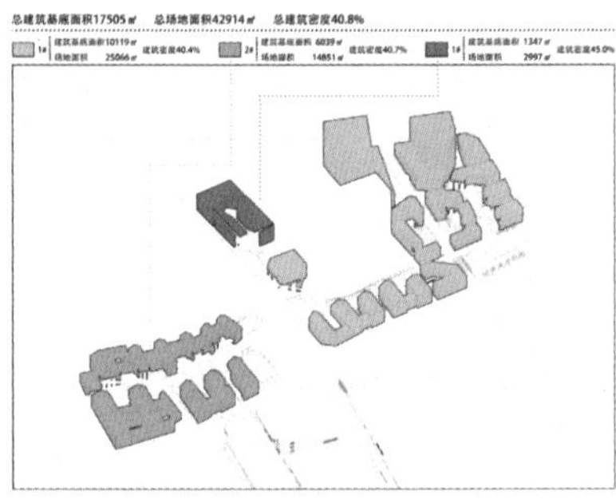

功能配比

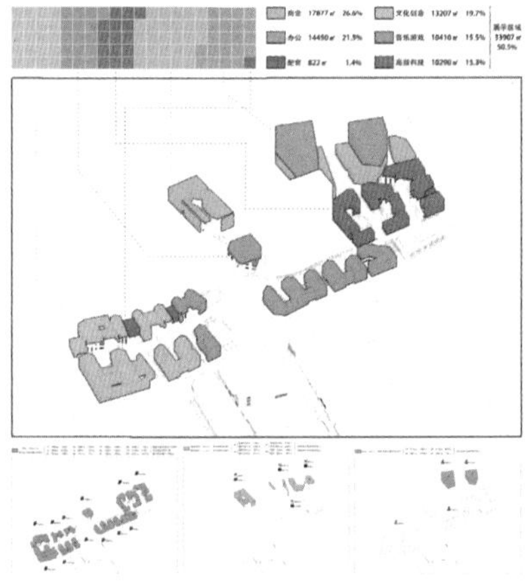

建筑高度

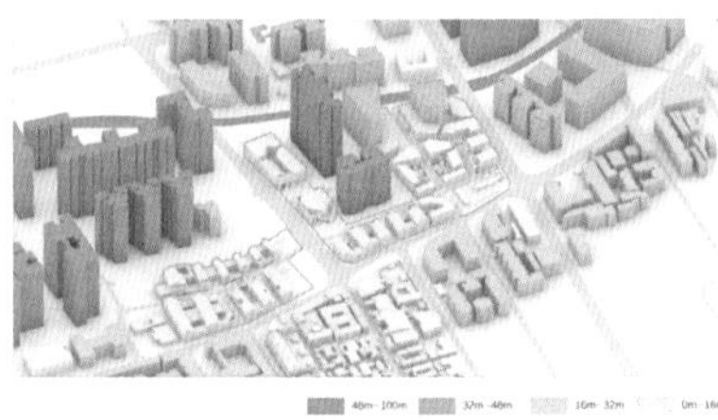

界面量化

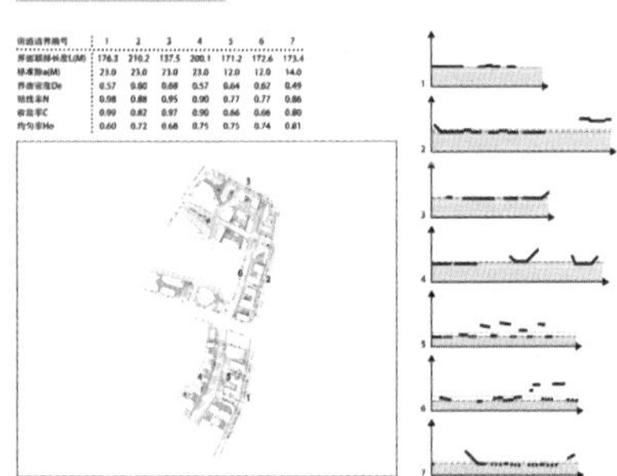

景观设计

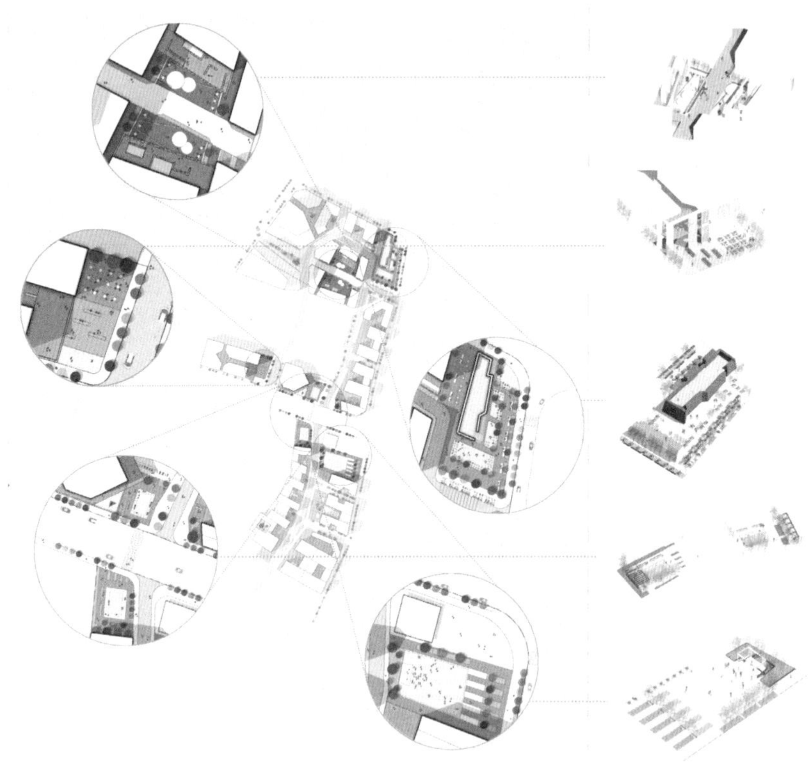

下沉广场：

位于高新展示区，自行围合成为一个院落，围绕贯穿其中的步行街道自行形成一个景观系统。广场空间为高新科技展示提供室外展示平台与交流休憩空间。

商业广场：

位于场地西侧商业建筑前，是游客从西侧地铁口出来所经过的第一个广场节点，对整体展示区域具有铺垫、引导作用，为商业活动提供室外聚集、宣传、售卖场地。

古迹广场：

位于场地东北角历史保护古迹位置。将场地内原有历史遗迹作为广场的中心，游客行经此处可近距离观赏场地内城墙遗址。在广场内其他区域亦为游客提供了休憩、交流等活动空间。

音乐喷泉广场：

在场地中间道路两侧分别设计两个小广场，南北呼应，中间设有人行道可供穿行，对南北两块场地起到良好的连接作用。

音乐表演广场：

南侧场地地铁口附近设置音乐表演广场，疏散地体口大量人流。为音乐展示区提供室外表演、聚集空间。

城市界面设计

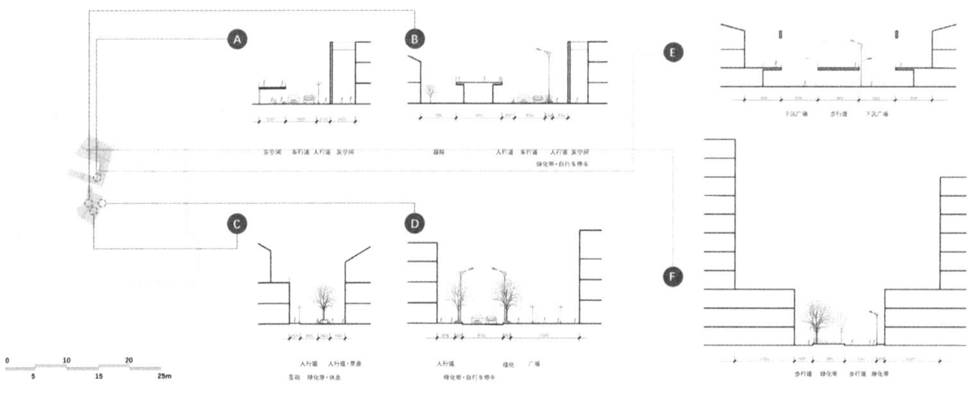

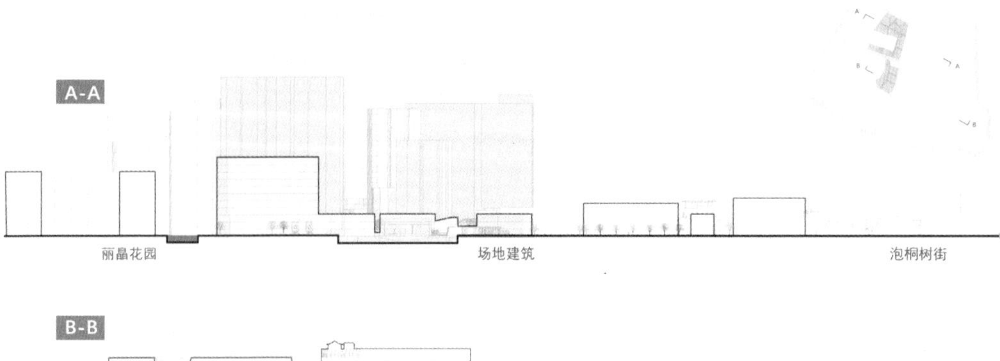

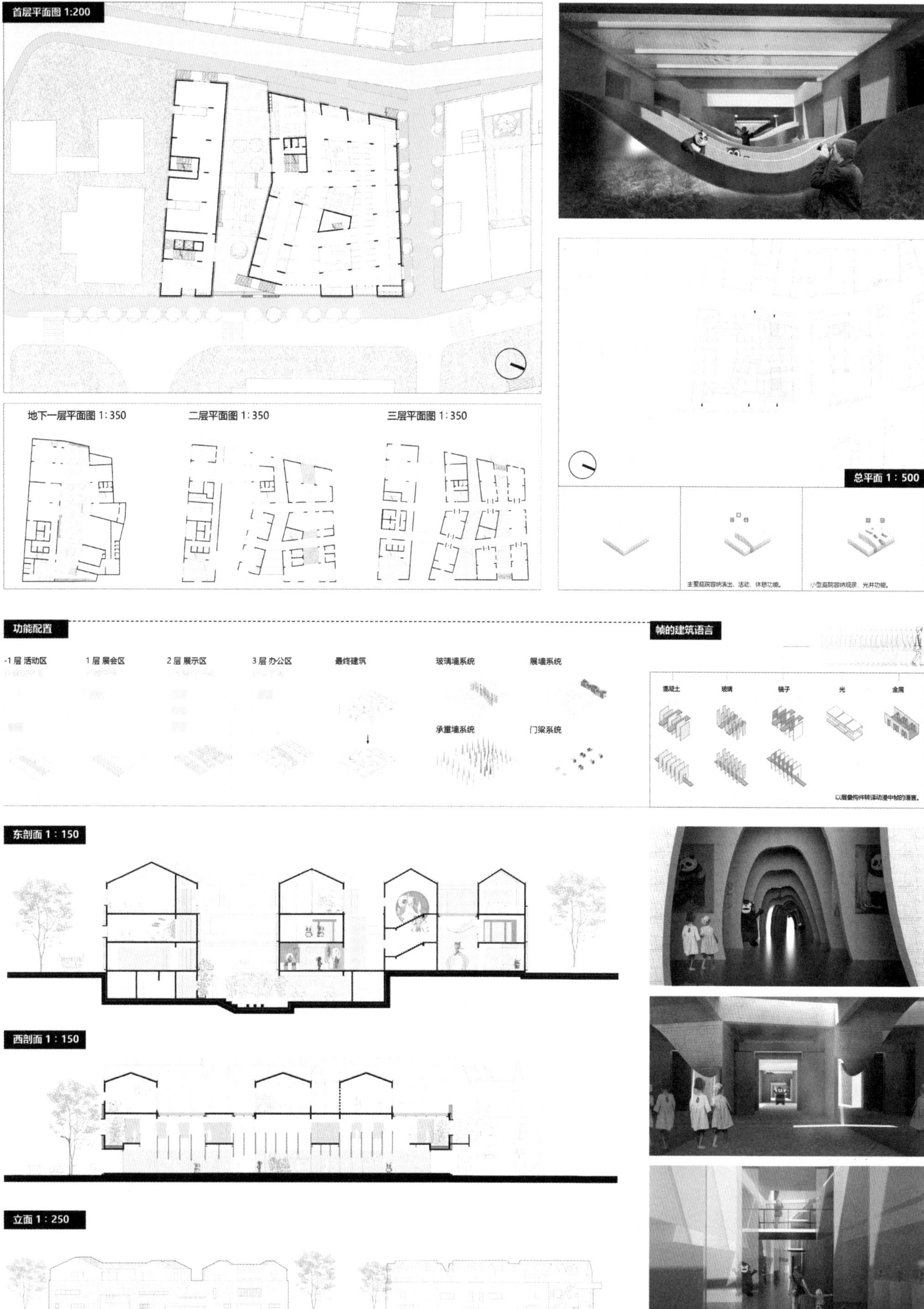
首层平面图 1:200
地下一层平面图 1：350
二层平面图 1：350
三层平面图 1：350
总平面 1：500
主要庭院容纳演出、活动、休憩功能。
小型庭院容纳观景、光井功能。
功能配置
-1 层 活动区
1 层 展会区
2 层 展示区
3 层 办公区
最终建筑
玻璃墙系统
展墙系统
承重墙系统
门梁系统
帧的建筑语言
混凝土
玻璃
镜子
光
金属
以层叠构件转译动漫中帧的语言。
东剖面 1：150
西剖面 1：150
立面 1：250

音乐展示区

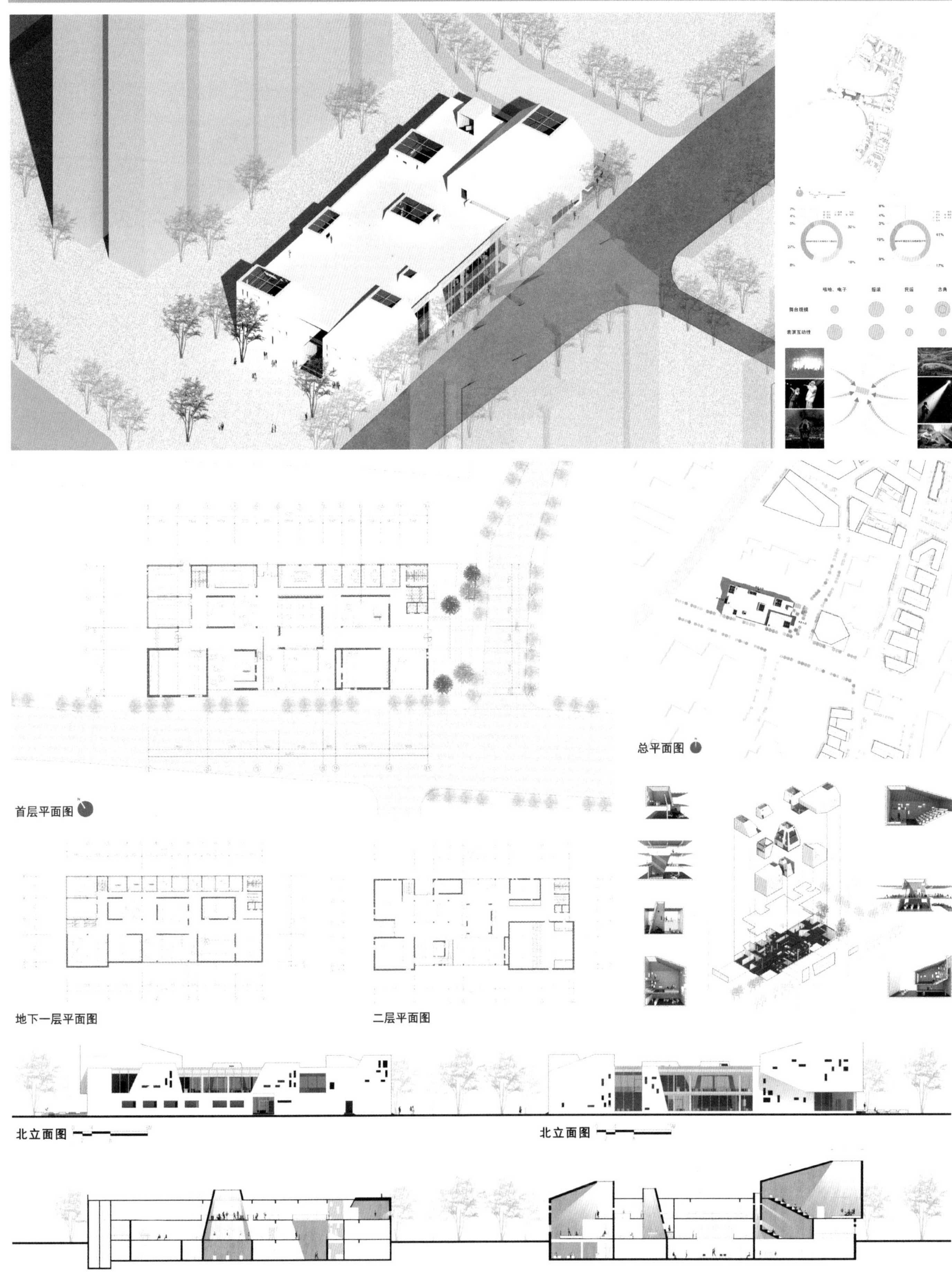

嘻哈、电子
摇滚
民谣
古典
舞台规模
表演互动性
总平面图
首层平面图
地下一层平面图
二层平面图
北立面图
北立面图
A-A 剖面图
B-B 剖面图

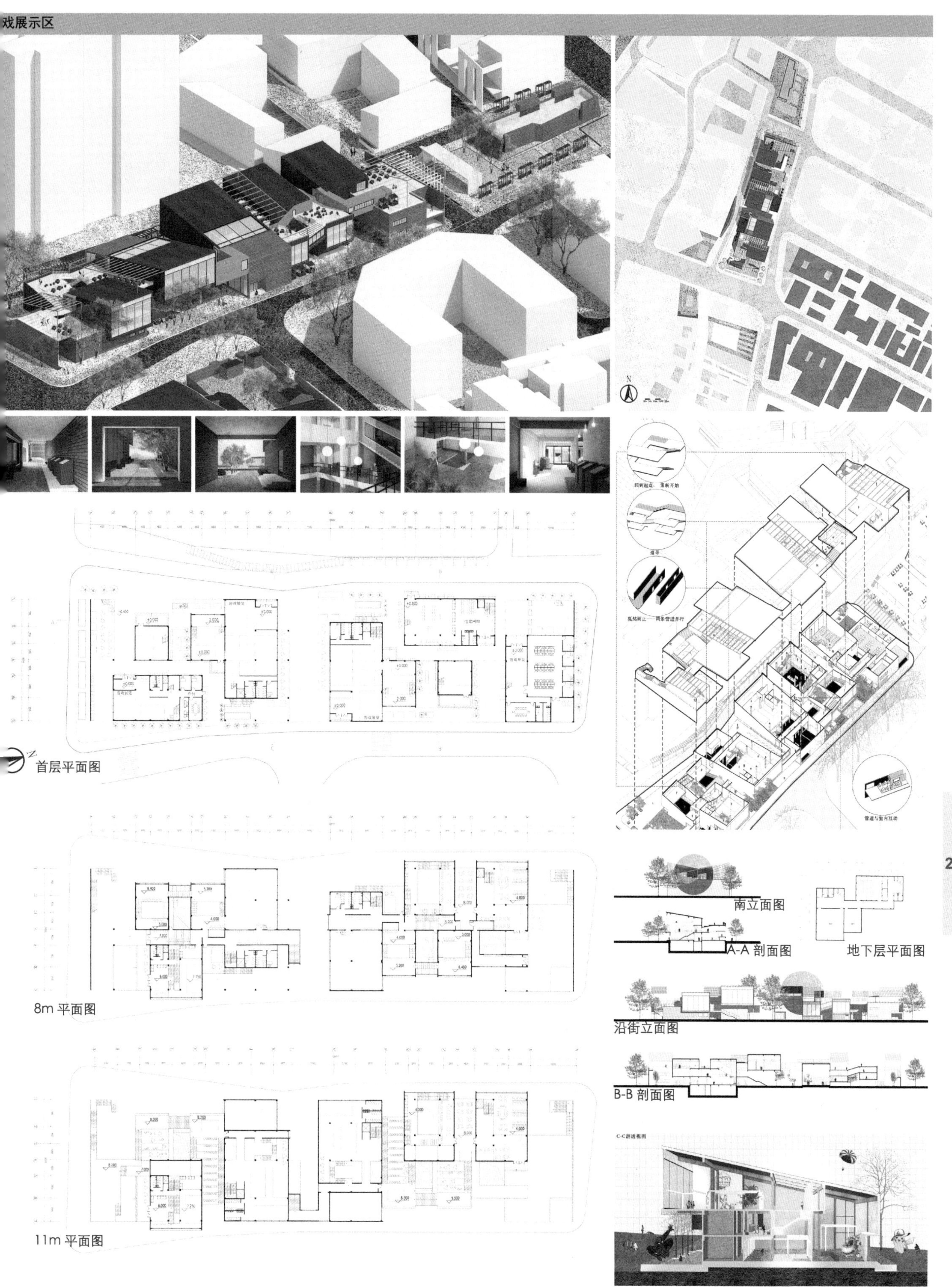
首层平面图
8m 平面图
11m 平面图
南立面图
A-A 剖面图
地下层平面图
沿街立面图
B-B 剖面图
C-C剖透视图

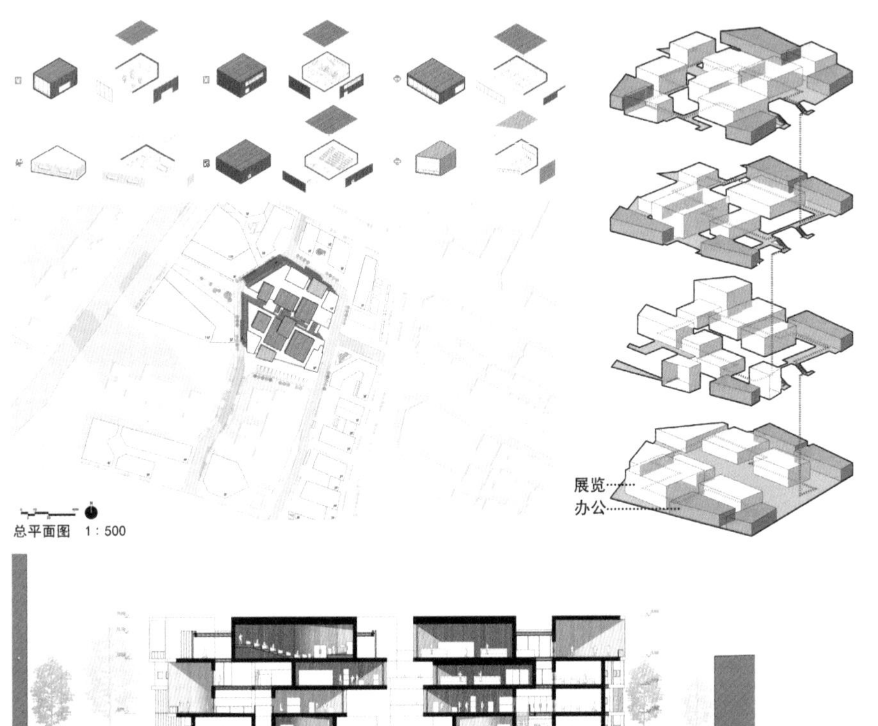

总平面图 1：500

A-A剖面图 1：200

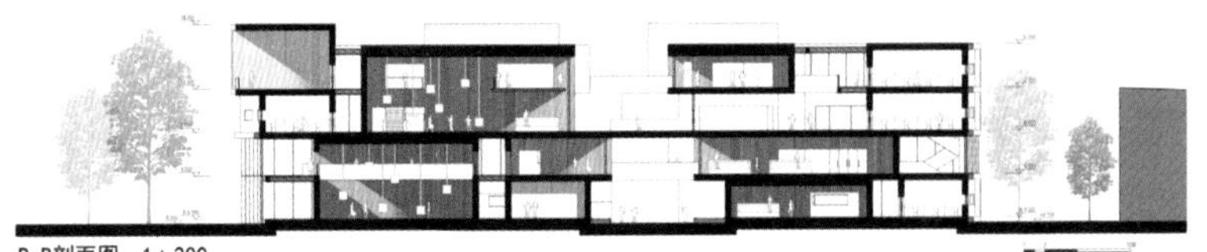

B-B剖面图 1：200

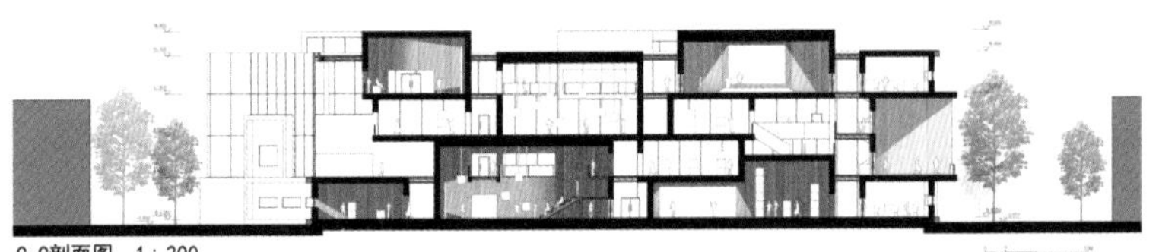

C-C剖面图 1：200

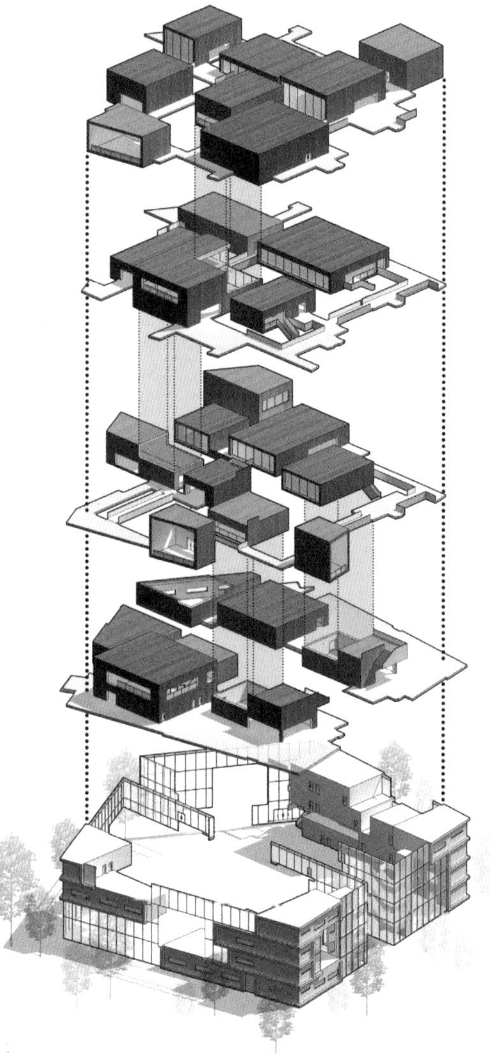

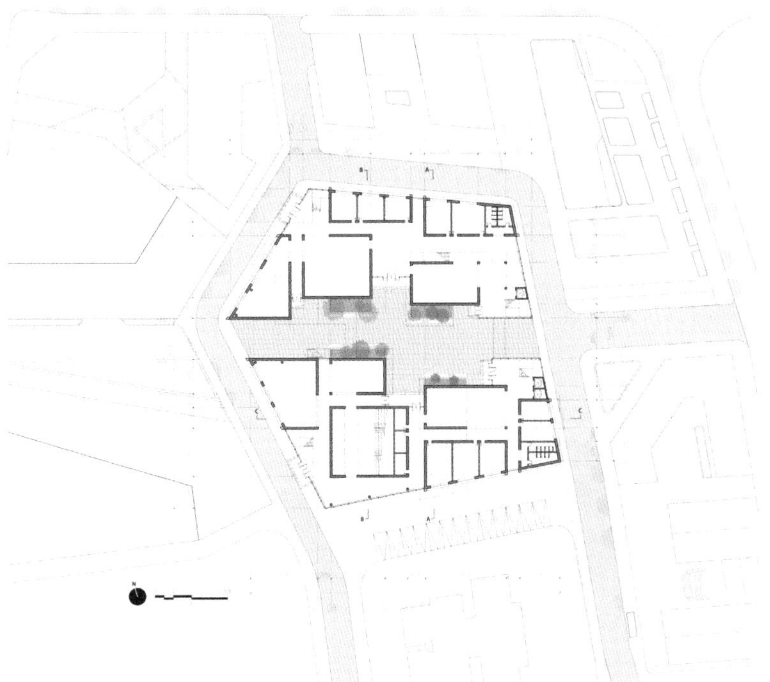

首层平面图 1：300

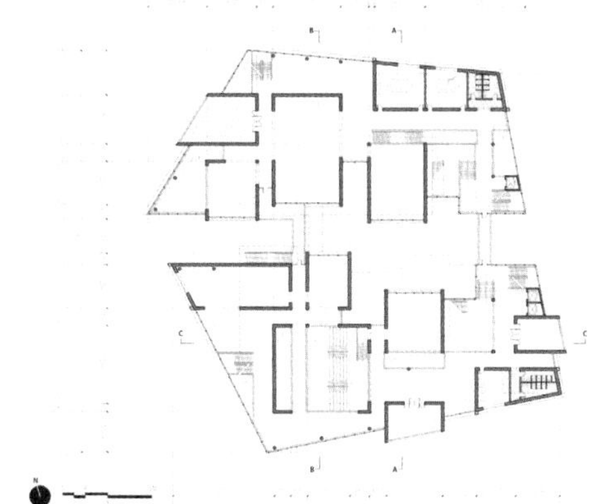

二层平面图 1：300

三层平面图 1：300

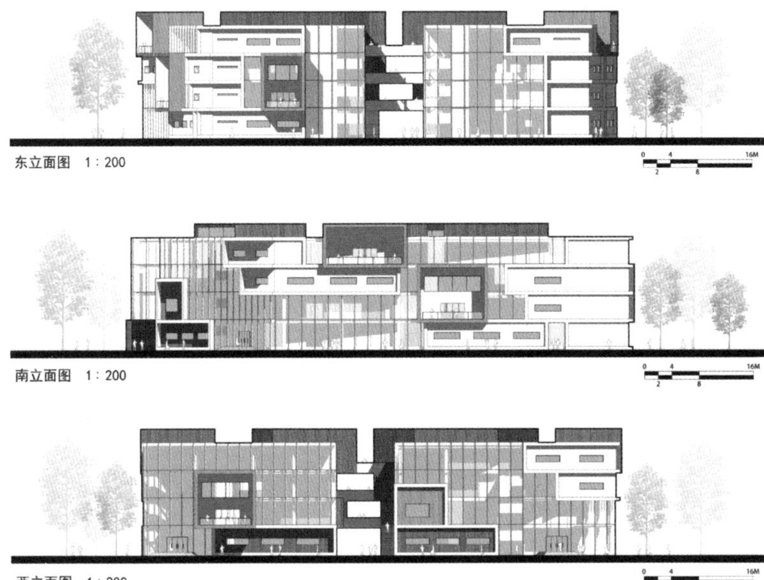

东立面图 1：200

南立面图 1：200

西立面图 1：200

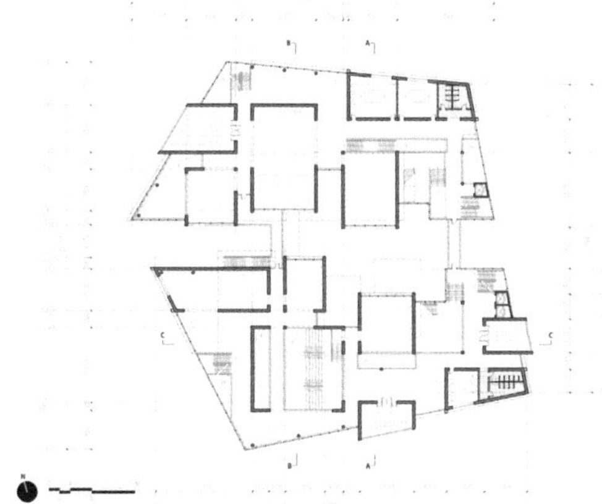

四层平面图 1：300

成都宽窄巷子二期城市与单体设计——都市农业体验区

Chengdu Wide and Narrow Alleys Urban and Architectural Design_Morban Agricultural Experience Area

天津大学
设计：赵婧柔/徐嘉悦/董瑞琪/丛逸宁
指导：邹颖/张昕楠/孙德龙

城市调研与历史探究

成都得天独厚的种植传统和博大精深的饮食文化相辅相成，是成都旅游业的代表特色之一。基于宽窄巷子历史街区以展现饮食文化为核心的旅游产业现状，为了将成都美食的种植—生产—加工的全过程更好地展示出来，所以将宽窄巷子二期项目业态定位为都市农业。本方案以绿色概念与可持续发展为根本原则，以都市农业为主导线索和核心概念，为整体提升文化旅游属性而打造集种植文化、餐饮销售和文创周边为议题的文旅产业集群。

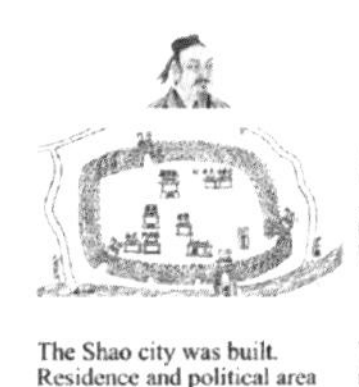

The Shao city was built. Residence and political area was located in the east, commercial area was located in the west.

Years of war have led to a massive reduction in population and the city has been ruined.

Mancheng was built on the basis of Shaocheng. Thousands of soldiers were stationed in Chengdu, forming a fish barracks and private houses.

After the fall of the Qing Dynasty, Mancheng was no longer a restricted area, people could enter and leave freely, and business was gradually developed.

After the Revolution of 1911, the walls of Shaocheng were demolished, and some dignitaries and nobles came here to build a mansion.

After the founding of New China, the house was allocated to factory workers after the state recovered it, and many people lived in the same yard.

After the 1980s, Kuanzhai Alley was listed as a historically protected block, and after 2003 it was transformed into a cultural and commercial street.

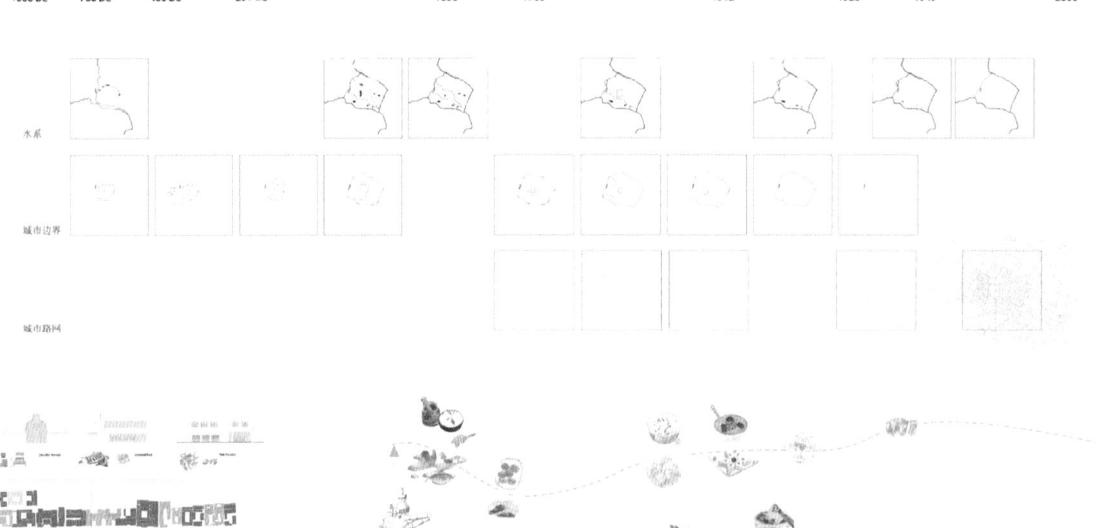

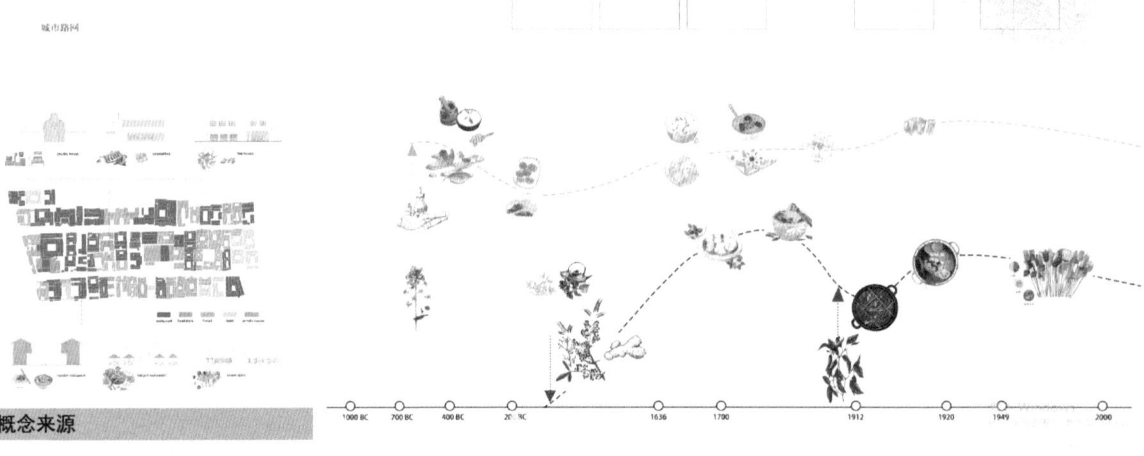

概念来源

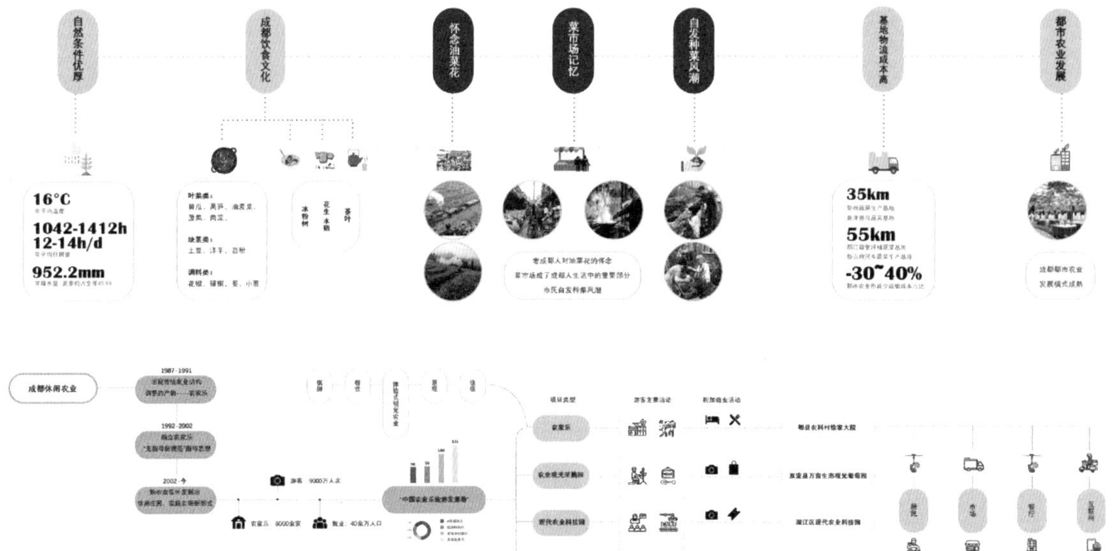

评语：

通过对成都城市发展沿革、片区演变、基地资料调研等相关研究，本组同学一起提出了翔实的基地分析报告，以此为基础总结出了成都以及宽窄巷子地区业态配置的不足。

此方案以“都市农业”为切入点，为居民和游人提供符合天府之国特色的农产品生产—销售—展示—使用一条龙的规划片区特色，城市设计特征鲜明、立论充分，被八校联合毕设评委评价为“教科书式”的规划成果。

在单体设计成果中，四位同学分别以农业展览、绿色高层、农贸市场以及餐饮展示为主题。交通路径、空间组织、形体生成等方面都具有一定特色，设计成果完整。

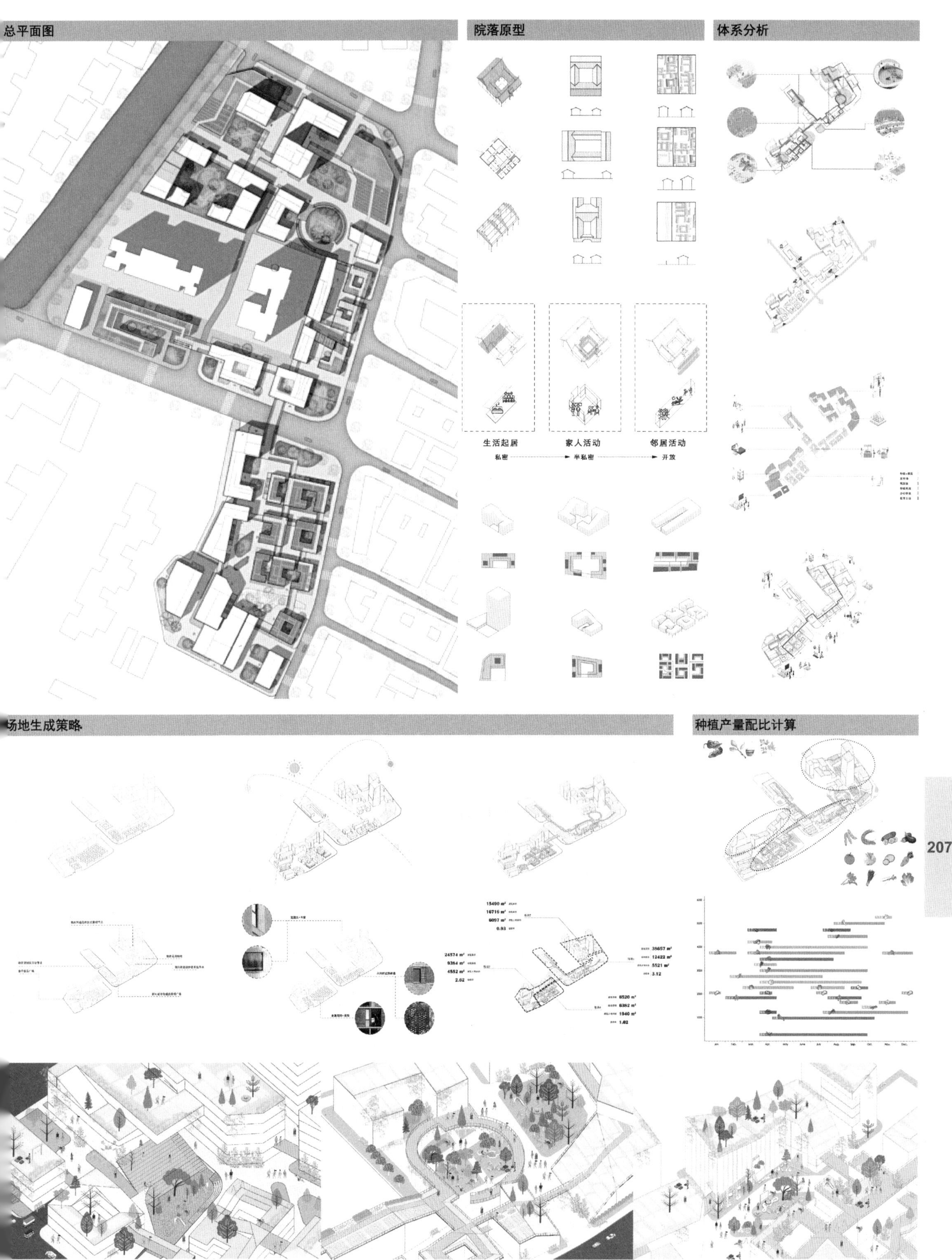
总平面图
院落原型
体系分析
生活起居
家人活动
邻居活动
私密
半私密
开放
场地生成策略
种植产量配比计算

场景表达

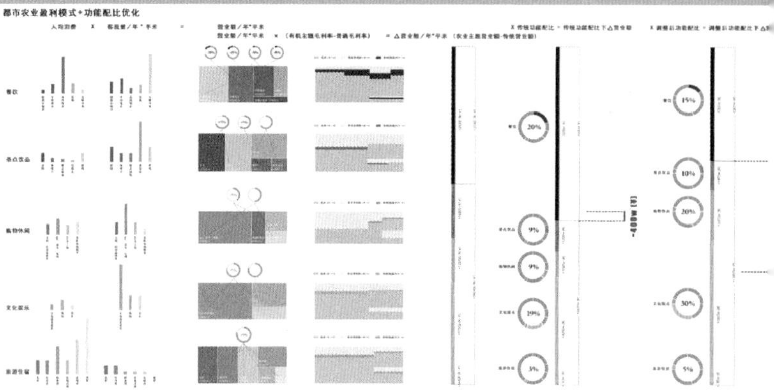

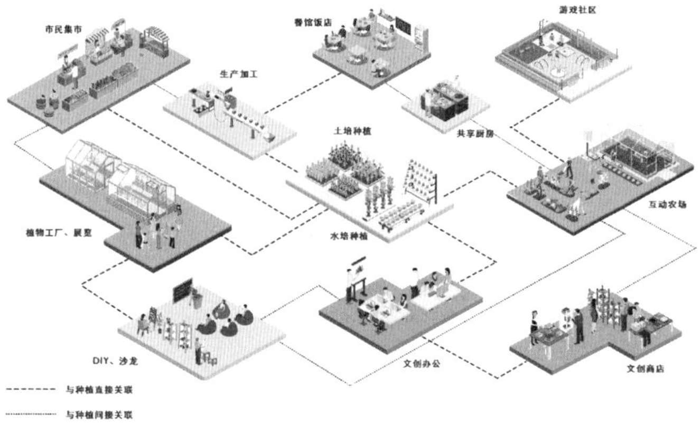

都市农业盈利模式+功能配比优化

市民集市

餐馆饭店

游戏社区

生产加工

共享厨房

土培种植

植物工厂、展览

水培种植

互动农场

DIY、沙龙

文创办公

文创商店

-------- 与种植直接关联

·············· 与种植间接关联

在功能运作上，以都市农业的种植为核心，可以发展出来周边的一些主题性的配套的生活服务设施、旅游相关产业和文创商业园区。这些功能根 据主要使用者的不同分为三类:传统集市、文创办公主要面向周边居民和本地市民，主题商店主要面向游客，其他诸如展览、沙龙、互动农场、餐馆等功能同时服务于游客和居民，并将两者相联系。

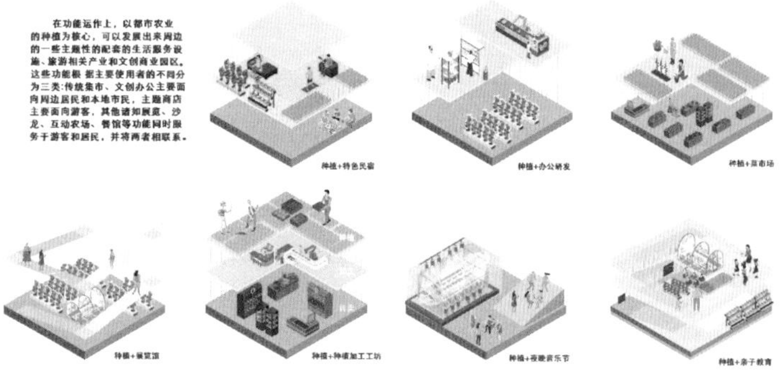

种植+特色民宿

种植+办公研发

种植+菜市场

种植+展览馆

种植+种植加工工坊

种植+夜晚音乐节

种植+亲子教育

商业街道剖面

场景表达

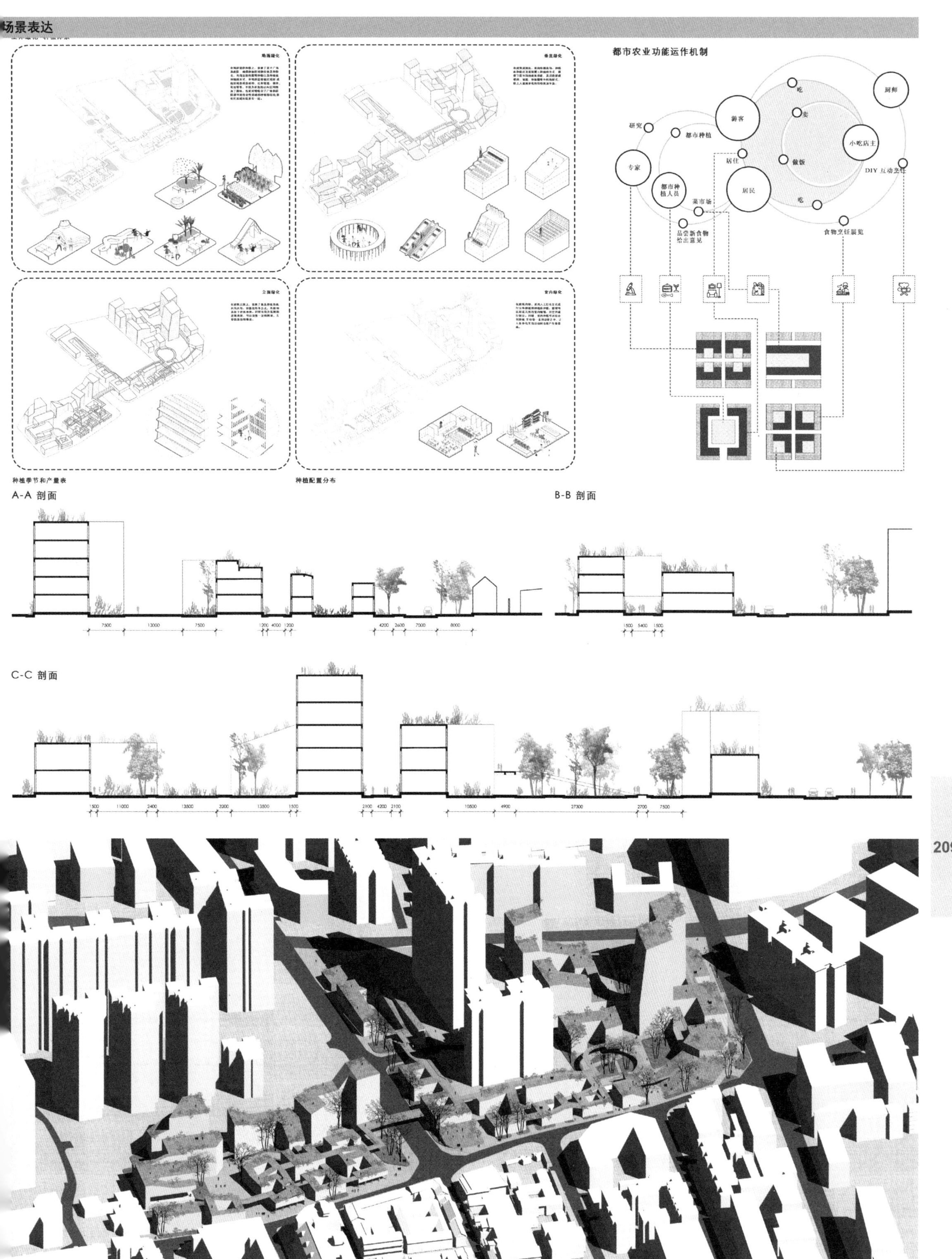

都市农业功能运作机制
厨师
吃
游客
卖
研究
都市种植
小吃店主
专家
居住
做饭
DIY 互动烹饪
都市种植人员
居民
菜市场
吃
品尝新食物给出意见
食物烹饪展览
种植季节和产量表
种植配置分布
A-A 剖面
B-B 剖面
C-C 剖面

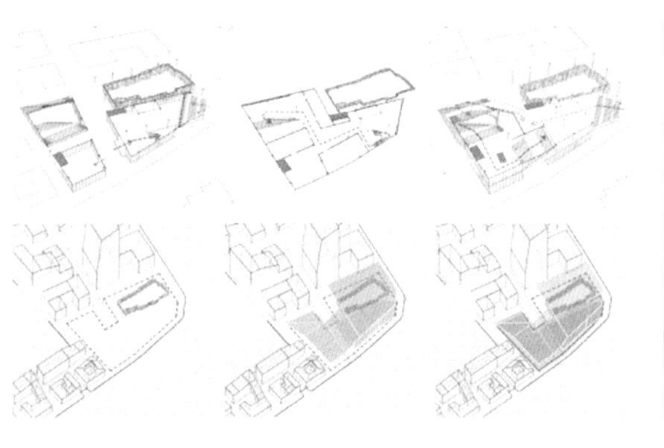

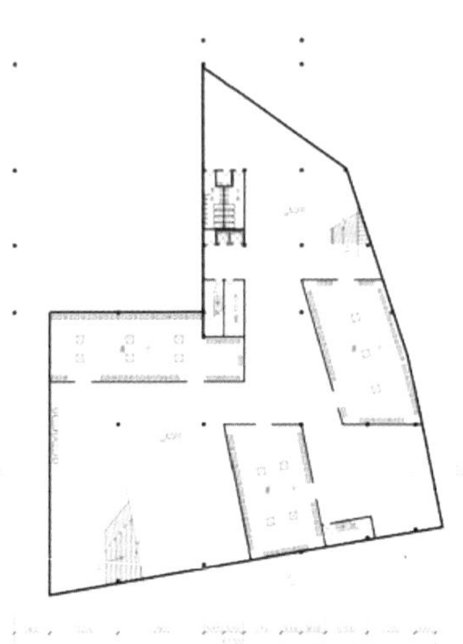

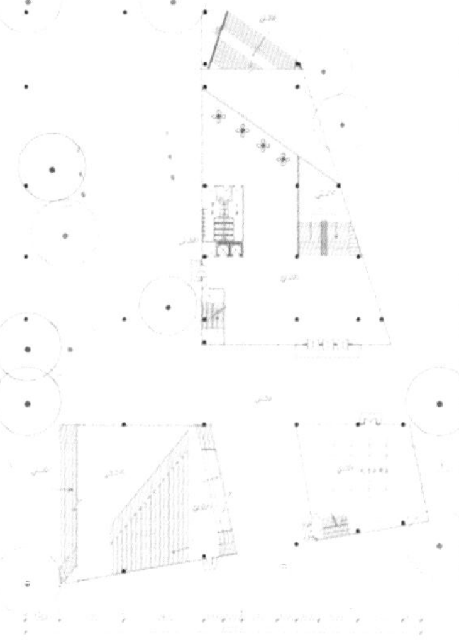

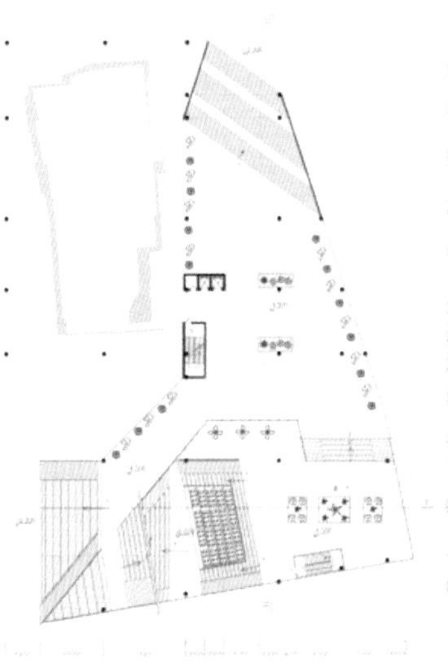

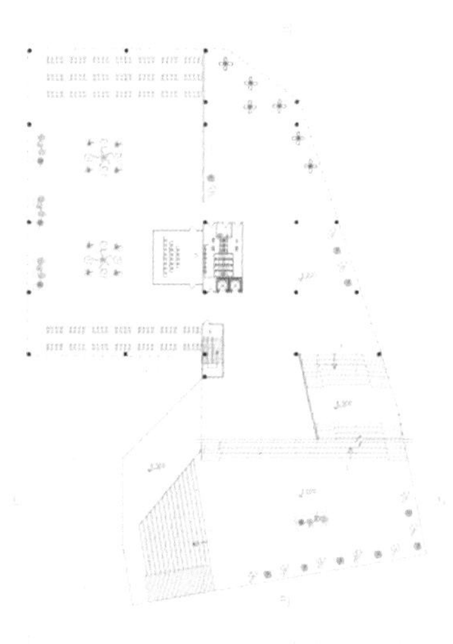

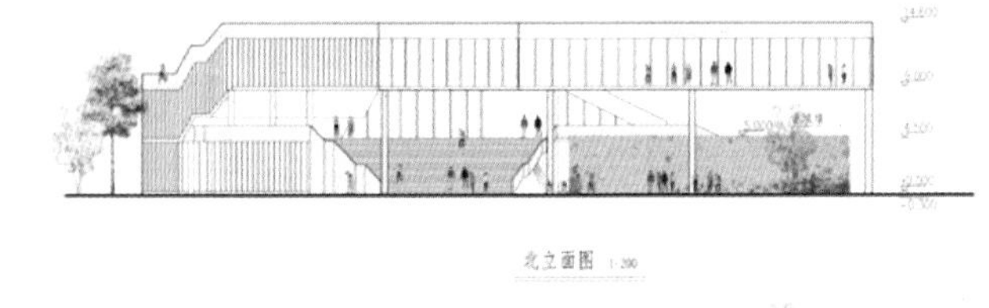

北立面图 1:200

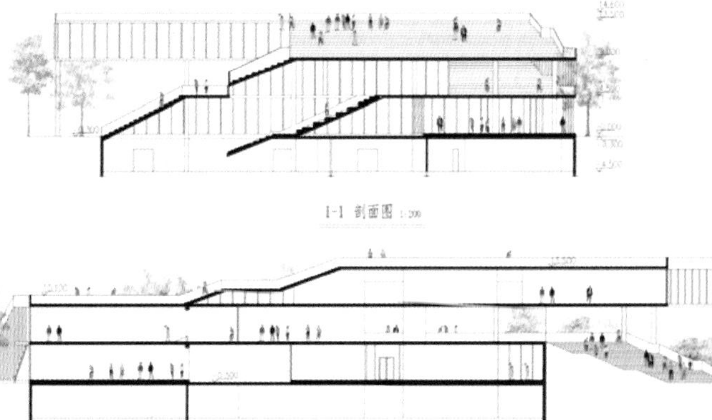

I-I 剖面图 1:200

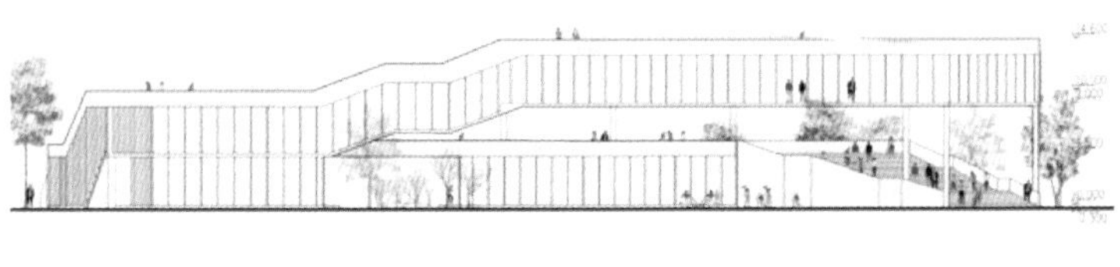

东立面图 1:200

II-II 剖面图 1:200

食物社区聚落

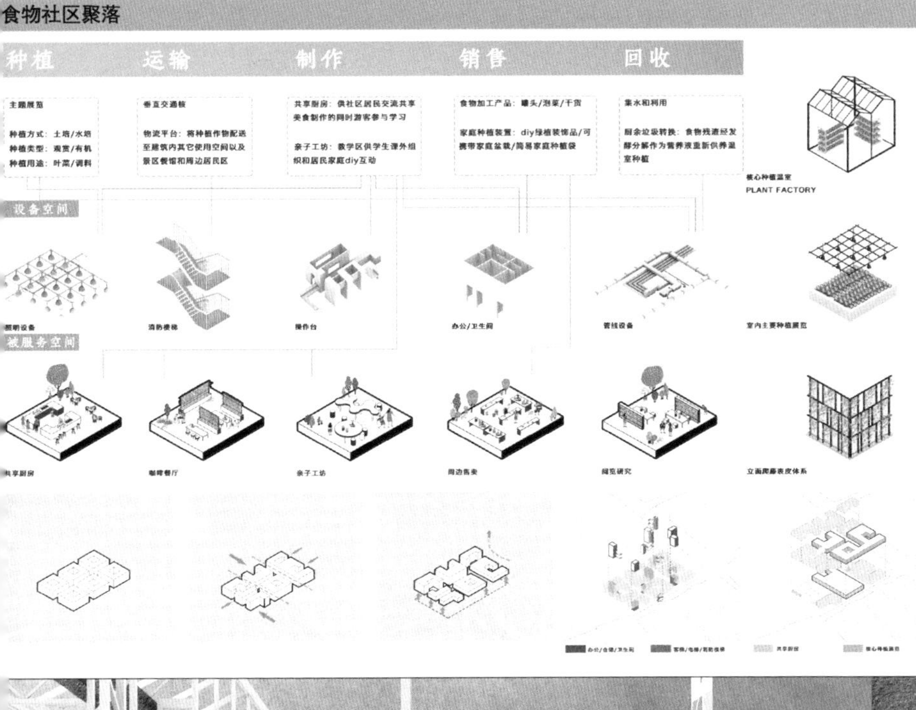

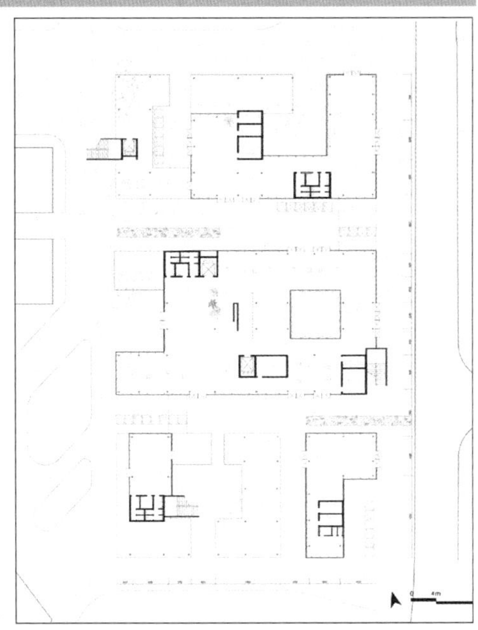

在善吃的中华民族中，四川造就了一个特别注重饮食味道和饮食情趣的地区，而在每日迎接的巨大客游量的宽窄巷子，食物是连接彼此的最佳话题。对于社会结构而言，人们对"食物"的理解都依赖于我们当前建立的食物系统，而都市农业的就是很可能的答案之一。本设计主要探讨种植概念与饮食文化以及游客——居民两种主要群体的互动关系，以展示食物从种植到餐桌再到回收的一个循环周期为线索，在向游客展现成都饮食文化的同时，鼓励群体参与到食物的全制作过程中，从而实现一个可持续的食物聚落。

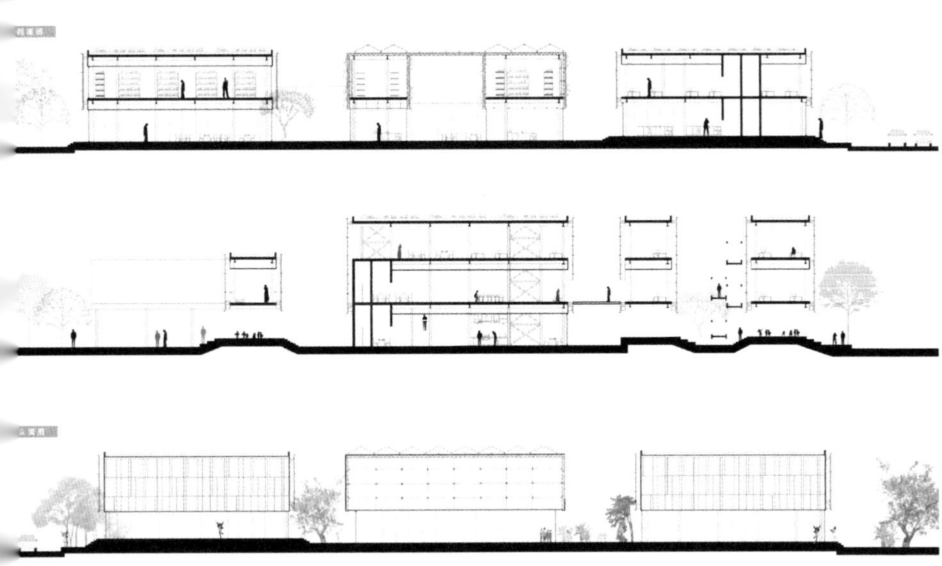

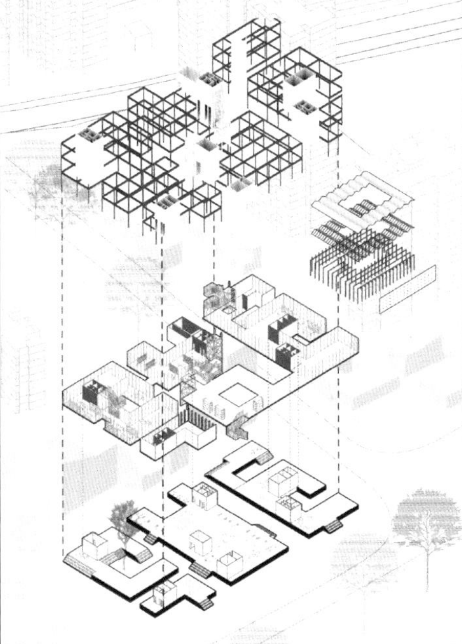

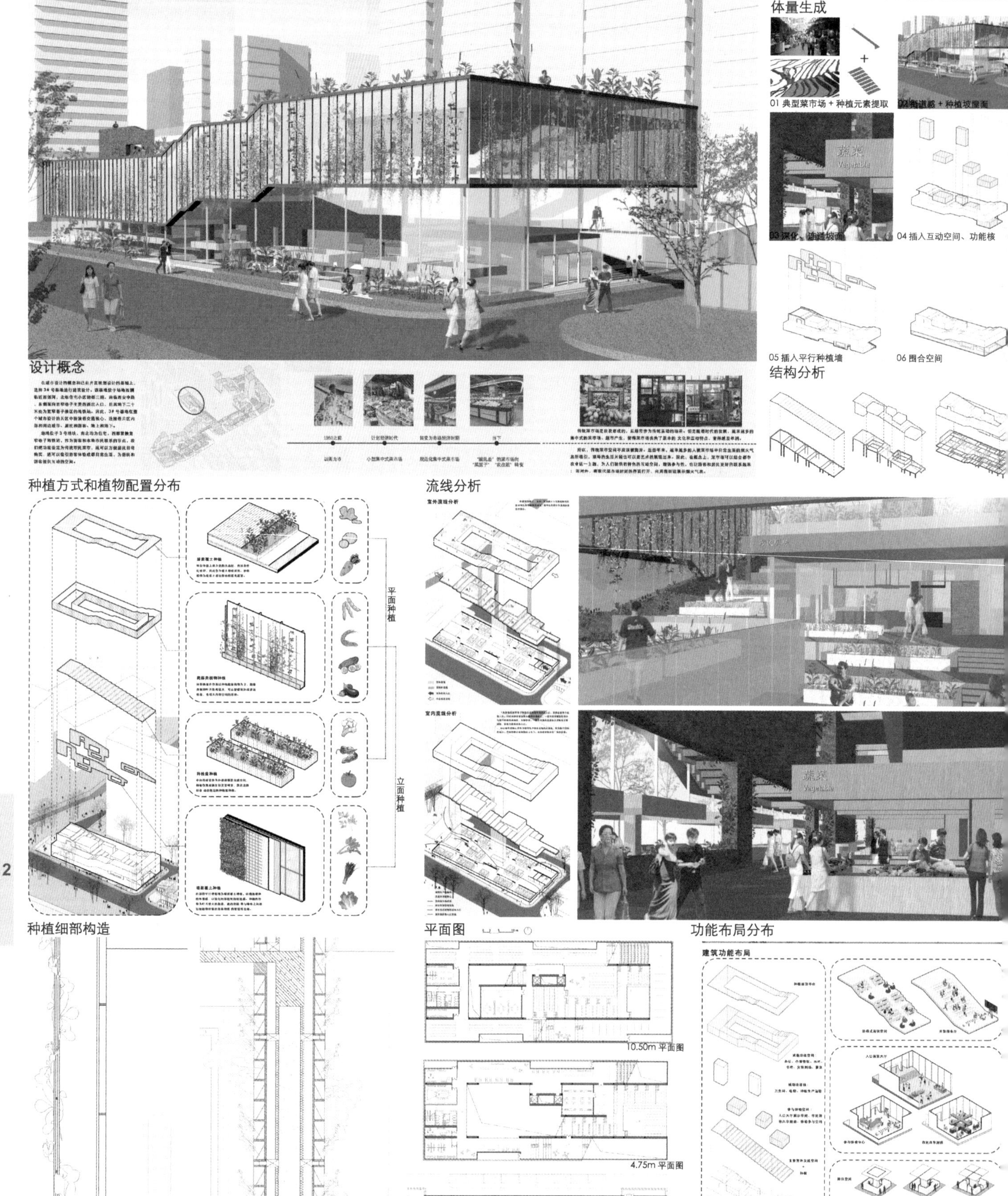

市民菜场文化
体量生成
01 典型菜市场 + 种植元素提取
02 街道感 + 种植坡屋面
03 深化、连通坡面
04 插入互动空间、功能核
05 插入平行种植墙
06 围合空间
结构分析
设计概念
种植方式和植物配置分布
平面种植
立面种植
流线分析
室外流线分析
室内流线分析
蔬菜
Vegetable
种植细部构造
种植爬藤立面细部
种植墙面细部
平面图
10.50m 平面图
4.75m 平面图
0.00m 平面图
功能布局分布
建筑功能布局

食品研发工厂

建筑设计的部分紧密地承接了城市设计的设计理念，将饮食文化的历史与现代化的研发生产和游客的体验相结合。建筑的功能分两部分：一部分是种植研发实验室，另一部分是食品加工实验室。自上至下为屋面种植、生产线与办公，一层和二层为面向游客的生产线的展览部分，游客可以直接品尝到实验室开发出来的新产品，并及时给予反馈意见，促进食物的研发。同时底层也配有餐饮小吃，同样可以为楼上的研发部分提供意见。

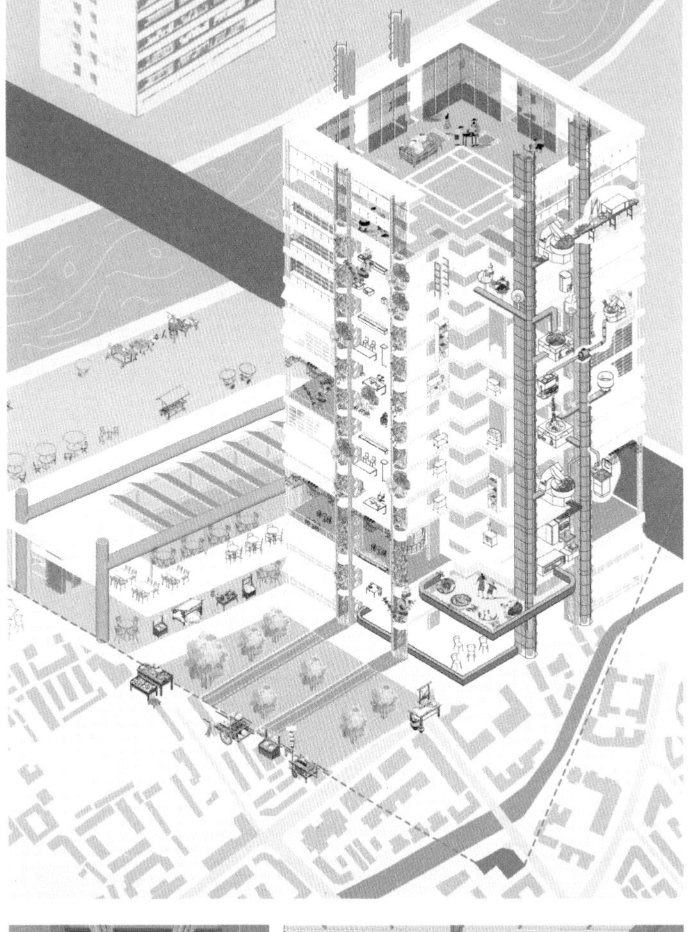

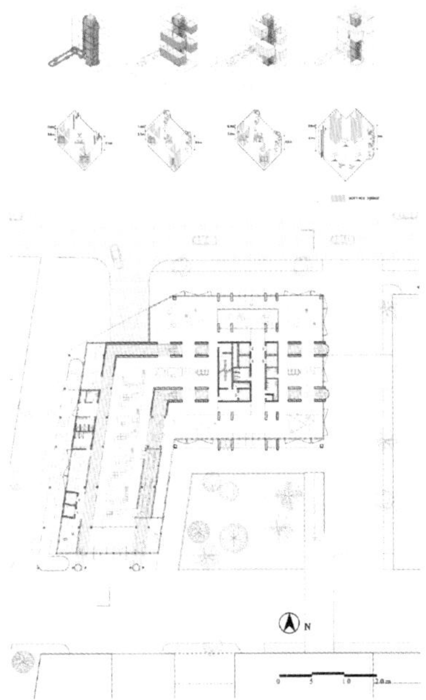

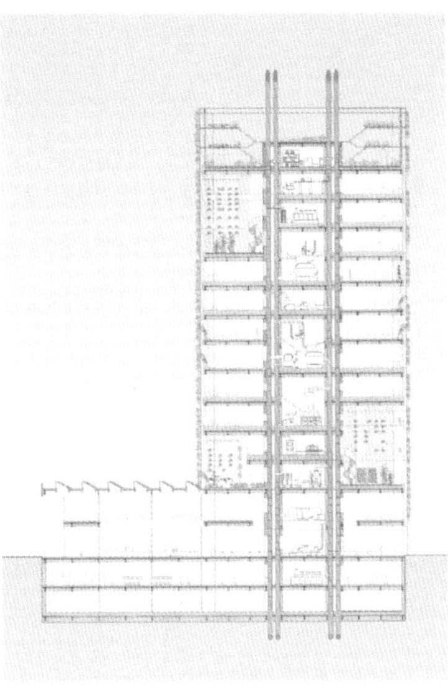

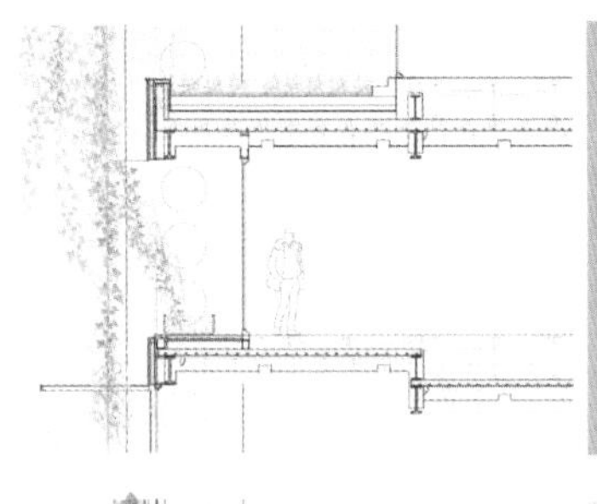

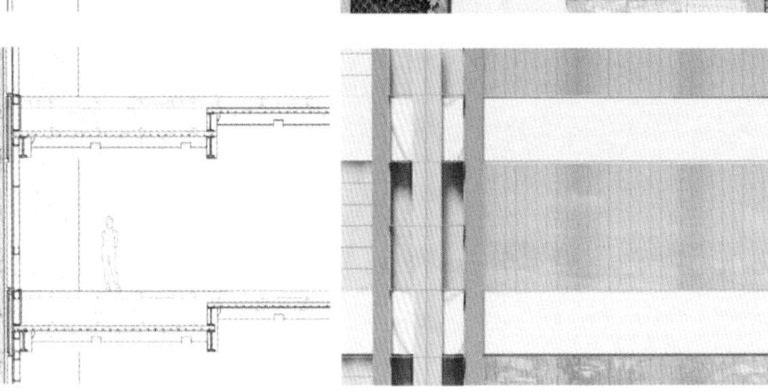

成都宽窄巷子二期城市与单体设计——弹性城市与建筑

Chengdu Wide and Narrow Alleys Urban and Architectural Design_Flexible Urban Design and Architecture

天津大学
设计：高元本／许琳／许宁佳／余思苇
指导：邹颖／张昕楠／孙德龙

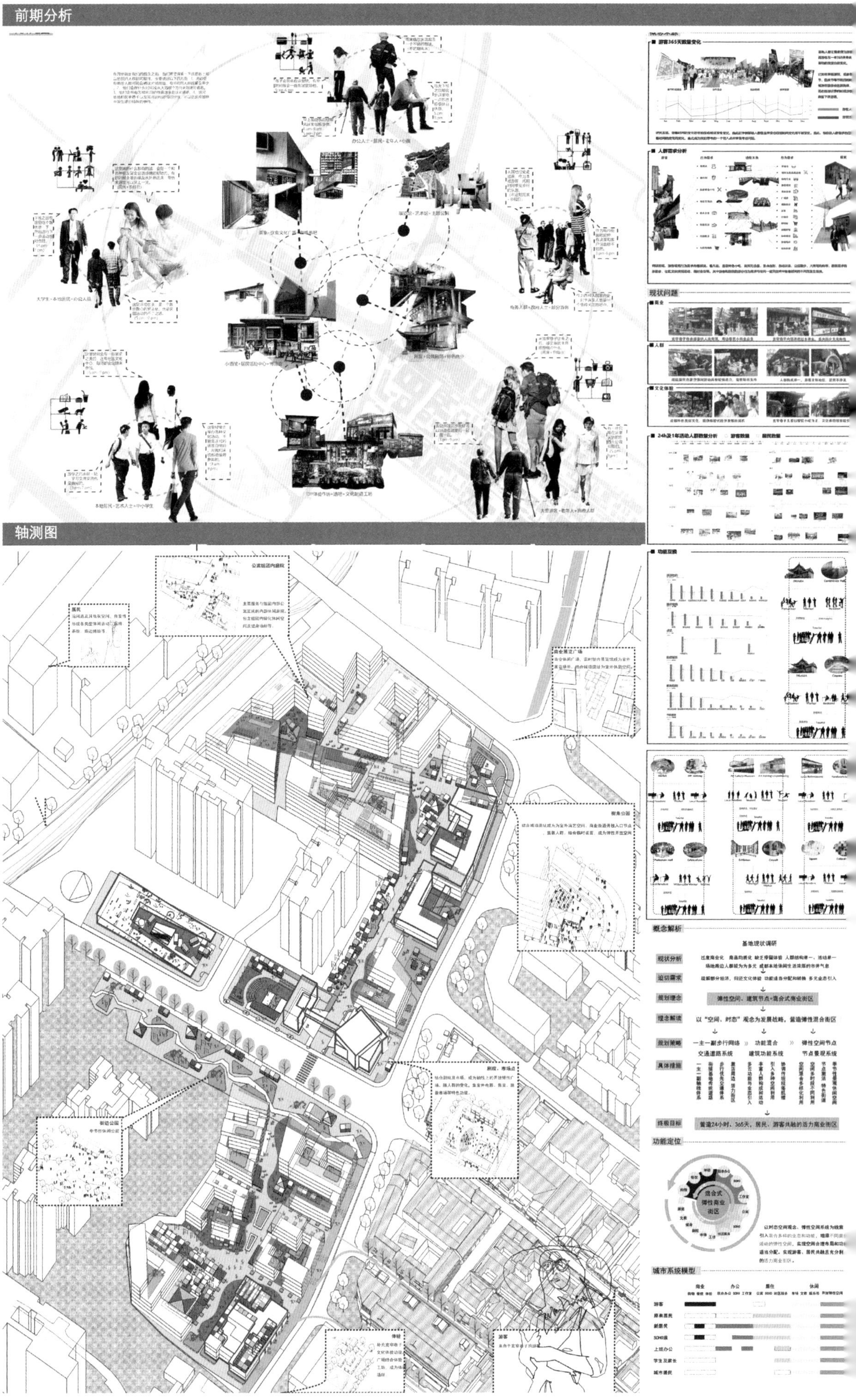

前期分析

轴测图

评语：

方案的切入点与概念十分新颖，通过大量前期调研引出了“弹性城市”这一概念，聚焦于游客与居民的关系，使得场地各建筑功能在各个时间段都能得到充分地利用，接下来深化可以对周边居民这一人群的活动范围以及活动特征进行更细致的分析。

方案的完成度很高，从各个方面系统的进行了分析与整理，属于相当成熟与完善的城市设计方案，下一步可以考虑建筑的空间特色，进一步激活场地的生命力。

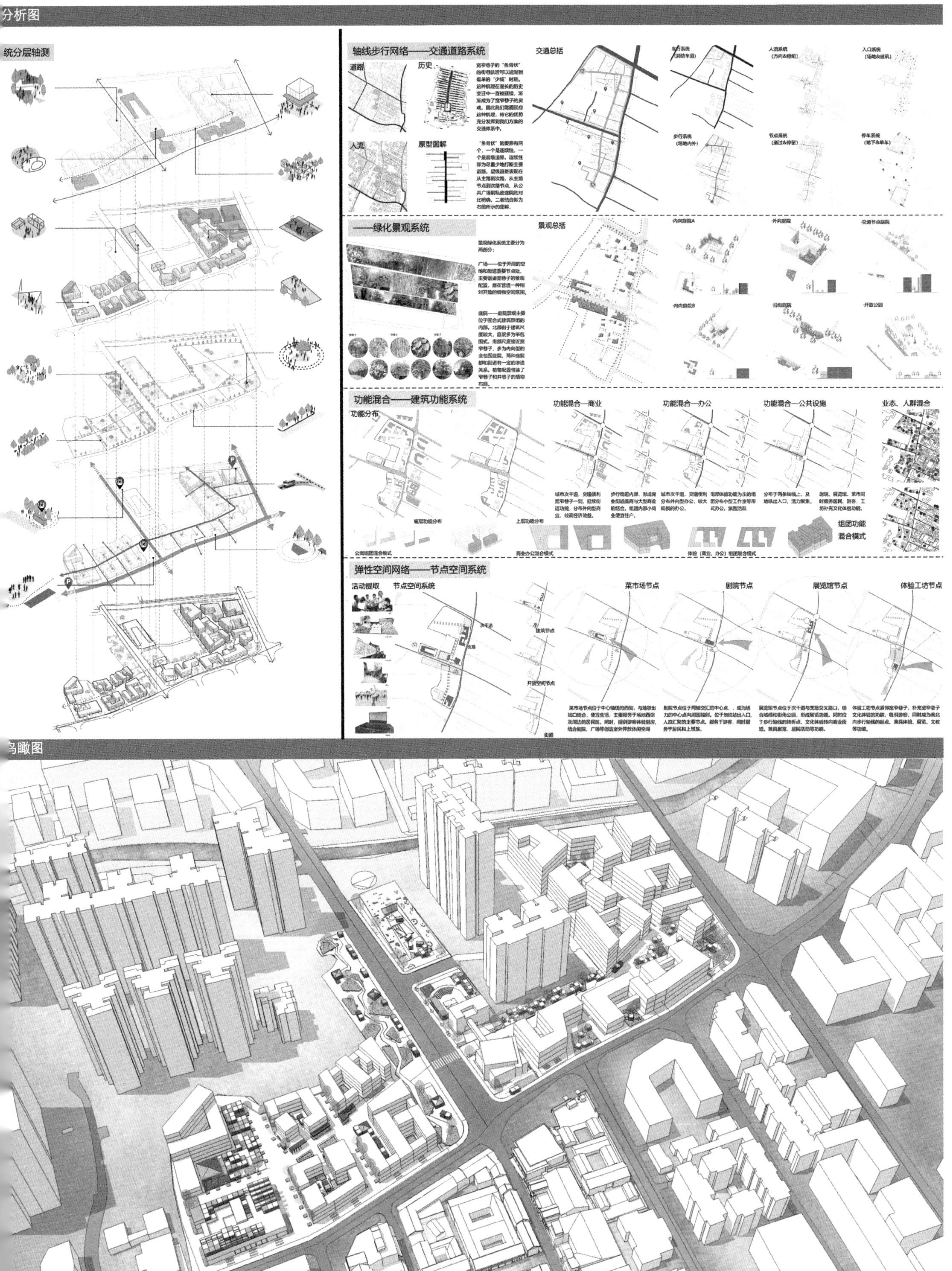

分析图
统分层轴测
轴线步行网络——交通道路系统
——绿化景观系统
功能混合——建筑功能系统
弹性空间网络——节点空间系统
鸟瞰图

街道分析图

RESTAURANT
STARBUCKS
ABCD EFG
STREET aaa
ART
FASHION SHOP
GARLLERY
STREET
GXXY STUDIO
ARC
DIY
HOMEMADE

立面图

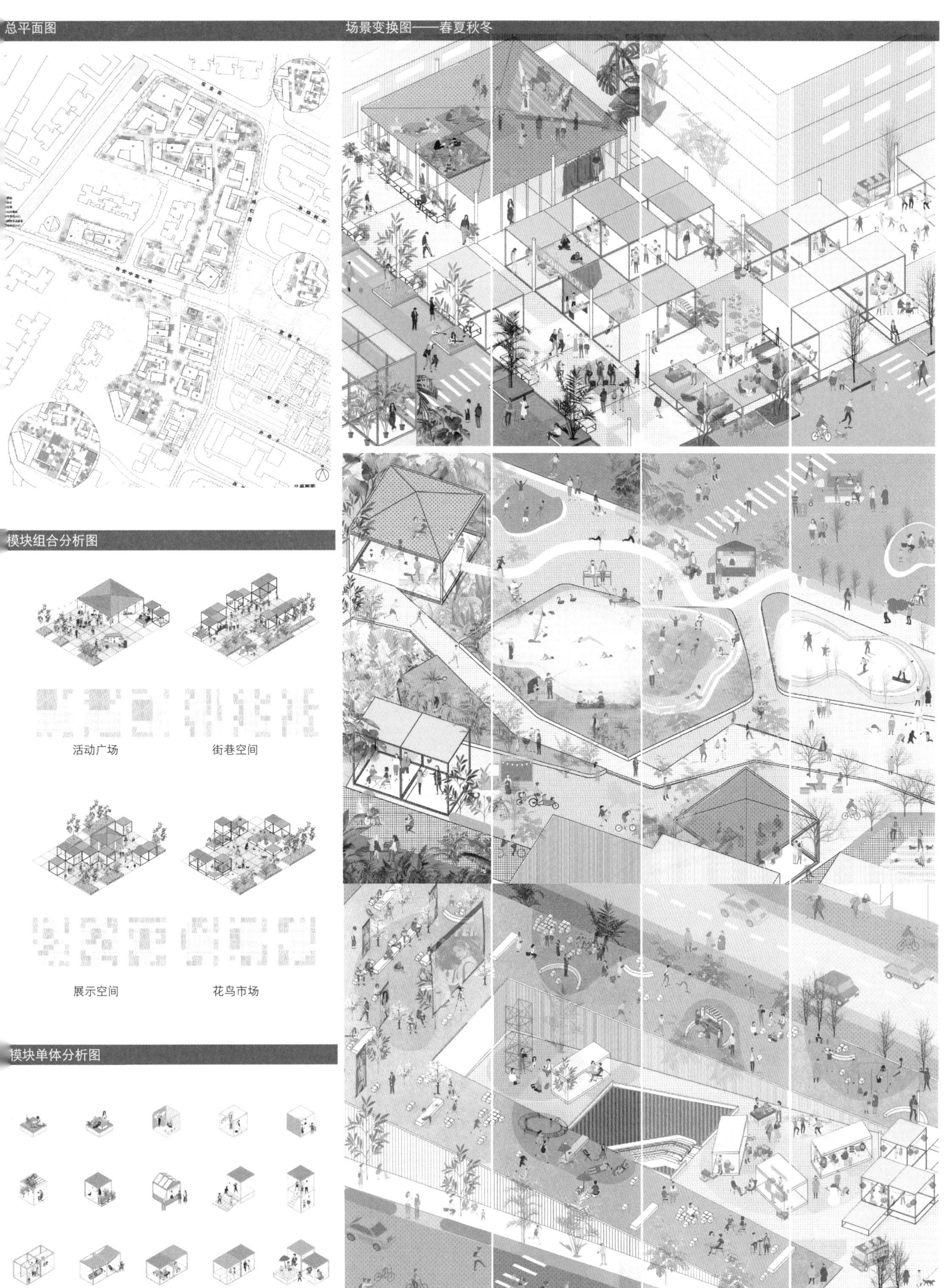
总平面图
场景变换图——春夏秋冬
模块组合分析图
活动广场
街巷空间
展示空间
花鸟市场
模块单体分析图

弹性市场设计

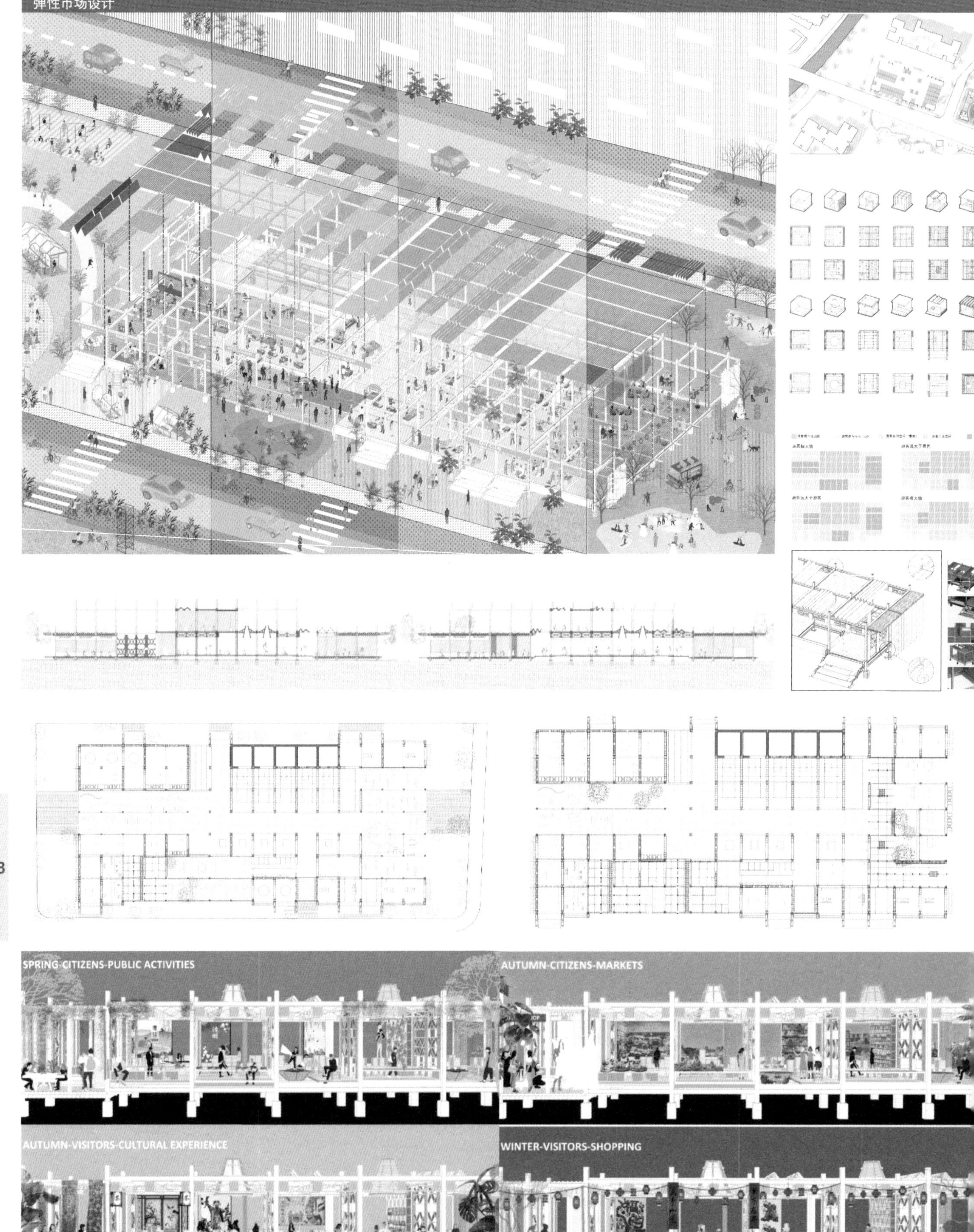
SPRING-CITIZENS-PUBLIC ACTIVITIES
AUTUMN-CITIZENS-MARKETS
AUTUMN-VISITORS-CULTURAL EXPERIENCE
WINTER-VISITORS-SHOPPING

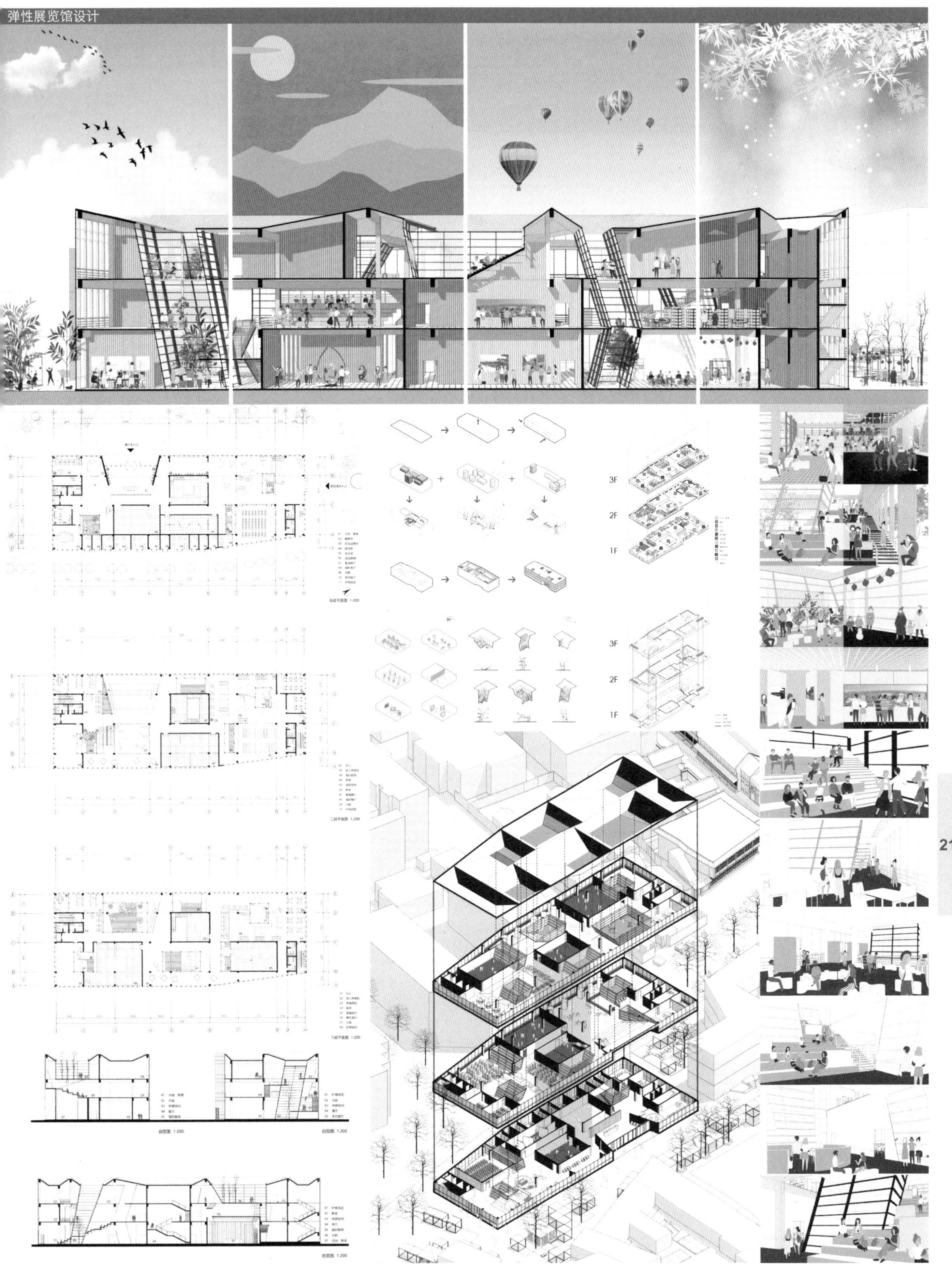
3F
2F
1F
3F
2F
1F

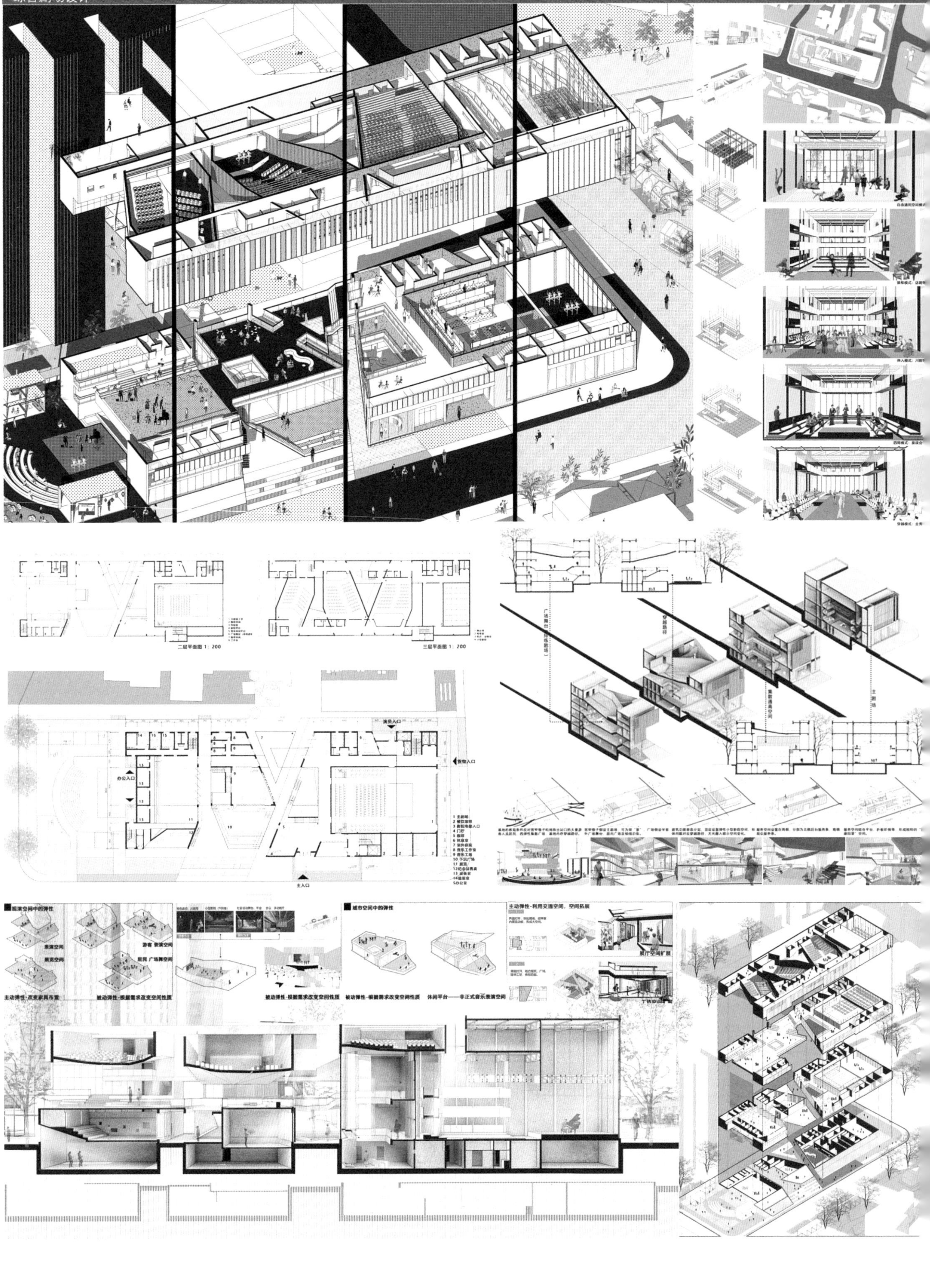

效果图

总平面图

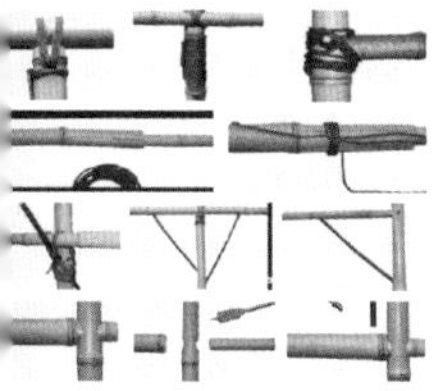

轴测图

此方案结构体系以混凝土梁柱为主，但是为了保证空间逻辑和建构逻辑的相对统一，在核心公共空间采用竹伞结构取代混凝土柱。该竹伞由 ϕ10cm 的竹子捆扎之后使用卯件和绳结连接。

该竹伞结构承担竹结构廊道的支撑，以及和幕墙联合承担部分屋顶的重量。

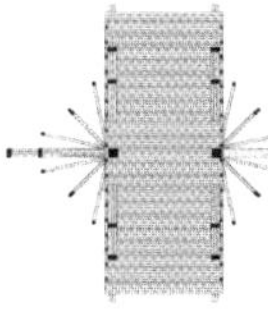

节点平面

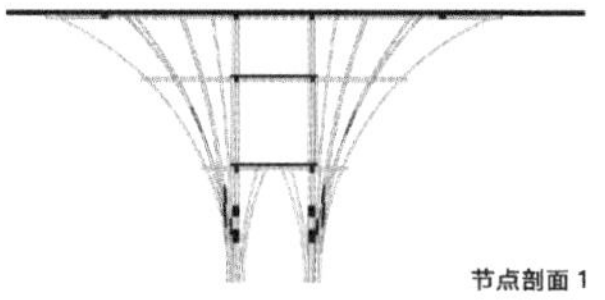

节点剖面 1

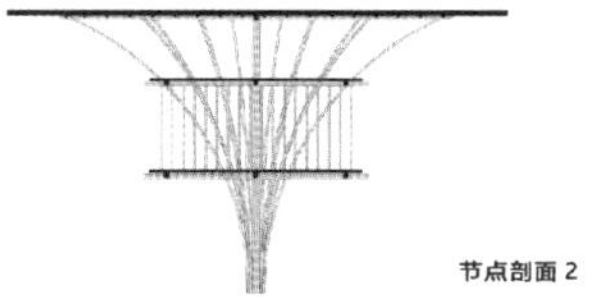

节点剖面 2

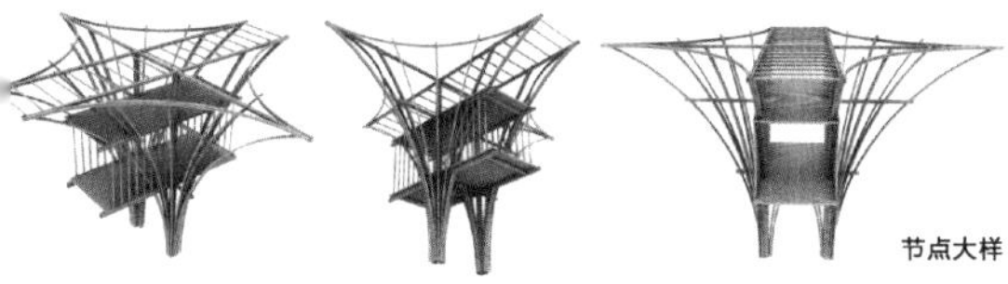

节点大样

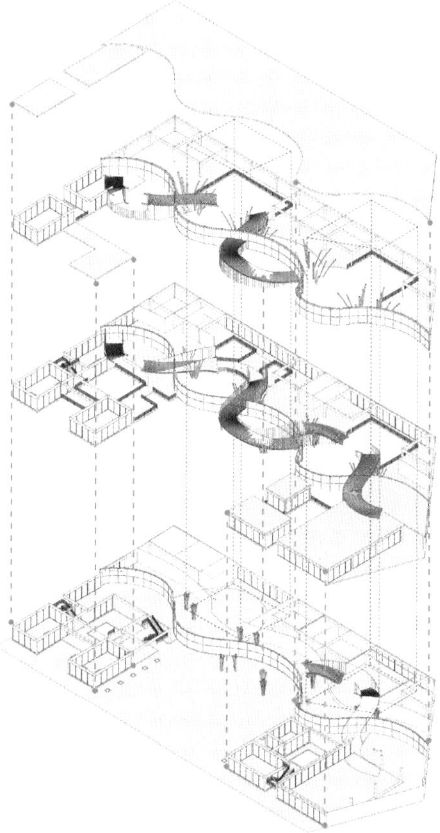

二层平面图

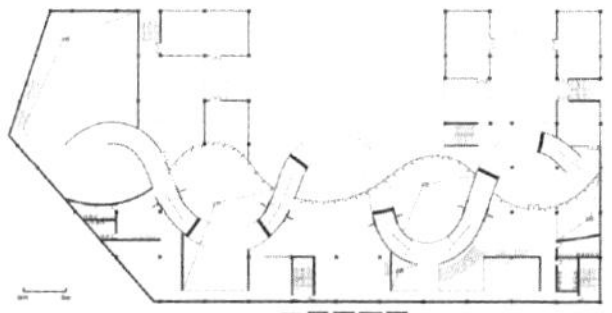

首层平面图

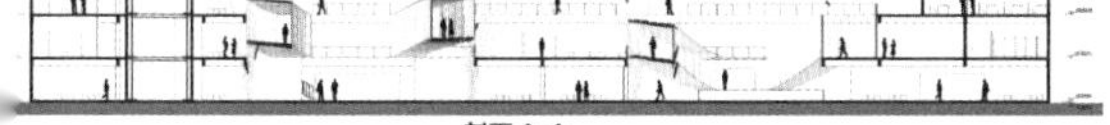

剖面 A-A

剖面 B-B

剖透视表现

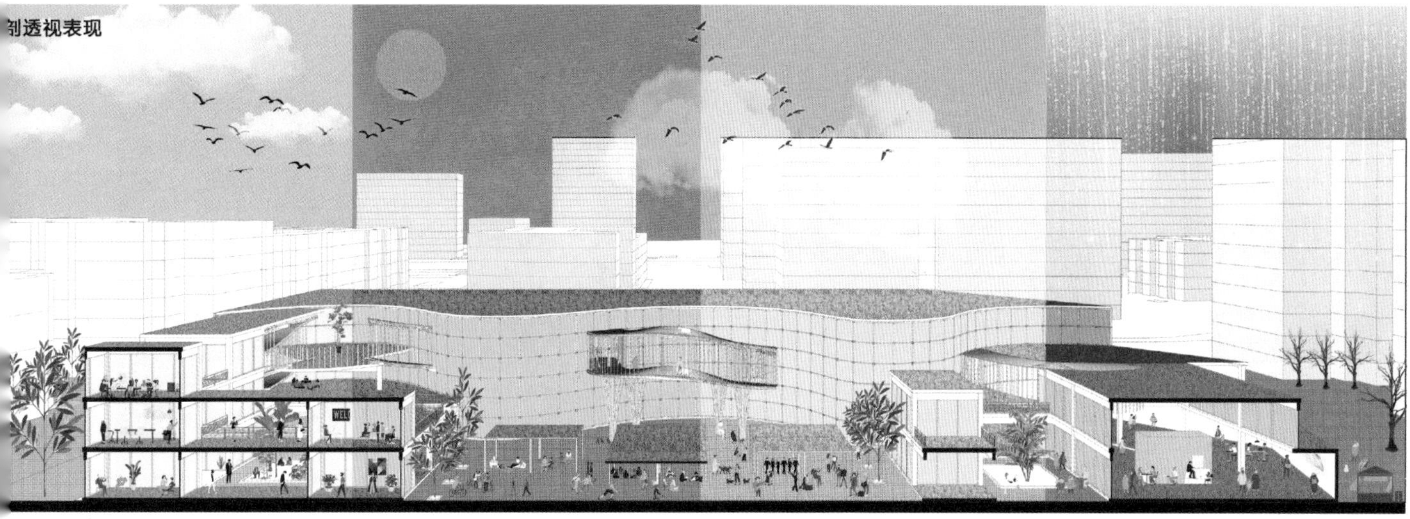

重庆大学

Chong Qing University

学生团队

1 旧底片新市井
Old cultural deposits, New civil life
——LWP 目标导向下的新市井生活诠释

2 绿色蔓延
Green Sprawl _Health Unit Plan
城市健康单元计划——以健康设计为导向的旧城中心区城市更新设计

3 演进论
Evolution
基于“步行综合体设计”的历史文化步行街区的城市更新方向探究

4 城市客厅
City living room
基于 TOD 模式的历史街区更新更新

唐露嘉

张杨

杨瑞航

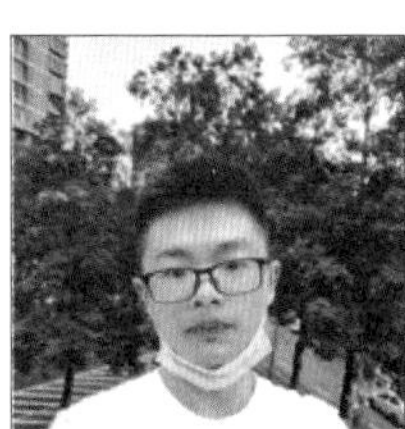
王誉涵

张尚煜

虞思蕊

郜泽

熊威凯

胡泽阳

廖鑫海

龚喜

指导教师

龙灏

左力

教师寄语

2020 年初，突如其来的新冠疫情不仅改变了人们习惯的生活方式，也改变了参与建筑学专业“8+”联合毕业设计的九所高校的教学组织方式，使得今年或将成为“8+”联合毕业设计历史上最特别的一届。云调研、云课堂、云讲座、云开题、云答辩，2 月 17 日重庆大学“8+”联合毕业设计组开启了疫情下的线上教学。经过近四个月师生的共同努力，克服了资料不全、网速卡顿、线上沟通效率偏低等困难，设计团队以“旧底片，新市井”“绿色蔓延”“演进论”“城市客厅”为主题，完成了四组各具特色的设计方案，充分展现了同学们对当下城市问题的理解和认识以及对城市未来发展的思考和畅想。“成都”“少城”“宽窄巷子”——本次联合设计中被最大程度虚拟的实体城市空间，在被称为数字革命的时代，经过疫情的催化，被彻底的消解，设计、设计教学在这一特殊的过程中被重新定义，这也使得我们不得重新审视城市与建筑学的基本问题。寄望本次毕业设计是同学们系统深入的理解城市、分析城市、思考城市和设计城市的起点，这也是“8+”联合毕业设计教学的“初心”。感谢本次“8+”联合毕业设计的主办单位——北京建筑大学和西南交通大学的老师和同学们克服了疫情带来的重重困难，卓有成效地完成了从网上开题、中期答辩到最终答辩评审的各个设计环节，真正实现了云上“8+”。

——龙灏、左力

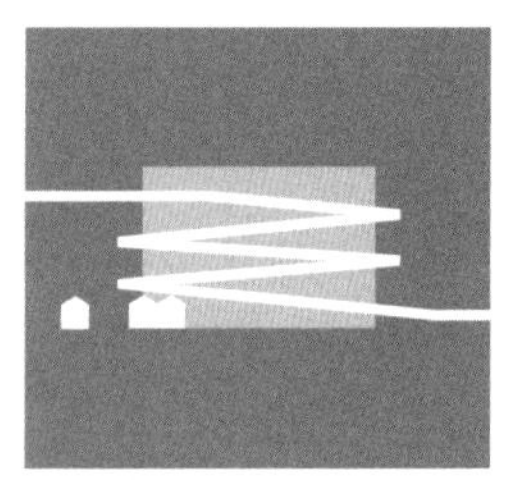

旧底片，新市井
Old cultural deposits New civil life

重庆大学
设计：唐露嘉/张尚煜
指导：龙灏/左力

PART 1 城市策划

1.1 研究背景

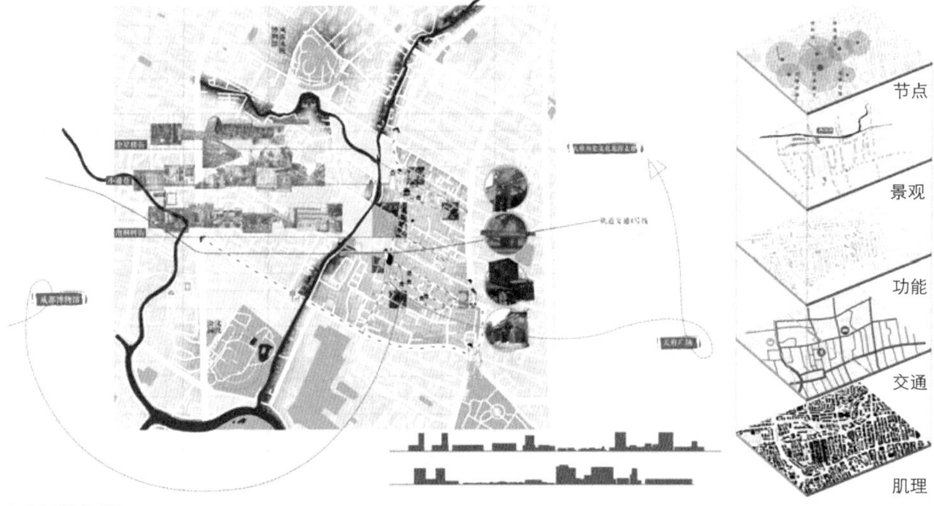

项目地址位于成都市青羊区少城片区，轻轨直达交通便利。紧邻西郊河，在宽窄巷子作为重要限定要素的前提下，场地同时受到宽巷子社区的影响。宽巷子社区是在少城文化的影响下依托于少城鱼骨状街道所划分的。城市形态的重塑造就了新的少城，除了宽窄巷子保留的传统建筑风貌和院落肌理之外，新的居住建筑多为现代布局，呈现出多种尺度的肌理形态。宽巷子社区包括融合不同时期特色的宽窄巷子片区的老式民居，以及支矶石街、泡桐树街等分布的较旧的板式建筑住宅以及三个新型住宅小区，并有城墙遗址等文化要素。

1.2 场地问题

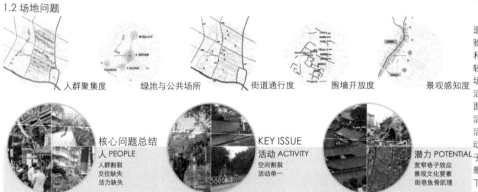

人群聚集度　绿地与公共场所　街道通行度　围墙开放度　景观感知度

核心问题总结
人 PEOPLE
人群割裂
交往缺失
活力缺失

KEY ISSUE
活动 ACTIVITY
空间割裂
活动单一

潜力 POTENTIAL
宽窄巷子效应
景观文化要素
街巷鱼骨肌理

由于宽窄巷子景区的打造也忽视了居民的使用体验，围墙阻隔，造成了人群和空间的割裂，西郊河感知较低，文化要素搁浅。总结场地存在的关键问题：人群、活动以及潜力忽视三个方面。人群上存在人群割裂，活动缺失，交往缺失的问题。活动上体现出空间割裂，活动单一的问题。同时宽窄巷子的网红效应，场地现有的景观和文化要素，历史沿袭下的少城鱼骨肌理都是潜在活力因素。

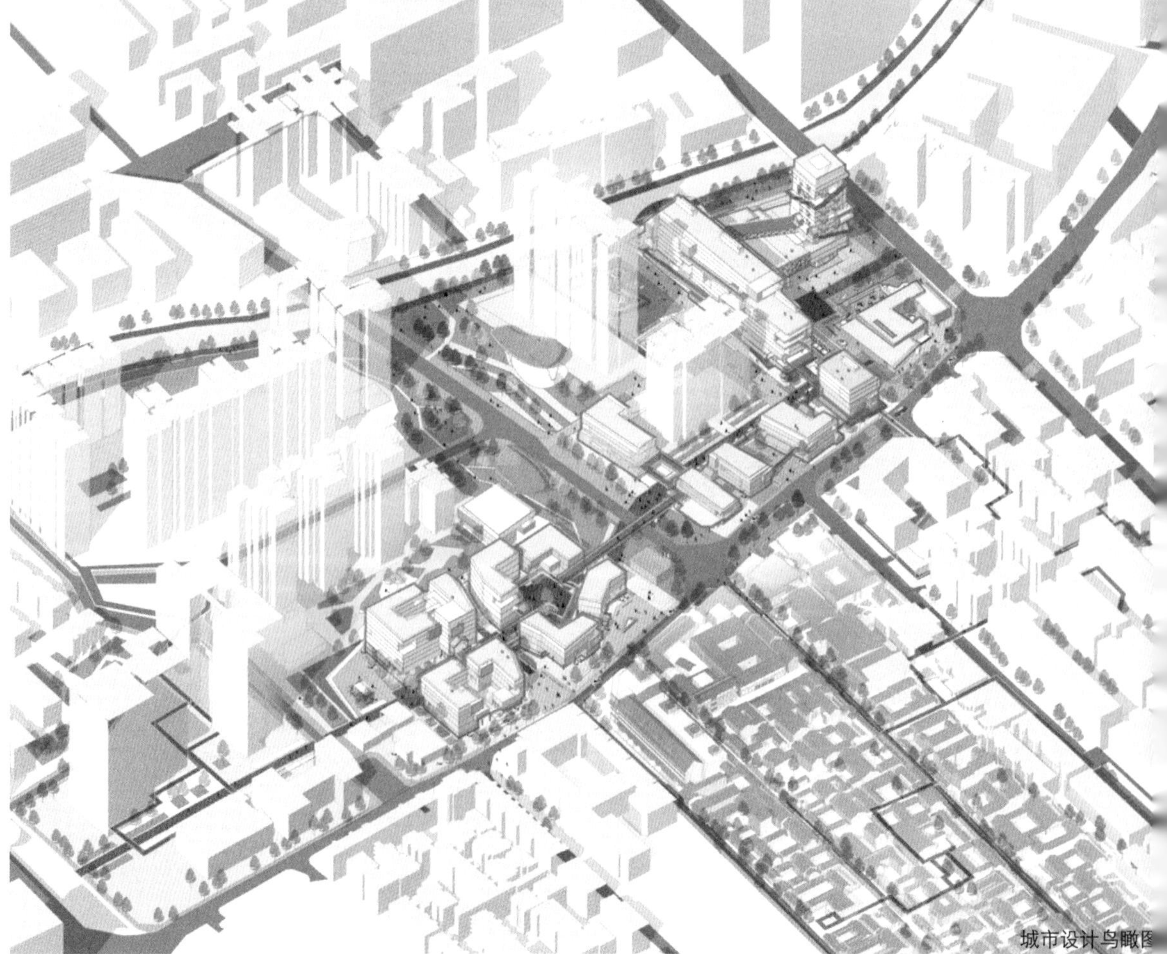

城市设计鸟瞰图

评语：

设计聚焦宽窄巷子历史街区过度商业化导致的城市空间与周边社区居民生活割裂的问题，从社区居民的日常生活行为分析入手，依据街区空间本底结构，划分日常生活圈、社交休闲圈和文化交流圈三个圈层。

在圈层结构的基础上，城市设计叠加了“live+work+play”空间更新模式，建构以社区居民为主体的，整合社区资产的 LWP 街块更新单元。更新单元的划分充分考虑了历史街巷空间的肌理尺度和当下社区居民的生活诉求，以川西院落为形态母题，形成步行交通串联的高密度混合社区。

建筑单体选择临近西郊河的地块，借助大量的平台和水平坡道，连通了滨水空间与城市街巷，形成了服务200人居住、工作和休闲娱乐的垂直混合社区。

.3 概念引入

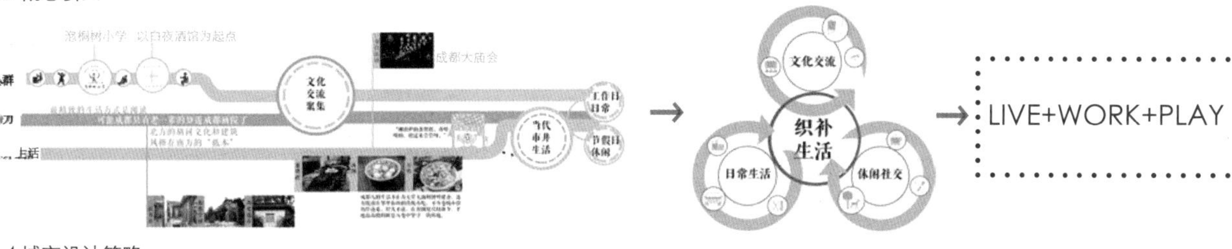

历史沿袭下存留的空间已经不能满足现代人市井生活中对于物质和精神上的追求。于是旧底片上引入圈层概念和 live+work+play 的模式创造复合的活动空间应对活动单一，空间单一的问题，丰富居民游客的活动从而诠释新市井的概念。

.4 城市设计策略

圈层营造：

日常生活圈　社交休闲圈　文化交流圈

自上而下的城市更新由政府主导，开发商介入，民众参与，媒介宣传，具体营建策略体现在三个不同的圈层上，即日常生活圈，社交休闲圈和文化交流圈。这三个圈层主要针对的人群由居民扩大到游客，最后扩大到居民与游客各不同群体之间的交互活动。整理场地内现有的社区资产，针对各个圈层补充新的业态，比如咖啡亲子，社区博物馆，社区公园等等。

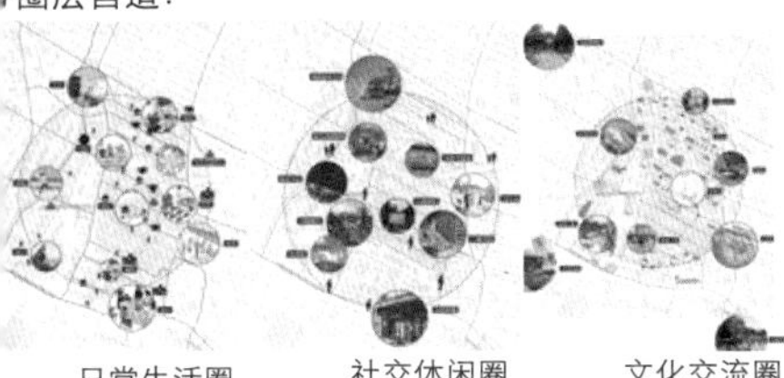

LWP 单元划分

研究边界内，不同类型热点的五分钟步行圈彼此叠合，依托道路系统，划分出 12 个容量在 500~1000 户的更新单元。共三类更新单元，分别是“居住 + 办公”，“居住 + 休闲”，“居住 + 办公 + 休闲”。

分系统营造：

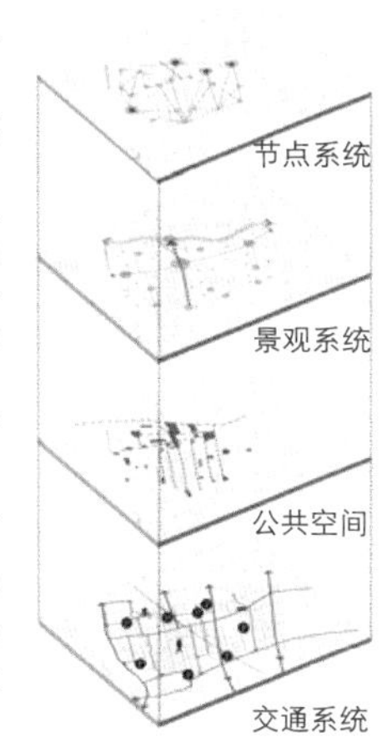

分更新单元营造：

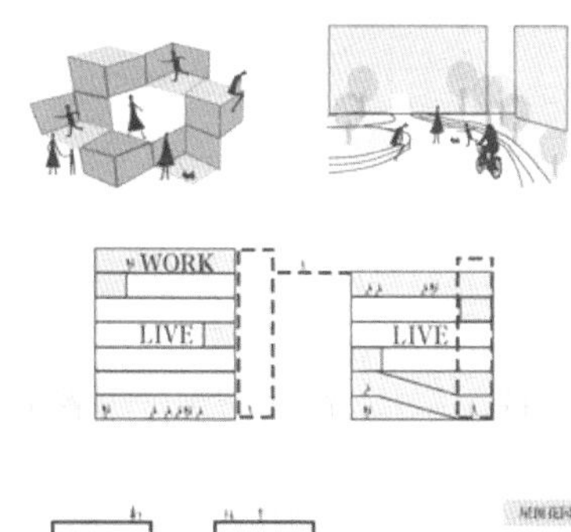

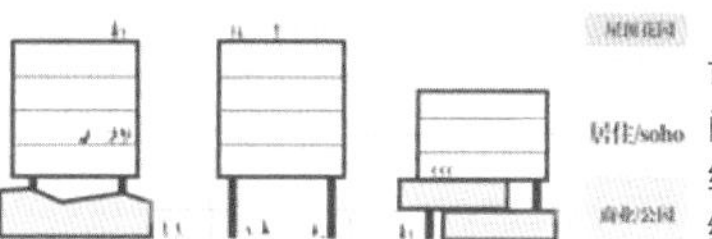

LIVE+PLAY:

为居民提供开敞的城市空间，增加休闲娱乐活动。置入院落绿地，休闲装置。

LIVE+WORK:

这一类型主要是从家到单位的工作日生活。垂直布置居住和办公，竖向联通这两种空间，提高通勤效率。

LIVE+WORK+PLAY:

创造从家去办公并可以就近休闲的完整休闲体验。创造联通不同纬度开放空间的步行系统。

ART 2 城市设计

1 结构分析

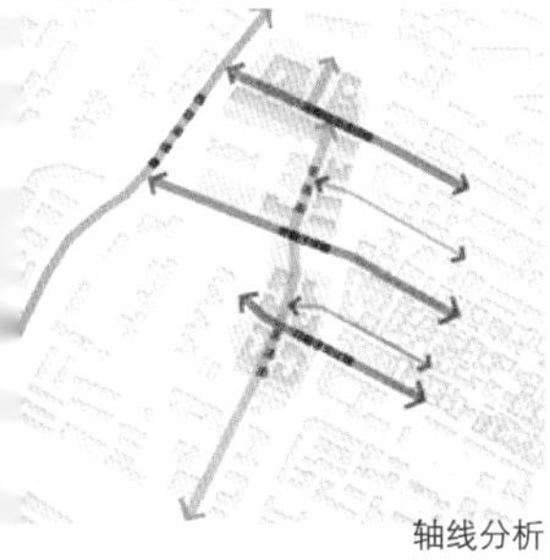

轴线分析 　水平分区 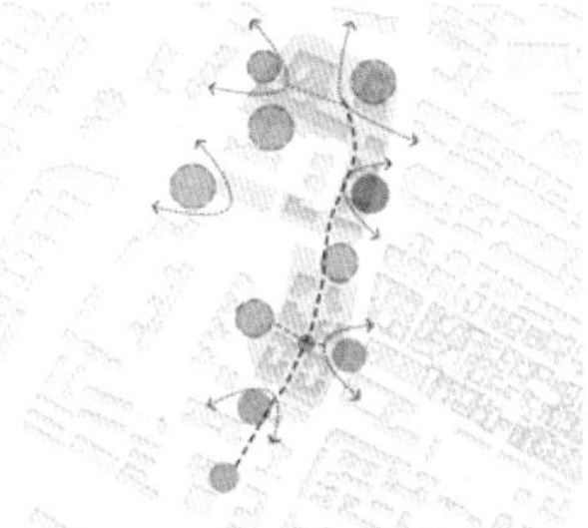　节点分析 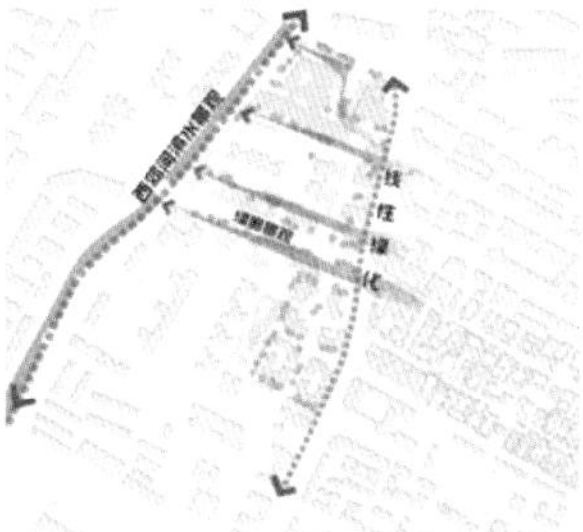　景观分析 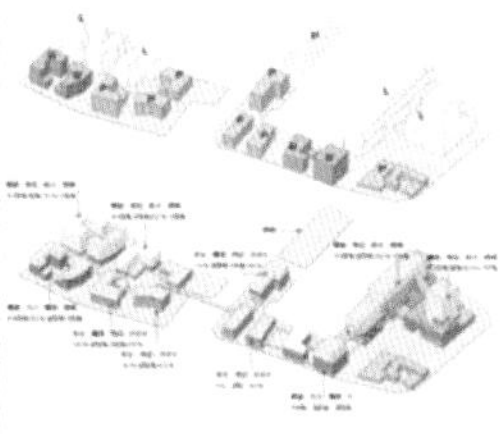　LWP 比例

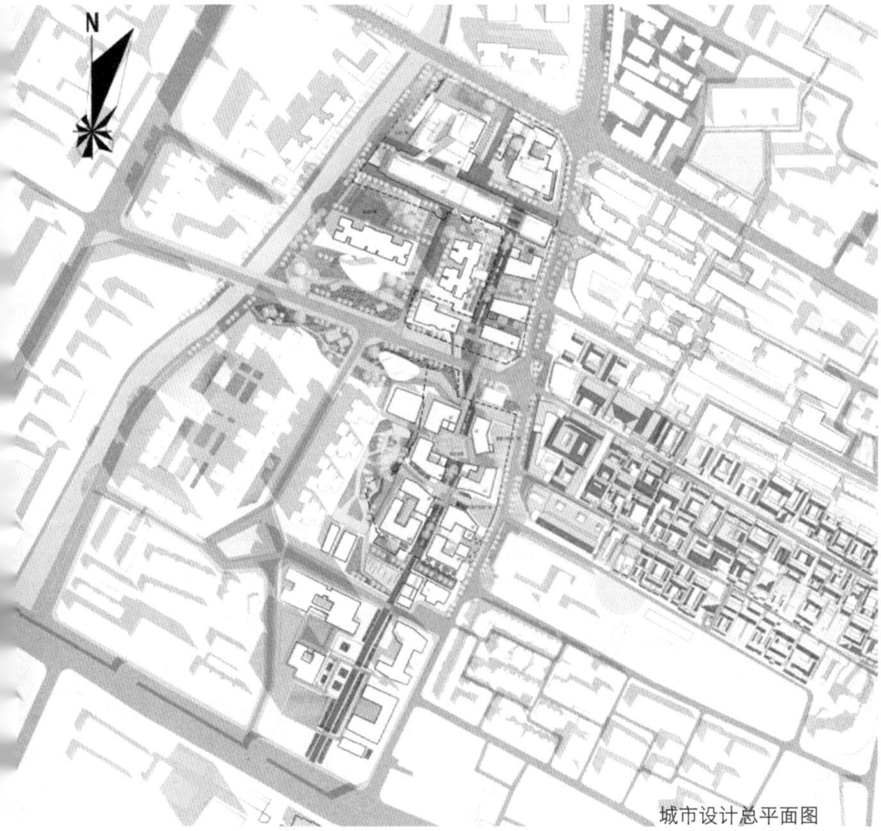

城市设计总平面图

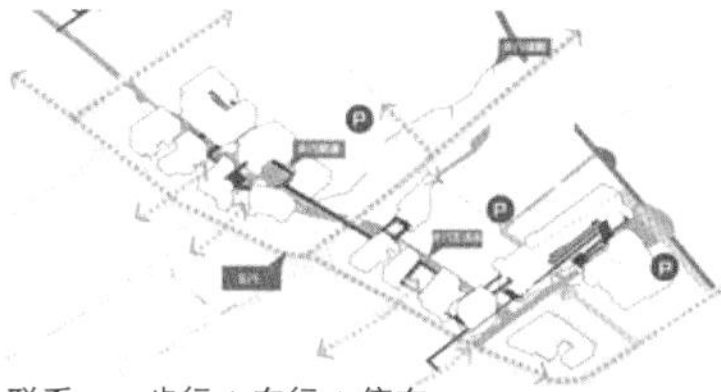

LWP 指标对应

联系——步行 + 车行 + 停车

联系：

场地主要通过步行为主以生活主街连接两块场地，延续主要的原有街道，并延伸到西郊河边。车行靠近居民区，布置停车。

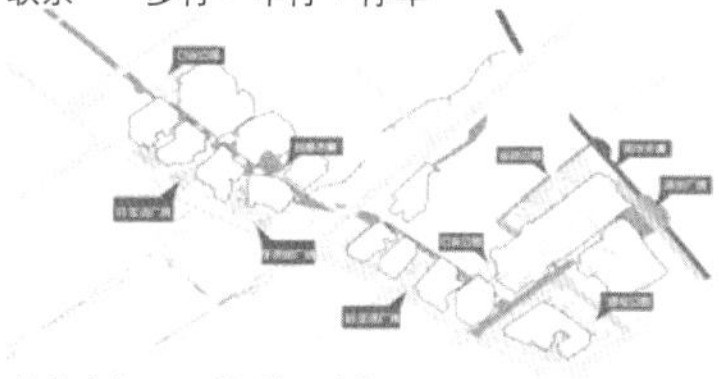

公共空间——街道 + 广场 + 公园

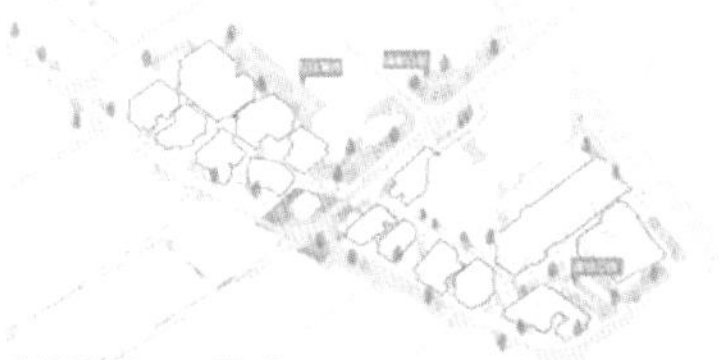

公共空间：

主要的线型主街，延伸街道放大形成小广场，而放大的节点形成绿廊公园、滨水广场以及城墙遗址公园等，形成点线面结合的公共空间。

宜居街区——景观

宜居街区：

场地绿地分布在在社区营地、绿廊公园、滨水以及遗址公园，其他的则是以点状嵌入。

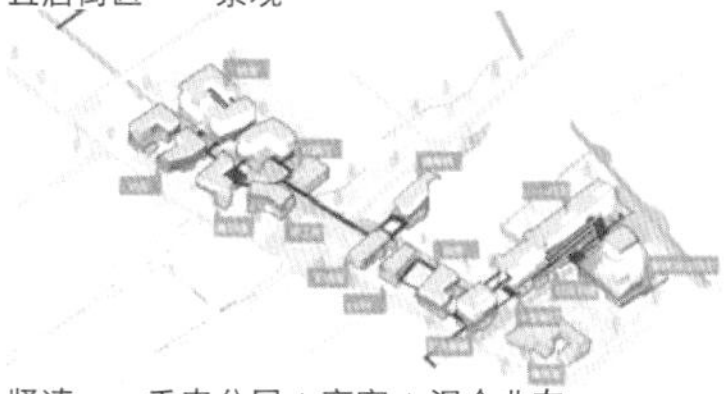

紧凑——垂直分层 + 高密 + 混合业态

紧凑：

高密度，垂直分层，业态混合，居住、办公、商业混合，并有如博物馆等休闲功能。

2.2 轴测分解——垂直分区，水平串联

游客和居民满足基本生活之后在闲暇时间进行的分级，首先是最小层级的院落空间或者社区内部形成的绿化或开放空间，再到街道层次，我们希望打造共享型生活街道，形成的口袋公园在不同时间段有不同的功能承载。

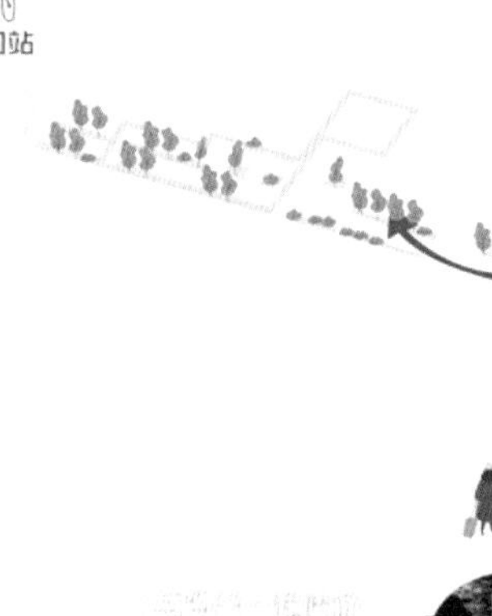

以宽窄巷子为中心，南北侧主要形成亲子或父母交流的场所，西侧（红线内）则补充如戏剧社、博物馆、演艺场所等，此外在红线内利用户外区域形成交流平台开展文化活动。

进行的日常生活活动包括基础的衣食住行，同时还有小孩的上下学和上班族的办公活动，对于日常生活圈，首先补充步道，串联街区，满足居民日常基本的步行生活圈，同时对他们的需求进行分析，植入新的业态如咖啡亲子，在一些社区植入社区活动中心。

2.3 场景演绎

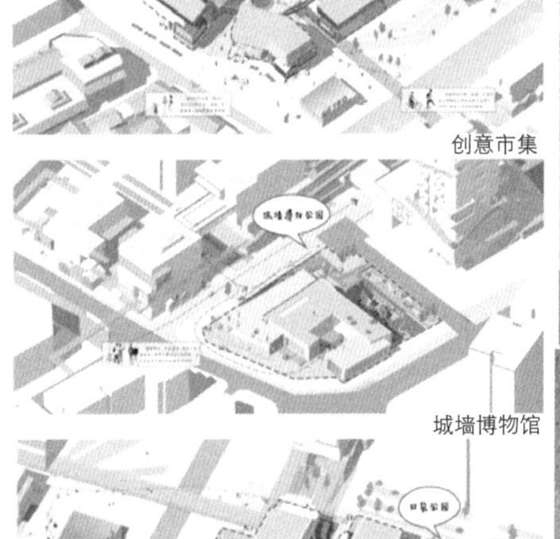

创意市集

城墙博物馆

口袋公园

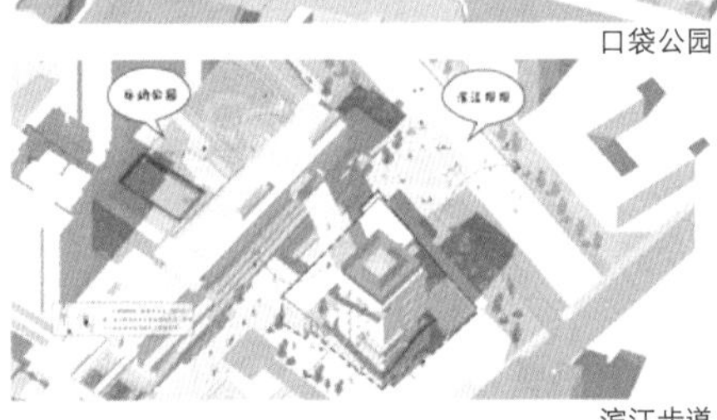

滨江步道

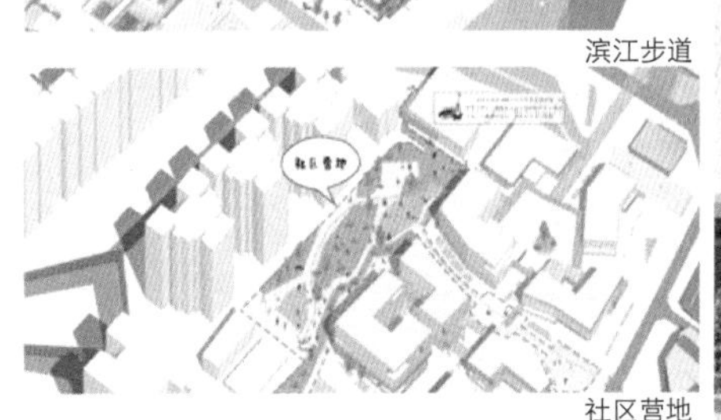

社区营地

沿下同仁路形成了不同性质的城市开敞空间，街角的口袋公园除了可以为居民和游客提供白天的休闲活动提供场所，同时也为晚上的摆摊活动或灯光夜市提供了场所，从而保证不同时段的街区活力，为夜游宽窄巷子的人们提供完整的市井生活体验。

场地内设计了一条南北向的生活街，创意市集即为窄巷子在生活街的放大节点。低层建筑通过合院的形式围合，商店的外摆共同组成创意市集。呼应宽窄巷子的网红 IP，为从窄巷子而来的游客以及生活街内部的居民提供有趣的文创体验，同时也可以为社区内部提供更多的就业机会。

从宽巷子到西郊河，通过景观绿廊的设计，打开主要的两大景观要素：宽窄巷子景区和西郊河之间的视线通廊。在绿廊上植入景观小品，通过路径设置，为居民和游客提供丰富的休闲活动体验。

PART 3 建筑单体设计

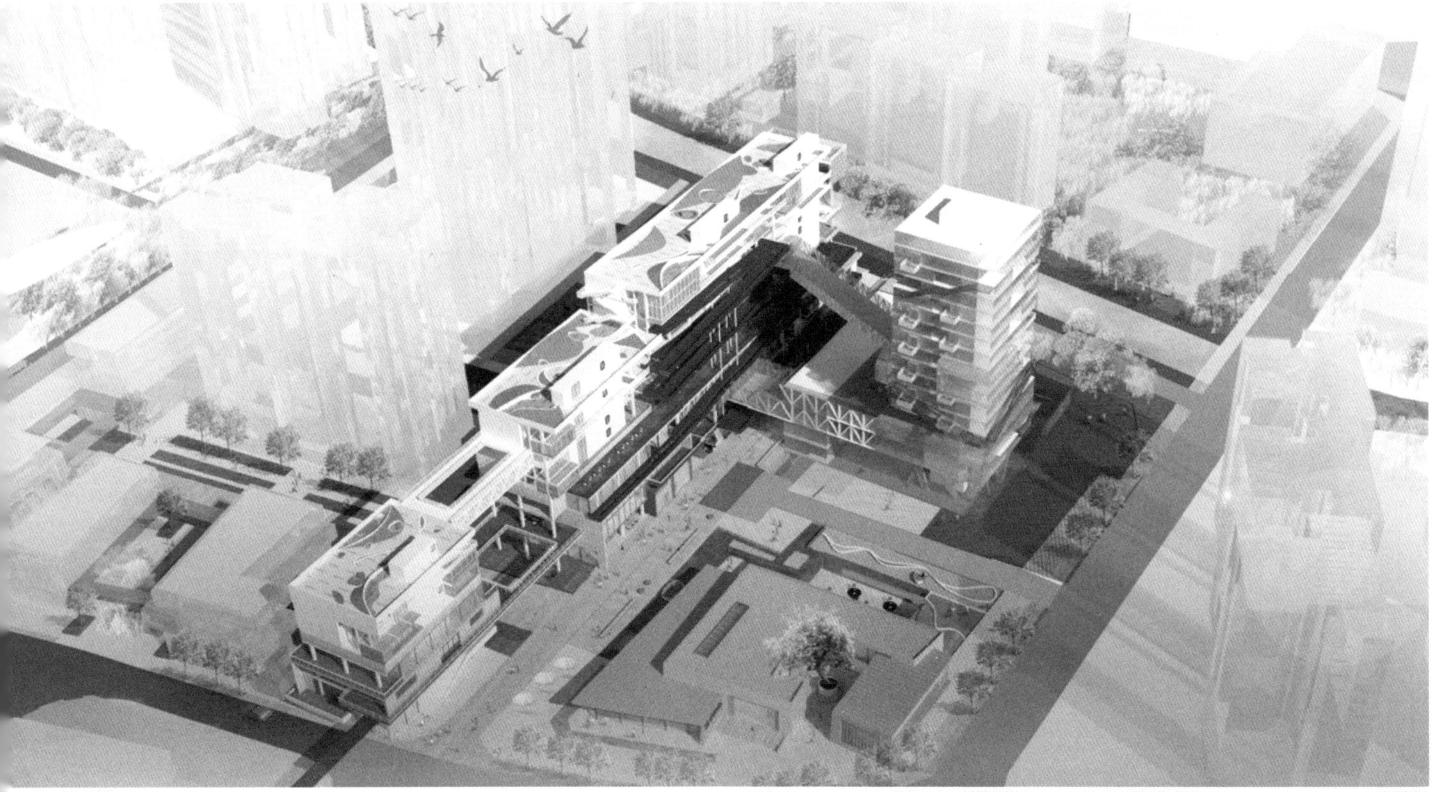

3.1 概念延续

人群吸引，辐射场地

混合用途，垂直分层

交通体量，丰富联系

空中庭院，共享空间

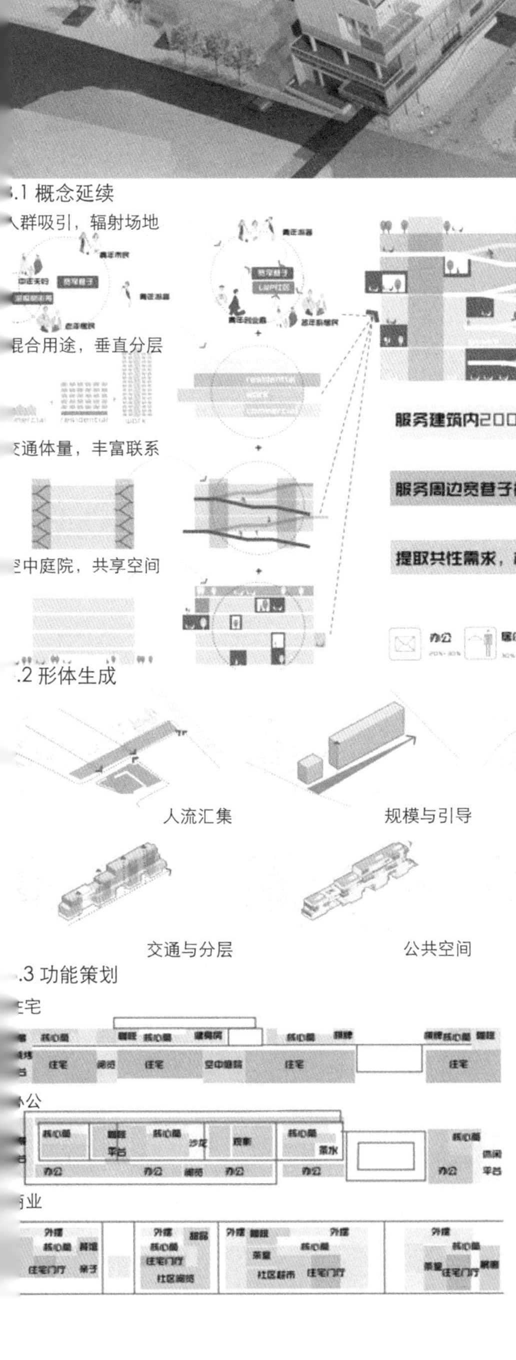

服务建筑内200人左右常驻居民

服务周边宽巷子社区常驻居民及游客

提取共性需求，构建建筑功能配比：

办公 居住 休闲娱乐 商业

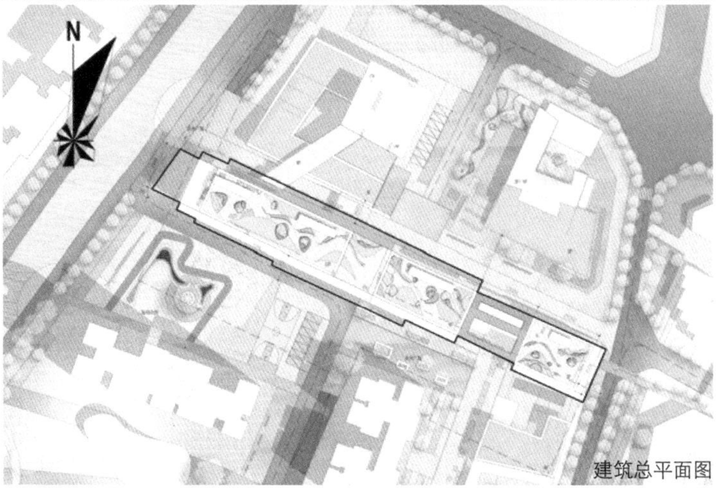

建筑总平面图

3.2 形体生成

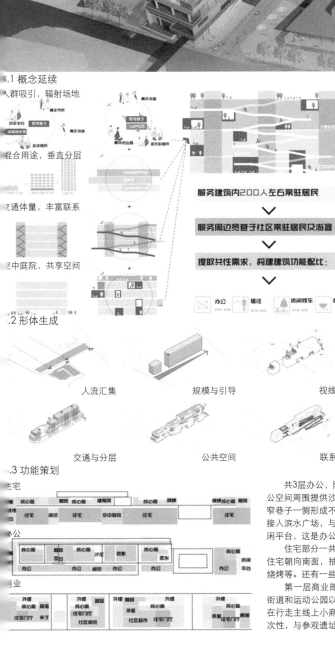

人流汇集　规模与引导　视线切割

交通与分层　公共空间　联系坡道

将垂直分层，功能复合的核心概念引入到建筑中，建筑靠近城墙遗址博物馆和运动公园，形成指向滨水空间的主要街道。最终确定一个服务于建筑内两百人常住居民并服务于宽巷子社区的建筑。分析建筑的目标人群，提取共性需求，构建功能配比，使得这栋建筑兼具居住、办公以及小型配套商业和休闲娱乐功能，引入空中院落和休闲空间，并用步道串联，形成一种新的生活体验。图营造一个便捷、和谐、活跃的共享社区。

建筑可服务200人左右的常驻居民，在更大范围看，建筑还服务于周边宽巷子社区以及被宽窄巷子网红IP吸引而来的游客。IP所带来的巨大经济效益可以为周边人群在餐饮、文创等方面提供大量就业机会，依据当代人减少通勤时间，就近办公的需求，建筑内需要提供一定比例的居住。并相应提供休闲和商业配套。从而确定了20%~30%的办公，30%~50%居住，30%~40%休闲娱乐，3%~10%商业的配比关系。建筑总面积：28304.5m²，建筑最高46m，主要居住面积10050.3m²，办公6507.2m²，商业770.5m²，休闲3251.5m²。

3.3 功能策划

住宅

办公

商业

共3层办公，除了呼应底层的咖啡文创，提供了一些可小型租赁的文创工作室，以及有开敞办公空间，在这些办公空间周围提供沙龙，水吧，观影等功能，并形成廊道和户外平台。比如在这些区域有一些户外或交流空间。靠近宽窄巷子一侧形成不同层次的户外平台，二层滨水处连接大台阶，提供景观平台，沿河置入休闲步道，而自行车坡道则接入滨水广场，与步道联系形成与滨水的完整休闲带。一头一尾呼应场地，在三条通路的周围形成廊道联系空间和休闲平台，这是办公闲暇的好去处。

住宅部分一共8层，包括5层跃廊和3层平层，住宅组合之间形成一些公共区域，是提供给不同住户的交往场所。住宅朝向南面，抽象院坝空间，形成镂空。住户在这里喝茶打牌晒太阳。屋顶花园开敞，能眺望宽窄巷子，喝喝茶，烧烤等。还有一些区域，提供给社区的交流活动开展，以及提供阅览的场所，增加生活的丰富度。

第一层商业部分主要是小型配套，有如小型餐饮，咖啡文创，亲子互动等功能，第一至第四层形成三条通路联系街道和运动公园以及城墙遗址公园，主街部分布置办公门厅，靠近居民楼一侧则是住宅入口。穿过主街能看到河边，在行走主线上小商业，提供外摆和摊位，增加底层互动。而遗址公园部分则是退台形成地下的商业空间，形成空间层次性，与参观遗址博物馆形成完整活动动线。

3.4 建筑平面

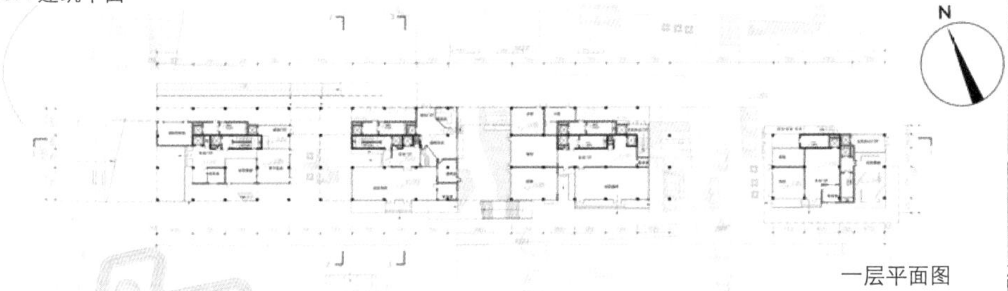

一层平面图

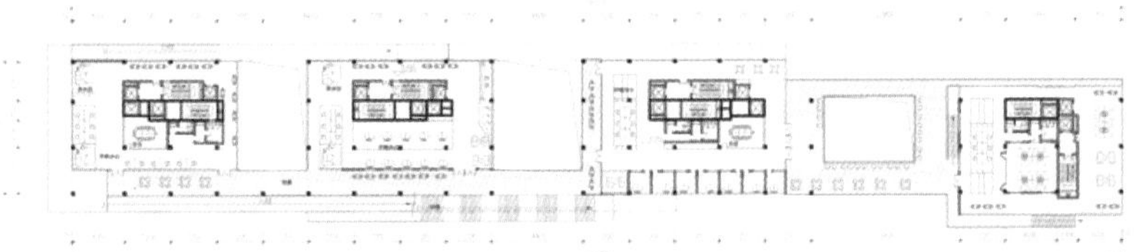

三层平面图

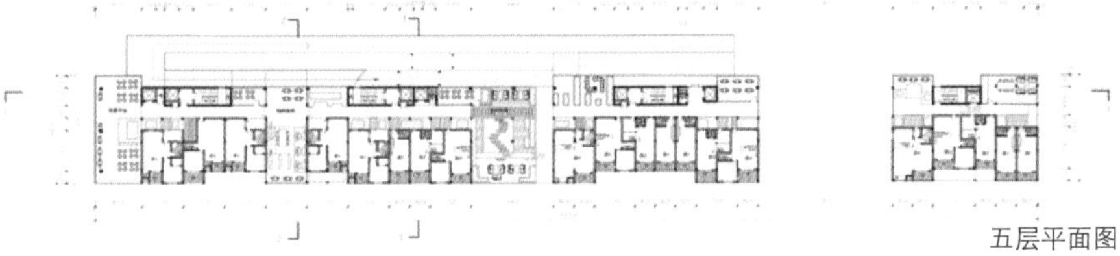

五层平面图

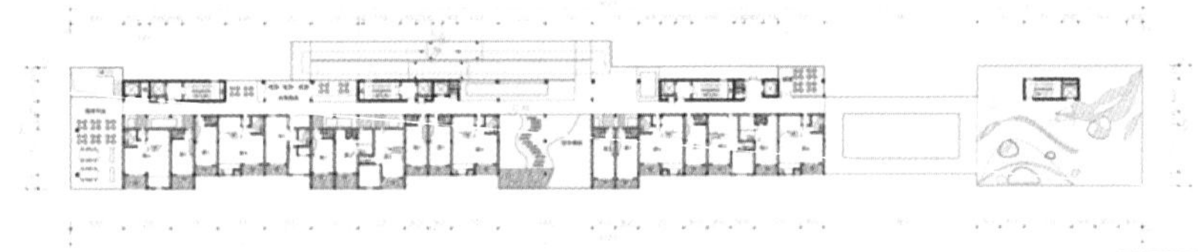

八层平面图

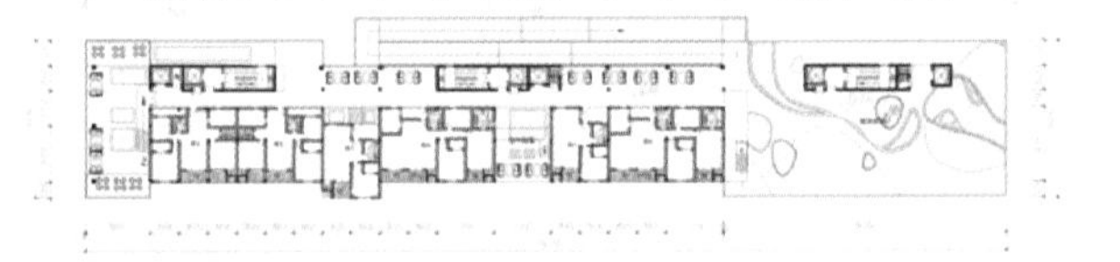

十层平面图

滨水步道，建筑景观大台阶

遗址公园，多层次的公共空间

抽象的空中川西院落空间

屋顶花园，欣赏宽窄巷子第五立面的场所

.5 轴测分解——LWP 分层和联系

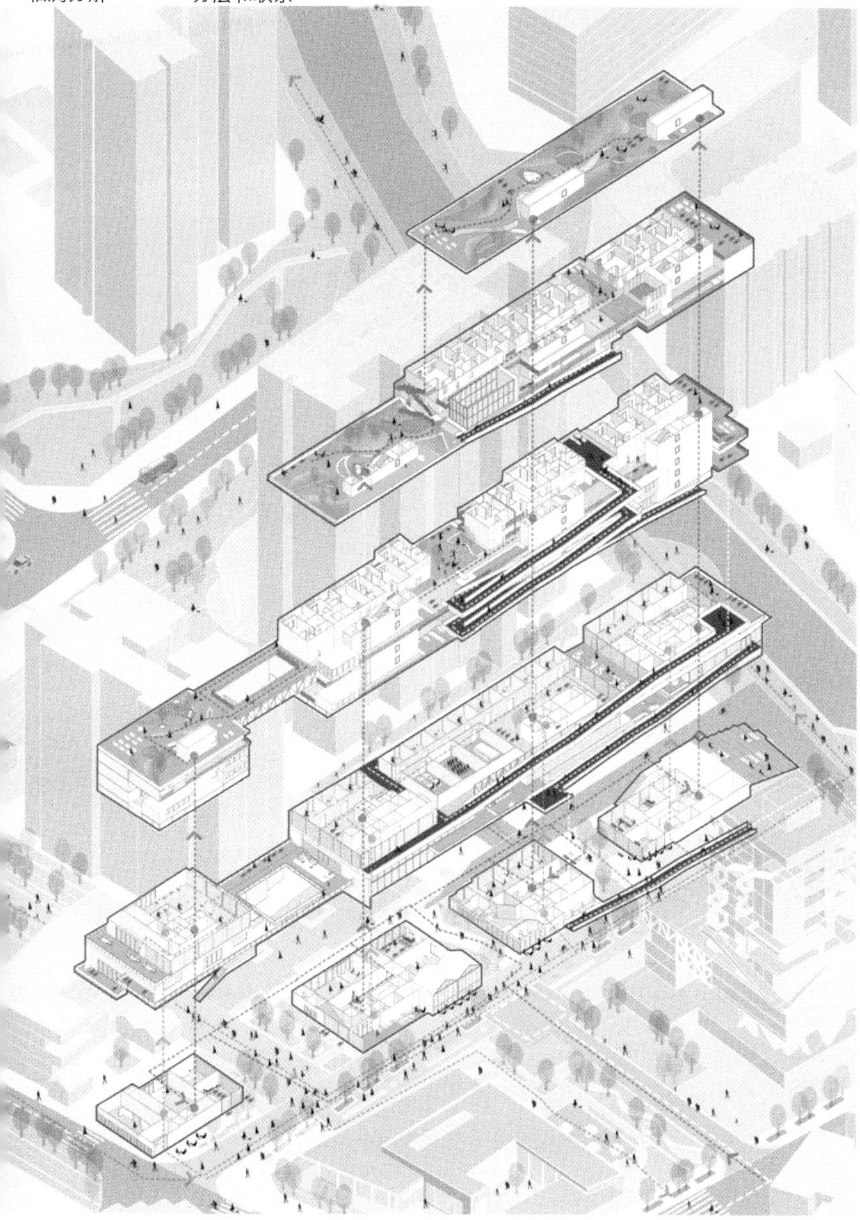

3.6 套型设计

平层套型

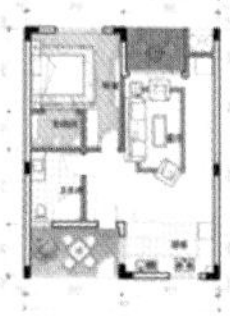

平层 1：一室一厅
面积：61.96 m²,16 户
适用人群：创客，夫妇

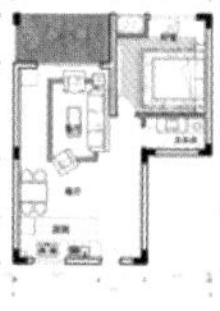

平层 1：一室一厅
面积：55. m²，3 户
适用人群：创客，夫妇

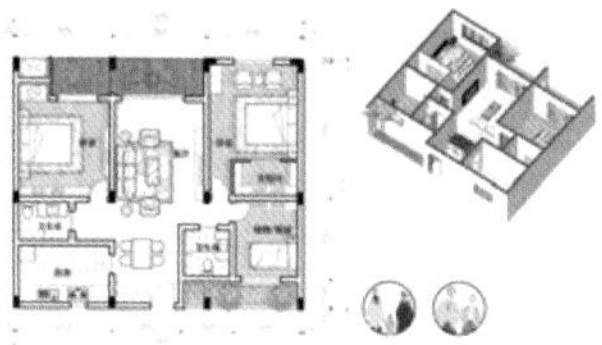

平层 3：三室一厅
面积：94.4 ㎡
套型总数：8 户
特色：三开间，景观良好，宽敞舒适
适用人群：一家三代，一家三口

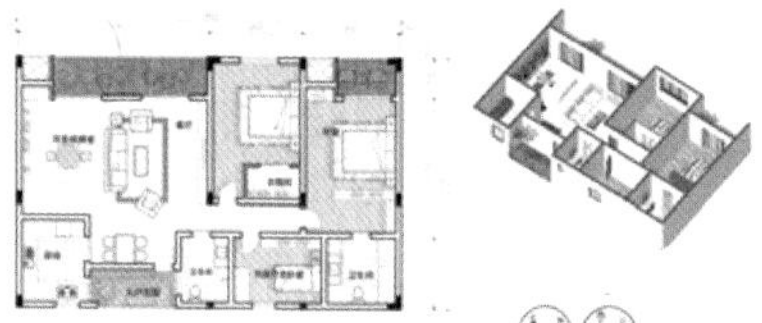

平层 3：三室两厅
面积：125.22m²
套型总数：8 户
特色：四开间，入户花园景观良好，宽敞舒适
适用人群：一家三代，二胎家庭

跃层套型

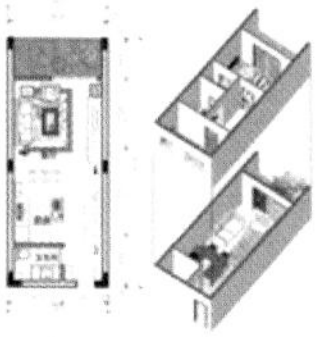

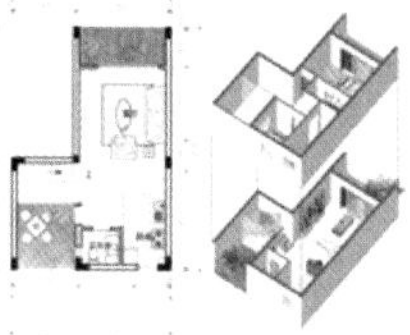

跃层 1：两室一厅
面积：64.81m²
套型总数：14 户
特色：紧凑，空间多变
适用人群：创客，合租人群

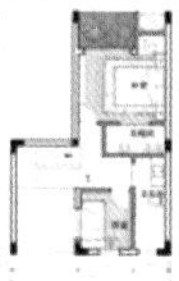

跃层 1：两室一厅
面积：77.82m²
套型总数：7 户
特色：入户花园，景观好
适用人群：创客，一家三口

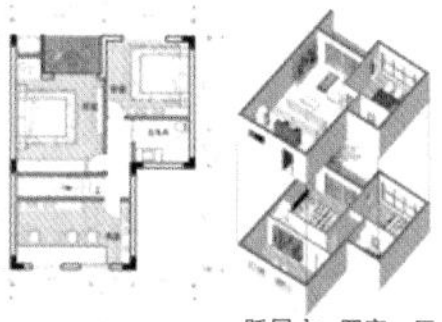

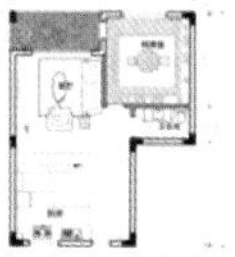

跃层 1：四室一厅
面积：110.24m²
套型总数：7 户
特色：宽敞，空间多变
适用人群：一家三代，二胎家庭合租人群

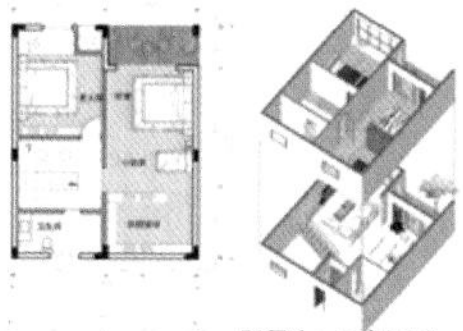

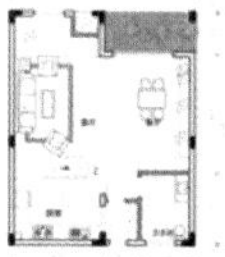

跃层 1：三室两厅
面积：130.40m²
套型总数：9 户
特色：宽敞，空间多变
适用人群：一家三代，二胎家庭

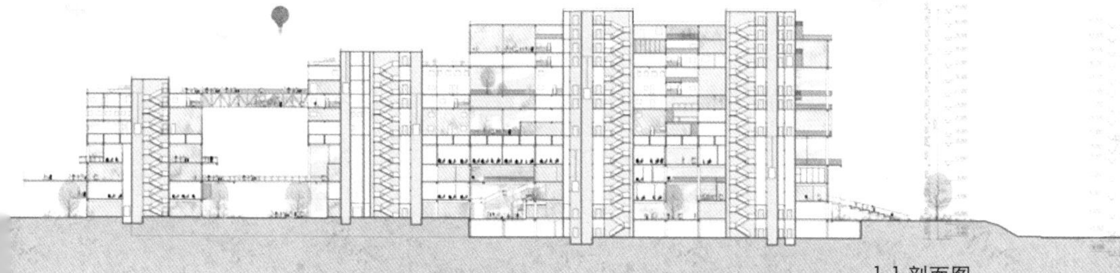

1-1 剖面图

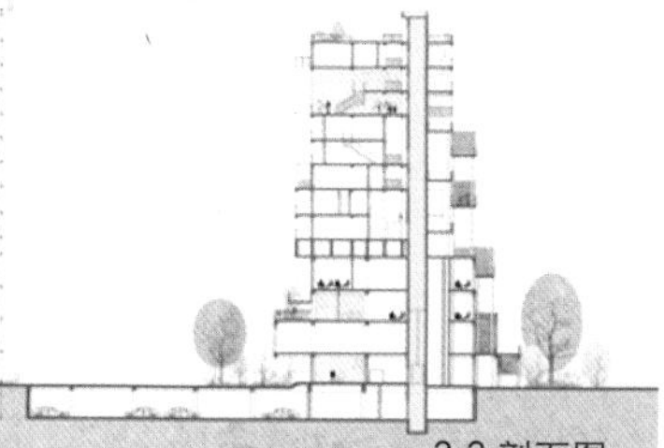

3-3 剖面图

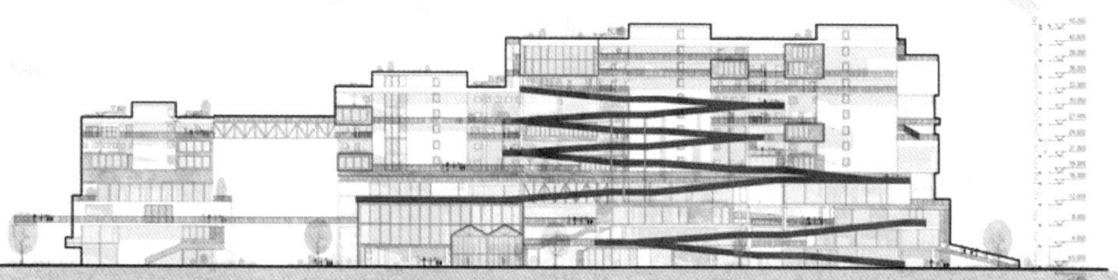

北立面图

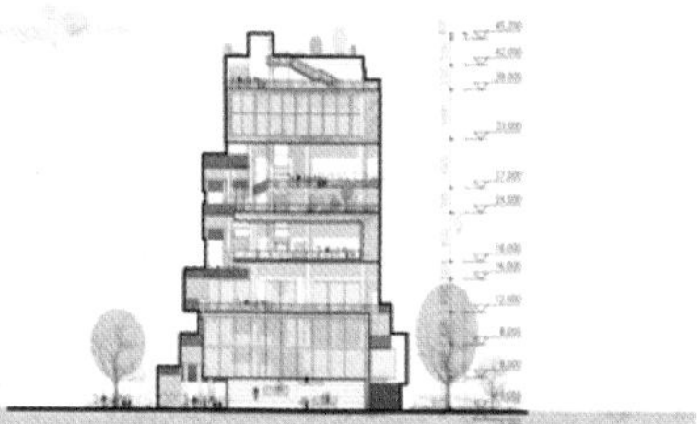

西立面图

healthy unit

绿色蔓延——健康单元计划

Green Sprawl_Health Unit Plan

重庆大学

设计：虞思蕊 / 胡泽阳 / 张杨

指导：龙灏 / 左力

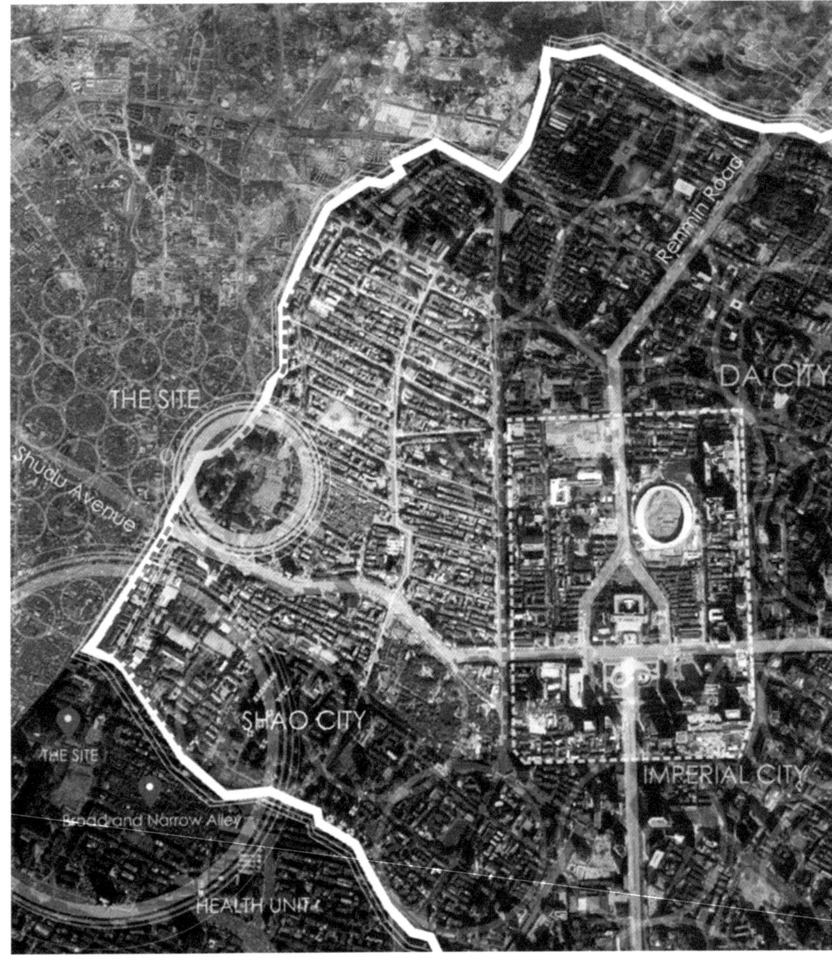

PART 1 城市策划

1.1 问题引入

新冠疫情暴发

现象与反思

1.2 问题聚焦

问题研究的背景是全球范围内的新冠疫情暴发，截至 2020 年 6 月 20 日，病毒已经蔓延至全世界五大洲，上百个国家与地区，全球累计感染病例超过 669 万例。

在科技相对发达，医疗设施相对完善的今天，面对突如其来的疫情，我们仍旧无法从容应对，特别是在人口密集，设施陈旧的中心旧城区，存在着大量的健康安全隐患，这引起了我们的思考。

在广泛的城市中心区存在着大量的老旧社区，他们的生活空间被快速发展的商业经济所挤压，人口密集但是生活设备设施老旧破败。

宽窄巷子片区就是其中一个较为典型的代表，快速发展的旅游经济侵占了社区居民的生存空间，引起了一系列健康安全隐患，如，公共绿地缺失、公共空间不足、易致病空间滋生，医疗无法保障等。

1.3 单元建立策略

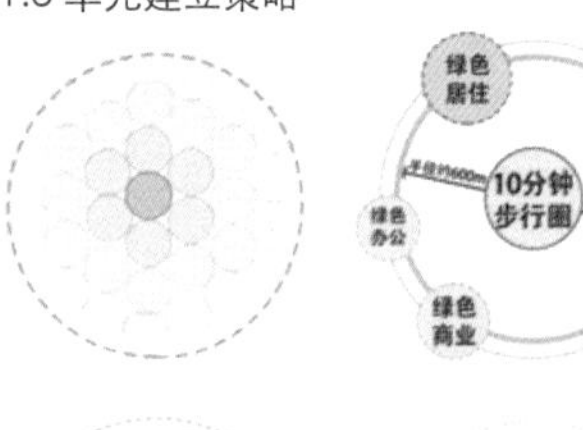

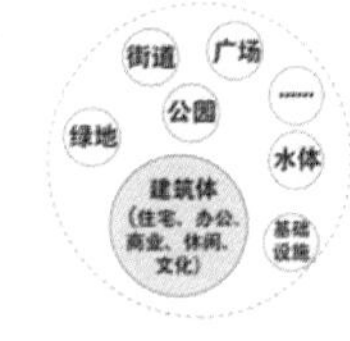

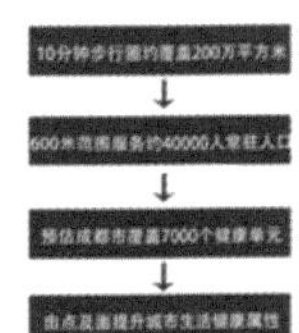

以 10 分钟步行圈，即半径为 600m 的范围建立一健康单元，预计成都市覆盖约 7000 个单元，由点及面地提升城市生活的健康属性。

1.4 五大理论来源

1.5 评价标准建立

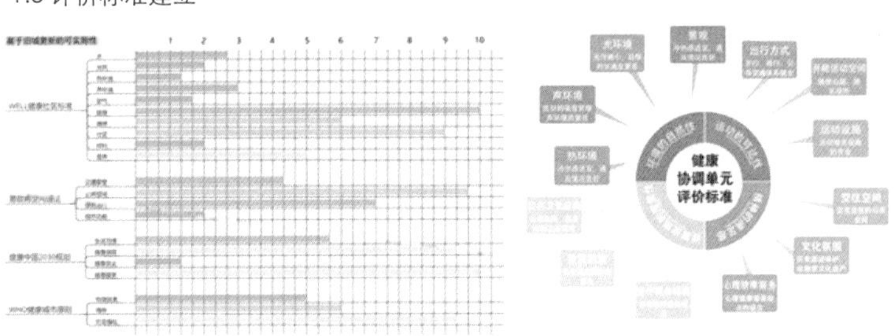

评语：

城市如何高效应对突如其来的疫情，成为设计的痛点。城市设计通过梳理健康协调单元、易致病空间、WHO 健康城市计划等健康城市理念，结合宽窄巷子周边社区的人口构成、设施配置、交通方式、环境特征的研究，建立了包含绿地指标、医疗设施、运动设施、文化体验、户外空间、共享单车分布、出行方式、公共空间等八个评价因子的健康城市评价体系。

通过对不同街块的分析诊断，提出引入西郊河滨水绿色公共空间，串联城市历史街区，构筑健康城市韧性空间的总体城市设计框架。方案详细设计了服务少城片区的城市健康综合体，为城市提供了社区卫生中心、酒店、城墙博物馆、健身中心等多项公共健康服务功能，同时创造了层次丰富的城市公共空间和人文场所。

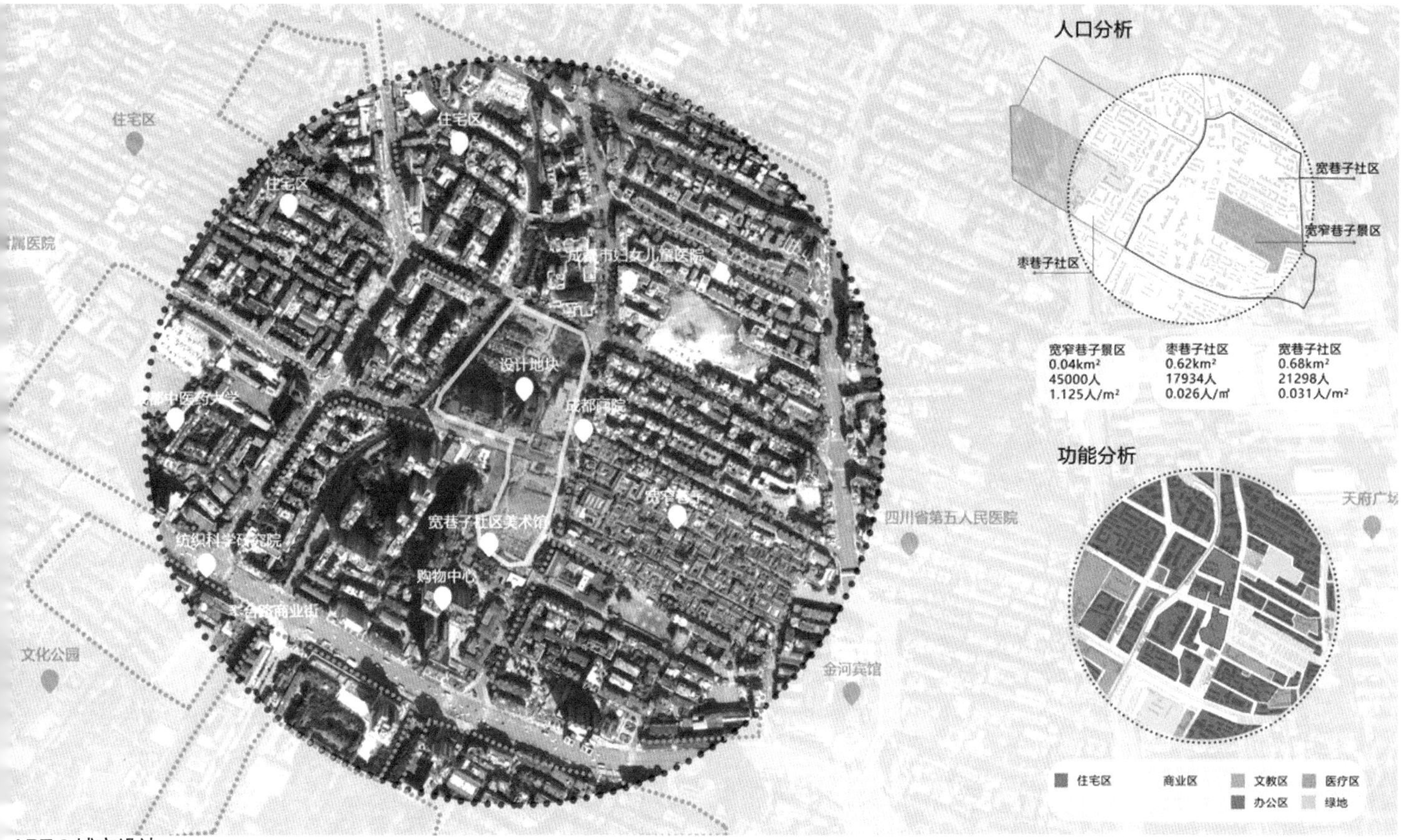

人口分析
宽巷子社区
宽窄巷子景区
枣巷子社区
宽窄巷子景区
0.04km²
45000人
1.125人/m²
枣巷子社区
0.62km²
17934人
0.026人/㎡
宽巷子社区
0.68km²
21298人
0.031人/m²
功能分析
住宅区
商业区
文教区
医疗区
办公区
绿地
住宅区
住宅区
住宅区
成都市妇女儿童医院
设计地块
成都市
成都医院
宽巷子社区美术馆
纺织科学研究院
购物中心
四川省第五人民医院
文化公园
金河宾馆
天府广场

ART 2 城市设计

场地的所出的健康单元包括到了枣巷子社区、宽巷子社区以及宽窄巷子景区，健康单元内常驻人口达39232人，而景区带来的人流量则能达到45000人以上。单元内北侧多为居住域，西南侧为文教区域，由此可见，健康单元内整体以居住功能为主，而宽窄巷子带来的高密度人群使单元内的健康要素所占人均比大幅度降低，因为场地为了能使该单元达到健康标需要从功能上和设计手法上考虑如何将健康要素大幅度提高。如何在有限的场地下，为居民夺回被旅游业所压缩的健康生活空间，同时保证该地块的经济效益，使该单元内最突出的矛与问题。

.1 单元健康因子分析

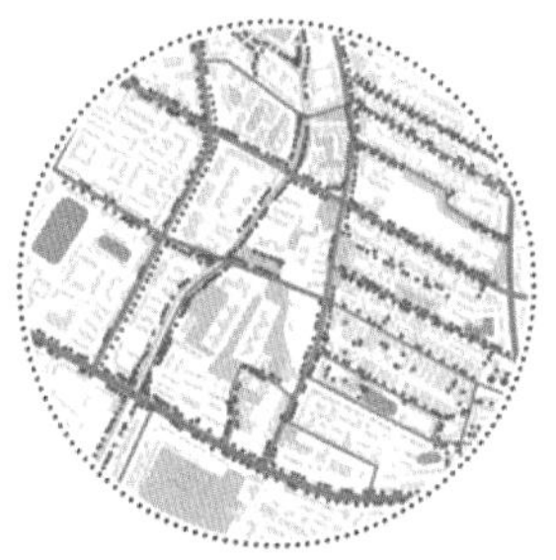

绿地分析
城市人均绿地面积生态值：11 ㎡ / 。该协调单元内人均绿地面积：1 .93 / 人。单元内多数绿化为小区内部组绿地，极度缺乏城市公共绿地。

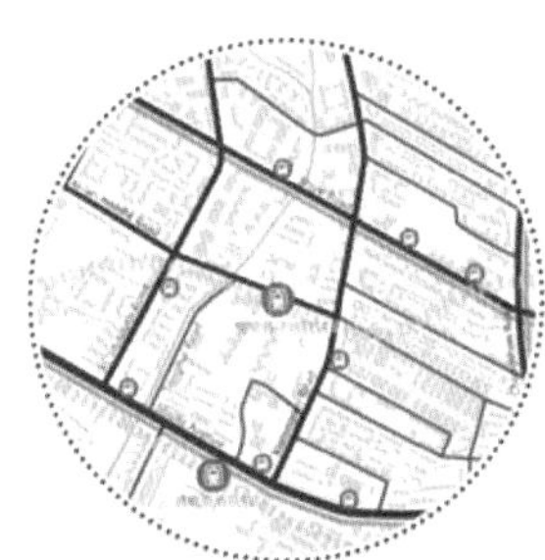

2）出行方式分析
车行交通占主体；地铁站点 2 个，公交站点 8 个；可骑行道路 20%。路面停车区过多，对交通造成阻碍的同时，对城市公共空间造成不良影响。

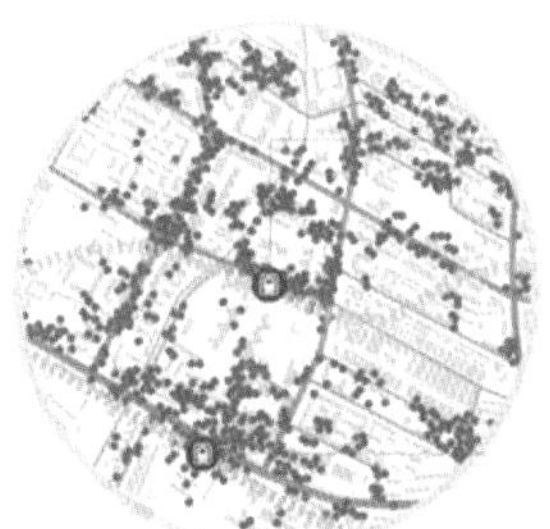

3）共享单车分布
共享单车使用量成都全国领先，共享单车停车片区占 17.8% 共享单车停车点分散繁多，缺乏很好的管理，影响公共空间。地铁站旁共享单车形成聚集。

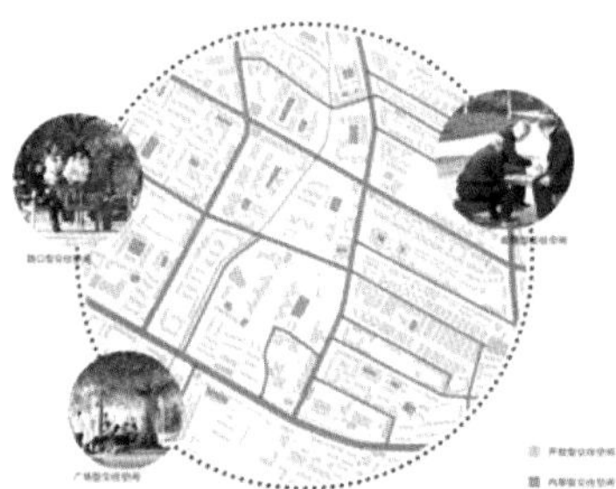

4）交往空间分析
旧城街巷空间交往性相对积极，但宽窄巷子的人流破坏了一部分交往性。现有的其他空间，景观性远大于交互性，人们参与其中的程度并不大。

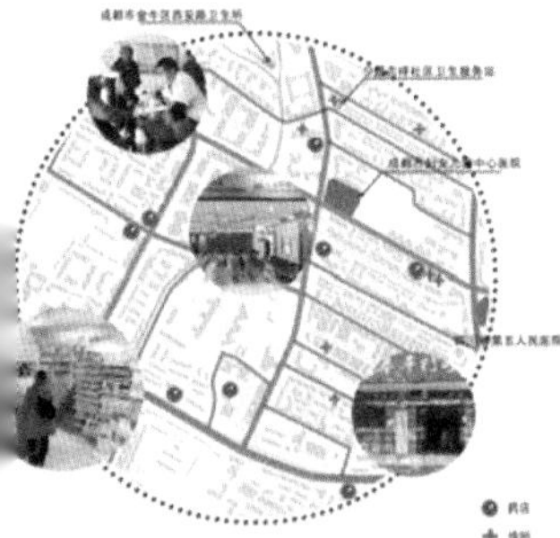

医疗服务系统分析
单元内部现有三甲医院一所，二甲院一所，小型诊所 7 家，药店 8 家，扩大基层卫生服务场所建设，拓展基医疗点功能，提高其品质。

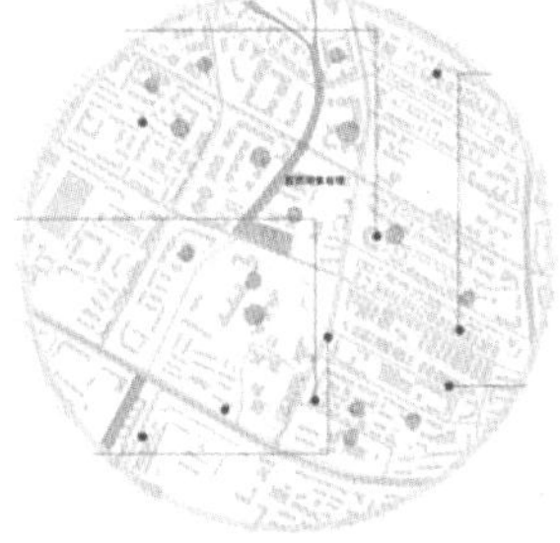

6）开敞活动空间分析
人均户外活动空间0.48m/人，活动空间包括；a.郊河景观带为主要开活动空间吧；b.小区内小型开敞活动空间；c.校园操场，不对外开放。

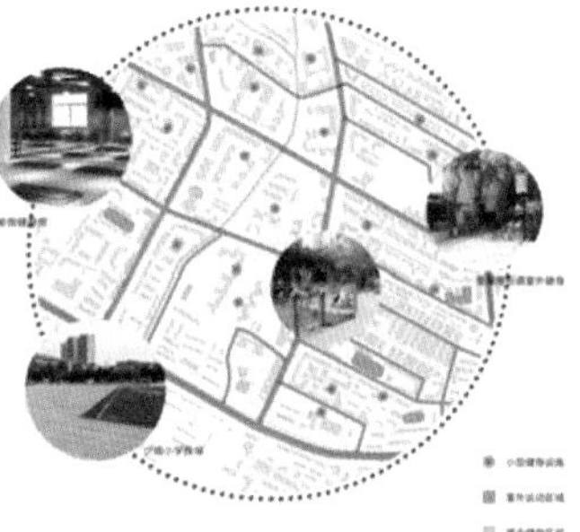

7）运动设施分析
场地内的运动场所多为学校的操场以及需要付费的室内健身房。开放给居民的运动设施陈旧且数量少，同时也缺少积极开放的运动场地。

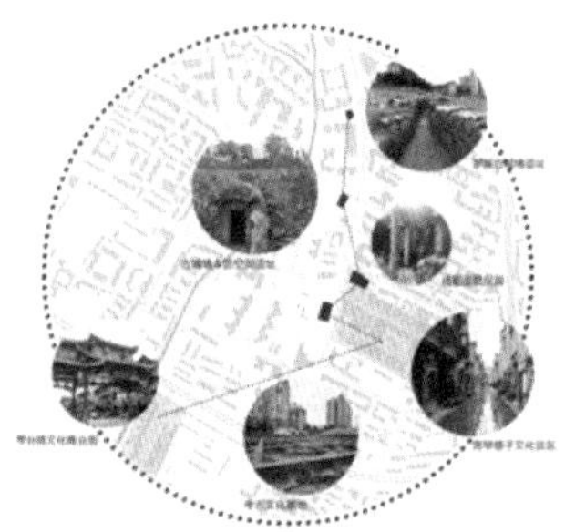

8）文化氛围分析
文化保护区较为散点状排布，周边没有对其进行很好维护。
建议将文化点进行串联，形成文化带，渲染文化氛围。

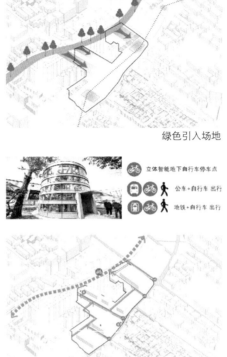

景观策略

绿色引入场地

2.2 单元健康策略

1）景观策略

为了解决上述分析中所提出的有关问题与矛盾，我们在健康单元标准的四个方面上给出了相对应的策略。

首先，为了能使成都市能在规划“花园城市”这一目标上更有指导性，开发城市中的生态景观成为了我们首先考虑的设计手法。同时西郊河流经该健康单元，因此我们将以西郊河为轴线在该区域建立沿河景观绿地。

其次，该健康单元内有诸多文化遗址公园，且老城区内有诸多街角停留空间，利用原有的小型交往空间和和小型文化公园的连接，建立起该区域的“文化遗址公园—社区口袋公园”的体系。

最终，设计场地内部的景观分布，将以西郊河为中轴线同时向宽窄巷子文化带逐步过渡，绿色口袋公园在其中合理分布。

出行策略

设置骑行道

2）出行策略

在理论部分建立起的健康城市单元评价标准的指导下，总结出健康的出行方式“BMW”模式，即骑行－地铁－步行体系，为此在场地需要建立以地铁站为起点的慢行系统。分析得出，该场地内有数量足够的地铁站和步行系统，因为新的慢行系统需要增补的有骑行道以及更加积极的运动步道。

慢行系统的主要组织方式是以西郊河为主轴线，利用车行道两侧道路，添加宽窄巷子到西郊河的通廊。从而也能利用景观策略中的社区口袋公园、文化遗址公园为慢行系统的放大节点。

我们还考虑到了对运动设施进行增补的问题。通过数据分析，设计中我们将保证每700户以上的居民组团拥有两处健康的运动设施。添加室外运动场所，补充该协调单元所缺少的对外开放的室外运动场所。

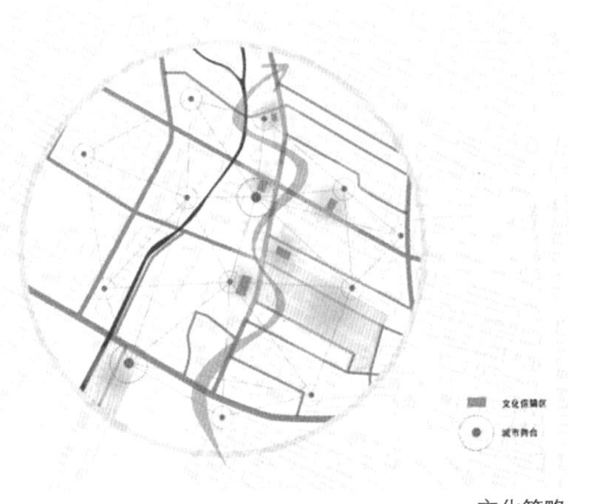

文化策略

延续肌理文脉

3）文化策略

为符合健康标准中精神的满足感，建立优质的文化体系也是我们的一大目标。经过场地分析，该健康单元内文化底蕴浓厚，可依托的城市文化节点丰富。因为该单元内对文化系统的组织尤为重要。

首先，我们引入了“城市舞台”这一概念，即城市中的观演空间，依托于城市中的历史文化遗迹，能让市民参与到地区文化反正之中。让文化节点不再是一个雕塑、一个壁画、一个展板，而是能让市民真正参与其中的游玩，观览空间。同时，单元内我们挖掘的重要文化节点有：探方遗址、宽窄巷子、城墙遗址。因而注重各个文化保护区的文化蔓延，并将其串联也是形成文化带的重要方式。

在设计场地的内部规划中，主要考虑的是对于宽窄巷子的文化延伸以及城墙遗址和探方遗址的形成的文化轴。也要考虑呼应少城历史文化的鱼骨街巷形式。

医疗策略

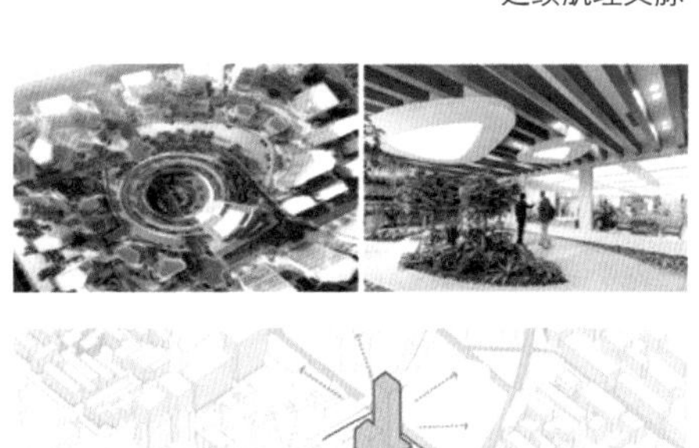

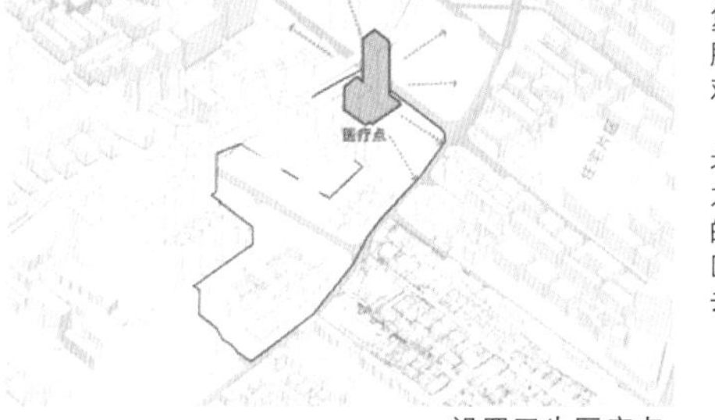

设置卫生医疗点

4）医疗策略

处于对健康设施的完整性得到考虑，对于该健康单元我们需要对其医疗系统进行梳理和增补。

经分析该健康单元内有充足的省级市级等高级别的医疗体系，但是缺少社区级别的基层医疗服务体系，因此需要打造社区中心级别的医疗服务站点，功能包括有居民问诊、复建理疗、药品售卖，能更直接更便捷地去服务周边居民，与此同时还能成为更高效面对突发医疗事件的场所。

在场地规划中，经过分析得出健康单元北侧更加面向居民，也更加需要游客与市民之间的过渡，因此最适合设立社区中心级别的医疗服务点从而更好的服务周边的居住区，为老城区的居民补偿因为旅游景点所失去的积极健康的空间。

总平面图

2.3 功能分区

1）社区服务综合区

场地北侧辐射广大的旧城区，在单元中为解决医疗资源缺失的问题为其增补社区卫生中心功能，结合健康单元的评价标准，为其增加运动设施、社区活动中心、城墙遗址公园等功能，打造片区中的社会服务中心综合体，着重关照老人、儿童、残疾人等的健康需求。

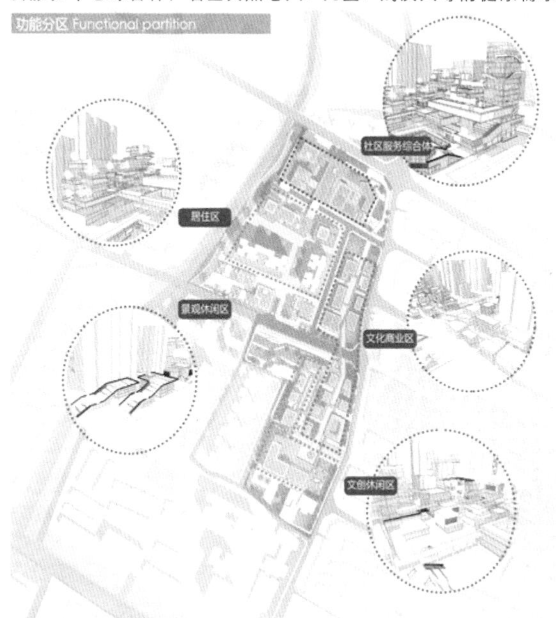

2）生态居住区

结合场地内现有的两栋高层住宅，在其北侧打造“垂直森林”生态住宅楼，形成片区内完整的居住组团，打造生态居住社区。着重为其提供良好的自然景观与休闲活动场地

3）“鱼骨”文化商业区

延续少城的历史文脉肌理，打造“鱼骨”状的街巷，缓和宽窄巷子的游客量压力，匹配旅游经济特征，吸引高端商业品牌入住，提升整体品质。

4）“立体街巷”文创休闲区

场地南侧结合历史探方遗址建设文创体育休闲区，大梯步与中层架空的形式产生了更多的公共活动空间，首层屋顶覆土打造景观屋面，增加场地中的自然属性，提高游客与居民身处其中的满足感。为延续宽窄巷子的历史文脉肌理，将传统的街巷空间在现代建筑中进行新的演绎，使其成为“立体街巷”，丰富的空间将更加满足艺术创意从业者的精神需求。

5）景观休闲带

文化到景观的过渡带，延续宽窄巷子的肌理，联系西郊河景观带。

立面图

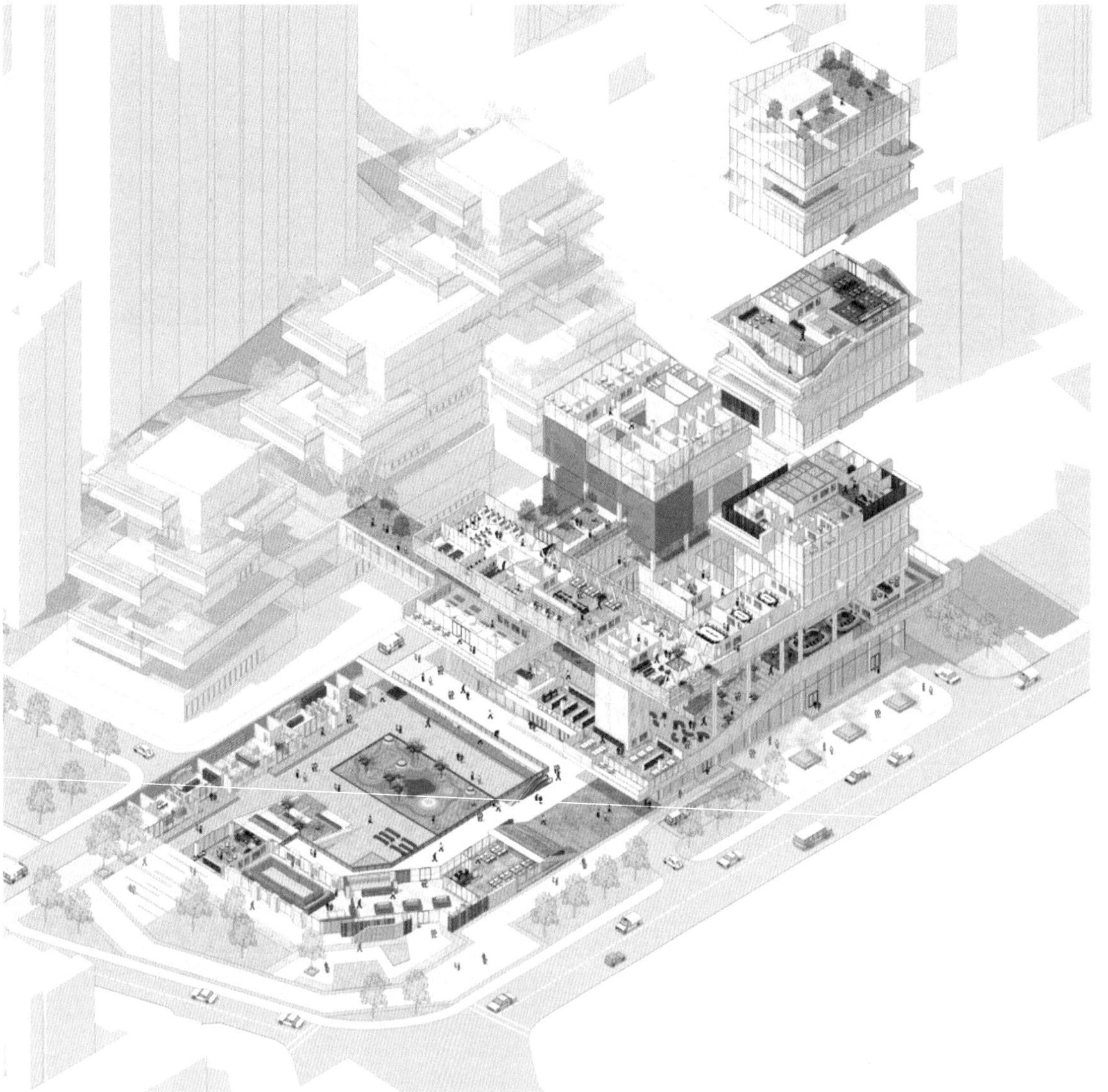

PART 3 单体建筑设计

3.1 功能定位

社区卫生中心服务于健康单元内宽窄巷子与枣巷子片区，游客及居民共约 85000 人，床位数为 36 床，设有全科诊室、儿科诊室、牙科诊室、发热门诊等门诊科室，同时设有专门的康复保健门诊，配套有残疾人康复训练运动中心及老年人日间照料中心。

社区卫生中心作为低层级的医疗单位，服务于广泛的人民群众，基于此建设社区服务综合体，打造城市“健康方舟”。

3.2 健康策略

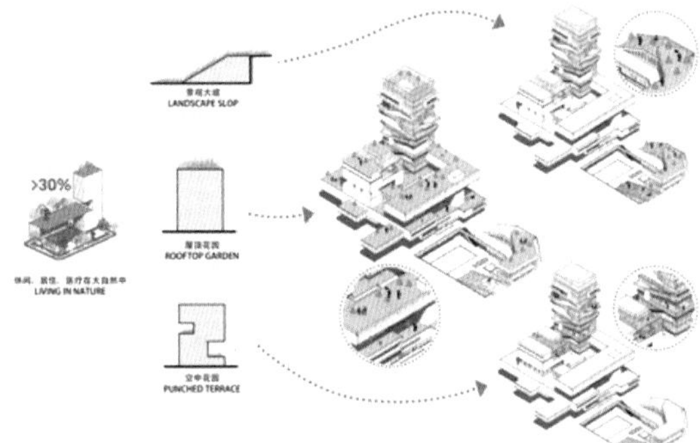

环境的自然性

为了使场地所在健康单元满足“环境的自然性”这一评价标准，同时考虑到城市中心区的建筑密度与容量，我们需要将景观融入建筑。通过诸如屋顶花园、中庭、错层花园、半地下庭院的形式，使建筑与景观结合地更加紧密。

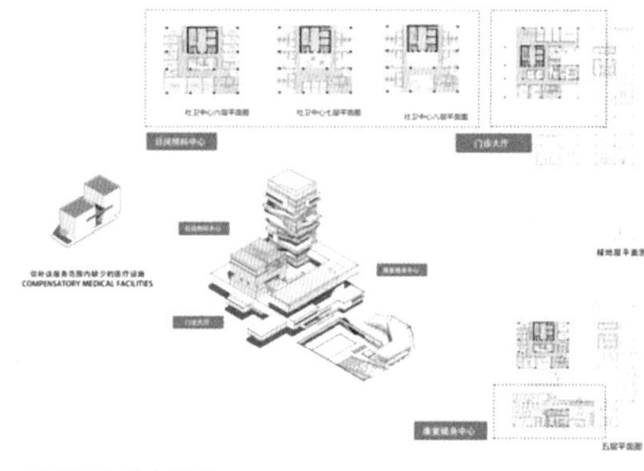

健康设施的完整性

为了使场地所在健康单元满足“健康设施的完整性”这一评价标准，我们会在单元内设置更多的低层级医疗服务站点，与增补更多的医疗辅助设施。

因此在社区服务综合体中我们设置了社区卫生服务中心与康复健身运动中心的功能。

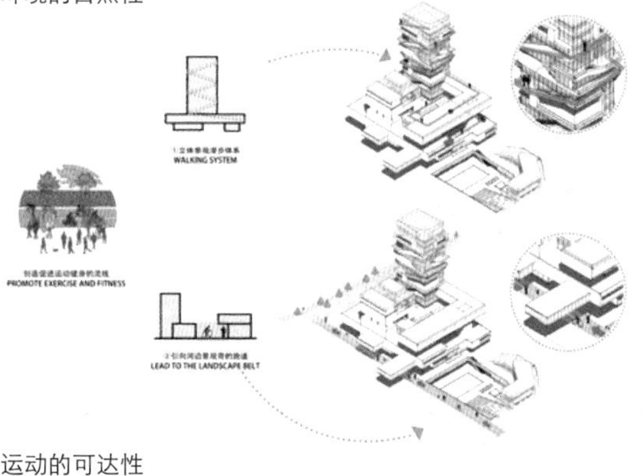

运动的可达性

为了使单元达到“运动设施的可达性”良好的目标，我们尽可能在场地中为居民创建更多的运动机会。

比如在建筑中利用层层叠叠的步行环道，使游客与居民欣赏风景的同时达到运动的目的。

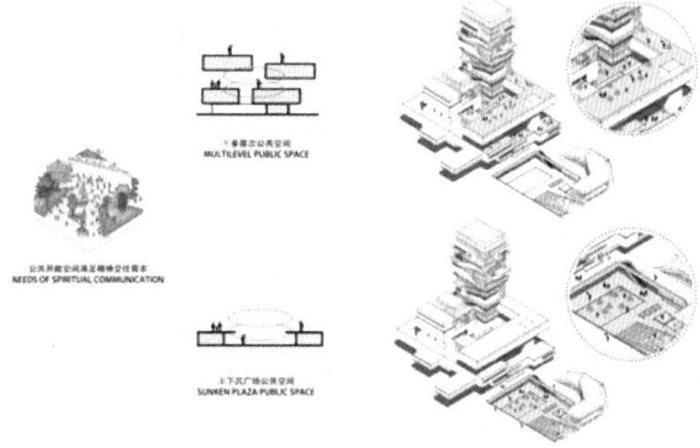

精神的满足感

精神的满足感来自于交往与文化。我们在半地下空间设置儿童活动场地，孩子们在户外空间中自由地玩耍。

依托城墙遗址打造城墙遗址公园，让居民在环境中找到文化归属感。

3.3 设计概况

该场地中，我们以城墙历史博物馆为起点，继承宽窄巷子的文化脉络。同时激发半地下的商业空间，使地下庭院的孩童游乐空间和城市舞台充满活力。

再往内部延伸，通过社区服务中心来过渡游客与居民，其中有社区阅览、事务办理大厅等功能。

最靠近西郊河部分则是酒店和社区卫生服务中心。相对安静的环境和更面对居民的朝向更适合服务类功能的放置。而酒店为了保证足够的经济效益，则更加靠近主路。

一层平面综合体部分拥有三个主入口及多个消防出入口，每个入口负责不同功能空间的人群疏散。东侧为城墙遗址博物馆，保留部分城墙遗迹的基础上，加入休闲展览的功能，满足游客及社区居民文化生活所需。

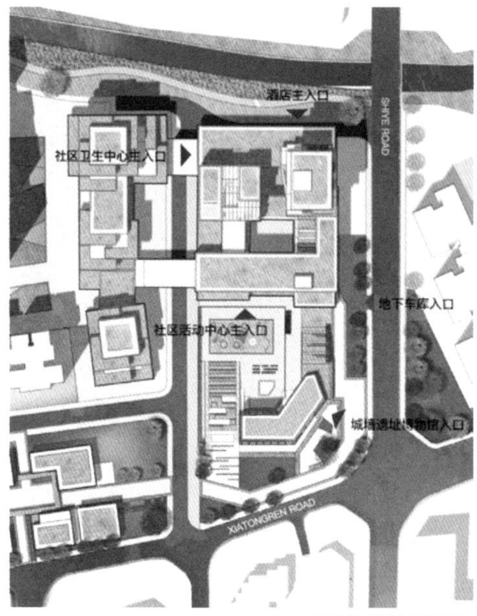

建筑单体总平面图

首层平面图

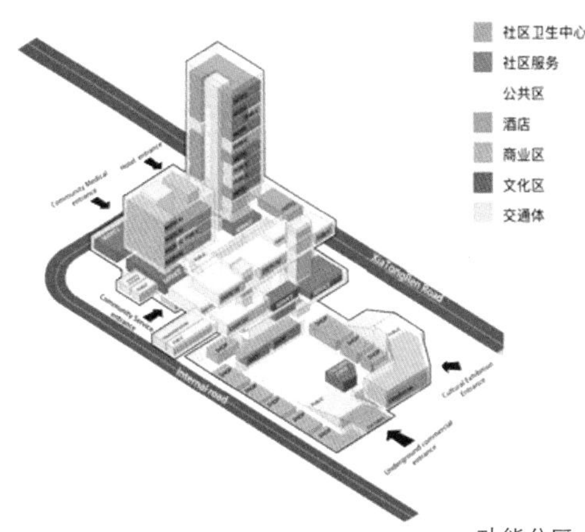

功能分区

剖透视

演进论 Evolution

重庆大学
设计：杨瑞航/郜泽/廖鑫海
指导：龙灏/左力

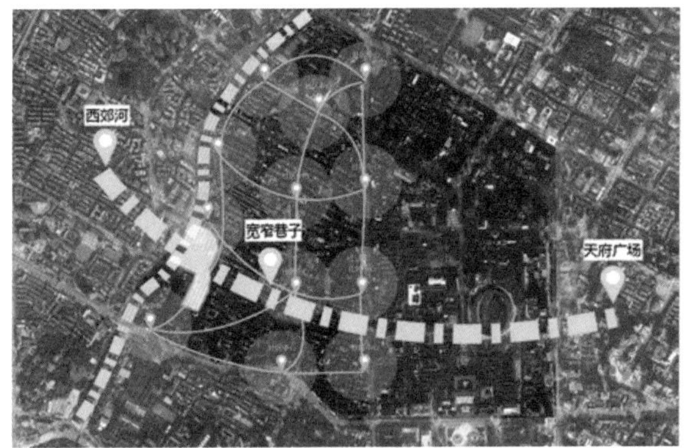

本次设计选址位于祖国的西南蓉城——成都。本次设计位于曾经是成都古城少城片区内，少城片区作为北方胡同元素在南方城市的孤本，具有强烈的历史文化意义。成都将宽窄巷子历史文化街区打造为集旅游、休闲与一体的城市客厅，广泛吸引大量内外游客前来体验。宽窄巷子片区的历史文化意义主要体现在胡同布局的巷子内，本次设计应该探讨城市更新中，历史文化街区在未来城市发展中的定位和作用，以恰当的手段在延续历史文化传承的同时，将现代元素和科技为传统街区注入新的活力。

1.2 城市更新框架

上图是城市设计的城市更新框架，从问题出发探究城市设计问题，主要集中在通过解决交通问题，创造步行街区来实现宽窄巷子历史文化街区的城市更新。即通过由大到小，点面结合的方式提出框架。

下图是城市设计概念模型的剖面分析，即慢行生活圈的剖面示意。垂直分段主要由最上层的日常生活功能，中间层的环境生态层，地面层的交通转换功能以及地下部分的商业活力层构成综合体的全貌。

1.3 概念模型剖面

综合体概念模型

PART 1 城市策划

1.1 步行体系的建立

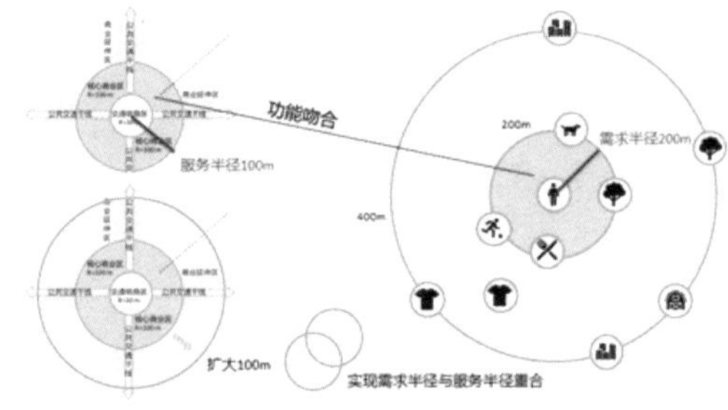

上左图为从瑞士苏黎世市步行街区提取的 2min 步行圈模型，右图为人步行距离与实际行为之间的关系，理论研究中发现，将 2min 步行圈模型的核心部分扩大，可以实现行为与空间辐射半径的统一。

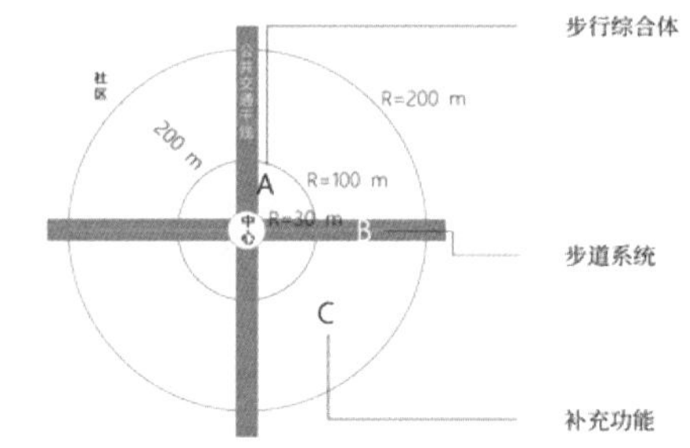

上图是由 2min 生活圈扩大核心半径后总结出的慢行生活圈理论模型，主要由半径为 30m 的内部交通转换区，半径为 100m 的核心生活圈以及辐射向外半径为 200m 的补充功能区构成同心圆，通过连通社区与核心圈的步道系统构成整体的道路框架，从而实现步行街区的概念。

下图主要通过解决内外车辆交通、筛选节点、布置圈层、交通联系、重新划分来建立整个成都少城片区的步行街区模型。重构少城街区分块，建立不同属性的慢行生活圈，形成各不相同的城市设计导则。

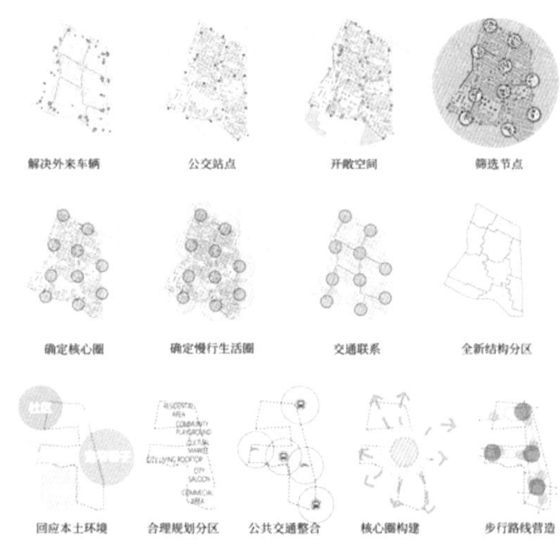

评语：

倡导公交出行和提升步行体验是解决城市拥堵，重塑城市生活的重要手段，设计方案基于 2 分钟步行生活圈的研究，结合对少城片区功能区划、轨道交通、公交站点、设施配套、建成遗产分布的梳理，建立了片区步行街区的核心圈模型。

城市设计建立了一个贯穿片区南北，串联两个轨道站点的步行体系，集约了一个融合丰富城市功能，连通西郊河与宽窄巷子街区的城市综合体，为居民和游客创造了多样性的城市步行体验。精细化设计的城市综合体，分层整合了轨道站点层、交通转换层、公交站点层、生态休闲层和社区商业层，形成水平和垂直两个向度的空间连接和街区步行体验。

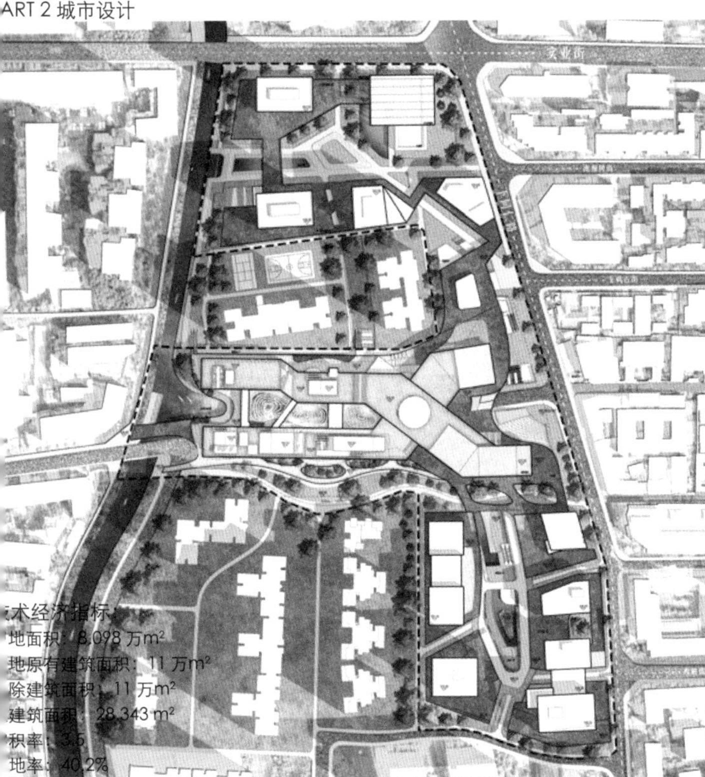

1 城市设计总图思路：

城市设计主要以构建步行街区的核心圈模型为主体，通过建立红线内的一个集约性的多功综合体以及与周边社区、历史建筑相连的步行廊道，步行廊道形式以点线面的组织，以居民/客的步行体验营造为指导形成构成慢行生活圈体系。

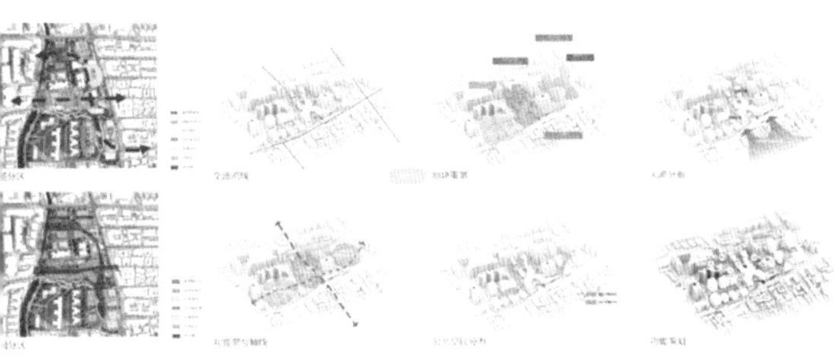

2 城市设计形态指导

根据城市天际线和周边建筑功能以及视线通廊关系，确定城市设计形态初步框架，形成边高中间低的趋势。城市设计范围南处的综合商务区根据高层住宅楼将高度定在 40~60m，央步行综合体尺度根据宽窄巷子的尺度定在 30m 以下，北面居住区呼应周边住宅区同样设为高层住宅楼。在主要体量以下则是步行平台结合绿植形成的生态尺度，将城市立面层次成丰富化处理。

城市设计不只是构建体量关系，而是创造城市活动场景，通过建筑或构筑物引导行为，通过人的参与更能使得城市设计更有说服力。

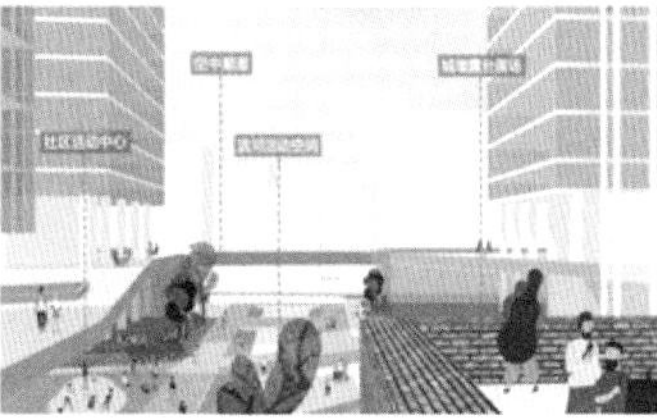

从城墙艺术展厅望向江边居民活动区域，在步行平台以下产生丰富的活动与行为。

从下沉广场望向步行综合体，形成露天剧场与影院，作为商业区的核心活动区域。

在步行综合体屋顶上形成丰富的行为活动，与室内活动产生互动。

在生态层与地面交接处形成社区运动步道，附近居民与游客在此处产生活动。

在宽窄巷子西面的综合体入口处，设置文创集市与北面联系。

在步行综合体的两条体量之间形成水平联系，与生态层也形成垂直联系。

PART 3 建筑单体设计

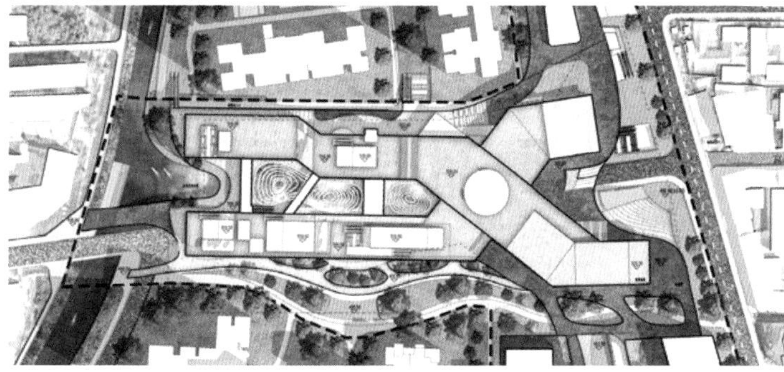

3.1 精细化设计范围

总图布局尊重城市设计部分指导下的周围环境和建筑形成的空间格局，人流方向主要是来自场地东面的宽窄巷子和地下的轨道交通站点。故将东面作为综合体的主要人流入口，设置包容性的阴性空间，主入口退让道路，形成容纳性的空间模式。人流次要来向是基地南北两侧的居住社区，故在总图南侧设置社区运动步道与生态层相连，北侧设置大阶梯和自动扶梯。基地西侧为相对安静的西郊河边，设置景观湿地，主要结合整个步行综合体的生态层进行设计。

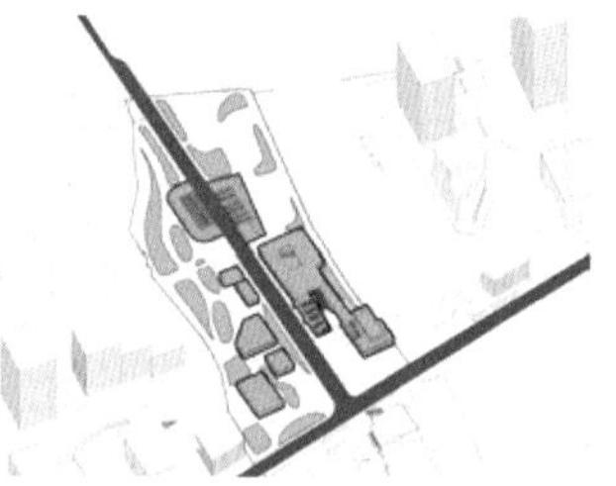

回应道路——公交车站与出租车站及相关配套设置。

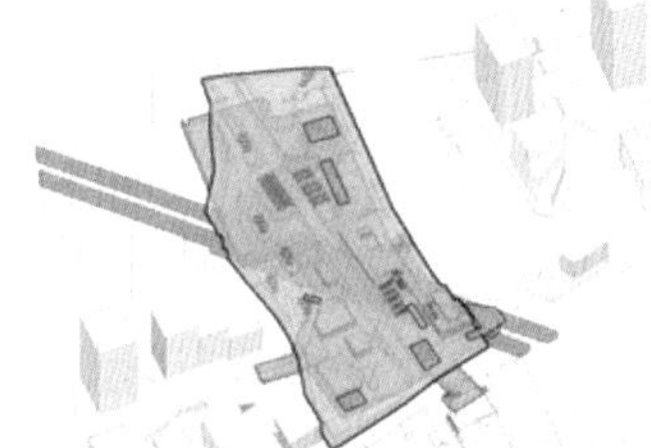

地下空间贯通——基于地铁站空间设置垂直空间进行组织。

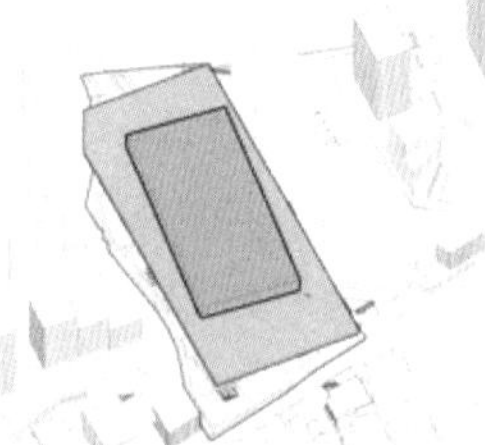

概念模型体量化——根据容积率将概念模型形成体量，分成上层空间与生态层。

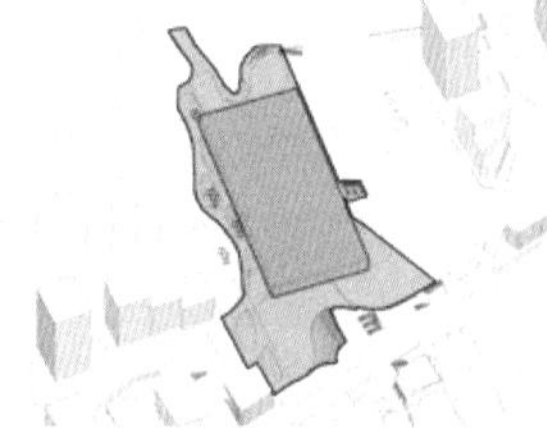

置入步行系统——以生态层为基础，形成贯通南北、连接不同标高的步行体验层。

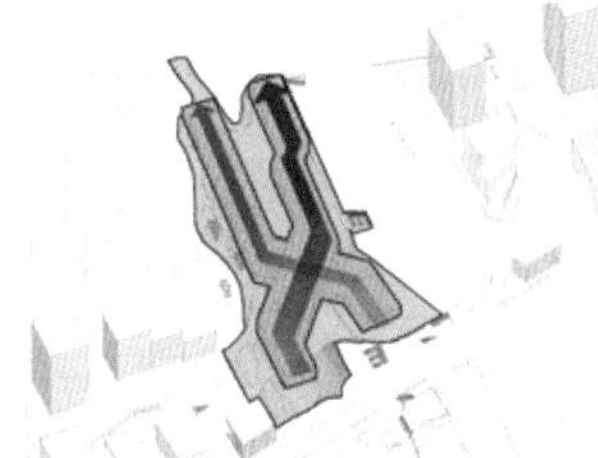

流线指导——将上层空间体验分别针对游客和居民进行流线设置，形体因此形成呈 X 形。

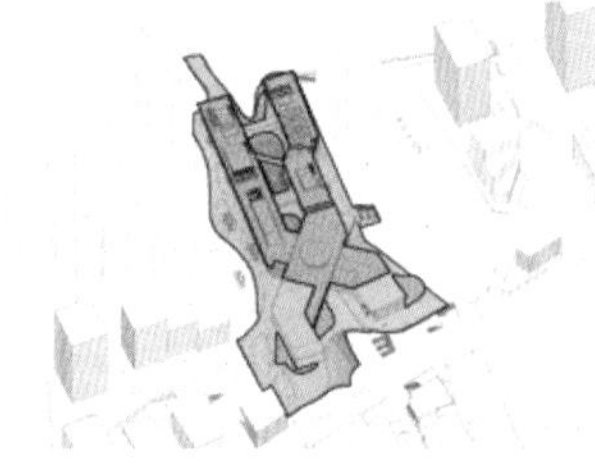

生态营造——对生态层以及屋顶平台进行生态设计，创造亲切、互动性强的步行氛围。

经济技术指标

用地面积：25351 ㎡：

建筑面积：55214 ㎡

其中：

地上建筑面积：34692 ㎡

地下建筑面积：20720 ㎡

容积率：1.37

停车位数：150

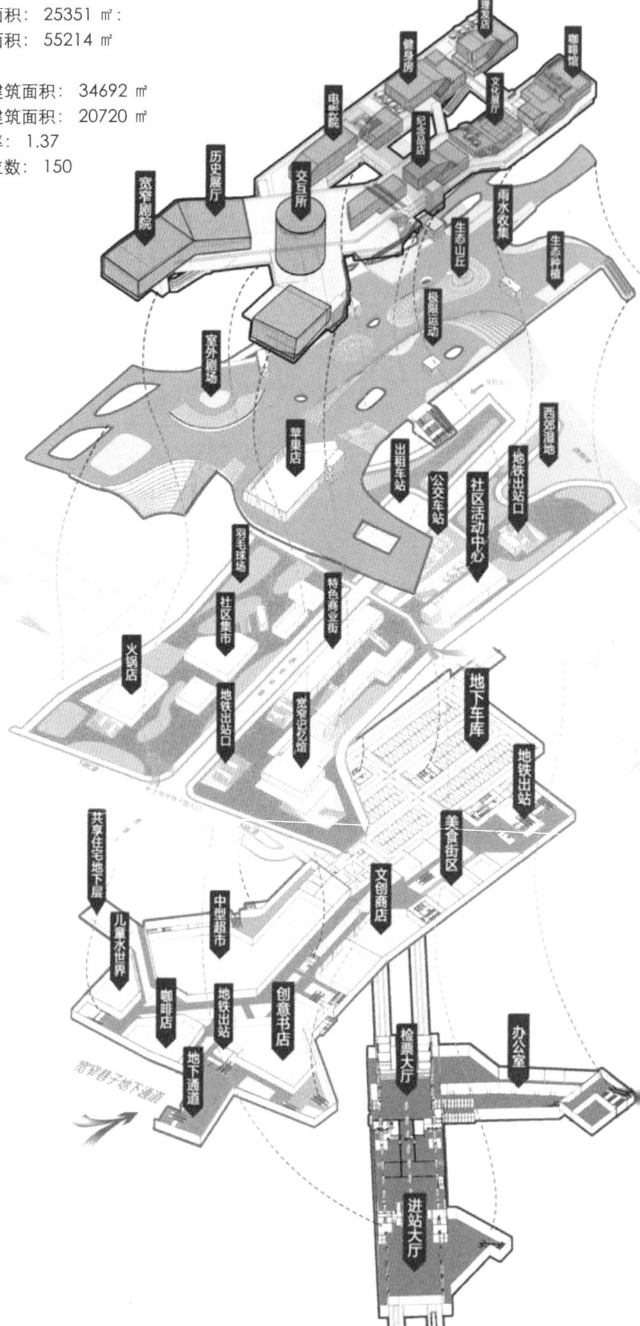

方案主要通过东西向的步行综合体的介入，试图延续宽窄巷子至西郊河的生态步行轴，将新的步行综合体看作一个进化的起点，通过不断地置入新时代的技术手段和更新，以一种进化的姿态看待历史文化街区的更新，在保留其街区尺度和传统文化传承功能的同时，结合生态、互联网等要素，意图将宽窄巷子的农耕文明向现代文明进行衔接，又能够窥探未来生态文明的科技概念。

南立面图 1：50

一层平面图

3.2 步行街区的演进——空间层次

右侧提取了宽窄巷子不同的剖立面，分析其纵宽比和主要的空间特点可以总结出以下四点不足：街道以线性空间为主，缺乏停留空间；建筑以 1~2 层为主，建筑功能布置比较单一；街道显得拥挤，步行体验较差；缺乏灰空间，游览受气候影响较大；于是我们打算舍弃传统街巷的 1~2 层空间布局，打造出 4~5 层的立体街区，同时加入可持续的生态绿色技术，从而实现空间从传统向未来的演进。

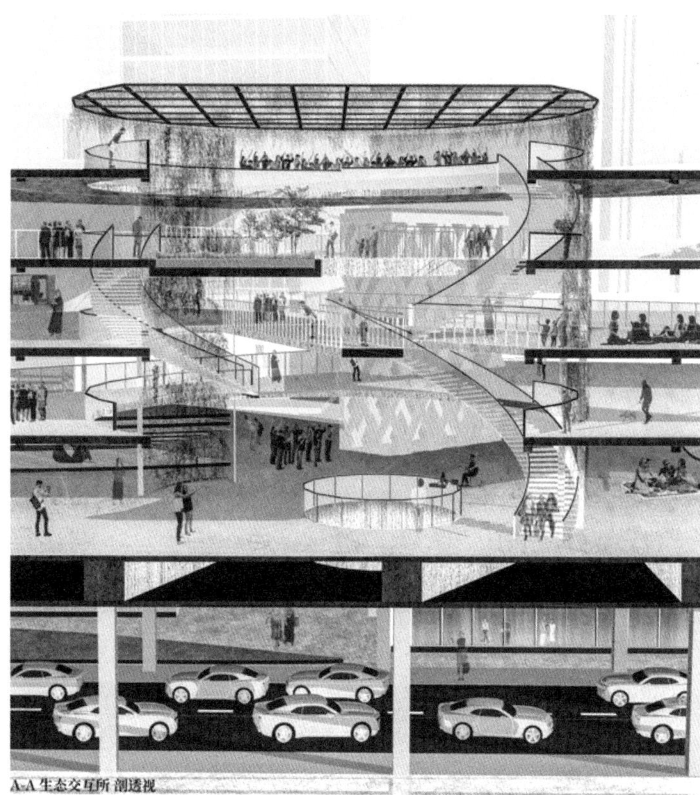

A-A 生态交互所 剖透视

生态层平面

3.3 步行街区的演进——人车关系

右图可知，传统的步行街区以其整齐的布局和简洁的空间关系而受到人们的喜爱。但是随着生活水平的进步，机动车数量飞速增加，传统步行街区其纯粹的步行体验遭到破坏，这是由于传统步行街区并没有解决好人车关系。针对这一突出的问题，我们对该综合体的定位提出了如下策略：人车分流，生态街区，提倡步行，保护环境。

其次，在功能的布置上，我们希望是能够建立在已有历史基础之上的，在宽窄巷子里发生的行为、文化内容也能同样发生在这个立体街区里，从而实现文化与历史的延续。比如同样营业老字号店面，举办传统的节日庆典，为周边社区居民的提供休闲活动的场所。

2040年的宽窄巷子是什么模样？

人车分流，生态街区，提倡步行，保护环境

B-B 剖透视

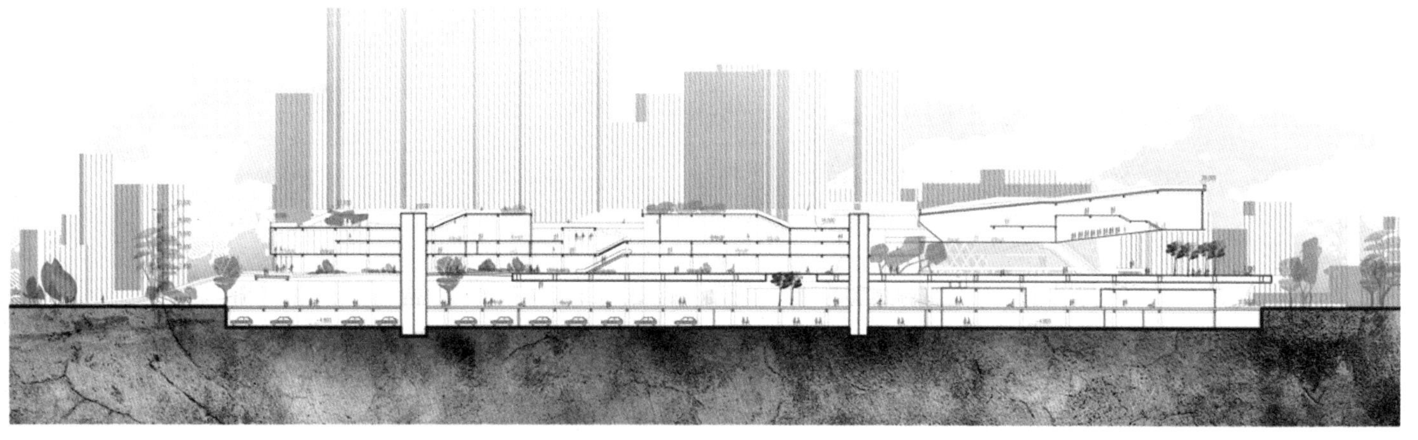

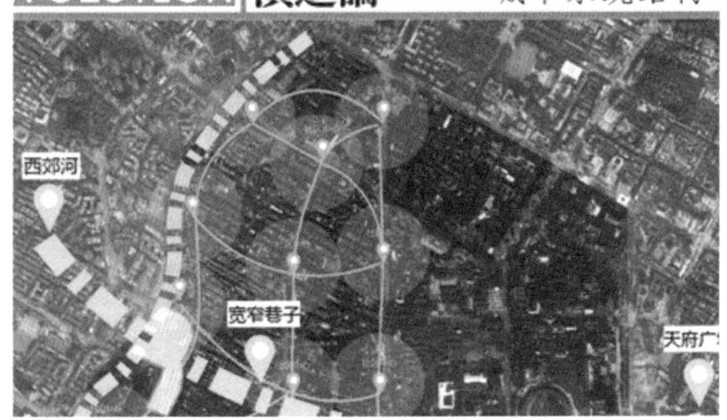

3.4 场景漫游

以上透视视点图是步行综合体内部设想的场景，从左到右分别是游客从宽巷子出来后逐渐的穿过综合体最后到西郊河湿地之间的场景。图一图二主要体现人车分层的对比，图二是商业入口，从地下层到顶层关系紧密，错叠有致。图三为集中体现生态层部分生态种植山丘，结合雨水收集功能和亲子体验植物馆。图四体现了生态层连接西郊河生态湿地的叠水视点。主要体现步行综合体上下互动关系和延续宽窄巷子平面肌理基础上对步行空间扩大化的处理。图五为西郊河生态湿地的回望视点。

3.5 绿色建筑技术应用

右图展现的是步行综合体对于生态部分的设计，有别于传统的步行街区，生态化步行街区主要特点就是结合海面城市面向未来的，主要生态技术集中在地面层设置渗透型地下积水槽，通过喷雾给地面降温。同时在地面层设置迟滞水泡和地面旱溪等收集地表径流。在架空的生态层表面设置覆土层，其中埋设雨水疏通管道和自动喷雾装置，一方面对生态层的地面径流回收，另一方面为生态层种植的植物提供水源。同时由于高差，可以形成充当景观作用的瀑布。通过生态化设计，整体实现雨水的收集、蒸发、下渗的循环，充分利用淡水资源。

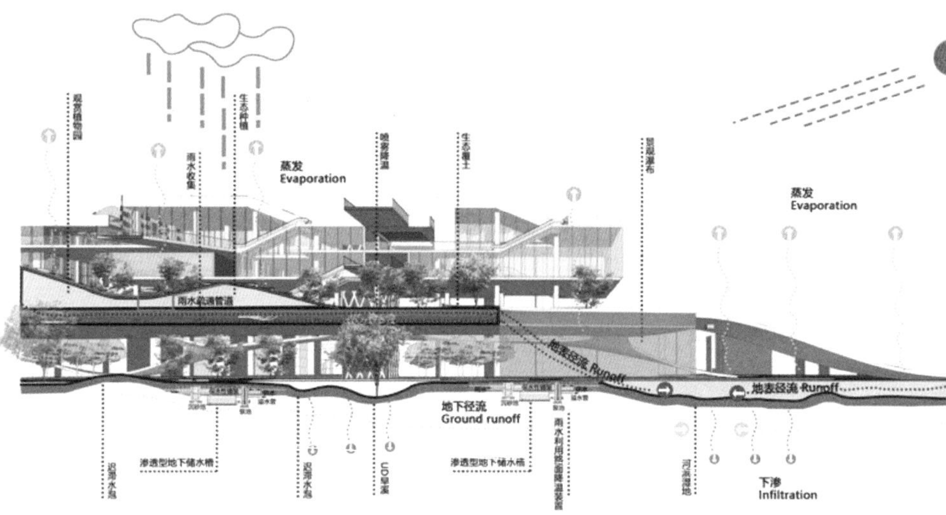

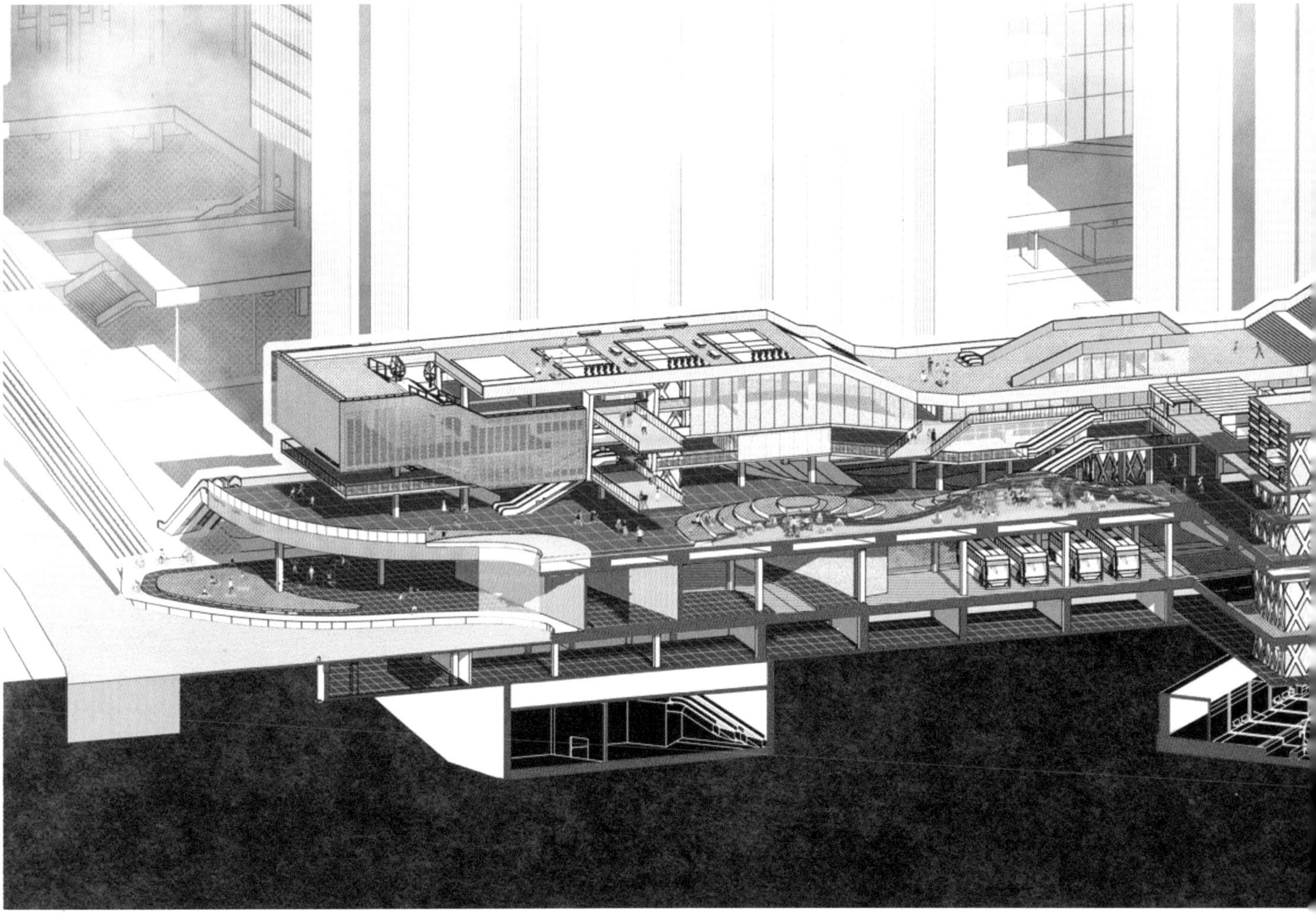

西郊河视点场景

3.6 平面与功能

右图为综合体屋顶平面图，主要功能布置为屋顶花园、运动球场、露天影院、生态种植。为上下两条轴线交互的重要界面。意图实现居民与游客在屋顶层行为互动、创造良好的居民游客关系。

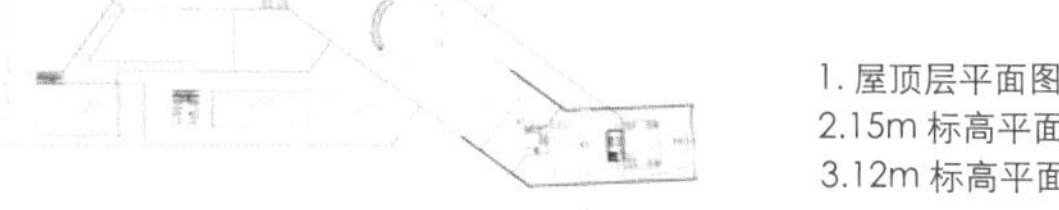

右图为综合体 15m 标高平面图，功能布置为居民部分：理发店、电影院、小型超市。上方游客部分：咖啡店、纪念品商店、西郊河观景书吧等。意图实现居民游客分流，视线连通，流线隔离。

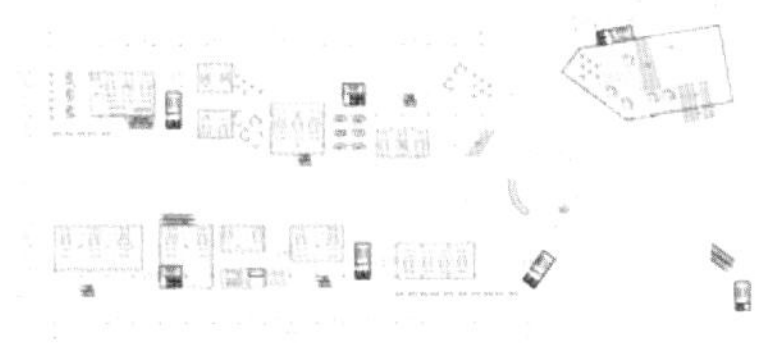

右图为综合体 12m 标高平面图，功能布置为居民部分：健身房、服务中心、超市。游客部分：纪念品商店、西郊河观景书吧、特色餐饮店等。意图实现居民游客分流，视线连通，流线隔离。

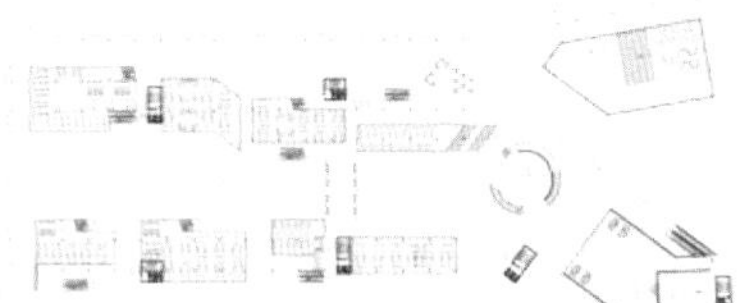

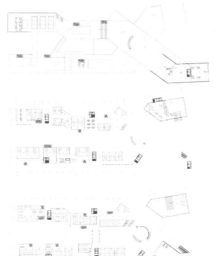

1. 屋顶层平面图
2. 15m 标高平面图
3. 12m 标高平面图

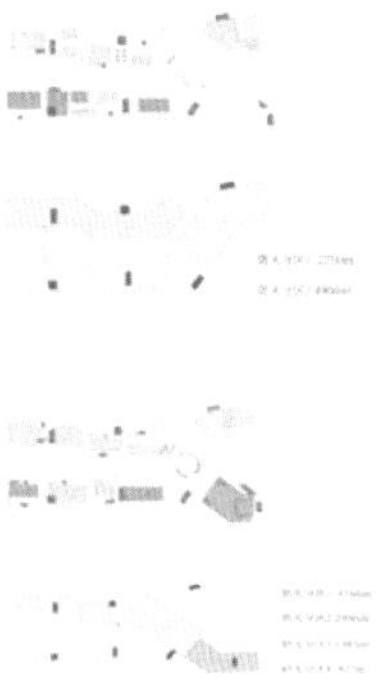

3.7 剖面设计

下图展现方案沿西郊河——宽窄巷子轴线方向的剖面示意，方案主要通过东西向的步行综合体的介入，试图延续宽窄巷子至西郊河的生态步行轴，将新的步行综合体看作一个进化的起点，通过不断地置入新时代的技术手段和更新，以一种进化的姿态看待历史文化街区的更新，在保留其街区尺度和传统文化传承功能的同时，结合生态、互联网等要素，意图将宽窄巷子的农耕文明向现代文明进行衔接，又能够窥探未来生态文明的科技概念。

置入的新体系，对于整个轴线进行新的叙事组织，以两条相交的轴线，创造游客与居民之间的不同分层，希望能够通过局部共享空间促进二者交流，而不同分层的流线创造二者相对独立的活动，互不干扰。生态层设计主要结合生态技术，结合生态种植和雨水收集，路面降温装置等生态技术打造一个舒适的步行体验和创造更多的灰空间。地面交通转换层主要是承上启下的作用，地下 TOD 商业层主要以超市、美食街、和地下车库功能构成。连接地铁站点和宽窄巷子地下通道。从而实现人车分流、环境友好的步行综合体设计。

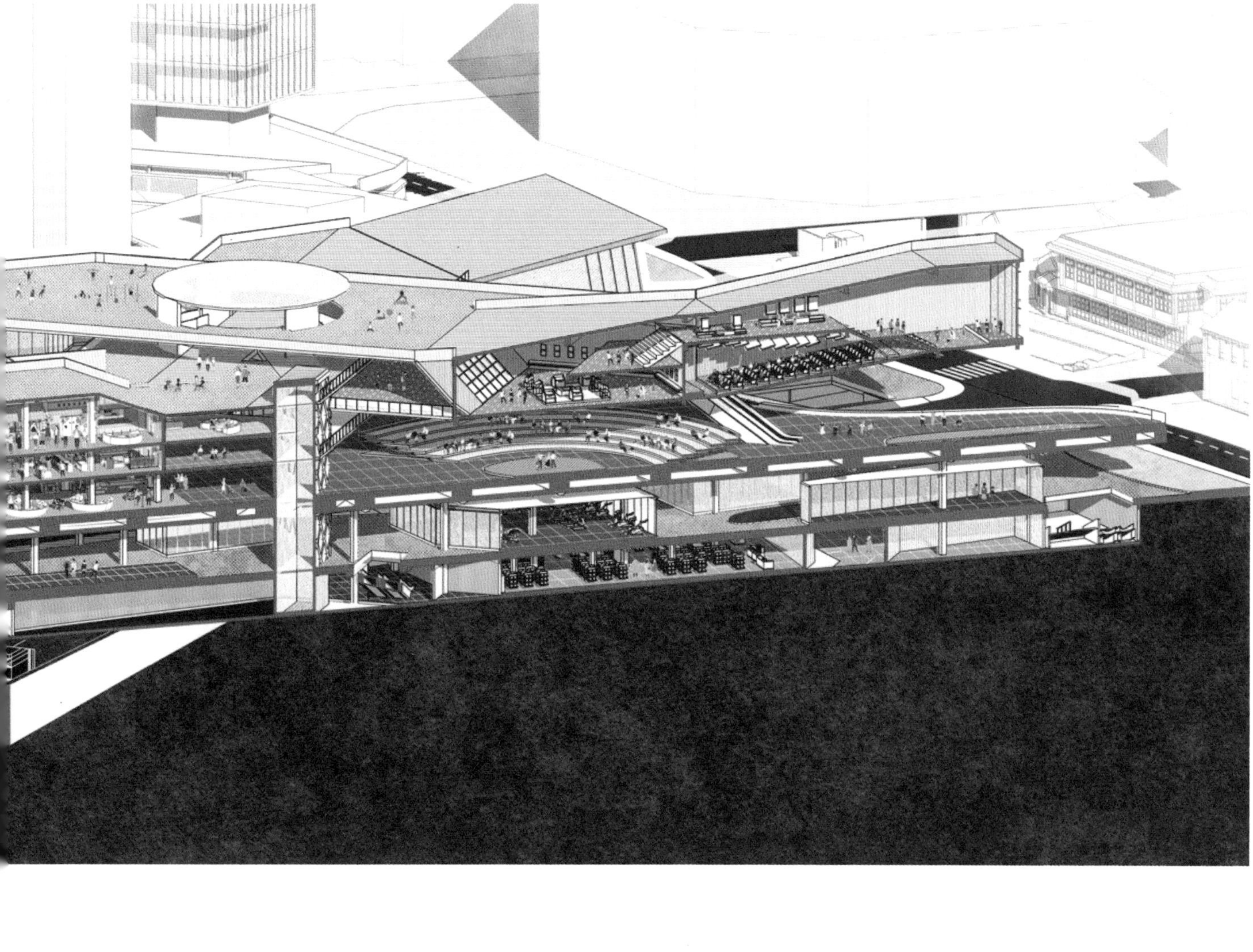

城市客厅

CITY LIVING ROOM

城市客厅——基于 TOD 模式的历史街区更新

City living room_Historical district renewal

重庆大学

设计：龚喜 / 熊威凯 / 王誉涵

指导：龙灏 / 左力

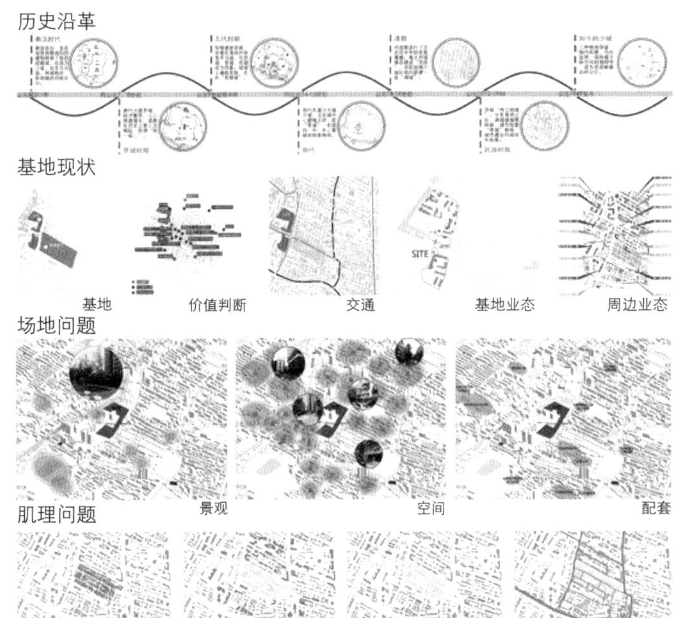

区位

PART 1 城市整体策划

1.1 研究背景

本次设计基地位于成都市青羊区宽窄巷子街区西侧，宽窄巷子是历史文化名城成都市的历史文化保护片区之一。由于该基地与宽窄巷子老街区片区紧邻，并处于其保护控制协调区范围，使该地块具有特殊的区位特征与相应的规划设计条件限制，因此使本课题极具挑战性与探索性价值。

基地所在区域由下同仁路、通惠门路、西胜街、柿子巷等主次干道和城市支路构成道路交通网络，道路路况较好，通达度较高。所在地段有通惠门公交站及同仁路口公交站相邻地段设有公交站点。地铁 2 号线—通惠门站及地铁 4 号线—宽窄巷子站均设在区域范围内，两块用地有成都地铁号线穿过，用地内现有宽窄巷子地铁口。

1.2 场地问题

设计基地的问题：①城市格局上，街区与周边都市环境不协调缺少系统性，周边缺乏细致规划与控制。②历史环境内新建筑插入的盲目性，部分宽窄巷子内新建筑的动态插入，忽略了其原本应有的质感，贫乏于少城和老成都的建筑神韵，也缺少与整体历史环境向心的空间特征会聚相互呼应。③原真生活和宽巷子社区发展的缺失，致地域文化保护与传承不足。

更新方向期望：①肌理的控制和长远的规划，促进成都宽窄巷子与周边环境的融合。②打造以人为本的“社区体系”，引入文化活动、文产业。③打造特色的公共空间，游客与居民的和谐共处。

概念提出

居住　休闲　工作　活动　娱乐　餐饮　文化　住宿

策略提出

人性化

立体化

生态化

综合化

1.3 概念、策略分析

我们提出了“城市客厅”的整体设计概念，厅作为主人接待客人的场所，有着广泛吸纳并热接待外来游客之意，同时客厅也是主人休闲场所有着让本地居民休闲放松之意，希望同时为本地和外来游客创造一个具有特色的宽窄街区。由于地内部有地铁穿过，利用这一有利条件，提出了“TOD”模式为核心的更新策略，希望以场地的地铁站为载体，激活场地与周边社区，实现新建筑的和谐共生，发展传承特有的文化，创造大公共空间，为居民和游客提供休闲场所。

基于场地的特有区位，将这个片区划分成三个片区，风貌展示区、综合文创区、公寓住区分别象征着城市客厅中的门户、客厅、厅室。

基于 TOD 的基本模式，考虑到特有的历史区背景，我们提出了人性化、立体化、生态化、合化的设计策略。

评语：

随着城市公共交通体系的不断完善，TOD 模式已经逐渐成为城市建成区最重要的城市更新手段。设计方案基于少城片区地下轨道交通的网络系统，叠加城市的本底结构，衍生出片区城市空间更新的基本框架，由此划分了风貌展示区、综合文创区和公寓居住区，并依托宽窄巷子的历史街巷空间，生成了具有在地性特征的城市客厅。

建筑单体设计选址轨道站点以及站点延伸的交通节点上，重点设计了提升片区旅游功能、增加社区共享和提升的居住品质的三组建筑单体，借助对宽窄巷子立面符号转译和重构，形成具有文化辨识性的建筑风貌。

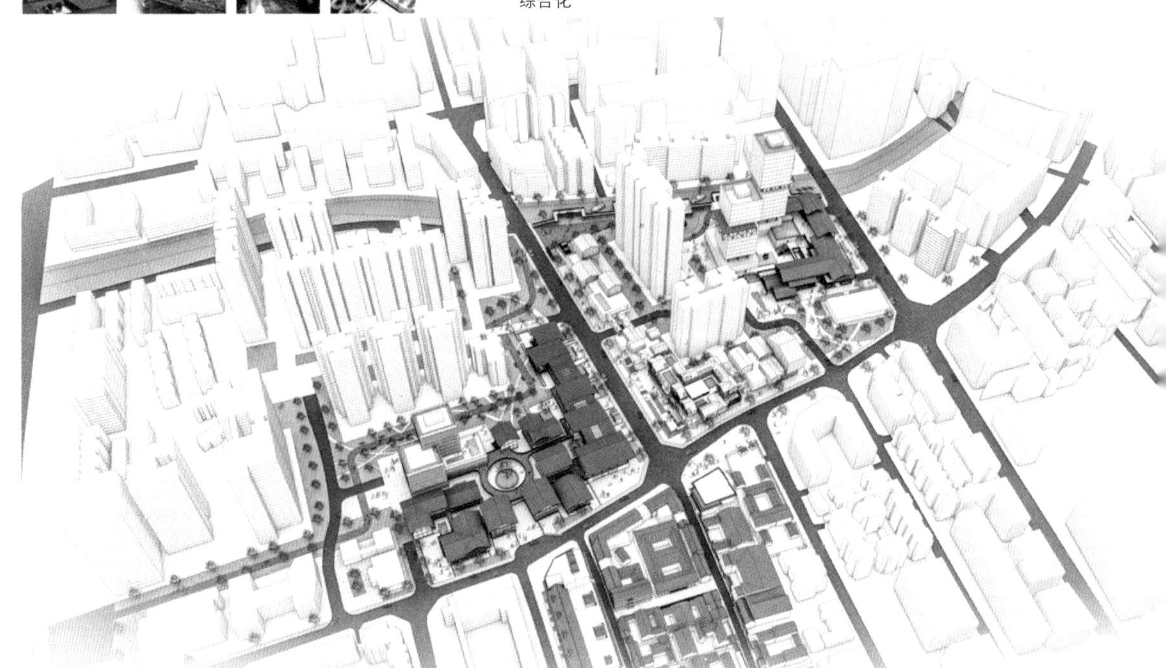

城市设计鸟瞰

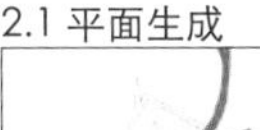

PART 2 城市设计

2.1 平面生成

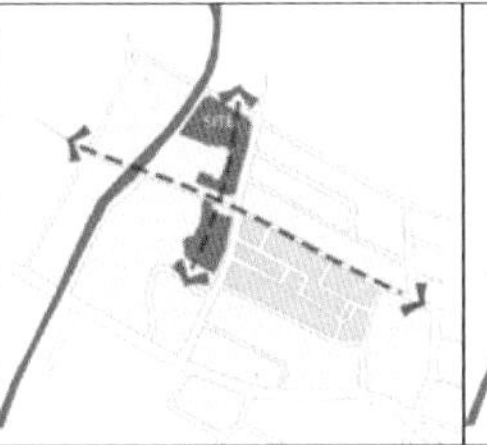

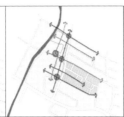

梳理轴线关系，确定场地轴线

明确空间关系，提取重要节点

结合现有道路，组织路径联系

根据场地属性，置入功能系统

呼应景观条件，补充景观映射

结合街区特点，回应尺度关系

2.2 形态生成

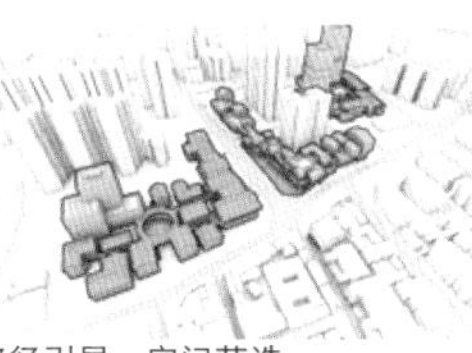

电线提取，脉络梳理

节点下沉，上下联系

肌理融入，体块细化

路径引导，空间营造

景观置入，元素融合

2.3 城市设计导则

A 地块：历史风貌区

城市用地划分

该地块为商业用地 + 商业服务业设施用地，主要定位为精品旅游商业，和游客中心，拓展宽窄巷子功能服务。

建筑体量控制

沿街面建筑高度控制在 20m 以内，延续历史建筑的低层体量。

建筑风貌控制

肌理风貌上遵循历史街区宽窄巷子的现有情况，因此风貌上不应与宽窄巷子变化偏差过大。

B 地块：TOD 综合区

城市用地划分

该地块为商业用地，主要定位为文创市集，集文创体验，休闲商业为一体的综合性功能。

建筑体量控制

轻轨站立体交通组织可以适当放大体量，体现出立体交通特色。

建筑风貌控制

风貌上注重综合 TOD 模式发展与传统肌理的结合，既体现 TOD 模式的空间特色，也要注重传统肌理的表达。

C 地块：公寓住宅区

城市用地划分

该地块居住商业用地，非沿街部分可以设置高层提高土地利用效率，并且宜设置社区中心，完善社区服务。

建筑体量控制

沿街面建筑高度控制在 20m 以内，场地内部可以设置高层建筑。

建筑风貌控制

建筑风貌上考虑与 TOD 发展模式的关系，应当适当加入对宽窄巷子街区的呼应思考。

2.5 城市设计功能流线分析

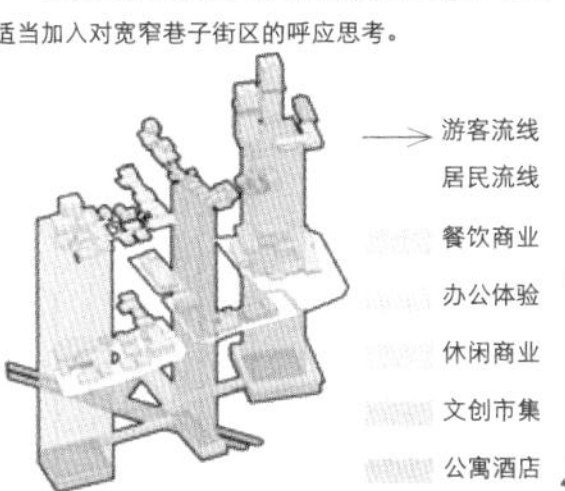

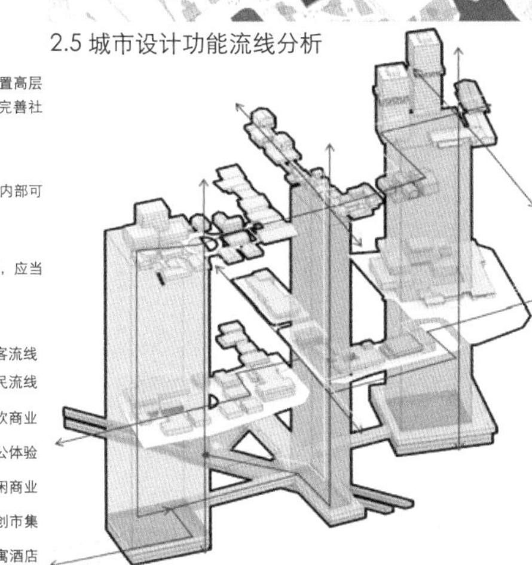

城市设计总平面图

2.4 设计说明

城市，是人类文明的产物，随着改革开放的进行，经济发展大势可谓迅猛向前，城市的建设亦是日新月异。我们在城市更新的过程中根据场地的属性，提出城市客厅的概念，将场地划分为三大区块，区块与城市客厅中城市门户、城市大厅、城市厅室对应起来。目标人群也从门户中多以游客为主导转变为以居民为主导。人群的功能与行为，从较多的旅游服务功能，过渡到偏向生活服务的社区功能。基于 TOD 模式的四大策略即人性化、生态化、立体化和综合化进行深化设计。同时依据 TOD 发展模式在不同地块中的表现进行单体深化，分别进行了游客中心设计、立体 TOD 综合体设计和社区文化活动中心设计。

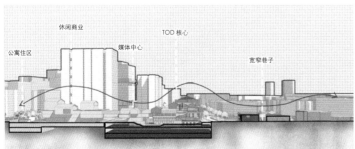

休闲商业
TOD 核心
媒体中心
公寓住区
宽窄巷子

城市设计东西剖面图

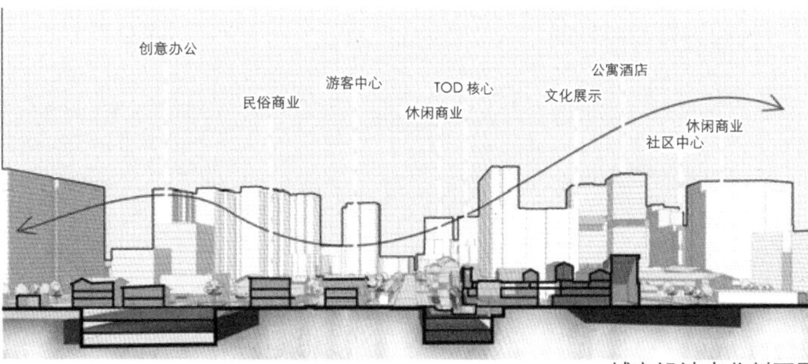

城市设计南北剖面图

剖透视

总平面图

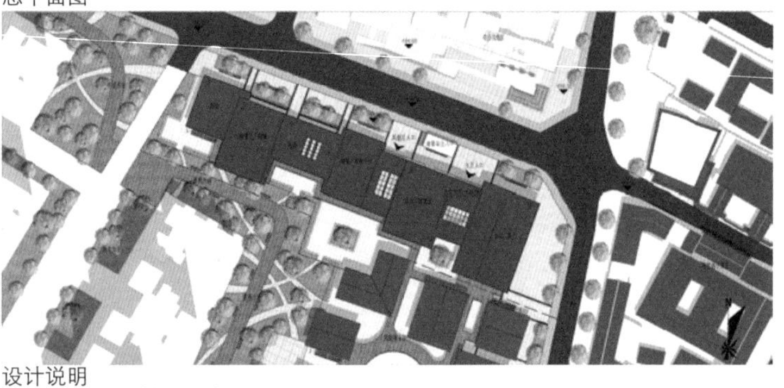

形体生成

预留用地　线型形体　街巷概念置入

立体街巷组织　与周边形体的协调　连续架空屋顶的引入

设计说明

游客中心场地位于风貌展示区的最北面，与综合文创区隔街相望，并且处于宽巷子的延长线上，场地内部有宽窄巷子地铁站的出口，整个用地呈条形用地，东起宽巷子，西至景观步道，是外来游客乘坐公共交通抵达宽窄巷子最先达到的区域。

以城市设计的 TOD 为出发点，结合场地的线形长条用地，采用了形似地铁的长条形形体。以紧邻的宽窄巷子内部街巷为切入点，提取出三条主要的东西向街巷以及若干条南北向街巷，将这一意象应用到设计流线中，得到平面的划分。由于地块处在宽巷子的延长线上，因此在建筑形态上也运用了宽窄巷子的建筑风格，并采用了连续的坡屋顶形式，有宽巷子的延续的意味。

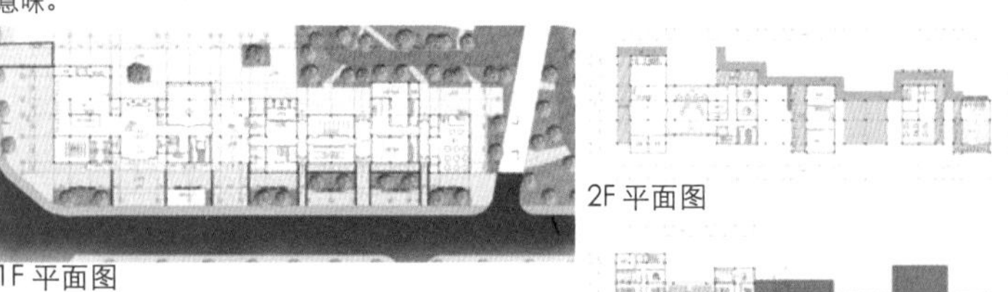

1F 平面图

2F 平面图

3F 平面图

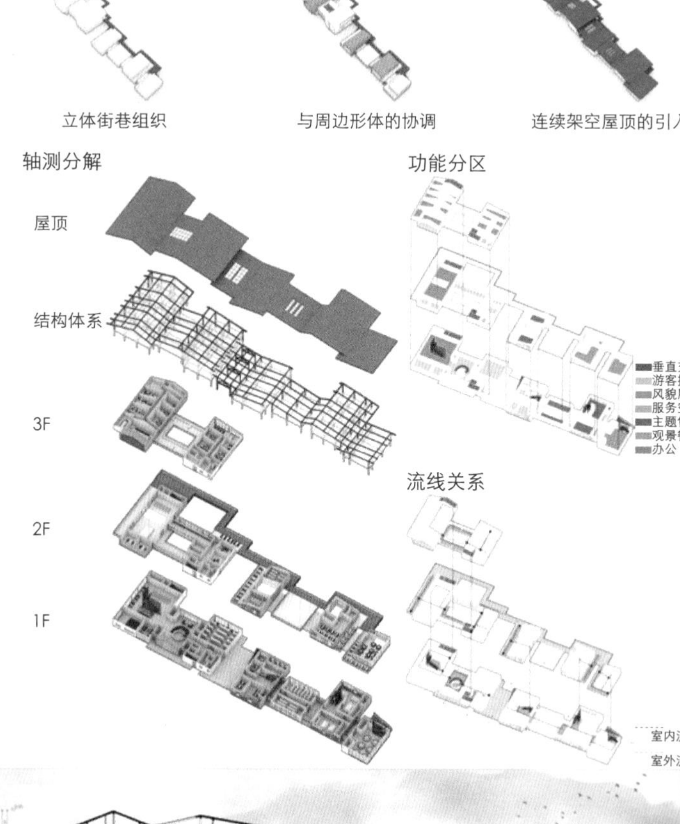

立面生成

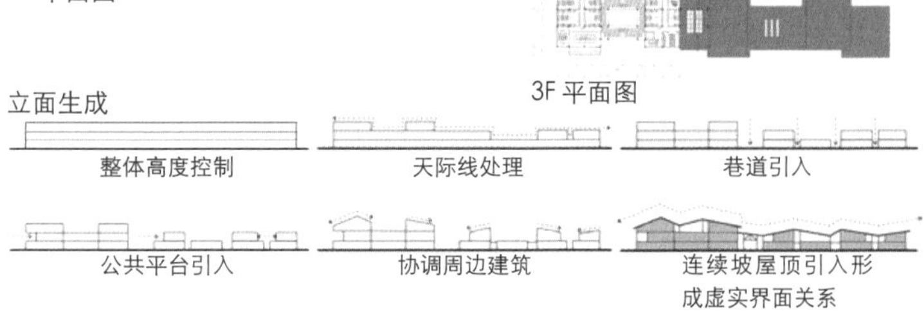

整体高度控制　天际线处理　巷道引入

公共平台引入　协调周边建筑　连续坡屋顶引入形成虚实界面关系

北立面图

1-1 剖面图

.2 文创立体街区设计

鸟瞰图

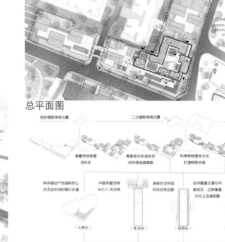

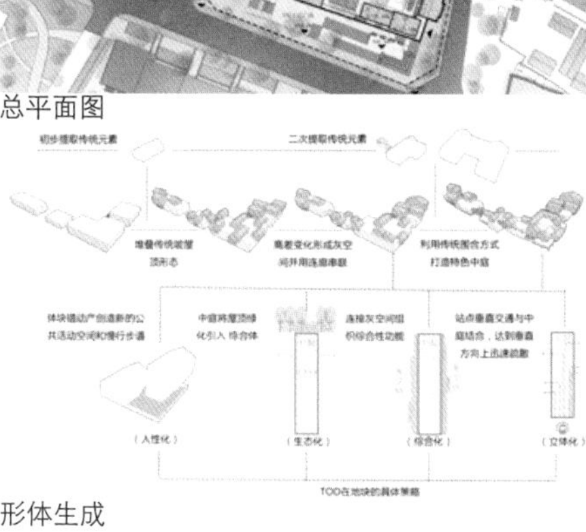
总平面图

形体生成

视点图

轴测图

一层平面图

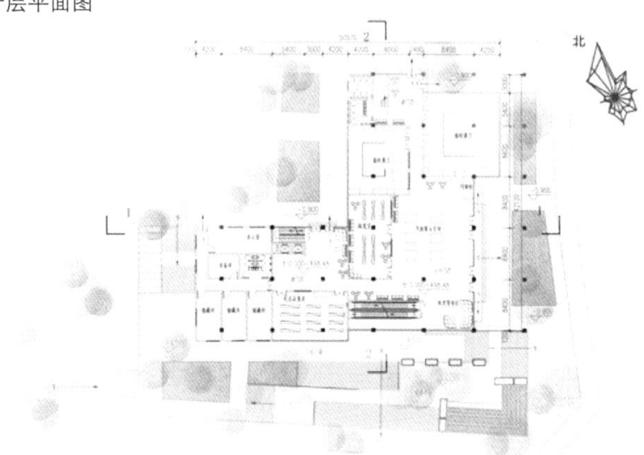

设计说明

地块位于居民区与宽窄巷子旅游文化片区的交界地带，地块两边建筑平面、立面肌理不协调，同时地块面临着来自居民区的住民以及来自宽窄巷子的游客两种不同的人流，这对地块的形式与功能提出了更高的要求。

在具体设计中，选择提取宽窄巷子片区的传统坡屋顶形式，将其堆叠在现代化的体量上，得到一个初步的形式。再将堆叠的传统坡屋顶体块进行上下错动，产生公共活动平台和廊道，借此打造地块空中连廊——露台系统，为原住民提供活动、慢行空间，体现出 TOD 指导下的人性化特点。

然后对宽窄巷子传统坡屋顶进行二次提取，提取合院元素。借屋顶院落围绕形成建筑中庭，同时绿色屋面通过中庭向室内渗透，体现出 TOD 指导下的生态化特点。此外，不同的功能空间通过中庭有机结合成整体，体现了 TOD 指导下的综合化特点。

最后一点，将中庭与上下交通结合起来，上接屋顶平台，下接下沉广场、地铁人流，体现了TOD指导下的立体化的特点。

从传统的坡屋顶形式出发，修复了割裂的城市肌理的同时更带来了以TOD为指导的现代化的功能，从而实现传统与现代的结合。

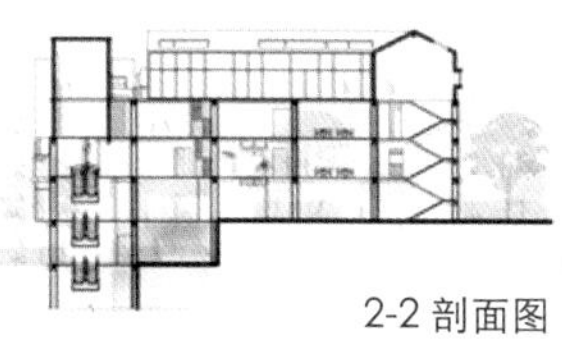
2-2 剖面图

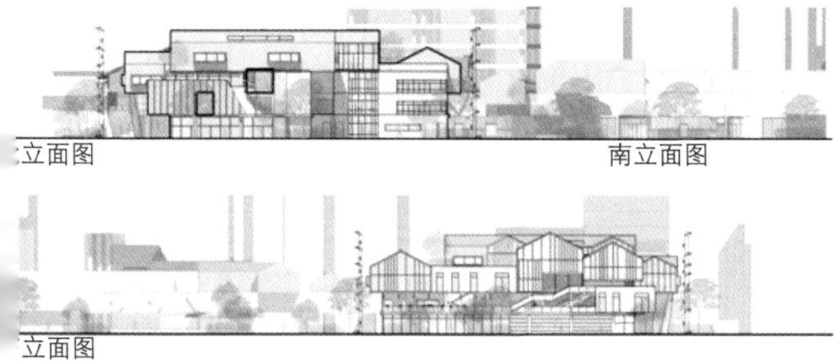
立面图　　南立面图

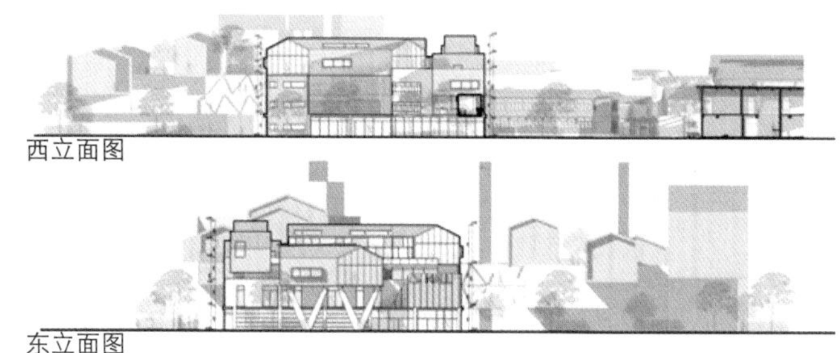
西立面图

立面图

东立面图

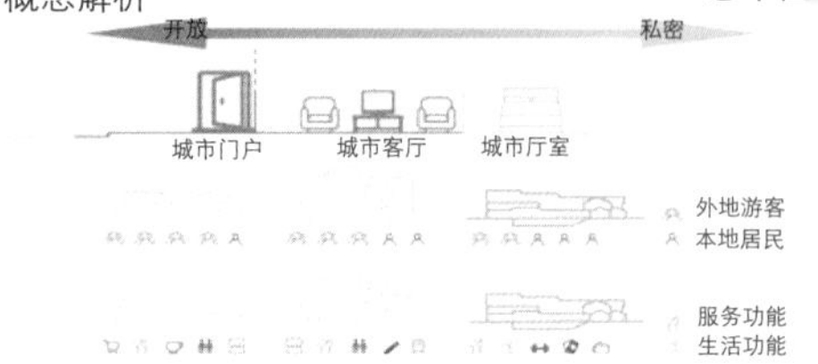

3.3 社区文化活动中心设计

鸟瞰图

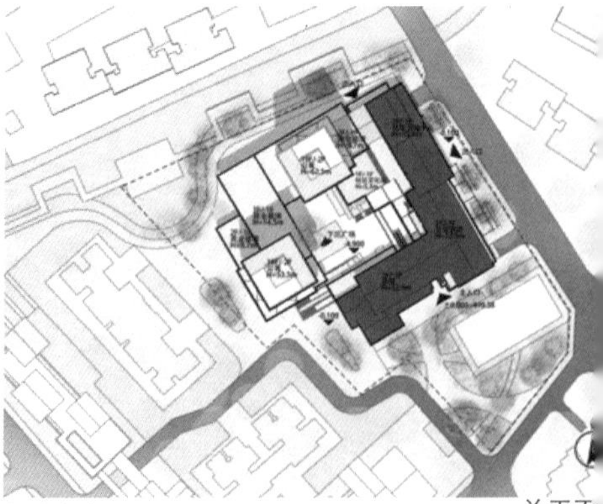

概念解析

开放 私密

城市门户 城市客厅 城市厅室

外地游客
本地居民

服务功能
生活功能

总平面

形态生成

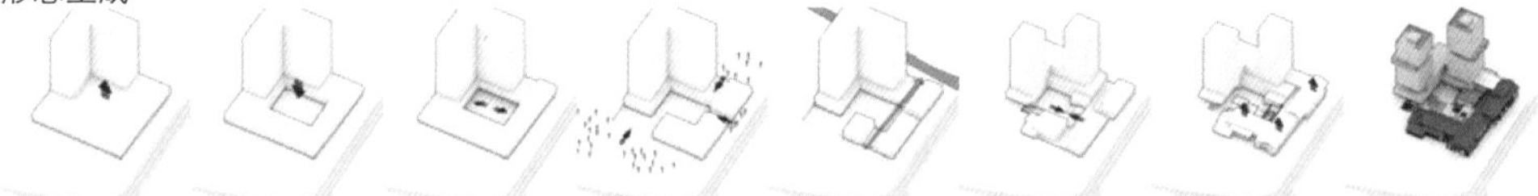

置入体量 中心下沉 空间延伸 人流引入 景观连接 体块切割 肌理融入 方案生成

设计说明：

延续城市设计中城市客厅的概念，提出城市厅室的概念，即是从城市客厅延伸出来的厅室。前面我们根据场地的属性，将场地划分为三大区块，这三大区块与城市客厅中城市门户，城市大厅，城市厅室可以对应起来。他们的目标人群也从门户中多以游客为主导转变为以居民为主导。人群的功能与行为，也从较多的旅游服务功能，过渡到偏向生活服务的社区功能。通过对相对私密的厅室社区的营造，来从一定程度上激活社区活力。

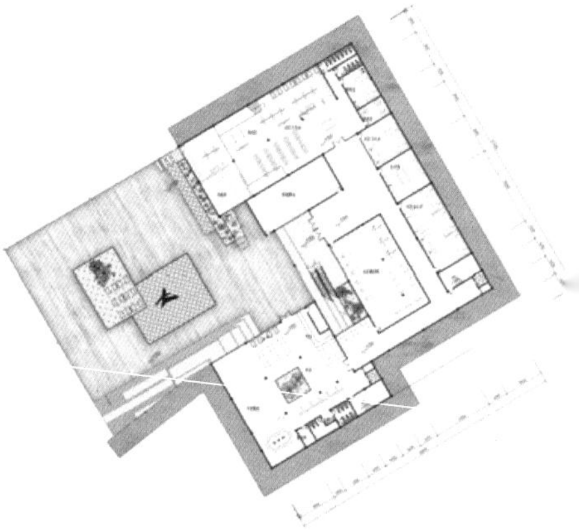

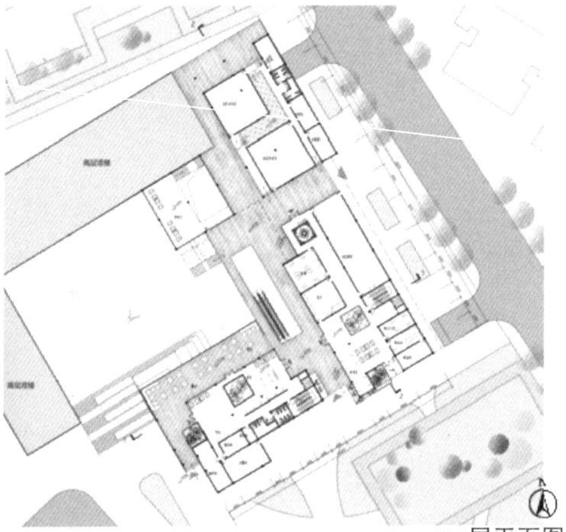

一层平面图

负一层平面

活动空间
社区茶室
综合商业

局部视点图

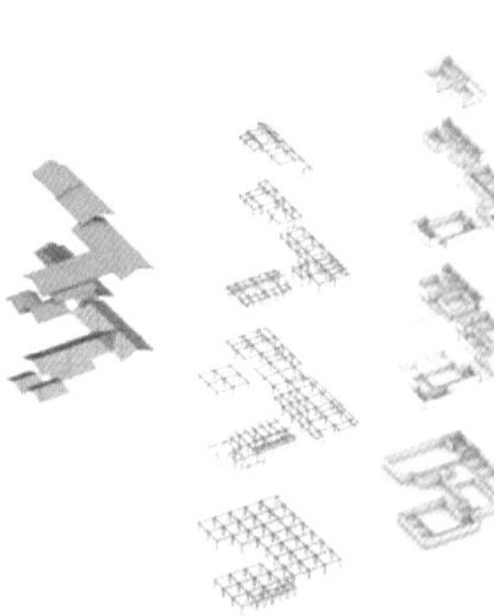

建构分解图

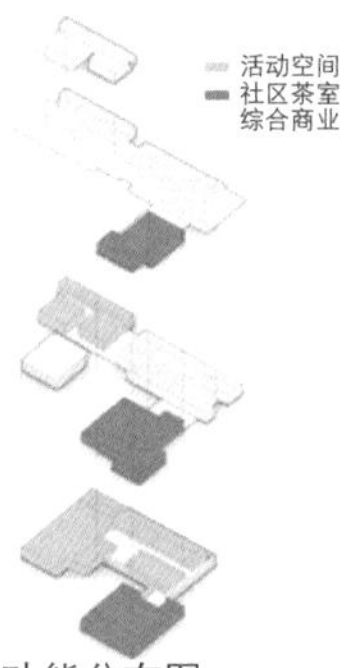

功能分布图

二、三层平面

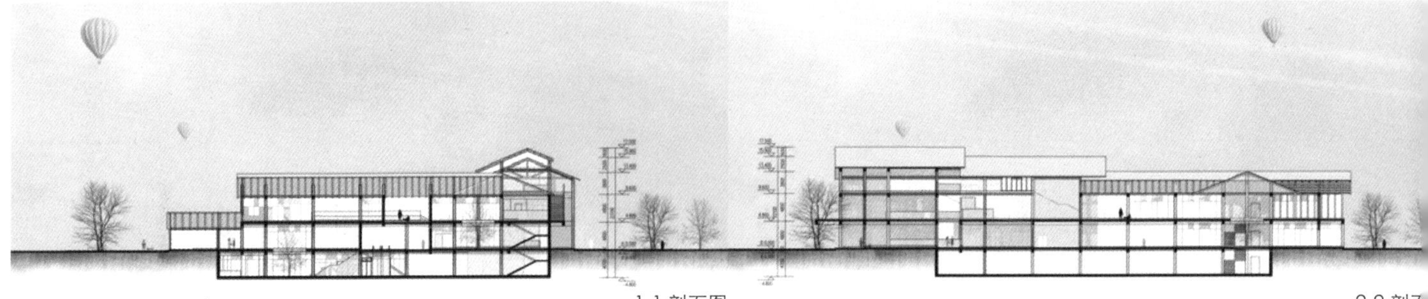

1-1 剖面图

2-2 剖面

待客接待中心

创立体街区

区活动中心

中央美术学院

Central Academy of Fine Arts

学生团队

1 二十工作室

尹欣怡

计然

曾绍金

2 A9 STUDIO

陈威振

谢思馨

赵宇

徐殊昱

康家旗

米惠

曹馨文

姜泽军

指导教师

周宇舫

王环宇

王文栋

何崴

钟予

吴昊

教师寄语

今年，探讨任何具体的教学与专业问题都会显得无足轻重，然而谈论再大的话题也没有什么确定性的意义。何况，确定性已经终结，不是在 2020 年，而是在更早之前，只是我们不想接受这个事实。在疫情与世界格局的不确定现象中，8+ 联合毕业设计充满不确定性地在线进行，或许学生们也体会到了隐藏在课题背后的幻景，一夜空巷，全网互联。那么，建筑还能成为什么？疫情过后，繁华依旧，然而曾经闪现的那无人的情景却再也不会消失……学生们能做的就是多一点想象，多一点把自己对于不确定的种种事件的感受，通过自己的作品呈现出来。作为指导老师，面对屏幕上的每一位同学，想说的是：2020 年，也是重新思考建筑与城市存在状态的开始，当我们再谈论建筑与城市的时候，它们的内涵已经发生变化。这个变化也或多或少已经体现在你们的作品中了，代表了 A9 Studio 一贯的映射当下情境的创作宗旨。

——周宇舫（A9 Studio 指导教师）

2020 年对于所有人来说都是特殊的一年。首先祝贺同学们克服困难完成了毕业设计，并顺利毕业！ 8+ 联合毕业设计是国内历史最久，影响力最大的联合毕业设计，交流是其核心价值观之一。今年的疫情让大家以一种全新的方式进行交流，同时又更深刻的认识到“交流”的重要和可贵。

成都宽窄巷是一个神奇的地方，设计题目本身也反映了中国建筑界当下的热点之一 —— 街区更新。在中国，建筑业的高速发展时期已经过去，重要的命题从增量开始向存量转移，城市也开始越来越多的进行“减法”操作。建筑再难是快速获取资本的捷径，建筑学的教育也随之面临新的挑战。我们的城市向何处去？我们的建筑向何处去？我们的建筑学教育向何处去？

作为一个学习于工科院校，从教于艺术院校的老师，上面的问题一直困扰着我，在自我回答时候也充满了自相矛盾。答案在哪里？还没有找到。但我相信这些问题的答案是开放的，是多元的，而且很有可能是由 90 后的新一代建筑师来回答的。再次感谢学生们的智慧与激情，也祝贺同学们结束大学的学习，开始新的征程。

——何崴（二十工作室指导教师）

WM SOHO——重新定义居住办

中央美术学院
设计：尹欣怡
指导：何崴/钟予/吴昊/陈龙

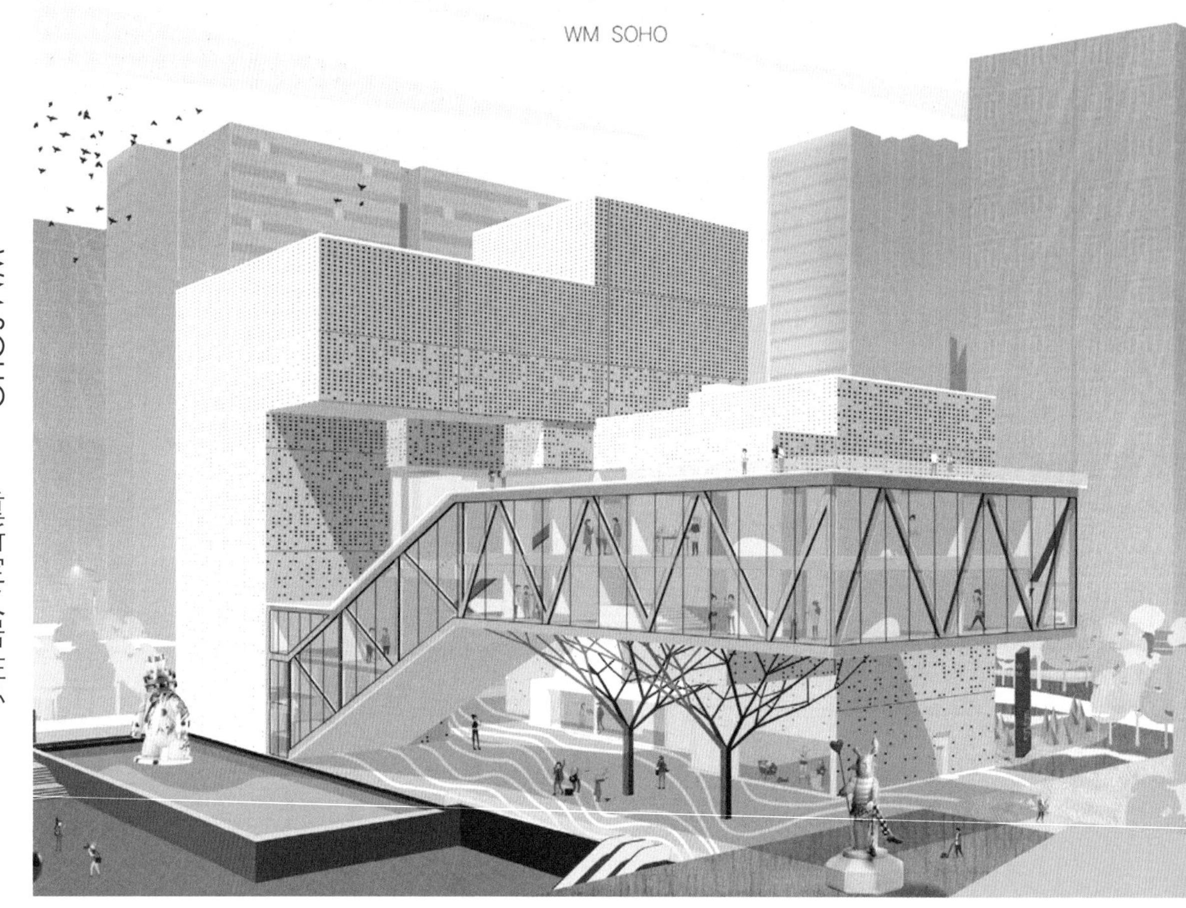

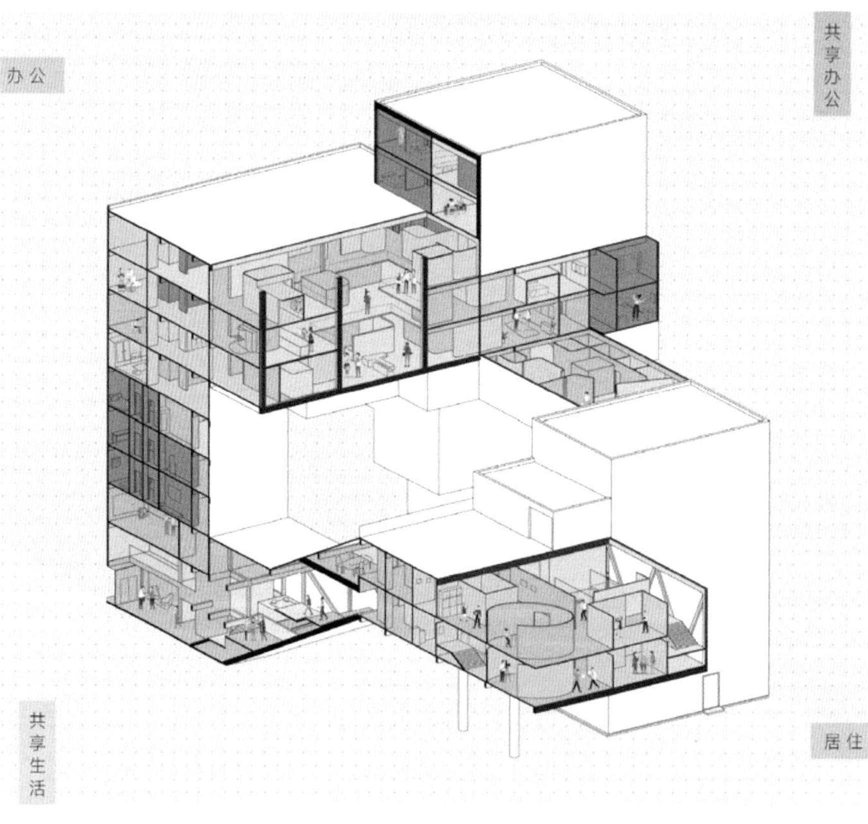

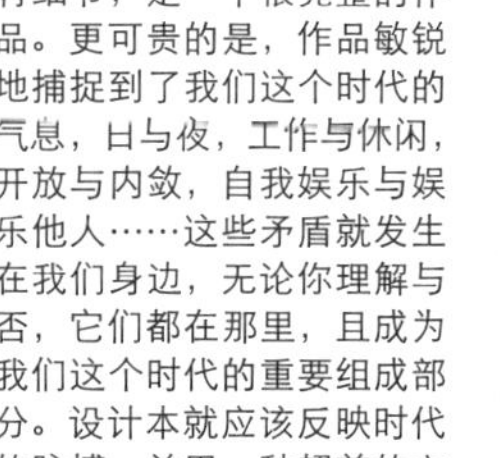

评语：

尹欣怡的设计逻辑清晰，思路连贯，有概念也有细节，是一个很完整的作品。更可贵的是，作品敏锐地捕捉到了我们这个时代的气息，日与夜，工作与休闲，开放与内敛，自我娱乐与娱乐他人……这些矛盾就发生在我们身边，无论你理解与否，它们都在那里，且成为我们这个时代的重要组成部分。设计本就应该反映时代的脉搏，并用一种超前的方式去诠释它。

20:15

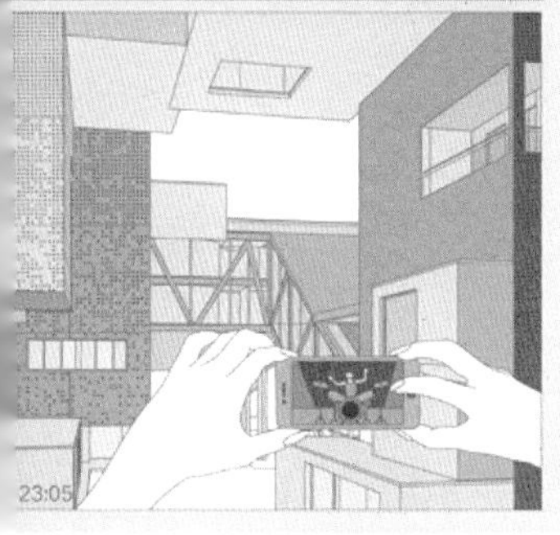
23:05

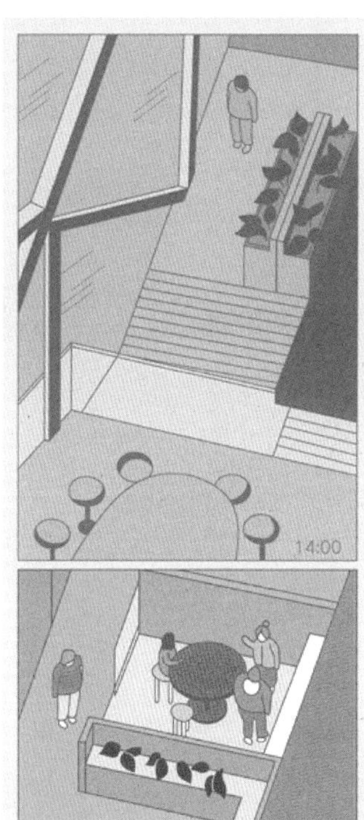
14:00
17:00

9:55
10:05
11:00

8:35
今日妆容分享
录制瑜伽教学视频
01
20:00
直播一小时
8:30

停车场 + 折叠穿梭与停留
Not Only Parking shuttle and remain

中央美术学院
设计：计然
指导：何崴 / 钟予 / 吴昊

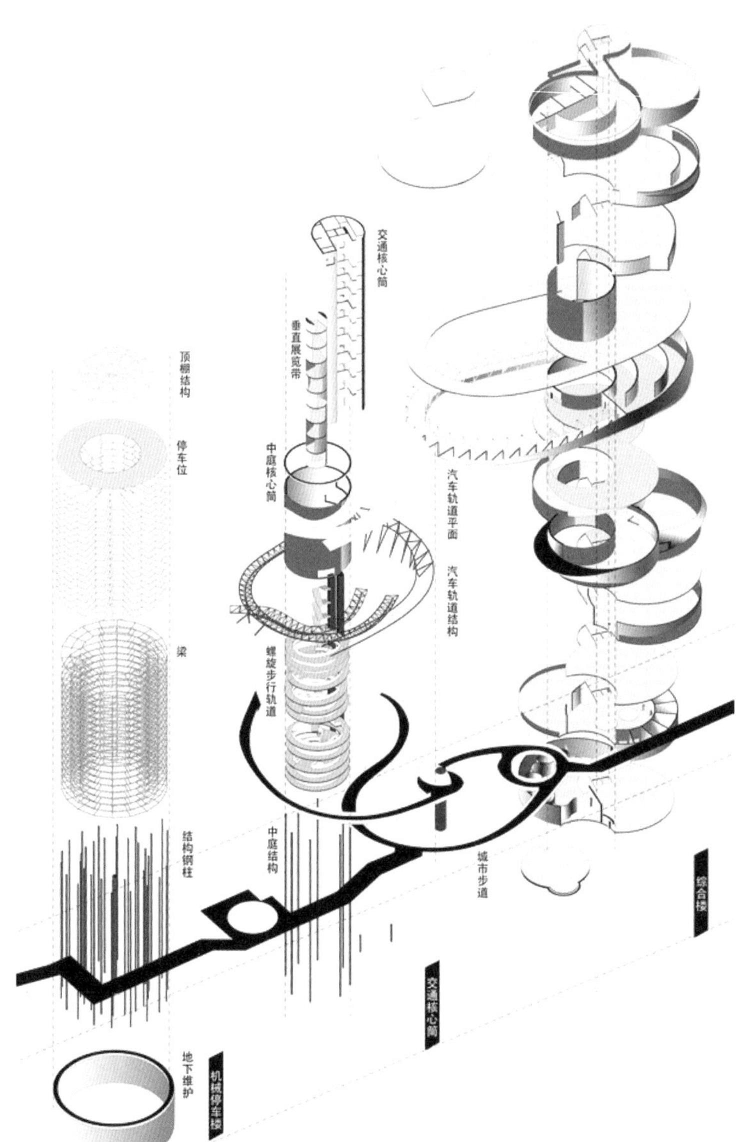

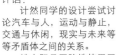

评语：

计然同学的设计尝试讨论汽车与人，运动与静止，交通与休闲，现实与未来等等矛盾体之间的关系。

她大胆且冒险地使用了一种超尺度，超现实的手法来诠释自己对以上命题的认知与解决方式。这种表达也许是脱离成都宽窄巷地区现实的，但它蕴含着一种内在的张力。透过纸质、模型和视频，我们可以看到一颗对建筑执着的心。

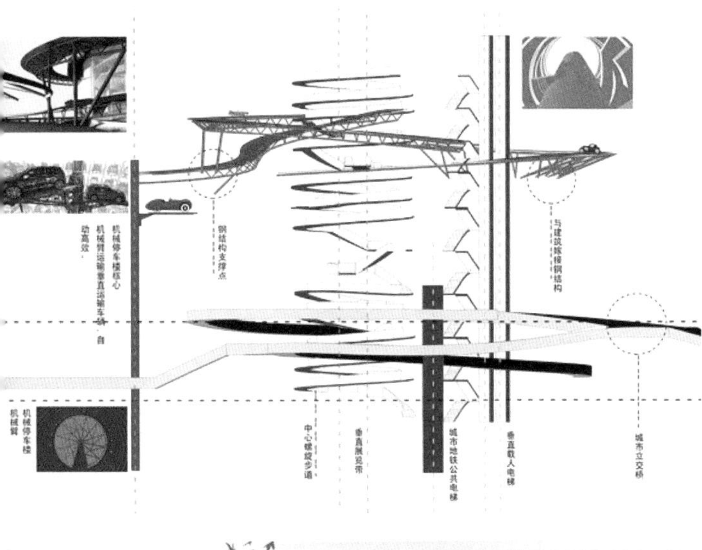
机械停车楼核心
机械臂运输垂直运输车辆，自动高效。
钢结构支撑点
与建筑嫁接钢结构
机械停车楼
机械臂
中心螺旋步道
垂直展览带
城市地铁公共电梯
垂直载人电梯
城市立交桥

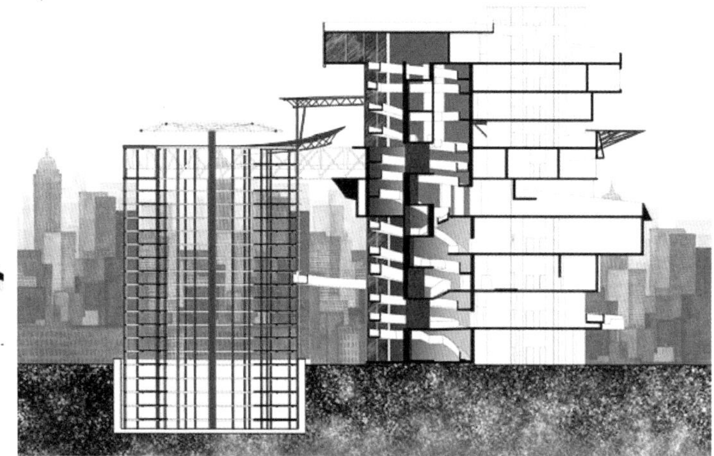

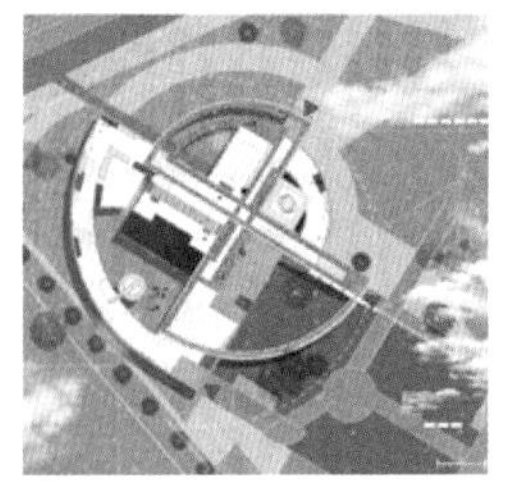

成都穿越——虚拟现实时光街

中央美术学院
设计：曾绍金
指导：何崴/钟予/吴昊/陈龙

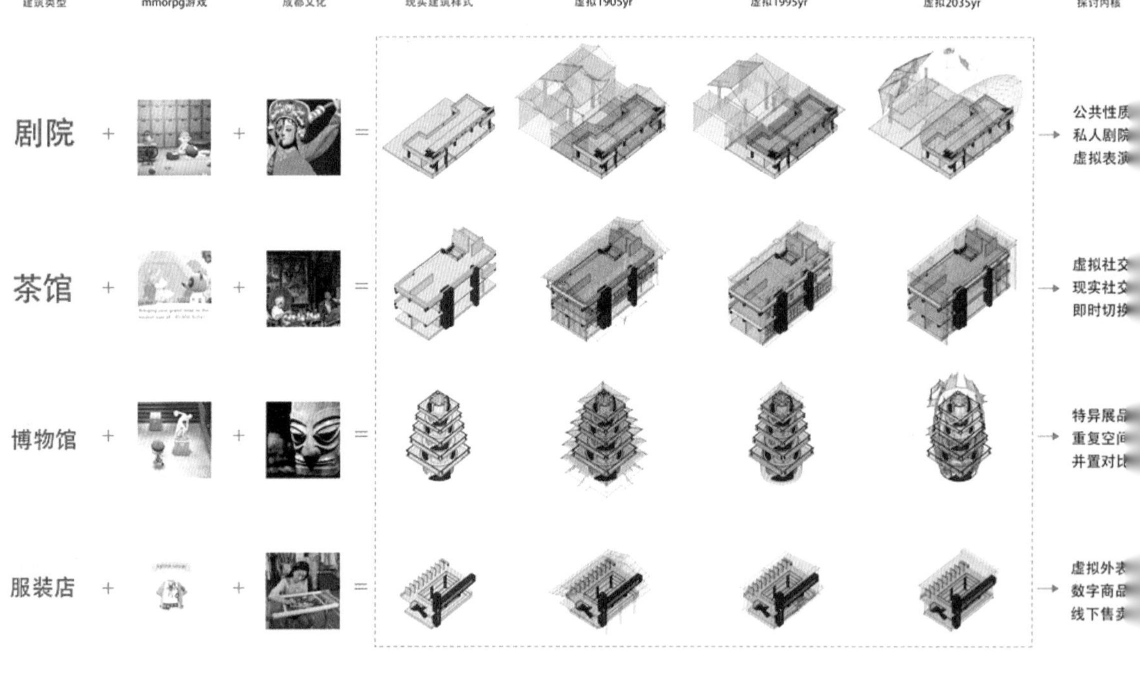

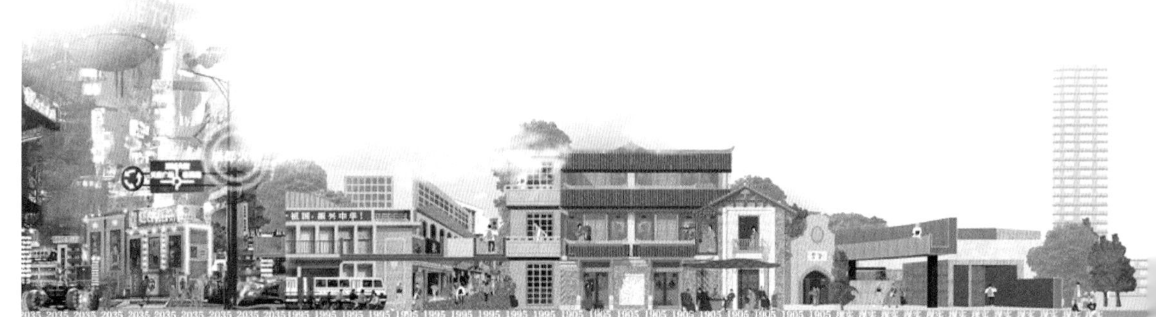

评语：

曾绍金的设计以AI建筑为核心，通过现实与非现实之间的转换，戏剧性地创作了一个混合的世界。建筑从空间蜕变为场景，空间的使用也让位给情景的体验。虽然，这不一定会被所有人接受，但它代表了一种未来的可能性，甚至是“现实”的可能性，毕竟虚拟化的赛博世界已经伴随我们成长很久了。

此次设计场地位于成都宽窄巷子西侧，是基于团队的“成都折叠”主题城市设计下的单体建筑设计。

设计出发点是基于虚拟现实下重定向行走技术的研究和深入分析。重定向行走技术有助于用户在有限的真实物理空间中获得更大空间尺度的虚拟体验。在重定向行走的可实施基础上，进一步深入设计重定向行走中各种物理循环空间模式与虚拟空间的对应与错位关系。并在循环空间中置入时间要素，将空间错位转化为时间错位，以此达到时空穿越的神奇感受。

real curve
real distance
real turn
virtual direction
virtual turn
virtual distance

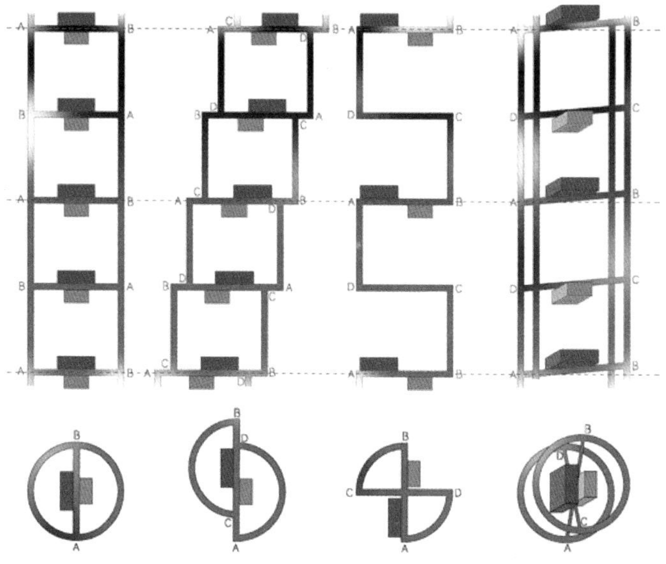

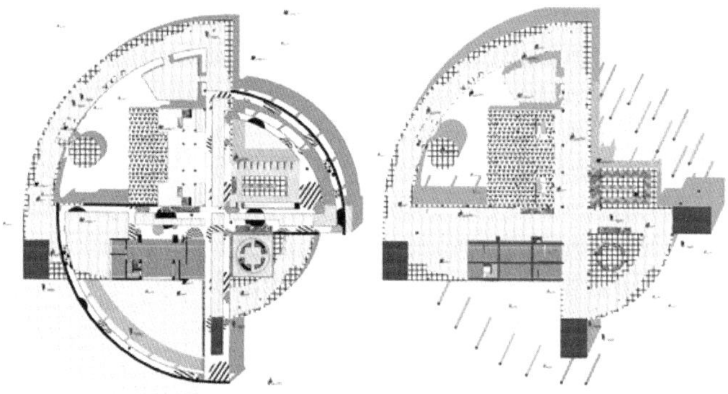

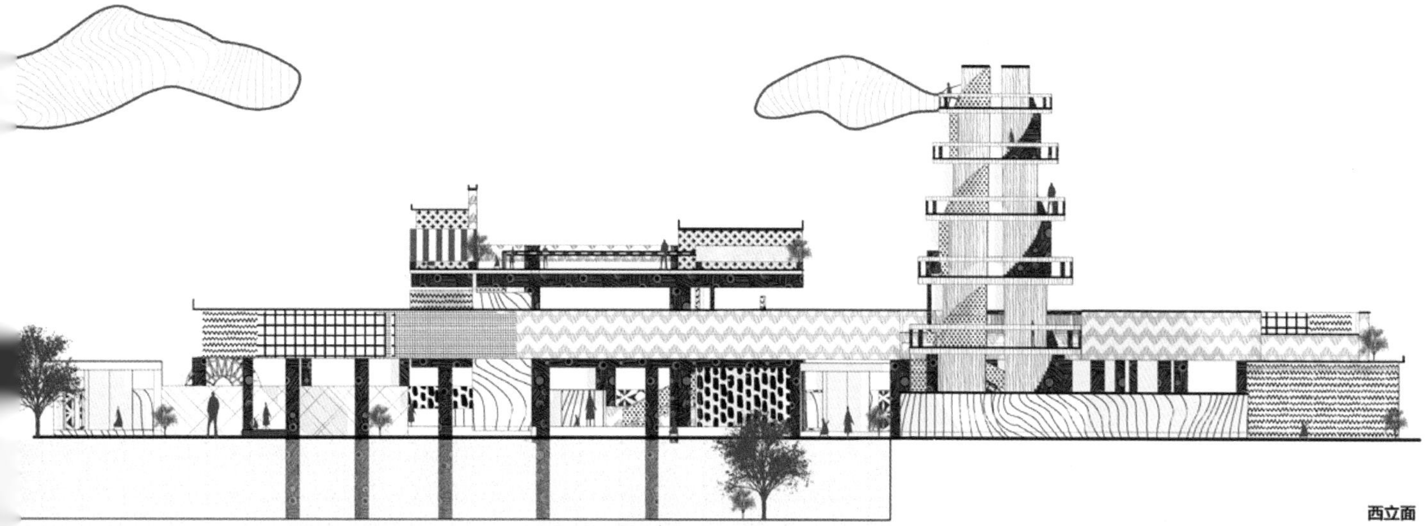

1995

1905

1905

1995

2035

1995

1905

西立面

聚集与隔离 Assemble & Isolate

中央美术学院
设计：陈威振
指导：周宇舫 / 王环宇 / 王文栋

鸟瞰图

道路分析

周边居住圈

人流来向

社交关系网

二等分点限定的社交距离

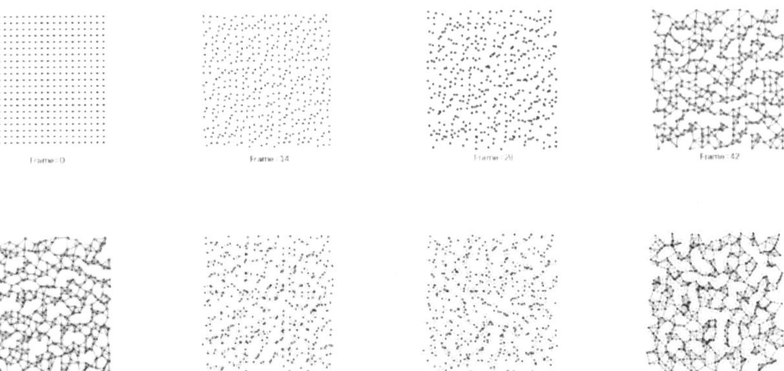

vr 网页链接

vr exe 安装包

评语：

“社交距离？一个新的流行词，原本想要探讨的可是社交网络。簇群建筑或许会成为一种空间形式，容纳社区在一个簇状巨构中。”

这是一次很难忘的毕业设计，不同于往年，由于疫情的影响，先前许多事务都被迫转到了线上进行，除了缺少硬件的影响之外，在家里进行毕业设计也多有不便，老师们想必也是如此。但是，老师们都很上心，中间多次因为个人的问题，毕业设计走了许多弯路，好在老师们的不离不弃，日催夜赶，抓概念、抓方案、抓格式、抓排版，好事多磨，毕设终于还是如期结束了。回看这些成果，竟然有着超出创作和设计之外的情感。

十分感谢工作室的各位导师的悉心指导，小组里同学的互相理解帮扶，家人的理解支持，未来，当然要继续学习，不断充实自己。

由当下疫情而来的概念，疫情蔓延产生全球性影响，针对网络上的推测：疫情是否到达拐点？是否会继续蔓延？

我引入了外来词汇 social distance，它原是描述人与人之间的社交网络，当下，现下又被用来控制人与人之间的物理距离，这给原有相关联的社交网络带来不便，我们要维持这种社交网络，又要保持社交距离，如何兼顾这两者？

到后疫情时代，旧有的社交网络发生巨变，仍有需要实地参与的社交网络存在，我们需要有这样一种空间满足聚集和隔离两种需求。

平面图 1 : 10000

东立面图 1 : 3000

AA' 剖面图 1 : 3000

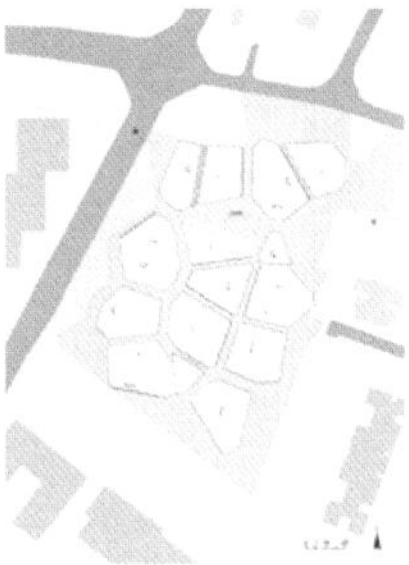

一层平面图

室内一角

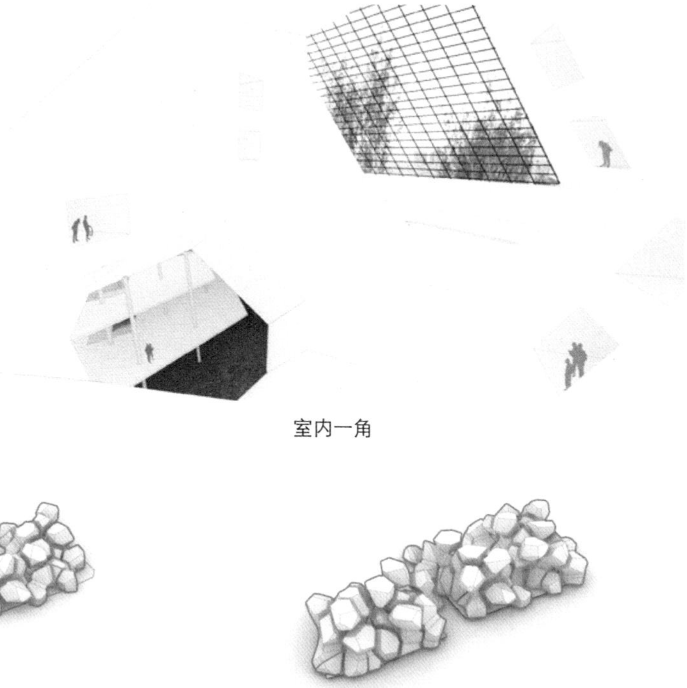

室内一角

这是由上下距离较近的单体连接构成簇状结构，内部通过连廊贯通，这是一种“聚集”；超出设定距离的单体，保持独立性，这种状态便是“隔离”，满足多样社区生活，共多样的社交生活。因为客观原因缺乏实地调查，我还是把思考转化成这样的建筑形态，这是自下而上可生长的建筑，如果一定要找一个可参照的原型，应该是城中村，也是一种自下而上的生长，但也到了致密的形态，其致密建筑形态有可能被取代，我所做的方案则是对新的社区生活方式的探索。

成都市民会馆
Chengdu Public Hall

中央美术学院
设计：谢思馨
指导：周宇舫 / 王环宇 / 王文栋

成都市民会馆
城市中心的山水秘境 / 重返自然的理想乐园

作品简介：

由零散元素集聚而成的宽窄巷子街区在给城市带来商业繁荣的同时，也将成都老城区原来悠闲生活阻挡在外。这种人为拼凑成的文化商品街，带给人过分刻意的紧张感。为缓解居民区与宽窄巷子间极度的割裂感，我由远出引入自然山水，营造出近在身边的人造山水。通过城市中心的山水秘境的介入，提供人们重返自然、舒缓情绪的理想乐园。

设计意向图

短剖面 - 建筑与各种元素的互动

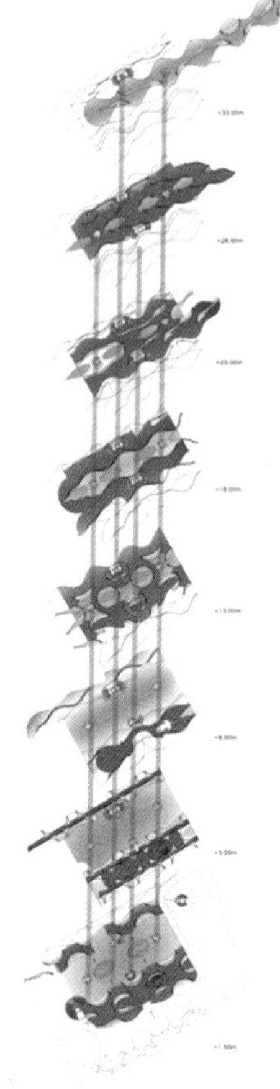

各层平面

评语：

由远及近的，近在身边的山水，或许会将宽窄巷子带入桃花源的秘境。山水本是城市的存在的基础，也是我们向往的栖息所在。

物流与情感的基础设施 Logistics and Emotional Infrastructure

中央美术学院
设计：赵宇
指导：周宇舫／王环宇／王文栋

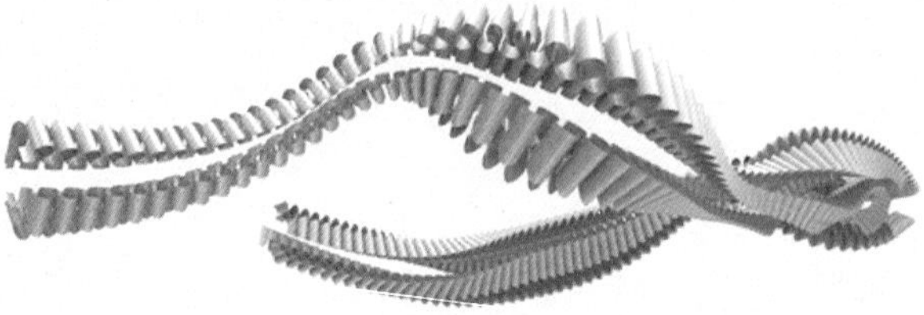

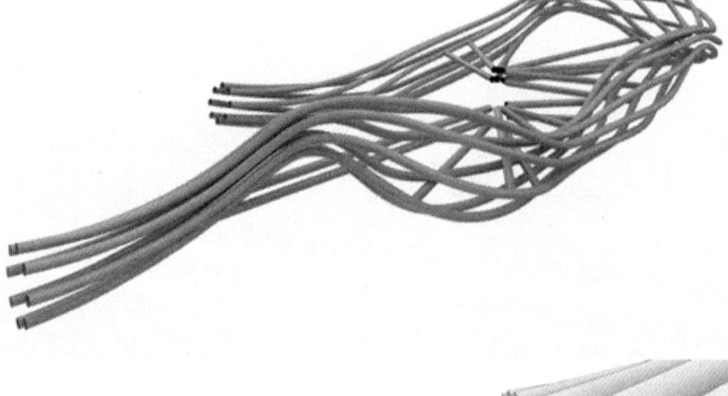

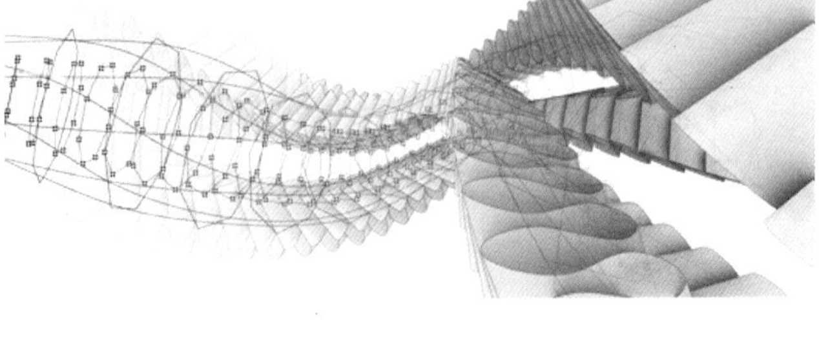

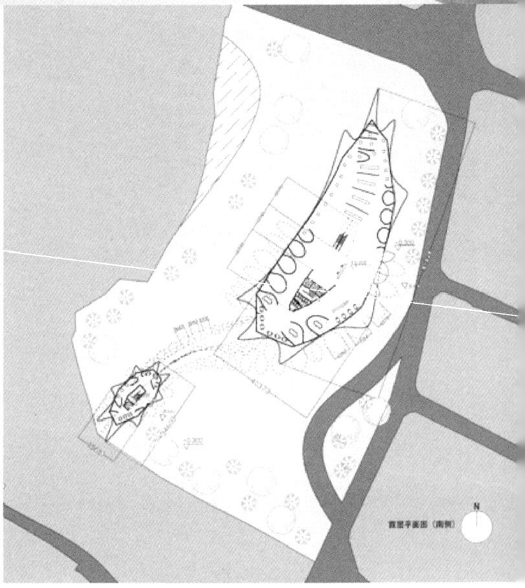

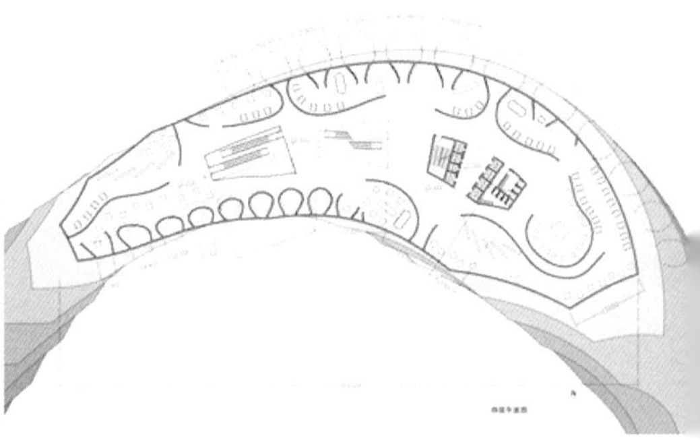

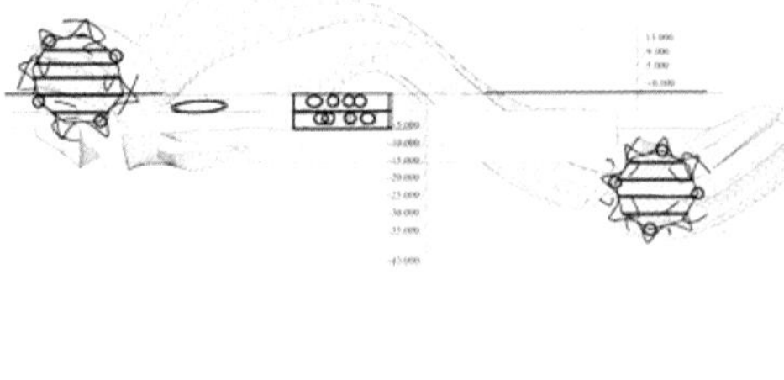

评语：

“城市地平面存在的意义，只留给曾经的宽窄巷子们了。城市物流的基础设施不再是不可视隐蔽的，就连情感也是可以被物流的。”

“城市规模越大，基础设施的使用效率会越高。”这是《规模》书中对于城市的规模报酬递减效应的总结。

成都作为一个日益发展壮大的城市，地下交通系统将会承担更加膨胀的运输需求，增加社区的黏性程度，创造更多的城市财富。在这样的趋势下，基于大宗物流的精准物流以建筑为单位，缩小配送半径，通过管道网络运输商品，是未来高效物流的一种可能。

管道包围的部分对应建筑空间，其形态和氛围与该社区对于物流的需求紧密相关，保留了城市原有的密度分配，还原了市民的情感记忆。

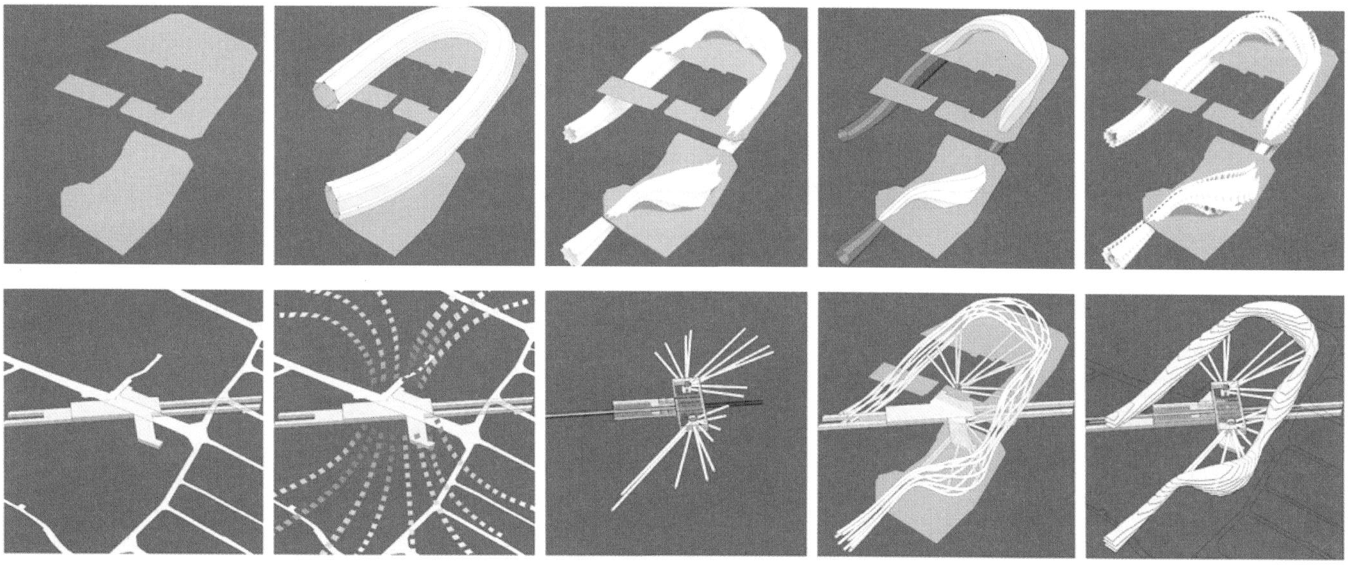

诺曼德计划

ITEM#: SCP–NOMAD001

中央美术学院
设计：徐殊昱
指导：周宇舫 / 王环宇 / 王文栋

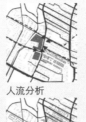

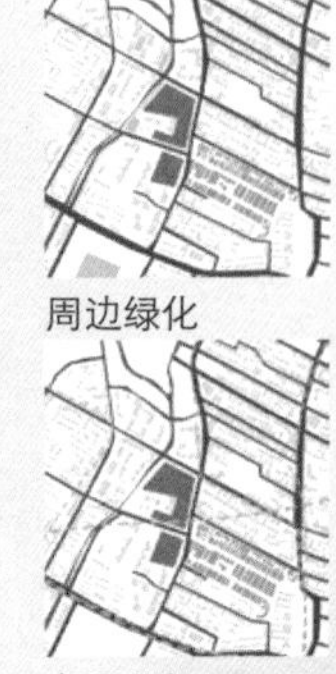

基地位置　周边商业　人流分析　周边绿化　主次干道　周边住宅　交通分析　盲从的人

三和大神

野战之月

成都担担

巴比伦塔

新巴比伦

诺曼德计划

宽窄巷子内外对比

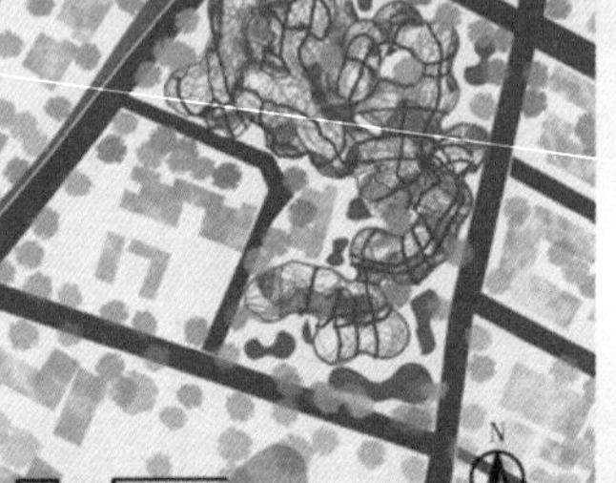

总平面图

建筑空间与人的流动是共生的，成都悠闲自由的城市性格，为人们与生俱来的游牧般的生活奠定了基础。宽窄巷子希望以商业街的形式还原成都本地的文化生活，却失去了成都的本质和内涵。游牧生活使物理建筑空间生长湮灭，参数生成的空间拥有无数可能性并且永不消逝，二者的结合既是物质的游牧，更是精神的游牧。

评语：

游牧状态，再造没有实现的新巴比伦城。赛博空间的互动，会产生什么样的城市体验到什么样的人生体验？任凭洞外时光飞逝。

在建筑内部，根据空间形式的划分，行为也被分为赛博行为和物理行为，赛博行为指的是在虚拟组团中，使用 HoloLens 混合现实使人体验到偏向于非现实空间的剧场故事。物理行为指的是使用 HoloLens 标识场地方位信息以及其他信息，辅助现实空间中的故事发生，体验更偏向于物理空间。在两种空间中，游客自己也是故事发生的参与者。

人、建筑、城市本就是共生的整体，它是具有生命的，依照自我意识主动向城市的每一个角落扩张，游牧生活使物理空间生长湮灭，参数生成的空间拥有无限的可能性并且永不消逝，二者的结合是再造的新巴比伦。

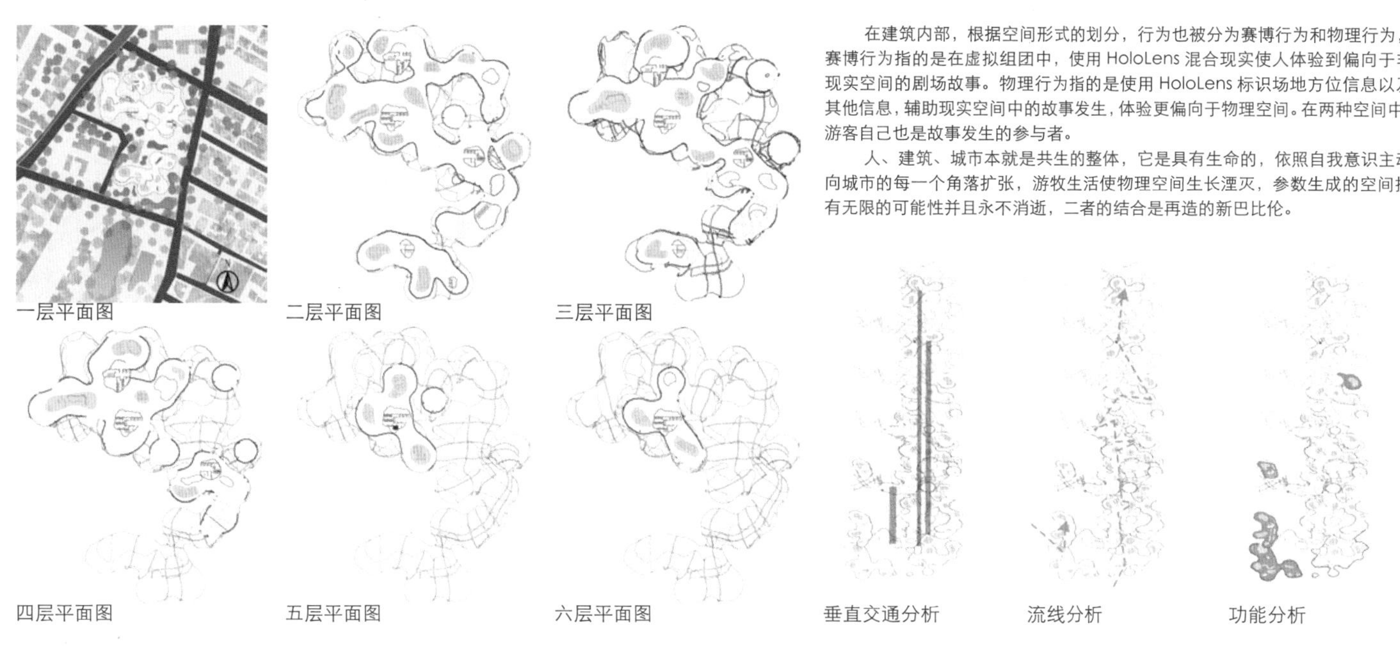

一层平面图　二层平面图　三层平面图

四层平面图　五层平面图　六层平面图

垂直交通分析　流线分析　功能分析

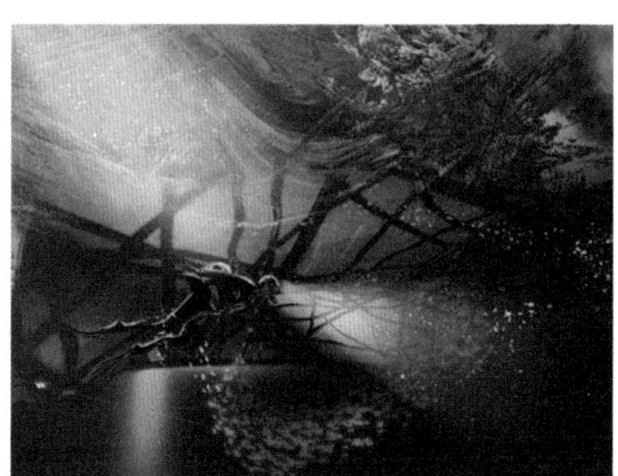

海洋遨游

数字崇拜

四维蹦极

孤舟独钓　信息检索

异地协同

62.00

24.00

±0.00

东立面图

宽窄巷子的未来升维

中央美术学院
设计：康家旗
指导：周宇舫／王环宇／王文栋

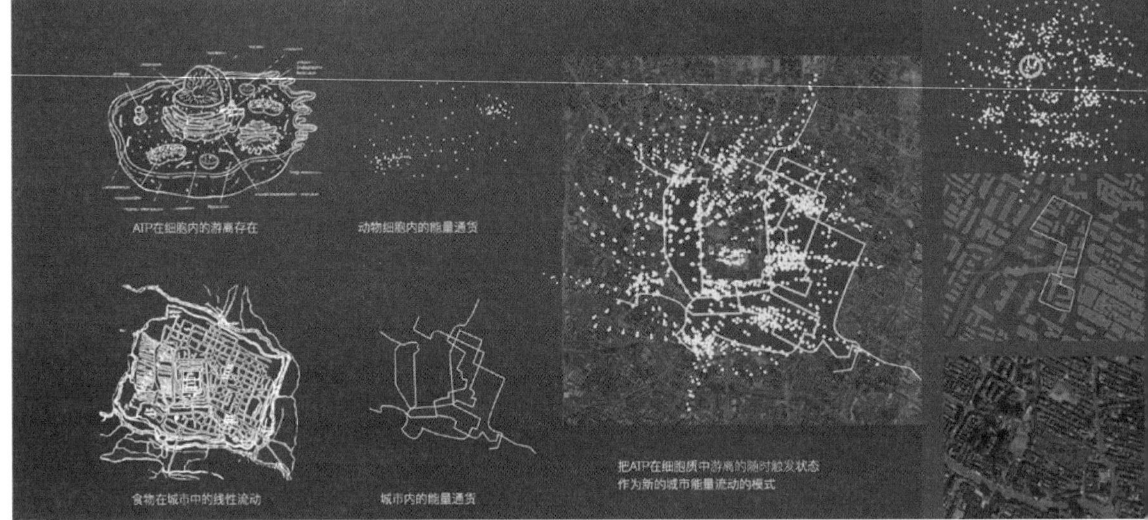

ATP在细胞内的游离存在
动物细胞内的能量通货
食物在城市中的线性流动
城市内的能量通货
把ATP在细胞质中游离的随时触发状态
作为新的城市能量流动的模式

评语：

街道和公共空间成为在垂直向度上生长，构成建筑的基础设施。天空中有无人机，如同鸟儿寻觅驻足之地，接近有天空的梦想。

N
0 50 100 200m
总平面图

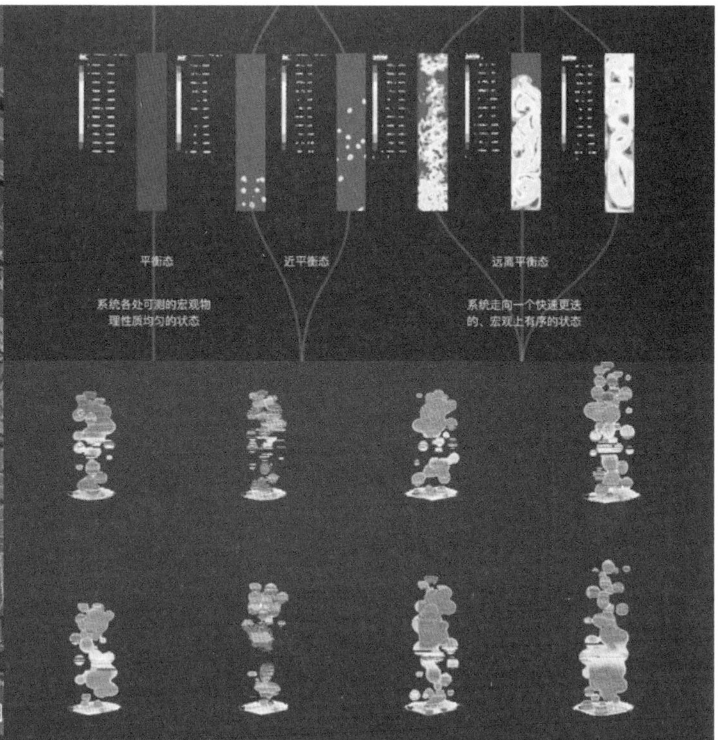

平衡态
近平衡态
远离平衡态
系统各处可测的宏观物理性质均匀的状态
系统走向一个快速更迭的、宏观上有序的状态

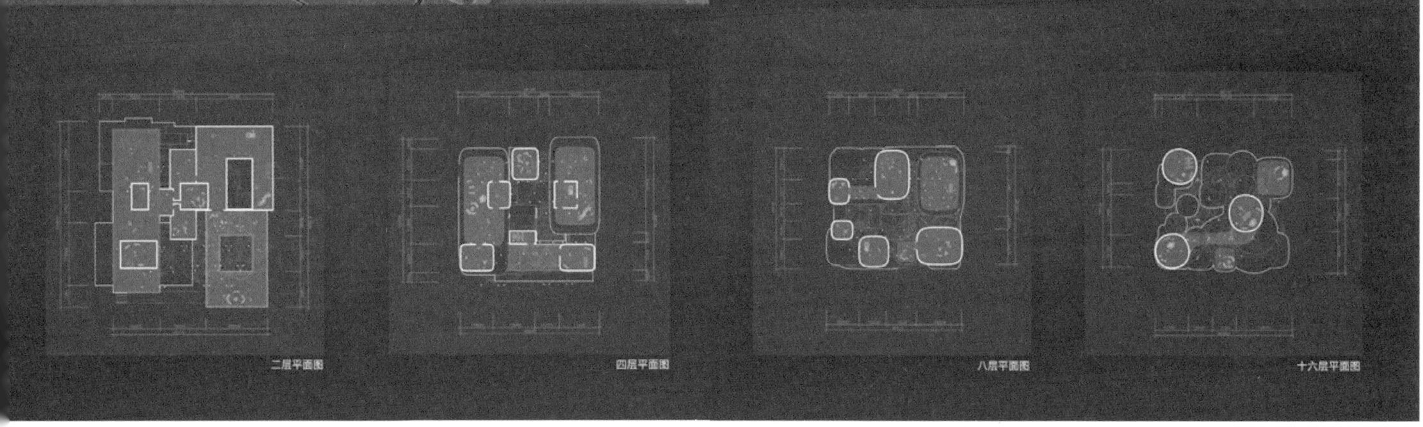

二层平面图
四层平面图
八层平面图
十六层平面图

265

数据之上，宽窄之间

中央美术学院
设计：米惠
指导：周宇舫／王环宇／王文栋

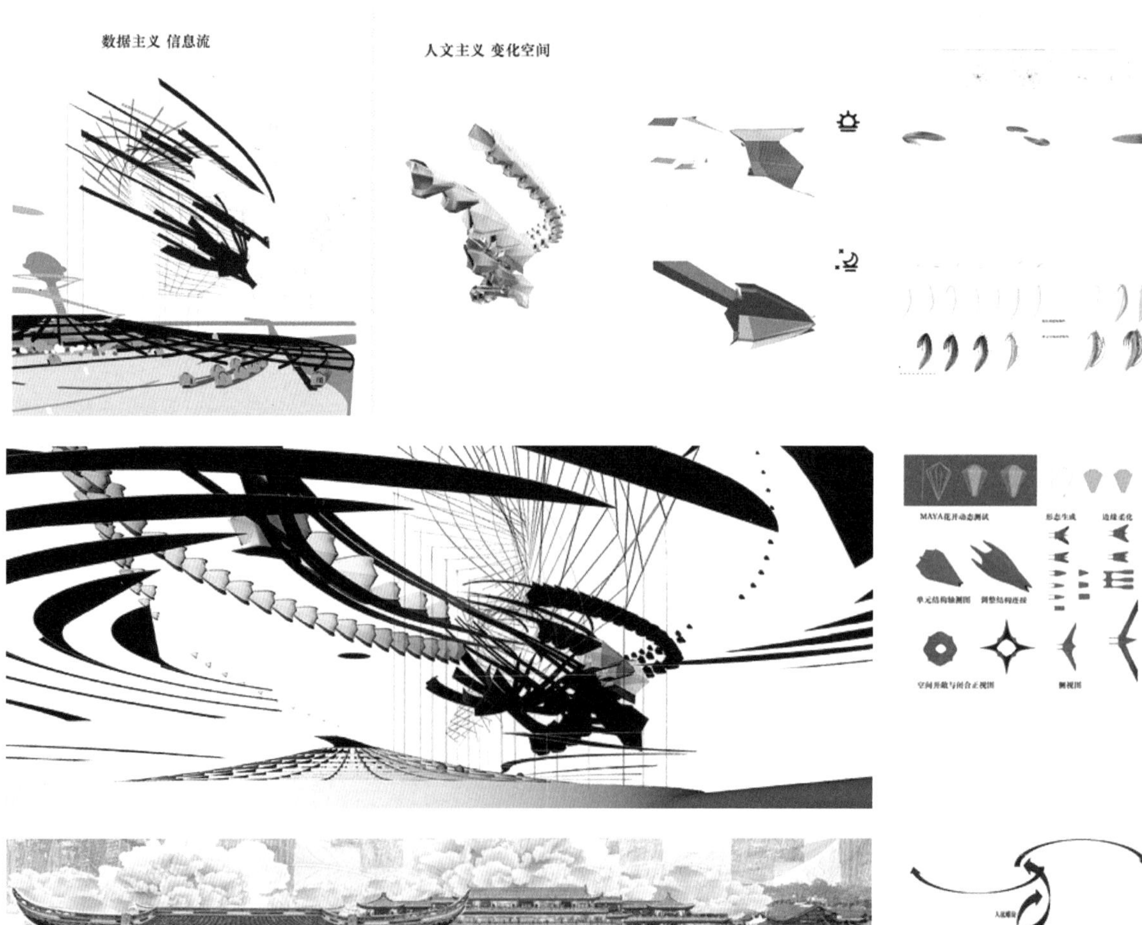

评语：

“会绽放的建筑。绽放的姿态是感性的，当阳光被吸收进建筑，回旋直至根基，联通在城市的基础设施网上，移动的信息闪烁着。”

米惠同学的设计创作关注到了数据主义，这是一个带有前瞻性的主题，如何理解科技和文化，数据与人文，在设计中都体现着自己的思考。对于造型的把握应更加建筑化，对于单元空间的开敞闭合的能量循环应有更深的研究，才能更好表达花开成都这个概念。

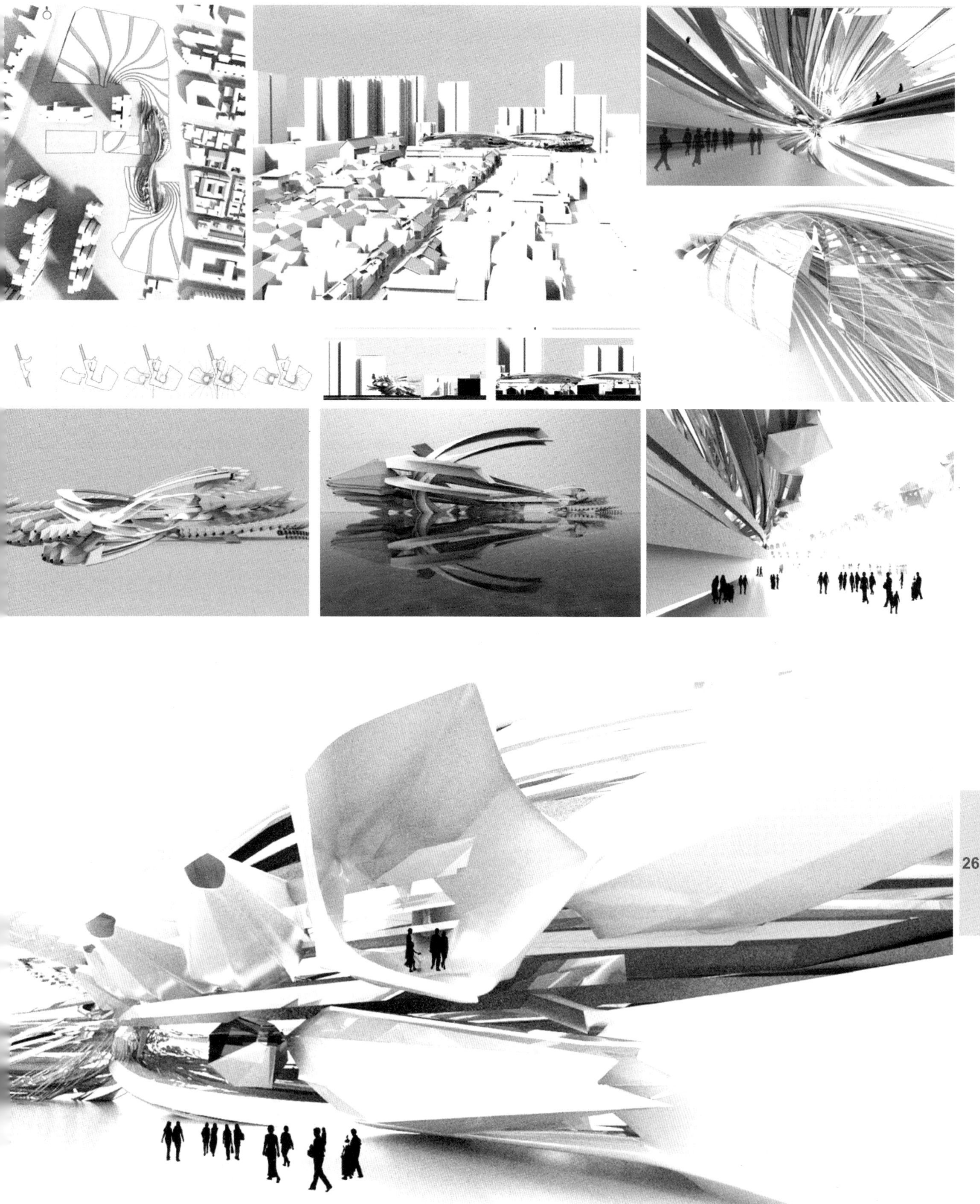

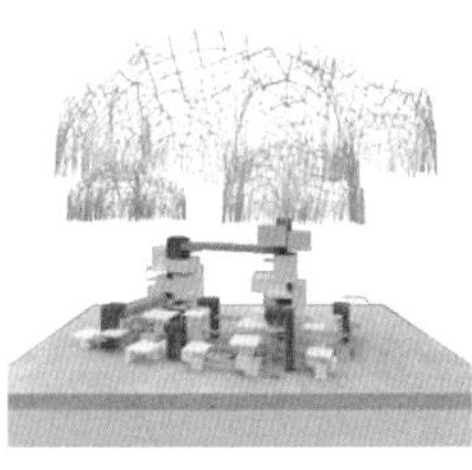

多细胞城市——沉浸式叙事与表达
Multicellular City
Immersive Narrative and Expression

中央美术学院
设计：曹馨文
指导：周宇舫/王环宇/王文栋

总平面图

首层平面图

设计说明：

“我们所建造的是属于城市的伊托邦，在包裹中生长的空间是城市基础设施网络上的块茎。回望宽窄巷子，那是旅行者的异托邦。”

2020年，在我们期待5G手机、无人机快递的同时，经历了新冠病毒的大暴发。基于此，方案构建了宽窄巷子2.0的未来城市图景。

方案参考多细胞生物的进化逻辑模拟城市的发展过程，分别回答了“我们的生活半径会无限变大吗”“物流精细化将带来什么”“社区需要怎样的边界”等问题。通过讲故事的方式表达了我本科阶段对于建筑相关问题的思考。

这里感谢父母家人和亲友一直的包容和关怀。特别要感谢第九工作室的周宇舫老师和两位王老师，他们在疫情期间也毫不松懈地指导我，才使得本次毕业设计在全程线上的情况下顺利完成。

鸟瞰视角

从宽窄巷子到异托邦

宽窄巷子 2.0 异托邦

间示意

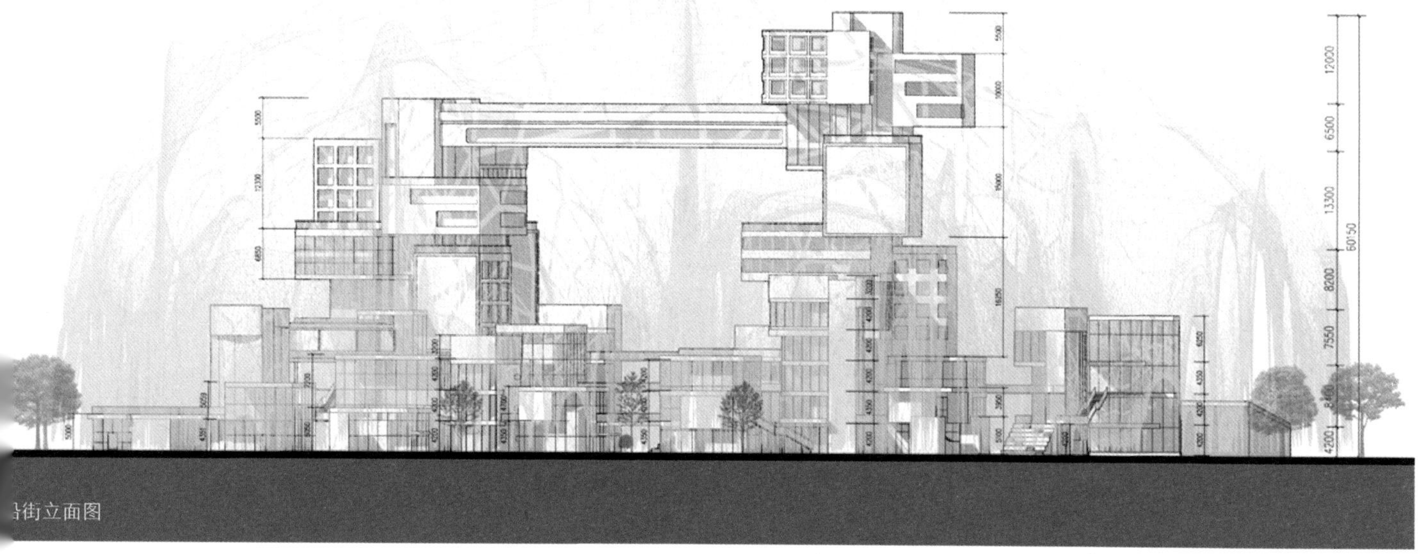

街立面图

褶子迷宫

FOLDING MAZE

中央美术学院
设计：姜泽军
指导：周宇舫 / 王环宇 / 王文栋

基地位置，我选择了位于基地右边的L形地块，四面面对着的基本都是1990年代甚至更早建立住宅建筑。

巷子在城市中更偏向于一种自然生长的状态，是有序中的无序，一切事物都在巷子中自由发生，有机生长。

如何在一个大秩序中设计出无序，让整个街区获得新的活力成为我想要解决的一个问题。当设计进入建筑设计部分时，我尝试结合城市课题中对有机体的理解和研究，尝试继续在细胞内找到灵感。

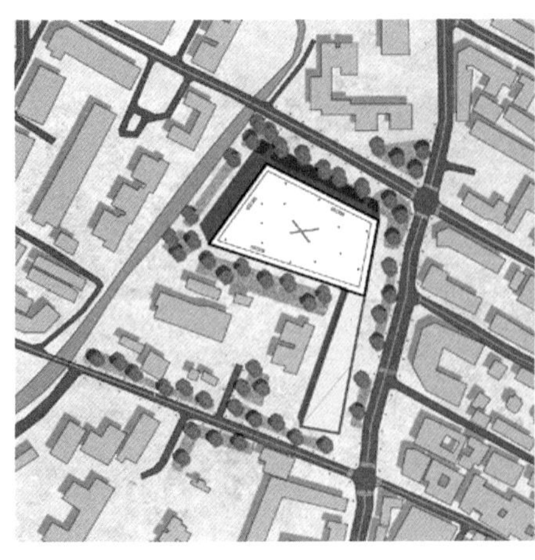

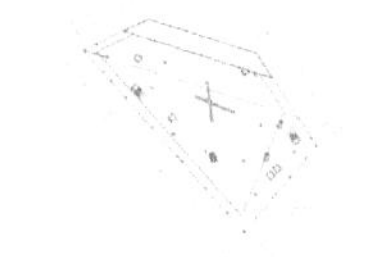

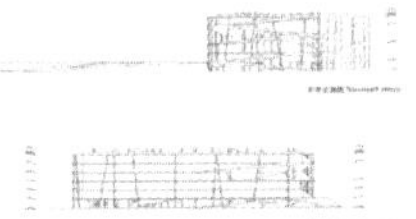

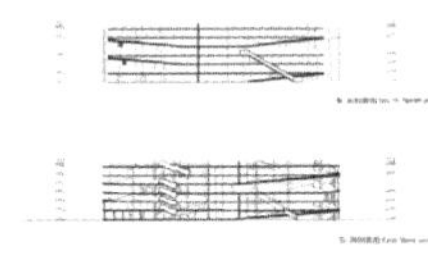

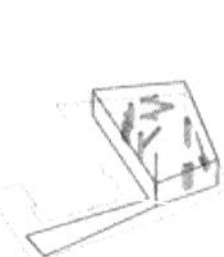

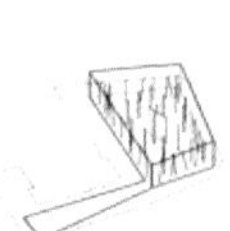

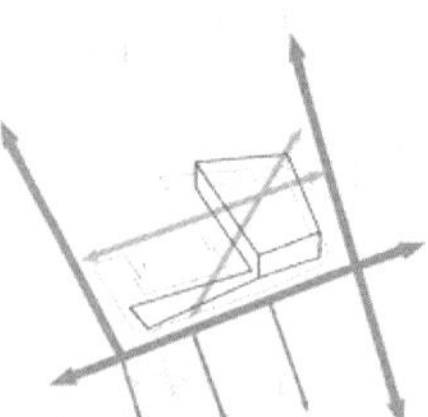

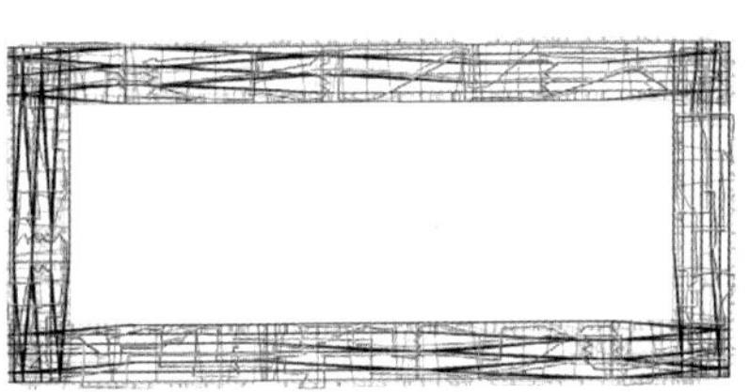

德勒兹将世界万物归纳为各种褶子，任何事物都可能是一层褶子。他认为折叠具有多层级的复杂意味："打褶——展开褶子已经不单单意味着拉紧—放松、挛缩—膨胀，还意味着包裹—展开、退化—进化。"从建筑学的角度来理解这种复杂意味就是建筑在空间上的设计操作。

针对我的建筑来说，在建筑中游览的人打包组成了一层褶子，打折的楼板形成了第二层褶子、楼梯和电梯等垂直交通系统形成了第三层，直立或倾斜的结构柱网又形成了一层褶子，等等。这些无数层级的褶子糅合在一起组成了我设计的整个建筑。

评语：

延伸的街道，演变成叠合的街区，向上拉伸，回旋而成空间发生的基础设施，一个垂直向度的广场。或许是宽与窄的一个折叠。

建筑师把感受通过建筑表达出来，融入建筑。人们再通过与建筑的互动去感受到建筑中所包含的情绪。这实际上就是一次"编码"和"解码"的过程，实现了跨越时间和空间的交流。

而我想要这个建筑达到一种让人们虽然在商业综合体里却产生在类似身处巷子中一样的感觉。

在观念与形式方面，建筑内充满各种复杂的"弯曲折叠"的形体，无中心、结构无序、交通流线固定的程序、没有因果关系。各种"弯曲折叠"的声音相互混杂，对立与渗透，形式的复杂表现着观念的复杂，引发人们根据自己的经验进行理解和体验。

引用音乐概念来说，这个建筑可以称之为"复调之复调"。

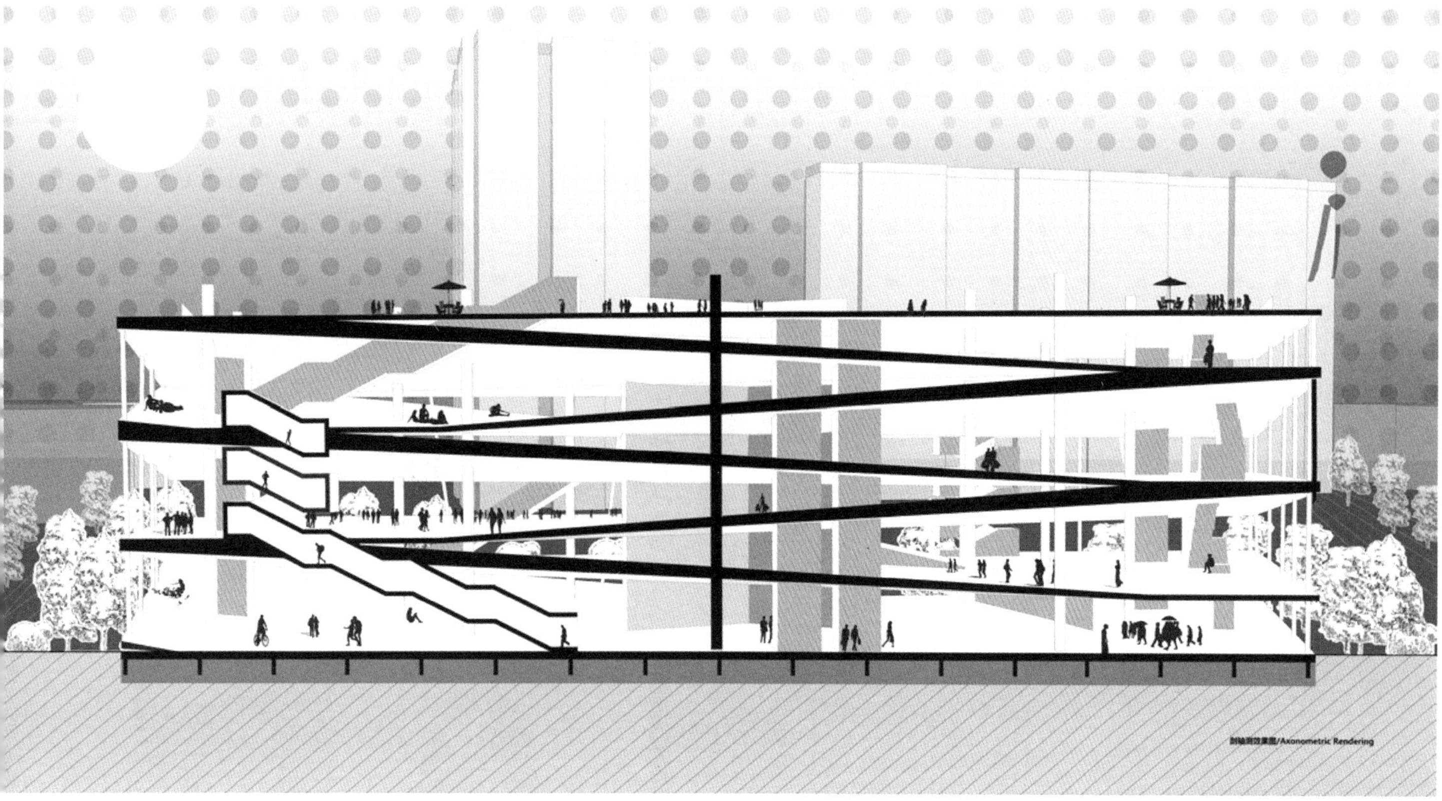

剖轴测效果图/Axonometric Rendering

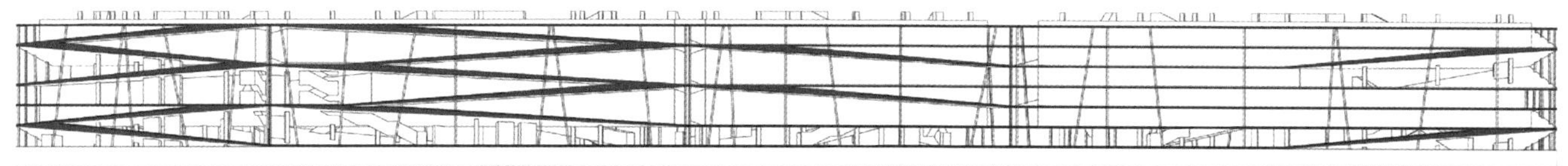

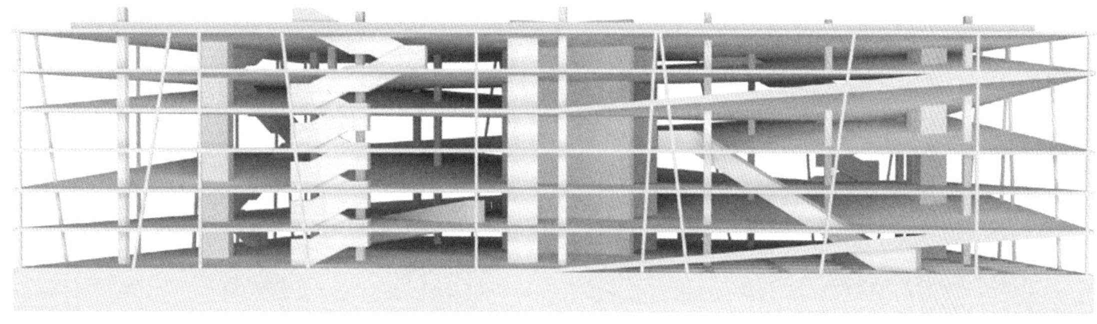

室内效果图/Indoor Renderings

室内效果图/Indoor Renderings

厦门大学

Xiamen University

学生团队

1 宽窄两仪

Duality of Kuanzhai Alley

本方案以古今复合的二相性表达作为解决宽窄巷子业态同质、空间单一的核心策略，以历史烙印中的古今界限出发，通过绿色公园坡地与传统街巷空间的双向对插，使场地内部同时拥有亲民宜人、骋怀开阔两种尺度；传统合院、共享公园两种意象；怀旧漫游、智慧交互两种体验，将城市性与生态性完美融合，最终达成双面城市的效果。

2 蜀绣

Chengdu Fashion

该项目通过城墙遗址线划分风貌区与非风貌区地块，将不得不建的高层置于远离风貌区的西北角，并设计了一个大公园满足绿化率的同时，用高品质的步行体验抵消高层远离 TOD 带来的负面效应。最终，建筑呈现宅－院－园－大公园不断拓扑的空间组织，巧妙而有机地缝合起历史、时尚、未来。

3 墙的独白

Monologue of Wall

本方案从场地内遗存的一段清代城墙遗址出发，采用间离性的叙事手法，回溯场地历史但不被历史所束缚。同时，从场地周边景观和公共空间匮乏的现状出发，基于景观都市主义理念，将生态性和城市性紧密结合。

姜晚竹

张芝媛

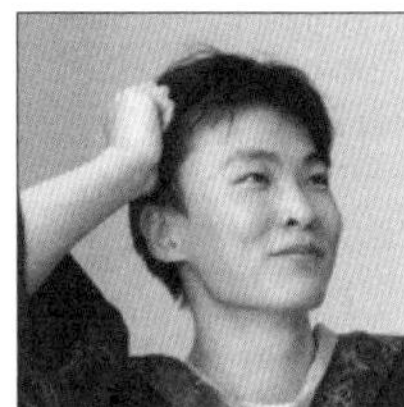

路广

王佳琦

杨彦之

李秋雨

孙裕乔

周雅楠

张品文

指导教师

王绍森

张燕来

宋代风

刘姝宇

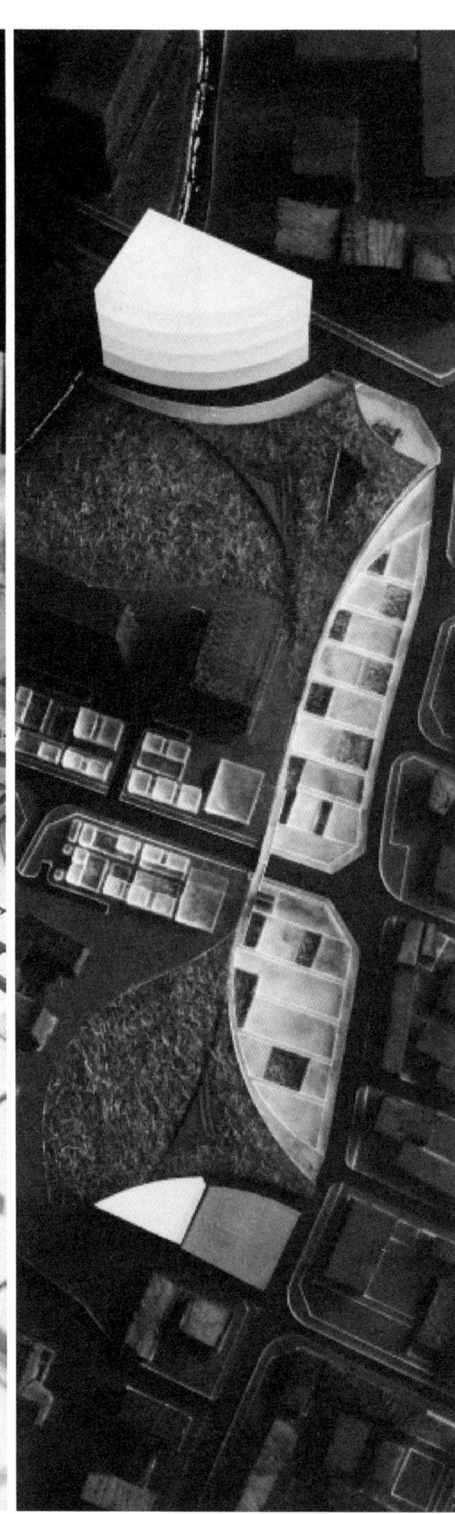

教师寄语

三个设计小组在城市设计的策略上均侧重于如何解决政府和开发商之间的利益冲突，希望创造性地提出城市设计概念，以推动该片区的城市更新与发展。其中，“宽窄两仪 · 双面城市”则更加关注于历史街区与现代城市的界面与过渡，通过创造高品质公园与高层 TOD 组团服务市民和迁入者，同时为在尺度和文化上在一定程度上对宽窄巷子的延续和发展；“蜀秀”通过的是“S 形”曲线公园串联 TOD 节点与高层、划分出绿地公园，空间形态灵动丰富，是最为“中庸”的一套解决方案，在风貌区与非风貌区的权衡中达到了优雅的平衡；“墙的独白”的着眼点在于城墙作为历史资源的最大化运用，充分发扬了遗址公园的概念，将生态性与城市性紧密结合。毕业设计是对建筑学五年专业教育成效的检验与总结，各组同学都表现了很好的专业素养与学习能力。

——宋代风

三个设计小组在项目上研究思路清晰，前期场地调研准备充分，调研报告内容丰富，方案设计进程有条不紊，循序渐进，后期图纸及答辩效果较为理想，各小组均展现了良好的对于城市设计的理解和建筑方案设计能力。其工作量充足，分工合理。在此过程中，9 位同学表现出了对于新知识的渴望以及积极的开创精神。希望在后续学习深造过程中，他们能再接再厉，创作更多喜人作品。

——刘姝宇

宽窄两仪·双面城市

Duality of Kuanzhai Alley

厦门大学

设计：姜晚竹 / 王佳琦 / 孙裕乔

指导：刘姝宇 / 宋代风

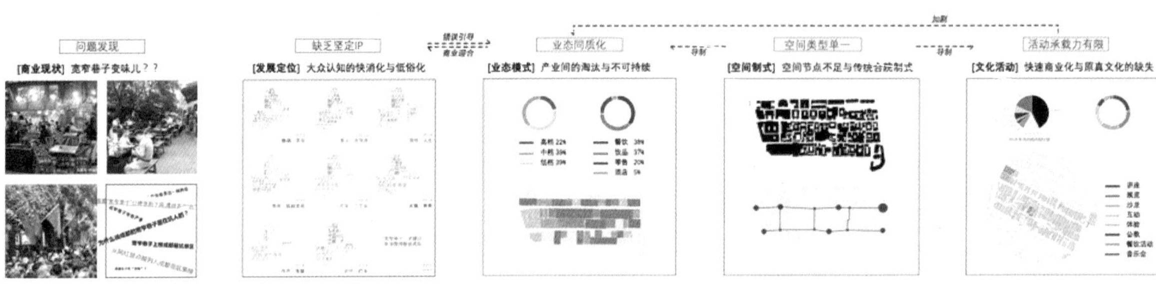

评语：

方案以古今复合的二相性表达作为解决宽窄巷子业态同质、空间单一的核心策略，从历史烙印中的古今界限出发，通过绿色公园坡地与传统街巷空间的双向对插，形成古与今的双重领域。以合院式非遗商业游览区等系统表达古义；以 5G 智能交互柱等系统阐释今义，场地内部拥有亲民宜人、骋怀开阔两种尺度；具备传统合院、共享公园两种意象；兼得怀旧漫游、智慧交互两种体验，最终达成双面城市的效果。

此次毕设开展于 2020 年初疫情期间，虽无法进行现场调研等重要环节，但这并不妨碍我们对此项目投入极大热情与全部精力，并通过这一阶段的学习受益良多。感谢指导老师的耐心教诲及队友间的密切合作，推动此项目不断发展为逻辑自洽、系统完整的城市设计及建筑设计方案。

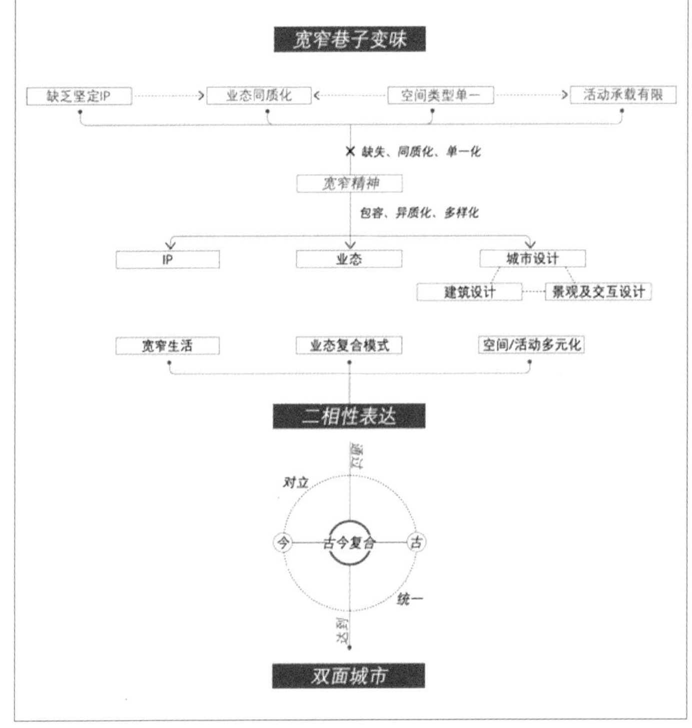

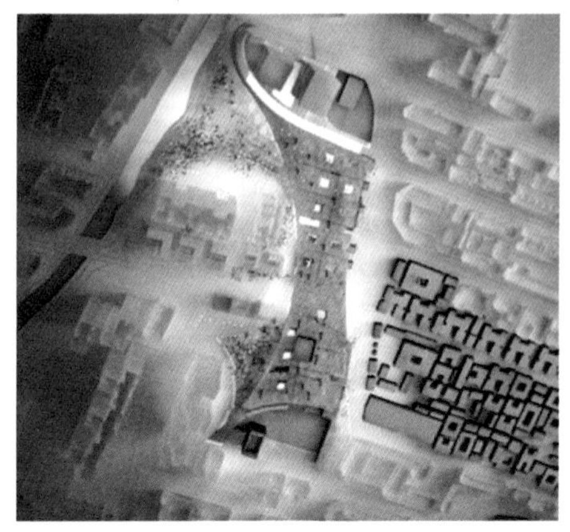

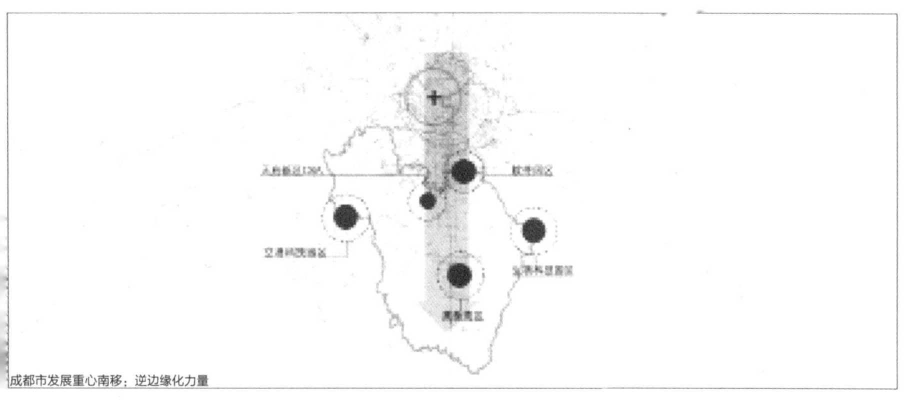

成都市发展重心南移；逆边缘化力量

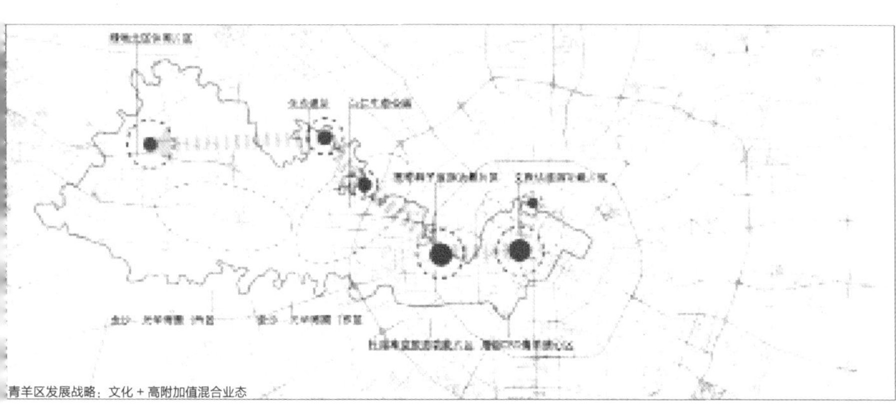

青羊区发展战略：文化 + 高附加值混合业态

商业策略概念总览

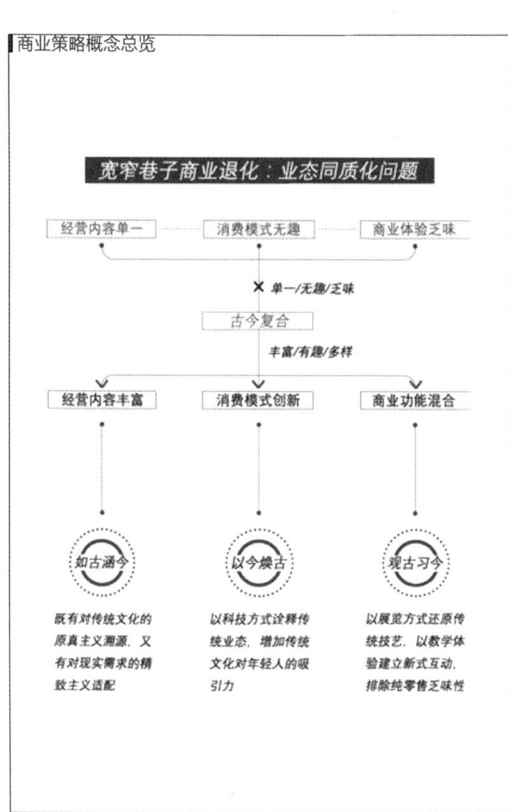

业态方向

消费模式

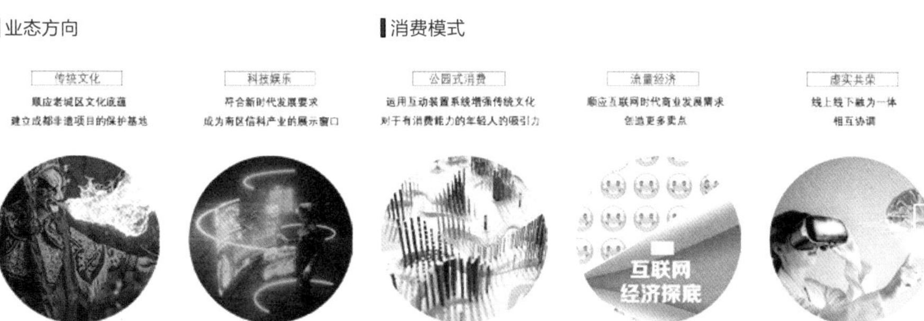

传统文化
顺应老城区文化底蕴
建立成都非遗项目的保护基地
科技娱乐
符合新时代发展要求
成为南区信科产业的展示窗口
公园式消费
运用互动装置系统增强传统文化
对于有消费能力的年轻人的吸引力
流量经济
顺应互联网时代商业发展需求
创造更多卖点
互联网
经济探底
虚实共荣
线上线下融为一体
相互协调

功能混合

经营内容

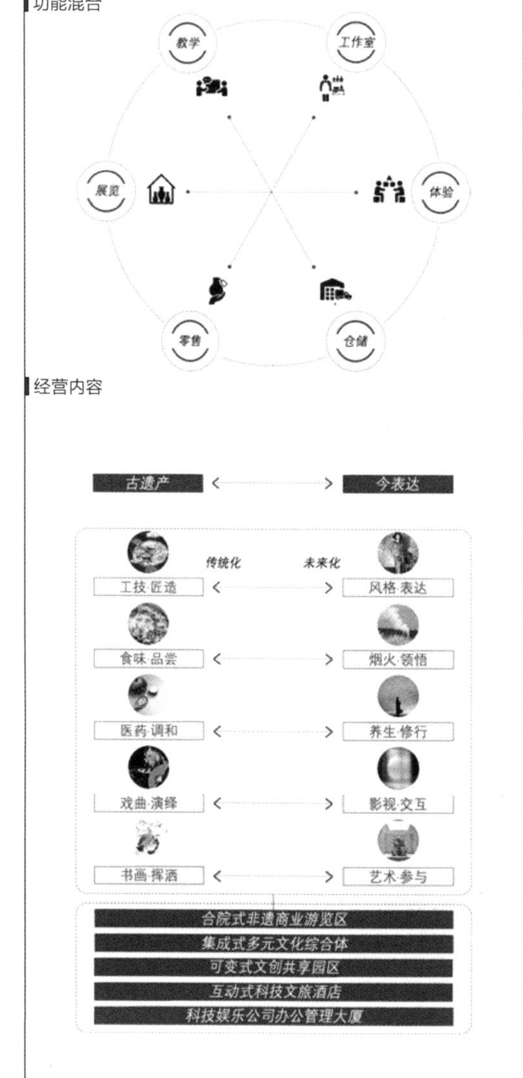

经济技术指标

总用地面积：44633m²
总占地面积：30701.4m²
总建筑面积：132321.3m²
停车位：537
容积率：2.96
建筑密度：69%
绿化面积：42309m²
绿化率：94.78%
绿地面积：33308m²
绿地率：74.62%

各分区经济技术指标：

合院式非遗商业游览区：

用地面积：32828.2m²
占地面积：20632.5m²
总建筑面积：42924m²
建筑高度：9.3m
建筑层数：4
停车位个数：39
容积率：1.3
建筑密度：63%

集成式文化演艺综合体：

用地面积：6342m²
占地面积：2337m²
总建筑面积：8902m²
建筑高度：16.8m
建筑层数：4
停车位个数：94
容积率：1.4
建筑密度：37%
剧院座位数：300

互动式科技文旅酒店、科技娱乐公司办公管理大厦：

用地面积：9272.2m²
占地面积：4411.9m²
总建筑面积：62590.8m²
建筑高度：132m
建筑层数：24 28
停车位个数：302
容积率：6.75
建筑密度：47%
酒店房间个数：264

可变式文创共享园区：

用地面积：5672.3m²
占地面积：3320m²
总建筑面积：17904.5m²
建筑高度：20m
建筑层数：6
停车位个数：102
容积率：3.16
建筑密度：53%

城市设计概念溯源

少城记忆 — 城内·城外

现代建设 — 留存·重建

基础分区 — 风貌区·非风貌区

城市设计概念深化

城市设计分步解析

Step1：生态缝合

A 延续西郊河的景观绿带，形成服务周边的公园系统

B 通过公园形成主导，营造可以自由漫步的步行区域，串联起地铁站与整个场地，引导人流

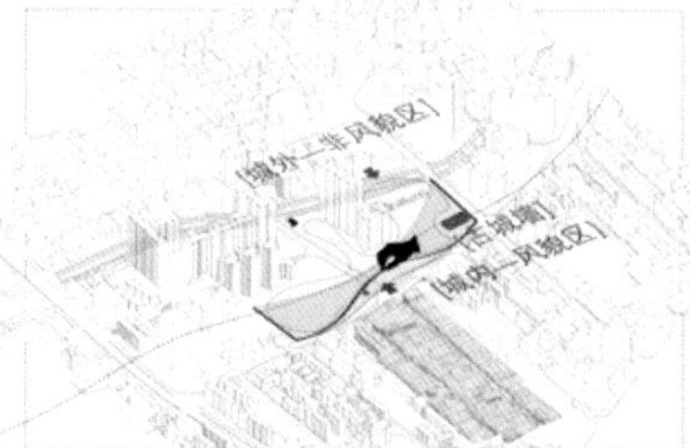

Step2：城内城外

A 延续文化上的城墙内外关系

B 对宽窄巷子和新居民区进行垂直上的关系衔接

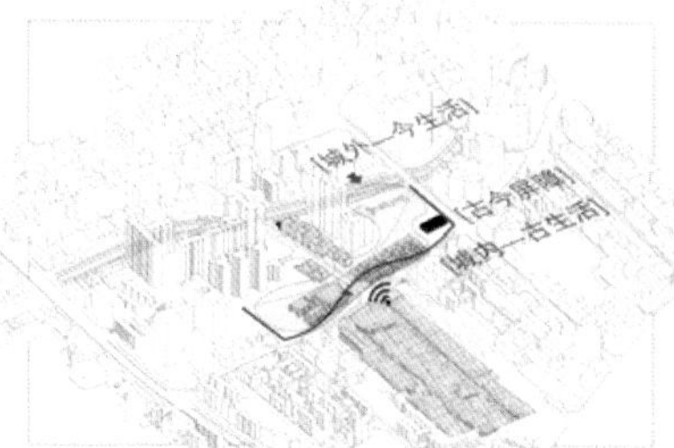

Step3：古今领域

A 城内是仿古街市，可以与热闹的宽窄巷子很好地联系

城外是简洁集约的现代建筑，契合外来的大势所趋

B 起翘的大坡是很好的噪声等因素的屏障，创造了优良安静的大公园空间

Step4：古今节点

A 尊重城墙遗址，退出城墙广场，结合南边的遗址考古，营造遗址公园

B 通过两个公共空间节点的建立，创造古与今的联系

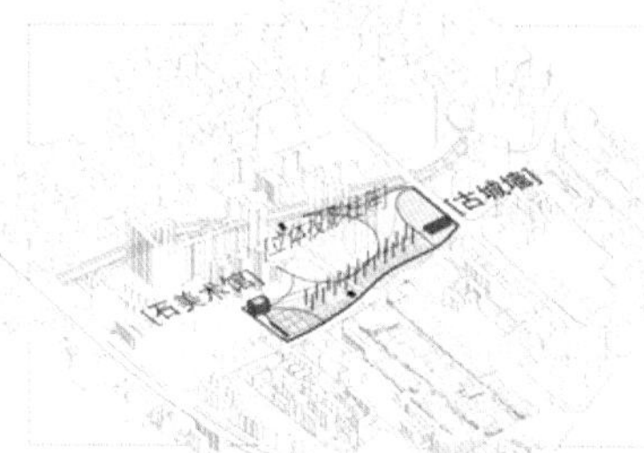

Step5：标志物

A 南部美术馆体量形成标志物，并与城墙呼应

B 草坡上采用可升降式的柱阵系统，丰富公园的活动

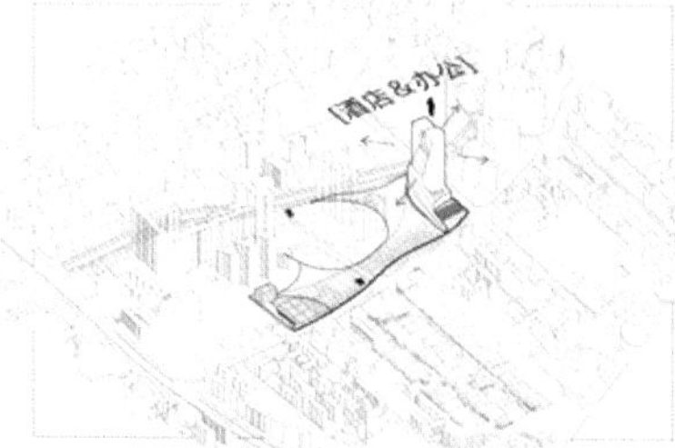

Step6：开发强度

A 在北部放置高容积率的高层，提升整个街区容积率

B 在保证了街区品质的情况下，达成其商业性的目的

用地方式比较

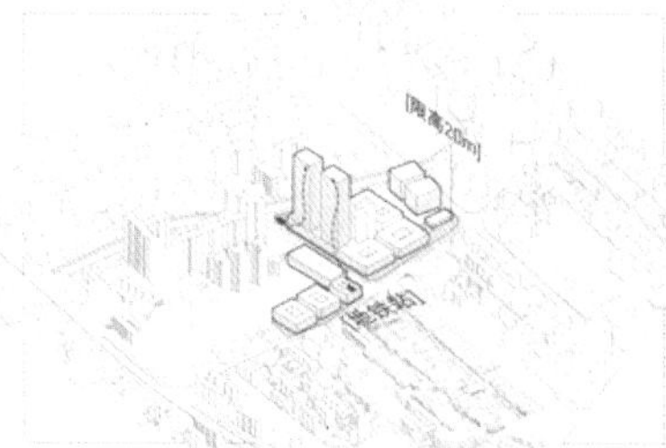

Mode1：[传统 TOD 模式]

A 模式：以交通站点为主导的设计，从交通站直接进入容积率最高的高层

B 缺点：沿街有限高，不能做高容积率的建筑，面积较大的北区可达性差

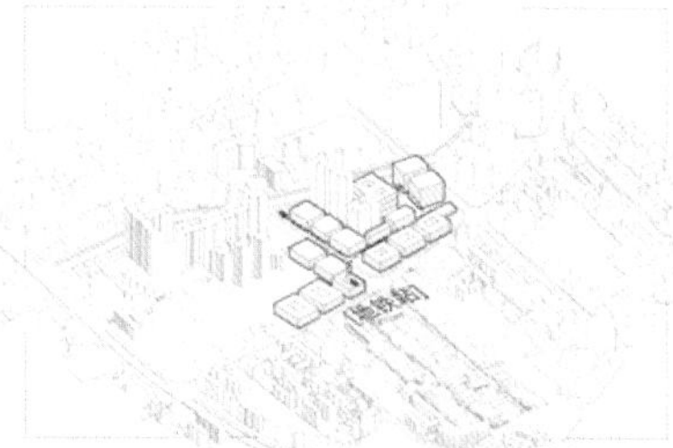

Mode2：[低密度平铺模式]

A 模式：延续宽窄巷子的密度与肌理，平铺整个场地范围

B 缺点：虽然对于北区的联系性加强，但是整体环境品质较差

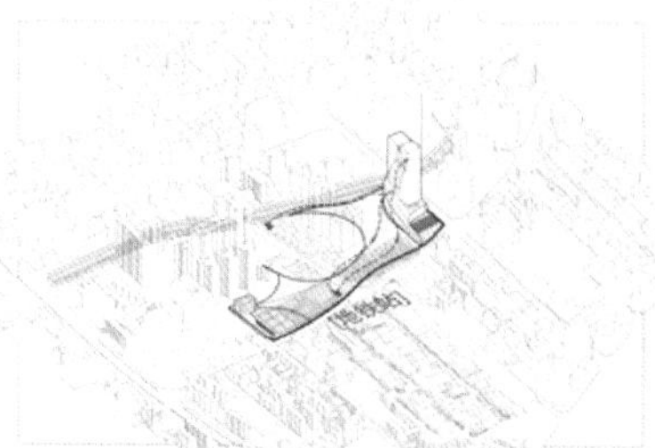

Mode3：[景观导向的新型 TOD 模式]

A 理念：由公共交通站点与高容积率综合楼之间的便捷性到趣味性的转化

B 模式：通过公园系统串联整个园区，并通过古街与公园对人流进行引导

C 优点：保证开发强度的同时，提升街区品质，解决传统 TOD 与场地矛盾

城市设计轴测概览

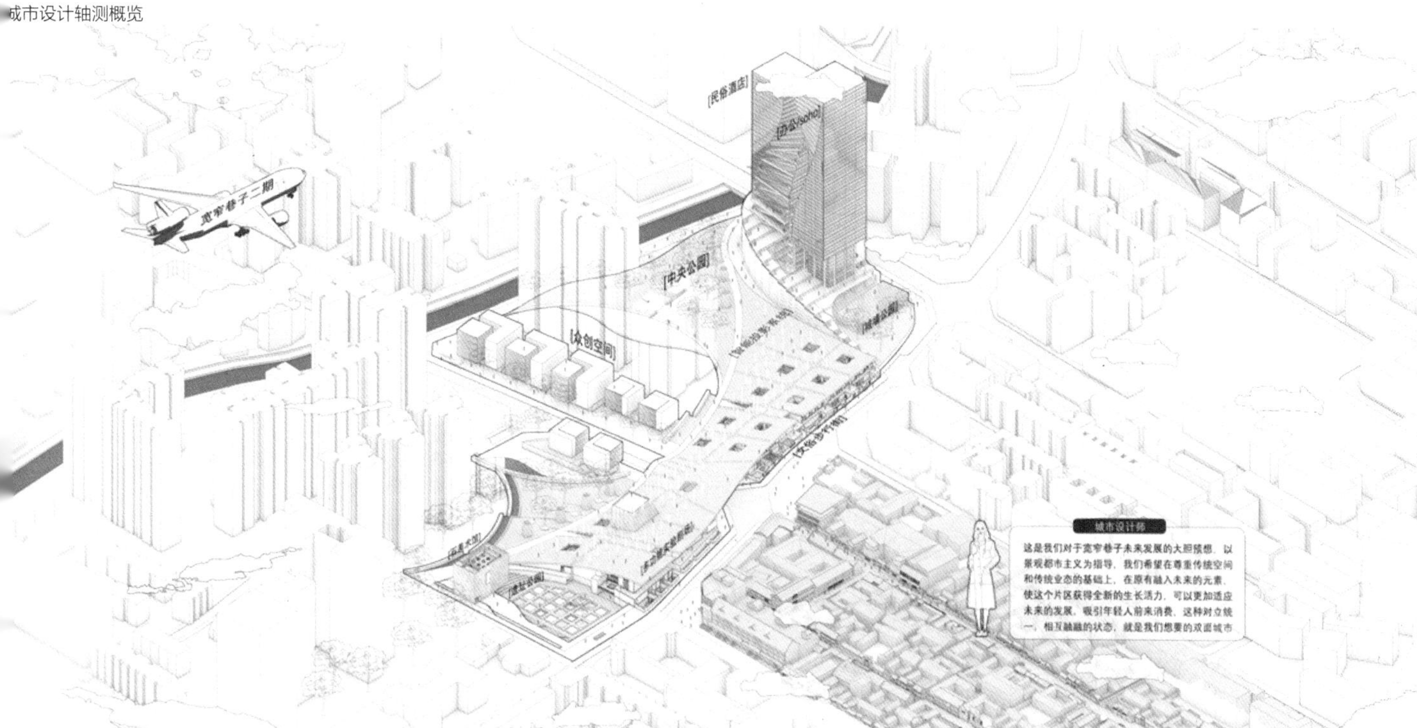

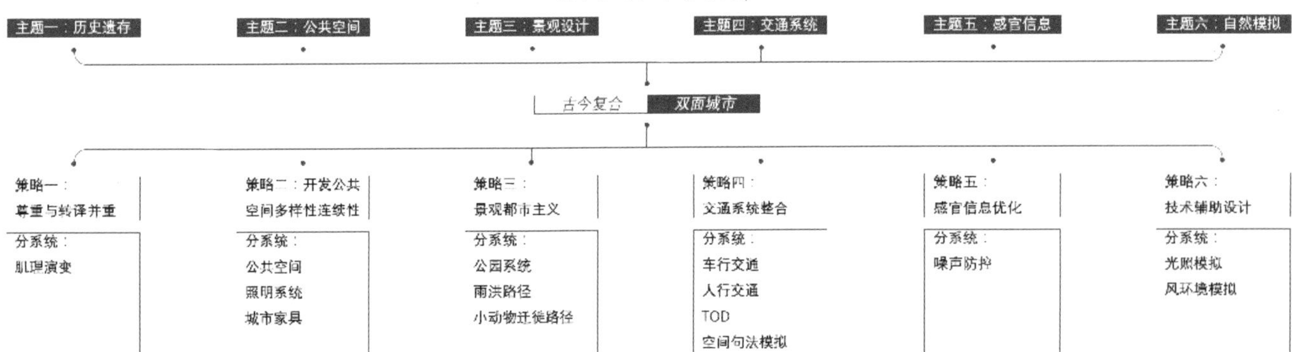
城市设计分系统研究
主题一：历史遗存
主题二：公共空间
主题三：景观设计
主题四：交通系统
主题五：感官信息
主题六：自然模拟
古今复合
双面城市
策略一：
尊重与续译并重
分系统：
肌理演变
策略二：开发公共
空间多样性连续性
分系统：
公共空间
照明系统
城市家具
策略三：
景观都市主义
分系统：
公园系统
雨洪路径
小动物迁徙路径
策略四：
交通系统整合
分系统：
车行交通
人行交通
TOD
空间句法模拟
策略五：
感官信息优化
分系统：
噪声防护
策略六：
技术辅助设计
分系统：
光照模拟
风环境模拟

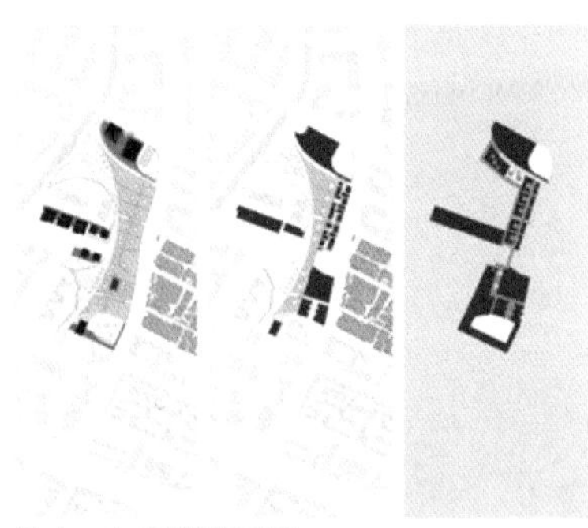
Strategy1：肌理延续与转译

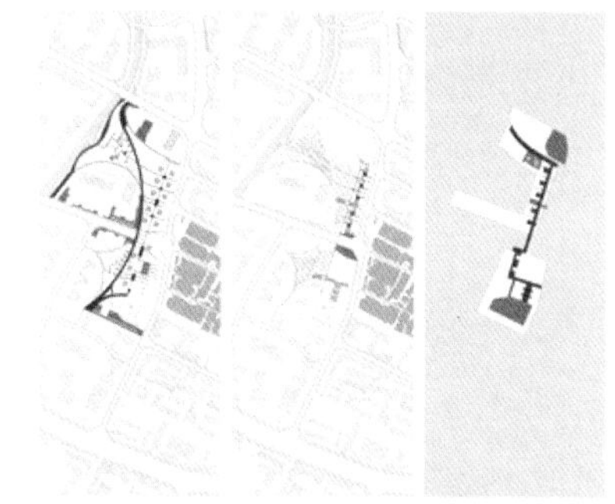
Strategy2：公共空间多样与连续性——公共空间

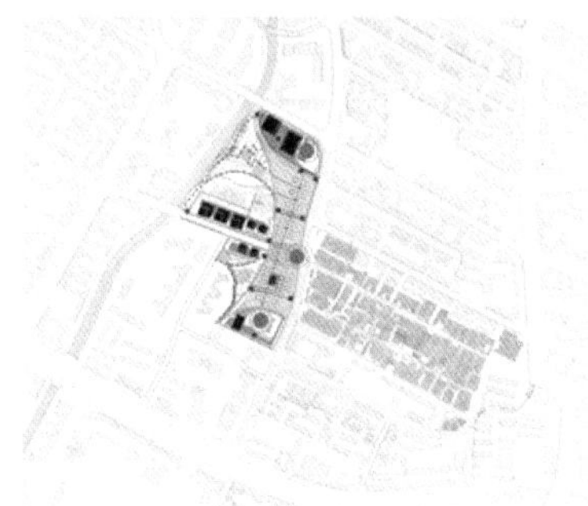
Strategy2：公共空间多样与连续性——照明系统

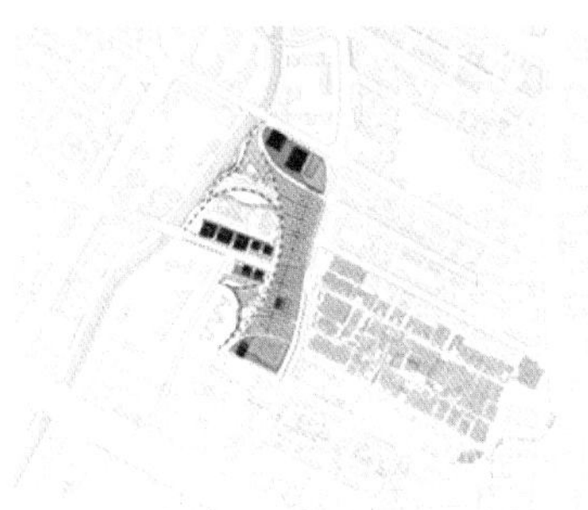
Strategy2：公共空间多样与连续性——城市家具

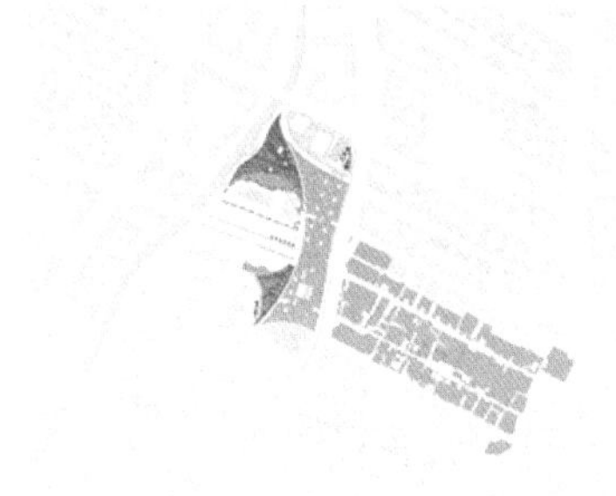
Strategy3：景观都市主义——公园系统

Strategy3：景观都市主义——雨洪路径

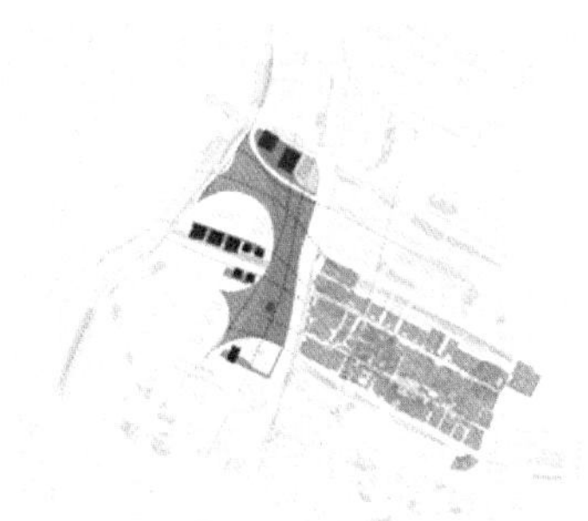
Strategy3：景观都市主义——小动物迁徙路径

Strategy4：交通系统整合——车行交通

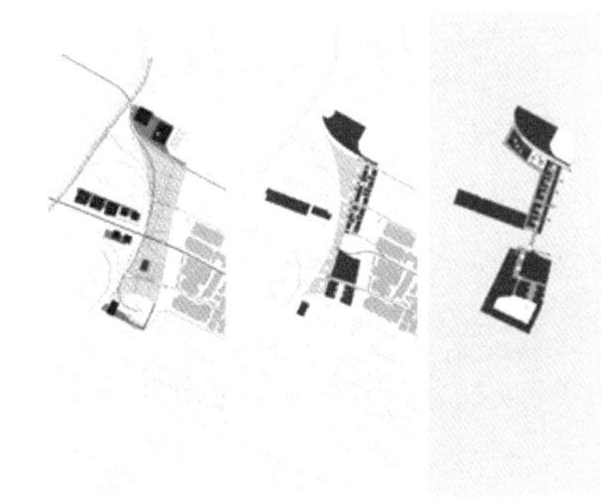
Strategy4：交通系统整合——人行交通

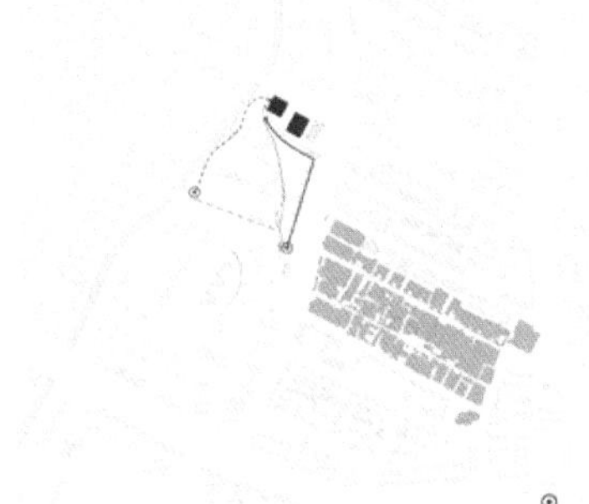
Strategy4：交通系统整合——TOD 升级

Strategy4：交通系统整合——空间句法模拟

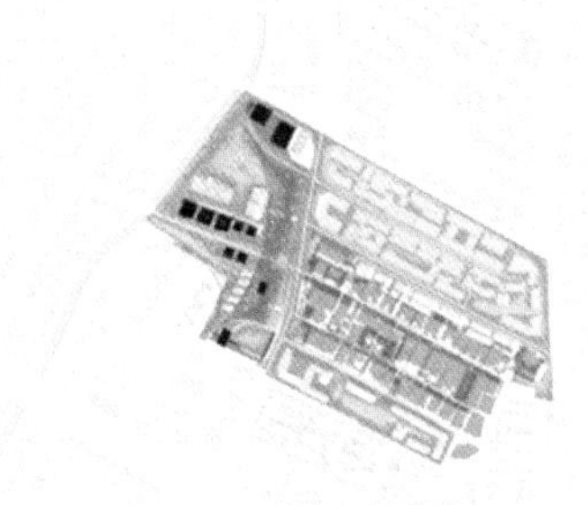
Strategy4：交通系统整合——空间句法模拟

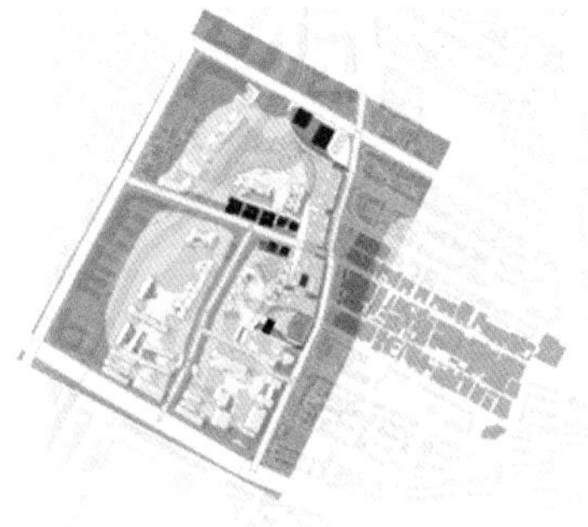
Strategy5：感官信息优化——噪声防控

Strategy6：技术辅助设计——日照环境模拟

Strategy6：技术辅助设计——风环境模拟

集成式演艺文化综合体

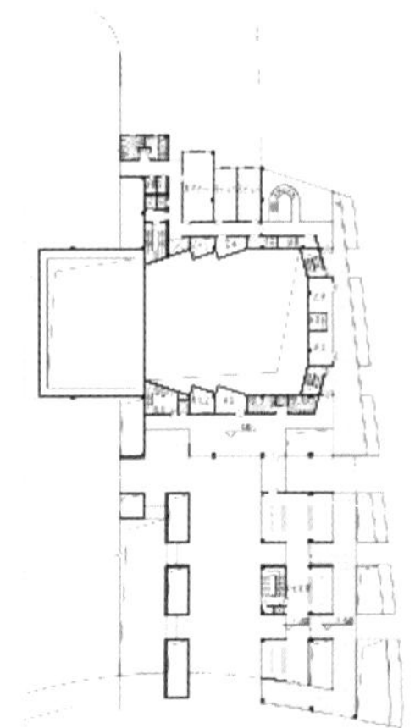

二层平面图　1：2000

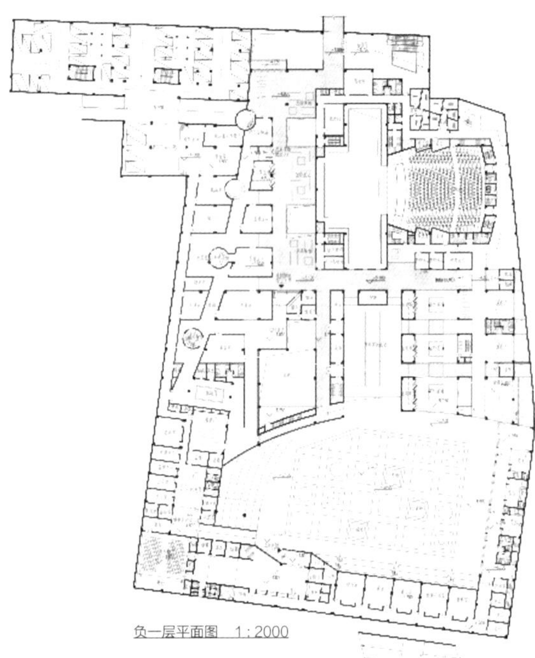

负一层平面图　1：2000

一层平面图　1：2000

负二层平面图　1：2000

院式非遗商业游览区

二层平面图　1：2000

一层平面图　1：2000

负一层平面图

性众创空间

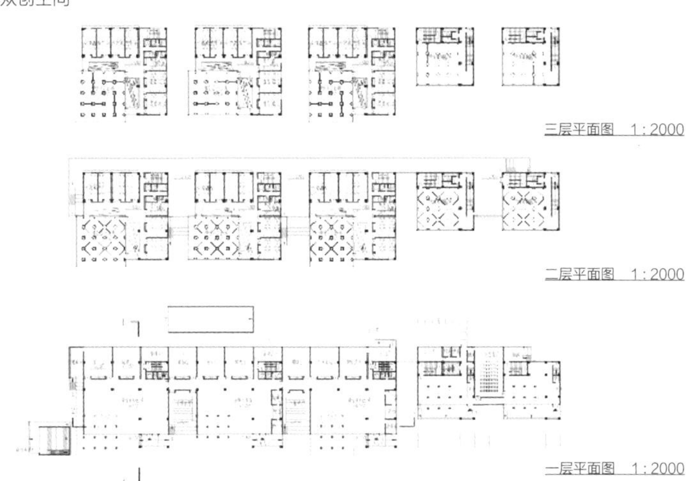

三层平面图　1：2000

二层平面图　1：2000

一层平面图　1：2000

慧交互柱子系统

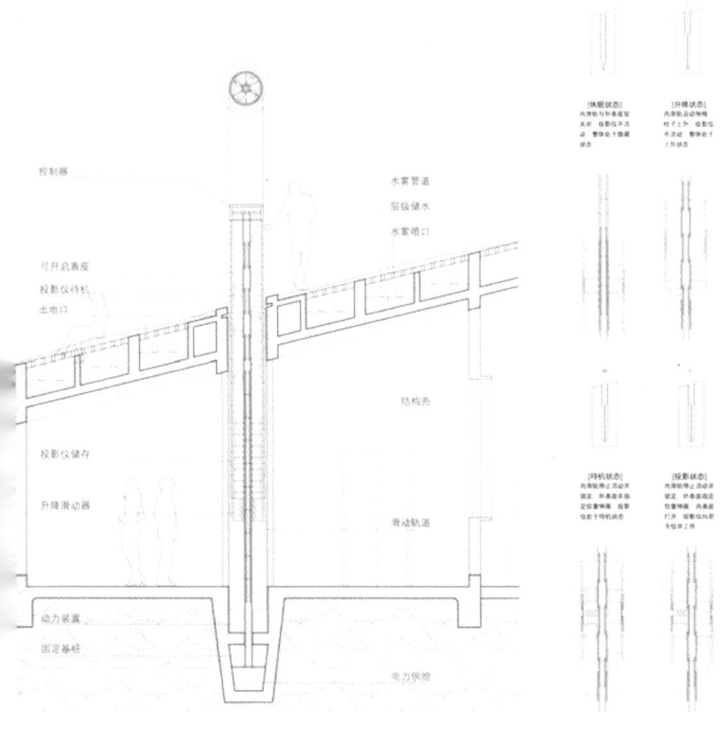

蜀秀——宽窄时尚故事 Chengdu Fashion

厦门大学
设计：张艺媛/杨彦之/周雅楠
指导：宋代风/刘姝宇

[项目挑战]

2012 格调、美食

2013 景点、自驾游

2014 情绪、人生

2015 市井、民间文化

2016 批发、工艺品

2014 火锅、串串

2018 推荐、失望

2019 好吃、打卡

"宽窄巷子"关键词
新浪微博数据爬取

2020 ?????

[项目策划]

成都视觉力量之历史遗产

清代陈昌治刻本《说文解字》之蜀
【卷十三】【虫部】蜀
葵中蠶也。上目象蜀头形，中象其身蜎蜎。《诗》曰："蜎蜎者蜀。"市玉切

清代段玉裁《说文解字注》
葵中蠶也。葵而雅释文引作桑。蜀，桑中虫也。传言虫，许言蠶者，蜀似蠶也

成都视觉力量之风貌区

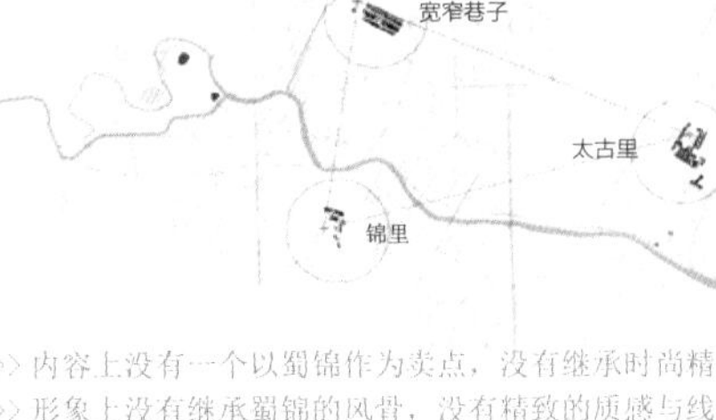

>> 内容上没有一个以蜀锦作为卖点，没有继承时尚精神
>> 形象上没有继承蜀锦的风骨，没有精致的质感与线条

目标：吸引具有消费能力的年轻人来消费时尚

>> 引入时尚业态并二者融合，提高宽窄巷子整体多样性，以物质空间的多样性为商业多样性提供可靠基石
>> 与宽窄巷子一期有效结合，提高业态的多样性，成既有时尚又有历史的成都视觉名片。

[场地条件制约]

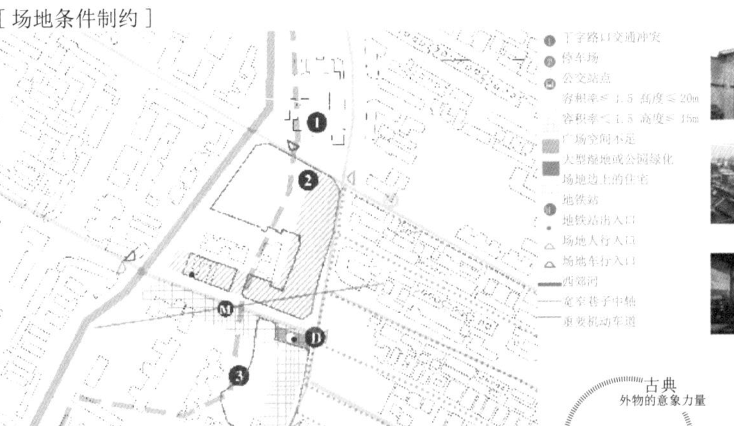

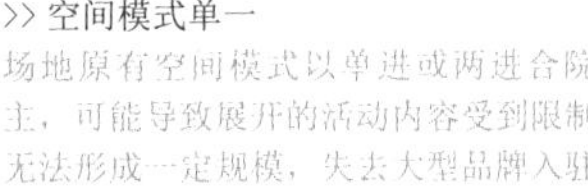

>> 过度还原历史风味

导致细部和材料的运用受到限制，虽成保持传统建筑形象，也继承了传统建筑制约与粗制构造细部。

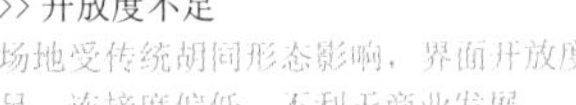

>> 空间模式单一

场地原有空间模式以单进或两进合院主，可能导致展开的活动内容受到限制无法形成一定规模，失去大型品牌入驻可能性

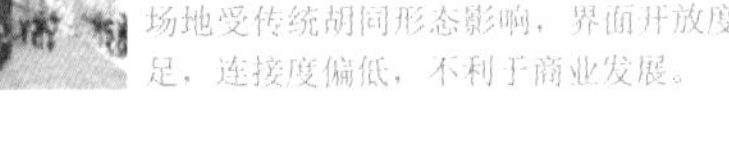

>> 开放度不足

场地受传统胡同形态影响，界面开放度足，连接度偏低，不利于商业发展。

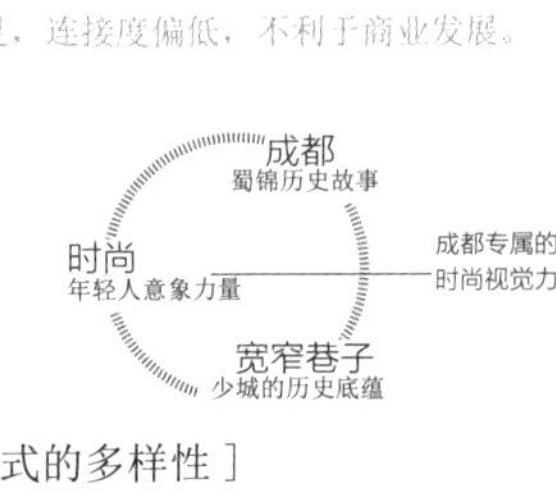

[总平面图]

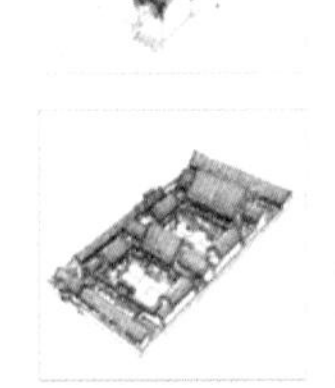

[空间形式的多样性]

单进院落

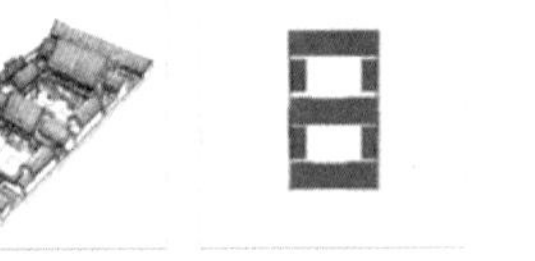

多进院落

庭园、

大公园

评语：

本组的毕业设计从项目策划出发，涉及城市设计、景观设计、建筑设计甚至部分室内设计等多个维度。由此我们深刻认知到，城市环境和人居环境质量的提升不仅有赖于建筑设计本身，而且涉及大到对土地利用性质的安排、生物种类的引入，小到建筑细部的打磨与甄选等众多问题的考量。通过一学期的毕设学习，小组成员们城市与建筑设计知识深度得到提升，知识面广度得到大幅拓宽，同时更认识到人生发展的更多可能。本次毕设留下的不仅是一份城市与建筑设计成果，也启发了我们开拓人生领域的可能性，相信人生路漫漫，我们的未来不仅于建筑学。

[城市设计生成]

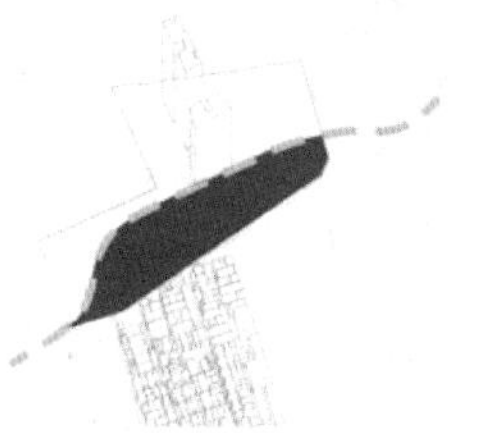

STEP 1] 根据城墙位置划分城内、外，分为风貌区和非风貌区。

[STEP 4] 在风貌区与非风貌区之间嵌入大公园。

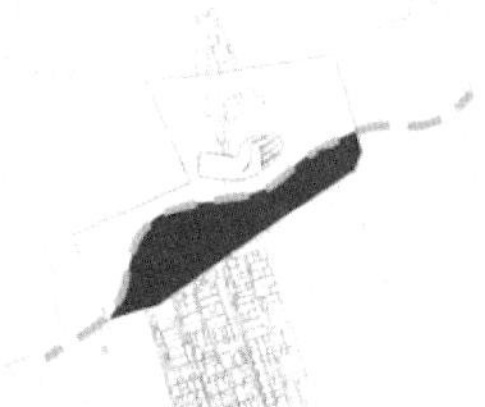

STEP 2] 风貌区后退避让现有的住宅区部分。

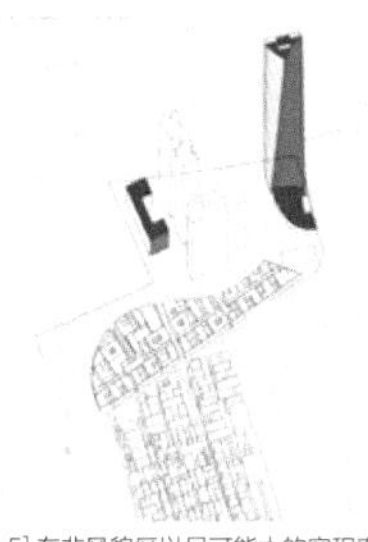

[STEP 5] 在非风貌区以尽可能大的容积率设置时尚产业建筑。

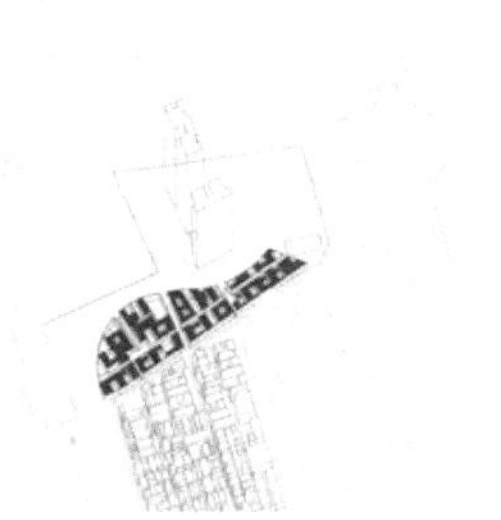

STEP 3] 形成风貌区的院落肌理。

[STEP 6] 下挖公园、建立廊桥以保证周边居民区的私密性，并建立快速步行通路。

[城市设计思路]

城市空间的分配与组织

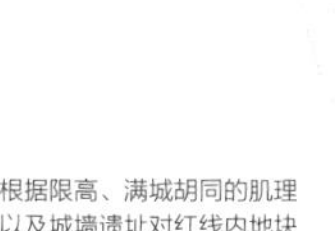

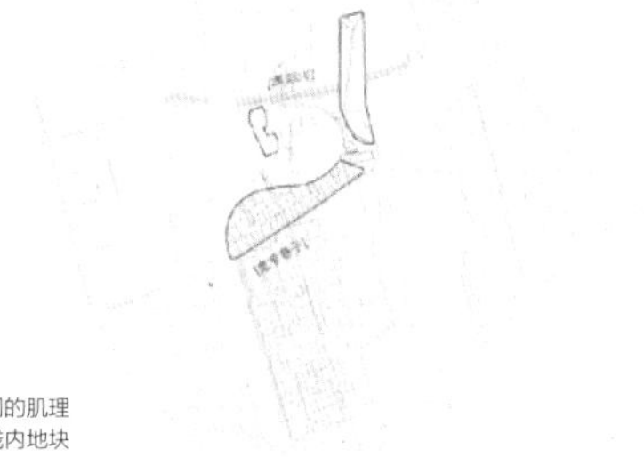

根据限高、满城胡同的肌理以及城墙遗址对红线内地块进行分区，将场地分为西侧的时尚区和东侧的风貌区，同时做到了开发强度的满足与传统意象的保护。

城市意象的引导与控制

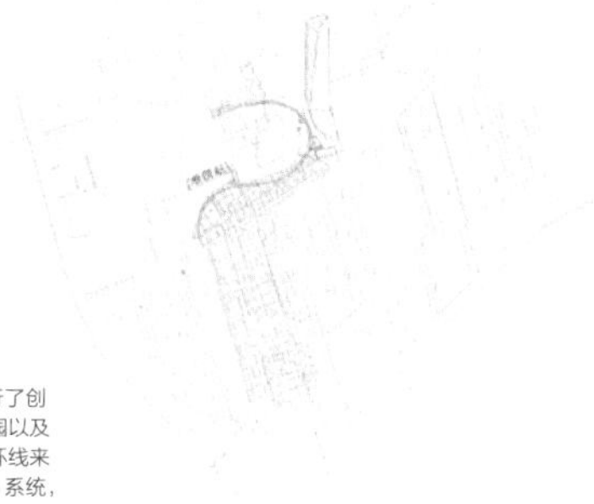

对传统 TOD 模式进行了创新，通过一个下沉公园以及环绕公园的快速步行环线来组织宽窄巷子的 TOD 系统，使得时尚区和历史区相联系，也为高层创造宜人步行。

[分系统轴测]

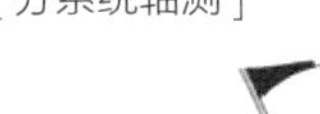

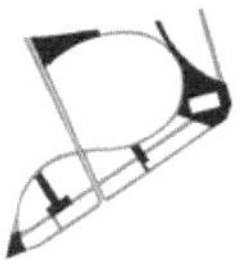

人行系统：创造内街

车行系统：改单行

绿化系统

公共空间系统

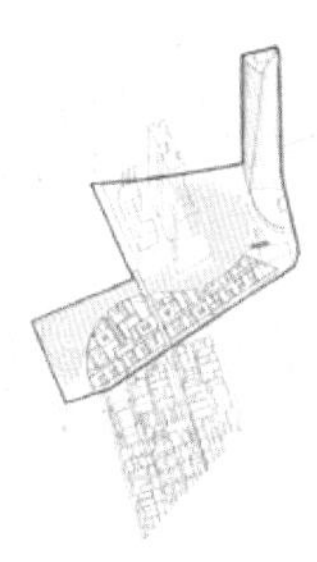

[用地规划]

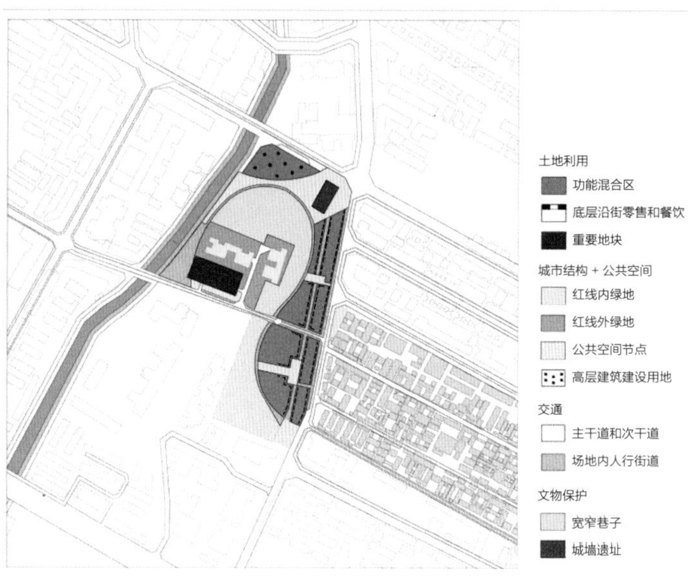

[绿化系统]

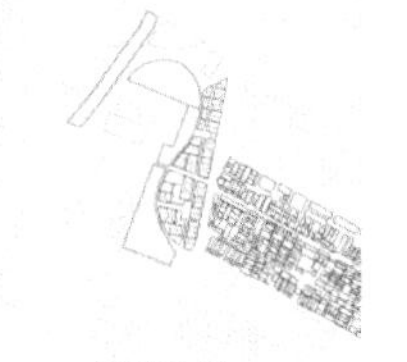

[STEP 1]
根据功能需要对公园进行分区

[STEP 2]
通过公共空间节点与建筑互相渗透

[STEP 3]
设置户外秀场并进行景观细化

[一层平面图]

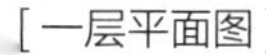

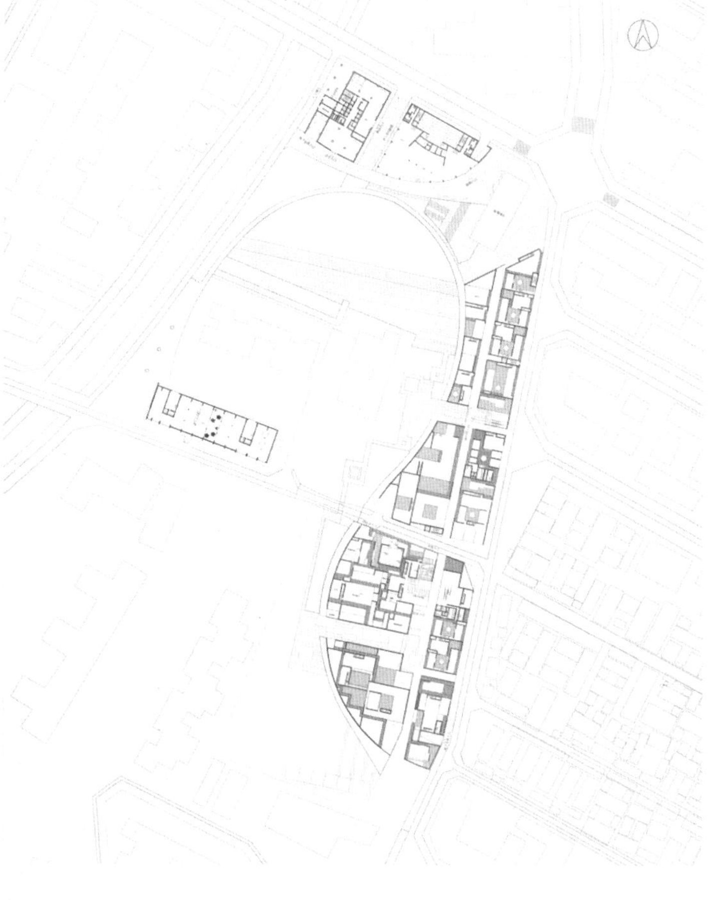

[时尚非风貌区建筑]

[高层建筑]

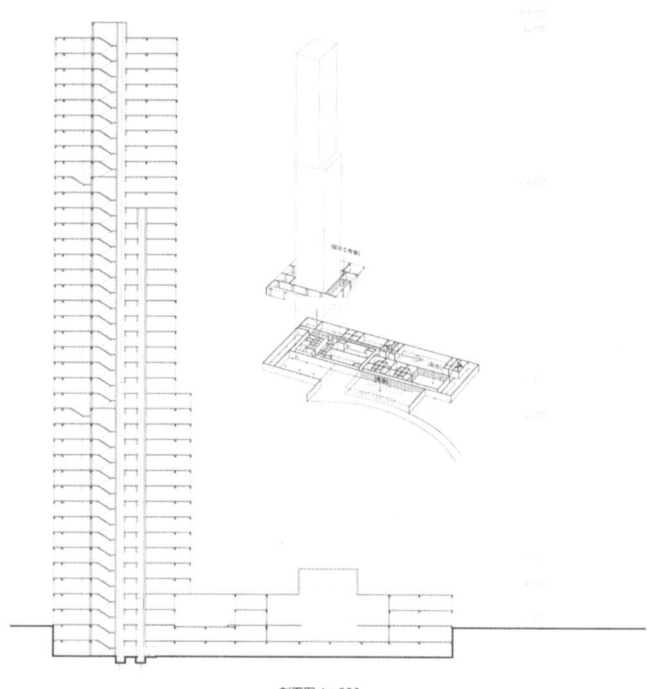

剖面图 1 : 600

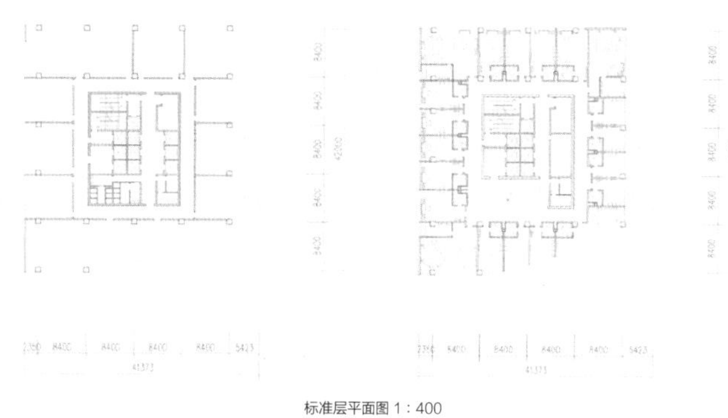

标准层平面图 1 : 400

[活动中心]

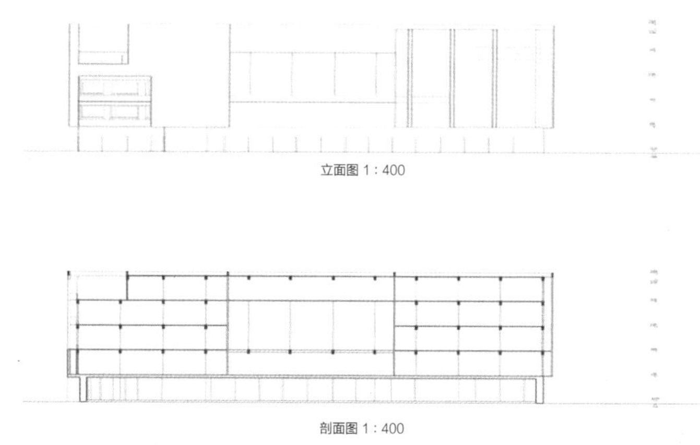

立面图 1 : 400

剖面图 1 : 400

[风貌区单体设计]

模块 A
模块 B
模块 C
模块 D
模块 E
模块 A
一层平面图 1 : 400
二层平面图 1 : 400
D-A 立面图 1 : 400
A-D 立面图 1 : 400
A-A 剖面图 1 : 400
B-B 剖面图 1 : 400
模块 B
一层平面图 1 : 400
二层平面图 1 : 400
A-D 立面图 1 : 400
D-A 立面图 1 : 400
A-A 剖面图 1 : 400
B-B 剖面图 1 : 400
模块 C
一层平面图 1 : 400
二层平面图 1 : 400
A-F 立面图 1 : 400
F-A 立面图 1 : 400
剖面图 1 : 400
模块 D
一层平面图 1 : 400
二层平面图 1 : 400
剖面图 1 : 400
A-D 立面图 1 : 400
D-A 立面图 1 : 400
模块 E
一层平面图 1 : 400
二层平面图 1 : 400
E-A 立面图 1 : 400
A-E 立面图 1 : 400
剖面图 1 : 400

[风貌区——蜀锦文化园]

[溯源——说文解字]

甲骨文 yuán 袁

篆书 yuán 袁

遠

院墙

yuán 園 园林

塑造"远"的方式：
叙述的层次
空间的层次
实体的层次

[建筑生成——叙述层次]

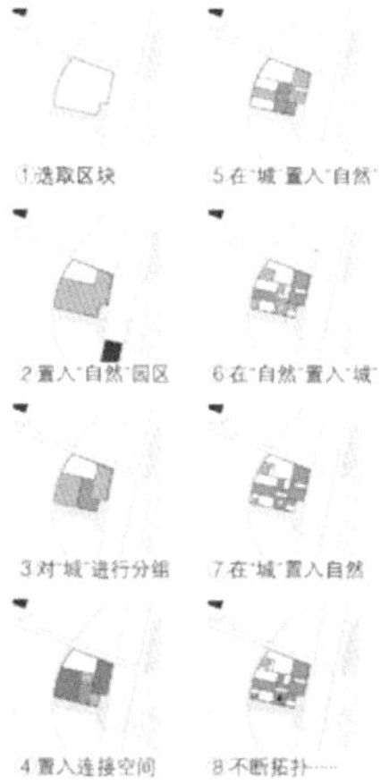

1 选取区块
2 置入"自然"园区
3 对"城"进行分级
4 置入连接空间
5 在"城"置入"自然"
6 在"自然"置入"城"
7 在"城"置入自然
8 不断拓扑……

[技术图纸]

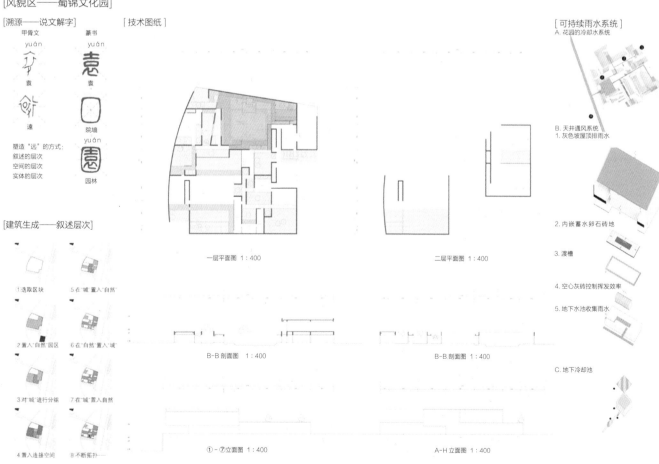

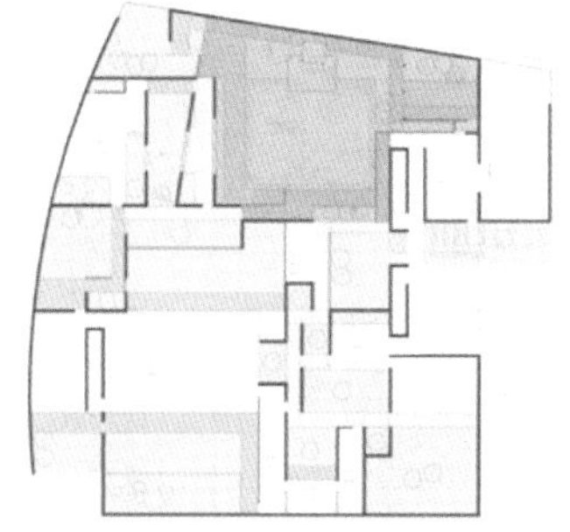

一层平面图 1：400

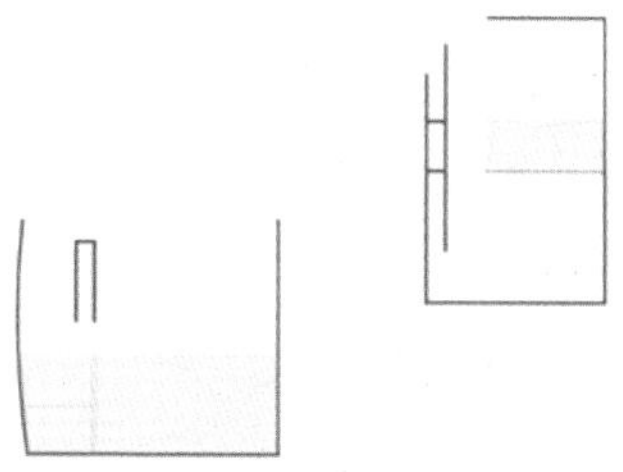

二层平面图 1：400

B-B 剖面图 1：400

B-B 剖面图 1：400

①-⑦立面图 1：400

A-H 立面图 1：400

[可持续雨水系统]

A. 花园的冷却水系统

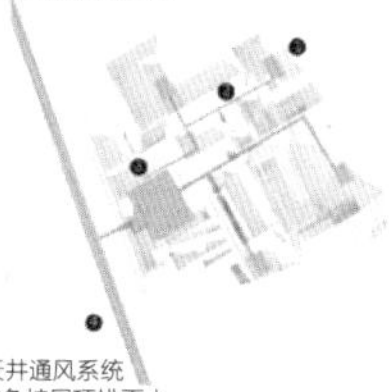

B. 天井通风系统
1. 灰色坡屋顶排雨水
2. 内嵌蓄水卵石砖地
3. 渡槽
4. 空心灰砖控制挥发效率
5. 地下水池收集雨水

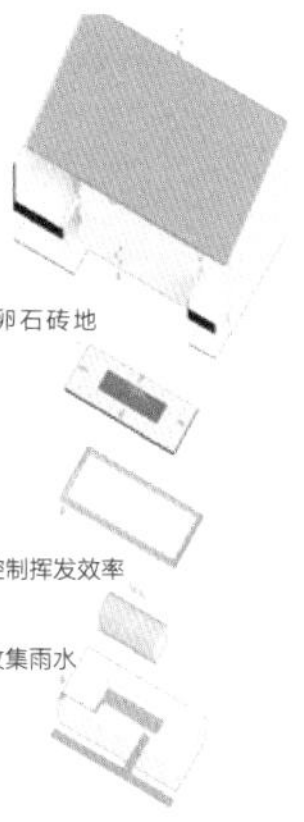

C. 地下冷却池

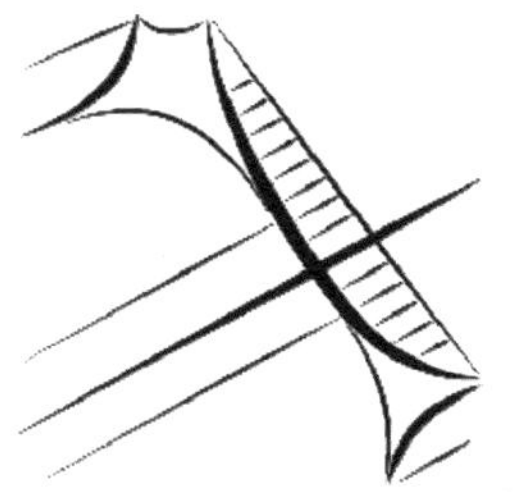

墙的独白
Monologue of wall

厦门大学
设计：路广 / 李秋雨 / 张品文
指导：刘姝宇 / 宋代风

评语：

本次联合毕业设计对于本组而言是一次独特经历。虽然突如其来的疫情带来很多遗憾，但我们将这次设计作为城市设计方法学习的绝佳机会，努力吸收城市设计方法的精髓。在指导老师倾情指导下，小组成员分工明确、合作紧密。成都是一座有着悠久历史的城市，历经三千年未改名易址，有着深厚的文化积淀。因此，我们把目光聚焦在场地的历史与文化向量上，试图深挖场地历史渊源和在地文化本质，使得方案充分展现人文关怀。同时，最终方案在空间上呈现出清晰的结构性，充分表现了生态效应与城市性的差异与整合，实现了各地块内部的空间层级组织。

场地分析

前期调研中，从场地一般性七问题入手展开系统性的分析。旨在对场地及宽窄巷子片区有更全面的诊疗，以便在后续的城市设计中能够对症下药。

经调研，我们认为“文化失忆”“绿意失衡”为此场地的两大弊病。

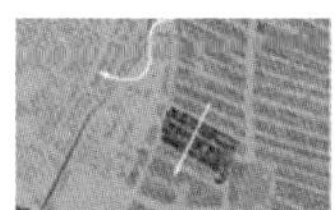

风水格局

1. 日照不足。
2. 场地内水向西郊河排放。
3. 宽窄巷子内有热岛效应，西郊河起拔风作用。

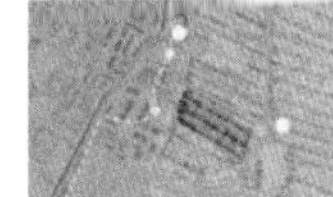

物质性记忆

1. 宽窄巷子位于少城之外，满城之内。
2. 清城墙穿过场地。
3. 满城鱼骨状肌理基本保留。

交通系统

1. 宽窄巷子适合做 TOD 中心站点。
2. 场地东侧连接度高，西侧连接度低。

噪声

1. 场地附近受蜀都大道和同仁路交通噪声影响最大，其次是宽窄巷子的人流噪声。
2. 广场和十字路口噪声大。

公共空间

1. 场地周边公共空间不足。
2. 重要的节点广场有三处。
3. 宽窄巷子高宽比在适宜的尺度范围内，街道感受良好。

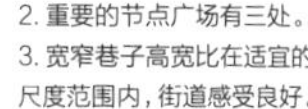

视线通达性

1. 宽窄巷子为周边建筑最低区域。

2. 周边最高点为北部高层住宅，高度 90m。

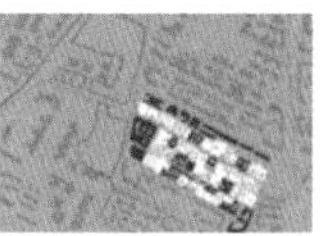

业态

1. 宽窄巷子餐饮类业态占比高，业态同质化严重。
2. 建筑空间单一，是导致业态同质化的原因之一。

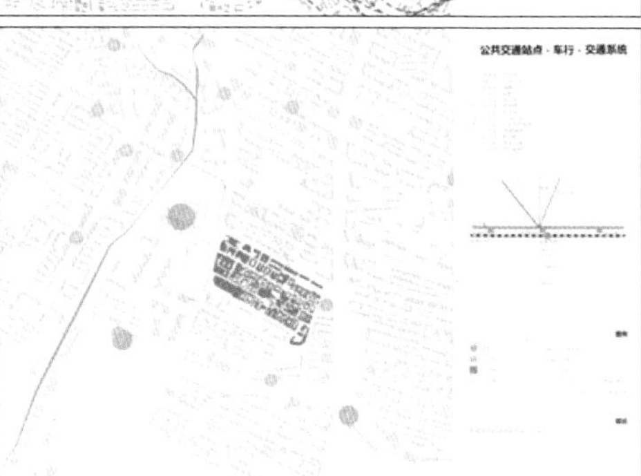

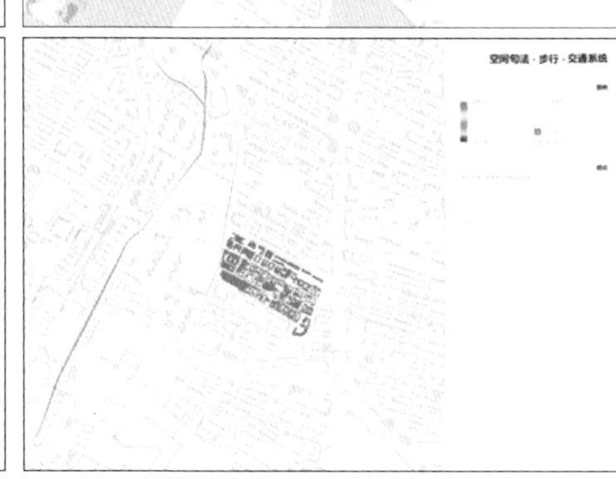

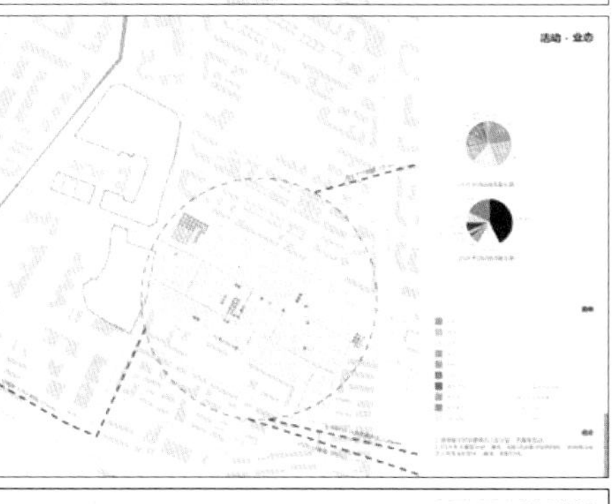

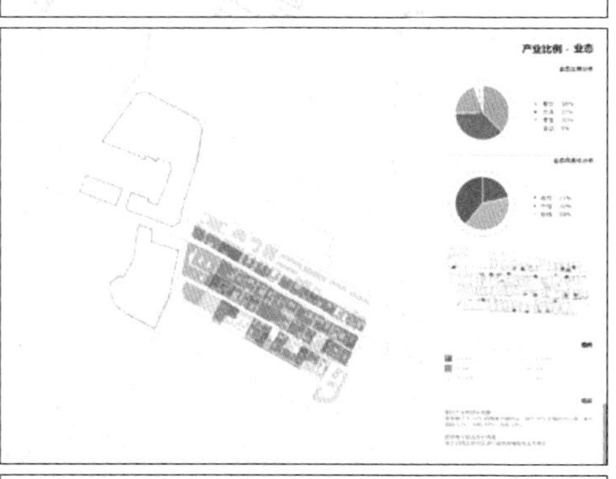

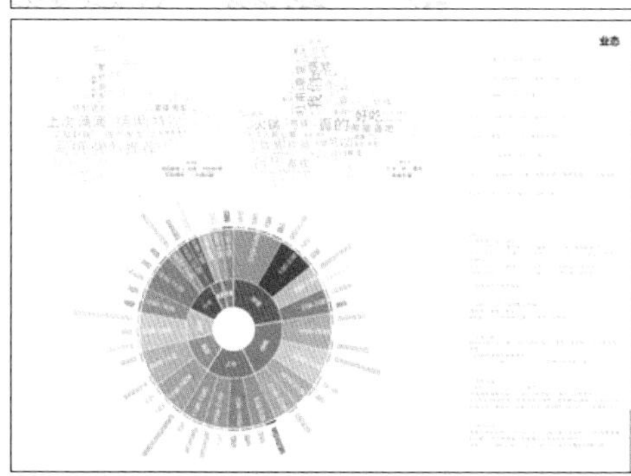

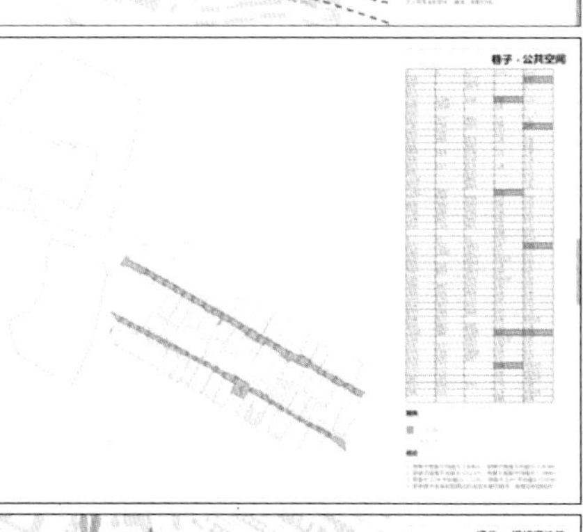

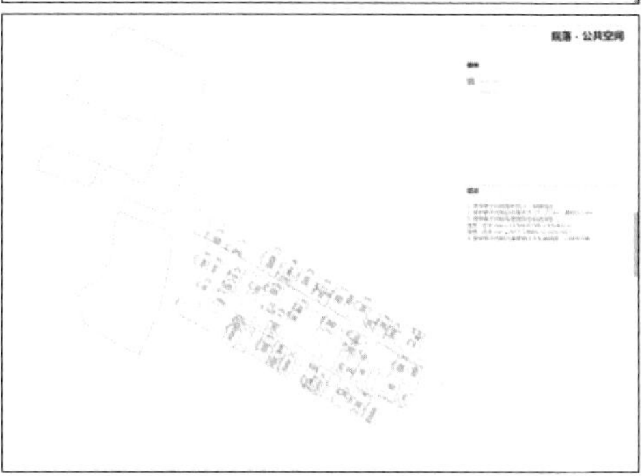

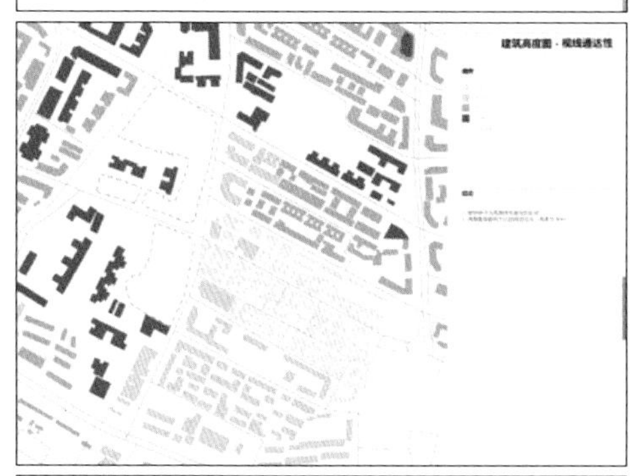

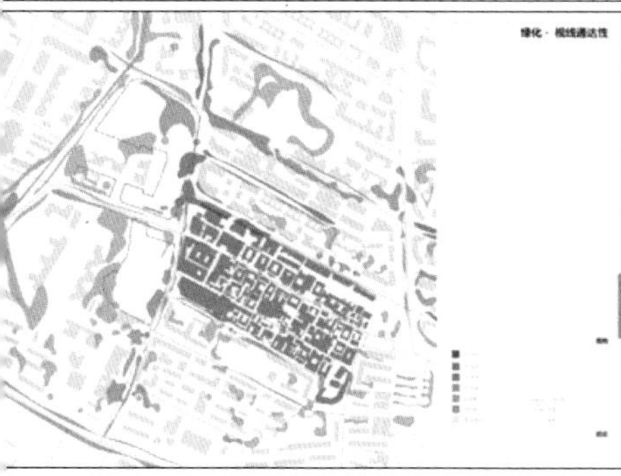

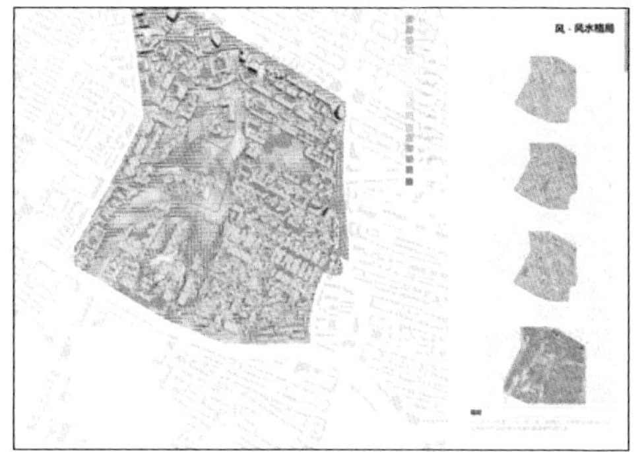

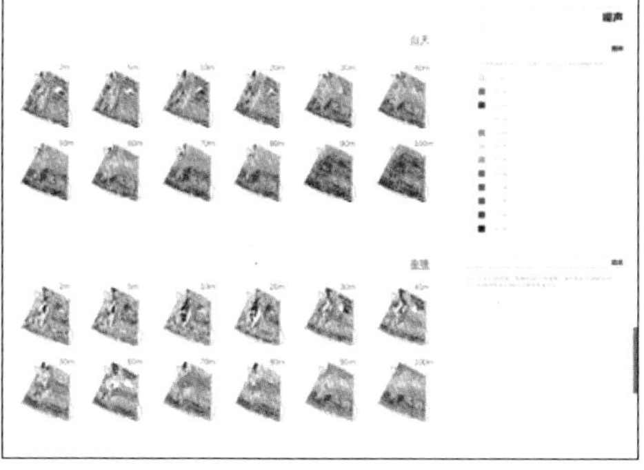

思维导图

宽窄巷子与川剧同源性研究

间离效果的启示

经过资料调研，寻找最能够代表宽窄巷子的文化。宽窄巷子和川剧形成时期相同，文化本质相似，是最能体现宽窄巷子片区历史发展特征的一种在地文化。将川剧定为设计主题，探究是否能为宽窄巷子找到缺失的亮点。

汪曾祺曾写道：中国戏曲中真正有意识运用间离效果的是川剧。间离效果（Defamiliarization Effect）主张演员、角色、观众三者之间的辩证关系，即演员高于角色，驾驭角色，表现剧中人物而不是融化于角色之中。利于揭示事物的因果关系，暴露事物的矛盾性质，使人们认识改变现实的可能性。

受其启发，我们希望在建筑中也运用间离效果，观众就是建筑中的人，演员就是建筑，角色就是要回溯的历史。人在建筑中感受到历史，但不被历史束缚，在现代的语境中能有所启发。

从旧城墙到新城墙系统

唐代　五代　唐代　民国　近代　2020

川剧文化园区业态规划

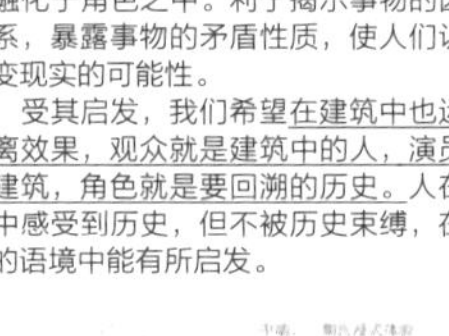

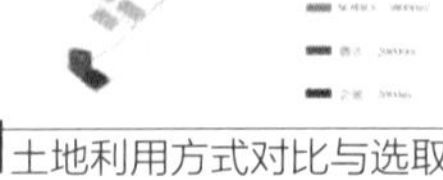

土地利用方式对比与选取

1. 传统 TOD 开发模式
优：最大化利用交通资源，带来商业价值。
劣：宽窄巷子历史风貌区周边限高 24m，靠近地铁站无法建设高层。

2. 低层高密度建设区和非建设区（绿化）交织的开发模式
优：最大程度延续了宽窄巷子的城市肌理。
劣：容积率较低，商业价值未最大化利用。

3. 低层高密度、高层高密度建设区和非建设区（绿化）结合的开发模式
优：为城市提供了绿色通廊。既延续了历史肌理，又提升了商业价值。

城市设计形体推演

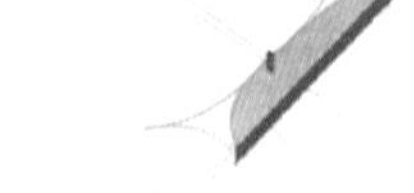

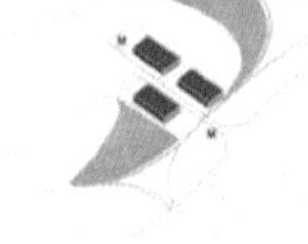

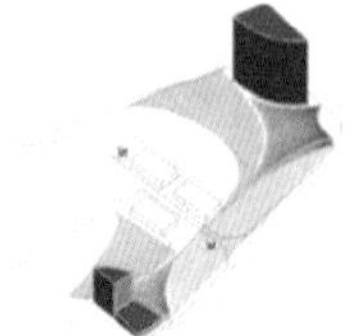

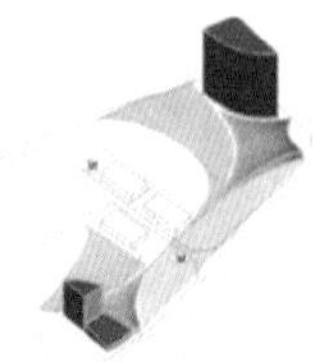

1. 以城墙线划分场地，区分生态性和城市性
满城城墙遗址线将场地分为两部分，历史上左边是城外的自然山水，右边是城内的市井生活。因此，这道线将场地建设区与非建设区划分开，也区别了人工与自然、传统与未来。

2. 抬升的地面将自然与城市区域柔性连接
基于景观都市主义，将地面抬升，使之成为连接场地内自然属性与城市属性之间的连接体。这样的空间操作使右侧重现了昔日城墙的城市界面，而左侧与大地景观融为一体。

3. 城内区下挖作博物馆，地上留出人工绿地
城内部分下挖作为博物馆，在地下延续宽窄巷子的肌理，地上创造出遗迹般的氛围；留出较大尺度的绿化广场，作为宽窄巷子新的入口节点，并置入标志物，明确区域属性。

4. 城外体块集中地铁站布置，留出湿地公园
城外延续宽窄巷子主要道路和轴网，以新的材料和空间转译传统街区。同时，将建设区和非建设区明确划分，留出湿地公园，创造生态补偿。

5. 置入高层，通过绿地公园使之与地铁连接
在满足限高要求和交通要求的情况下置入高层体块，提升场地容积率，并通过人工绿地和自然湿地与地铁站连接，实现新型 TOD 模式。

方案分析

以凯文 · 林奇 (Kevin Lynch) 的城市设计五要素为依据，分系统细化方案。景观系统中，城墙以西设置自然湿地，以东设置人工绿地，沿西郊河形成条带状景观。交通系统中，区别了快速交通、慢速交通和静态交通，使交通有效分级。公共空间系统中，规定了公共空间的位置和其之间的联系。功能系统中，结合川剧相关业态考虑功能混合模式，最大化地活化此片区。通过噪声分析和眩光分析，新方案较之前达到更佳的生态性。

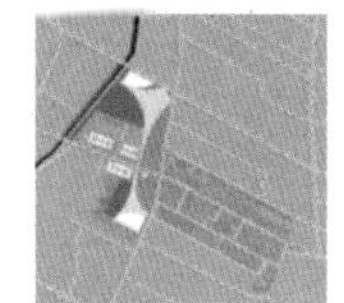
土地利用

公共空间分析

景观分析

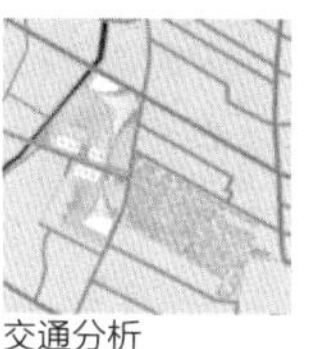
交通分析

功能分析

技术分析

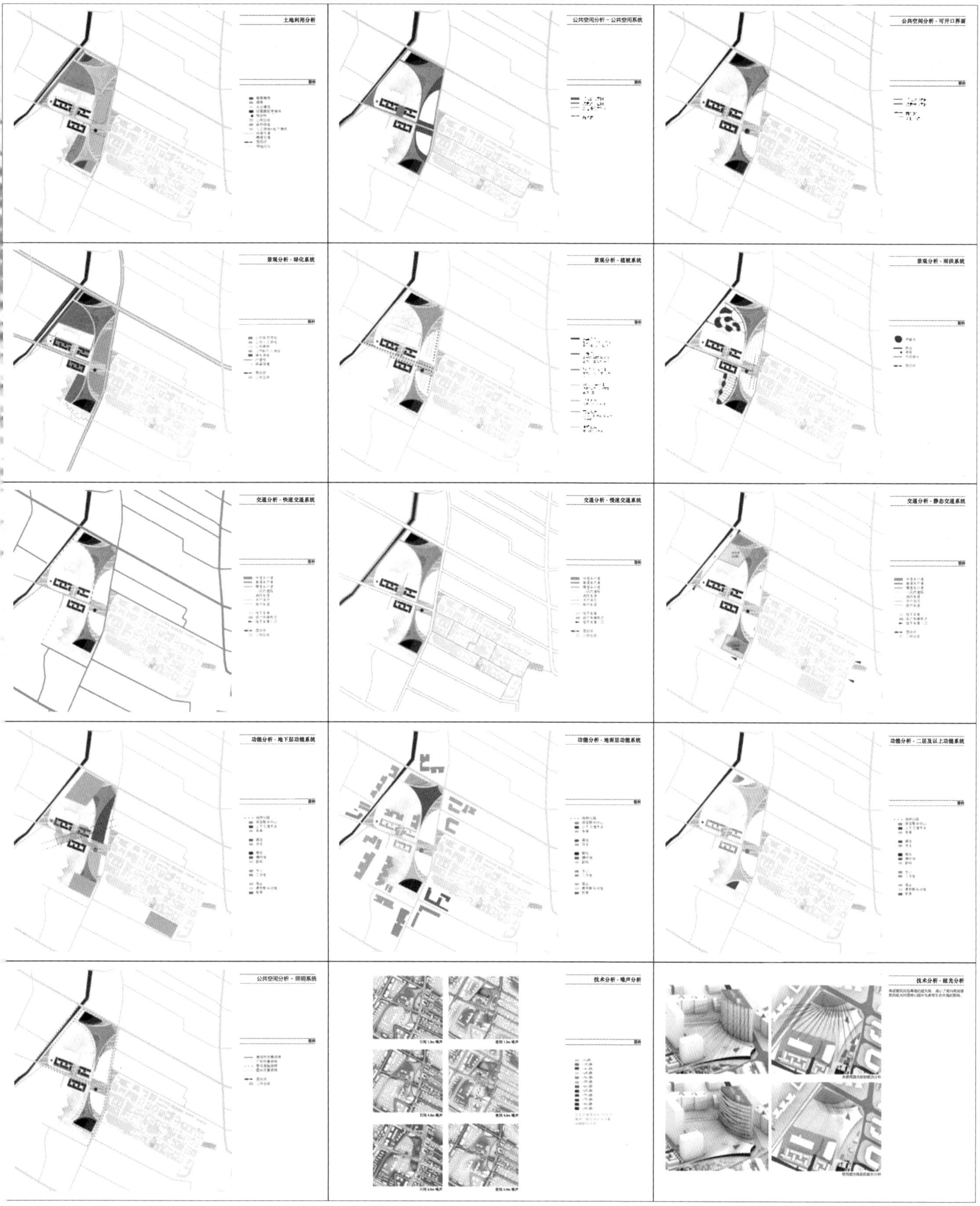

土地利用分析

公共空间分析 - 公共空间系统

公共空间分析 - 可开口界面

景观分析 - 绿化系统

景观分析 - 植被系统

景观分析 - 雨洪系统

交通分析 - 快速交通系统

交通分析 - 慢速交通系统

交通分析 - 静态交通系统

功能分析 - 地下层功能系统

功能分析 - 地面层功能系统

功能分析 - 二层及以上功能系统

公共空间分析 - 照明系统

技术分析 - 噪声分析

技术分析 - 眩光分析

新城墙（地景建筑）结构分析

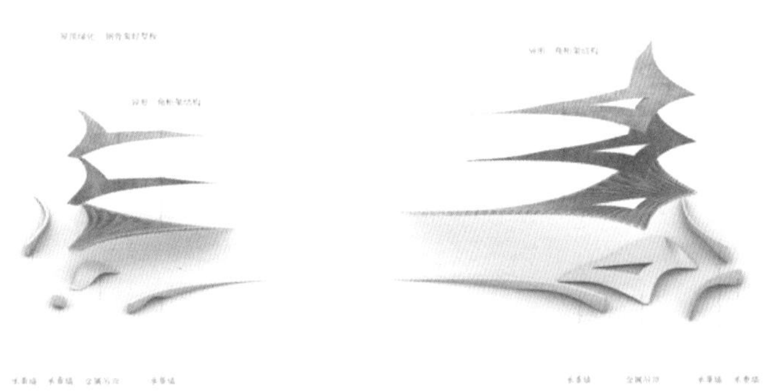

城市设计总平面图

新城墙立面及构造

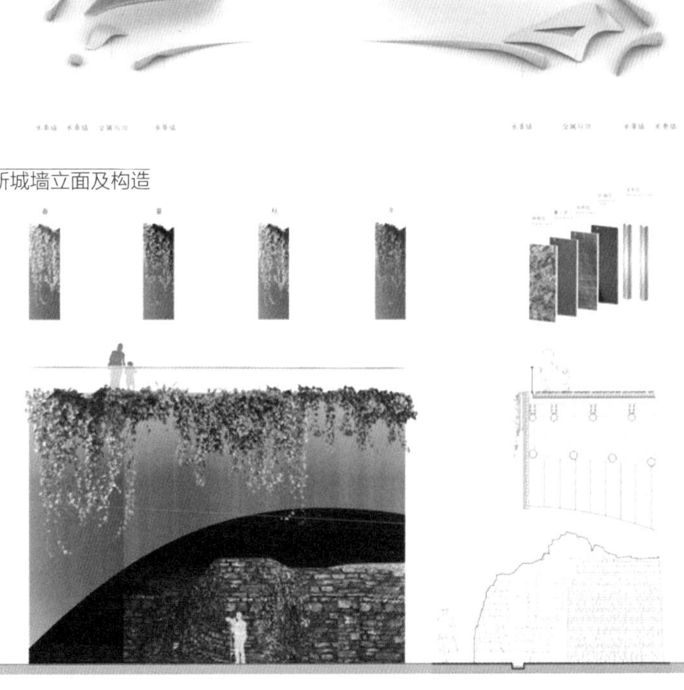

垣 · 艺术中心 设计学生，李秋雨

设计说明

该设计致力于打造地上舒适的人工公园，延续城墙记忆，因此将艺术中心建筑体量埋入地下。北区为艺术博览馆，南区为多功能礼堂。

以清代城墙线为界，该地块与宽窄巷子一样同属于少城之内。故延续满城街道肌理，地上的道路演变为地下艺术中心的厚墙系统，区分服务空间与被服务

经济技术指标

北区

占地面积：11983m²	总建筑面积：17309m²	绿化率：0.91
地下建筑面积：12187m²	容积率：0.42	停车位：23个
地上建筑面积：5122m²	绿化面积：10851m²	

南区

占地面积：7617m²	总建筑面积：13996m²	绿化率：0.96
地下建筑面积：11649m²	容积率：0.31	停车位：22个
地上建筑面积：2347m²	绿化面积：7304m²	

一层平面图

总平面图

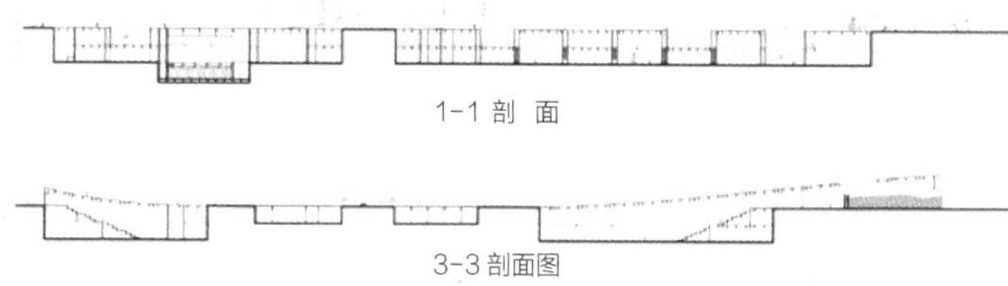

1-1 剖 面

3-3 剖面图

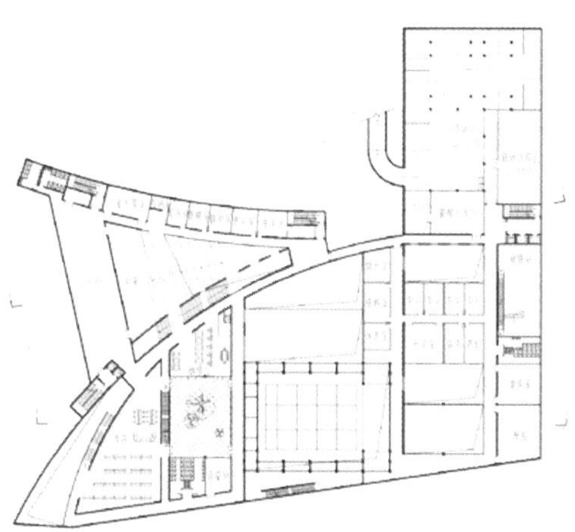

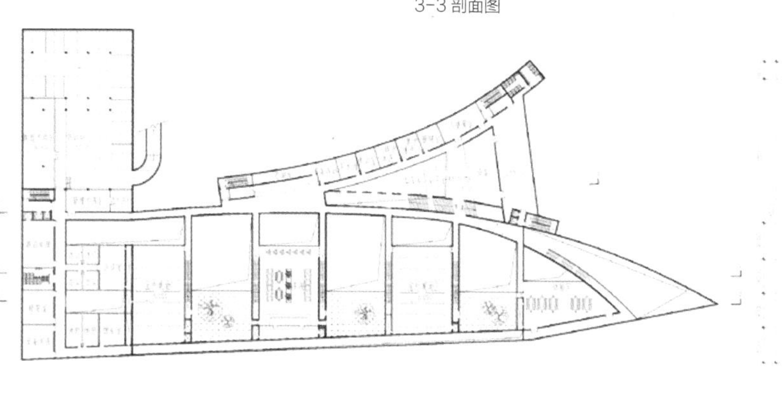

负一层平面图

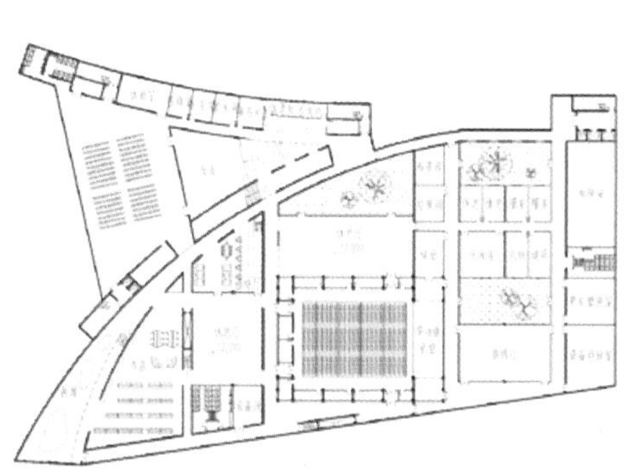

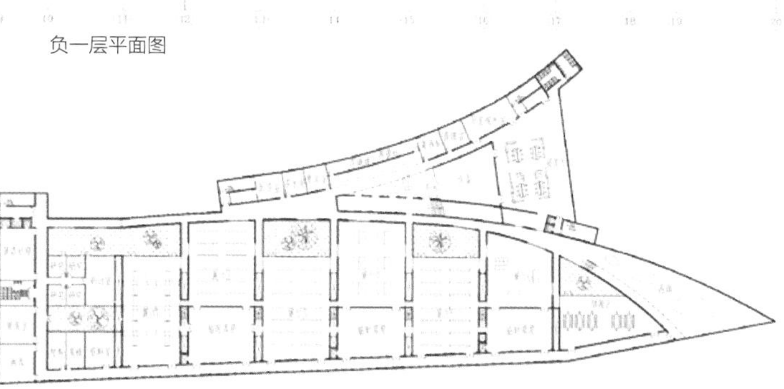

负二层平面图

陌 · 文创街区 设计学生：张品文

设计说明

场地位于宽窄巷子附近，古城墙遗迹的西侧，从城市设计角度讲，它既适合作为宽窄巷子肌理的延伸，又在满城之外，宜创造出与宽窄巷子完全不同的空间和氛围。

因此，新建筑采用了宽窄巷子 9mx9m 的网格进行平面规划，框定出宽窄巷子空间。

经济技术指标

用地面积：8775m^2
占地面积：6408m^2
地上建筑面积：9881m^2
地下建筑面积：2393m^2
总建筑面积：12274m^2
容积率：1.13
停车位：64 个

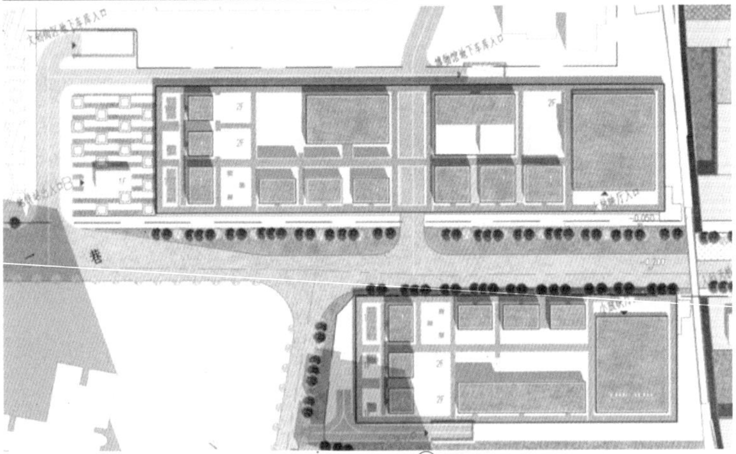

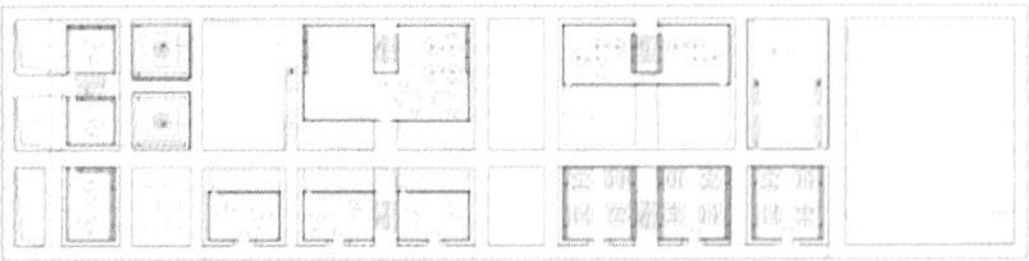

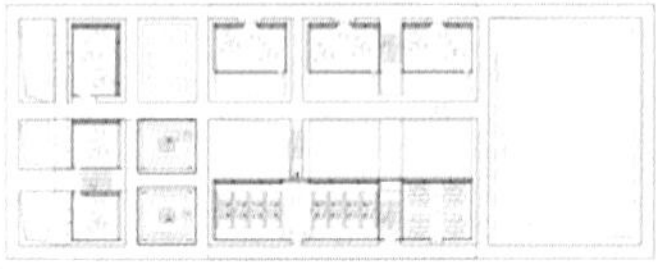

二层平面图

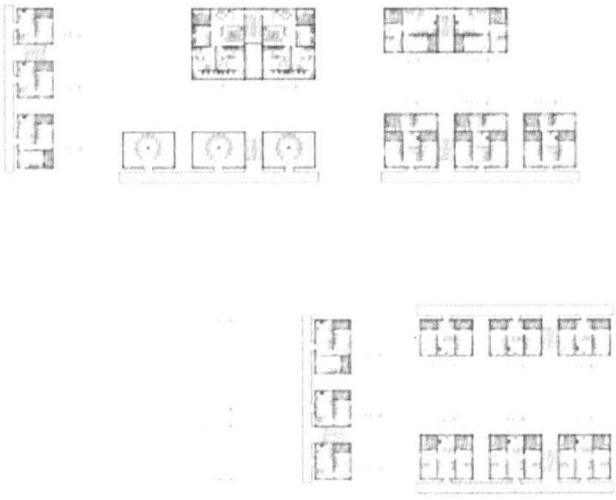

三层平面图

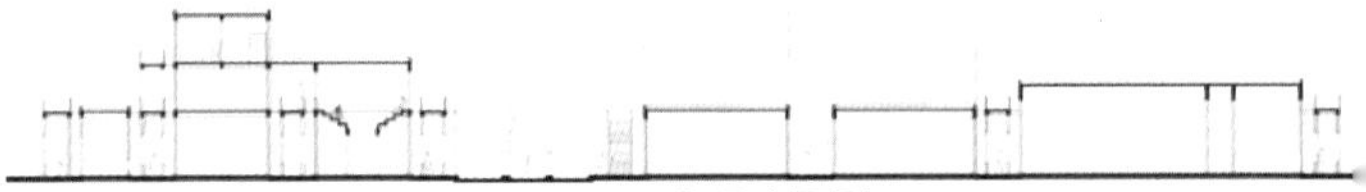

总平面图

B-B 剖面图

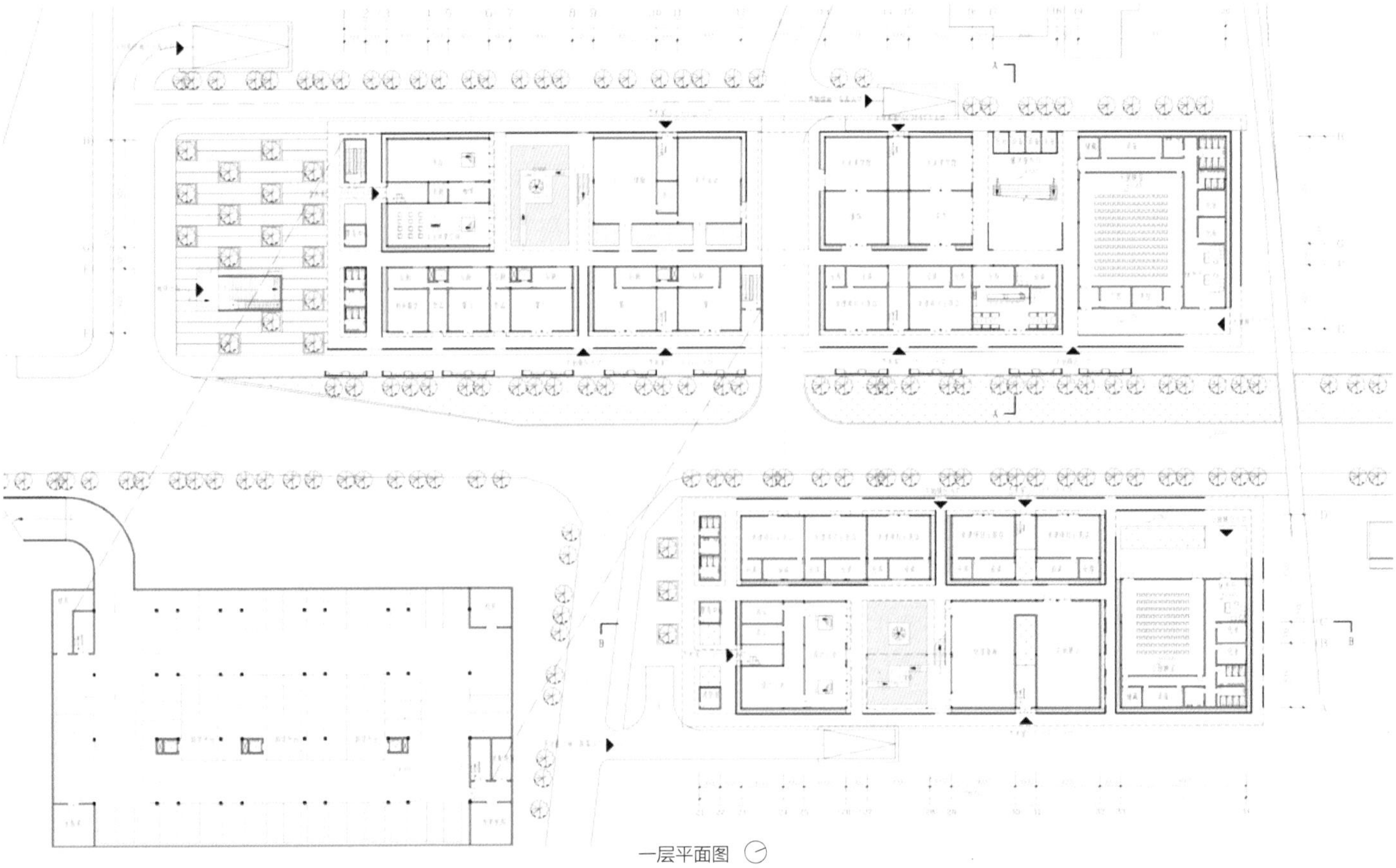

一层平面图

璧 · SOHO　设计学生：路广

设计说明

两栋高层建筑依托于整体的城市规划考虑之上，北侧建筑功能定义上为办公 + SOHO，结合城市设计的场地形状以及其大面积的南向立面与南边毗邻的湿地公园，采取了外层遮阳百叶，间隙安放光伏太阳能板的双层幕墙设计，减小建筑幕墙眩光对于湿地公园生态环境的破坏和整体建筑能耗，立面上与场地整体相呼应。

经济技术指标

占地面积：2110m²
建筑面积：37980m²
停车位：99 个

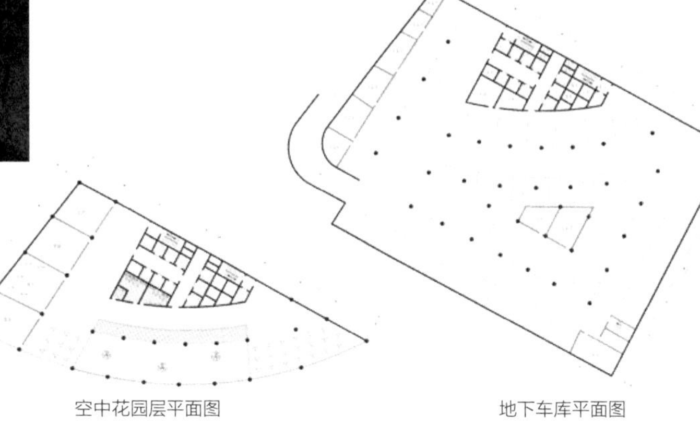

一层平面图

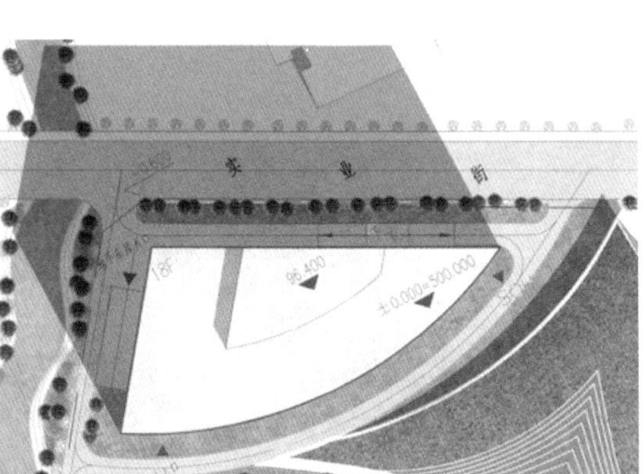

总平面图

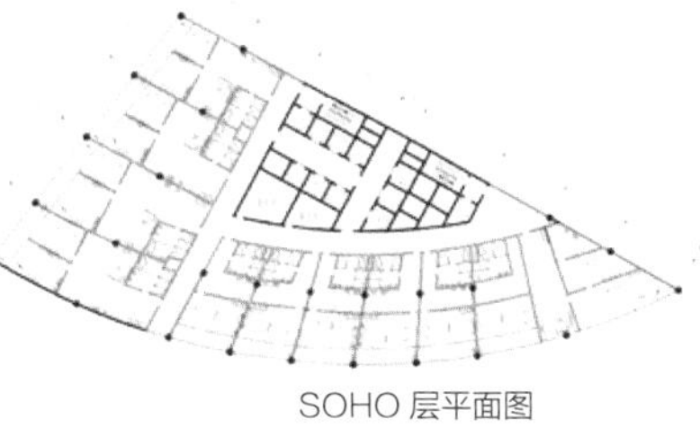

空中花园层平面图

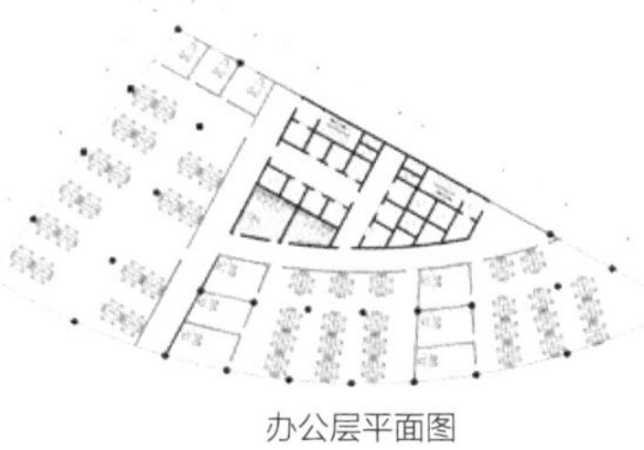

地下车库平面图

SOHO 层平面图

办公层平面图

璧 · 酒店　设计学生：路广

设计说明

两栋高层建筑依托于整体的城市规划考虑之上，北侧建筑功能定义上为办公 + SOHO，结合城市设计的场地形状以及其大面积的南向立面与南边毗邻的湿地公园，采取了外层遮阳百叶，间隙安放光伏太阳能板的双层幕墙设计，减小建筑幕墙眩光对于湿地公园生态环境的破坏和整体建筑能耗，立面上与场地整体相呼应。

经济技术指标

占地面积：2356m²
建筑面积：20012m²
停车位：96 个

二层平面图

一层平面图

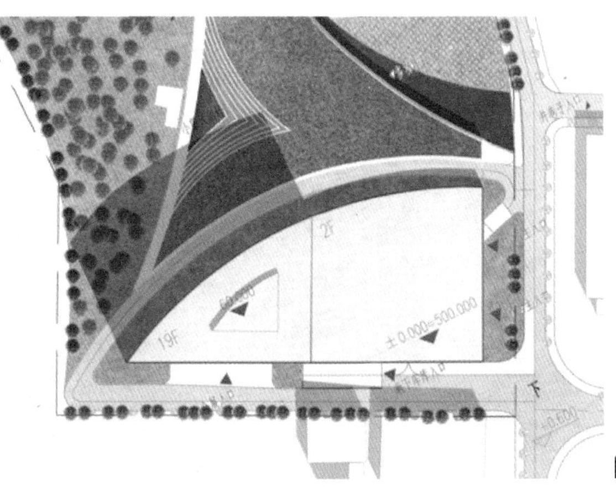

总平面图

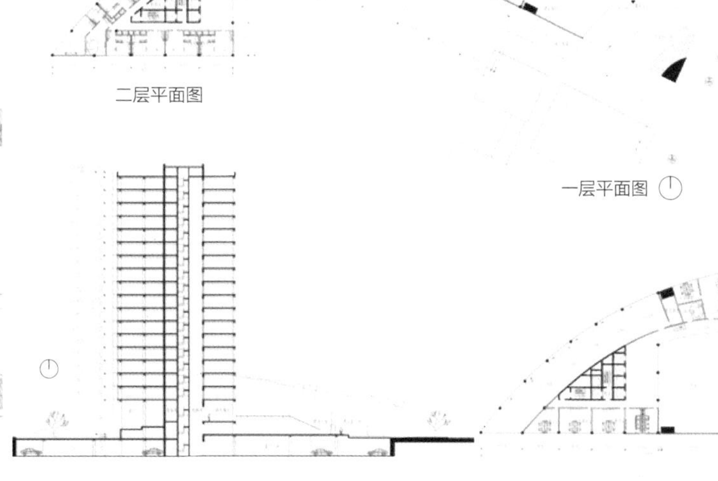

2-2 剖　面

标准层平面图